U0211595

地表过程与资源生态丛书

干旱半干旱区生态水文过程与机理

李小雁　刘绍民等　著

科学出版社

北京

内 容 简 介

本书在集成地表过程与资源生态国家重点实验室生态水文研究团队前期研究成果的基础上，系统总结了在干旱半干旱区生态水文过程监测、机理分析、模型模拟及水资源可持续利用等方面取得的系列成果：介绍了黑河流域和青海湖流域多尺度地表过程综合观测系统，揭示了干旱区典型生态系统的生态水文过程与机理，论述了地下水流动及溶质运移多尺度过程，阐述了流域与区域尺度生态水文格局与植被响应及区域可持续发展。

本书可供地理、生态、环境、水资源、农业等领域科技工作者、高等院校师生和流域管理者参考阅读。

审图号：GS 京(2024)0512 号

图书在版编目(CIP)数据

干旱半干旱区生态水文过程与机理／李小雁等著. —北京：科学出版社，2024. 3

(地表过程与资源生态丛书)

ISBN 978-7-03-077736-2

Ⅰ. ①干…　Ⅱ. ①李…　Ⅲ. ①干旱区-区域水文学-研究　Ⅳ. ①P343

中国国家版本馆 CIP 数据核字（2024）第 020651 号

责任编辑：王　倩／责任校对：樊雅琼

责任印制：徐晓晨／封面设计：无极书装

科学出版社出版

北京东黄城根北街 16 号

邮政编码：100717

http://www.sciencep.com

北京建宏印刷有限公司印刷

科学出版社发行　各地新华书店经销

*

2024 年 3 月第　一　版　开本：787×1092　1/16

2024 年 3 月第一次印刷　印张：22 1/2

字数：540 000

定价：298. 00 元

(如有印装质量问题，我社负责调换)

“地表过程与资源生态丛书”编委会

《干旱半干旱区生态水文过程与机理》撰写组

组　长　李小雁　刘绍民

成　员　（以姓名汉语拼音为序）

柴琳娜　陈锡云　胡　霞　黄永梅　马育军

王　佩　吴秀臣　徐同仁　徐自为　杨晓帆

赵少杰　朱忠礼

总　　序

2017 年 10 月，习近平总书记在党的十九大报告中指出：我国经济已由高速增长阶段转向高质量发展阶段。要达到统筹经济社会发展与生态文明双提升战略目标，必须遵循可持续发展核心理念和路径，通过综合考虑生态、环境、经济和人民福祉等因素间的依赖性，深化人与自然关系的科学认识。过去几十年来，我国社会经济得到快速发展，但同时也产生了一系列生态环境问题，人与自然矛盾凸显，可持续发展面临严峻挑战。习近平总书记 2019 年在《求是》杂志撰文指出："总体上看，我国生态环境质量持续好转，出现了稳中向好趋势，但成效并不稳固，稍有松懈就有可能出现反复，犹如逆水行舟，不进则退。生态文明建设正处于压力叠加、负重前行的关键期，已进入提供更多优质生态产品以满足人民日益增长的优美生态环境需要的攻坚期，也到了有条件有能力解决生态环境突出问题的窗口期。"

面对机遇和挑战，必须直面其中的重大科学问题。我们认为，核心问题是如何揭示人–地系统耦合与区域可持续发展机理。目前，全球范围内对地表系统多要素、多过程、多尺度研究以及人–地系统耦合研究总体还处于初期阶段，即相关研究大多处于单向驱动、松散耦合阶段，对人–地系统的互馈性、复杂性和综合性研究相对不足。亟待通过多学科交叉，揭示水土气生人多要素过程耦合机制，深化对生态系统服务与人类福祉间级联效应的认识，解析人与自然系统的双向耦合关系。要实现上述目标，一个重要举措就是建设国家级地表过程与区域可持续发展研究平台，明晰区域可持续发展机理与途径，实现人–地系统理论和方法突破，服务于我国的区域高质量发展战略。这样的复杂问题，必须着力在几个方面取得突破，一是构建天空地一体化流域和区域人与自然环境系统监测技术体系，实现地表多要素、多尺度监测的物联系统，建立航空、卫星、无人机地表多维参数的反演技术，创建针对目标的多源数据融合技术。二是理解土壤、水文和生态过程与机理，以气候变化和人类活动驱动为背景，认识地表多要素相互作用关系和机理。认识生态系统结构、过程、服务的耦合机制，以生态系统为对象，解析其结构变化的过程、认识人类活动与生态系统相互作用关系，理解生态系统服务的潜力与维持途径，为区域高质量发展"提质"和"开源"。三是理解自然灾害的发生过程、风险识别与防范途径，通过地表快速变化过程监测、模拟，确定自然灾害的诱发因素，模拟区域自然灾害发生类型、规模，探讨自然灾害风险防控途径，为区域高质量发展"兜底"。四是破解人–地系统结构、可持续发展机理。通过区域人–地系统结构特征分析，构建人–地系统结构的模式，综合评估多种区域发展模式的结构及其整体效益，基于我国自然条件和人文背景，模拟不同区域可持续发展能力、状态和趋势。

自 2007 年批准建立以来，地表过程与资源生态国家重点实验室定位于研究地表过程及其对可更新资源再生机理的影响，建立与完善地表多要素、多过程和多尺度模型与人–地系统动力学模拟系统，探讨区域自然资源可持续利用范式，主要开展地表过程、资源生态、地表系统模型与模拟、可持续发展范式四个方向的研究。

实验室在四大研究方向之下建立了 10 个研究团队，以团队为研究实体较系统开展了相关工作。

风沙过程团队：围绕地表风沙过程，开展了风沙运动机理、土壤风蚀、风水复合侵蚀、风沙地貌、土地沙漠化与沙区环境变化研究，初步建成国际一流水平的风沙过程实验与观测平台，在风沙运动–动力过程与机理、土壤风蚀过程与机理、土壤风蚀预报模型、青藏高原土地沙漠化格局与演变等方面取得了重要研究进展。

土壤侵蚀过程团队：主要开展了土壤侵蚀对全球变化与重大生态工程的响应、水土流失驱动的土壤碳迁移与转化过程、多尺度土壤侵蚀模型、区域水土流失评价与制图、侵蚀泥沙来源识别与模拟及水土流失对土地生产力影响及其机制等方面的研究。并在全国水土保持普查工作中提供了科学支撑和标准。

生态水文过程团队：研究生态水文过程观测的新技术与方法，构建了流域生态水文过程的多尺度综合观测系统；加深理解了陆地生态系统水文及生态过程相互作用及反馈机制；揭示了生态系统气候适应性及脆弱性机理过程；发展了尺度转换的理论与方法；在北方农牧交错带、干旱区流域系统、高寒草原–湖泊系统开展了系统研究，提高了流域水资源可持续管理水平。

生物多样性维持机理团队：围绕生物多样性领域的核心科学问题，利用现代分子标记和基因组学等方法，通过野外观测、理论模型和实验检验三种途径，重点开展了生物多样性的形成、维持与丧失机制的多尺度、多过程综合研究，探讨生物多样性的生态系统功能，为国家自然生物资源保护、国家公园建设提供了重要科学依据。

植被–环境系统互馈及生态系统参数测量团队：基于实测数据和3S 技术，研究植被与环境系统互馈机理，构建了多类型、多尺度生态系统参数反演模型，揭示了微观过程驱动下的植被资源时空变化机制。重点解析了森林和草地生态系统生长的年际动态及其对气候变化与人类活动的响应机制，初步建立了生态系统参数反演的遥感模型等。

景观生态与生态服务团队：综合应用定位监测、区域调查、模型模拟和遥感、地理信息系统等空间信息技术，针对从小流域到全球不同尺度，系统开展了景观格局与生态过程耦合、生态系统服务权衡与综合集成，探索全球变化对生态系统服务的影响、地表过程与可持续性等，创新发展地理科学综合研究的方法与途径。

环境演变与人类活动团队：从古气候和古环境重建入手，重点揭示全新世尤其自有显著农业活动和工业化以来自然与人为因素对地表环境的影响。从地表承载力本底、当代承载力现状以及未来韧性空间的链式研究，探讨地表可再生资源持续利用途径，构筑人–地关系动力学方法，提出人–地关系良性发展范式。

人–地系统动力学模型与模拟团队：构建耦合地表过程、人文经济过程和气候过程的人–地系统模式，探索多尺度人类活动对自然系统的影响，以及不同时空尺度气候变化对自然和社会经济系统的影响；提供有序人类活动调控参数和过程。完善系统动力学/地球系统模式，揭示人类活动和自然变化对地表系统关键组分的影响过程和机理。

区域可持续性与土地系统设计团队：聚焦全球化和全球变化背景下我国北方农牧交错带、海陆过渡带和城乡过渡带等生态过渡带地区如何可持续发展这一关键科学问题，以土地系统模拟、优化和设计为主线，开展了不同尺度的区域可持续性研究。

综合风险评价与防御范式团队：围绕国家综合防灾减灾救灾、公共安全和综合风险防范重大需求，研究重特大自然灾害的致灾机理、成害过程、管理模式和风险防范四大内容。开展以气候变化和地表过程为主要驱动的自然灾害风险的综合性研究，突出灾害对社会经济、生产生活、生态环境等的影响评价、风险评估和防范模式的研究。

丛书是对上述团队成果的系统总结。需要说明，综合风险评价与防御范式团队已经形成较为成熟的研究体系，形成的“综合风险防范关键技术研究与示范丛书”先期已经由科学出版社出版，不在此列。

丛书是对团队集体研究成果的凝练，内容包括与地表侵蚀以及生态水文过程有关的风沙过程观测与模拟、中国土壤侵蚀、干旱半干旱区生态水文过程与机理等，与资源生态以及生物多样性有关的生态系统服务和区域可持续性评价、黄土高原生态过程与生态系统服务、生物多样性的形成与维持等，与环境变化和人类活动及其人地系统有关的城市化下的气溶胶天气气候与群体健康效应、人–地系统动力学模式等。这些成果揭示了水土气生人等要素的关键过程和主要关联，对接当代可持续发展科学的关键瓶颈性问题。

在丛书撰写过程中，除集体讨论外，何春阳、杨静、叶爱中、李小雁、邹学勇、效存德、龚道溢、刘绍民、江源、严平、张光辉、张科利、赵文武、延晓冬等对丛书进行了独立审稿。黄海青给予了大力协助。在此一并致谢！

丛书得到地表过程与资源生态国家重点实验室重点项目（2020–JC01 ~08）资助。

由于科学认识所限，不足之处望读者不吝指正！

2022 年 10 月 26 日

前　　言

干旱区是地球陆地生态系统的重要组成部分，是典型的生态脆弱区。在气候变化和人类活动的综合影响下，干旱区已不同程度地出现了荒漠化、盐碱化、绿洲萎缩等突出的生态问题，以及用水安全、生态安全与可持续发展等一系列问题，引起各级政府、国际社会和科学家们的广泛关注。亟待开展干旱半干旱区生态水文过程与机理研究，提升干旱区水资源监测、利用与综合管理技术与手段，在满足社会经济发展用水需求的同时，维持好干旱区陆地生态系统的健康，助力于国家生态文明建设。

干旱区大气–土壤–植被–水文相互作用是一个复杂的多要素与多界面耦合过程，表现为不同时空尺度水分、土壤、生物和大气为载体的物质和能量的相互作用与演化过程，涵盖大气水、地表水、土壤水、地下水和植物水的相互转化与耦合。开展干旱半干旱区生态水文过程与机理研究，是流域山水林田湖草沙一体化保护和系统治理的基础。在地表过程与资源生态国家重点实验室支持下，生态水文研究团队经过多年的努力，在干旱半干旱区生态水文过程监测、机理分析、模型模拟及水资源可持续利用等方面取得系列创新性成果：建立了黑河流域和青海湖流域多尺度地表过程综合观测系统，开展了典型生态系统长期定位连续监测与数据发布，服务于科学研究与国家自然资源监测与管理需求；发展了干旱半干旱区生态水文过程与机理研究的方法体系，创新了基于 CT 扫描及地球物理探测复杂土壤微结构技术，提出了寒区壤中流形成模式，发展了水文土壤学；拓展了生态水文连通性理论框架，创建了 Iso–SPAC 模型，揭示了灌丛化对蒸散发及组分的影响机理；基于数值模拟等手段，阐明了地下水流动及溶质运移多尺度过程；基于树木年轮、遥感反演及模拟，揭示了极端干旱对树木生长的遗产效应，阐明了不同植被类型生长恢复分异规律；提出了星–机–地综合遥感试验的设计理论，探明了田块、流域地表蒸散发时空分布格局；基于数据同化理论框架，将多源数据融合于机理模型，增强了模型的鲁棒性及对未来生态系统服务功能预测，促进了黑河流域农业节水及流域水资源管理；系统研究了干旱区植被多尺度生态水文适应机制、理论与调控对策，为干旱区生态恢复提供了理论依据，其中“青海湖流域生态水文过程与湿地恢复技术研究及应用”成果获青海省科技进步奖一等奖，“半干旱区集雨保水与植被生态适应机制”“非均匀下垫面地表蒸散发观测与遥感估算的理论与方法”两项成果获高等学校科学研究优秀成果奖自然科学奖二等奖。

本书是地表过程与资源生态国家重点实验室生态水文研究团队过去 10 多年的研究成果总结。全书共分 6 章。第 1 章综述了生态水文学缘起、发展历程、前沿研究领域；第 2 章阐述了生态水文的多尺度、多要素、流域天空地一体化的观测技术与方法；第 3 章论述了干旱区典型生态系统的生态水文过程与机理；第4章论述了流域与区域尺度生态水文格局与植被响应；第5章论述了地下水流动及溶质运移多尺度过程；第6章基于生态水文过程研究与集成分析，提出了黑河流域绿洲–荒漠相互作用与绿洲可持续发展、青海湖流域生态恢复与可持续发展，以及祁连山生态系统质量演变与可持续发展。

本书统稿与校稿工作由李小雁、吴秀臣、王佩完成。各章执笔人分别为：第1章由北京师范大学李小雁、吴秀臣撰写；第2章由北京师范大学胡霞、刘绍民、徐同仁、柴琳娜、徐自为、赵少杰、朱忠礼撰写；第3章由北京师范大学黄永梅、王佩、李小雁，中山大学马育军撰写；第4章由北京师范大学刘绍民、徐自为、朱忠礼、吴秀臣撰写；第5章由北京师范大学杨晓帆撰写；第6章由北京师范大学刘绍民、李小雁、陈锡云、王佩，中山大学马育军，上海师范大学刘睿联合完成。

本书的编写和出版得到地表过程与资源生态国家重点实验室的经费支持，在此表示感谢。同时也感谢对本书的编写和出版给予大力支持和帮助的所有师长、同仁和朋友。

干旱半干旱区生态水文过程与机理涉及多学科交叉与诸多研究领域，由于作者水平有限，书中不足之处在所难免，恳请读者批评指正。

作　者

2023年8月

目　　录

第1章 绪 论

1.1 研究背景

干旱半干旱区约占地球陆表面积的40%以上，中国的干旱半干旱区约占近一半的土地面积。干旱半干旱区所支撑的复杂多样的生态系统是全球陆地生态系统的重要组成部分，水是干旱半干旱区诸多生态系统过程的驱动力和关键的非生物限制因子（李新荣等，2009）。中国干旱半干旱区是丝绸之路经济带的关键区域。这一地区地处欧亚大陆腹地，是东亚季风和西风环流的交互作用区，且气候变化的区域差异性明显，生态系统类型多样且敏感脆弱。在气候变化和人类活动共同影响下，该地区生态水文过程与生态系统服务功能已发生深刻变化，生态系统恢复与生态安全面临严峻挑战。气候变化和长期不合理的人类开发曾导致这一区域出现植被退化、湖泊干涸、生物多样性下降等生态环境问题，对中国东部地区以至北半球的环境状况有着重要影响。

为了改善这一地区的生态状况，中国政府自20世纪70年代开始在中国干旱半干旱区开展大规模的植被恢复与重建，最有代表性的是“三北防护林工程”、“退耕还林还草工程”和“京津风沙源治理工程”。在未来一段时间内，植被恢复与保护任务仍将持续和强化。然而，未来的气候变化以及人类活动对生态用水的挤占使得中国干旱半干旱区生态建设的效果及可持续性充满不确定性，迫切需要深刻理解生态系统对气候变化的响应过程和机理，从而更可靠地预测干旱生态系统的未来演化趋势，评估生态系统健康及应对生态文明建设面临的风险。

生态水文学是探讨变化环境下水文过程对生态系统结构与功能影响以及生物过程对水循环要素影响的交叉学科（Nuttle，2002），是联合国教育、科学及文化组织（United Nations Educational，Scientific and Cultural Organization，UNESCO）国际水文计划（International Hydrological Programme，IHP）当前和未来重要的学科发展方向。生态水文学旨在研究陆地表层系统生态格局与生态过程变化的水文学机理，揭示陆生环境和水生环境植物与水的相互作用关系，了解与水循环过程相关的生态环境变化原因与调控机理。生态水文学关注不同时空尺度上一系列环境条件下的生态水文过程，系统性研究气候-土壤-植被动态过程中的生态水文机制。

生态水文学的发展为客观、全面地诠释干旱半干旱区环境演变过程、植被与土壤系统相互作用与反馈机理及区域生态恢复提供了新的理念和途径（李新荣等，2009）。全球变化背景下，生态水文学在水文循环的生态过程机理和水资源管理方面的研究显示出了其多学科交叉的独特优势。针对干旱区，揭示植物在水分胁迫下的群落组成结构、分布格局与演变过程是该区域生态水文科学研究的焦点问题之一，而长时间尺度上，研究区域尺度生态系统演变、健康及其与气候和水文循环变化之间的关系在生态水文学研究中尤为重要。

随着地球演化进入人类主导的新地质时代——人类世，在气候变化、土地利用/覆盖变化、人类活动干扰等多种因素影响下，陆地水循环系统正在快速而急剧地发生变化，对陆地生态系统的结构和功能产生了深刻影响。然而，当前干旱半干旱区生态水文过程与生态系统结构和功能的相互作用机制研究中，基于多要素、多过程、多尺度的综合系统研究明显不足，难以有效揭示变化环境下干旱半干旱区生态系统稳定性机理，严重制约了干旱半干旱地区生态系统可持续性建设和管理。发展和完善生态水文学理论体系和技术方法等对促进山水林田湖草沙系统保护与修复，以及推进生态文明建设和绿色发展具有重要理论和实践意义（夏军等，2020）。

1.2 生态水文学研究进展与前沿领域

1.2.1 生态水文学研究进展

生态水文学“Ecohydrology”出自希腊语，是20世纪90年代兴起的一个跨学科领域，主要研究水循环和生态系统的交互作用，核心在于研究陆地生态系统和水的关系。虽然诞生时间较晚，但作为一门应用广泛、内容丰富、交叉面广的学科，生态水文学学科具有重要的价值和意义。它的发展进程不仅影响着水文学、生态学、全球变化等相关学科的研究，同时也为当前生态环境问题提供相应的解决途径。

1）生态水文学概念的提出

国外关于生态水文学的研究起步较早，1961年国际水文科学协会（International Association of Hydrological Sciences，IAHS）在联合国教育、科学及文化组织的支持下提出了第一个国际水文发展十年计划（1965～1974年），该计划提出生态环境在水文研究中的重要作用，标志着生态与水文交叉研究的开端，开始将生态系统与其他学科的交叉影响考虑进水文过程的研究；随着研究的深入，仅凭单一的生态学或水文学已经不能解释完整的生态水文过程及其相互作用机制，因此从生态学和水文学的交叉中衍生出一门新的学科——生态水文学。同时，该时期其他相关学科的理论与发展也为生态水文学学科的形成提供了强有力的理论支撑。

1987年，Ingram首次提出“生态水文”（Ecohydrology）专业术语，来研究苏格兰泥炭湿地生态水文过程。在此以后，众多学者纷纷采用此概念并开展了大量研究工作，如1991年Bragg等对苏格兰泥炭地的生态水文过程进行了模拟。Hensel等（1991）分别对天然湿地的生态水文过程进行相关研究。1990年Pedroli引入生态水文学的概念对荷兰某地区确定了地下水水质分类方法。1991年，荷兰景观生态协会组织召开了服务与政策和管理的生态预测方法会议（Hooghart and Posthumus，1993）。此阶段对生态水文研究的进展主要体现在生态水文参数和框架的研究上，这为生态水文学科的形成奠定了理论基础。1992年，国际水与环境大会正式确立生态水文学成为一门新的学科。1993年，第一本生态水文学著作*Mires：Process，Exploitation and Conservation*出版问世（Heathwaite，1993）。其间，我国学者也尝试引入生态水文学，如1993年马雪华撰写的《森林水文学》就是对森林生态水文学的初步探索。

1996年，Wassen和Grootjans给出了生态水文学较为明确的定义，特别关注河流保护和修复中水文因素的功能价值。由此，生态水文学学科进入快速发展期。2008年之后，生态水文学学科的发展日趋完善。2008年的联合国教育、科学及文化组织国际水文计划（UNESCO-IHP）第七阶段（HIP-Ⅶ，2008～2013年）主题3“面向可持续的生态水文学”与主题5“生态水文学——面向可持续世界的协调管理”都将生态水文学列为独立的主题来研究。此外，随着社会经济的快速发展，人类对自然的影响所产生的环境问题，促进了流域生态水文学、城市生态水文学等研究领域的发展。生态水文学从孕育到快速发展为独立学科，经历了三十多年的探索发展。现如今陆地及水生综合生态水文学科框架已基本确立，覆盖范围包括森林、草地、湿地、农业、河流湖库及城市等多种生态系统。

2）过渡带湿地生态水文研究

20世纪90年代末，生态水文学主要关注小流域的植被格局、湿地生态系统等与水文过程的交互作用（Gieske et al.，1995）。该时期的研究以过渡带湿地生态系统为重点，多开展于欧洲西南部、中部的农田和森林盆地（Zalewski et al.，1997）。过渡带项目的主要内容是监测和模拟土壤-大气相互作用、探测小流域尺度的水质和水生生物地球化学行为，以及探索区域化和规模效应下的气候变化对水文行为的可能影响等（Viville and Littlewood，1997）。它的重要贡献之一是揭示了淡水资源的可持续发展必须建立在对区域过程、机制和社会经济的深刻理解的基础之上（Zalewski et al.，1997），提高了人们对正确管理淡水资源的认识，促进了“可持续发展”概念的产生和发展。随着人类活动扰动的加剧，地球系统各圈层物质和能量交换更加频繁，全球许多流域均面临着生态系统退化、洪涝、干旱、水土流失、水污染等问题。单一系统小尺度生态水文研究已经无法满足解决以上问题的成因、探寻其关键影响因素并制定相应对策等方面的需求。因此，生态水文学的研究也必须从小尺度实验观测和数据分析转向多尺度综合性模型探索（Van der Tol et al.，2008）。

3）多尺度生态水文综合研究

1996～2001年，在联合国教育、科学及文化组织的支持下，国际水文计划主要探索不同时空尺度上水文过程与生物过程的综合研究。1997年，Zalewski等通过量化不同淡水生境的小规模生态水文过程，利用水文和景观中的生物群落来调节物质和能量转换，恢复淡水生态系统中进化建立的循环，为构建大规模水文预测模型提供了基础。1999年，Baird和Wilby以植物和水为研究对象，总结了20世纪80年代以来植被生态水文研究发展，并阐述了旱地、湿地、温带、热带及河流湖泊等各种环境下植物与水之间的响应关系，极大地促进了植物学、生态学和水文学的跨学科发展。此后，国际上开始重视植被、水文、土壤、大气之间的耦合关系，科学家对土壤-植物-大气连续体（Soil- Plant- Atmosphere Continuum，SPAC）的生态水文过程及其效应进行了深入研究（Goldsmith，2013；Buchanan and Hart，2012），形成了陆地生态水文过程的重要理论——SPAC理论。目前，生态水文学已逐步发展成为包含多种系统的综合学科，研究内容涉及河流、湖泊、湿地等淡水资源和森林、草地、农业、城市等多种生态系统以及各系统之间的相关关系（夏军等，2020）。随着人类活动愈加频繁，生态水文学的分支学科——城市生态水文学（County，1999）和流域生态水文学（Poff and Zimmerman，2010）也得到了进一步的发展。

4）水安全及水资源综合管理

21世纪以来，随着经济社会的快速发展，人类活动对自然环境的影响愈加强烈，大量的环境污染和不合理用水使得水安全、水灾害、水生态恶化事件频繁爆发。因此，2001年国际水文计划第六阶段（IHP- VI，2002～2007年）正式启动，主要探讨处于风险和社会挑战中的水与生物之间的交互作用。

生物在水文学过程中扮演着十分重要的角色，是生态与水文双向机制和反馈机制的关键一环。例如，河流、湖泊、湿地和水库的排放状况影响着种群和它们之间的相互作用，而种群的分布又通过影响流域尺度上的蒸散发和径流的变化影响水文循环（Harper et al.，2008）。2004年，Zalewski等发表专题手册，提出通过调节水文、生物和景观的相互作用和过程，将水文学和生态学相互结合起来，提高生态系统的抗压能力。联合国环境规划署（United Nations Environment Programme，UNEP）倡导的以植物提供的生态系统服务为基础的环境方法和技术，提高水资源的可持续管理。生态水文学通过利用生态系统的自净能力来减轻人类对环境造成的负面损害，综合性地保护淡水资源，已经逐渐被人们视为可持续利用水生资源的工具（Harper et al.，2008）。

5）生态水文学耦合机制与理论范式的研究

虽然生态水文学加速了水生生态系统从描述性生态学、限制性保护和过渡工程管理向功能性生态学、科学管理和淡水保护的转变，但人们对生态水文过程耦合机制与理论范式的探索仍在继续。例如，20 世纪末兴起的自然水流范式（Nature Flow Paradigm）理论，其利用与河流生态相关的径流情势指标（如流量、幅度、频率、历时、出现时间和变率）对自然径流过程进行全面描述，促进了河流生态水文的发展（Poff et al.，1997）。同时，随着不断发展的计算机和遥感技术在生态水文学中的应用，全球已经兴起了多个长期生态监测计划，如美国国家生态观测站网络（NEON）、全球通量网（FluxNet）、欧洲通量计划（EUROFLUX）和长期生态学研究网络（LTER）等，可以通过大尺度长期监测网络的完善和数据共享集成实现对生态水文过程的深入理解。

然而，现阶段仍然缺乏对生态水文学范式和结构的统一认定，其理论范畴认为需要关注下列五个方面（Wood et al.，2008）：①重视生态-水文相互作用的耦合与反馈机制；②强化对基础过程的理解，避免简单建立没有因果关系的函数（或者统计学上）关系；③在学科领域方面涵盖全部（自然或者受人类影响的）水生生物、陆生生物及其生境，乃至动植物群落和整个生态系统，关注水循环、碳循环这两个关键过程对植物个体、群落乃至生态系统的影响研究；④加强水与生态交互作用过程的时空尺度研究，包括水文学和生态学的尺度，但要比水文学和生态学更强调对尺度问题的研究；⑤完善跨学科的技术方法研究，进一步集成与发展基于水文学、生态学、植物学等学科的理论与方法体系。

中国生态水文相关研究始于 20 世纪 80 年代，在陆地及水生生态系统的生态水文过程与机理研究方面均取得了快速发展，在 SPAC 系统、水碳耦合、水热模拟、土地利用/覆被变化的生态水文效应、生态水文耦合模型与模拟、多尺度生态水文过程和流域水资源综合利用与管理等领域开展了大量工作，取得了一系列丰硕的成果（刘昌明等，2022）。在水生系统生态水文研究方面，基于河流连续体、洪水脉冲、自然水流范式等理论，中国学者已在河流湖泊的径流情势和水质过程对水生生物群落的影响机制、生态水文过程模拟等方面取得了显著成果，并在太湖蓝藻水华控制、径流情势变化下鱼类栖息地模拟、三峡水库生态调度等方面得到了实际应用（夏军等，2020）。

中国干旱区生态水文学研究具有鲜明的实践性特色，主要围绕国家重大生态工程（如防沙治沙、水土保持、退耕还林还草、三北防护林建设、天然林保护）面临的重大科学问题开展了系统研究工作。在干旱沙区人工植被恢复、绿洲水循环与水平衡、内陆河荒漠河岸林生态需水量、黄土高原森林水文和草原退化生态水文机理、陆气相互作用及反馈过程等方面取得突出进展（冷疏影等，2016；Wang et al.，2016a；王根绪等，2020）。特别有代表性的是 2010 年国家自然科学基金委员会启动的“黑河流域生态-水文过程集成研究”重大研究计划，建立了一个集观测、数据管理和模型模拟于一体的研究平台，促进了中国干旱区流域生态水文研究达到国际先进水平（李新等，2008，2012）。

1.2.2　干旱区生态水文学前沿领域

生态水文学从孕育到提出，从快速发展到逐渐完善，经历了三十多年的探索发展，已从一门新兴交叉学科发展到如今的国内外重点关注研究的学科。全球变化背景下，多圈层相互作用机理及反馈机制的系统研究对系统认识陆地表层系统功能演化、可持续性维持机制具有极其重要的作用；而生态水文学将在地球科学综合研究中扮演更为重要的角色。在此，试图展望未来干旱区生态水文学的主要发展方向及前沿领域。

（1）发展生态水文综合监测技术与方法，完善区域乃至国家尺度生态水文系统综合观测网络，包括生态水文监测与评估、生态水文系统关键要素的格局及其演变特征、生态水文过程驱动机制的尺度差异、关键带生态过程对水资源可持续利用的影响。未来应加强多源信息监测与综合网络构建，为多要素、多尺度、多过程综合生态水文研究提供坚实的基础。以地球关键带科学的理论框架发展生态水文过程综合监测理论和方法。

（2）加强生态水文学机理及基础理论研究，开展多尺度融合的机理范式与模型发展。未来研究应加强不同生态系统关键要素的时空格局及其演变特征的刻画，揭示不同生态系统间生态水文过程的耦合、反馈机制及其空间分异特征，发展生态水文学基础理论。加强干旱半干旱区生态水文基础理论的发展，刻画生态水文过程驱动机制的尺度差异格局。需要探索植物水分利用与调控的多尺度关联机制，精准模拟基于过程机制的碳氮水耦合循环，甄别与定量刻画径流形成与动态变化的生态因素（王根绪等，2021）。加强自然和人为干扰共同影响下，生态水文过程与陆地生态系统的相互作用机制及反馈机理的综合系统研究。加强区域尺度植被变化（如三北防护林建设等）的生态水文反馈过程和机理的综合集成研究。亟待加强极端气候对生态水文-陆地生态系统的影响过程及机理的系统研究。系统研究生态水文连通度对地表水-地下水相互作用过程的调控机理及其对不同植被类型响应全球气候变化过程的影响机制。

在机理过程的研究基础上，构建详尽描述自然和人类干扰影响下水文及生态系统变化的综合性数学模型。随着针对单一生态系统/流域生态水文过程模拟功能的逐渐成熟，多尺度、多要素生态水文过程综合模型和集成系统逐渐涌现，已成为未来生态水文模型发展的重要方向。未来生态水文模型的发展需要解决时空尺度转换、复杂模型不确定，以及误差传递过程等诸多难题。此外，未来生态水文模型的发展需要完善基于植物功能性状驱动的机理过程的刻画。

（3）多学科交叉的生态水文学集成研究。国际地圈-生物圈计划（International Geosphere-Biosphere Programme，IGBP）、联合国教育、科学及文化组织国际水文计划（UNESCO-IHP）、国际水文科学协会（IAHS）的十年科学计划（2013～2022年）、“未来地球”（Future Earth）科学计划等都将陆地生态系统、河流生态系统、社会系统和生态水文过程的相互作用机制和耦合机理研究作为核心内容。进一步促进生态学、大气科学、水文学等自然科学与社会经济、人类活动等社会科学的交叉融合将成为未来生态水文学的重点发展方向之一。借由多学科理论交叉，大力推进全球变化生态水文学综合性研究。多学科交融下的生态水文学应用研究，包括生态-水文-经济的集成决策系统研究、气候变化和人类活动协同对生态水文过程的影响、生态水文功能评估和调控。

（4）应对全球变化影响的生态水文学。在全球变化背景下，如何有效地提高流域/区域尺度水资源应对气候变化的能力及水资源的可持续利用是未来努力的方向。研究和探索气候变化-水文过程-生态格局变化之间的相互作用机理，系统分析区域水生态变化的诱因和影响，是应对气候变化影响下的生态水文学重点关注的内容。面向全球，生态水文学也是当前国际前沿和热点学科，中国生态水文学学科建设在顺应国际发展浪潮的同时，将切实结合自身特点和优势，规划和走出一条具有中国特色的学科发展道路。未来研究需更加关注生物-非生物相互作用、地上-地下联系、自然过程与人为过程的耦合、地质循环和生物循环的相互作用，以及从分子到全球尺度的扩展。研究变化环境下气候-生态-土壤-水文-人多要素耦合机制，开展生态水文模型、生物地球化学模型、社会经济模型之间的耦合与集成研究，揭示区域经济社会发展的水资源阈值。

（5）陆地生态系统固碳速率及其不确定性、稳定性和持续性。面向国家碳中和的重大基础科学问题，未来研究需要基于长期调查样地、通量观测、多模型比对、多源数据整合等途径，定量分析森林、灌丛、草地、农田、荒漠、湿地、冻土、内陆水体等不同陆地生态系统的固碳速率，分析不同生态系统下固碳速率的不确定性；定量揭示干旱区陆地生态系统固碳速率的时空变异特征、影响因素和调控途径；评估碳汇功能的稳定性和持续性。针对我国北方生态修复工程，监测、研究和评估实施生态保护修复的碳汇成效。

（6）“山水林田湖草沙”多生态系统协同演化机制与生态水文修复模式。以“山水林田湖草沙”生命共同体为理念，针对干旱区生态保护和可持续发展中存在的关键生态水文问题，研究“山水林田湖草沙”多生态系统协同演化机制，评估和优化健康格局和利用方式，认知人类活动对生态系统的影响方式、程度和范围，为区域生态安全和可持续发展提供科学依据和解决方案。

第2章　生态水文过程观测技术与方法

生态水文过程涉及水分在多个尺度上（如叶片、植株、生态系统和流域）与土壤-植被-大气之间复杂的相互作用关系。多尺度土壤结构、土壤水分与蒸散发动态的刻画是生态水文研究的关键。本章针对土壤微结构、多尺度土壤水分与蒸散发的实地野外观测与遥感反演，梳理研究现状与进展，提出土壤水分与蒸散发尺度转换方法，构建流域天地空一体化观测网络，并对未来生态水文过程观测技术与方法提出展望。

2.1　土壤-根系三维空间结构观测

2.1.1　土壤-根系三维空间结构研究现状和科学问题

大量的田间和室内实验研究表明，大孔隙普遍存在于自然土壤中（刘伟等，2001）。土壤中大孔隙的存在使得水分及溶质不能与土体发生充分的相互作用，而是直接快速穿透土体优先迁移，产生优先流（Germann and Beven，1985）。土壤中大孔隙数量相对较少，但对水分传导有重要作用，可明显地增加入渗、减少地表径流（Shipitalo et al.，2000；Weiler and Naef，2003）。土壤大孔隙的存在具有两面性，一方面，大孔隙产生的优先流减少了地表径流，加快了地下水的响应速度，另外土壤大孔隙能够增加土壤的通气性，促进根系生长、增强土壤中微生物的活动，有利于有机物质及污染物的分解（郝振纯和冯杰，2002）；另一方面，土壤中的水分和溶质通过大孔隙快速到达深层土壤及地下水，造成地下水污染（Isensee et al.，1988），在农业方面还会造成土壤养分流失和灌溉浪费等，导致肥料利用率降低（Gärdenäs et al.，2006）。近40年来，土壤大孔隙及优先流研究已成为国际水文土壤学研究的热点领域之一，国内在土壤大孔隙和优先流研究方面也取得了较快发展。多尺度土壤-根系三维空间结构研究现状及科学问题详述如下。

1. 土壤大孔隙研究进展

土壤大孔隙的形成受多种因素影响，呈现不同的形态，主要包括土壤的伸缩和膨胀形成的干缩缝隙、团聚体间的孔隙、植物根系生长死亡穿插形成的根际通道、土壤动物扰动形成的虫洞，以及因湿润锋不稳定形成的指状渗透孔隙（Hardie et al., 2011）。基于土壤大孔隙形态，可以将其划分为 3 类：由动物洞穴和植物根系作用形成的管状孔隙；由干湿、冻融等土壤物理过程形成的裂隙；由人类活动（放牧和耕作等）和土壤动物活动产生的团聚体间的不规则孔隙（Lamandé et al., 2011）。目前，国内外土壤大孔隙的研究多与优先流和水分运移相关，涉及领域和地区也较为广泛。土壤大孔隙相关的研究范围涉及农田生态系统、湿地生态系统、草原生态系统、森林生态系统等多种生态系统；研究尺度包括从单个孔隙、土体到区域水平上的集水区（Ghafoor et al., 2013）；研究内容包括杀虫剂（Lindahl and Bockstaller, 2012）、氮磷元素（Ronkanen and Kløve, 2009）、水分（Soto-Gómez et al., 2018）等在土壤中的运移过程。

随着人们对土壤优先流的关注，土壤大孔隙的定量研究已经成为土壤物理学的研究热点，然而，由于土壤大孔隙的定量研究仪器分辨率和精度的限制及田间土壤成分的复杂性，目前尚缺乏统一的概念和界定标准。虽然土壤大孔隙结构的定量研究已经扩展到诸多研究领域和地区，但除孔隙表征外，有关其影响因素与功能特性的研究仍较缺乏；此外，相关研究绝大多数都是针对单个孔隙尺度和剖面尺度的多个大孔隙，坡面尺度和更大尺度上土壤大孔隙的分布特征和整体三维结构特征有待研究。

2. 根系对土壤大孔隙的影响

目前，大量研究针对植物根系的三维结构特征以及根系对土壤大孔隙的影响方面开展（Heeraman et al., 1997；Mooney et al., 2012）。植物通过调整根系网络适应土壤环境，而根系也是土壤大孔隙形成的最重要的生物因素之一（石辉等，2005；Allaire-Leung et al., 2000；Correa et al., 2019）。Helliwell 等（2019）研究了豌豆、番茄与小麦根际环境的土壤结构，发现根–土界面的大孔隙度显著高于其他区域。植物根系在土壤中形成的土壤大孔隙主要包括两种：活根孔（活体植物根系在生长过程中与土壤相互作用形成的大孔隙）、死根孔或腐根孔（植物根系死亡腐烂后形成的大孔隙）。植物根系的数量、体积和长度等特征影响根孔的数量、分布深度和孔径，同时根系形成的大孔隙在土壤中将虫孔和土壤裂隙等其他孔道联系起来，形成广泛、复杂的优势流网状通道（刘伟等，2001），从而对土壤中水分及溶质运移产生影响。关于根系对水分运移影响的研究，主要集中在农田和森林土壤（Noguchi et al., 1997；Perret et al., 1999）。研究发现，农作物根系腐烂后会形成植物根孔，从而产生优先流效应，根孔在森林土壤中大约占到土壤孔隙的 35%，并随土壤深度增加而下降（Noguchi et al., 1997）。灌木根系为水分向土壤深层渗透充当优势流路径，且根系越长水分穿透越深（Devitt and Smith, 2002）。在研究方法方面，Mitchell 等（1995）研究了示踪剂在膨胀土中的下渗过程，结果表明示踪剂沿死根可以下渗 55cm，远大于死根长度。Kai 等（2012）用染色示踪方法研究了山毛榉树干径流的三维图像，结果表明细根是树干茎流水分快速通过土壤的优先通道。也有研究者采用离子穿透实验，发现根系会加快水中离子迁移的速度，并使离子流向更深的土层（Ellsworth et al.，1991）。为提高研究精度，将微焦 CT（Computed Tomography）引入根系结构的研究中，分析土壤中腐根和根际孔隙对土壤结构的影响（Haling et al.，2013）。

在干旱半干旱地区，如青海湖流域的典型生态系统植被分布差异较大，土壤表层根系的分布也存在较大差异，而由于根系的生长和腐烂形成的根系通道组成了复杂的土壤大孔隙网络。草本植物根系和灌木根系对土壤大孔隙的影响也存在差异。但在目前，针对不同种类植物根系的可视化和定量探究仍相对较少，根系与孔隙间的相互作用及影响因素也有待揭示。因此，对根系和土壤大孔隙的结构特征进行定量研究，并探究根系对土壤大孔隙的影响，具有重要的生态意义。

3. CT 扫描法在土壤大孔隙和根系研究中的应用

自从将土壤大孔隙的概念引入土壤物理结构的研究中以来，虽然研究土壤大孔隙有诸多的方法，但大部分实验都会破坏土壤结构或者间接对土壤造成扰动。CT 扫描法作为一种无损检测方法，成为近年来土壤结构研究领域的热点方法。目前在土壤中应用的 CT 设备按照应用范围和精度分为医学 CT、工业 CT 和同步辐射显微 CT（刘勇等，2016；周虎等，2013）。

1982 年，Petrovic 等（1982）首次将 CT 扫描法应用到土壤科学研究中，测定了土壤水分含量和容重等。1989 年，人们又将 CT 扫描法首次引入土壤大孔隙结构研究中，并通过提高 CT 设备的精度扩大其在土壤研究中的应用，在足够精度基础上测定土壤水分和容重的空间分布，并分析它们之间的相关关系。在后来的研究过程中，CT 扫描能很好地区分土壤基质和孔隙，确定土壤孔隙的分布，进一步证实 CT 得出的总孔隙度与土壤容重算出的总孔隙度较为一致。研究者利用 CT 设备扫描原状土，通过重建软件实现土壤结构的二维重建，分析不同深度土壤的孔隙分布状况（Udawatta and Anderson，2008）。尽管相关研究者已经利用合成二维图像的算法实现了大孔隙的三维可视化（Mooney and Morris，2008），但是三维大孔隙网络的定量研究仍然是一个挑战，目前国际上的研究相对较少。三维大孔隙网络几何和拓扑形态的定量研究已经引入了许多方法。早期，研究者应用数学和形态学方法定量研究 CT 扫描所得蚯蚓洞的三维特征，包括大孔隙尺寸分布、平均分枝长度、连通度和分枝密度（Capowiez et al.，1998；Pierret et al.，2002）。另外，研究者利用专业的三维软件重建 CT 扫描所得的图像，实现土壤结构可视化，尤其是土壤大孔隙的三维空间网络的可视化与定量研究，得到土壤大孔隙的曲折度、角度、节点密度和长度密度等三维数据（Pierret et al.，2002；周虎等，2013）。CT 扫描法能够实现原位检测原状土壤，比传统方法更为精确。近年来，我国在土壤学领域和水文学领域也引进了这一前沿方法。目前，国内研究者已经在林地、农地和草地的土壤结构研究中，广泛应用了这一技术。另外，CT 扫描法也可以应用于土壤中根系的解译。基于全局阈值法、区域生长法、追踪法、深度学习法等分割方法，根系网络可从扫描图像中被提取（Hou et al.，2022）。研究者利用 CT 扫描法研究根系对不同环境特性的响应及土壤结构和植物根系之间的相互影响，验证了这些方法的可行性（Moran et al.，2000；Rogers et al.，2016）。CT 扫描法应用于根系空间结构的分布特征的研究，实现根系的三维空间网络结构定量研究。

近年来，CT 扫描法在诸多土壤大孔隙结构的研究方法中，因精确、无损和快速的特点，成为目前最前沿的研究方法。CT 扫描法结合相应的三维软件，利用合理的重建方法，能够准确分析土壤大孔隙的结构特征、连通度、弯曲度等水力特征，为研究土壤大孔隙与土壤优先流的关系及模拟优先流提供数据支持。

4. 青海湖流域土壤大孔隙研究进展及存在的科学问题

受全球气候变化影响，青海湖水位及其流域水文循环过程发生了改变，这与植被、土壤状况及人类活动等都有密切关系，同时也受到蒸散发、降水和河川径流的影响。目前，对青海湖流域水文循环方面的研究较多，包括不同生态系统的水分循环特征（Zhang et al.，2015）及生态需水特征、不同生态系统土壤水分对降水的响应状况（马育军和李小雁，2016）。青海湖流域内植被分布呈现明显地带性：草原分布于湖盆及河谷地带，以青海湖为中心，呈环带状分布；山地垂直带谱表现为草原带、高寒灌丛与高寒草甸带；高海拔地区为植被稀疏的高寒荒漠；湖东地区多为沙地生态系统。研究者针对不同的生态系统，开展了土壤和水文方面的研究，包括灌丛生态系统的小气候特征和水分利用特征、芨芨草生态系统的水分空间分布特征及水盐的动态变化、高寒湿地不同植物群落土壤呼吸变化特征及温湿度因子的影响、不同草甸植被对水分的利用比较。开展土壤和水文方面的研究对青海湖流域生态环境安全和区域可持续发展具有重要的价值。

综上所述，青海湖流域多种生态系统下土壤大孔隙的研究相对缺乏，根系、冻融和土壤理化性质等综合因素对土壤大孔隙结构特征的影响机理不清楚。因此，在青海湖流域的土壤大孔隙结构特征研究方面，还存在如下科学问题：①在青海湖流域，缺乏在典型生态系统下土壤大孔隙三维结构特征的综合分析，土壤大孔隙和根系分布特征与三维结构特征的基础数据相对缺乏；②在青海湖流域独特高寒气候条件下，冻融作用、根系作用、土壤理化性质、坡位和鼠兔扰动等对土壤大孔隙结构特征的影响尚不明确。

2.1.2 青海湖流域典型生态系统土壤-根系三维空间结构研究取得的成果、突破与影响

1. 土壤孔隙研究方法

1）原状土柱采集

研究土壤-根系三维空间结构，首先要采集原状土柱。原状土柱采集使用的是长500mm、内径100mm的PVC管，将所有PVC管的一端打磨成刀口，以便采样。针对不同土壤，原状土柱采集方式略有不同。

对于表层土壤较致密的采样点：①在土壤表层标注一个直径100mm的圆形区域，挖取一个直径为100mm的圆柱形的原状土体［图2-1（a）］，深约400mm；②将PVC管垂直套住圆柱形的原状土体，然后将整个原状土体压入PVC管中［图2-1（b）］；③人工用力下压PVC管直至原状土体全部进入PVC管，用铁锹从PVC管底部将整个PVC管取出；④用PVC盖和胶带等将原状土柱固定并密封，带回实验室。

对于土壤表层较疏松的采样点：①将PVC管底部打磨成锋利的边缘；②将PVC管直接压入土壤［图2-1（c）］；③用PVC盖和胶带等将原状土柱固定并密封，带回实验室。同时，在每个采样点挖取一个400mm深的剖面，并拍照；观察并定性描述土壤的紧实度、孔隙状况、湿度、根系状况和发生层等。

(a) (b) (c)

图2-1 原状土柱采集过程

2）CT 扫描

CT 利用精确准直的 X 线束，根据不同物质对 X 射线的吸收与透过率的不同，应用灵敏度极高的仪器进行测量，然后将测量所获取的数据输入电子计算机，电子计算机对数据进行处理后，就可摄下被检查物体的断面或立体的图像。CT 的基本原理是基于射线穿过物体前后的强度变化。当强度为 I_0 的射线以 360°穿过非均质的土壤后，可以测出土壤体内离光源间距为 s 的基本单元 P（i，j）处的射线强度 I_{ij}，该基本单元的线性衰减系数 u（x，y）的值就可以通过式（2-1）确定：

$$I_{ij} = I_0 \exp\left[-\int_0^s u(x,y)\,\mathrm{d}s\right] \tag{2-1}$$

目前用于土壤结构分析的 CT 技术包括医学 CT、工业 CT 和同步辐射显微 CT，本书所介绍的原状土柱均是用医学 CT 扫描的。传统的医学 CT 主要用于人体部位组织的扫描，现在也可以应用到土壤结构的研究中。实验之前通过预实验，在脊柱扫描参数的基础上设定原状土柱的扫描参数，主要的扫描参数包括：层厚、层间距、扫描部位峰值电压和电流。

3）图像解译

为了重构土壤大孔隙的三维结构，首先要将原状土柱 CT 扫描获得的一系列图片导入 Avizo Fire 9.0 软件中，将导入的图片进行渲染三维展示；然后用一个圆柱形切割工具来选取图像的感兴趣区域，并删除感兴趣区域外的部分以消除紧挨 PVC 管的孔隙，减小硬化射束的干扰和边缘效应。原状土柱扫描图像中不同密度的物质以不同灰度值反映到图片原始信息中。

土壤大孔隙的整个解译过程如图 2-2。首先，将原图（图 2-2①）切割出感兴趣区域（图 2-2②）。其次，利用交互阈值法（图 2-2③），选取合适的大孔隙阈值，并应用于整个样品的感兴趣区域，得到二值化图像（图 2-2④）。再次，利用 Avizo Fire 9.0 软件的体渲染和表面渲染，实现土壤大孔隙三维空间结构的可视化。最后，通过旋转和缩放，从各个角度观察土壤中大孔隙的分布情况，并且可以在原状土柱内部观察土壤大孔隙的细微结构特征（图 2-2⑤）。利用 Avizo Fire 9.0 软件中的 Label Analysis 和 Pore Network Model 两个模块，可以计算土壤大孔隙度（大孔隙总体积/感兴趣区域的体积）、土壤大孔隙数量、表面积、体积、水力半径和弯曲度等特征。另外，大孔隙网络的数量密度、表面积密度、长度密度、节点密度和分枝密度分别为大孔隙数量、总表面积、总长度、节点数量、分枝个数与感兴趣区域体积的比值。

弯曲度是无量纲变量，它描述了一个线性结构，结构越卷曲，弯曲度越大。弯曲度（τ）为实际大孔隙长度（L_t）与直线距离（L_1）的比值。平均弯曲度（$\bar{\tau}$）为原状土柱中所有大孔隙分枝的总长度与总直线距离的比值，计算公式为

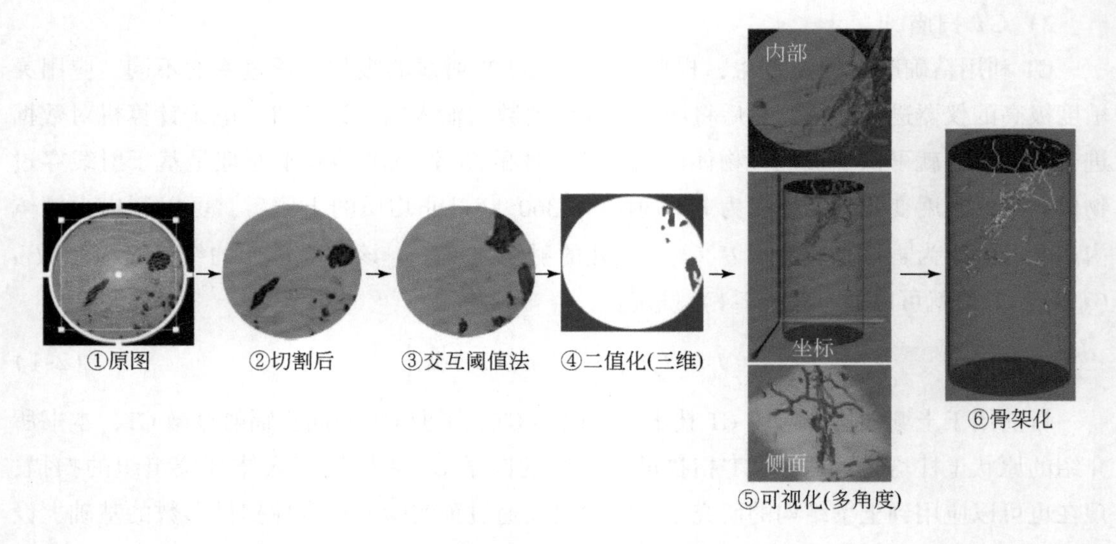

图 2-2　土壤大孔隙解译流程

$$\bar{\tau} = \frac{\sum_{i=1}^{n} L_{ti}}{\sum_{i=1}^{n} L_{1i}} \tag{2-2}$$

式中，i 为大孔隙分枝索引数；n 为大孔隙分枝总数。

水力半径是平均半径充分逼近平均曲率的值，能够很好地表征孔隙的膨胀、收缩部位和孔喉的部位（Parlange，1981）。假设所有大孔隙是圆柱体，其平均水力半径是大孔隙总体积 V_t 和总长度 L_t 的比值。土壤大孔隙的水力半径（$\bar{r}$）为

$$\bar{r} = \sqrt{\frac{V_t}{L_t \pi}} \tag{2-3}$$

2. 根系研究方法

根系样品的获取也是通过 PVC 管采集原状土柱，其采集方法与土壤孔隙研究中原状土柱的采集方法相同。根系的解译方法及步骤见图 2-3，根据选取的根系阈值范围结合区域生长法，在样品中提取根系。图 2-3 中①、②两个步骤的操作和目的与图 2-2 中的①、②两个步骤的相同。在提取植物根系的过程中，区域生长法是目前根系提取的最有效方法（Gregory et al.，2003）。选取合适的阈值范围（图 2-3 ③），利用 Avizo Fire 9.0 软件在 CT 三维图像中捕捉所有相邻的根系体素点，再对所得三维图像膨胀和侵蚀（图 2-3④和⑤），直到提取出完整的根系。利用体渲染和表面渲染，实现根系的三维空间结构可视化（图 2-3⑥）。通过旋转和缩放，从各个角度观察土壤中根系的分布情况，并且可以在原状土柱内

部观察根系的细微结构特征。另外，为了观察根系与土壤大孔隙的分布特点，可以将土壤大孔隙与根系的可视化图叠加进行比较。如图 2-3 中步骤⑦所示，其中黄色为根系，蓝色为土壤大孔隙。通过 Avizo Fire 9.0 软件中的 Label Analysis 和 Pore Network Model 两个模块，可以计算根系网络的体积密度（根系网络总体积/感兴趣区域的体积）、根系数量、表面积和体积等特征。根系骨架化也是对二值化数据进行处理和计算，根系骨架化如图 2-3 中步骤⑧所示。根系的表面积密度、节点密度、长度密度、分枝密度、平均长度、平均体积大小、角度、弯曲度和配位数等的计算方法均与土壤大孔隙的计算方法相同。

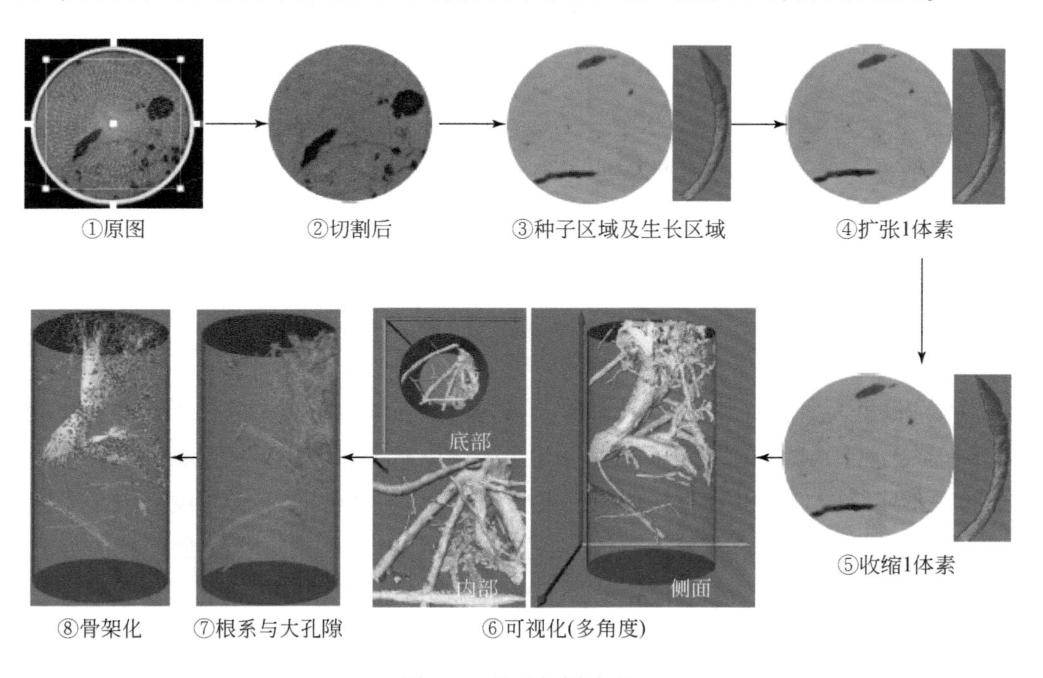

图 2-3　根系解译流程

目前 CT 扫描法已经在植物根系空间结构的分析中得到应用，但对原状土中的根系研究仍然是一个挑战。在此之前，标准洗根法是测量土壤中完整根系的最好方法。图 2-4 为 Hu 等（2020）用标准洗根法和 CT 扫描法所得根系体积密度的对比和两种方法所得根系长度密度的对比。结果表明标准洗根法所得根系体积密度和 CT 扫描法所得根系体积密度之间最佳拟合回归方程为 $y=x$，拟合优度为 $R^2=0.82$；标准洗根法所得根系长度密度和 CT 扫描法所得根系长度密度之间最佳拟合回归方程亦为 $y=x$，拟合优度为 $R^2=0.85$。两个回归模型均达到显著水平（$p<0.05$），说明 CT 扫描法测得的根系参数与标准洗根法测得的根系参数拟合度较高。另外，利用医学 CT 扫描法所得的根系数据相比于标准洗根法，减少了人为干扰引起的误差。通过标准洗根法与 CT 扫描法所得根系数据的对比，可以充分证明 CT 扫描法可以作为本实验解译根系的方法。

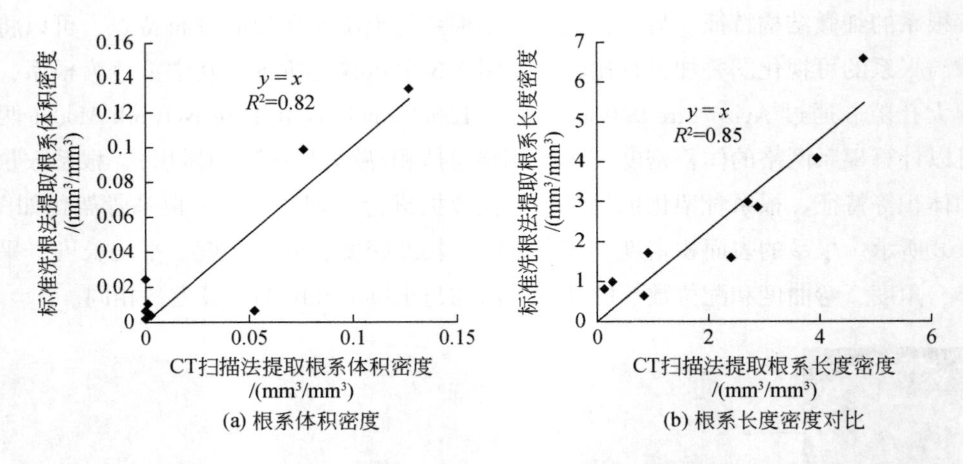

图 2-4　CT 扫描法与标准水洗法提取的根系体积密度和根系长度密度的对比

3. 青海湖流域典型生态系统土壤–根系三维空间结构特征

1）高寒草甸土壤–根系三维空间结构特征

图2-5为高寒草甸的土壤大孔隙（a）和根系（d）随土壤深度变化图，以及土壤大孔隙（b）和根系（c）的三维结构图。从图2-5中可以看出，高寒草甸土壤大孔隙主要为体积较小的、不连续的且随机分布的孔隙，主要分布在0～100mm土层深度，且土壤大孔隙度均小于0.01mm³/mm³。根系主要为较细的草本根系，且根系贯穿整个原状土柱，而高寒草甸土壤大孔隙与根系分布差异较大，大孔隙主要分布在草毡层，主要受冻融循环作用影响（Hu et al.，2016）。由于草毡层的存在，表层（0～100mm）根系分布密集且错综复

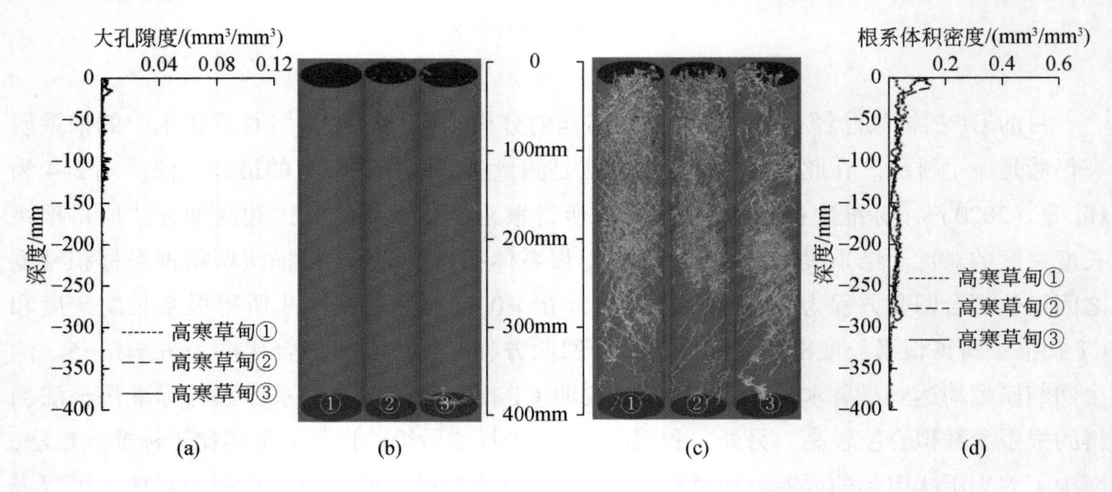

图 2-5　高寒草甸土壤大孔隙和根系分布特征

杂。200mm 以下土壤含水量较大，土壤大孔隙较少，主要为草毡层中草根的须根部分。在 0~300mm 土层深度，根系的体积密度随土壤深度的增大缓慢减小。

2）金露梅灌丛土壤–根系三维空间结构特征

图 2-6 为金露梅灌丛的土壤大孔隙（a）和根系（d）随土壤深度变化图，以及土壤大孔隙（b）和根系（c）的三维结构图。从图 2-6 中可以看出，金露梅灌丛土壤中主要是一些连续性较大的孔隙，也存在较多随机分布的独立孔隙及裂隙。土壤大孔隙主要分布在 0~150mm 土层深度，并随土壤深度增加而减小。金露梅灌丛较粗的主根主要分布在表层（0~150mm），随土壤深度增加，根系体积密度不断减小。另外，由于腐根和有机质较多，在主根周围有一部分形状不规则根系。土层 50mm 以下根系多为横向分布，主要是周围灌丛植株根系的侧根穿插。200mm 土层深度以下根系较少。通过比较金露梅灌丛的土壤大孔隙与根系的三维图，可以看出连续性较好的土壤大孔隙主要分布在金露梅灌丛较粗根系的根际部位，且多为管状孔隙，因此根际通道和腐根形成的通道是金露梅灌丛土壤大孔隙的主要组成部分。灌丛入侵会增大土壤的大孔隙度（Hu et al., 2015），金露梅灌丛土壤大孔隙度和大孔隙数量等明显大于高寒草甸。

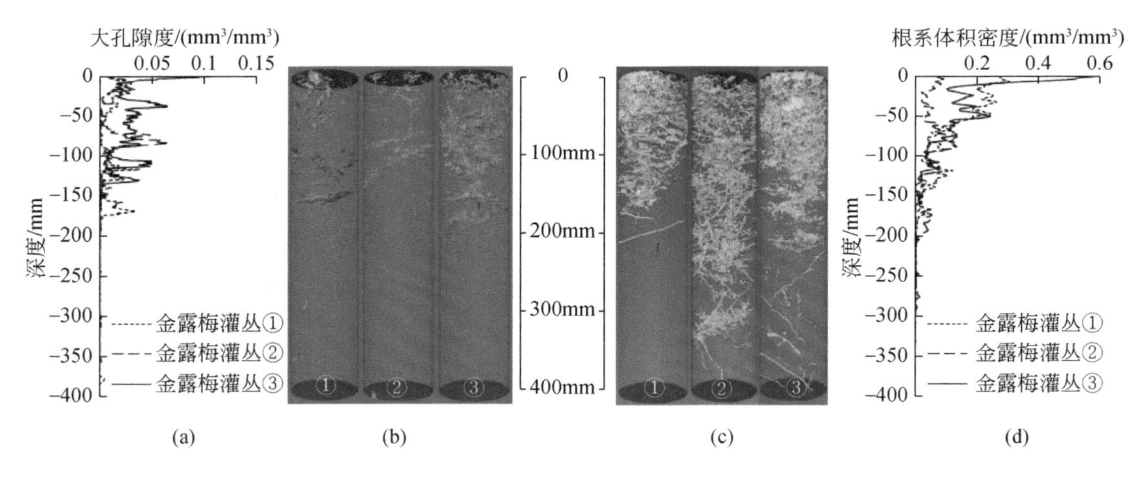

图 2-6 金露梅灌丛土壤大孔隙和根系分布特征

3）芨芨草草原土壤–根系三维空间结构特征

图 2-7 为芨芨草草原的土壤大孔隙（a）和根系（d）随土壤深度变化图，以及大孔隙（b）和根系（c）的三维结构图。从图 2-7 中可以看出，芨芨草草原土壤大孔隙连通度较好，且贯穿的垂直深度较深。图 2-7 中②号样品在一株发育较好的芨芨草下采集，故其土壤大孔隙和根系明显比其他两个原状土柱丰富。芨芨草草原土壤大孔隙主要集中在 0~100mm 土层深度，且大孔隙度不足 0.02mm³/mm³。芨芨草草原的根系分布特征明显，主根簇状分布在土壤表层（0~200mm），较细的须根呈发散状分布在主根周围。根系体积密

度随土壤深度的增大而减小。200mm 土层深度以下根系稀少，主要为少许须根。通过对比芨芨草草原的土壤大孔隙和根系的分布，可以看出土壤大孔隙分布规律与芨芨草主根分布规律一致。芨芨草草原土壤大孔隙主要受根系影响，根际孔隙和腐根形成的根系通道是土壤大孔隙的主要组成部分。除了腐烂根系外，芨芨草还有一部分根茎埋在地下，即在土壤表层以下还存在束状分布的茎。因此，芨芨草草原的土壤大孔隙受根茎影响较大。

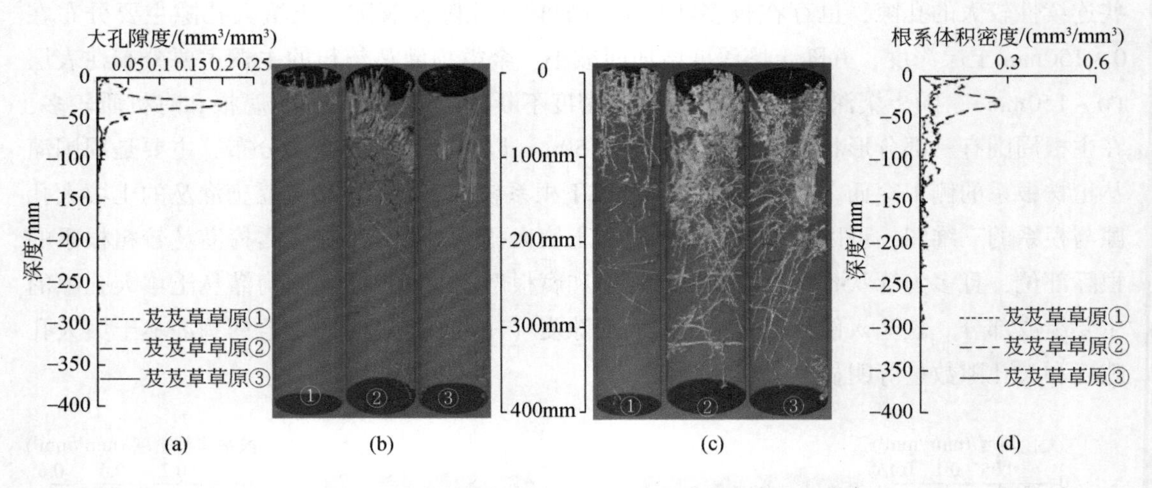

图 2-7 芨芨草草原土壤大孔隙和根系分布特征

4）高寒荒漠土壤–根系三维空间结构特征

图2-8 为高寒荒漠的土壤大孔隙（a）和根系（d）随土壤深度变化图，以及土壤大孔隙（b）和根系（c）的三维结构图。从土壤大孔隙的三维结构图 2-8（b）中可以看出，高寒荒漠中土壤大孔隙主要分布在 0 ~ 100mm 和 300 ~ 400mm，多为连续的、成圆较好的土壤大孔隙，土壤中也分布着较多随机分布的、连续性较差的大孔隙。根系主要集中在土壤表层（0 ~ 100mm），多为较粗的根系，分布方向趋向于横向分布。在 100mm 土层深度以下观测到少量横向分布的根系，均为周围植物根系的穿插作用造成。通过对比高寒荒漠的土壤大孔隙与根系的三维结构图，可以看出土壤大孔隙与根系有相似的分布规律，土壤大孔隙主要分布在较粗的根系周围。在高寒荒漠中，根际孔隙是土壤大孔隙最主要的组成部分。

5）沙地土壤–根系三维空间结构特征

图 2-9 为沙地的土壤大孔隙（a）和根系（d）随土壤深度变化图，以及大孔隙（b）和根系（c）的三维结构图。沙地土壤大孔隙主要分布在土壤表层（0 ~ 100mm），且主要为管状的、连续性较好的大孔隙。在 0 ~ 100mm 土层深度，土壤大孔隙度约为 0. 02mm³/mm³，在 100mm 土层深度以下大孔隙非常少。较粗的沙地灌丛根系也主要分布在土壤表层（0 ~ 100mm），侧根和须根不发达。100mm 土层深度以下根系较少，多为周围灌丛根系的

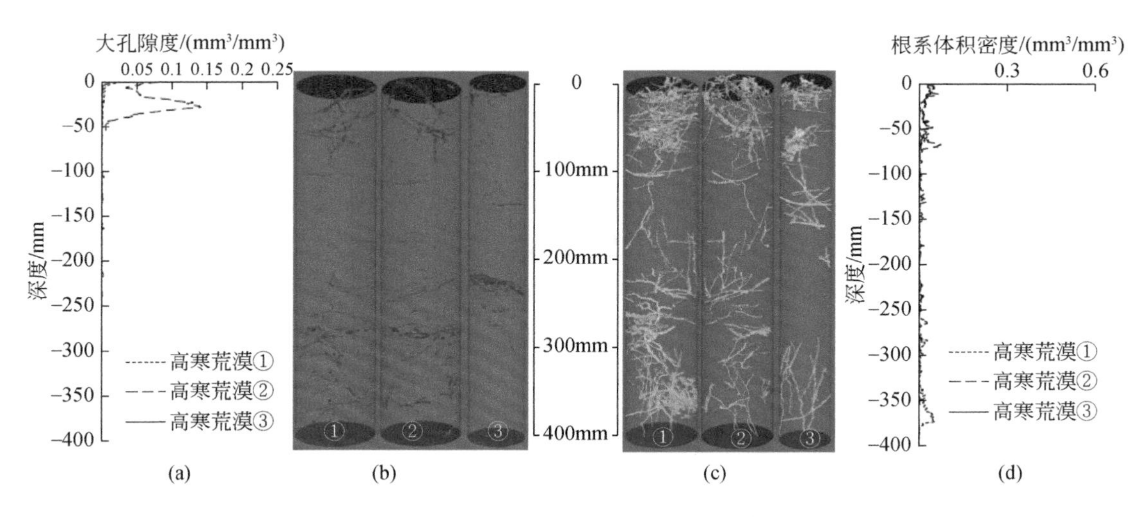

图 2-8　高寒荒漠土壤大孔隙和根系分布特征

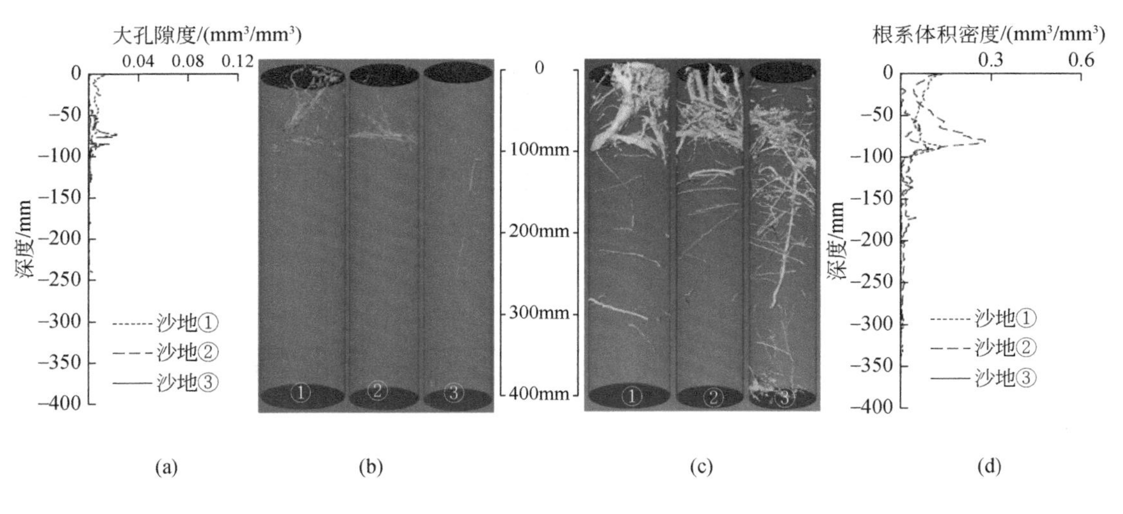

图 2-9　沙地土壤大孔隙和根系分布特征

延伸穿插。50 ~ 100mm 土层深度的根系的体积密度达到最大。显然，沙地土壤大孔隙与沙地灌丛主根系有相似的分布规律，土壤大孔隙主要分布在根系周围，土壤大孔隙几乎全部为根际通道。

2.1.3　土壤结构研究的前沿方向

土壤大孔隙是水分和溶质优先迁移的通道，是土壤结构的关键参数之一，对生态水文过程有重要意义。由于大孔隙内可形成优势流加快污染物进入深层土壤甚至地下水，因此近年来大孔隙的研究也随着人们对生态环境的重视而愈受关注。大孔隙的研究方法包括染色法、切片法和 CT 扫描法，其中 CT 扫描法作为新兴的无损检测方法，具有传统方法无法比拟的优点，如可以迅速、动态并无损伤量化土壤大孔隙结构，从而迅速应用于大孔隙的相关研究。在生态水文过程的研究中，土壤中优先流过程的研究相对较少，土壤大孔隙的定量研究能够为土壤水循环过程的研究提供理论依据和数据支持。此外，土壤结构对元素循环及微生物活动的影响也有待进一步研究。在全球变暖背景下，需要深入、系统地进行土壤结构及其功能的研究，并探究其对气候变化的响应。以下几个方向在未来需要加强研究。

（1）高寒地区是对全球气候变暖最敏感的区域。该地区土壤经历频繁的冻融循环，而冻融作用对土壤的影响首先表现为对土壤结构的改变。由于土壤系统和冻融过程的复杂性，有关冻融过程对土壤结构的影响机理尚不明确。利用 CT 扫描法，深入研究冻融作用对土壤结构的影响，在完善土壤大孔隙影响因素研究框架、拓宽冻融领域的研究思路和促进水文土壤学学科发展等方面具有重要的理论价值。

（2）在生态系统中，土壤和植被是两个互相作用的因素，两者不可分离，而植物根系是连接土壤与植被的重要纽带，对土壤结构有重要影响。植物根系诱发土壤团聚体之间的压实作用，能够改变土壤结构，而土壤结构的改变又能影响根系网络的特性。土壤孔隙和根系之间的相互影响机制是怎样的？又会受到外界条件怎样的影响？是未来研究的热点问题。

2.2 土壤水分观测、尺度转换与遥感反演

2.2.1 土壤水分的研究现状、挑战与科学问题

土壤水分是指保持在土壤孔隙中的水分。一般而言，土壤表层以下 0 ~ 5cm 深处的水分含量被称作表层土壤水分，其总量在整个水文循环中所占的比例较小，但其强大的存储、补给及调节能力对区域乃至全球水资源系统和生态环境系统的健康发展意义重大，是全球陆表生态及水文过程的一个重要状态变量。土壤水分影响着表层热通量和地表温度，调节着陆地表面和大气之间的能量与水分交换过程，是少有的可直接测量的水文要素。土壤水分信息对边界层气象学（Betts and Ball，1998）、天气模式和降雨-径流产品（Clark and Arritt，1998；Eltahir，1998；Fennessey and Shulka，1999）、全球和局地环流天气模式（Beljaars et al.，1996；Wilson，1987）、作物生长模拟模型（Ajwde and Cavan，2007；

Guerif and Duke, 2000)、气候变化机制及影响因子研究（Seneviratne et al., 2010），以及其他生物地球物理应用有着重要的影响。

1. 土壤水分地面观测现状

已有的观测地表土壤水分的技术多是基于野外实地多点观测，主要包括称重法、中子仪法、电容法、时域反射仪（Time Domain Reflectometry, TDR）、频域反射仪（Frequency Domain Reflectometry, FDR）等。其中，TDR（Topp et al., 1980）和电容法（Paltineanu and Starr, 1997）在单点尺度上非常适合，可以准确估测土壤剖面的含水量。在相对均一的下垫面上，点尺度观测数据的空间代表性较强；而当下垫面异质性较大或在较大尺度上时，由于土壤水分空间变异性很大，单点观测很难代表大面积的状况，往往需要多点采样平均以获取空间上更具代表性的土壤水分观测数据。探地雷达（Ground Penetrating Radar, GPR）通过发射频率介于 10^6 ~ 10^9 Hz 的微波波段低频电磁波、接收来自地下交界面的反射信号，来推演土壤水分的分布。作为一种适合中尺度的土壤含水率测定技术，已经有大量工作证明能在田块尺度上提供可靠的土壤水分观测（Van Overmeeren et al., 1997; Grote et al., 2003; Huisman et al., 2003）。Zreda 等（2008）和 Desilets 等（2010）成功研制出可安装在地上工作的宇宙射线探测装置，其可用于探测半径达百米级区域内的土壤水分与雪水等效深度，这为获取农田、流域等中小尺度土壤水分信息提供了新的技术手段。在流域尺度，高时间分辨率的土壤水分监测可以利用土壤水分无线传感器网络技术实现（Cardell-Oliver et al., 2005）。Vereecken 等（2008）指出土壤水分无线传感器网络技术应用于流域尺度的优势可以归结为三个方面：①无线网络可以扩大传统 TDR 土壤水分数据的时空覆盖范围，并用于改进水文通量估计的精度、定标，验证遥感数据产品，以及辅助升尺度和降尺度技术的发展；②无线网络使用埋设的传感器和互相通信的优势可以获取高质量的数据；③无线网络可以及时监测仪器故障，因此可以得到时间连续性良好的数据。

国际上主要有两个土壤水分地面观测网络，其一是全球土壤水分数据银行（Global Soil Moisture Data Bank, GSMDB）。该网络包含了来自俄罗斯、中国、蒙古国、印度以及美国等地区的 600 多个土壤水分观测站点。GSMDB 所包含的观测站点观测时长最短约 6 年，最长约 15 年，该网络于 2005 年停止更新，无法继续服务后续土壤水分卫星计划等。另外一个是 2006 组建的国际土壤水分网络（International Soil Moisture Network, ISMN），该网络接替了 GSMDB 的任务，其拥有来自欧洲、北美、亚洲以及澳大利亚等地区 1000 余个观测站点。目前，除了以上提及的两个土壤水分地面观测网络外，一些国际组织或者研究机构还陆续组织了针对不同卫星观测反演计划开展的大型地面原位观测实验，如针对 AMSR-E（Advanced Microwave Scanning Radiometer-Earth）的 SMEX（Soil Moisture Experiments）系列试验，针对 SMOS 的 SMOSREX（Surface Monitoring of Soil Reservoir Experiment）和

CoSMOS/NAF（Campaign for validating the Operation of Soil Moisture and Ocean Salinity/National Airborne Field Experiment），以及针对 SMAP（Soil Moisture Active Passive）的 SMAPVEXs（Soil Moisture Active Passive Validation Experiments）系列试验等。

国内的土壤水分地面观测网也于近几年逐渐发展起来，主要包括面向中空间分辨率（1～5km）和低空间分辨率（几十千米）验证研究的观测网络。2008～2009 年，荷兰特温特大学（University of Twente）联合中国科学院寒区旱区环境与工程研究所及中国科学院青藏高原研究所在青藏高原地区建立了土壤温湿度观测网（Tibet-Obs）（Dente et al., 2012; Su et al., 2011）。该观测网络包括玛曲和阿里地面观测网络。2012 年 7 月，青藏高原中部那曲地区建成了一个包含 3 个不同空间尺度的观测子网、共计 56 个观测节点的多尺度土壤温湿度观测网络（The Soil Moisture and Temperature Monitoring Network on the central TP, CTP-SMTMN）（Yang et al., 2013a），该观测网数据资料已经被纳入 ISMN 中。2015 年，帕里土壤温湿度观测网络被纳入 CTP-SMTMN。2017～2018 年，我国滦河流域开展了以促进目前 L 波段卫星观测可持续性为主要任务的土壤水分专题实验——滦河流域土壤水分遥感试验（Soil Moisture Experiment in the Luan River, SMELR）（Zhao et al., 2020），并期望通过协同主被动微波遥感以及光学遥感观测，进一步提升土壤水分数据产品的精度与空间分辨率。

土壤水分的地面测量比较耗时费力，且这种传统测量手段难以获取大区域乃至全球范围内的土壤水分。近几十年，人们已经发展了卫星遥感反演、数据集成、陆面数据同化等多种技术手段，来获取和业务化生产全球尺度上中低空间分辨率的土壤水分数据产品。其中，卫星遥感反演技术主要包括被动微波、主动微波以及主被动微波协同反演，微波遥感技术因对地表植被有较好的穿透能力以及全天候工作特性，成为目前卫星遥感反演土壤水分的主要手段。目前，用于观测反演土壤水分的被动微波传感器及卫星计划主要包括：搭载在风云三号气象卫星（FY-3B）上的 MWRI（MicroWave Radiation Imager）传感器（Cui et al., 2016），搭载在 GCOM-W1（Global Change Observation Mission 1-Water）卫星上的 AMSR2（the Advanced Microwave Scanning Radiometer 2）传感器（Fujii et al., 2009; Koike et al., 2004），以及专门用于监测区域与全球土壤水分的 SMOS（Soil Moisture and Ocean Salinity）（Kerr et al., 2010）和 SMAP（Soil Moisture Active Passive）（O'Neill et al., 2016）卫星计划。此外，还有搭载于 MetOp（Meteorological Operational）卫星上的主动微波散射计（Advanced Scatterometer, ASCAT）（Wagner et al., 2013）等。

除此以外，结合遥感数据和陆面过程模型模拟的陆面数据同化技术成为当前发展的主流。目前，全球土壤水分模型模拟产品主要有来自欧洲中期天气预报中心（European Centre for Medium-Range Weather Forecasts, ECMWF）的 ERA5（Hersbach et al., 2020），美国国家航空航天局（National Aeronautics and Space Administration, NASA）的 MERRA2 （second Modern Era Retrospective analysis for Research and Applications）（Koster et al., 2015）、GLDAS（Global Land Data Assimilation System）（Rodell et al., 2004）和 GLEAM（Global Land Evaporation Amsterdam Model）（Martens et al., 2017）等。另外，为充分利用多源数据集的优势，机器学习技术也正被广泛用于高质量且长时间序列的土壤水分产品重建（Lu et al., 2017；Qu et al., 2019）。

2. 土壤水分尺度转换研究现状

在全球尺度上，土壤水分对陆表−大气模型和天气预报模型的参数化具有重要的影响；在流域尺度上，地表的土壤水分能够影响降水的入渗以及产流过程；在更小的尺度上，土壤水分的变化能够影响作物和植被蒸散发过程（Ritsema and Dekker, 1998）。土壤含水量随时空转换而发生变化，同时在空间分布上受地表状况影响高度不均匀，同时受到水分的多种存在形式以及热量、能量驱动影响，以上因素使得观测到所需精度和分辨率（时间和空间）的土壤水分信息变得更为复杂和困难。鉴于土壤水分对地球科学系统的重要影响，开展不同尺度土壤水分空间分布以及空间变化特征观测是地球科学研究中的重要主题。

在现有遥感反演土壤水分的众多方法或途径中，微波遥感方法是公认的监测区域土壤水分最有潜力的手段。但在微波反演土壤水分的发展和应用中仍然存在很多问题亟待解决。一方面，微波遥感受天气及地表覆盖影响较小但空间分辨率较粗（约 30km），而流域尺度水文过程、水资源分配、生态系统保护和农田灌溉等更需要较高分辨率的土壤水分产品（km）；此外，受反演算法不确定性的影响，微波遥感土壤水分产品的精度需要经过真实性检验的过程，而其中涉及的一个重要问题是如何依托地面直接或非直接测量的土壤水分数据为粗尺度的遥感观测土壤水分产品提供地面验证数据，即地面真值问题（Thiele, 1992）。以上两个问题的解决，均依赖于土壤水分的尺度转换研究。土壤水分的尺度转换，既包括基于地面观测站点结合遥感辅助数据的升尺度以获取粗像元分辨率的地面相对真值，用于验证粗分辨率的土壤水分产品，也包括利用高分辨率遥感信息将粗分辨率的微波遥感产品降尺度到千米甚至田块尺度，以满足不同应用的需求。图 2-10 展示了土壤水分地面观测与遥感观测的尺度差异。

当前，常用的土壤水分升尺度方法主要集中于时间稳定性升尺度策略（Cosh et al., 2006；Loew and Schlenz, 2011；Joshi and Mohanty, 2010）、块克里金估计（Vinnikov et al., 1999；Ryu and Famiglietti, 2006；Joshi and Mohanty, 2010）、分布式水分模型（Crow et al., 2005）、基于数据融合策略的升尺度研究（Qin et al., 2013；Kang et al., 2015）、随机森林（Random Forest, RF）等机器学习方法（Clewley et al., 2017；Whitcomb et al., 2016；Zhang et al., 2017a）。尽管地面站点数据的升尺度方法已有长足的发展，但这些方法多是只基于地面土壤水分稀疏站点观测，土壤水分信息来源单一，而很多更高分辨率的

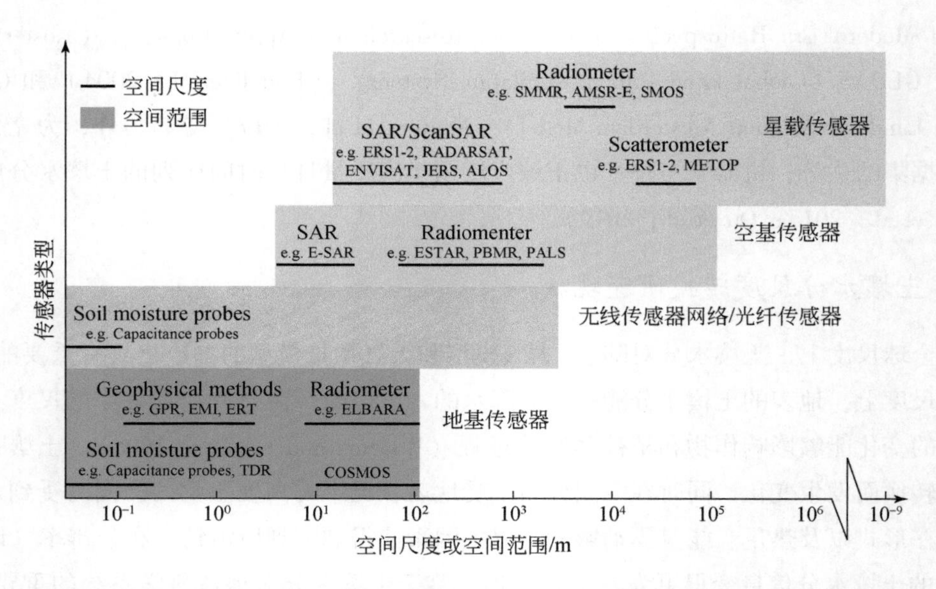

图 2-10　土壤水分地面观测与遥感观测的尺度差异［修改自 Vereecken 等（2008）］

遥感信息也会对地表土壤水分有一定的指示作用，但是这部分信息在土壤水分升尺度过程中利用率较低；另外，对于遥感信息与地面土壤水分之间的关系多采用线性关系，而实际上大部分遥感指数与真实土壤水分之间为非线性关系，需要发展新的融合遥感信息的升尺度算法。

土壤水分降尺度通常是在粗分辨率尺度上建立土壤水分与相关降尺度因子之间一对一或一对多的相关关系，同时假设该相关关系在高分辨率像元上同样适用，从而实现将大尺度土壤水分数据转化为小尺度土壤水分数据的目的（周壮等，2016）。常用的土壤水分降尺度方法主要有：基于经验的统计回归模型、地统计学、权重分解、数据同化、机器学习、分形和小波变换等方法。其中，基于经验的统计回归模型与权重分解方法由于模型简单、运算效率高，目前应用比较广泛。但是基于经验的统计回归模型缺少物理背景，仅仅是从数学统计的角度进行降尺度，结果很难具有说服力，且对土壤水分极值的拟合能力较差，降尺度结果在一定程度上出现平滑现象。此外，土壤水分在异质性下垫面、微波像元尺度上变异性较强，连续的回归模型很难准确拟合土壤水分的变异特征。权重分解方法虽然有一定的物理背景，但单一因子难以充分表征土壤水分信息，且不同的土壤水分指数有不同的适用条件，难以保证大区域、不同下垫面降尺度结果的精度。地统计学方法有坚实的理论基础，可以通过对拟合残差的处理实现无偏最优估计，然而，还存在变异函数推导的问题，且在对残差进行插值后得到的高分辨率残差具有平滑现象，因而在将高分辨率残差加到拟合的趋势项以后，得到的降尺度结果在空间上也出现一定程度的平滑。数据同化方法利用观测数据优化模型参数，进而将优化后的模型运用到整个区域，实现土壤水分的降尺度，其优点是能结合观测数据，但该方法降尺度精度受初始条件影响严重，且过程复杂，稳定性较差。机器学习方法因模型通常为非线性，而能够有效刻画土壤水分的强变异性，且降尺度结果较为理想，精度较高。但该方法降尺度过程难以操作，模型的适用性较差，且需要大量的训练样本和先验知识来保障其训练精度，时间成本较高。

在以上几种土壤水分降尺度方法的基础上，国内外学者也进一步开展了面向粗分辨率土壤水分产品降尺度方法的对比研究。Yu 等（2008）在北美分别采用基于线性插值和地理加权回归的六种降尺度方法，结合 MODIS 数据，成功将土壤水分从 25km 降尺度为 1km。比较结果发现，基于地理加权回归的降尺度方法有更好的表现，且由于其采用了局部回归的方式，降尺度结果的马赛克效应在一定程度上得到了抑制。Merlin 等（2010）利用 MODIS 红光波段、近红外和热红外数据，结合三种植被覆盖度计算方法、三种土壤蒸发效率模型以及四种降尺度关系，将 SMOS 土壤水分产品降尺度为 4km 分辨率，通过对 36 种降尺度组合的比较发现，基于指数形式的蒸发效率模型和二阶泰勒级数展开的降尺度关系组合有着最好的降尺度精度，在单点尺度上进行验证，相关系数达到 0.9。Kim 等（2012）在亚利桑那州以 MODIS 地表温度、植被指数和反照率为降尺度因子，采用多种降尺度方法将 AMSR-E 土壤水分产品从 25km 降尺度为 1km，比较结果发现，该研究提出的 UCLA 方法以及泰勒级数展开方法表现最优，分别将相关系数从 -0.08 提升到 0.27 和 0.34。Liu 等（2017）在中国东北地区采用分类回归树、k-近邻算法、贝叶斯法和随机森林方法，以地表温度、归一化植被指数（Normalized Difference Vegetation Index，NDVI）、地表反射率、数字高程模型（Digital Elevation Model，DEM）为降尺度因子，将欧洲航天局（European Space Agency）全球气候变化行动计划（Climate Change Initiative，CCI）月土壤水分数据集从 25km 降尺度为 1km，比较结果发现四种机器学习方法中，随机森林方法的降尺度结果与原微波土壤水分产品以及实测数据都有更好的一致性。Zhao 等（2018）在欧洲伊比利亚半岛分别采用随机森林方法和多元统计回归方法，以地表温度、植被指数、叶面积指数、反照率、水分指数、太阳辐射因子和高程为降尺度因子，以 MODIS 的 Aqua、Terra 星和 SMAP 升轨、降轨四种组合进行降尺度，得到了空间分辨率为 1km 的土壤水分，结果发现随机森林方法有着更好的精度，无偏均方根误差（ubRMSE）为 $0.022m^3/m^3$。Jin 等（2018）在黑河上游八宝河流域比较了双线性插值、基于线性回归的面到面回归克里金和地理加权面到面回归克里金等降尺度方法，结果发现地理加权面到面回归克里金方法表现最优，比起其他两种方法，基于该方法的降尺度结果均方根误差下降 20%。Wu 等（2017）在澳大利亚利用合成孔径雷达后向散射系数，采用三种微波土壤水分主被动结合降尺度方法［官方标准算法、备选算法（Das et al.，2011）和变化检测算法］将 36km 尺度的 SMAP 土壤水分被动数据集降尺度到 9km，三种降尺度结果均方根误差（RMSE）分别为 $0.019m^3/m^3$ 和 $0.021m^3/m^3$、$0.026m^3/m^3$。Kim 等（2018）在韩国西南部分别采用多元统计回归方法和支持向量机（Support Vector Machine，SVM）方法对ASCAT土壤水分产品进行降尺度，与实测数据的验证结果表明，两种方法的均方根误差分别为0.09m^3/m^3和0.07m^3/m^3，相关系数分别为0.62和0.68，支持向量机方法要优于多元统计回归方法。

3. 土壤水分遥感反演与真实性检验现状

被动微波遥感是通过微波辐射计测量的地表微波辐射来判断地表特征的遥感方式。由于微波对云层的穿透性，被动微波遥感具有全天时、全天候的优点；同时，由于微波辐射对水分变化的敏感性，以及被动微波遥感大尺度、高重访的特点，被动微波遥感在监测陆表快速变化的土壤水分方面具有显著的优势。

地物介电常数作为微波辐射计观测亮度温度（简称亮温）（Brightness Temperature，TB）与地表土壤水分之间的桥梁参数，在基于微波遥感技术的土壤水分反演中发挥了关键作用。在微波波段，水与土壤颗粒、植物干物质、冰等的介电常数存在显著差异，由降雨、灌溉、冻融等引起的地表土壤水含量和状态的变化，会直接影响微波传感器观测亮温的变化（刘军等，2015）。自20世纪70年代遥感技术开始被用于监测全球尺度的土壤水分信息后，基于微波遥感观测资料进行表层土壤水分反演的相关算法层出不穷。到目前为止，国内外多个研究机构已相继发布了基于AMSR-E、AMSR2、ASCAT、CCI、FY-3B、SMOS和SMAP等微波传感器的算法产品。

AMSR-E土壤水分产品主要包括美国国家航空航天局的官方数据产品（Njoku et al.，2003）、日本宇宙航空研究开发机构（Japan Aerospace Exploration Agency，JAXA）的官方产品（Fujii et al.，2009），以及LPRM（Land Parameter Retrieval Model）产品（Owe et al.，2008）。其中美国国家航空航天局土壤水分产品是基于多通道亮温迭代算法进行反演的，可同时反演土壤水分、土壤温度和植被含水量等地表参数。日本宇宙航空研究开发机构的产品是基于查找表算法反演的，该算法基于零阶辐射传输模型开发，其核心思想是利用极化指数（Polarization Index，PI）和土壤湿度指数（Index of Soil Wetness，ISW）与土壤水分以及植被含水量之间的关系建立查找表。在LPRM产品的反演算法中，采用微波亮温极化差指数（Microwave Polarization Difference Index，MDPI）刻画植被参数，通过AMSR-E观测的36.5 GHz的亮温估算地表温度，最后再利用辐射传输模型的迭代方程进行土壤水分反演。

AMSR2作为AMSR-E的后继传感器，其配置和AMSR-E基本一样，目前主要的算法产品为JAXA发布的土壤水分产品（Fujii et al.，2009）。

ASCAT土壤水分产品则是利用变化检测算法，基于主动微波观测数据反演得到的（Naeimi et al.，2009）。由于主被动微波遥感产品在时空连续性以及反演精度等方面的局限，欧洲航天局水循环多任务观测战略计划（Water Cycle Multimission Observation Strategy，WACMOS）通过融合多频率辐射计和 C 波段散射计观测资料生成一套长时间序列的 0.25°分辨率的全球气候变化行动（CCI）土壤水分产品（Dorigo et al.，2017）。CCI 土壤水分通过融合多个被动（SSM/I、MMR、TMI、AMSR-E、AMSR2、SMOS、SMAP）与主动（ASCAT）微波遥感产品，提供了三种土壤水分数据集，即主动（CCI Active，CCI_A）、被动（CCI Passive，CCI_P）和主被动（CCI Combined，CCI_C）微波土壤水分数据集（Gruber et al.，2019）。

FY-3B/MWRI 产品来自中国国家卫星气象中心（National Satellite Meteorological Centre），其基本反演算法是一种基于 Qp 模型的双通道反演方法（Shi et al.，2006）。

SMOS 利用多角度观测与 L 波段生物圈微波辐射（L-Band Microwave Emission of the Biosphere，L-MEB）模型前向模型的迭代算法，同时反演土壤水分和植被光学厚度（Wigneron et al.，2007）。

SMAP 由于其雷达故障，目前只能提供 2015 年 4～7 月的主动微波产品以及主被动结合土壤水分产品，而其被动微波遥感产品则可以近实时提供。SMAP 被动微波遥感产品基于单通道算法通过迭代计算获取。在 SMAP 的辐射计数据与 Sentinel-1A 及 Sentinel-1B 数据结合之后，采用 SMAP 主被动结合反演算法，可生产出更高分辨率的土壤水分产品，该产品已可以用于农业、洪水以及生态水文等领域（Colliander et al.，2017）。

虽然以上土壤水分的算法和产品目前均处于业务化运行状态，但受限于算法本身，基于遥感技术反演获得的土壤水分也存在一些缺陷，这给基于这些数据集的应用带来了很大的不确定性。这些缺陷可能包含以下方面：①林地或者山区土壤水分产品具有较大误差和不确定性；②冻土条件下难以反演；③基于微波遥感手段来获取时空连续的土壤水分还存在一定困难。

目前，评估土壤水分产品的误差与不确定性的方法主要包括两方面，即直接验证与间接验证。在直接验证中，通过比较土壤水分产品与地面实测数据来计算产品的误差统计指标。这些量化的误差统计指标有助于开展数据同化与产品融合等工作。不过，地面实测数据的采集往往只能在范围与数量均有限的原位观测网内进行，基于其开展的评价工作不能很好地扩展到区域或者全球尺度上去。针对低空间分辨率遥感或者模型产品开展的间接验证主要包括以下三个方面的内容：①利用更高分辨率的产品作为参考进行低分辨率产品的评价；②在没有参考数据集的情况下，对多个数据产品进行交叉评价；③比较目标产品与相应影响因子的时空趋势的一致性。当 TC（Triple Collocation）（Stoffelen，1998）和 TCH（Three-cornered Hat）（Tavella and Premoli，1994）这样的量化方法被引进之后，针对多个土壤水分产品进行交叉验证的相关工作得到了更好的发展。TC 和 TCH 这种比较创新且可靠的方法主要用来估算时间序列产品的误差方差。这两种方法的基本原理是一致的，即通过一种差值运算的方法，去除原始序列数据中的真值部分，进而计算出序列的不确定性结果，以反映数据产品的估算误差。其中，TC 方法在用来估算产品的误差方差时，很大程度上受两个假设的影响：多个序列误差间的相互独立性，以及误差与产品真值之间的相互独立性（Yilmaz and Crow，2014）。其中，序列误差间的独立性对估算结果影响更大一些。此外，TC 方法中可参与计算的数据集局限于 3 个，而 TCH 方法则可以在没有先验知识的情况下用来量化 3 个及以上数据集的不确定性。目前，TCH 方法已经被广泛应用于大地测量学与水文学领域中各类参数的不确定性评估和量化等。

同时，为控制土壤水分产品的误差与不确定性，相关研究已经部分揭示了土壤水分产品误差或噪声的主要驱动因素。Leroux 等（2013）利用多元线性回归模型分析发现了土壤质地以及地表覆盖类型与 SMOS 产品的随机误差之间的联系具有空间上的异质性。Draper 等（2013）发现 ASCAT 及 AMSR-E 产品的误差与植被覆盖情况有关联。Chakravorty 等（2016）研究表明 SMOS 土壤水分的精度受植被影响较小，而 CCI_C 和 MERRA 产品与土壤质地以及植被都有较强的关联。此外，Liu 等（2019）揭示了多个环境因子与五种被动微波土壤水分遥感产品（SMAP、SMOS-IC、FY-3B、JAXA 和 LPRM）之间的定性关系。Al-Yaari 等（2019）揭示了土壤水分遥感产品（SMAP、SMOS、SMOS-IC、ASCAT 和 CCI）的表现与生态区划、气候条件及地表覆盖类型存在关联。土壤水分误差或不确定性与影响因子之间的一般性关系已经被广泛研究，但这些工作仍存在一些不足：①采用的量化模型（如多元线性回归）相对简单，对这些关联的建模尚存在不足；②采用的解释变量对多源土壤水分产品的误差解释能力有限；③参与评价的产品在数量与类型上还有待进一步补充以满足多元化的生产与科学应用；④不同频率、不同地表状况下微波的穿透深度不同，反演的土壤水分信息来自不同的土壤深度（赵少杰等，2020），难以归一化到相同的深度。

2.2.2 土壤水分研究取得的成果、突破

1. 土壤水分地面观测

在中国科学院西部行动计划项目“黑河流域遥感-地面观测同步试验与综合模拟平台建设”、国家重点基础研究发展计划项目“陆表生态环境要素主被动遥感协同反演理论与方法”，以及国家自然科学基金委员会重大研究计划“黑河流域生态-水文过程集成研究”等一系列项目的支持下，面向中国西部典型的干旱半干旱区，先后开展了“黑河遥感-地面观测同步试验”（Watershed Airborne Telemetry Experimental Research，WATER，2007～2011 年）和“黑河流域生态-水文过程综合遥感观测联合试验”（Heihe Watershed Allied Telemetry Experimental Research，HiWATER，2012～2015 年），由北京师范大学与中国科

学院西北生态环境资源研究院牵头建设形成了黑河流域生态水文综合观测网。该观测网主要由长期观测平台以及专题试验两部分组成。其中，长期观测平台包括了依托自动气象站（Automatic Meteorological Station，AMS）的长期点位观测、基于宇宙射线土壤水分观测系统（COsmic-ray Soil Moisture Observing System，COSMOS）的百米级观测和基于土壤水分无线传感器网络的千米级观测。

1）依托自动气象站的长期点位观测

土壤水分的点位观测一般依托于自动气象站，可以同时获取不同下垫面类型的降水、土壤水分以及其他气象要素。黑河流域生态水文综合观测网，是我国第一个多要素-多尺度-精细化流域综合观测系统，其中包括水文气象观测网（最多时为 23 个观测站，目前业务运行站点为 11 个；包括 3 个超级站和 8 个普通站，覆盖了黑河流域主要下垫面类型）。每个站点均布设了水文气象要素观测系统（风温湿廓线、气压、降水量、土壤温湿度廓线、四分量辐射、光合有效辐射、土壤热通量、地表辐射温度、平均土壤温度、区域土壤水分、地下水位等）、植被参数（物候、植被覆盖度等）等。其中，土壤温湿度传感器共 8 层，埋深分别为 2cm、4cm、10cm、20cm、40cm、80cm、120cm、160cm，数据获取的平均周期为 10 分钟，已获取自 2012 年至今的连续土壤水分观测数据。图 2-11 展示了大满站所获取的不同深度的多年土壤水分数据情况。

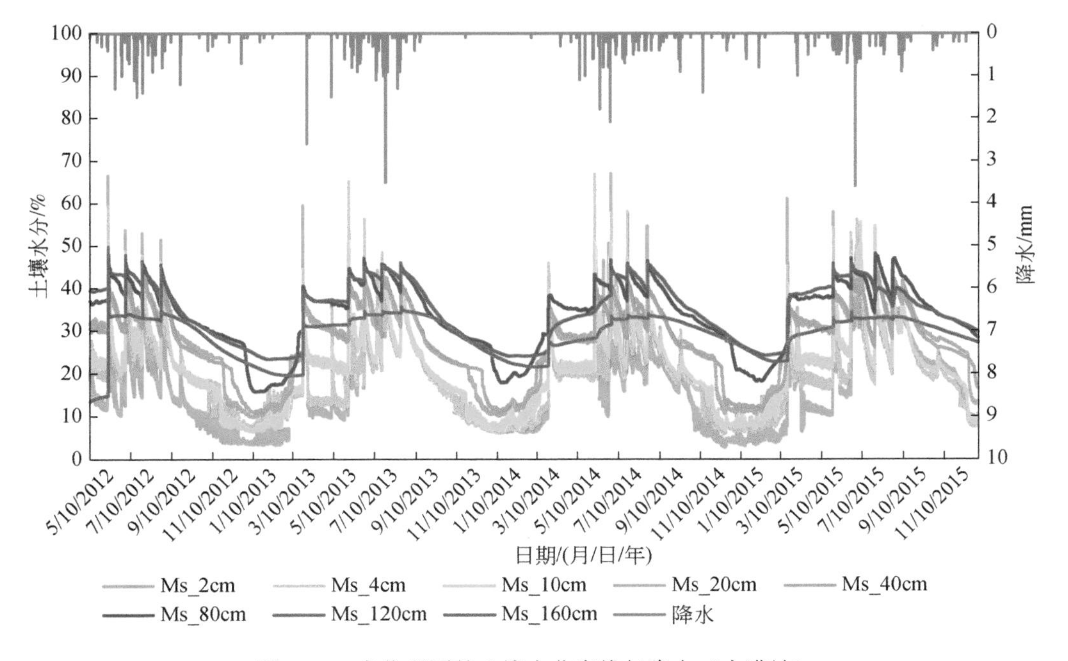

图 2-11　点位观测的土壤水分廓线与降水（大满站）

2）基于宇宙射线土壤水分观测系统的百米级观测

Hendric 和 Edge（1966）指出，地上快中子的强度与土壤水分含量有关。水文学家利用这一特性研制出用于探测土壤水分和雪水等效深度的宇宙射线测量装置（Cosmic Ray Probe，CRP）（Zreda et al.，2008；Desilets et al.，2010）。宇宙射线测量方法在水平方向上的探测面积比较大，其探测到的快中子 86% 分布在以探针为中心、半径 350m 的范围内（Zreda et al.，2008），水平方向上的探测面积与土壤水分含量无关，而与气压有关。因为气压越低，快中子传播的距离越远。Köhli（2015）的研究表明，CRP 观测的结果可能还受到源区内土壤水分的空间异质性影响。该方法的测量深度通过蒙特卡罗模拟获得，干土（0 含水量）的探测深度为 76cm，湿土（40% 含水量）的探测深度则只有 12cm（Shuttleworth et al.，2010）。

作为黑河流域生态水文综合观测网长期观测平台的组成部分，黑河中游地区的甘肃张掖大满灌区（100°22′N，38°51′E）2012 年开始布设一套宇宙射线土壤水分观测系统（主要覆盖五星村四社和五星村五社两个社区的农田）。在宇宙射线土壤水分观测系统源区内有 23 个节点的土壤水分无线传感器网络（Wireless Sensor Network，WSN）（图 2-12）。自 2017 年，又分别在黑河上游阿柔站和下游四道桥站分别安装了一套宇宙射线土壤水分观测系统。为了保证 CRP 估算的土壤水分精度，对 CRP 观测数据进行了严格的质量控制，对气压、空气中水蒸气含量、入射中子通量、地表植被四种影响因素进行了校正。为了将校正后的中子强度转换为有用的土壤水分信息，Desilets 等（2010）在拟合了 MCNPX（Monte Carlo N-Particle eXtended）模型模拟的地面中子强度后建立了以下关系：

$$\theta=\frac{a_0}{\frac{N_{\mathrm{cor}}}{N_0}-a_1}-a_2 \tag{2-4}$$

式中，θ 为需要获取的土壤水分含量；N_0为在特定地点干燥土壤条件下的快中子强度，在实际中很难直接测量，通常通过将区域平均土壤水分含量和校正后的中子强度N_{cor}代入式（2-4）来计算；a_0、a_1和a_2为拟合参数，当土壤水分含量大于0.02kg/kg 时分别为0.0808、0.372 和0.115。

从图 2-13 可以看出，CRP 可以很好地反映降水和灌溉对土壤水分的影响，其观测结果与 WSN 观测结果具有很好的一致性。在存在降水的情况下，CRP 观测到的土壤水分有所增加，然后由于蒸散作用而迅速减少。而灌溉作为当地农田水的主要补给方式，能使足迹范围内的土壤水分含量迅速增加，因此在灌溉期间 CRP 测得的土壤水分含量一直处于较高水平。另外也可以看到，在灌溉期间，CRP 和 WSN 估算的土壤水分含量表现出明显的双峰变化，造成这种情况的主要原因是 CRP 足迹范围内包含两个不同的社区，而每一个社区在同一轮灌溉中的灌溉时间不同，第一个社区开始灌溉时，CRP 足迹范围内的平均土壤水分含量迅速增加，之后停止灌溉，土壤水分含量减少，间隔 1 ~ 2 天后第二个社区

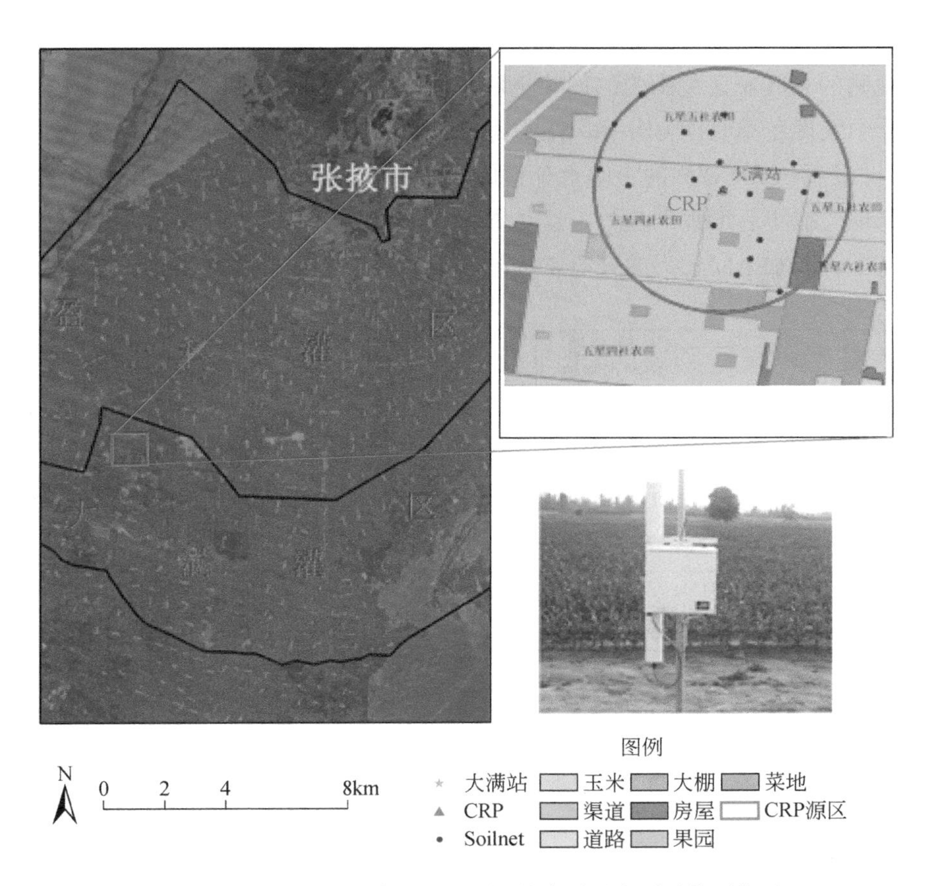

图 2-12　宇宙射线土壤水分观测系统布设示意图及其下垫面

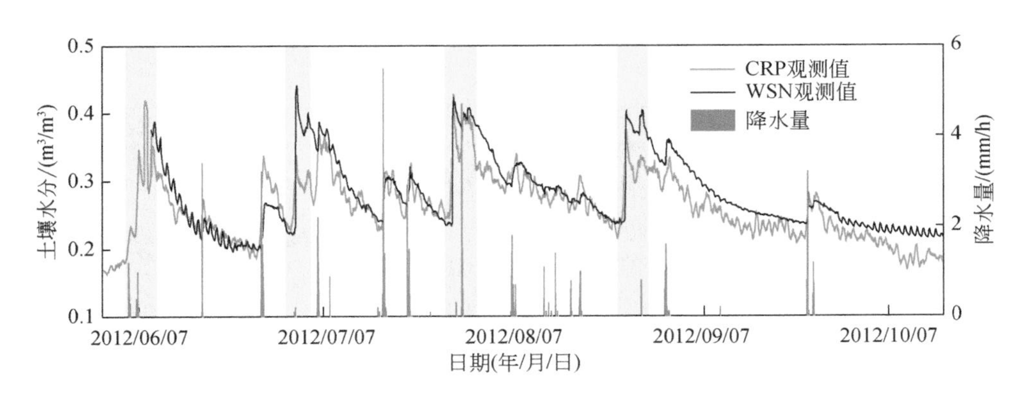

图 2-13　CRP 与 WSN 估算土壤水分在玉米生长季节的比较

青蓝色阴影部分为灌溉期

开始灌溉，土壤水分含量又开始增加，然后灌溉停止，土壤水分含量减少。这也充分说明，CRP 观测的是其源区范围内的面状土壤水分。

在研究中发现冬季时期 CRP 和 WSN 观测的土壤水分之间存在显著的差异，从图 2-14 中可以看出，冬季 CRP 观测的土壤水分整体稳定，不存在较大的变化，而 WSN 观测的土壤水分则呈现先减小后增加的趋势。这主要是由于 WSN 和 CRP 所使用的原理不同，WSN 是通过干燥土壤和水之间较大的介电常数差异来实现土壤水分的测量，而冰的介电常数与

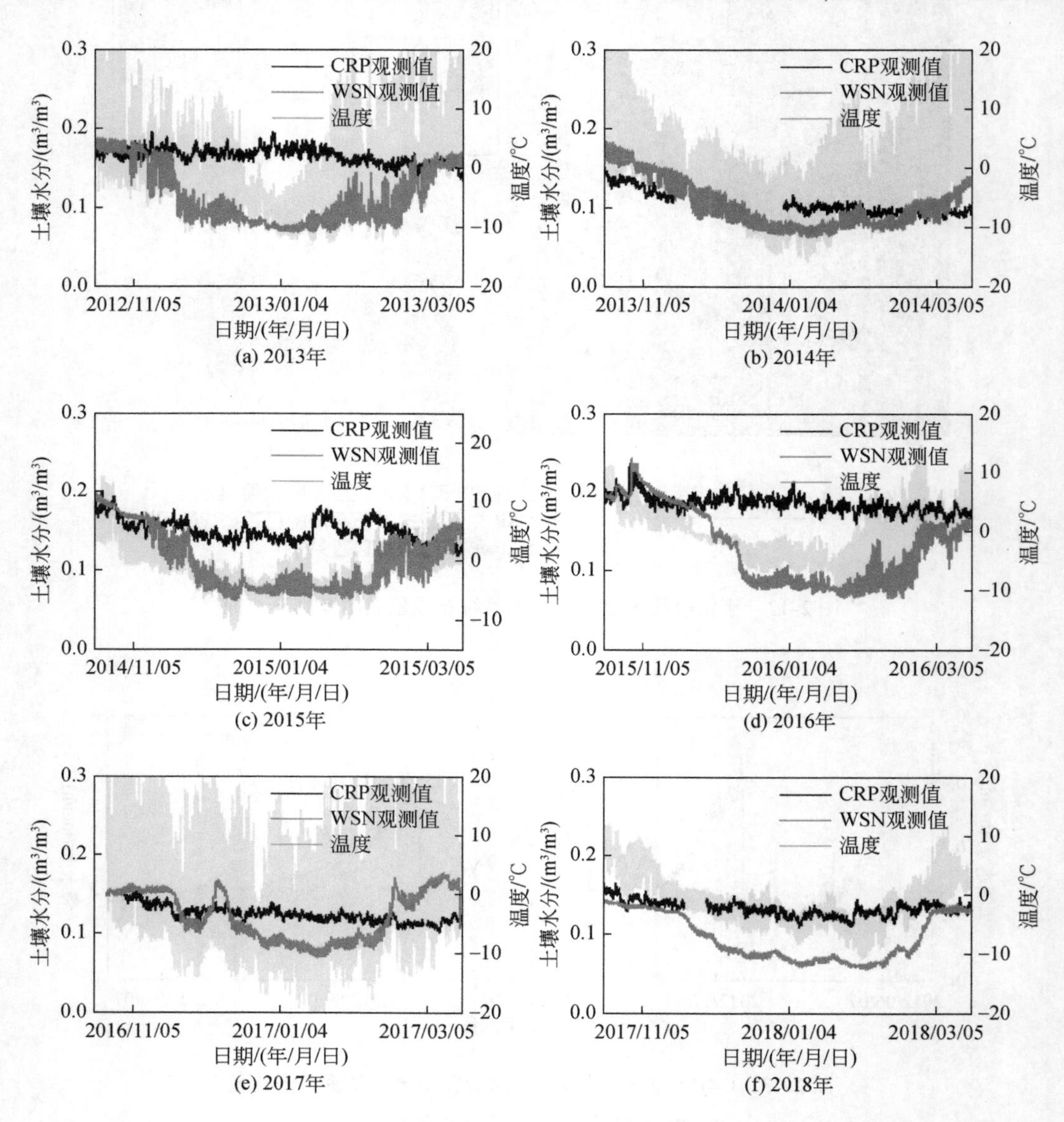

图 2-14　2012 ~ 2018 年冬季 CRP 和 WSN 观测的土壤水分变化曲线

干燥土壤相当，导致 WSN 只能观测自由水部分的土壤含水量，因此在 11 月初土壤水分开始冻结时，WSN 测得的土壤水分含量迅速下降，在 2 月中旬，随着温度的升高，冰冻的土壤水分逐渐解冻，WSN 测得的土壤水分含量迅速增加；而 CRP 是通过氢原子对快中子的慢化作用来实现对土壤水分的估算，而土壤水分不论是在什么状态，氢原子都不会发生任何变化，也就是说通过 CRP 观测的土壤含水量实际上包括了自由水部分和冻结水部分，而在冬季研究区内降水量与蒸发量都较少，因此 CRP 测得的土壤水分相对稳定。

3）基于土壤水分无线传感器网络的千米级观测

在黑河流域生态水文综合观测专题试验中，2012 年 6 ~ 10 月于中游盈科灌区布设了嵌套式的土壤水分无线传感器网络（WSN）（图 2-15）。土壤水分无线传感器网络属于 HiWATER 多尺度通量观测矩阵试验（MUSOEXE-12）的一部分。该试验包括大小嵌套的两个矩阵，其中大矩阵为 30km×30km，包括了绿洲和沙漠；小矩阵为核心试验区，位于绿洲中部，大小为 5. 5km×5. 5km。土壤水分无线传感器网络位于小矩阵为核心试验区中，主要下垫面类型为玉米，另有少量的果园。

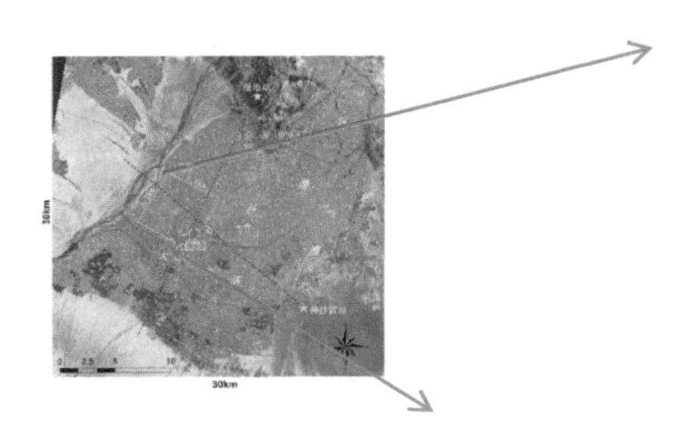

图 2-15　黑河中游土壤水分无线传感器网络布设示意图

土壤水分无线传感器网络包括 3 个嵌套的网络，即 BNUNET、WATERNET 和 SoilNET。BNUNET 分布在整个 5. 5km×5. 5km 的核心试验区范围，共 80 个节点，埋设深度 4cm；WATERNET 分布在 4×4 个 MODIS 像元范围内，包括 50 个观测节点，每个节点分别包括两层（4cm、10cm）的土壤水分和土壤温度的观测，深度分别均为 4cm 和 10cm。其中，土壤水分的观测利用了基于时域反射法的 Hydro-Probe Ⅱ（HP-Ⅱ）传感器。SoilNET 分布在大满超级站所在的 MODIS 像元，包括 50 个观测节点，每个节点分别包括四层的土壤水分和土壤温度的观测，深度分别均为 4cm、10cm、20cm、40cm。其中，土壤水分的观测利用了德国于利希研究所设计的传感器。土壤水分无线传感器网络的优化设计、数据的传输方式以及其他相关信息可以参考 Jin 等（2014）。

为满足青藏高原复杂下垫面和起伏地形的土壤水分变化趋势和驱动机制研究，以及卫星像元尺度土壤水分获取和土壤水分遥感产品的真实性检验等需求，在中国科学院A类战略性先导科技专项“泛第三极环境变化与绿色丝绸之路建设”子课题“祁连山‘山水林田湖草’系统综合监测与评估”（XDA20100101）支持下，2019～2020年研究人员在青海湖西北天峻县布设了土壤水分传感器网络（Chai et al.，2015）（图2-16）。该网络区域范围面积为40km×36km，包含60个节点，覆盖了AMSR-2、FY、SMOS、SMAP等当前主要微波卫星土壤水分产品像元。在该区域范围内，还包括两个1km×1km的加密观测区，每个加密观测区包含11个节点。土壤水分、温度传感器为Campbell公司的CS656传感器。每个节点含数据采集器和3层（5cm、10cm、30cm）土壤水分、温度探头。已获取的土壤水分数据质量良好，能够充分反映该区域的土壤水分时空变化趋势，特别是高原地区土壤冻融变化特征（图2-17）。

图2-16　天峻县土壤水分无线传感器网络分布图

红色节点为粗尺度观测；黄色节点为加密观测

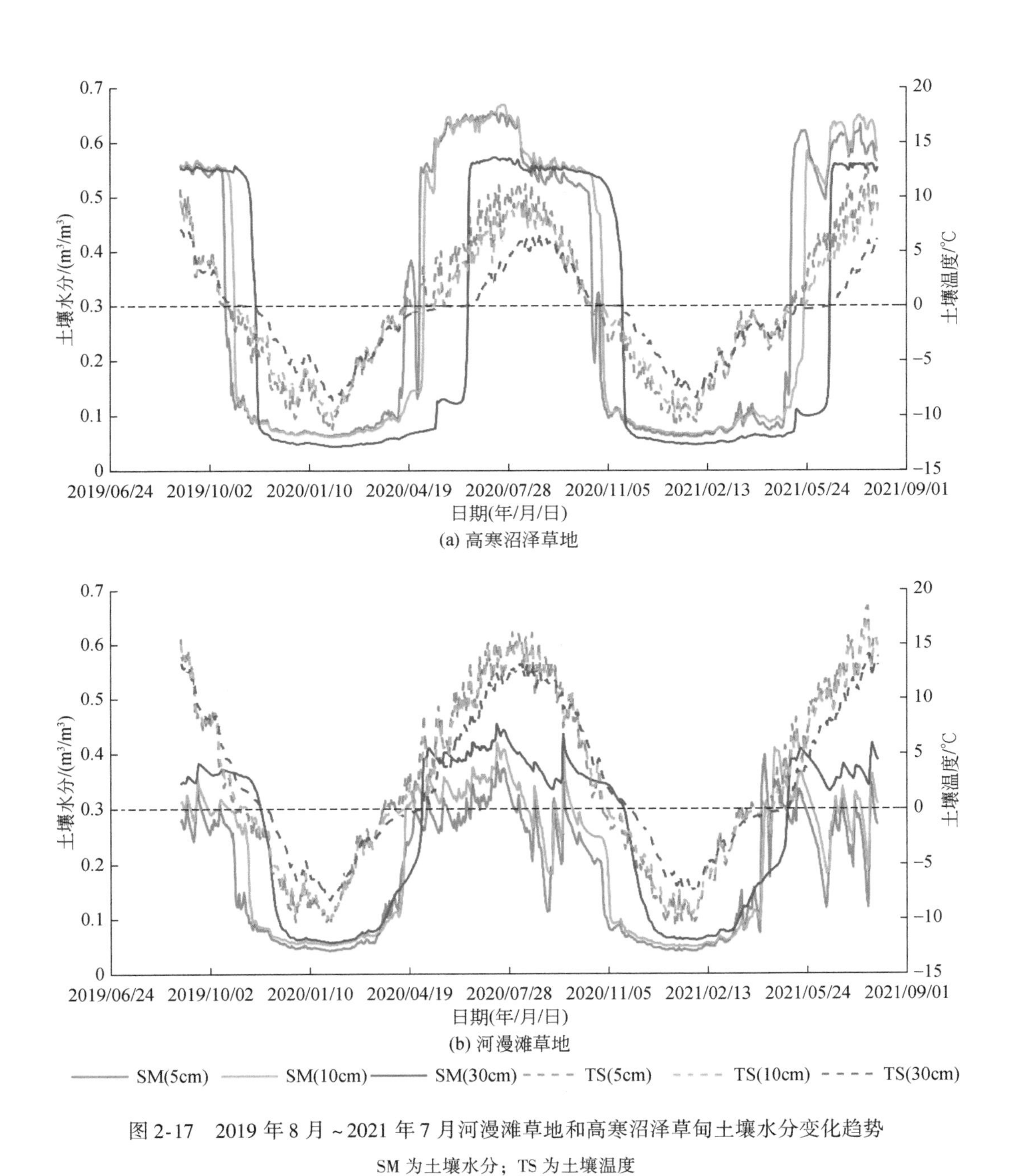

图 2-17 2019 年 8 月～2021 年 7 月河漫滩草地和高寒沼泽草甸土壤水分变化趋势

SM 为土壤水分；TS 为土壤温度

2. 土壤水分尺度转换研究

1）基于贝叶斯最大熵（Bayesian Maximum Entropy，BME）方法的土壤水分升尺度

BME 空间估计及制图理论最早由 Christakos（1990，1991，1992）提出并应用。这种

方法采用了统计学中的贝叶斯方法和信息论中的熵的概念来认识和处理时空变量，它包括三个相互关联的阶段（Christakos，2000）。①先验阶段，通过信息的期望（熵函数）的最大化，将从已有的统计知识中得到的先验概率考虑到空间估计中；②中间阶段，整理特定知识（硬数据和软数据）并且将其转化成一种便于融入后期数据分析过程的表达格式；③后验阶段，通过贝叶斯条件概率的形式表达待估计变量的后验概率，通过后验概率的最大化得到空间变量的估计。本研究基于 WATERNET 50 个观测节点的 4cm 土壤水分，以及 13 个自动气象站 4cm 深度的土壤水分数据（硬数据、先验知识），通过 BME 方法融合 2012 年 5 月 30 日、2012 年 6 月 15 日、2012 年 6 月 24 日 ASTER（The Advanced Spaceborne Thermal Emission and Reflection Radiometer）的地表温度数据（软数据）来进行土壤水分的空间估计（Gao et al.，2014），并与传统地统计学中的普通克里金（Ordinary Kriging，OK）方法、协克里金（Co-Ordinary Kriging，Co-OK）方法以及回归克里金（Regression Kriging，RK）方法进行比较，其中 OK 方法只利用了土壤水分无线传感器网络数据，而 Co-OK 方法和 RK 方法各自通过不同的方式引入了 ASTER（Terra）的地表温度作为辅助数据。

图 2-18 展示了研究区基于上述四种方法在三个时期的土壤水分空间估计结果。其中，白色区域代表建筑物和其周边区域基本没有空间相关性。可以发现，在每个时期内，不同方法获取的土壤水分分布结果基本相似，并且土壤水分变化范围也基本一致；5 月 30 日和 6 月 24 日土壤水分空间差异较大，6 月 15 日的土壤水分分布则更均一。从局部来讲，OK 方法估计的土壤水分结果中土壤水分变化较平滑，而 Co-OK 方法和 RK 方法的估计的水壤水分结果有较明显的像元格网现象。和 OK 方法和 Co-OK 方法相比，RK 方法和 BME 估计的水壤水分结果在研究区的边缘地带也可以显示出较大的空间变化信息，而在这些区域观测点较稀疏。通过目视比较只可以对不同方法的空间估计结果有比较初步的认识，为了确定不同方法的优劣程度，有必要进行定量的验证。

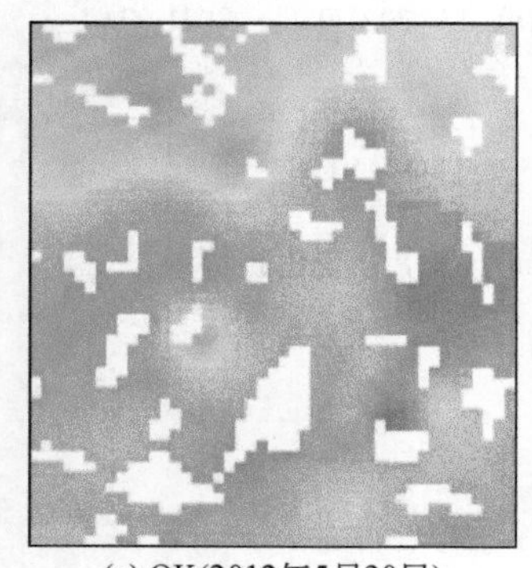

(a) OK(2012年5月30日)

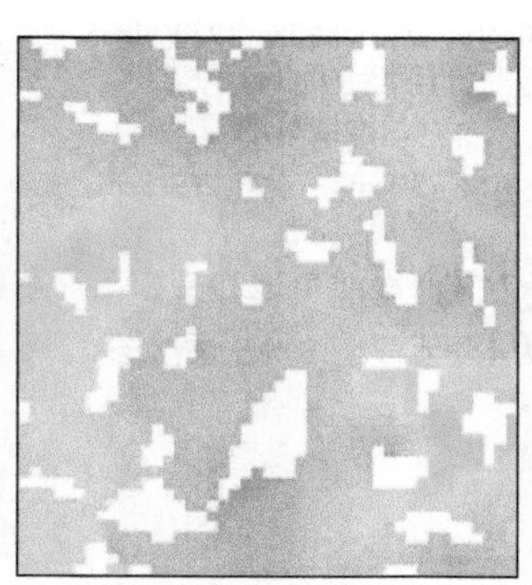

(b) OK(2012年6月15日)

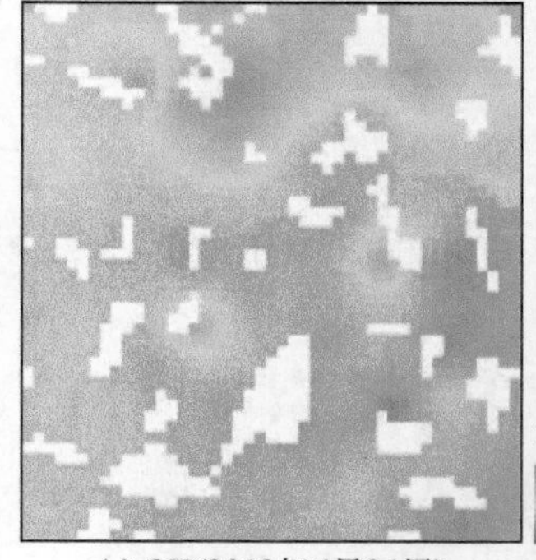

(c) OK(2012年6月24日)

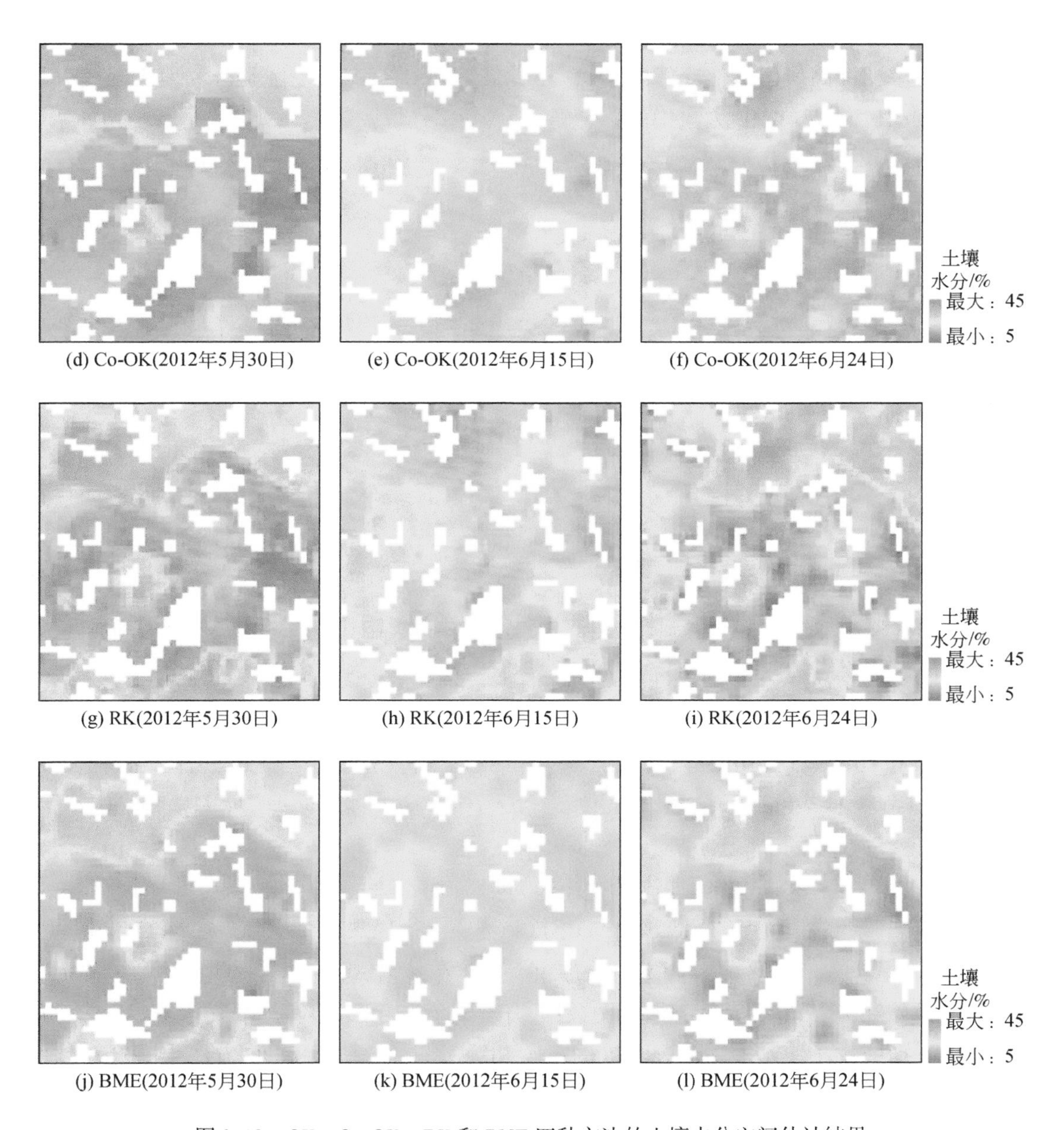

图 2-18　OK、Co-OK、RK 和 BME 四种方法的土壤水分空间估计结果

在验证过程中，x_k^* 表示在某一空间位置土壤水分的估计值，并且在这一位置，土壤水分的实际观测x_k是存在的，但是没有参与到这点的空间估计过程中。这样（$x_k^* - x_k$）可以定义为交叉验证（Leave One Out Method）的误差。图 2-19 显示了验证时期验证数据和估计结果的散点图以及误差分布图。从图 2-19 可以看到，这四种方法在大部分区域都可以提供合理的估计。误差直方图也显示出融入辅助数据后误差变化范围会减小，尤其是在

BME 方法中。另外，和 OK 方法相似，Co-OK、RK 和 BME 的估计结果中同样存在地统计中的固有缺陷，即高值区低估，低值区高估。不过本研究中虽然土壤水分和地表温度只是中度相关，RK 方法和 BME 方法中的这种缺陷仍然有较大改善。

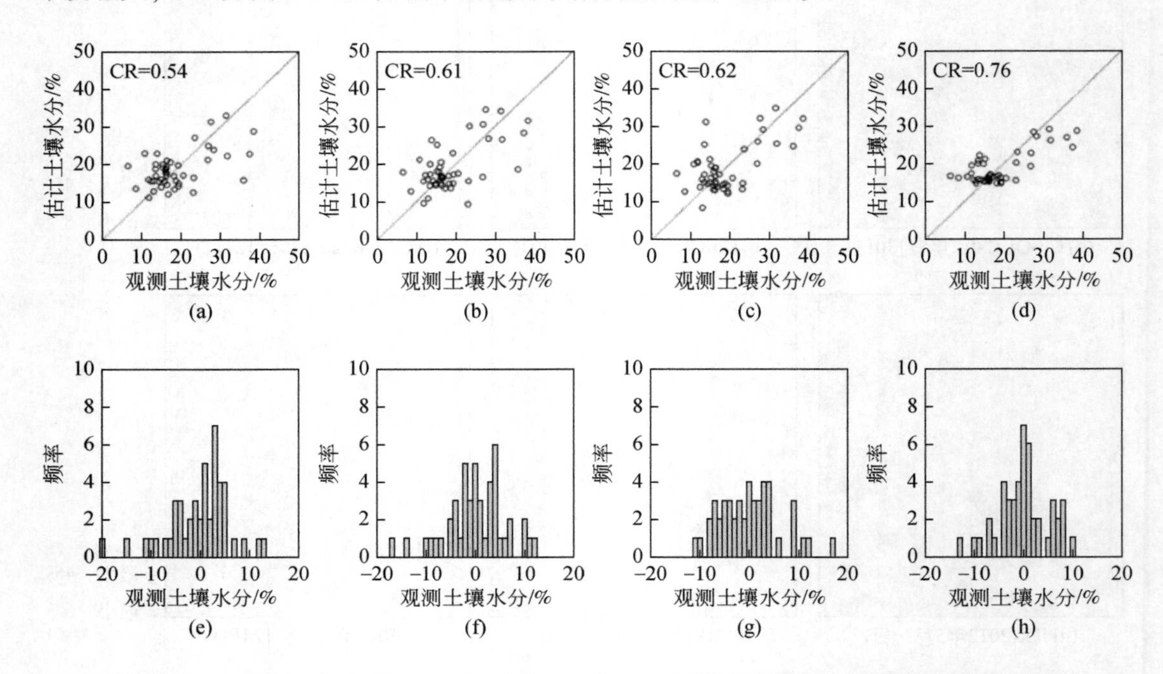

图 2-19　2012 年 5 月 30 日 OK、Co-OK、RK 和 BME 四种方法的交叉验证结果及误差分布

(a)(e)对应 OK 方法；(b)(f)对应 Co-OK 方法；(c)(g)对应 RK 方法；(d)(h)对应 BME 方法

图 2-20 展示了基于自动气象站观测数据的独立验证结果。由于在每个时期正常运行的自动气象站点少于 10 个，因此这里只用了可以提供合理观测数据的观测站点，由于每个时期验证数据较少，我们将三个时期的验证数据当作一个数据集来统计。和交叉验证结果相似，虽然在 Co-OK 方法中加入辅助数据，但是它的精度并不会明显优于 OK 方法，这可能由于本研究中土壤水分和地表温度的中度相关关系制约了 Co-OK 方法中估计精度的改进，因为在 Co-OK 方法中并没有直接利用土壤水分和地表温度之间的线性统计关系，而只是将地表温度直接包括在了估计方程中。这也和前人的研究结果类似，有研究表明在辅助数据和目标数据相关性不是太高的情况下，Co-OK 方法有可能弱化辅助数据的作用，进而只在很小程度上优于 OK 方法（Goovaerts，1998；Triantafilis et al.，2001；Wu et al.，2008；Emery，2012）。此外，RK 方法和 BME 方法都比 OK 方法和 Co-OK 方法表现出明显的优势。RK 方法的 CR 达到了 0.60，BME 方法的 CR 达到了 0.68。Co-OK 方法 RMSE 为 $0.0551m^3/m^3$，RK 方法的 RMSE 降低到了 $0.0392m^3/m^3$，BME 方法的 RMSE 则降低到了 $0.0386m^3/m^3$。同时，Co-OK、RK 和 BME 三个方法仍存在高值低估和低值高估的现象，

但是相比 OK 方法都有所改进，尤其是在 RK 和 BME 两方法中，我们可以认为是加入到空间估计中的辅助数据在这里发挥了作用。

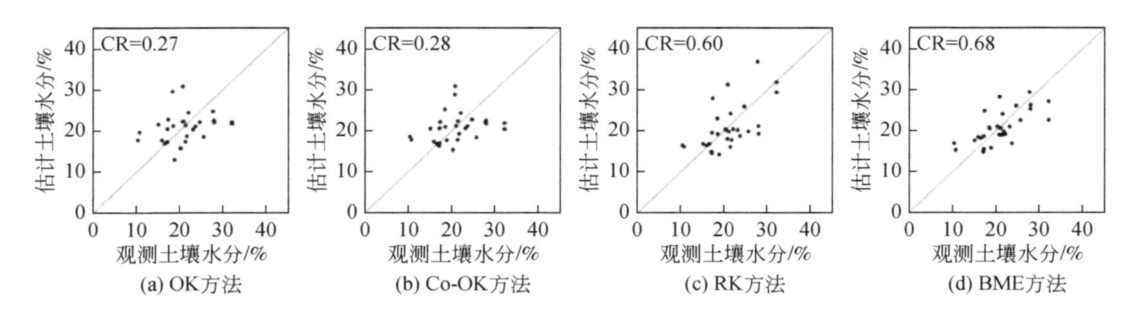

图 2-20　利用自动气象站数据对四种空间估计方法的独立验证结果

2）土壤水分降尺度方法比较

现有的土壤水分降尺度研究通常局限于同类或相似类型降尺度方法的比较，目前仍然缺少一套全面、系统的土壤水分降尺度方法评价体系与适用性分析结果来指导高空间分辨率、高精度土壤水分降尺度产品的生产。本研究以青藏高原为研究区，采用同一套地面观测数据、指标和评价方法，分别对泰勒级数展开（DisPATCh）、高斯过程回归（GPR）、多元统计回归（MSR）、随机森林（RF）和面到面回归克里金（ATA）五种土壤水分降尺度方法进行评价。其中，待降尺度产品为 Qu 等（2019）基于随机森林方法生产的青藏高原 0. 25°×0. 25°SMAP 土壤水分时空扩展产品，验证所使用的土壤水分地面观测数据集来自 5 个传感器网络，即黑河上游、玛曲、那曲、帕里和狮泉河。降尺度过程中所使用的辅助数据包括 GLASS 的 LAI、Albedo、FVC、GPP 和 ET 产品，TRIMS LST 产品，MODIS MCD12Q1 土地覆盖产品，以及 GTOPO30 的 DEM 数据。其中，泰勒级数展开方法的输入因子为地表温度和植被覆盖度，多元统计回归和面到面回归克里金方法的输入因子为地表温度、植被覆盖度、叶面积指数、反照率、温度植被干旱指数、蒸发效率、经度和纬度，回归过程均采用逐步回归；由于随机森林和高斯过程回归方法所建立的模型为离散模型，其输入因子在多元统计回归和面到面回归克里金方法的基础上增加了日序，以保证降尺度关系的稳定性。

对降尺度方法的比较主要从以下四个方面进行。①与原微波土壤水分产品进行比较检验其保质性；②实测多点平均验证以检验降尺度过程对土壤水分精度的增益；③五种降尺度结果采用 TCH 方法互相比较检验其相对误差；④空间分布合理性分析。

将利用五种降尺度方法得到的0. 01°空间分辨率土壤水分产品聚合为0. 25°，统计聚合后的结果在空间上与原微波土壤水分产品之间的相关系数、均方根误差和偏差，结果如图 2-21所示。从图 2-21 中相关系数的分布可以看出，高斯过程回归、多元统计回归和随机森林的降尺度聚合结果在青藏高原西北部的裸地和稀疏植被覆盖下垫面均表现较差，且高斯过程回归和随机森林的空间分布非常相似；面到面回归克里金方法在青藏高原边界处表现较差，这是由于为了减小计算成本和时间代价，本研究只对青藏高原区域内的残差进行了克里金插值，而其他方法都是对26.5°～44°N和东经74°～105°E的整个区域进行降尺度，因此该方法在对青藏高原边界处的残差进行插值时会忽略区域外残差的影响，从而产生误差；泰勒级数展开方法在整个青藏高原地区都与原微波土壤水分产品有着较好的相关系数，在五种降尺度方法中表现最佳。从均方根误差的空间分布来看，两种机器学习算法（高斯过程回归和随机森林）有着相似的空间分布，均方根误差均较低；两种基于统计回归的方法（多元统计回归方法和面到面回归克里金）有着相似的空间分布，但是面到面回归克里金方法的均方根误差的空间分布较为平滑；泰勒级数展开方法在整个青藏高原都有着较小的均方根误差，依然在五种降尺度方法中表现最佳。从偏差的空间分布来看，两种机器学习方法的空间分布依然相似，但是高斯过程回归方法要略优于随机森林方法；而多元统计回归方法和面到面回归克里金方法的偏差分布正好相反，在裸地和稀疏植被覆盖下垫面以及森林下垫面，多元统计回归方法倾向于高估而面到面回归克里金方法倾向于低估。在水体附近，多元统计回归方法倾向于低估而面到面回归克里金方法倾向于高估，这说明面到面回归克里金方法在对残差进行插值的过程中存在“矫枉过正”的现象；泰勒级数展开方法在整个区域偏差为0，这说明该方法为无偏降尺度。综合来看，根据降尺度结果对原土壤水分产品的保质性，5种方法中最优的是泰勒级数展开，其次是两种机器学习方法（相差不大）以及基于统计回归的多元统计回归和面到面回归克里金，该结果与降尺度的算法有关以及输入的降尺度因子有关。

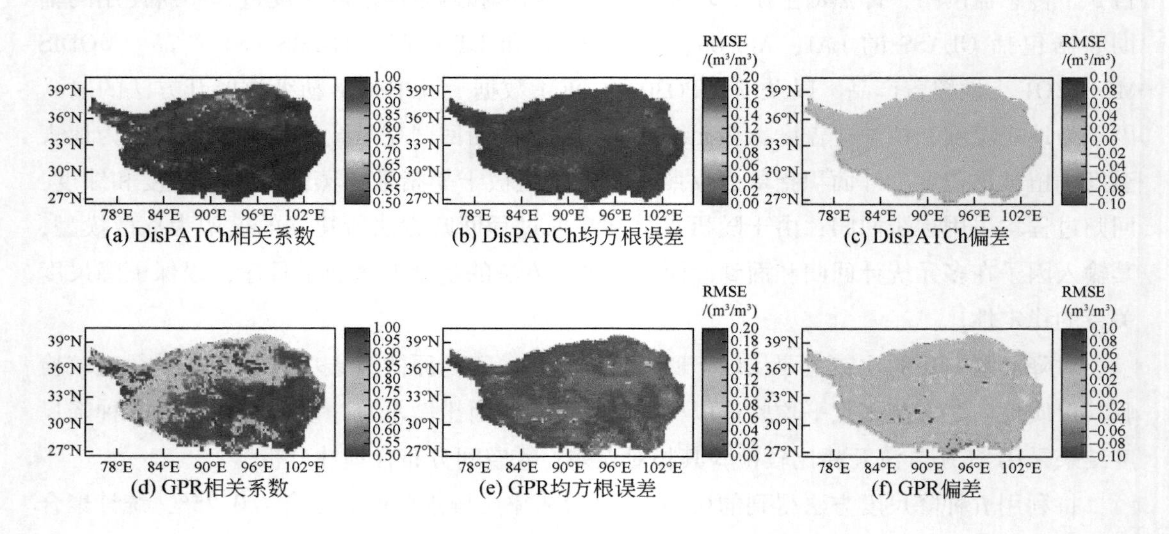

(a) DisPATCh相关系数 (b) DisPATCh均方根误差 (c) DisPATCh偏差

(d) GPR相关系数 (e) GPR均方根误差 (f) GPR偏差

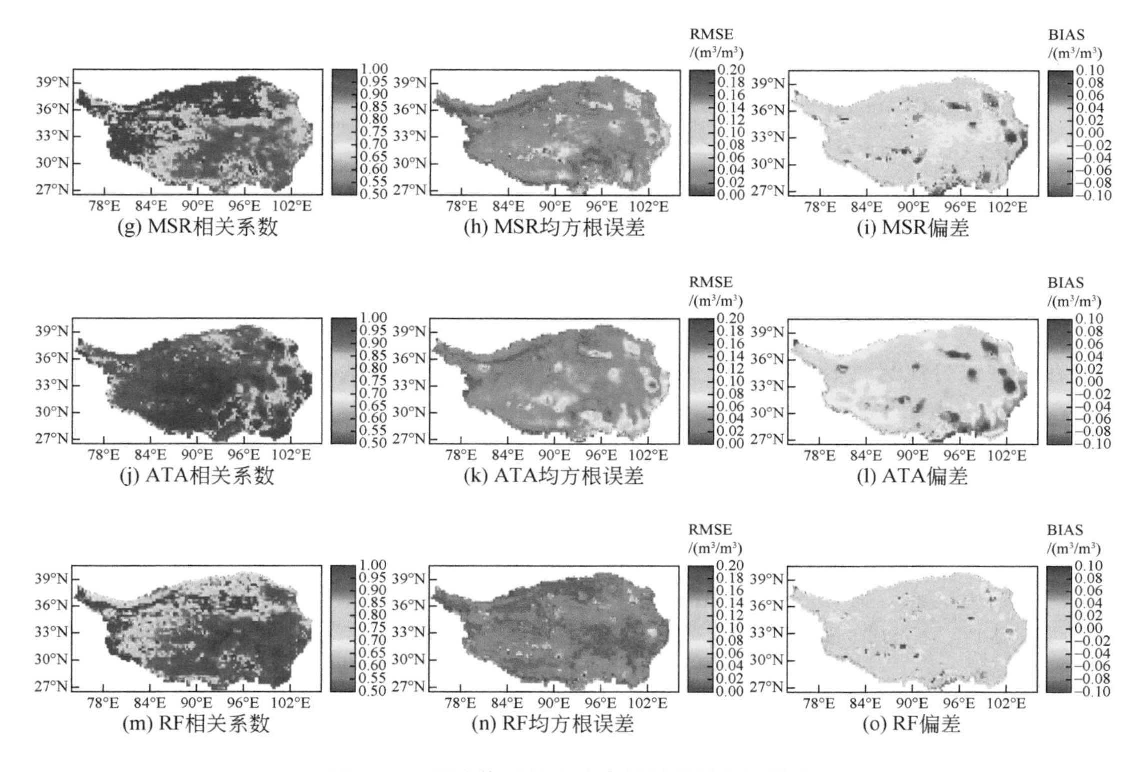

图 2-21 微波像元尺度聚合结果误差空间分布

在黑河上游、玛曲和那曲三个站点分别将降尺度结果在 0. 05°尺度上与实测土壤水分数据进行比较，分别计算相关系数、均方根误差、偏差、斜率以及降尺度的增益指标，并从方法的有效性增益（Geffi）、结果的精度增益（Gprec）以及准确度增益（Gaccu）三个方面对降尺度方法进行评价，Grmse 为均方根误差增益。在黑河上游，泰勒级数展开方法有最高的有效性增益；多元统计回归方法有最高的相关系数（R=0. 68）和精度增益；面到面回归克里金方法有最低的均方根误差（RMSE=0. 20m^3/m^3）和偏差（bias=-0. 07m^3/m^3）以及最高的均方根误差增益和准确度增益。从方法的有效性、结果的精度和准确度综合来看（Gdown 指标），表现最好的为面到面回归克里金方法（Gdown=0. 25），并且该方法在黑河上游有最高的均方根误差增益。在玛曲，高斯过程回归方法有最小的均方根误差（RMSE=0. 10m^3/m^3）和偏差（bias=-0. 04m^3/m^3）以及最高的均方根误差增益和准确度增益；随机森林方法有最高的相关系数（R=0. 79）和精度增益；面到面回归克里金方法有更接近于 1 的斜率（Slope=0. 75）和有效性增益。从综合指标 Gdown 来看，表现最佳的为面到面回归克里金方法（Gdown=0. 20），而高斯过程回归方法有最佳的均方根误差增益。在那曲，泰勒级数展开方法有最接近于 1 的斜率（Slope=0. 96）和有效性增益；多元统计回归方法有最高的相关系数（$R=0.86$）和精度增益；随机森林方法有最低的均方根误差（RMSE = 0.08m^3/m^3）和最高的均方根误差增益；面到面回归克里金方法有最小的偏差（bias = −0.002m^3/m^3）和最高的准确度增益。综合来看，表现最佳的为面到面回归克里金方法（Gdown = −0.03），虽然整体结果比原微波土壤水分产品有所下降，但依然是五种方法中下降最小的，而随机森林方法则有最佳的均方根误差增益。

直接检验受限制于土壤水分实测站点的数量，难以表示降尺度方法在空间上和整个青藏高原上的表现。因此，采用 TCH 方法比较五种降尺度方法在整个空间上的相对误差分布，结果如图 2-22 所示。从图 2-22 中可以看出，泰勒级数展开方法的相对误差高值主要集中在土壤水分变异性较强的微波像元的边界，这是因为该方法为逐像元降尺度，虽然在降尺度过程中采用了滑动窗口的方法对结果进行了平滑处理，但在土壤水分变化较大的区域依然会出现降尺度结果空间上不连续的现象，因此在这些微波像元边界区域相对误差要更大。此外，相对误差的高值还出现在水体和青藏高原南部的森林下垫面，这是因为在较湿润的地区蒸发效率与土壤水分之间相关性较差，只用蒸发效率作为降尺度因子在这些区域会产生较大误差，而在青藏高原西北部的干旱半干旱地区，蒸发效率与土壤水分的相关性较强，所以该方法在此类地区适用性更强且有着较小的相对误差。两种机器学习方法的相对误差的分布比较类似，均在青藏高原东部以及东北部的青海湖附近有较大相对误差。从空间上来看，随机森林方法的相对误差分布比较集中且连续性较强，而高斯过程回归方法的相对误差分布比较离散，这可能是算法不同引起的。高斯过程回归方法是根据核函数计算样本之间的协方差矩阵，由此得到目标变量的先验分布，然后根据贝叶斯公式计算得到其后验分布，从而对未知目标变量进行估计。而随机森林方法本质上是一种分类，其回归的原理是将不同分类结果取平均，由于降尺度因子中包含了经纬度信息，所以降尺度结果在取平均的过程中有一定的平滑效应，也就是说降尺度像元会受到周围其他大尺度微波像元土壤水分值的影响，因此高斯过程回归方法的相对误差分布更为集中且平滑。此外，高斯过程回归方法在青藏高原南部的森林方法下垫面有着比随机森林更高的相对误差。基于统计回归的多元统计回归方法和面到面回归克里金方法在水体附近响应强烈，这是因为连续的、最高项为二次项的统计回归模型难以拟合土壤水分的高值区，且在降尺度因子的计算过程中对水体做了掩膜处理，因此在将高分辨率降尺度因子聚合为微波像元尺度时，这部分水体信息难以得到表达，加剧了模型的平滑。面到面回归克里金方法虽然对这部分残差进行了处理，但是较高的残差经过插值以后会造成水体周围的其他下垫面也得到较高的残差，再加上趋势项以后会在这些地区对土壤水分高估，且出现平滑效应。

3. 土壤水分遥感反演与真实性检验

1）植被信号影响与校正、建模与反演

自然界大部分地表是有植被覆盖的地表。这种情况下，土壤的微波辐射经过植被层的

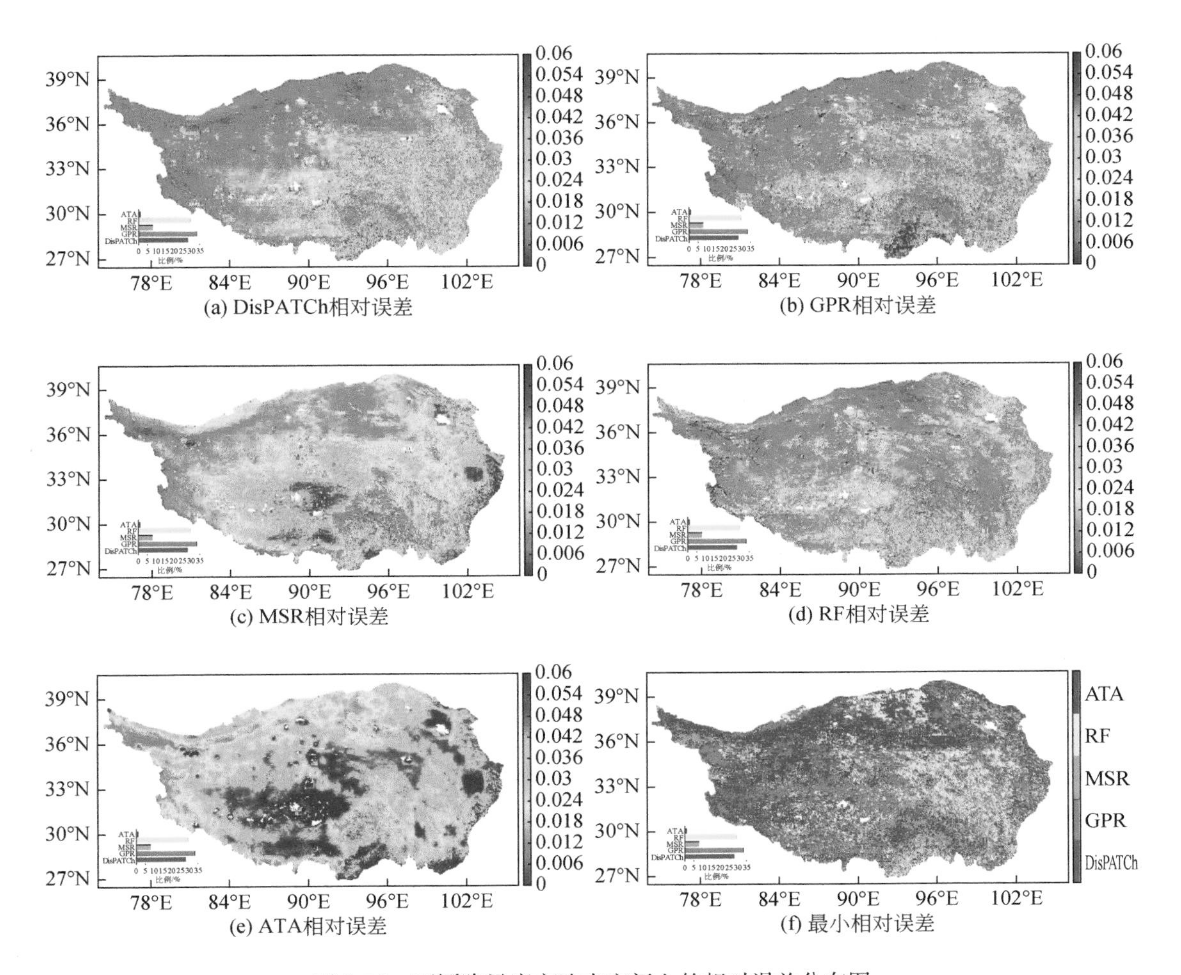

(a) DisPATCh相对误差

(b) GPR相对误差

(c) MSR相对误差

(d) RF相对误差

(e) ATA相对误差

(f) 最小相对误差

图 2-22　不同降尺度方法在空间上的相对误差分布图

衰减，并叠加植被层自身的辐射后被辐射计接收。被动微波遥感中常用 $\tau-\omega$ 模型（Jackson and Schmugge，1991）来描述这个辐射传输过程。在该模型中，植被覆盖的地表辐射可以分为三部分：①植被层自身向上的微波辐射贡献；②植被层自身向下的微波辐射经过地表反射后向上再经过植被衰减后的贡献；③地表的微波辐射向上经过植被衰减后的贡献。在忽略大气影响时，微波传感器在观测频率 f、观测角 θ 下，垂直（V）或水平（H）极化的观测亮温TB_p可表示为

$$\mathrm{TB}_p(f,\theta)=T_s\varepsilon_p^s(f,\theta)L_p+T_c\varepsilon_p^c(f,\theta)+T_c\varepsilon_p^c(f,\theta)\left[1-\varepsilon_p^s(f,\theta)\right]L_p \tag{2-5}$$

式中，$L_p=\exp(-\tau\cdot\sec\theta)$，为植被层的透过率；$\varepsilon_p^c=(1-L_p)(1-\omega)$，为植被冠层发射率；$\varepsilon_p^s$为裸露地表的发射率；$T_s$和$T_c$分别为地表和植被的物理温度；$\tau$ 为植被层的光学厚度；ω 为单次散射反照率。

辐射传输模型的模拟精度是影响土壤水分反演精度的关键因素之一。τ-ω 模型是一个零阶的辐射传输模型，该模型忽略了植被层和土壤表面之间的多次散射。因此，在浓密植被区域（如森林、成熟的玉米地等），由于植被层内、植被与土壤之间的多次散射效应增强，零阶 τ-ω 模型通常会低估植被覆盖地表的总有效辐射，需要经过修正才能获得更合理的模拟精度。一阶或高阶辐射传输模型考虑了一次或多次体散射，因而对浓密植被区域具有更高的模拟精度（张谦等，2017）。但这种多阶的理论模型相对 τ-ω 模型十分复杂，在应用到实际的地表参数反演时困难重重。Chai 等（2018）针对当前高阶模型在实际应用中存在的问题，在高阶辐射传输模型的双矩阵算法模拟数据基础上，建立了 L 波段多角度玉米微波辐射的参数化模型。该模型不仅具有 τ-ω 模型简洁的模型形式，同时又具有物理模型的高模拟精度。参考 τ-ω 模型的方程形式，该参数化模型将卫星观测到的植被覆盖地表总发射率表示

$$\varepsilon_p = \varepsilon_p^{\text{veg}} + \varepsilon_p^{\text{veg}}(1-\varepsilon_p^{\text{grd}})L_p + \varepsilon_p^{\text{grd}}L_p \tag{2-6}$$

式中，p（$p=V/H$）为极化方式；$L_p=\exp(-k\tau\sec\theta)$，为植被层的透过率；$\varepsilon_p^{\text{veg}}=1-L_p$，为植被层的发射率；$\varepsilon_p^{\text{grd}}$为地表发射率。系数 $k=-0.3801\theta^2-0.1079\theta+0.9824$，为观测角度 θ（degree）的函数，该函数基于对模拟数据的拟合得到（拟合 $R^2=0.9967$，RMSE = 0.0119）。利用地面实测数据对该参数化模型模拟精度的验证也取得了很好的结果。

同时，准确获取辐射传输模型中描述植被层的 ω 和 τ、有效剥离植被信号，对植被覆盖地表的土壤水分反演至关重要。植被层的介电常数是影响 ω 和 τ 的关键参数之一。目前常用的植被介电常数模型包括 Ulaby 和 El-rayes（1987）提出的双色散模型，以及 Matzler（1994）提出的模型。寇晓康等（2013）从影响植被介电常数的几个关键因素出发，详细阐述了植被介电常数随植物含水量、电磁波频率以及温度等参数的动态变化情况，介绍了植物材料和植被冠层的相关介电常数模型以及它们各自的适用范围，并对各模型的模拟精度进行了对比和讨论，指出现有植被介电常数模型在应用于寒区研究中的不足。针对该问题，Kou 等（2015）利用不同温度下（−20～20℃）植物叶片微波介电常数的实测数据，发展了一种可以用于冰冻环境下的植被介电常数半经验模型。

在 τ-ω 模型中，植被层的散射反照率 ω 通常依据植被类型赋予 0～0.1 的常数。Ferrazzoli 等（2002）为了使零阶模型达到高阶双矩阵算法的模拟精度，提出了等效散射反照率的概念，即用双矩阵算法的模拟值来匹配 τ-ω 模型公式，并基于最小二乘原理求算等效散射反照率。柴琳娜等（2013）基于地基微波辐射计观测数据，结合最小二乘原理实现了对玉米和大豆两种植被层等效散射反照率的求算，并研究了其随观测角度、观测频率以及植被浓密程度的变化规律。柴琳娜等（2015）基于一阶微波辐射传输模型修正微波植被指数（Microwave Vegetation Index，MVI）的物理公式，并结合星载 AMSR-E 被动微波亮温数据，反演了华北平原地区冬小麦不同生育期的单散射反照率。与 MODIS NDVI 的对比结

果显示，冬小麦单散射反照率与 NDVI 随时间的变化趋势大致相同，但在冬小麦生长后期（抽穗期到乳熟期）NDVI 呈饱和趋势，单散射反照率对小麦的生长变化仍比较敏感。

植被的光学厚度 τ 与组成植被层的叶片、木质组成有关。王琦等（2015）探讨了基于多角度微波辐射亮温数据的冬小麦光学厚度反演方法。该方法结合不同角度裸露土壤反射率极化差之间的关系，利用 τ-ω 模型推演出了计算光学厚度 τ 的方法，并基于该方法利用地基微波辐射计观测数据进行了推算。结果显示，所获取的冬小麦光学厚度反演结果与实测冬小麦 LAI 在整个生育期的变化趋势具有较好的一致性。研究表明，τ 可以与植被含水量（Vegetation Water Content，VWC，单位：kg/m^2）建立直接关系，即 $\tau = b \cdot VWC$。其中，b 是与微波观测频率、植被类型等有关的常数（Van de Griend and Wigneron，2004），可基于地面试验获取。因此，通过准确获取 VWC，也可实现对植被影响的矫正，并进一步有效提高土壤水分的反演精度。目前，VWC 可通过不同的遥感监测手段获取，依据所使用的遥感数据类型，其反演算法可分为两大类，即光学遥感反演算法和微波遥感反演算法。

光学遥感反演算法通常是建立在光谱诊断技术基础上，但大多是建立在对单一光谱指数和地面实测数据的统计回归基础上。在较低或较高植被覆盖情况下，因受土壤背景信号影响和存在光谱信号饱和，这种基于光谱指数统计回归的方法表现较差；同时，其可移植性差，当进行区域尺度或全球尺度应用时通常精度不佳。Chai 等（2021）发展了一种基于归一化差异水分指数估算玉米冠层含水量（Canopy Water Content，CWC）的优化方案，并探讨了其应用于估算玉米 VWC 的可行性以及相较于已有的玉米 VWC 估测算法的优越性。该方法与基于理论模型的反演方法相比，具有高效的计算效率，而与基于传统统计回归的反演方法相比，又具有更高的反演精度。该研究的主要贡献在于：①不同于早期发展的归一化水分指数（Normalized Difference Water Index，NDWI）与玉米 CWC 之间的线性统计回归关系，该研究基于 PROSAIL 模型的模拟数据提出了 4 个不同的 NDWI 变量与玉米 CWC 之间的一种指数回归关系；②基于该指数回归关系的分段统计精度，提出了一种基于多个 NDWI 变量的玉米 CWC 优化估算方案，并评估了其在估算玉米 VWC 方面的可行性；③与已有的基于 NDWI 的玉米 VWC 反演算法，以及 SMAP 土壤水分算法中的农作物 VWC 参数化方案的比较显示，基于 NDWI 的优化估测方案具有明显的优越性。

图 2-23 展示了基于 PROSAIL 模型模拟数据的玉米 NDWI 与其 CWC 之间相关性的分段统计精度。结果显示，四个 NDWI 在中等 CWC 情况下回归精度均较高，其中 $NDWI_{(860,1640)}$ 和 $NDWI_{(1240,1640)}$ 表现最优。但在 CWC 的低值和高值区，受土壤信号的污染和 NDWI 饱和的影响，精度均较低。具体的，在 CWC 的低值区（$0kg/m^2 < CWC \leq 0.5kg/m^2$），$NDWI_{(860,970)}$ 表现最佳，而在 CWC 的高值区（$CWC>2kg/m^2$），四个 NDWI 的精度都很低。基于此，该研究提出了一种优化的基于 NDWI 反演玉米 CWC 的方法，即将 $NDWI_{(860,1640)}$

和 $NDWI_{(1240,1640)}$ 与 CWC 的回归关系作为玉米 CWC 的基本反演算法；当 $NDWI_{(860,1640)}$ 小于 0.476 或者 $NDWI_{(1240,1640)}$ 小于 0.379 时，采用 $NDWI_{(860,970)}$ 来进行玉米 CWC 的反演；而当 $NDWI_{(860,1640)}$ 大于 0.684 或者 $NDWI_{(1240,1640)}$ 大于 0.520 时，四个 NDWI 都存在严重的饱和，反演结果将存在较大偏差。

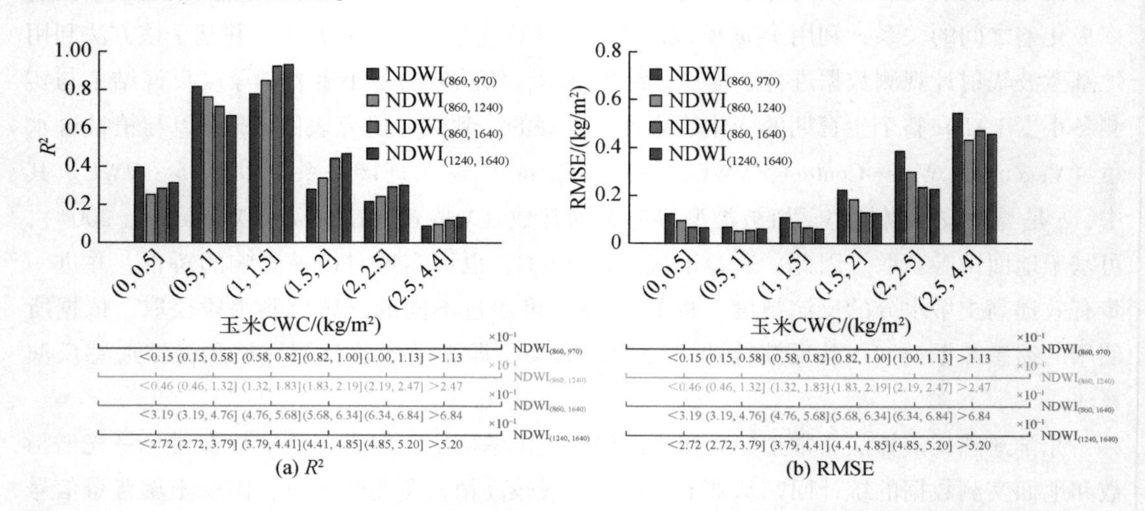

图 2-23　基于模拟数据的四个 NDWI 与玉米 CWC 之间相关性的分段统计精度

利用独立于模拟数据的来自 SMEX02、HiWATER2012 和 Baoding2018 试验的地面实测数据进行验证，结果显示该优化的 CWC 反演方法有更高的反演精度（$R=0.87\pm0.03$，$RMSE=0.2068\pm0.0145kg/m^2$）。进一步，通过结合基于地面实测数据获取的玉米 VWC 和 CWC 之间的线性关系，即 $VWC=3.2922\times CWC$（$R^2=0.87\pm0.03$，$RMSE=0.5916kg/m^2$），将该基于 NDWI 的优化算法拓展应用至玉米 VWC 的反演，并与四种已有的基于 NDWI 的玉米 VWC 反演算法（Anderson et al.，2004；Chen et al.，2005；Huang et al.，2009；Jackson et al.，2004）以及 SMAP 的 VWC 反演方案（Chan et al.，2013）进行对比。结果显示，基于 NDWI 的优化算法具有最高的 R（0.89 ± 0.02）和最低的 RMSE（$0.7147\pm0.0539kg/m^2$）（图 2-24）。

Wang 等（2015）基于对成熟物理模型模拟数据的分析和物理公式的推导，针对玉米的植被三维结构特点及 L 波段（1.4GHz）被动微波亮温数据，发展了基于 L 波段双角度被动微波亮温数据和玉米 LAI 及其株高和株密度数据反演玉米含水量的算法，并利用 2012 年 HiWATER 实验期间获取的 PLMR 机载 L 波段多角度被动微波亮温数据和 GLASS LAI 数据以及玉米株高和株密度数据开展了区域尺度上的玉米含水量反演。

首先，采用 τ-ω 零阶辐射传输模型来反演低矮植被的光学厚度。依据 τ-ω 模型［式(2-6)］，微波辐射计在观测频率 f、观测角 θ 下，垂直（V）或水平（H）极化的观测亮温

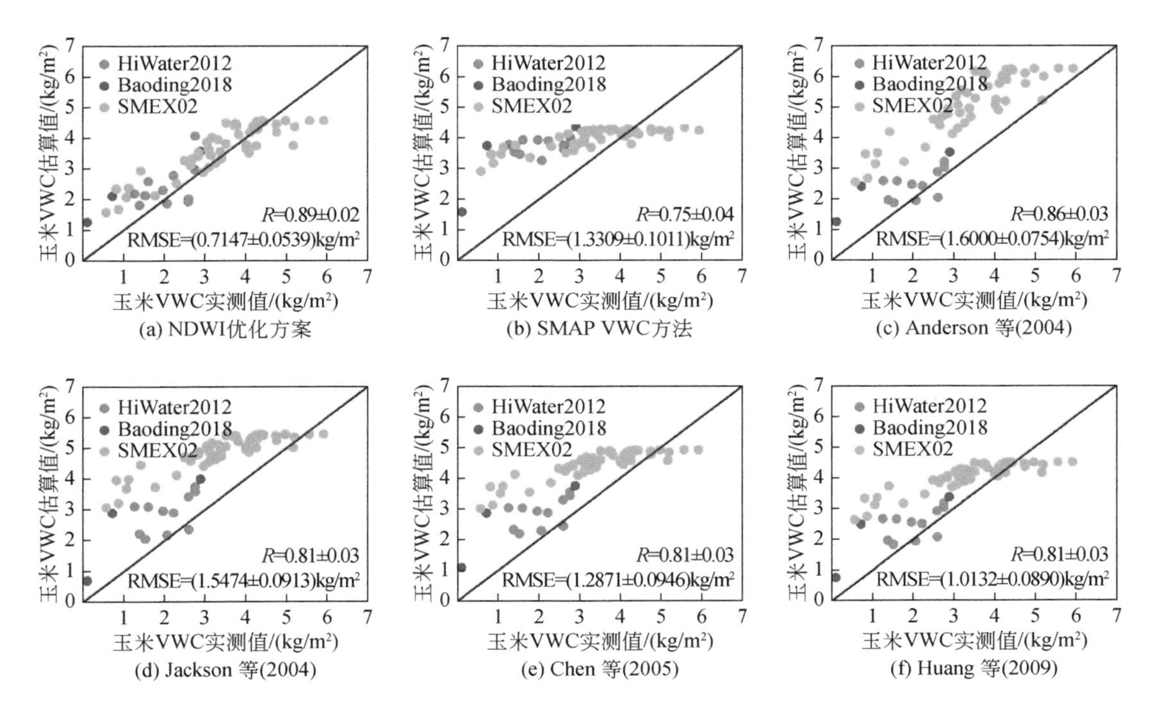

图 2-24　不同玉米 VWC 算法结果与地面实测玉米 VWC 的比较

R 和 RMSE 通过重复 1500 次 bootstrapping 算法获得

可表示为土壤发射率的线性函数［式（2-7）］：

$$TB_p(f,\theta)=[\varepsilon_p^c(f,\theta)\cdot(1+L_p)\cdot T_c]+[L_p\cdot(T_s-\varepsilon_p^c(f,\theta)\cdot T_c)]\cdot\varepsilon_p^s(f,\theta) \tag{2-7}$$

在被动微波遥感观测尺度下，通常假设植被温度（T_c）与地表温度（T_s）近似相等，即$T_c=T_s=T$；同时，认为观测到的植被层信号是许多不同大小、形状和朝向的植被散射体的综合，可以假设植被信号不依赖于极化；并且由于 L 波段波长较长，可近似认为植被层的单次散射反照率 $\omega=0$。通过简化、整理 τ-ω 模型，可以推导出在观测角度θ_1和θ_2下，基于双角度微波辐射亮温数据的低矮植被光学厚度反演算法：

$$\tau=\frac{1}{2}\ln\left[\frac{\varepsilon_V^s(\theta_2)-\varepsilon_H^s(\theta_2)}{\varepsilon_V^s(\theta_1)-\varepsilon_H^s(\theta_1)}\cdot\frac{TB_V(\theta_1)-TB_H(\theta_1)}{TB_V(\theta_2)-TB_H(\theta_2)}\right]\cdot\frac{\cos\theta_1\cdot\cos\theta_2}{\cos\theta_1-\cos\theta_2} \tag{2-8}$$

同时，基于 AIEM 模型（Chen et al., 2003）的模拟数据显示，在角度相差较小（约 15°以内）时，L 波段不同观测角度的裸露土壤发射率极化差之间存在良好的线性关系［式（2-9）］，且该线性关系不依赖于土壤水分和地表粗糙度，可适用于宽范围的土壤状况：

$$\varepsilon_V^s(\theta_2)-\varepsilon_H^s(\theta_2)=p(\theta_1,\theta_2)[\varepsilon_V^s(\theta_1)-\varepsilon_H^s(\theta_1)] \tag{2-9}$$

综合式（2-8）和式（2-9），可得到基于 L 波段双角度微波辐射亮温数据的低矮植被光学厚度反演算法：

$$\tau=\frac{1}{2}\ln\left[p(\theta_1,\theta_2)\cdot\frac{\mathrm{TB_V}(\theta_1)-\mathrm{TB_H}(\theta_1)}{\mathrm{TB_V}(\theta_2)-\mathrm{TB_H}(\theta_2)}\right]\cdot\frac{\cos\theta_1\cdot\cos\theta_2}{\cos\theta_1-\cos\theta_2} \tag{2-10}$$

进一步，基于对玉米光学厚度 τ 与对应 LAI 的模拟数据的分析发现，玉米光学厚度（τ）与其重量含水量 w（%）和 LAI 等参数之间存在以下定量关系：

$$\tau=(a\cdot \mathrm{LAI}+c)\cdot w+b\cdot \mathrm{LAI}+d \tag{2-11}$$

式中，$a=0.1091$；$b=-0.027$；c 和 d 为与玉米植株高度 h_c（m）和玉米植株密度 M_c（m^{-2}）有关的量。

图 2-25 展示了分别基于 GLASS LAI 数据和地面 LAINet LAI 数据反演的玉米重量含水量与地面实测值之间的比较。结果显示，基于 GLASS LAI 数据的反演结果整体偏低，其精度（RMSE=5.61%，R^2=0.306）较低；而基于 LAINet LAI 数据的反演结果与地面实测值的吻合较好，精度（RMSE=3.13%，R^2=0.7768）较高。通过对比地面验证区域中相同像元的 GLASS LAI 数据和 LAINet LAI 数据发现，GLASS LAI 数据整体上低于 LAINet LAI 观测数据，这也是导致地面验证区域内基于 GLASS LAI 的玉米重量含水量反演结果整体偏低的主要原因。

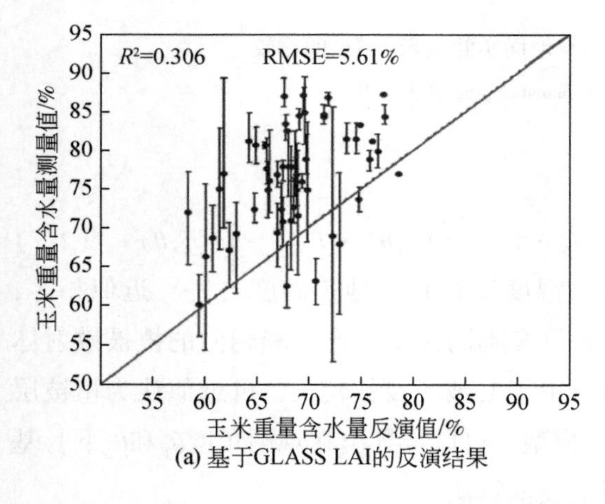

(a) 基于GLASS LAI的反演结果

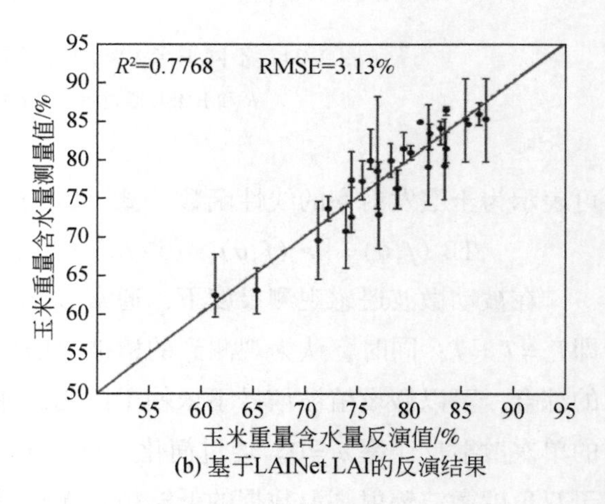

(b) 基于LAINet LAI的反演结果

图 2-25　玉米重量含水量反演值与实测值之间的比较［修改自 Song 等（2018）］

2）冻季土壤水分/冻融状态监测

受限于微波遥感的特点，现有的基于被动微波遥感的土壤水分产品只能反映土壤中的液态水含量。在冻季，针对土壤的被动微波遥感监测，目前还集中在冻融状态判识和冻融过程中相变水量的估算上，这也是目前土壤水分产品在冻季及南北纬高寒地带应用受限的一个主要原因。张立新等（2009，2011）在分析地表冻融过程被动微波遥感机理研究发展现状的基础上，面向全球范围内大尺度陆表冻融过程微波遥感算法发展的需求，针对由土壤、积雪和植被组合的复杂地表，从基础研究角度总结凝练了存在的科学问题，为研究工作的深入开展提供了参考思路。Zhao 等（2012）基于地基微波辐射计（张涛等，2015）的观测数据发现了土壤冻结过程中较明显的微波辐射的相干现象，并通过构建双层结构（上层为冻结土壤层，下层为未冻结土壤层）的土壤微波辐射相干模型进行描述，为冻土区的参数反演提供了有效的模型。

目前，应用被动微波遥感进行地表冻融判别的方法已经有很多，包括双指标算法 DIA（Zuerndorfer and England，1990）、决策树算法 DTA（Jin et al.，2009）、判别式算法 DFA（Zhao et al.，2011），以及一些业务化运行的地表冻融状态算法产品，包括 SMAP（Derksen et al.，2017）、SMOS（Rautiainen et al.，2016）和 ESDR（Kim et al.，2017）。Chai 等（2014）利用 2008 年 SSMIS 和 AMSR-E 被动微波亮温数据，以及中国 756 个气象站点的 2008 年 0cm 地表温度数据，通过构造误差矩阵对三种冻融判识算法（DIA/DTA/DFA）的精度进行了验证分析，并讨论了算法在不同传感器上的扩展性，指出了算法受地形影响等问题。同时，胡文星等（2017）用新发展的冻土介电常数模型替代原 DFA 算法发展过程中所采用的冻土介电常数模型（Zhang et al.，2010）对寒区复杂地表微波辐射模型进行改进，并进一步基于模型模拟数据对 DFA 判别式算法进行了优化。针对 AMSR2 升降轨数据的验证结果表明，改进优化后的算法判识精度在整体上得到了明显的提升。

基于被动微波遥感技术获取冻土中的全部水分含量，目前仍是一项颇具挑战的工作。但得益于微波传感器的观测优势，以 AMSR2 为例，其升轨过境时间为当地时间 13:30（近似认为对应一天中温度最高时刻），降轨过境时间为当地时间 1:30（近似认为对应一天中温度最低时刻），因此，可以利用 AMSR2 升/降轨观测亮温的差异来估算土壤冻融过程中的相变水量。例如，叶勤玉等（2014）进行相变水量降尺度研究时，即使用了 AMSR2 数据的升轨和降轨土壤水分差作为低空间分辨率的相变水量。

Zhang 等（2010）基于模拟实验发现，土壤冻融过程中极化亮温变化幅度与相变水量（Phase Transition Water Content，PTWC）有关。在相同的频率和土壤水分含量下，随着地表温度的升高，冻融过程中 H 极化比 V 极化对相变水量更敏感，低频比高频更敏感。水的相变对于 V 极化在 36.5GHz 时的亮温影响最小。因此，可以使用 Tb36.5V 指示地表温度变化，并定义其他通道亮温与 36.5GHz V 极化亮温之比为准发射率（Quasi-emissivity，Qe），以此来代替实际发射率建立反演算法。准发射率计算公式为

$$\mathrm{Qe}_{f,p}=\frac{\mathrm{Tb}_{f,p}}{\mathrm{Tb}_{36.5,v}} \tag{2-12}$$

通过模拟地表土壤水分和温度对微波辐射亮温的影响，基于回归分析建立统计反演模型，提出基于微波辐射观测亮温数据计算相变水量的算法，即相变水量 m_{ptwc} 与所对应的 10.65GHz V 极化观测的准发射率的变化量 $\Delta\,\mathrm{Qe}_{10.65,\mathrm{V}}$ 存在线性关系：

$$m_{\mathrm{ptwc}} = 3.0185 \cdot \Delta \mathrm{Qe}_{10.65,\mathrm{V}} + 0.0008 \tag{2-13}$$

式（2-13）中准发射率的变化量可依据式（2-14）计算得到：

$$\Delta \mathrm{Qe}_{f,p} = \frac{\mathrm{Tb}_{\mathrm{F},f,p}}{\mathrm{Tb}_{\mathrm{F},36.5,\mathrm{V}}} - \frac{\mathrm{Tb}_{\mathrm{T},f,p}}{\mathrm{Tb}_{T,36.5,\mathrm{V}}} \tag{2-14}$$

式中，f 代表频率；$p(p=V/H)$ 为极化；F 和 T 分别为冻土和未冻土；Tb 为由传感器观测得到的亮温。土壤的冻融状态可以由地面观测记录或者 MODIS 地表温度数据产品计算得到，也可以使用冻融判别算法获取。图 2-26 展示了基于模拟数据准发射率的变化量与相变水量的拟合结果，结果表明式（2-13）的拟合精度达到$R^2=0.9061$。基于地基微波辐射计观测数据的验证结果表明（图 2-27），该算法估测值与地面实测相变水量之间具有很高的一致性，具有较为可靠的精度。

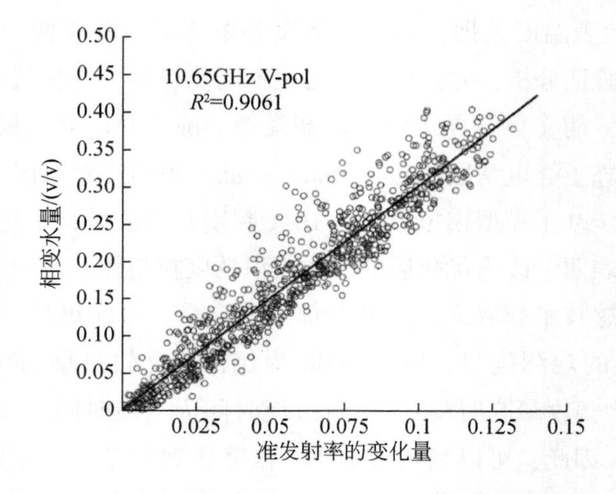

图 2-26　基于模拟数据的准发射率的变化量与相变水量之间的关系

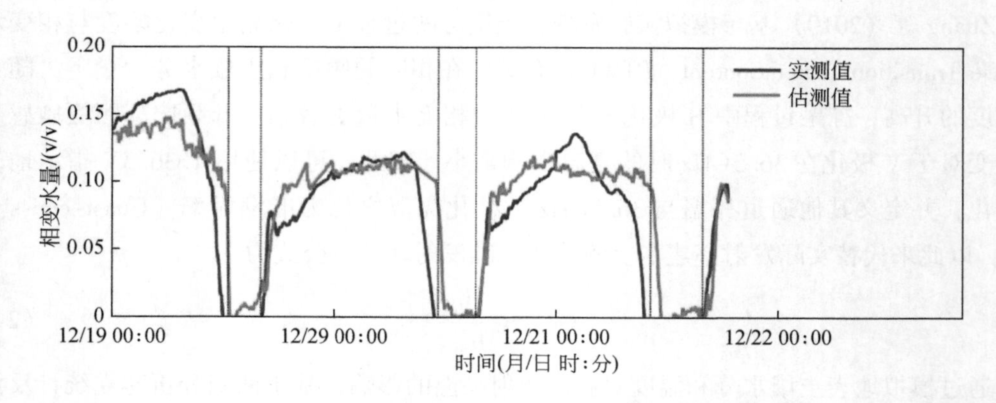

图 2-27　相变水量地面实测值与估测值的比较

Chai 等（2015）结合 Zhao 等（2011）提出的冻融状态判识算法和 Zhang 等（2010）提出的相变水量估测算法，对基于被动微波遥感技术估算冻融侵蚀面积和强度的可行性进行了研究，探索了年均累积冻结天数（AACFD）与侵蚀面积，以及日均归一化相变水量（ADPWC）与侵蚀强度之间的关系，并取得了很好的效果。

3）土壤水分产品的真实性检验

当前获取区域较低空间分辨率土壤水分的主要途径包括卫星遥感观测反演、陆面过程模拟、数据同化、多源产品融合以及机器学习等方法。但是，由于地表非均质性以及地气交换边界层物理条件的复杂性，基于不同方法生产地表土壤水分产品的过程均会受到各种影响因子的制约，如模型机理、参数化方案等。了解土壤水分产品的精度表现，深入分析产品精度的潜在影响因子，对改进算法、提高产品精度及实用价值至关重要。陆峥等（2017）在黑河流域中上游区域，利用地面实测土壤水分数据验证了 AMSR2 的 JAXA 和 LPRM 两种算法产品。Liu 等（2019）进一步在青藏高原范围内，结合 uHRB、Naqu、Maqu、Pali 和 Ngari 五个地面观测网格的实测土壤水分数据，利用 TCH 方法（Tavella and Premoli，1994），验证了 SMAP、SMOS-IC、JAXA、LPRM 和 FY-3B 五种被动微波遥感土壤水分产品的精度，并结合产品算法探讨了可能的误差来源。

Liu 等（2021）针对当前被广泛应用的 11 种土壤水分产品，在青藏高原地区开展了全面、深入的真实性检验工作，结合 TCH 方法量化评价各个产品的相对不确定性（Relative Uncertainty，RU），并利用广义相加模型（Generalized Additive Model，GAM）分析了土壤水分产品 RU 的空间变异对不同环境变量的响应。这 11 种土壤水分产品包括 7 种遥感产品（SMAP、SMOS-IC、JAXA、LPRM、CCI_A、CCI_C 和 RFSM）和 4 种同化/模型产品（GLDAS、GLEAM_a、GLEAM_b 和 ERA-Interim）。所使用的地面验证数据分别来自青藏高原 CTP-SMTMN 观测网格的 Naqu（NQ）站，Tibet-Obs 观测网格的 Maqu（MQ）站以及 WATER-NET 的 uHRB 站。

图 2-28 展示了基于 TCH 方法获取的 11 种土壤水分产品 RU 的空间分布。结果显示，整体上，SMOS-IC、JAXA 和 CCI_A 在青藏高原上的 RU 相对较高，而且 SMOS-IC 和 JAXA 的 RU 结果在空间上分布近似，尤其是东南角上的 RU 较高；此外，LPRM 在东南角的 RU 也较高。另外，GLEAM_a 与 GLEAM_b 的表现近似，RFSM 和 SMAP 的表现近似，甚至在某些区域 RFSM 比 SMAP 的表现要好。结合地面数据的比较发现，基于 TCH 方法获取的 RU 与基于地面观测值得到的 RMSE 之间在 uHRB、NQ 和 MQ 三个观测网格上均保持了较好的一致性（图 2-29），这表明 TCH 估算的 RU 结果是相对合理的。

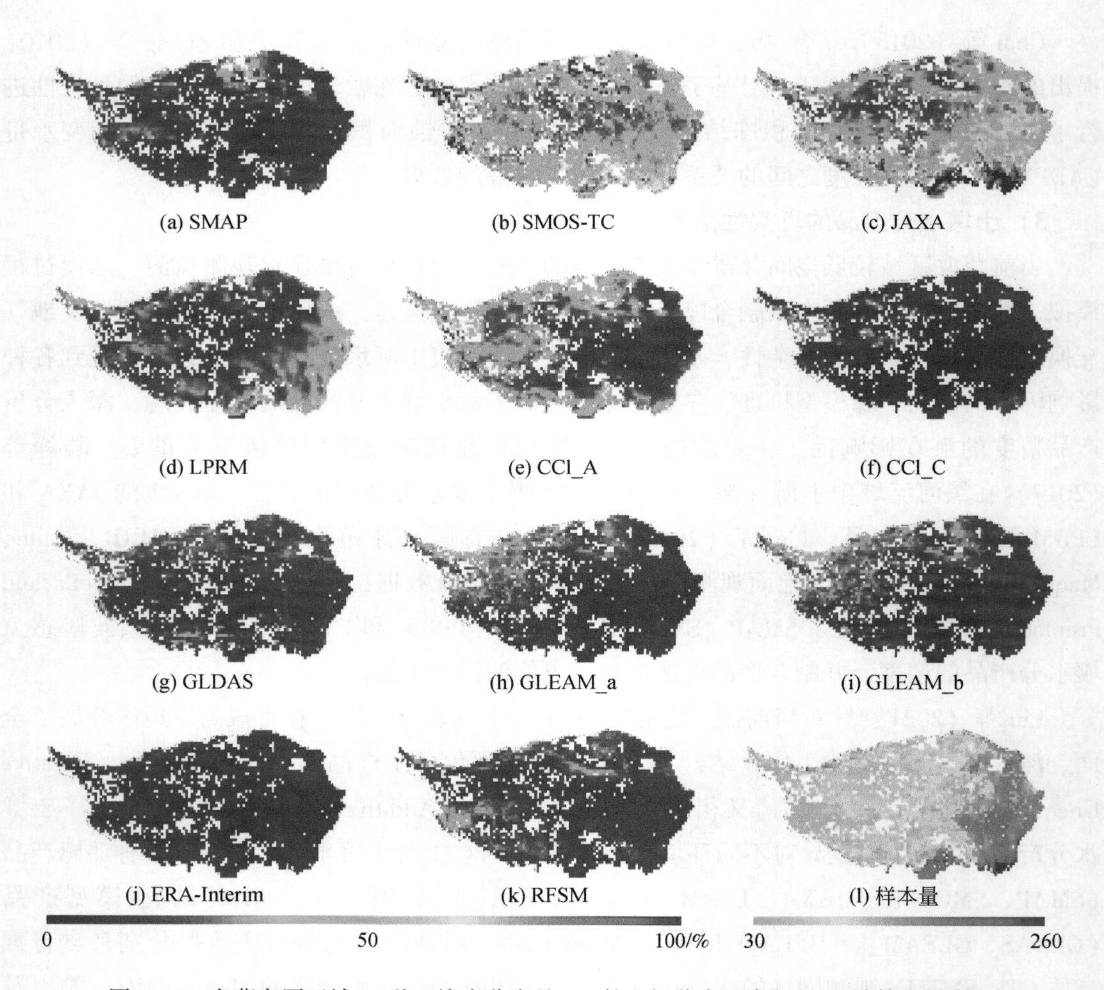

图 2-28　青藏高原区域 11 种土壤水分产品 RU 的空间分布及参与 TCH 计算的样本量

进一步，通过定义一个环境条件（Environmental Conditions，EC）指数来对影响土壤水分不确定性的可能因素进行分析。该 EC 指数基于下垫面以及近地表气象条件数据计算得到。描述下垫面的环境因子包括土壤质地 SAND、土壤有机质含量 SOM、归一化植被指数 NDVI、地表温度 LST 以及地形复杂度指数 Tci，近地表气象因子有降水 Pre 和最大温差 Tmd。基于 TCH 估算的土壤水分产品的 RU 与 EC 的关系显示（图 2-30），三种土壤水分遥感产品（SMOS- IC、JAXA 和 LPRM）的噪声水平随着 EC 的增大而增大。CCI_A/C、GLEAM_a/b 和 GLDAS 的噪声水平随着 EC 增大呈递减趋势。而 SMAP、RFSM 和 ERA-Interim 的噪声水平随着 EC 指标的增大，变化不是很大。

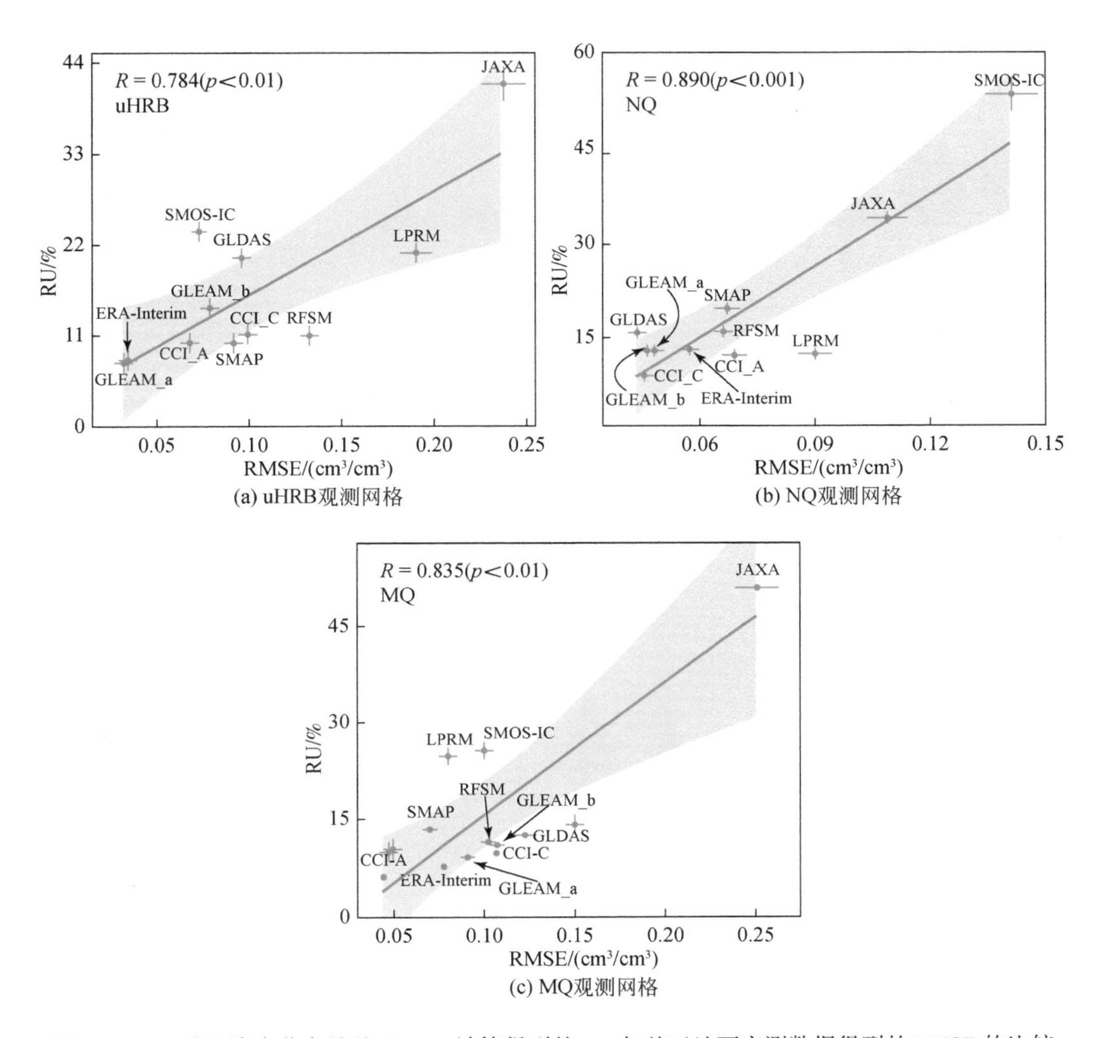

(a) uHRB观测网格
(b) NQ观测网格
(c) MQ观测网格

图 2-29 11 种土壤水分产品基于 TCH 计算得到的 RU 与基于地面实测数据得到的 RMSE 的比较

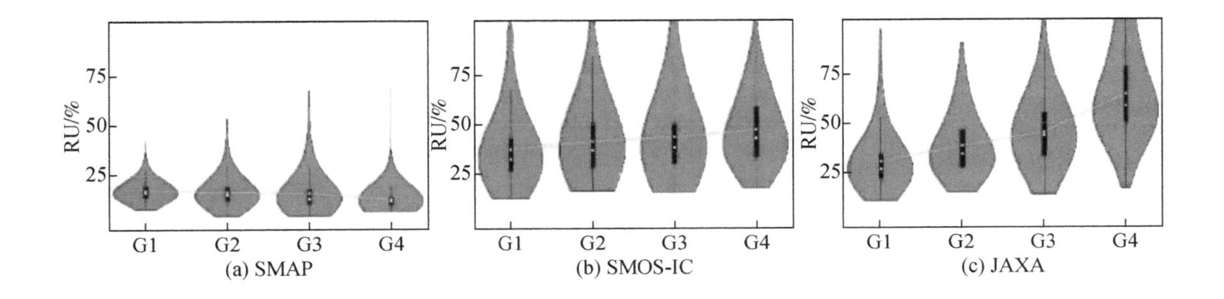

(a) SMAP
(b) SMOS-IC
(c) JAXA

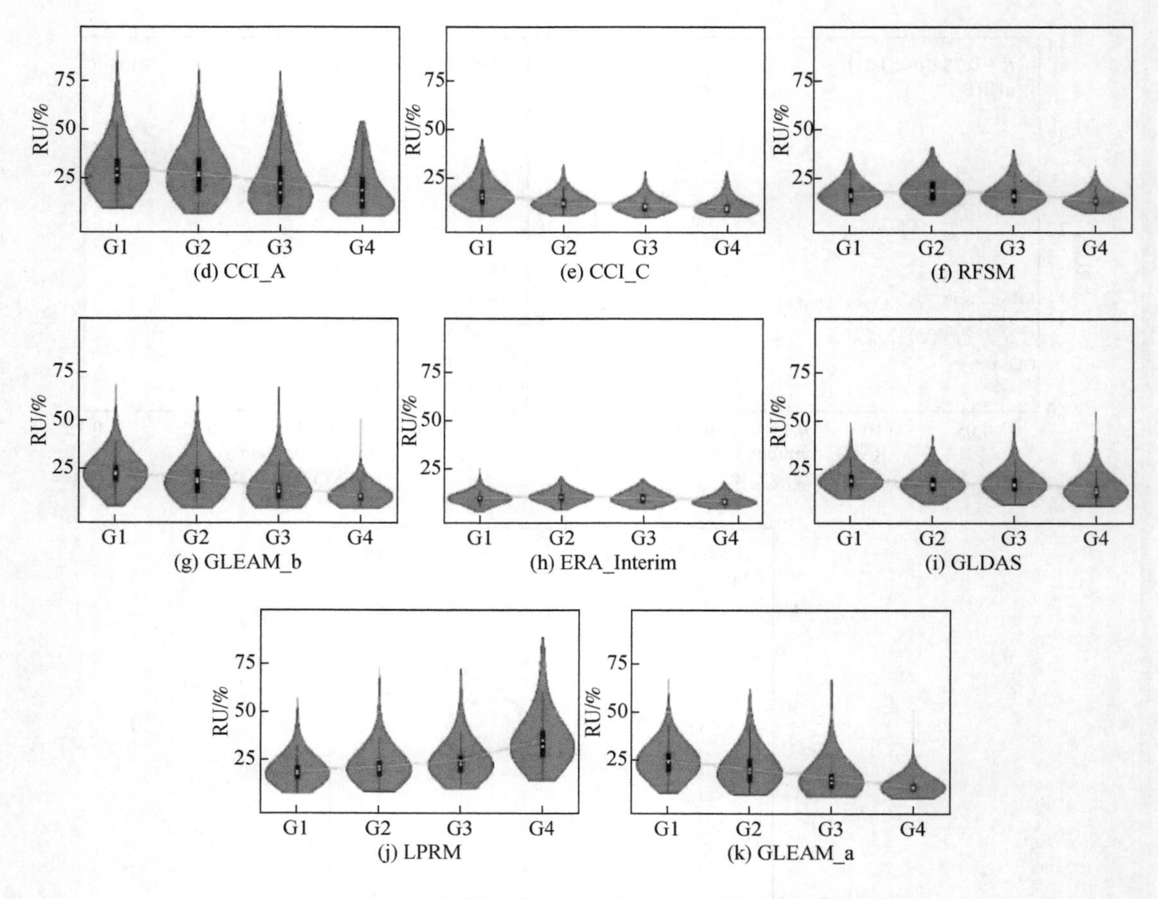

图 2-30　不同环境条件下 11 种土壤水分产品的 RU 结果分布

x 轴表示不同的 EC 值，从左至右 4 组 EC 的值范围分为 0 ~ 25%（G1）、25%~50%（G2）、50%~75%（G3）、75%~100%（G4）

进一步，利用广义相加模型获取 7 个解释变量对不同土壤水分 RU 的偏差解释率（图 2-31），以探索土壤水分产品 RU 变异性的驱动因素。总体上，下垫面条件对土壤水分遥感产品的噪声水平影响比对模型产品的影响更大一些。相比之下，近地表气象因子对土壤水分模型产品的影响要大于对遥感产品的影响。针对贡献相对显著因子的单独分析显示，在 90% 的置集区间（图 2-32 灰色区域）内，当土壤中砂土含量（SAND）低于 80% 时，SMAP 的噪声水平趋于稳定［图 2-32（a）］；随着地形因子（Tci）的升高，三种土壤水分遥感产品（JAXA、SMOS-IC 和 CCI_A）的 RU 几乎呈单调增加［图 2-32（b）］；对于 SMAP 和 ERA-Interim，当地表温度（LST）相对较低的时候，它们的 RU 随着 LST 的升高趋于常数［图 2-32（c）］；LPRM 和 CCI_A 的 RU 随着 NDVI 变化呈现出中间低两头高的“U”形曲线，而 GLEAM_a、GLEAM_b 和 GLDAS 受 NDVI 的影响相对较小，且随着 NDVI

的增加，它们的 RU 还有轻微的下降现象［图 2-32（d）］；当降水量发生变化时，模型产品 GLEAM_a、GLEAM_b 和 ERA-Interim 的 RU 受到的影响较小［图 2-32（e）］。

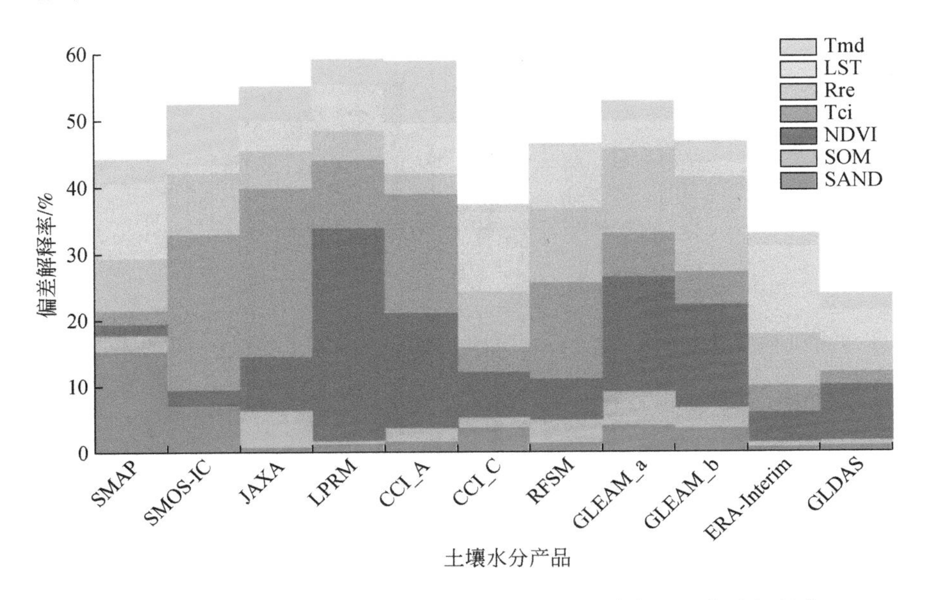

图 2-31　解释变量对 11 种土壤水分产品相对不确定性的偏差解释率

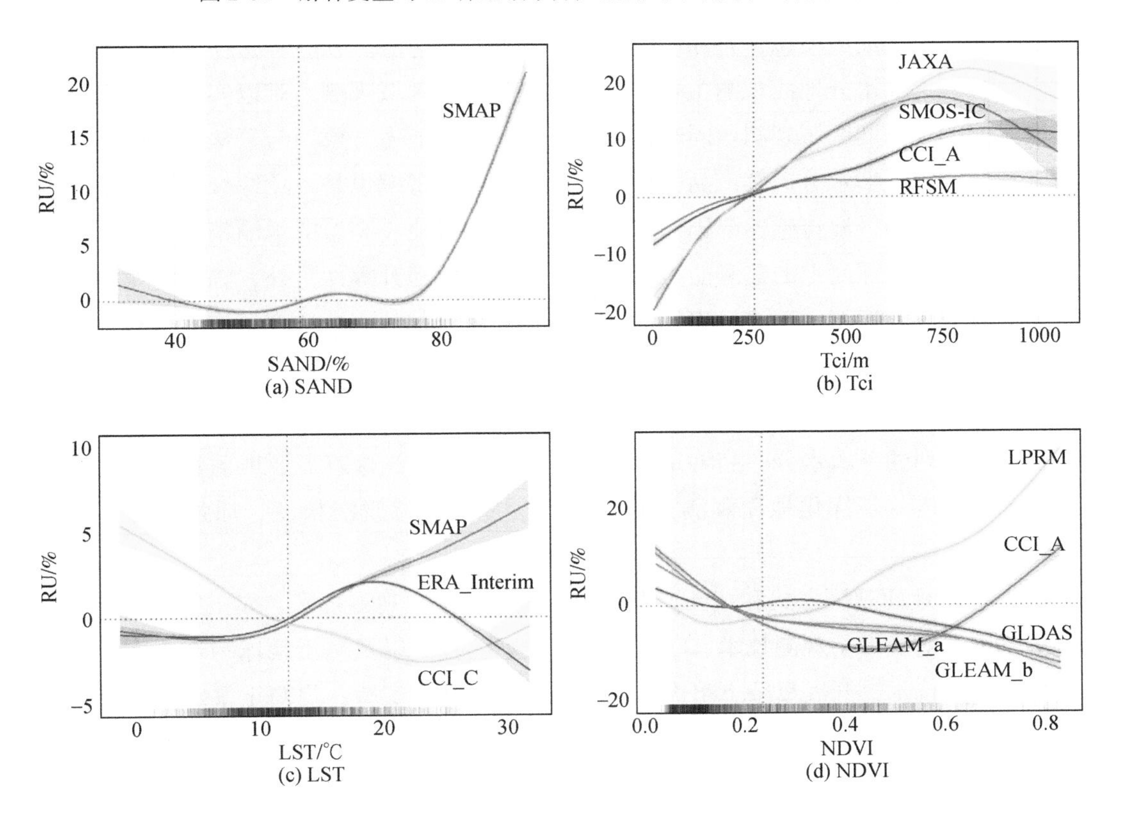

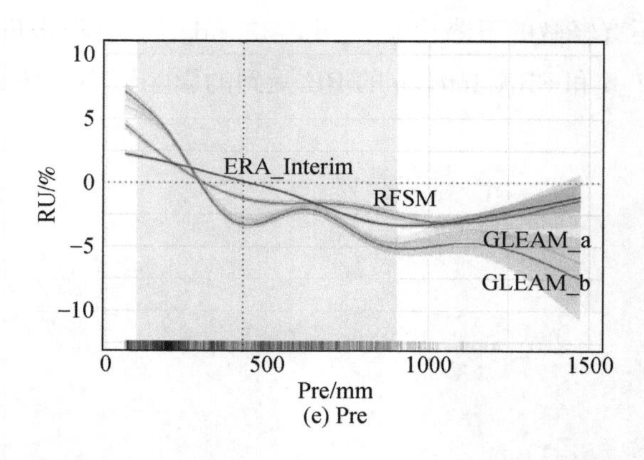

图 2-32　广义相加模型中 SAND、Tci、LST、NDVI 和 Pre 因子对土壤水分 RU 的部分作用样条曲线

2.2.3　土壤水分遥感的前沿研究方向

土壤水分作为影响全球水循环、气候变化过程和水资源利用、生态系统保护的一个关键变量，其时空动态变化受到各方面因素的综合影响与制约，这也意味着它很难作为一个独立变量被准确反演或模拟，且面向土壤水分产品网格化真实性检验工作的地面观测困难重重。现有的土壤水分地面观测主要为点、田块和中小区域观测，难以实现与土壤水分产品尺度匹配的大尺度区域观测。同时，受传感器的观测能力、模型与算法的局限性等多方面的影响，提高土壤水分遥感产品的反演精度和空间分辨率也是一项综合性的、全方位的工作。例如，被动微波传感器的辐射分辨率制约着其对地表亮温的观测精度，观测频率限制了对土壤水分在深度上的监测能力以及空间分辨率的提升等；另外，辐射传输模型作为对现实情况的无限近似，反演过程中对各种干扰信号（如地表粗糙度、植被信号、积雪信号等）的有效剥离也直接影响着土壤水分的反演精度。此外，从土壤水分数据在水文、环境、生态和农业等相关领域的应用需求角度来看，高精度、大尺度、多深度、高时空分辨率、长时间序列的土壤水分产品将是未来的一个发展趋势，这就需要地面观测和遥感观测的有机结合，进一步优化地面观测方式和范围、提高遥感观测精度、加强尺度转换方法研究。

（1）优化地面观测方式和范围。发展中尺度土壤水分观测技术，如土壤水分传感器网络技术、宇宙射线中子观测技术、GPS 土壤水分观测技术以及基于地球物理技术的中尺度土壤分水观测技术，开展复杂下垫面多尺度土壤水分观测实验，提高土壤水分时空变化分析能力，获取像元尺度地面土壤水分观测真值，为遥感反演土壤水分真实性检验提供更精确的地面验证数据。

(2) 提高遥感观测精度。发展主被动协同、多源遥感协同的方法与技术，提供包括液态水和固态水在内的全部土壤水分，实现对多层/深层土壤、根系土壤的水分含量的模拟与估算；充分利用陆面数据同化技术，通过同化遥感数据来减小陆面过程模型误差，提高土壤水分估算能力，构建长时序、高精度的土壤水分产品；开展土壤水分产品真实性检验工作，深入分析土壤水分产品的误差来源，进一步改进并完善土壤水分遥感反演算法。

(3) 加强尺度转换方法研究。构建可靠的点（观测）到面（网格）的升尺度算法，以及低空间分辨率到高空间分辨率的降尺度算法，满足土壤水分产品在真实性检验以及行业应用方面的需求。

2.3 多尺度地表蒸散发观测、尺度转换与遥感估算

2.3.1 多尺度地表蒸散发综合监测研究现状和科学问题

地表蒸散发是土壤-植被-大气系统中非常重要的物质及能量的转换和输送过程，它关联着地球上水、能量和碳的循环。地表蒸散发主要包括土壤、水体和植被表面截流的蒸发（Evaporation）以及植被的蒸腾（Transpiration）。从水量平衡的角度，蒸散发量可占全球年平均降水量的2/3；从能量平衡的角度，蒸散发约占地表可利用能量的59%。因此，准确地估算地表蒸散发、土壤蒸发和植被蒸腾，在研究气候变化、水资源的管理和利用以及农业发展中都具有十分重要的意义（Bastiaanssen et al.，1998；Li et al.，2017b；Ma et al.，2018）。

目前，地表蒸散发可以通过地面观测、遥感估算、模式模拟以及数据同化等手段来获取。其中，常用的地表蒸散发观测方法有蒸渗仪（Lysimeter）、波文比-能量平衡系统（Bowen Ratio Energy Balance system，BREB）、空气动力学方法（Air Dynamic Method）、涡动相关仪（Eddy Covariance system，EC）以及大孔径闪烁仪（Large Aperture Scintillometer，LAS）等（Liu et al.，2011，2013b）。站点观测虽然可以获得精确的观测数据，但是其空间代表性和时间代表性十分有限，难以获得长期的、大尺度的观测数据（Baldocchi et al.，2001；Serreze et al.，2005）。随着多源遥感数据的增多，遥感估算方法可以提供大尺度的地表蒸散发产品，是当前地表蒸散发研究的重要方向（Su，2002；Jia et al.，2012；Liu et al.，2016b）。同时，站点观测数据的尺度转换为获得像元/区域地表蒸散发提供了重要的方法论，也为遥感产品真实性检验提供了重要的数据集。

1. 多尺度地表蒸散发观测的研究现状、挑战与科学问题

地表蒸散发作为陆-气相互作用的重要过程，主要受陆面过程和大气边界层传输的影响，其测量的历史可以追溯到三百多年前，如第一台蒸渗仪出现在17世纪（Howell et al., 1991）。自1802年道尔顿提出蒸发计算公式以来，蒸散发的理论和方法取得了一些重要进展和成果，但由于下垫面的多样性和蒸散发过程的复杂性，相关科学认知还存在很大的不确定性，成为水文、生态、气候、环境研究的瓶颈，这一直是困扰国际生态水文等观测的一个大难题，是生态、水文与气象等多学科共同的研究前沿和重大挑战。

地面观测是获取地表蒸散发的最为直接和最可信赖的手段。目前，常用于地表蒸散发测量的仪器与方法主要涉及以下四个观测尺度：叶片尺度（光合作用测定仪）、冠层尺度（植物液流仪和蒸渗仪）、样地尺度（波文比-能量平衡系统和涡动相关仪）和景观尺度（闪烁仪和机载涡动相关仪）。这些蒸散发观测仪器与方法的观测理论、精度与空间尺度各不相同，同时也存在各自的局限性（Liu et al., 2011；Xu et al., 2013）。

目前，用于测量叶片蒸腾的仪器主要为光合作用测定仪（便携式光合作用测定仪LI-6400或LI-6800），该仪器使用方便、测量准确，广泛应用在植物叶片光合作用、蒸腾作用和呼吸作用等研究中（Bogeat-Triboulot et al., 2019），但该方法仅能获得叶片尺度的植物蒸腾，且很难获取长时间连续的观测数据。

蒸渗仪用于测量蒸散发的历史悠久，该仪器基于水量平衡原理，测定或推算作物蒸腾蒸发量、渗漏、径流或潜水蒸发量等要素的变化过程。一般认为，性能良好的蒸渗仪可视为测定蒸发或蒸散发的“标准”仪器（Allen et al., 1998）。在复杂地表，蒸渗仪内种植的作物无法保证与邻近大田作物一致，同时受田间下垫面特性和土壤水分的时空变异性影响，这使得其测量值仅能代表冠层或斑块尺度，空间代表性不足。此外，蒸渗仪的测量精度还易受到风、沙的影响。

Bowen（1926）提出了基于地表能量平衡方程的波文比-能量平衡法，其主要测量原理是基于K理论（假设空气热量和水汽湍流扩散系数相等）和地表能量平衡方程，但这种假设只有在开阔、均一的下垫面才能满足。在复杂地表，下垫面空间异质性较强，以及受水平流的影响，热量和水汽湍流交换系数并不相等（Motha et al., 1979），同时受到局地环流的影响，地表能量平衡方程并不守恒，波文比-能量平衡法测量的精度急剧下降甚至失效。

Swinbank（1951）提出了测量湍流通量的涡动相关法，该方法通过计算物理量的脉动与垂直风速脉动的协方差求算湍流通量，其理论基础是雷诺平均和分解，涡动相关仪是目前最常用的测量地表与大气间水热通量以及痕量气体通量的仪器，一般可测量约600m足迹范围内的水热通量。然而，现实中的地表常由各种斑块地物组成，地形也有起伏，经常

不能满足涡动相关仪测量的理论要求，会带来诸如能量平衡不闭合的问题。

Wang 等（1978）提出了可计算面积平均通量的光闪烁法，基于“光闪烁”原理的闪烁仪是观测大范围地表水热通量的一种仪器，一般可以测量 0.5 ~ 5km 光径路线范围内的平均水热通量，在一定程度上改善了蒸渗仪和涡动相关仪等空间代表性有限的问题。在实际情况应用时，常常会遇到不满足其计算水热通量过程中所要求的莫宁-奥布霍夫相似理论的假设条件，这将增加感热和潜热通量测量结果的不确定性。

机载涡动相关仪可以获取几十到几百平方千米近地表通量数据（Anderson and Gaston，2013；Gioli et al.，2004；Pope et al.，2015），其以涡动相关法为基本原理，飞行平台在距离地面一定高度的常通量层中以大于风速的飞行速度对大气湍流进行主动采样，短时间内获取观测区域的瞬时湍流场。但数据处理过程相对复杂，且飞行过程中很多时候无法满足涡动相关仪要求的原理，会带来一些不确定性。

国际上也开展了专门针对地表蒸散发的观测试验，比较有代表性的观测试验列举如下：①德国林登贝格异质性地表地气相互作用试验（LITFASS-98、LITFASS-2003 和 LITFASS-2009）（Beyrich et al.，2002，2006，2012）和中国黑河流域非均匀下垫面地表蒸散发的多尺度观测试验（HiWATER-MUSOEXE，Liu et al.，2016b）。其中，LITFASS 试验分别在 1998 年、2003 年和 2009 年开展了三次，以 2003 年为例，建立了由 14 套涡动相关仪和自动气象站、3 套大孔径闪烁仪、1 套微波闪烁仪等组成的观测矩阵试验，同时包括机载涡动相关仪的航空飞行试验并尝试通过耦合估算模型和观测数据得到更大尺度地表蒸散发，解决简单面积平均法在蒸散发尺度扩展方面存在的问题，发展适合复杂地表蒸散发尺度转换的方法。②美国得克萨斯州开展了 BEAREX08 试验（Kustas et al.，2012），主要目的为研究不同时间和空间尺度蒸散发以及干旱区/半干旱区农田地表能量平衡变化特征，以及在平流条件下评估和提高目前已有获取蒸散发方法的准确性。该试验在 2008 年 5 ~ 9 月开展，包括 4 台蒸渗仪（其中 2 台位于灌溉田，2 台位于旱地）、9 台涡动相关仪、3 台大孔径闪烁仪和 3 套波文比能量平衡系统，所有仪器基本分布在 120hm^2 范围内的棉花田内（其中 1 台涡动相关仪在试验区域东南侧的草地）。③HiWATER-MUSOEXE 于 2012 年 5 ~ 9 月在中国第二大内陆河流域黑河中游甘肃张掖绿洲开展，主要目标是通过非均匀下垫面多尺度地表蒸散发及其影响因子的天空地一体化的密集观测，刻画非均匀地表-大气间水热交换的三维动态图像，捕捉地表蒸散发的时空异质性，揭示绿洲-荒漠系统相互作用机理，探讨涡动相关仪能量平衡不闭合问题，为非均匀下垫面上地表蒸散发遥感估算模型、地表通量尺度扩展方法的发展与验证等提供多尺度观测数据（Liu et al.，2016b，2018a）。在黑河流域绿洲-荒漠区域建立由 22 套涡动相关仪、21 套自动气象站和 8 套大孔径闪烁仪组成的嵌套式通量观测矩阵，并有 230 个节点的土壤温湿度、叶面积指数等无线传感器网络和 21 个测点的地面配套参数观测，同时开展了 17 个架次约 81 小时，覆盖可见光、近红外、热红外、微波和激光雷达的航空遥感飞行，形成了一个密集、立体、多要素、多尺度的蒸散发与配套参数的观测系统，并在地表蒸散发的多尺度观测、尺度转换以及绿洲–荒漠相互作用研究方面进行了许多有益的探讨（Liu et al.，2016，2018；Li et al.，2018）。

此外，在全球或区域尺度上，以及流域尺度上开展的观测试验均将地表蒸散发作为主要的观测变量。比较有代表性的观测网络，如 20 世纪 90 年代初的全球通量观测网络。该观测网络主要目的是获取连续的水、热和碳通量观测数据（截至 2017 年 2 月总计注册站点达到 914 个，7479 站年），包括北美洲、南美洲、欧洲、亚洲、大洋洲、非洲等区域，涵盖森林、农作物、草原、丛林、湿地、苔原等下垫面类型。许多研究学者应用该数据分析了地表蒸散发的长时间变化特征以及影响因子，也用于蒸散发计算方法、模型和产品的验证等（Wever et al.，2002；Wilson and Baldocchi，2000）；2012 年建成的由 81 个观测站组成的美国国家生态观测站网络的主要目的之一是获取地表蒸散发的连续观测数据（Kuhlman et al.，2016）。流域尺度被认为是研究水资源利用和管理的最佳尺度（Jensen and Illangasekare，2011），但由于流域地表的复杂性，获取该尺度准确的地表蒸散发非常具有挑战性。流域尺度观测系统比较有代表性的，如 2007 年建立的美国地球关键带观测平台（Critical Zone Observatory ，CZO）（Anderson et al.，2008）、2007 年建立的丹麦水文观测系统（Hydrological Observatory，HOBE）（Jensen and Illangasekare，2011）、2008 年德国建立的陆地环境观测平台（Terrestrial Environmental Observations，TERENO）（Zacharias et al.，2011）以及 2013 年建成的黑河流域地表过程综合观测网（Li et al.，2013a；Liu et al.，2018b）。黑河流域地表过程综合观测网覆盖了黑河流域主要下垫面类型，最多时包括 3 个超级站和 18 个普通站，目前业务运行 15 个观测站（3 个超级站和 12 个普通站），3 个超级站包括了多尺度地表蒸散发的观测（植物液流仪、涡动相关仪和双波段闪烁仪），普通站包括了涡动相关仪的观测。

多尺度地表蒸散发的观测试验为开展地表蒸散发的变化特征以及尺度转换等研究提供了基础数据集。

2. 地表蒸散发尺度扩展的研究现状、挑战与科学问题

地表蒸散发受地表土壤物理结构、土壤温湿度、植被、大气辐射，以及降水等众多因素的共同影响，是地表过程中最难计算的参量之一。地表蒸散发影响因素的综合性和复杂性导致地表蒸散发的尺度问题，即不同尺度观测蒸散发不一致。因此，亟须根据蒸散发观测理论和观测事实，进行地表蒸散发的多尺度扩展研究。与此同时，由于地表蒸散发区域模拟存在较大的不确定性，所以基于多种方法得到的地表蒸散发产品需要进行进一步验证（张圆等，2020；Zhang et al.，2022）。为了量化从地表到大气的蒸散发并在区域尺度上评

价蒸散发产品，需要将蒸散发的尺度从通量塔扩展到卫星像元或者区域尺度上。卫星传感器探测地表二维信息是将蒸散发从通量塔扩展到更大尺度的有效方法。

目前已经发展了多种使用遥感数据将地面观测尺度扩展到卫星像元及区域尺度的方法。第一种方法将通量塔观测网观测到的蒸散发与植被指数［如 NDVI、增强植被指数（EVI）］、地表温度（LST）以及气象参数等建立关系（如净辐射、气温、降水等）（Sun et al.，2011；Wang and Liang，2008；Wang et al.，2007）。通过上述的经验关系发展得到地表蒸散发预测公式，用最小二乘法估计这些公式中的参数，最后再将公式应用到流域上实现尺度扩展。第二种方法是基于克里金理论框架（Ge et al.，2015；Hu et al.，2015）或贝叶斯理论框架（Gao et al.，2014；Qin et al.，2013）的地统计方法。第三种方法是用半理论模型（Liu et al.，2016）或运行理论模型（Heinemann and Kerschgens，2005）来扩展湍流通量的尺度。第四种方法是基于机器学习算法估算流域尺度上的地表蒸散发（Jung et al.，2011；Lu and Zhang，2010；Wang et al.，2017；Xiao et al.，2014；Yang et al.，2006）。Yang 等（2006）利用美国通量网（Ameriflux）的通量塔观测数据、三种遥感数据（地表温度、增强型植被指数以及土地覆盖），以及地面短波辐射数据，使用支持向量机（SVM）方法来估算美国八天平均的蒸散发。很多相关的研究都利用了通量观测值，以及其他一些同蒸散发或者感热潜热通量相关的地表测量参数来对机器学习的模型进行训练。然后，将这些经过训练的模型应用于通过区域遥感和气象输入在大陆或全球尺度上生成蒸散发。

尽管机器学习技术已经被广泛应用于通量观测蒸散发数据的尺度扩展中，但是一些常用的机器学习模型［如 Cubist、深度信念网络（DBN）和随机森林等］还没有被系统地验证和比较。而且，预测的地区蒸散发估计值未通过大规模的独立地面观测进行检验（如来自大孔径闪烁仪的蒸散发测量值）。除此之外，这些方法的相对不确定性还没有在区域尺度上得到很好的评估。

除了将通量塔观测的蒸散发尺度扩展到卫星像元和区域尺度之外，对地面观测数据的尺度转换也进行了一系列的研究。地面观测有以下三种方式：单点观测，包括蒸发池、蒸发皿以及蒸渗仪（Lysimeter）；斑块区域观测，包括波文比-能量平衡系统、涡动相关仪观测系统等；千米级大尺度观测，包括大孔径闪烁仪、机载涡动相关仪、涡动相关仪观测矩阵等（Jia et al.，2012）。蒸渗仪由于精度较高、理论较为成熟，被视为最精确和可靠的获取地表蒸散发的方式，蒸渗仪在观测中不仅能直接获取蒸散发量，还能测量降水、渗漏、土壤水分变化等水循环中的各分量，在研究农田蒸散发和水循环中有独特的优势（刘士平等，2000；Schrader et al.，2013）。

蒸渗仪和涡动相关仪已经成为目前十分流行的两种蒸散发观测仪器。然而，这两类仪器的观测尺度并不一致，往往观测出来的蒸散发量也存在一定差异。因此，国内外很多学者对蒸渗仪和涡动相关仪观测蒸散发进行了比较和尺度转换，如 Chávez 等（2009）将两台蒸渗仪与两套涡动相关仪安装于棉花田地之中，在对涡动相关仪进行能量闭合订正之后，两套涡动相关仪观测结果分别比蒸渗仪平均观测结果低 12.3% 和 4.1%，并认为其中 1 套涡动相关仪与蒸渗仪观测差异较大的原因是下垫面的非均一性，涡动相关仪源区内存在小麦下垫面，而蒸渗仪仅代表棉花下垫面。Evett 等（2012）架设了两台蒸渗仪、8 组土壤水分中子观测系统和 4 组涡动相关仪系统，开展了蒸渗仪与涡动相关仪观测结果的对比，结果表明当涡动相关仪进行能量闭合订正后，蒸渗仪分别偏高 16% 和 18%，其认为原因是蒸渗仪内作物长势好于农田长势。Gebler 等（2015）用 6 台蒸渗仪连续一年的观测数据，与涡动相关仪进行了对比。结果显示，涡动相关仪与蒸渗仪一致性良好，总量上比蒸渗仪偏小 19mm，导致其差异的主要原因是植株高度的差异。Ding 等（2010）利用 2 台蒸渗仪与 1 套涡动相关仪监测了 2009 年 4～10 月武威市玉米全生育期的蒸散发过程，用 2 台称重式蒸渗仪测定玉米的 ET 的平均值ET_L与涡动相关仪测定的ET_{EC}进行对比。试验结果显示，在涡动相关仪进行能量闭合订正后，蒸渗仪观测与涡动相关仪观测结果在生育期平均与日变化上都有良好的一致性，涡动相关仪观测较蒸渗仪观测低 6.2%。试验还在玉米生长过程的不同时期进行对比，结果表明，玉米成熟期两者差异最小，涡动相关仪观测比蒸渗仪观测高 0.6%；玉米拔节期差异最大，涡动相关仪观测比蒸渗仪观测低约 32.4%。可以看到，造成蒸渗仪与涡动相关仪观测差异的原因主要是蒸渗仪源区内作物长势与涡动相关仪源区内作物长势的差异，以及土壤水分、下垫面均一性等。

3. 多尺度蒸散发遥感估算的研究现状、挑战与科学问题

目前，利用遥感模型估算地表蒸散发的研究可以划分为四类。第一类被称为经验统计模型，这类方法通常是建立地表蒸散发与其影响因子［地表温度（LST）、植被覆盖度（FVC）或温度日较差（气温日较差或地表温度日较差）］的经验关系来估算地表蒸散发（Moran et al.，2000；Tang et al.，2010，Sun et al.，2012；Yao et al.，2015）。第二类被称为地表能量平衡模型（Surface Energy Balance System，SEBS），该方法利用地表温度来获得地表能量平衡分量（Norman et al.，1995；Anderson et al.，1997；Song et al.，2018；Ma et al.，2018）。其中，单层模型将土壤和植被考虑为一个整体，并且忽略了土壤和植被之间的相互作用；双层模型将土壤和植被考虑为不同的能量来源，并将单层模型当中的表面阻抗分解为冠层阻抗和土壤阻抗两部分，对感热通量和潜热通量进行分开计算。第三类方法被称为组合方法，该方法将遥感观测数据与 Penman-Monteith（P-M）公式（Monteith，1965）、Priestley-Taylor（P-T）公式（Priestley and Taylor，1972）方程相结合，以估算地表蒸散发（Zhang et al.，2016）。第四类方法是数据同化方法，该方法通过同化地表温度数据到地表能量平衡方程当中来对地表蒸散发进行估算（Bateni et al.，2013a，2013b；Xu et al., 2014, 2015b, 2016, 2019; Abdolghafoorian et al., 2017; He et al., 2018)。

自 20 世纪 90 年代以来，随着卫星遥感数据的获取越来越便捷，以及全球范围内通量站点的建立与观测数据共享，目前已发展了多种地表蒸散发遥感估算模型，特别是基于能量平衡机理的模型得到了显著发展，已被广泛应用于区域和全球尺度（Kalma et al., 2008; Wang and Dickinson, 2012）。但是仍然存在一些问题：①由于下垫面非均匀性和近地层气象条件的复杂性，模型估算地表蒸散发、土壤蒸发和植被蒸腾的精度还有待进一步提高。同时，大部分研究都是将土壤蒸发和植被蒸腾合在一起进行验证。而模型在土壤蒸发和植被蒸腾组分估算中分别表现如何，很少能给出合理的验证。②现有的遥感蒸散发产品的时空分辨率较低，限制了其应用，如 MOD16 ET 产品（1000m，8 天）、ETWatch ET 产品（1000m，月）、ETMonitor ET 产品（250m，8 天）。基于多源遥感数据和数据融合技术发展田块尺度（百米级）逐日 ET 产品的计算方法十分必要。③传统的遥感模型往往受限于地表温度数据的可用性，在地表温度数据缺失的情况下，地表蒸散发将无法利用遥感模型进行估算。因此，构建基于地表能量平衡方程和数据同化方法的变分数据同化框架，以及将多源遥感估算与过程模型进行融合，对于时空连续地表蒸散发的精确估算具有十分重要的意义。

2.3.2 多尺度地表蒸散发综合监测取得的成果、突破与影响

1. 地表蒸散发地面观测取得的成果、突破与影响

地表蒸散发的观测方法可分为单站多尺度系统、通量观测矩阵以及流域观测网。单站多尺度系统主要包括地表蒸散发的多尺度观测仪器及其影响因子观测仪器等（图 2-33）。地表蒸散发的观测仪器主要包括植物液流仪/蒸渗仪、涡动相关仪、闪烁仪等，用于获取多尺度地表蒸散发。地表蒸散发的影响因子观测仪器主要包括多尺度土壤水分观测仪器（2.2 节）、自动气象站/气象要素梯度观测系统、叶面积指数无线传感器网络以及物候相机等，用于获取配套的土壤水分、气象数据、叶面积指数以及植被物候等。

通量观测矩阵由多套多尺度地表蒸散发的观测仪器及其配套参数的观测设备组成，包括地表蒸散发的多尺度观测、配套参数的多尺度观测、大气边界层的观测等，根据地表类型与下垫面的异质性程度，通过优化采样设计对这些观测仪器进行布设，该方法可获取像元尺度地表蒸散发，解决地面观测与遥感观测尺度不匹配问题。以 2012 年 5 ~ 9 月在黑河流域中游张掖绿洲荒漠区域开展的通量观测矩阵试验为例，在该区域布设了两个嵌套的大（30km×30km）、小（5.5km×5.5km）观测矩阵（图 2-34），大矩阵包括 1 个超级站和绿洲外围 4 个普通站，小矩阵在绿洲内优化布设了 17 个观测站，详细介绍

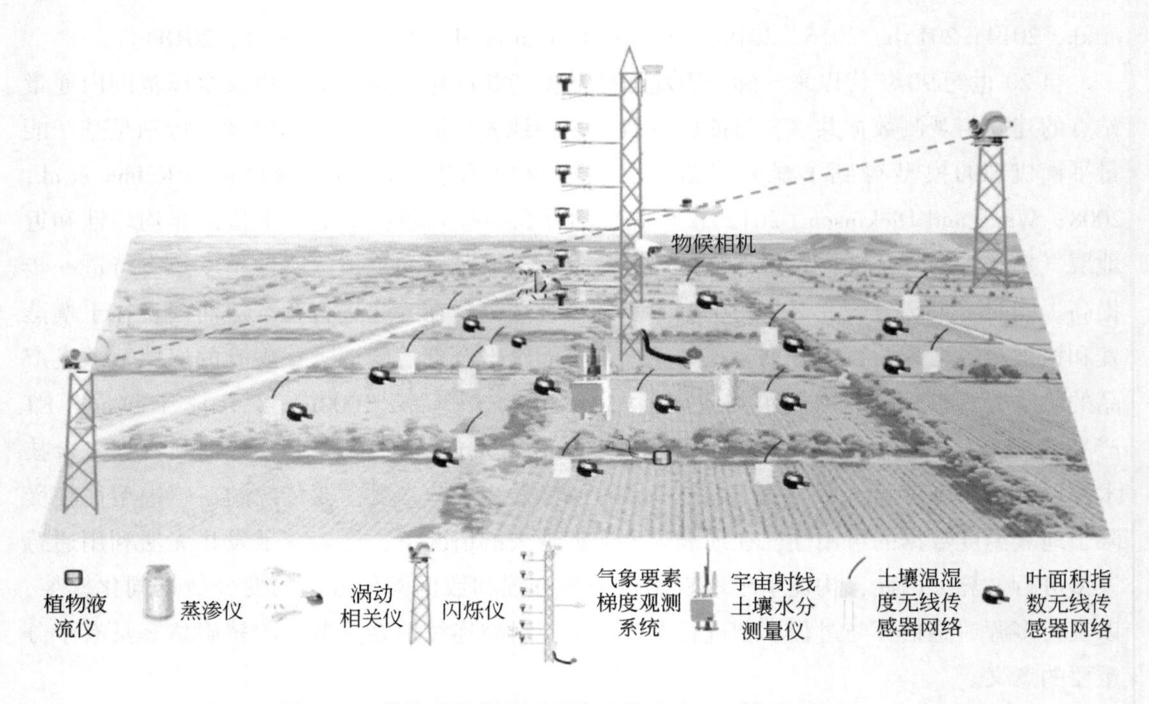

图 2-33　单站多尺度观测系统［修改自 Liu 等（2023）］

可参见 2.4 节。

流域观测网则是以流域为观测对象，根据多尺度优化布设理论，在流域内确定站点数目和空间位置，结合地表类型进行站点的优化布设，在流域内上、中、下游分别布设一套单站多尺度观测系统，并在主要下垫面类型上均架设地表蒸散发与影响因子的观测设备，配合无人机/有人机遥感、卫星遥感等，开展流域多尺度观测（详见 2.4 节）。

2. 地表蒸散发尺度扩展取得的成果、突破与影响

1）单站观测到卫星像元的尺度扩展

由于涡动相关仪、闪烁仪等观测地表蒸散发是基于足迹的观测，其观测源区随风速/风向、大气稳定度、地表粗糙度和仪器架高而变化。结合地表水热状况空间异质性评价结果，在相对均匀的地表，站点观测地表蒸散发值可作为观测通量源区所在像元的相对真值；在异质性地表，则不可避免地存在地面观测值与遥感估算值在空间上的尺度不匹配问题。因此，在异质性地表，通过尺度扩展方法获取像元/区域尺度相对真值是十分必要的。目前国内外学者对于尺度扩展方法进行了不少研究，总体上分为数据驱动方法和机理驱动方法，进一步又可细分为以下五类：数据驱动方法包括基于概率的方法（算术平均法、面积权重法、足迹权重法）、基于机器学习的方法（人工神经网络、回归树模型、

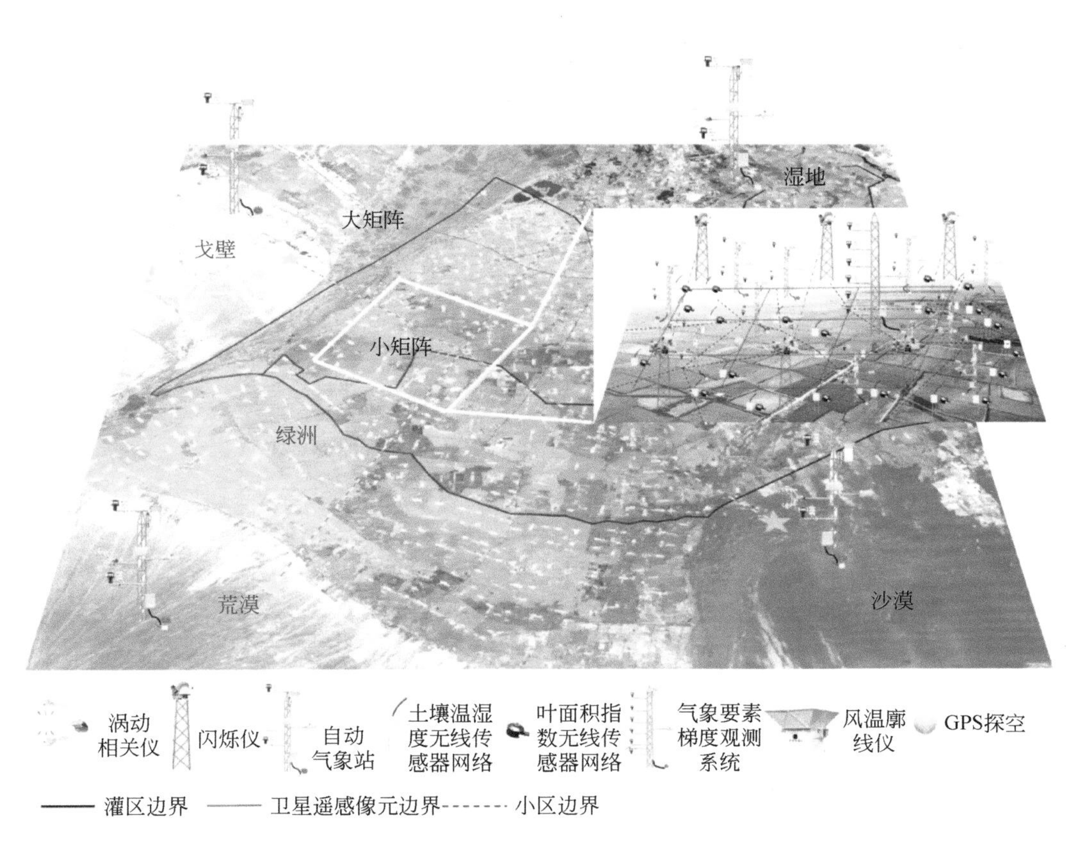

图 2-34　通量观测矩阵［修改自 Liu 等（2018）］

随机森林、支持向量机、深度信念网络和高斯过程回归）、基于回归模型的方法（普通最小二乘法、贝叶斯线性回归、岭回归）；机理驱动方法包括融合先验信息方法（基于克里金框架的方法和基于贝叶斯框架的方法）以及基于过程模型的方法（基于物理模型的方法和数据同化方法）。基于黑河流域地表过程综合观测网和通量观测矩阵数据，提出了具有普适性的像元/区域尺度地表蒸散发相对真值的获取流程（图 2-35），即首先对地表水热状况的空间异质性进行度量，然后在此基础之上对多种尺度扩展方法进行比较、分析和优选，最后利用优选的方法获取像元/区域尺度地表蒸散发。下面分别介绍通量观测矩阵（卫星像元尺度）、单站点（卫星像元尺度）以及观测网（区域尺度）的地表蒸散发相对真值的获取。

通量观测矩阵（卫星像元尺度）的地表蒸散发相对真值。

基于 2012 年黑河中游通量观测矩阵与 2014 ~ 2015 年下游通量观测矩阵的数据（图 2-36）（当中游和下游 LAS 足迹源区占相应 MODIS 像元面积比在 80% 左右时，LAS 观测值可以作为像元参考值），结合融合的高分辨率遥感数据，对六种尺度扩展方法［数据驱动方法：

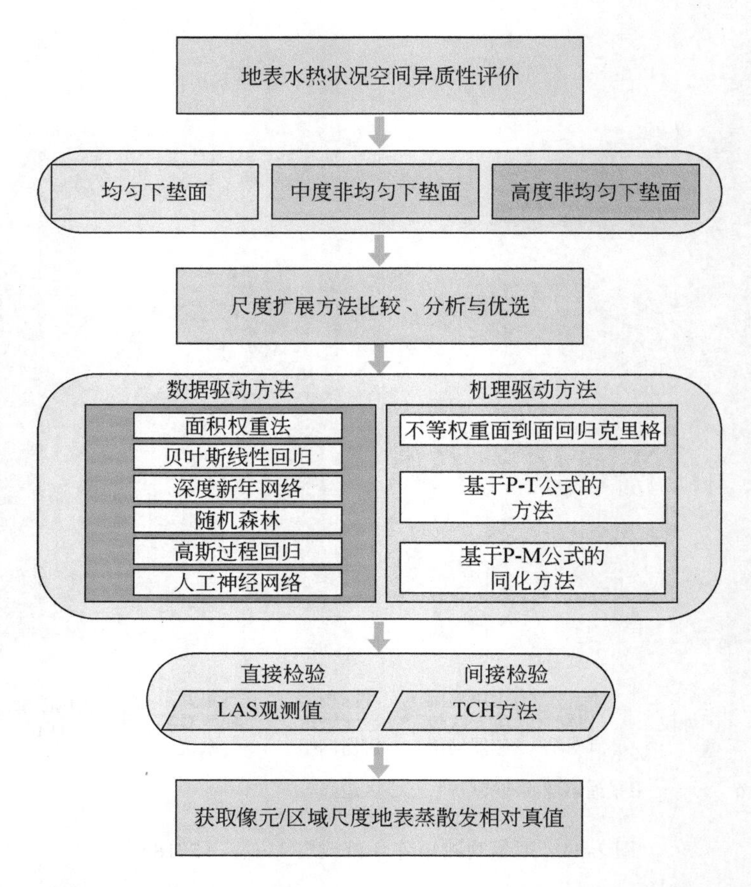

图 2-35　像元/区域尺度地表蒸散发相对真值的获取流程［修改自 Li 等（2021）］

面积权重法（AW）、人工神经网络（ANN）、随机森林（RF）、深度信念网络（DBN）；机理驱动方法：基于 P-T 公式的尺度扩展方法（P-T）、不等权重面到面回归克里金方法（WATARK）］进行比较和分析。与 LAS 观测值相比较的直接检验结果表明：在均匀下垫面，数据驱动方法中的 AW 方法具有较好的精度；而在中度非均匀和高度非均匀下垫面，机理驱动方法中的 WATARK 方法和数据驱动方法中的 RF 方法分别表现最优（图 2-37）。

基于 TCH 方法的交叉检验结果表明：AW 方法、WATARK 方法和 RF 方法的相对误差在均匀、中度非均匀和高度非均匀下垫面小于其他方法；总体来看，相对误差在均匀下垫面小于在中度非均匀下垫面，在高度非均匀下垫面最大（图 2-38）。其中，AW 方法主要受下垫面异质性程度的影响；WATARK 方法受 EC 观测站点数量及其代表性影响显著，当站点数量相对较多时（如大于 7 个时），WATARK 比 RF 表现好，而当站点数量相对较少时（如小于 7 个时），RF 比 WATARK 表现好；P-T 方法受地表温度、净辐射的反演精度

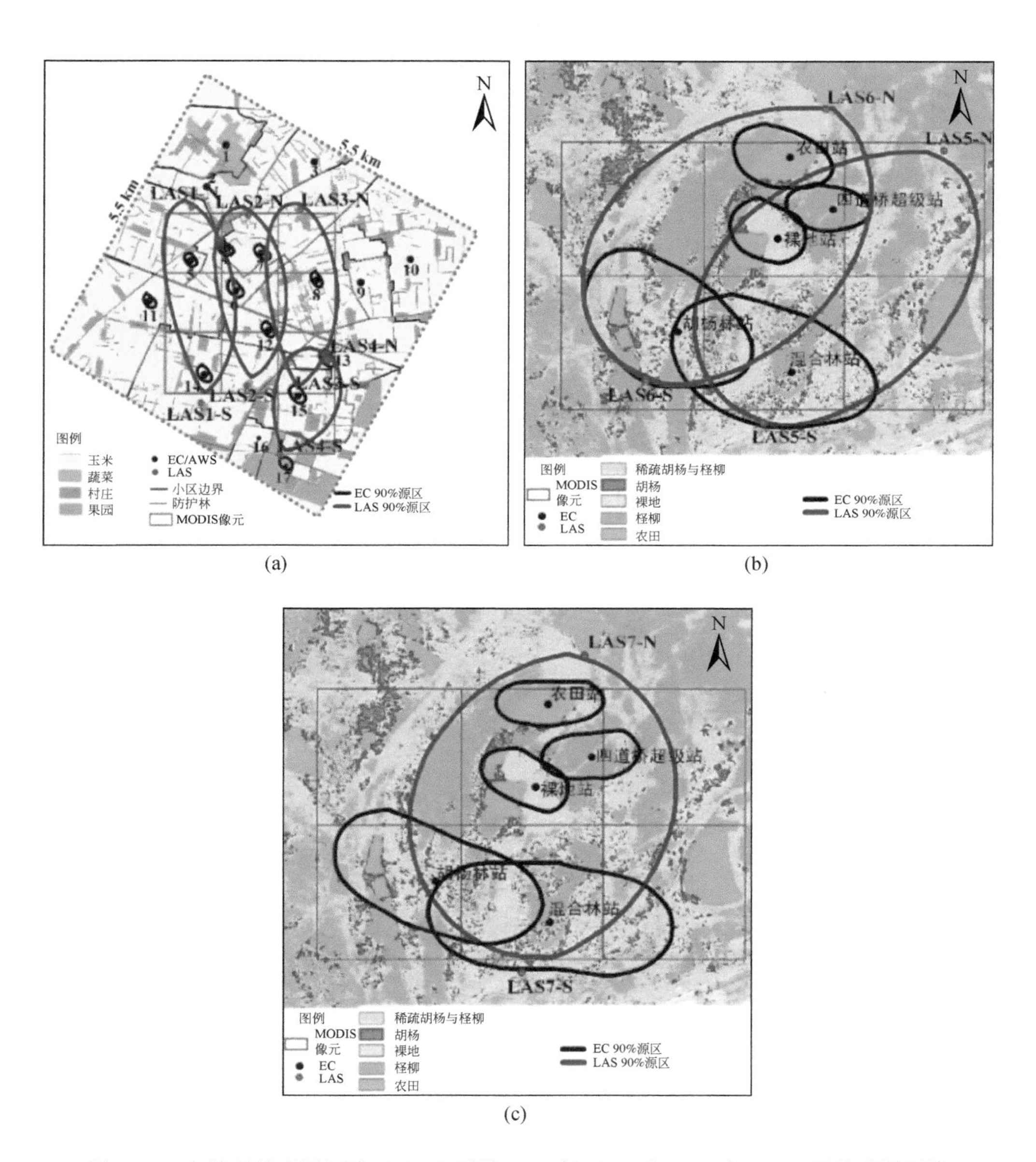

(a)　(b)　(c)

图 2-36　中游通量观测矩阵（a）和下游 2014 年（b）和 2015 年（c）通量观测矩阵
［修改自 Li 等（2018）］

影响显著；ANN、RF 和 DBN 方法受训练样本的数量及其代表性影响显著。研究采用一种综合的方法，即在下垫面均匀时，采用 AWD 方法；在下垫面中度非均匀时，采用 WATARK 方法；下垫面高度非均匀时采用 RF 方法，分别获取了中游和下游矩阵区域的卫星像元尺度地表蒸散发相对真值数据集（图 2-39）。

目前，大多数通量观测都是基于单站点进行的，因此亟须开展基于单站点到卫星像元

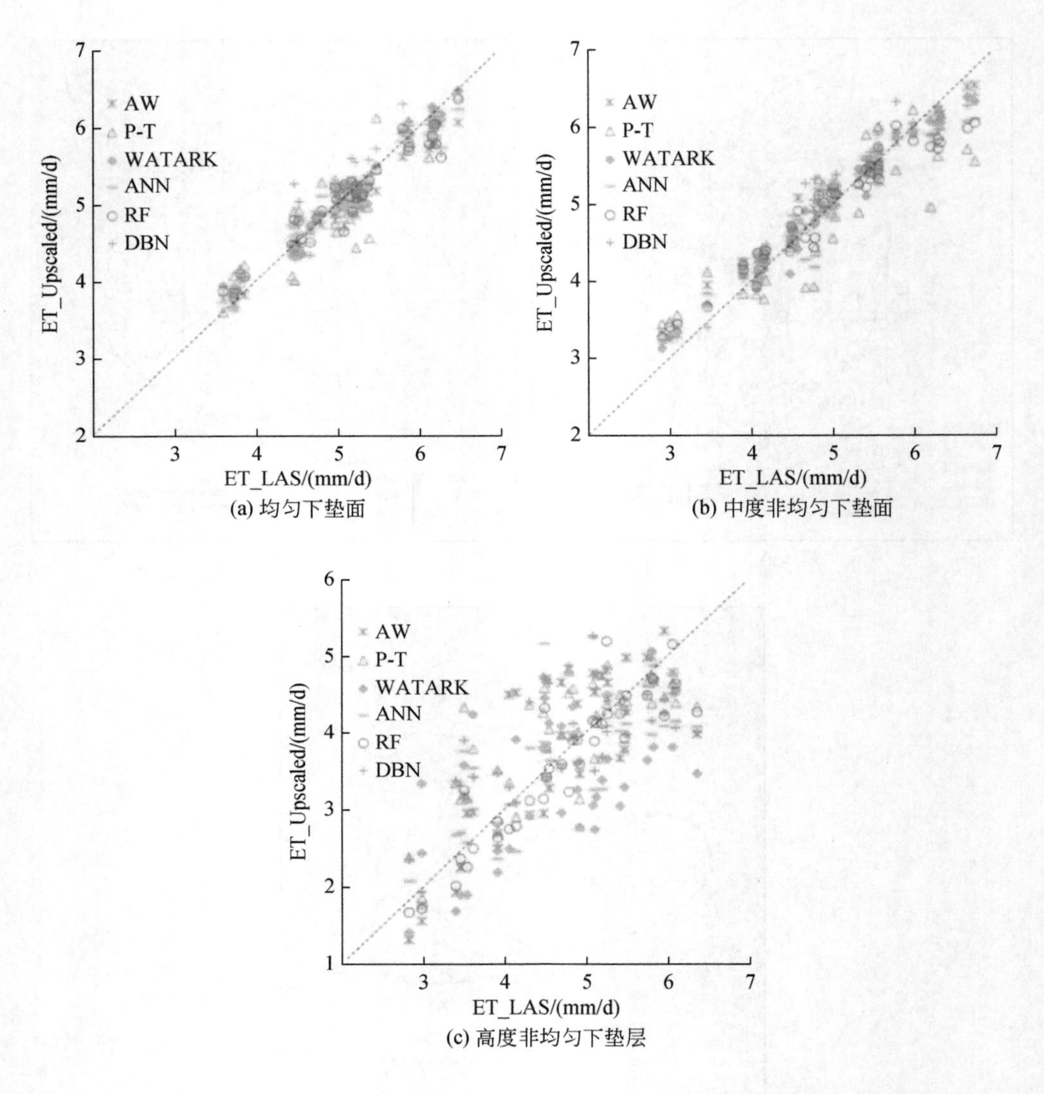

图 2-37 6 种尺度扩展结果与 LAS 观测值的比较［修改自 Li 等（2018）］

尺度相对真值的获取方法研究。基于黑河流域地表过程综合观测网的 15 个站的数据（图 2-40），结合融合的高分辨率遥感数据，从常见的尺度扩展方法中选择八种尺度扩展方法［数据驱动方法：人工神经网络（ANN）、贝叶斯线性回归（BLR）、随机森林（RF）、深度信念网络（DBN）、高斯过程回归（GPR）；机理驱动方法：基于 P-T 公式的方法（P-T）、基于 P-M 公式结合 EnKF 的同化方法（P-M-EnKF）、基于 P-M 公式结合 SCE_UA 的同化方法（P-M-SCE_UA）］，将 LAS 观测作为参考值进行直接验证（图 2-41），同时使用 TCH 方法进行交叉验证（图 2-42）。

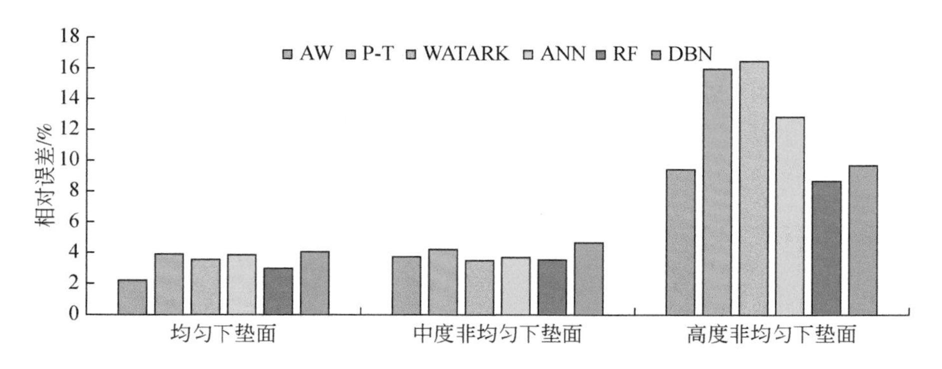

图 2-38　6 种尺度扩展方法的交叉检验结果

修改自 Li 等（2018）

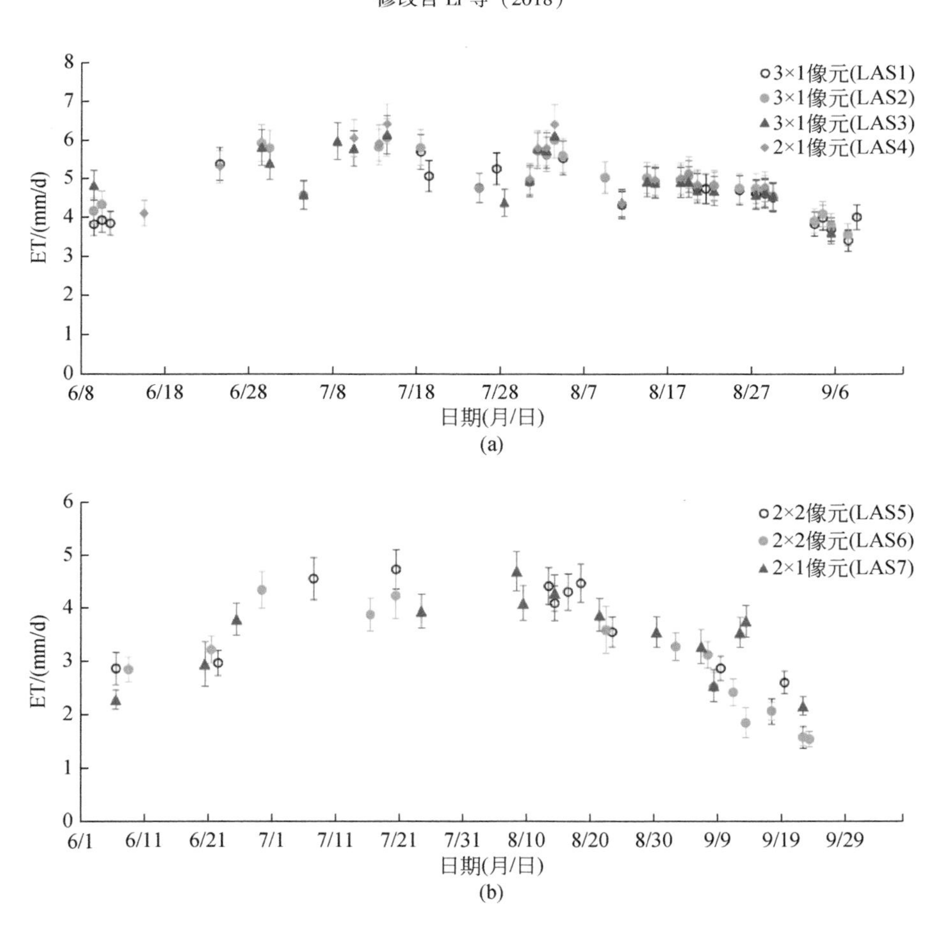

图 2-39　中游（a）（2012 年 6～9 月）和下游（b）（2014 年 6～9 月，2015 年 6～9 月）

MODIS 卫星过境日的像元尺度地表蒸散发相对真值［修改自 Li 等（2018）］

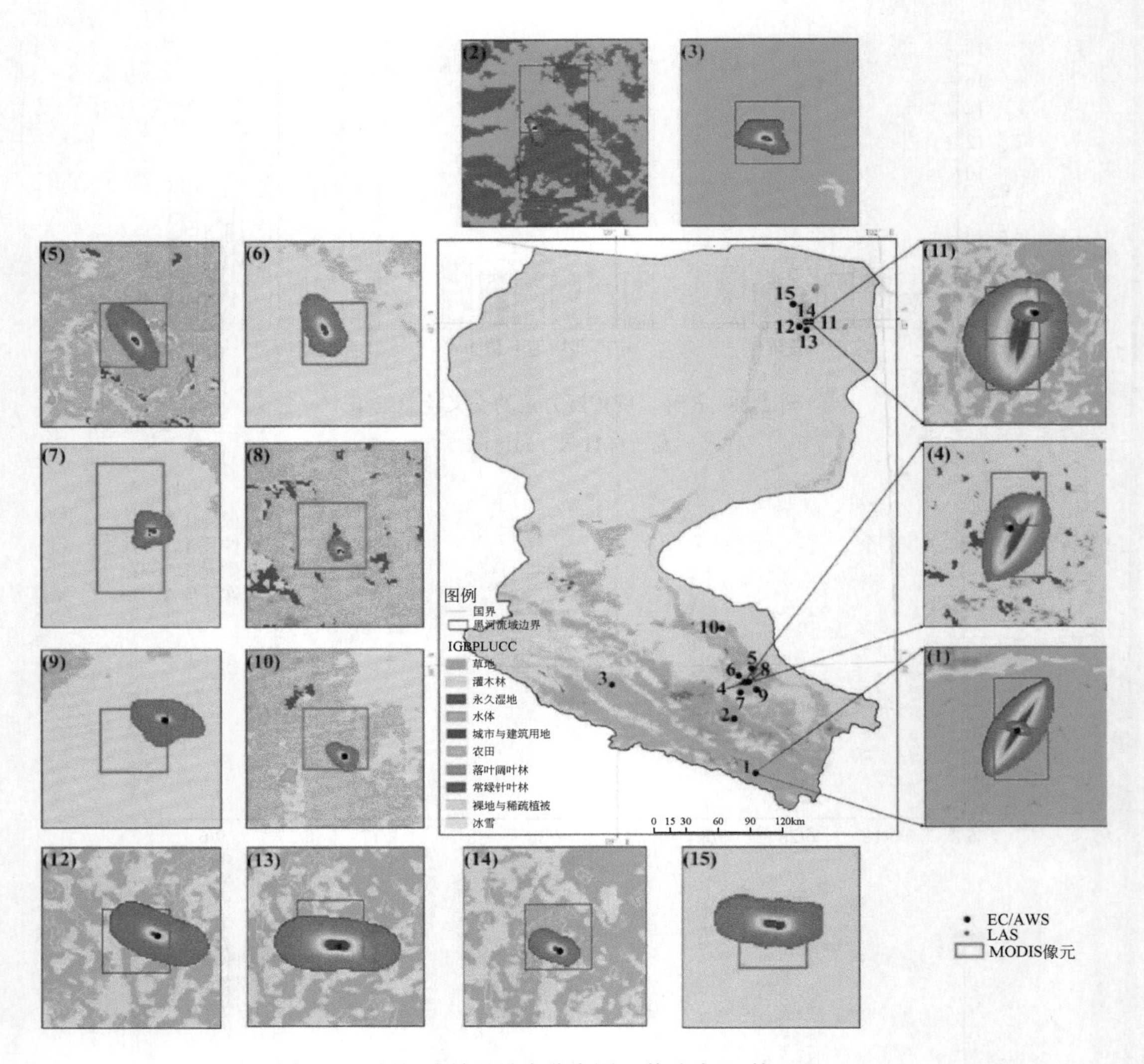

图 2-40　黑河流域及站点分布图［修改自 Li 等（2021）］

1. 阿柔超级站；2. 关滩站；3. 大沙龙站；4. 大满超级站；5. 湿地站；6. 巴吉滩戈壁站；7. 花寨子荒漠站；8. 盈科站；9. 神沙窝站；10. 临泽站；11. 四道桥超级站；12. 胡杨林站；13. 混合林站；14. 裸地站；15. 荒漠站

结果表明，在均匀下垫面，单站观测值可作为像元尺度相对真值；在中度非均匀和高度非均匀地表，数据驱动方法中的 GPR 方法的表现则更好。地表异质性程度、地表温度和净辐射的反演精度对各尺度扩展方法均具有影响；另外，P-T、P-M-EnKF 和 P-M-SCE_UA 方法受站点观测数据的代表性影响显著；ANN、BLR、RF、GPR 和 DBN 受训练样本数据量和模型本身差异的影响显著。本项目利用优选的尺度扩展方法，即在地表均匀时，采

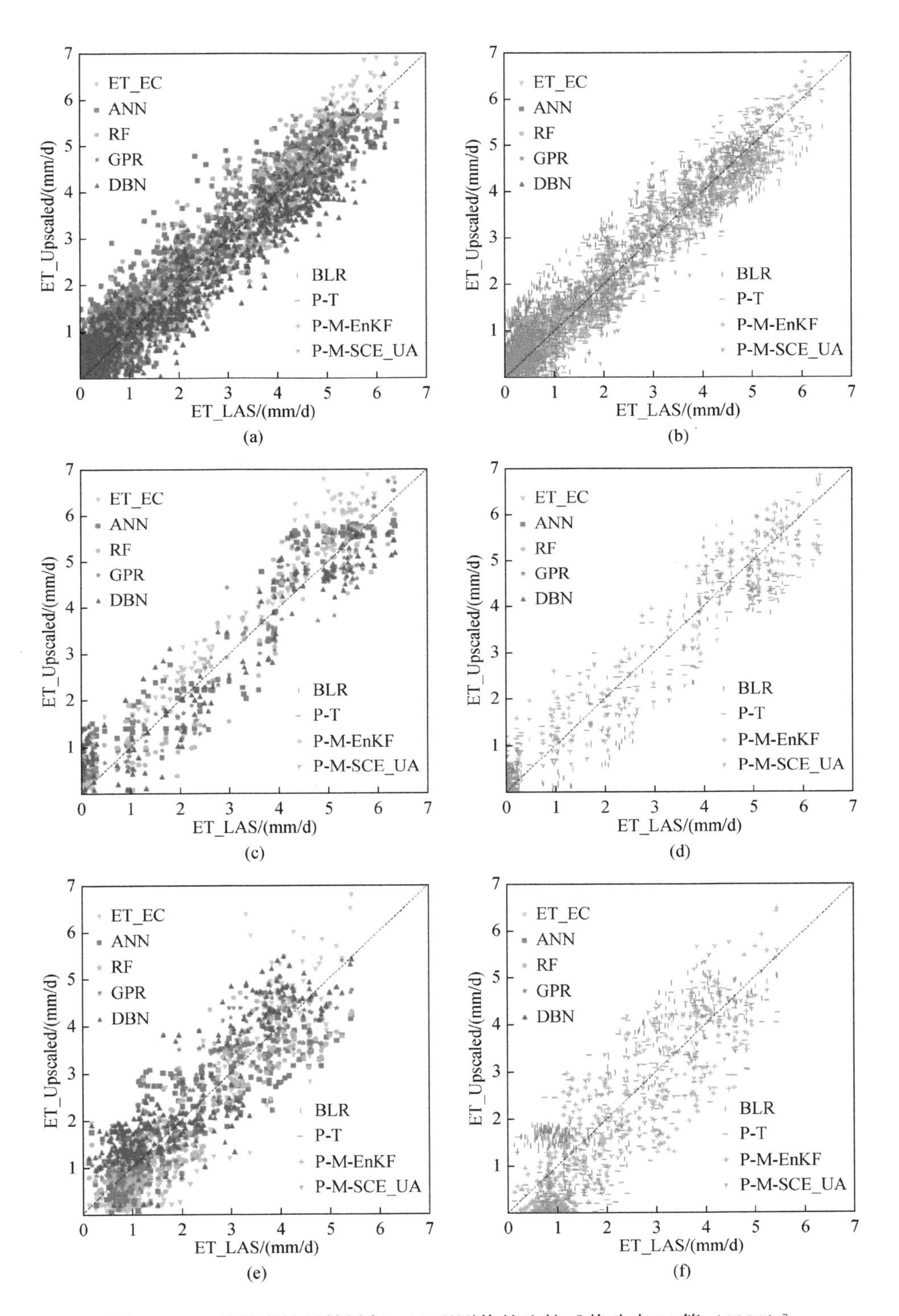

图 2-41　8 种尺度扩展结果与 LAS 观测值的比较［修改自 Li 等（2021）］

（a）（b）均匀下垫面；（c）（d）中度非均匀下垫面；（e）（f）高度非均匀下垫面

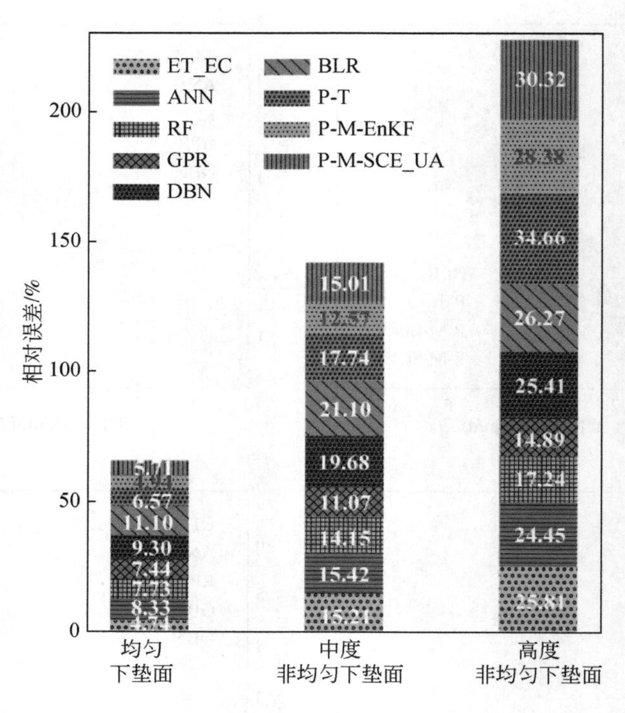

图 2 42　不同尺度扩展方法的交叉检验结［修改自 Li 等（2021）］

用 EC 观测值；在地表中度非均匀和高度非均匀时，采用 GPR 方法，获取了黑河流域 15 个典型下垫面的卫星像元尺度地表蒸散发相对真值（图 2-43）。结果表明：像元尺度相对真值具有较好的精度，可以有效地捕捉 ET 的变化趋势。提出的像元尺度地表蒸散发相对真值的获取流程是合理且具有普适性的，有利于推进异质性地表蒸散发遥感产品的真实性检验工作。

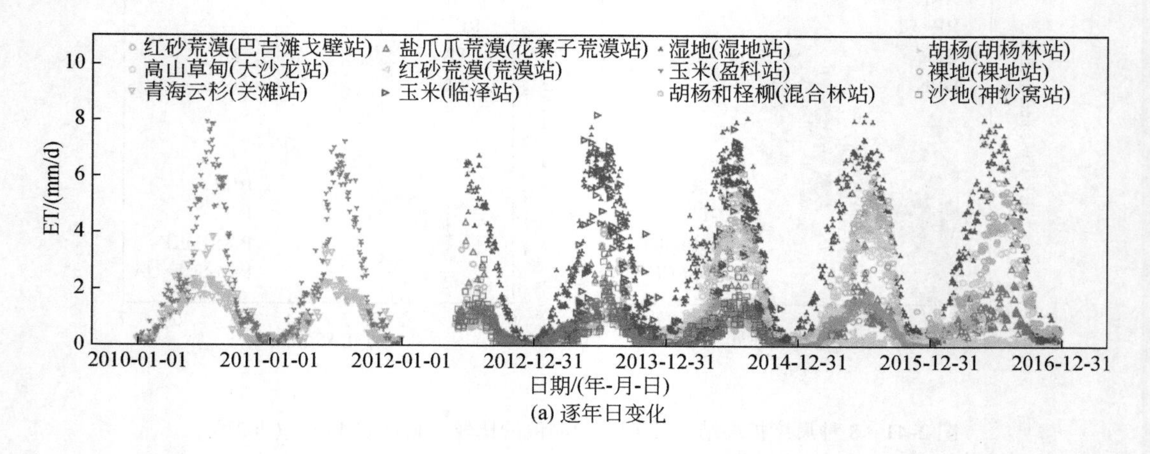

(a) 逐年日变化

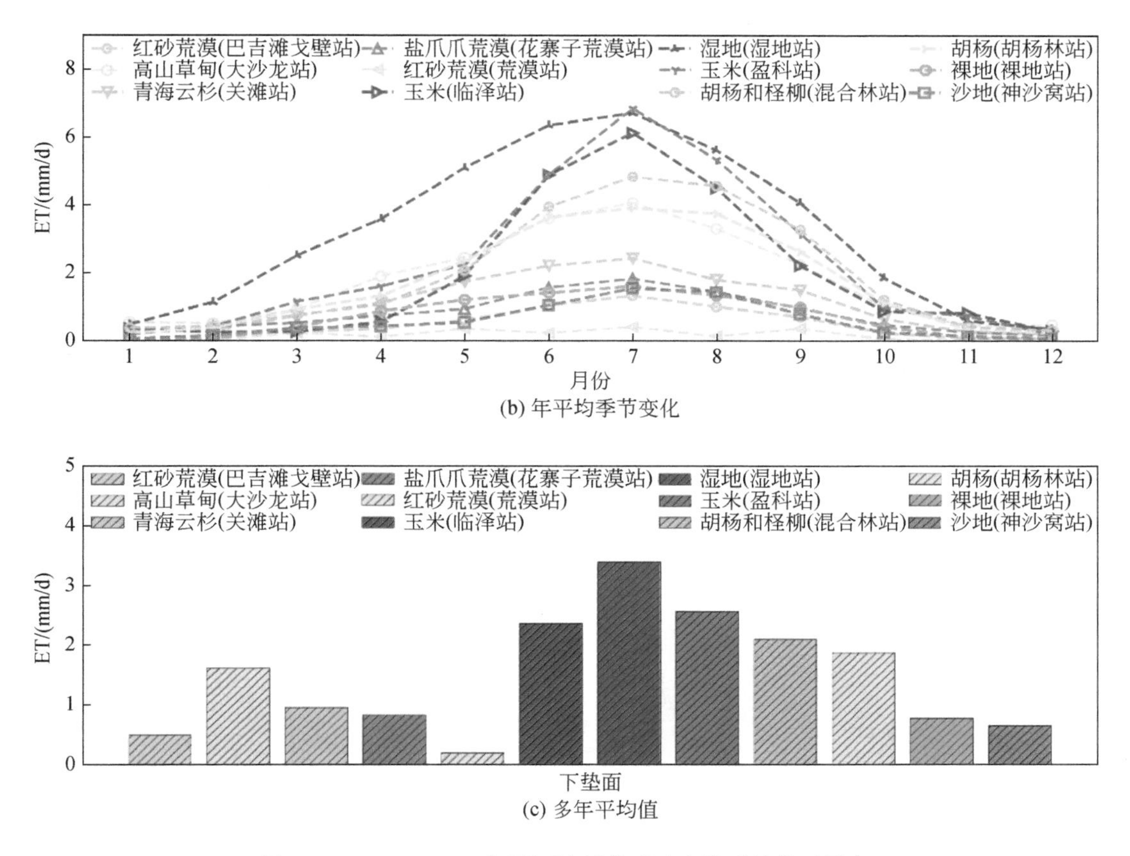

(b) 年平均季节变化

(c) 多年平均值

图 2-43　2010～2016 年黑河流域典型地表类型的像元尺度地表蒸散发相对真值［修改自 Li 等（2021）］

2）地表过程综合观测网到区域的尺度扩展

蒸散发受大气因素影响，包括能量、水和地表植被覆盖条件，因此，温度（Ta）、相对湿度（RH）、太阳辐射（R_s）、降水（P）以及叶面积指数（LAI）都被应用于预测黑河流域内日尺度蒸散发。机器学习算法中的训练集由“黑河遥感-地面观测同步试验”（WATER）和“黑河流域生态-水文过程综合遥感观测联合试验”（HiWATER）观测到的地表蒸散发和其他相关气象变量构成。在黑河流域内总共收集来自 36 个通量塔（65 个站年）观测的地表水热通量。1～5 号站点位于黑河流域的上游，6～13 号站点位于黑河流域的中游，14～19 号站点位于黑河流域的下游。利用涡动相关仪测量了黑河流域内 36 个通量塔（65 个站年）的半小时感热通量和潜热通量。同时，获取了来自安装在通量塔上的自动气象站测量的半小时气象数据（如风速、气温、相对湿度、太阳辐射和降水等）。除此之外，还通过八组 LAS 测量了黑河流域内的感热通量。图 2-44 分别显示了 19 个长期通量塔站点以及 LAS 的分布位置。叶面积指数（LAI）数据产品由全球地表卫星（GLASS）

产品获得（Xiao et al.，2014）（http://glass-product. bnu. edu. cn）。土地覆盖数据由 Zhong 等（2014）提供。

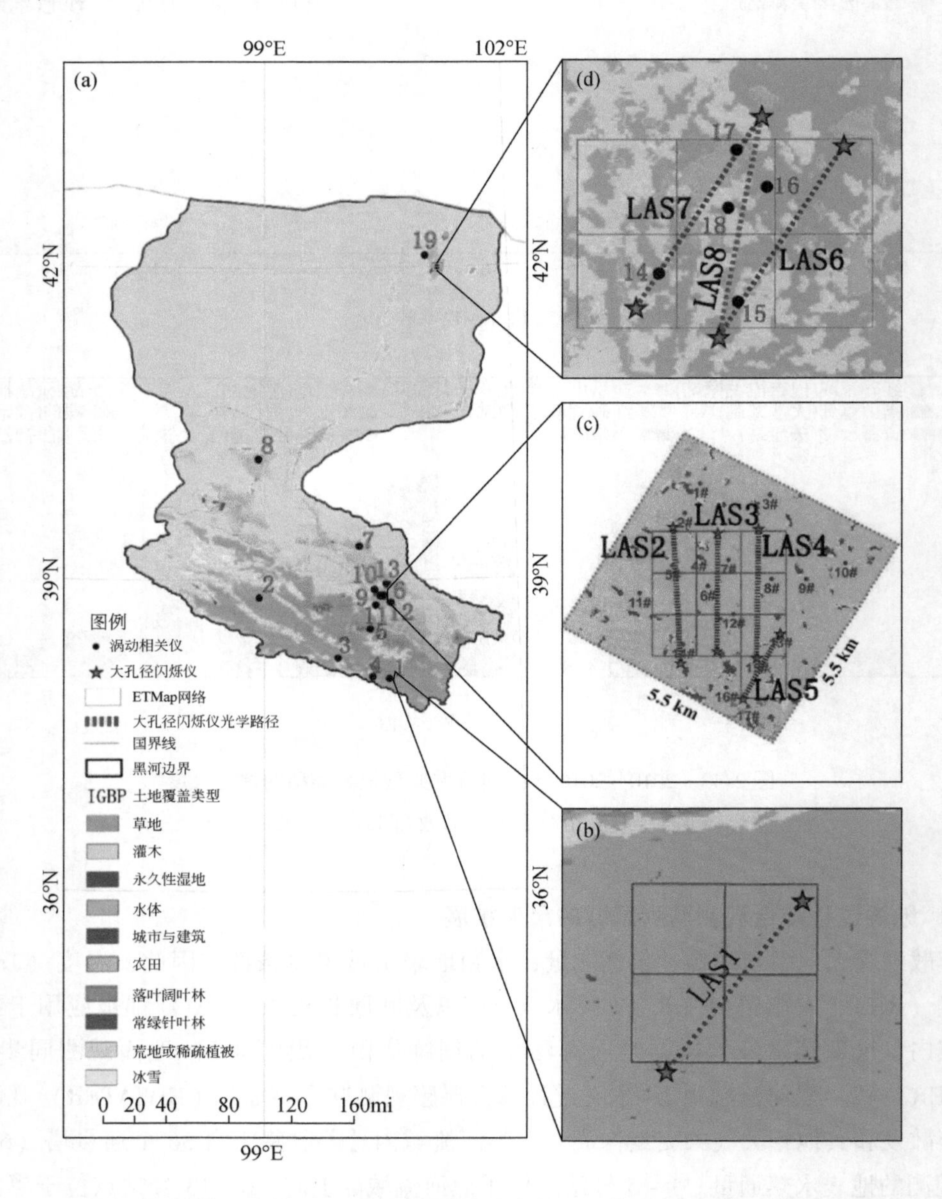

图 2-44　黑河流域土地覆盖和通量塔分布情况［修改自 Xu 等（2018）］

1mi = 1. 609 344km

流域尺度上的数据由气象研究和天气预报（Weather Research and Forecasting，WRF）模式生成区域气象变量（气温、相对湿度、降水和太阳辐射）（Pan et al.，2012）。这些数据的具体信息见表 2-1。用重采样法将土地覆盖数据从 30m×30m 汇总到 1km×1km，区域气象参数从 5km×5km 内插到 1km×1km。用插值方法将叶面积指数数据从 8 天扩展到每天；气温、相对湿度以及太阳辐射取每日均值；降水量从每天累积到 30 天。

表 2-1　黑河流域内收集的区域数据概况

产品	空间分辨率	时间分辨率	参考文献
土地覆盖	30m×30m	月	Zhong 等（2015）
叶面积指数	1km×1km	8 天	Xiao 等（2014）
气温	5km×5km	小时	Pan 等（2012）
相对湿度	5km×5km	小时	
降水	5km×5km	小时	
太阳辐射	5km×5km	小时	

采用的机器学习方法包括人工神经网络、Cubist、深度信念网络、随机森林算法以及支持向量机。

（1）人工神经网络是一种模拟人脑中神经网络的行为的算法。人工神经网络算法由输入层、隐藏层和输出层构成。在人工神经网络算法中，数据被放入输入层中对模型进行训练，在隐层中获取权重，在输出层中生成预测结果。

（2）Cubist 是一种基于修正回归树理论的强大工具。Cubist 可以生成一系列基于规则的预测模型，以平衡准确预测的需求和可理解性的要求①。Cubist 模型表示为规则集合，其中每个规则都有一个相关的多元线性模型。

（3）深度信念网络是由 Hinton 等（2006）提出的一种深度学习方法。深度信念网络可以通过建立一种具有多重隐藏层和大量训练数据的机器学习模型，从而可以学习更多有用的特性并生成更精确的预测值。

（4）随机森林算法可以通过自动随机选择训练样本来生成独立回归树（Breiman，2001）。每一个独立回归树都是使用自举抽样法选择的样本生成的。在修复实体中的单个树之后，通过平均输出来确定最终预测。

（5）支持向量机是一种基于结构风险最小化原则的机器学习方法，并且可以解决非线性回归关系（Vapnik，1998）。支持向量机可以应用于分类和回归分析。常用的核函数有多项式核函数、高斯核函数和径向基核函数。由于径向基核函数在以前的研究中表现出的性能优于其他核函数（Wang et al.，2017）。

采用全局 k 折测试方法对每种机器学习方法的性能进行了测试。研究中，36 个（65

① http://www.rulequest.com.

个站点）通量塔观测站点被分为了 k 个部分（此处 $k=10$）。在每一次的训练过程中，取数据的 $k-1$ 个部分作为训练数据，剩下的一部分作为验证数据。重复交叉验证 k 次（所有的数据都进行训练和验证），然后将评价指标的结果均值作为评价结果。

图 2-45 显示了在所有土地覆盖类型下，人工神经网络（ANN）、Cubist、深度信念网络（DBN）、随机森林（RF）以及支持向量机（SVM）五种机器学习方法的 k 折检验结果。由五种机器学习模型预测的日尺度蒸散发与涡动相关仪的观测值非常符合，主要落在 1∶1 线附近，且 ANN、Cubist、RF 以及 SVM 的表现几乎相同，仅深度信念网络方法的 RMSE（0.64mm/d）和 MAPE（12.47%）略高，R^2（0.87）略低。模型预测值和观测值之间的差异主要来源于机器学习算法和观测数据的不确定性。机器学习算法训练的是没有物理意义的预测模型，并且忽略了解释变量与目标之间的实际相互作用。因此，机器学习

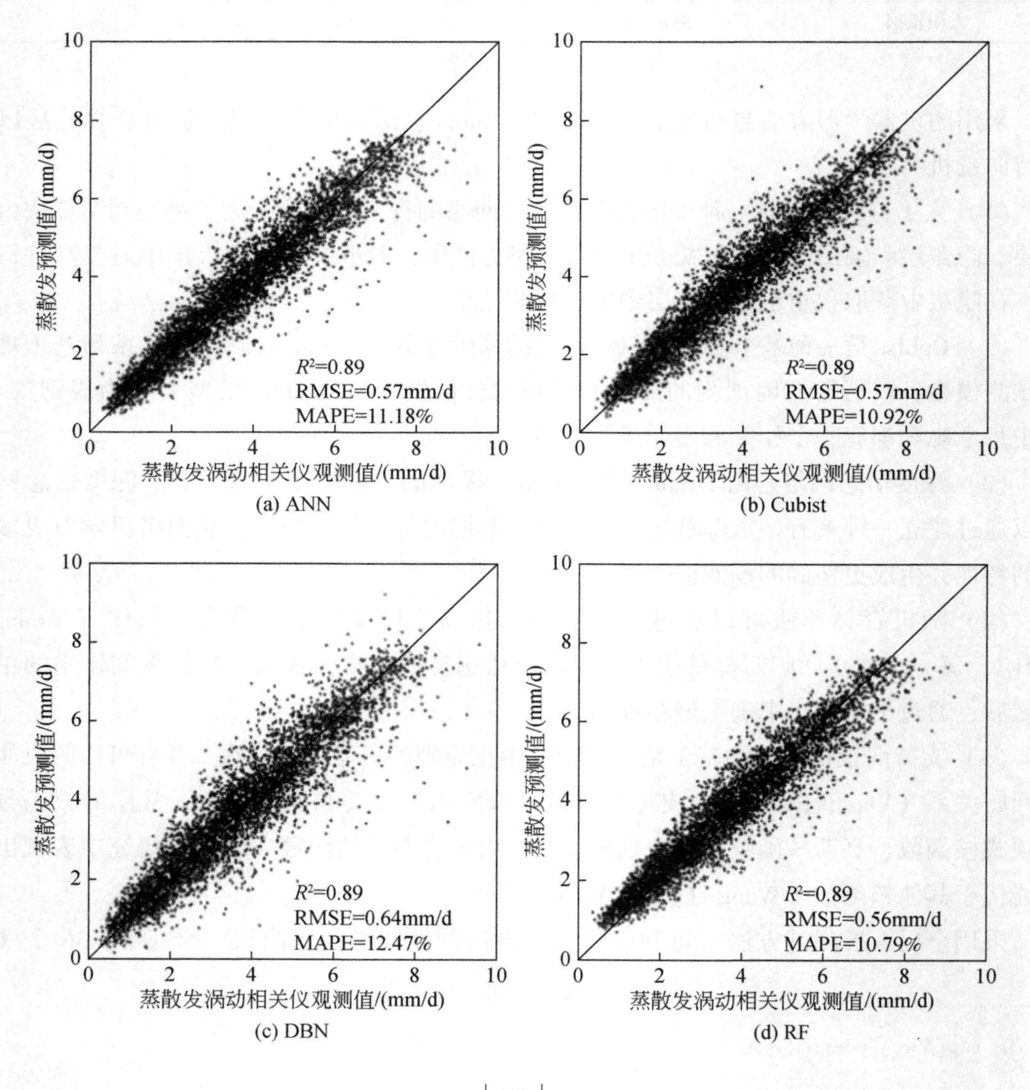

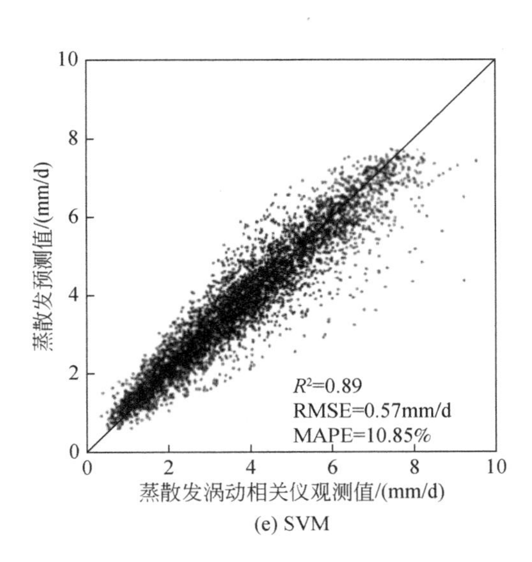

(e) SVM

图 2-45　36 个通量塔观测站点五种预测蒸散发机器学习算法的性能

修改自 Xu 等（2018）

算法会引起日尺度蒸散发预测值的不确定性。同时，由涡动相关仪观测的湍流热通量也存在不确定性（Wang et al.，2015）。

应用 TCH 方法（Tavella and Premoli，1994）在没有任何先验知识的情况下，估算流域尺度上来自不同模型的蒸散发数据集的不确定性。

蒸散发数据集的时间序列可以被存储为 $\{X_i\}_{i=1,2,\cdots,N}$。下标 i 表示的是第 i 个蒸散发数据集，N 是要评估的产品的总数。X_i 假设由两个部分组成：真值（X_t）和误差（ε_i）。

$$X_i = X_t + \varepsilon_i, \forall_i = 1, 2, \cdots, N \tag{2-15}$$

为了获得每个蒸散发数据集的不确定性（ε_i），我们需要知道每个数据集的真值（X_t）。但是，在实际应用的过程中很难获得蒸散发数据集的真值。TCH 方法定义了蒸散发数据集（X_i）和参照数据集（X_R）之间的差值：

$$\boldsymbol{Y}_{i,M} = X_i - X_R = \varepsilon_i - \varepsilon_R, \forall_i = 1, 2, \cdots, N-1 \tag{2-16}$$

式中，$\boldsymbol{Y}$ 存储在一个 $M\times$（$N-1$）的矩阵中；M 为时间样本。用于参照的蒸散发数据集可以在 X_i 中随机选择。矩阵 $\boldsymbol{Y}$ 的协方差矩阵可以通过 $\boldsymbol{S}=\text{cov}$（$\boldsymbol{Y}$）获得。单个噪声 R 的未知 $N\times N$ 协方差矩阵与 $\boldsymbol{S}$ 有关。

$$\boldsymbol{S} = \boldsymbol{J} \cdot \boldsymbol{R} \cdot \boldsymbol{J}^{\mathrm{T}}, 其中\ \boldsymbol{J} = [\boldsymbol{Z} - \boldsymbol{a}^{\mathrm{T}}] \tag{2-17}$$

式中，$\boldsymbol{Z}$ 为一个（$N-1$）×（$N-1$）的单位矩阵；$\boldsymbol{a}$ 为一个有（$N-1$）列的行矩阵 $[11\cdots1]_{1\times(N-1)}$。由于未知元素的个数比方程的个数多，所以公式还无法求解。剩下的自由元素需要用一个合理的方法来获取其唯一值。Galindo 和 Palacio（1999）通过 Kuhn-Tucker

定理提出了约束最小化问题。

最后，通过以上的计算过程可以得到 $\boldsymbol{R}$ 矩阵。矩阵 $\boldsymbol{R}$ 的对角线元素平方根即时间序列 $\{X_i\}_{i=1,2,\cdots,N}$ 的不确定性，并且记为 $\{\sigma_i\}_{i=1,2,\cdots,N}$。将 X_i 的均值与 σ_i 的比值定义为相对不确定性。

图 2-46 显示了利用 TCH 方法得到的五种机器学习方法预测的蒸散发的不确定性。可以看出，RF 方法产生的相对不确定性略低于 ANN 方法、Cubist 方法和 DBN 方法，远低于 SVM 方法。支持向量机方法在荒漠区域内的相对不确定性最大。由于大部分通量塔位于上游和中下游的绿洲地区，所以这些区域蒸散发的相对不确定性较低。北部的荒漠由于通量塔站点数目较少，不确定性最大。因此，选择随机森林方法生产黑河流域内 2012～2016 年的日尺度蒸散发。根据随机森林方法预测的流域蒸散发被称为“ETMap”。

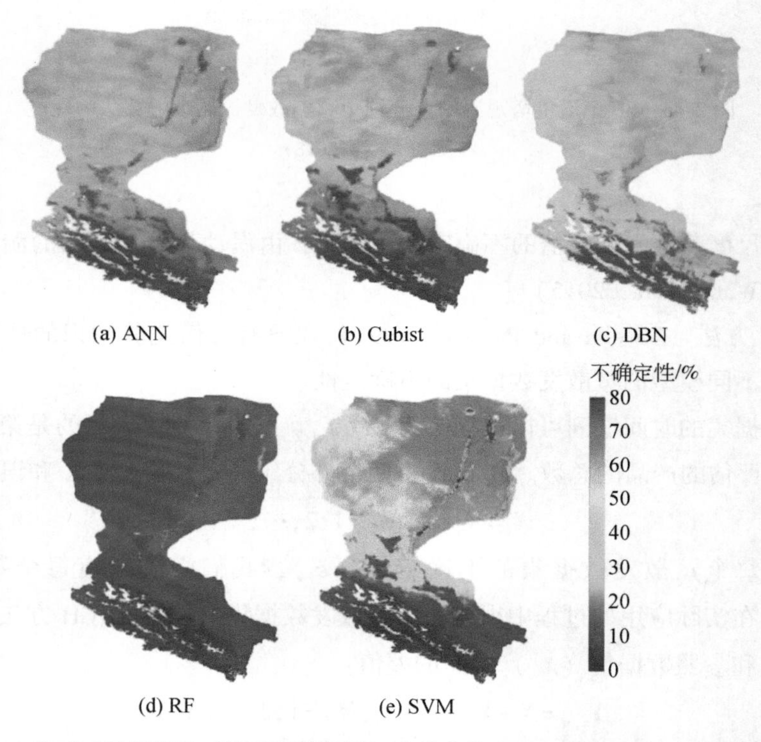

图 2-46　基于五种机器学习算法预测的黑河流域蒸散发的不确定性（Xu et al., 2018）

将 ETMap 获取的黑河流域（HRB）日尺度蒸散发（ETMap ET）与独立大尺度地面测量结果（LAS ET）（8 组大孔径闪烁仪观测结果）进行比较（图 2-47）。大孔径闪烁仪可以沿光学路径测量空间平均地表通量。如图 2-44 所示，1 号大孔径闪烁仪覆盖了 2×2 网格［图 2-44（b）］；2～4 号大孔径闪烁仪覆盖了 3×1 网格［图 2-44（c）］；5 号和 8 号大孔径闪烁仪覆盖了 2×1 网格［图 2-44（c）］；6 号大孔径闪烁仪覆盖了右侧 2×2 网格；7 号大孔径闪烁仪覆盖了左侧 2×2 网格［图 2-44（d）］。将大孔径闪烁仪观测值与具有相同空间代表性的模型预测的空间平均蒸散发值进行比较。如图 2-47 所示，由 ETMap 得到蒸散发与大孔径闪烁仪的观测值非常符合，主要落在 1∶1 线附近。上游（1 号大孔径闪烁仪）、中游（2～5 号大孔径闪烁仪）和下游（6～8 号大孔径闪烁仪）区域的 RMSE（MAPE）分别为 0.65mm/d（18.86%）、0.99mm/d（19.13%）和 0.91mm/d（22.82%）。ETMap 获取的蒸散发和大孔径闪烁仪观测值的差异主要是训练数据、大孔径闪烁仪观测值和非均匀地面的不确定性造成的。此外，上游地区（1 号大孔径闪烁仪）的 RMSE 和 MAPE 比中游（2～5 号大孔径闪烁仪）和下游（6～8 号大孔径闪烁仪）地区的

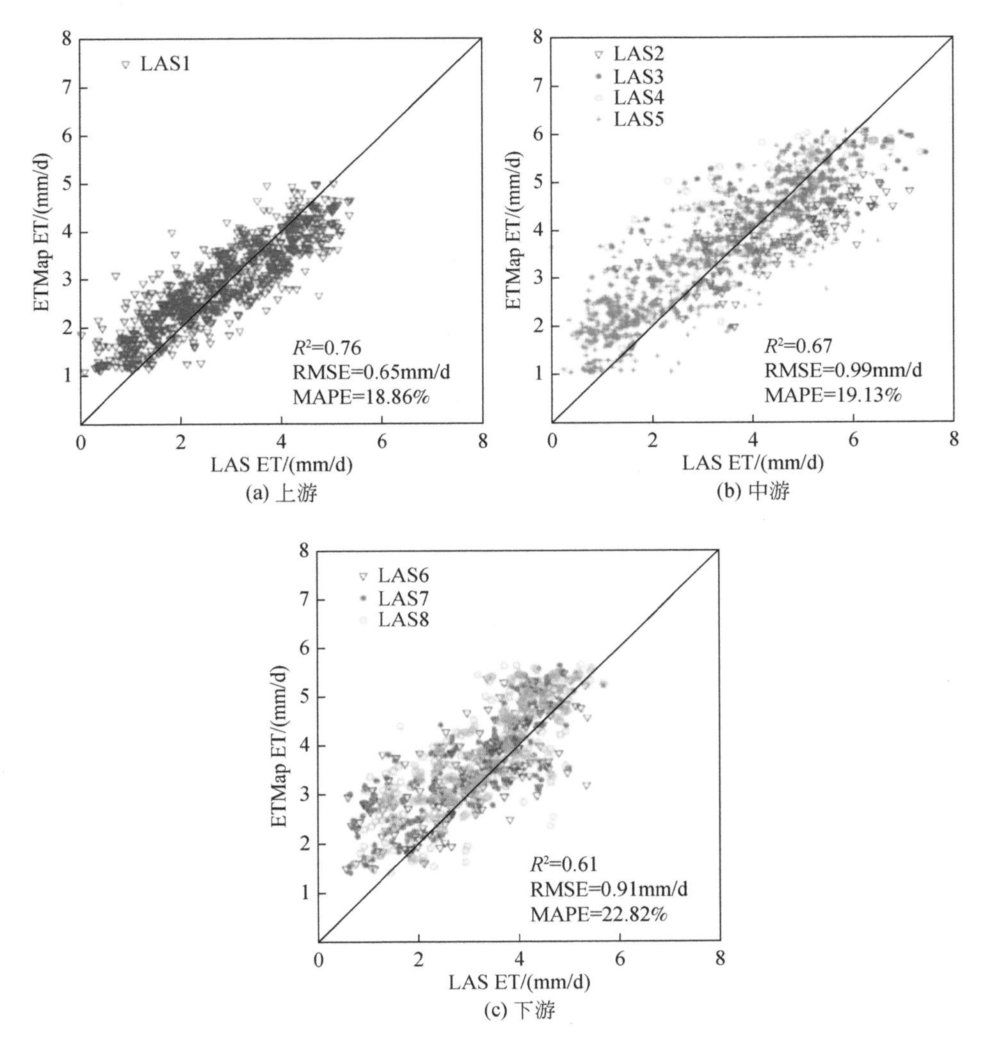

图 2-47　ETMap 获取的蒸散发与八组大孔径闪烁仪观测值的比较［修改自 Xu 等（2018）］

小。1 号大孔径闪烁仪所处地表以草地为主，相对均匀。在 2 ~ 5 号大孔径闪烁仪（土地覆盖由农田和建筑组成）和 6 ~ 8 号大孔径闪烁仪（土地覆盖主要由农田、荒地、森林、灌木等组成）周围的地表是不均匀的。地表的不均匀性是造成 ETMap 获取的蒸散发和大孔径闪烁仪观测值之间差异的一个关键因素。

通过对 36 个通量塔观测站点上的观测值进行升尺度，得到了流域蒸散发值（ETMap）。根据大孔径闪烁仪观测的蒸散发数据验证，经过尺度扩展的蒸散发具有较高的精度，且根据 TCH 方法，其相对不确定性较低。ETMap 是蒸散发相关研究（如蒸散发空间分布、碳-水相互作用等）和黑河流域物理模型蒸散发产品验证的实用产品。

3）蒸渗仪到涡动相关仪的尺度扩展

考虑到下垫面类型对蒸散发的影响，为开展蒸渗仪到涡动相关仪尺度转换研究，在中国科学院怀来遥感综合试验站布设了一套多尺度蒸散发观测系统。该系统由两台蒸渗仪、两套涡动相关仪和两套大孔径闪烁仪，一套波文比-能量平衡系统，以及两套自动气象站、土壤水分无线传感器网络等观测仪器构成，如图 2-48 所示。其中，一台蒸渗仪保持裸土，一台蒸渗仪按照周边大田模式种植和灌溉，布设在 10m 气象塔（AWS10）附近。10m 气象塔上架设了一套涡动相关仪和一套波文比-能量平衡系统。气象塔为三角形自立塔，涡

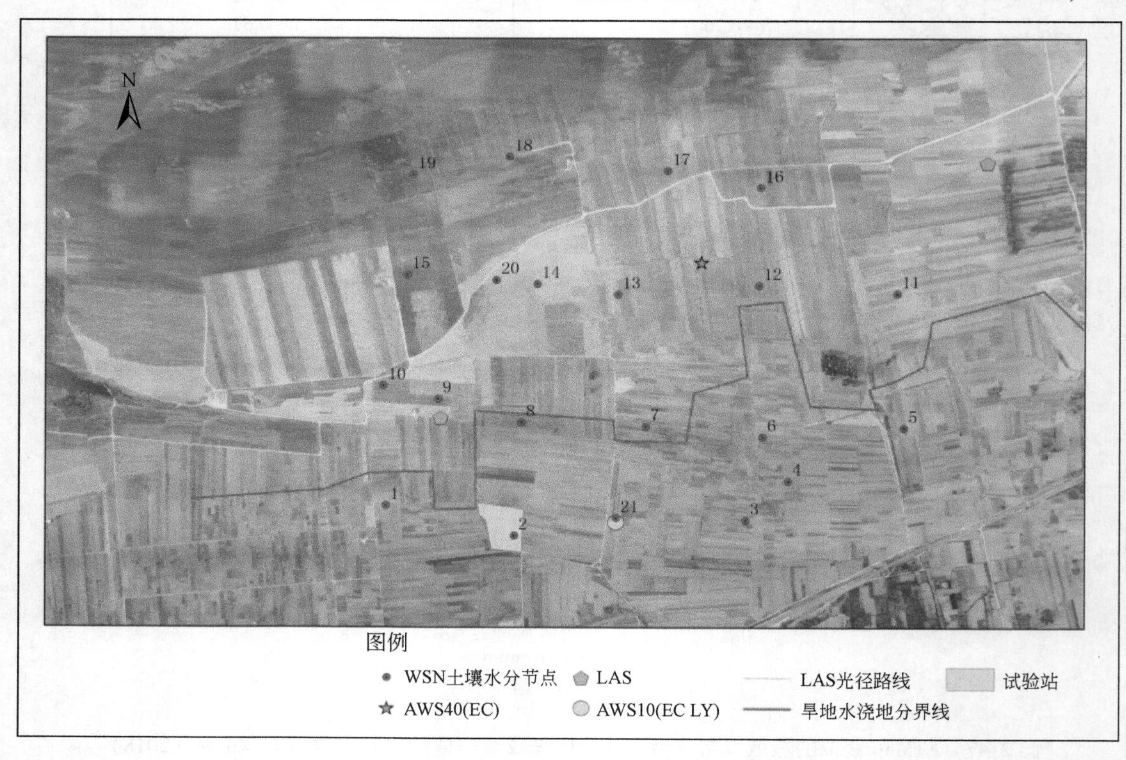

图 2-48　怀来遥感综合试验站观测仪器布置概况图

动相关仪（Gill&Li7500A）安装在5m处，波文比-能量平衡系统安装在7m处（高位和低位分别在6m和8m），自动气象站包括风速风向、空气温湿度、雨量、四分量辐射、地表辐射温度、平均土壤温度、土壤热通量、8层土壤温湿度等。本研究所用的蒸渗仪为德国UMS公司生产的称重式蒸渗仪，型号为Hydro Lysimeter。蒸渗仪为圆柱状结构，在实验区农田内取整块原状土填充，表面积为1m^2，深度为1.5m，蒸散测量精度为0.01mm。两台蒸渗仪共用一个维护井，维护井内安装了两个渗漏桶，用于蒸渗仪的渗漏量测量，测量精度0.001mm。此外，两台蒸渗仪内均安装有土壤水势、土壤温度、土壤湿度、土壤热通量传感器。

图2-49展示了种植玉米的蒸渗仪和10m气象塔架设的涡动相关仪测量的典型（晴）天玉米农田蒸散的日变化。其中，采用波文比强制闭合的方法对涡动相关仪观测结果进行了能量闭合订正（Evett et al.，2012），可以看到蒸渗仪和涡动相关仪日变化规律类似，都为单峰型曲线，日出后蒸散量快速上升，正午前后达到最大值，然后开始下降，夜间的数值一直维持在最低值左右，变化过程与净辐射的变化过程很类似，说明玉米的叶面蒸腾日变化主要受太阳辐射的影响。

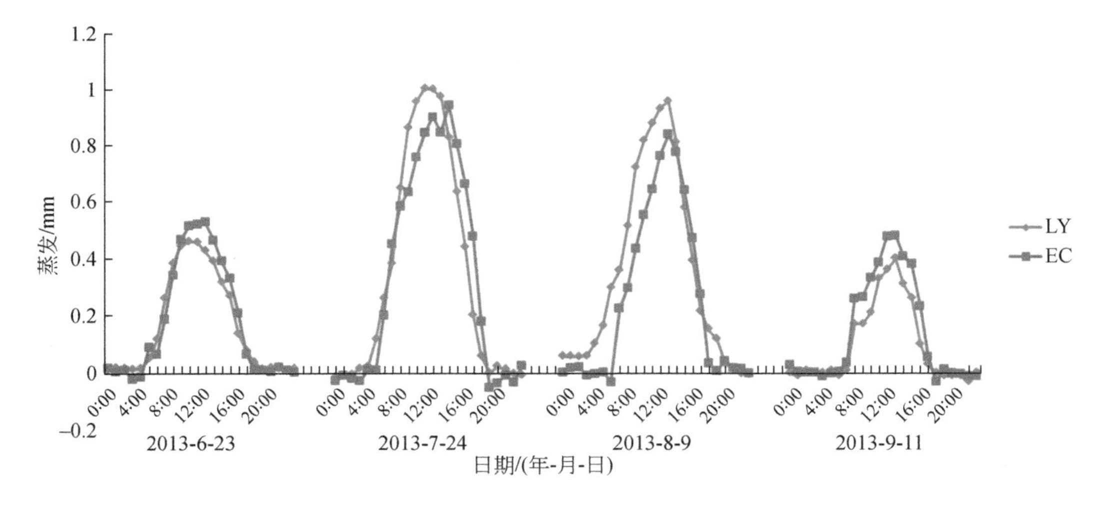

图2-49　2013年蒸渗仪和涡动相关仪典型（晴）天日变化比较

蒸渗仪和涡动相关仪的蒸散发的峰值位相在6月23日和7月24日存在差异，这是由于蒸渗仪观测的是近地面的蒸散量，而涡动相关法观测的蒸散量实际上是5m高处的水汽通量，蒸渗仪和涡动相关仪观测源区范围也不一致，源区内作物吸收土壤水分和向大气散失水分的速度并不一致（戚培同等，2008），造成蒸渗仪的单点观测和涡动相关仪的区域观测出现不一样的结果。

图2-50比较了2013年5月1日~9月15日白天9:00~16:00大气状况不稳定条件下

涡动相关仪和蒸渗仪观测的玉米蒸散发数据。整个生长季，涡动相关仪与蒸渗仪观测结果变化趋势较为一致，相关系数为 0.78。

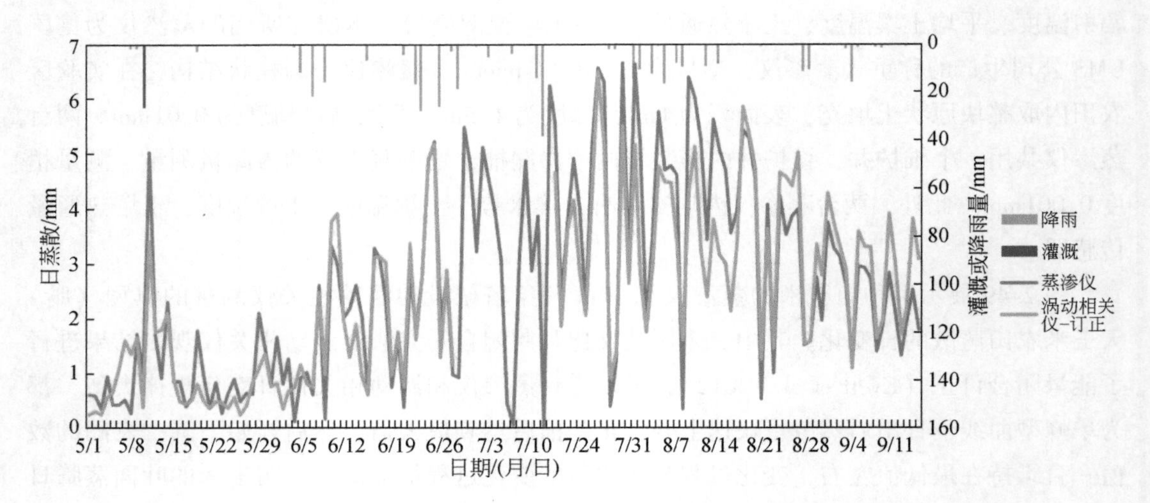

图 2-50　2013 年生长季涡动相关仪与蒸渗仪观测日蒸散量比较

但是在 5 月初灌溉期间，由于农田内每户单独灌溉，灌溉时间较分散，5 月 5 日 ~5 月 16 日涡动相关仪观测源区都有灌溉（5 月 10 日灌溉量最大），涡动相关仪观测尺度更大，观测到多日多次的蒸散量变化，而蒸渗仪仅在 5 月 10 日进行了灌溉，造成蒸渗仪和涡动相关仪观测值在灌溉期间变化差异较大。

蒸渗仪观测尺度较小，其代表性受作物长势影响显著。8 月 10 日大风，蒸渗仪内玉米被风刮倒，8 月 23 日巡检发现蒸渗仪内部分玉米枯萎，仅 2 株玉米生长正常，同农田内作物长势差异较大。5 月 1 日 ~8 月 22 日白天涡动相关仪观测蒸散值累积为 221.4mm，蒸渗仪观测蒸散量累计值为 249.6mm，涡动相关仪观测值偏低 12.6%。而 8 月 23 日 ~9 月 15 日涡动相关仪和蒸渗仪累积蒸散量分别为 70.2mm 和 57.7mm，蒸渗仪偏低 21.7%，二者观测值差异较大，由此可见当蒸渗仪内玉米长势和农田内差异较大时，其观测值不能代表农田区域内的蒸散量。

考虑到涡动相关仪源区范围较大，其中不仅包括玉米农田，还有道路、田埂等裸露的土地，因此，为获得涡动相关仪观测尺度内的实际玉米田蒸散发量，需要结合种植玉米的蒸渗仪和裸土蒸渗仪，开展尺度转换尝试。由于只有两台蒸渗仪观测，无法开展更复杂的尺度转换方法研究，仅采用面积加权平均方法进行尺度转换实验。

由于 8 月 23 日 ~9 月 15 日蒸渗仪和农田内作物长势差异较大，其不能代表玉米实际蒸散发，故主要采用二者 5 月 1 日 ~8 月 22 日观测结果进行尺度转换比较。

首先分析了涡动相关仪源区内裸土和农田的比例。图 2-51 描述了涡动相关仪源区内裸土和农田的比例，利用 Kormann 和 Meixner（2001）提出的全显式解析足迹模型的方法，使用白天 9:00～16:00 大气不稳定层结数据计算了 2013 年生长季 5 月 1 日～9 月 15 日涡动相关仪 90% 源区相对贡献图。

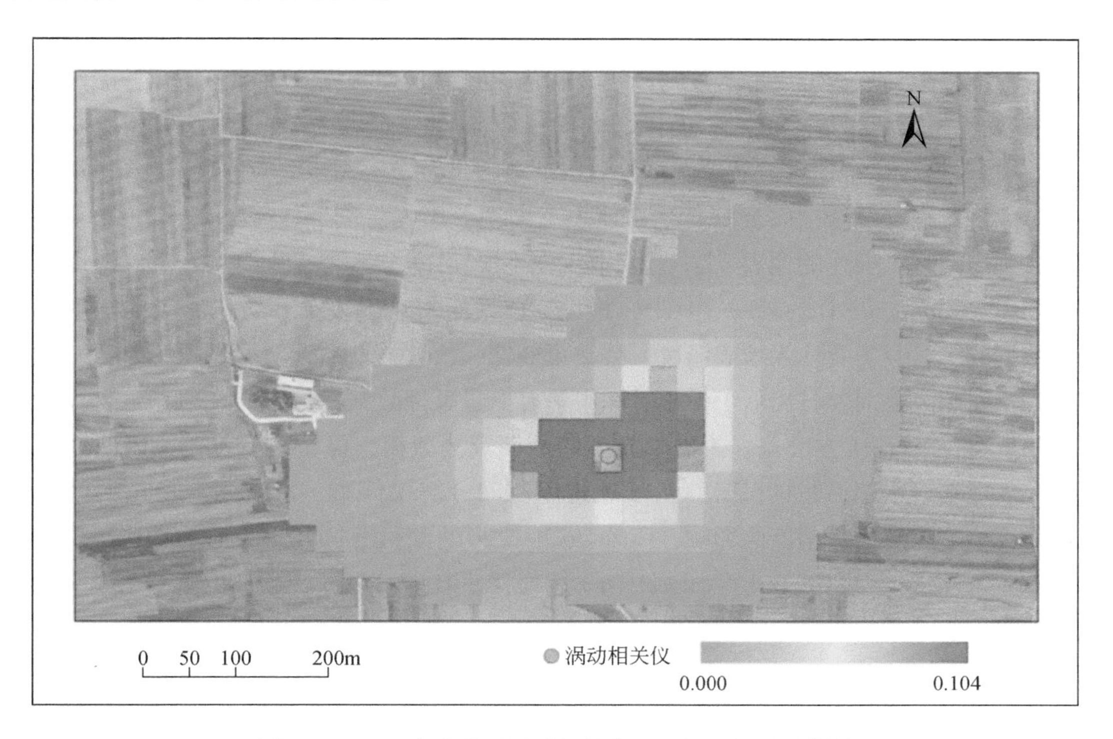

图 2-51　2013 年生长季涡动相关仪 90% 源区相对贡献图

涡动相关仪源区内主要为农田，下垫面相对均一。通过对高分辨率遥感影像进行目视解译，发现在涡动相关仪源区范围内玉米农田占 97.31%，裸土占 2.69%（主要为道路和较大的田埂）。故对两台蒸渗仪（玉米和裸土）观测值采用面积加权计算，以获得涡动相关仪源区尺度的实际玉米蒸散发量，如式（2-18）所示：

$$ET_{up}=ET_{m}\times 97.31\%+ET_{b}\times 2.69\% \quad (2\text{-}18)$$

式中，ET_{up} 为尺度转换后的涡动相关仪尺度蒸渗仪观测蒸散发量；ET_m 为种植玉米的蒸渗仪观测蒸散发量；ET_b 为裸土蒸渗仪观测蒸散发量。尺度转换后，蒸渗仪观测蒸散发量与能量闭合订正后的涡动相关仪观测蒸散发量比较，涡动相关仪观测蒸散发量较蒸渗仪观测蒸散发量低 12.6%，减小为 11.3%，表明尺度转换能够有效提高蒸渗仪观测的代表性。

尽管如此，蒸渗仪依然表现出相对高估的现象。导致它们观测量级之间差异的主要原因是蒸渗仪内作物生长情况与土壤水分情况。蒸渗仪内作物长势与涡动相关仪源区农田内的作物长势不一致，源区农田内土壤水分分布不均匀，整体平均值异于蒸渗仪内部。两者差异导致蒸渗仪观察结果与涡动相关仪观察结果存在差异。

3. 地表蒸散发遥感估算取得的成果、突破与影响

1）流域土壤蒸发与植被蒸腾估算

合理准确地估算流域土壤蒸发与植被蒸腾量，对深入理解流域的水分循环、能量平衡具有重要意义。基于遥感与地面观测数据，应用双源能量平衡（Two-Source Energy Balance，TSEB）模型估算流域土壤蒸发与植被蒸腾是一个比较多见的方法。针对TSEB模型中参数多、模型复杂，以及容易受到地表温度误差影响等问题，Norman等（2000）提出了一种简单、可操作的地表-大气温差法计算区域尺度上地表通量模型——双温度差模型（Dual Temperature Difference，DTD）模型，该方法相对于ALEXI方法来说需要的地面观测数据较少，只需要输入地表温度、植被覆盖度、植被类型和近地层风速等参数。但该方法的主要缺点是需要日出后1.5小时和中午有卫星影像数据；另外，其估算地表水热通量的精度要比ALEXI方法差。其需要较少的地面观测数据，操作简单可行，因此适用于流域尺度上地表水热通量的估算。为了改进因空间分辨率低和卫星观测视场角大对DTD模型估算地表水热通量精度的影响，Guzinski等（2013）利用MODIS一日有四次对地观测的特点，采用Aqua星01:00LT（Local Time）代替原DTD中的早上太阳升起后1.5小时的观测，而太阳升起后5.5小时用Terra的10:30 LST或者Aqua的13:00 LST代替。研究结果表明，应用MODIS产品估算的地表水热通量与观测数据吻合较好，尤其是潜热通量估算精度相比于原DTD法有较大提高，并且MODIS观测视场角的变化对通量观测精度的影响小于5%。本章节利用DTD模型，结合搭载在Terra和Aqua卫星上MODIS传感器，获取中午和夜间两次卫星过境遥感影像，结合采用WRF模式生产的逐时0.05°的2m空气温度、近地层气压、水汽混合比、辐射、10m风速等气象数据，估算整个黑河流域生长季的地表蒸散发、土壤蒸发和植被蒸腾；然后，利用大孔径闪烁仪观测的近似像元尺度地表水热通量数据，分别从瞬时、日尺度上验证结合MODIS遥感影像的DTD模型的精度，研究技术路线见图2-52。结果表明：模型的MAPE为20%左右，与前人研究结果类似（Guzinski et al.，2013）。最后分析了黑河流域土壤蒸发和植被蒸腾的时空变化特征。

目前，地面观测地表蒸散发的仪器主要是涡动相关仪和大孔径闪烁仪等，其中涡动相关仪的观测源区为100～300m，远小于MODIS热红外数据的空间分辨率（1km），而大孔径闪烁仪观测源区为1～5km，虽然可以超过MODIS的像元大小，但是，由于其观测源区受到风速/风向、大气稳定度、架高和地表粗糙度等的影响，其位置与大小并不是固定的，与MODIS像元难以一直完全匹配。本章利用大孔径闪烁仪观测值，结合观测通量足迹模型从瞬时和日两个尺度上来验证DTD遥感估算模型。其中，结合足迹选择验证像元的方法参见Bai等（2015）和Jia等（2012）。

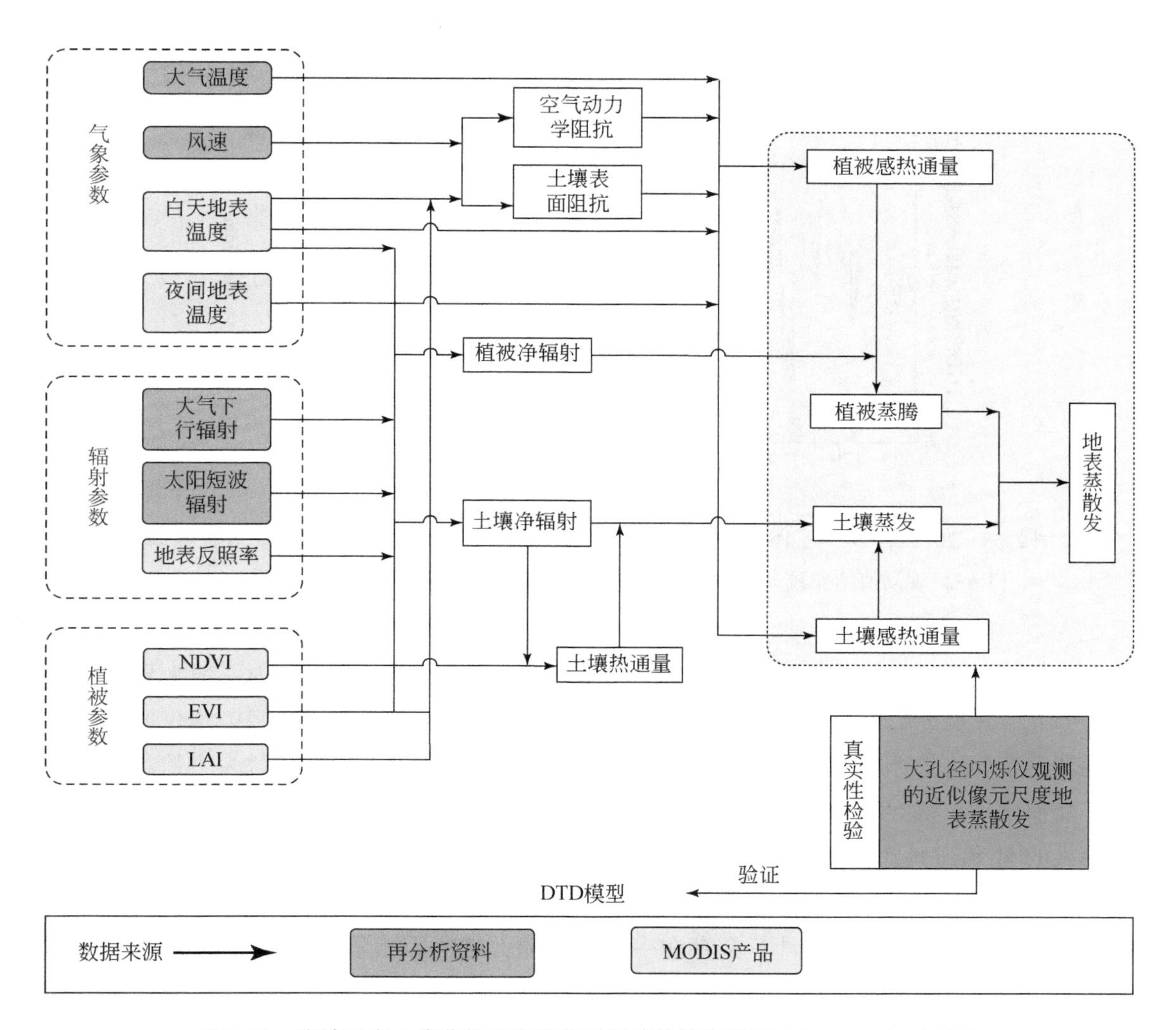

图 2-52　流域尺度土壤蒸发和植被蒸腾遥感估算与验证（Song et al.，2018）

基于 DTD 模型和 MODIS 遥感数据只能估算卫星过境瞬时地表潜热通量，然而，对于灌溉需求而言，农田地表逐日蒸散发量更值得关注。同时，利用修正蒸发比模型将 DTD 模型估算的瞬时地表潜热通量扩展为日值（2012 年 6 月 8 日 ~9 月 16 日），并利用大孔径闪烁仪观测的日地表蒸散发值，结合观测通量足迹模型来验证模型估算结果，见图 2-53。

从图 2-53 可以看出：DTD 遥感模型能够较好地模拟地表蒸散发的季节变化。其中，在生长季前期和中期，模型估算日地表蒸散发量与大孔径闪烁仪观测值吻合较好；但是，当植被开始枯黄，两者之间的差异较大。同时，部分阴天、降雨日，模型估算值与大孔径闪烁仪观测值之间的差异也较大。验证结果表明：DTD 遥感模型低估了日蒸散发量，误差为 25%（图 2-54）。模型估算结果与大孔径闪烁仪观测值之间产生差异的主要原因：首

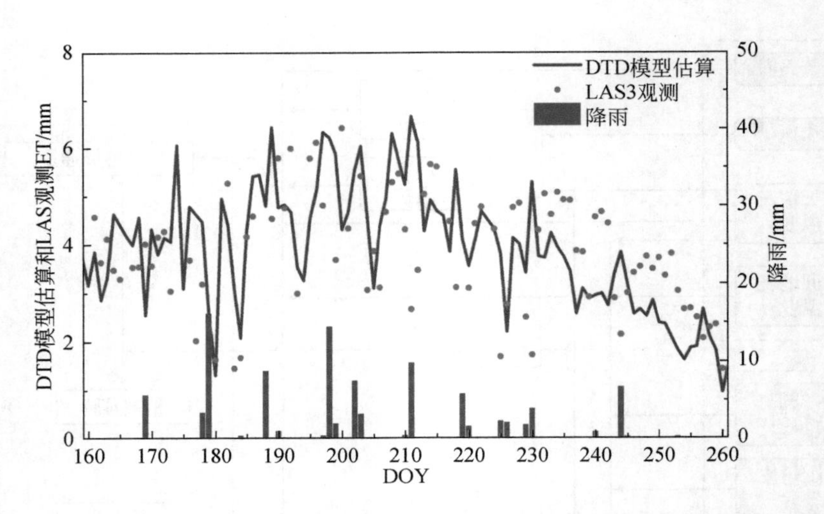

图2-53　2012 年 6 ~ 9 月 HiWATER 试验期间 DTD 模型估算日地表蒸散发与大孔径闪烁仪（LAS）观测值的比较（2012 年 6 月 8 日 ~ 9 月 16 日）［修改自 Song 等（2018）］

先，大孔径闪烁仪足迹并不是完全与 MODIS 像元匹配，而 MODIS 像元内一般为异质性地表，因此，亚像元的通量观测差异会影响两者的比较结果。其次，大孔径闪烁仪的潜热通量是利用余项法推算出的，其中像元尺度净辐射和表层土壤热通量是通过多个站点观测值结合面积比加权得到的，因此，余项法的误差会影响两者的比较结果。再次，DTD 模型需要输入的 MODIS 地表温度和植被等遥感产品存在一定的误差，并且，阴雨天通过时空统计插补地表温度产品的过程也会引入不确定性，同时，在作物生长末季，作物植株开始枯黄，而绿色植被覆盖度遥感计算会存在一定的误差，这些因素最终影响 DTD 遥感模型估算地表蒸散发的精度。

地表蒸散发的空间分布格局与土地覆盖类型息息相关，从浓密植被覆盖到稀疏植被覆盖地表，再到裸土，地表蒸散发量逐渐降低。然而，地表蒸散发中两个分量，植被蒸腾和土壤蒸发空间分布格局的影响因素存在一定的差异。例如，土壤水分的空间分布格局将影响土壤蒸发量的空间分布，而植被覆盖度和叶片含水量等直接影响植被蒸腾量的空间分布格局。

图 2-55 为植被生长季 DTD 模型估算的 2012 年黑河流域土壤蒸发量和植被蒸腾量的空间分布，从图 2-55 中可以看出：从生长季前期的 6 月至旺季的 7 月，植被蒸腾量高值区从上游草地、灌木等覆盖区域逐渐向中游扩张。其主要原因是：上游草地、灌木以及林地等在 6 月处于生长旺季，植被覆盖度较高，土壤供水充足，植被蒸腾量大。而在 7 月的中游灌区，农作物迅速生长，植被覆盖度迅速增加，并且在农田有多次灌水，因此，土壤的供水非常充足，作物蒸腾量非常大。而 8 ~ 9 月，上游草地等和中游作物接近生长季末期，

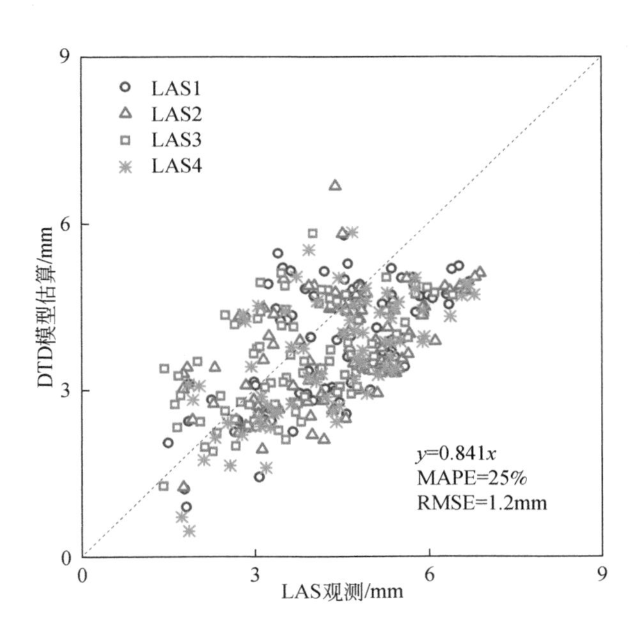

图 2-54　2012 年 6～9 月 HiWATER 试验期间 DTD 遥感模型估算日地表蒸散发与大孔径闪烁仪（LAS）观测值散点图［修改自 Song 等（2018）］

植被绿色覆盖度开始降低，植被的蒸腾速率等逐渐降低，植被蒸腾量下降。但是，上游还分布大量河谷灌木、山坡灌丛以及青海云杉和祁连圆柏等林地，此时绿色植被覆盖度仍然较高，因此，仍保持较高的蒸腾量。由上分析可见，DTD 遥感模型估算的黑河流域植被月蒸腾量的空间分布变化与植被的物候变化节律吻合较好，准确地体现了流域尺度上植被蒸腾量的时空变化特征，表明 DTD 遥感模型估算植被蒸腾量的时空分布格局较为合理。

同时，DTD 模型估算了黑河流域土壤蒸发的时空分布（图 2-55）。由图 2-55 可见：在植被生长季初期（6 月），上游草地、灌木以及林地和中游灌区农田的植被覆盖度较低，而且地表土壤含水量处于较高水平，土壤蒸发量较大，且空间分布较广，随着植被覆盖度逐渐增加，中游农田作物接近封垄（7 月 10 日左右），在浓密植被覆盖下土壤蒸发量随之降低。在植被生长末季（8 月底），上游植被覆盖下垫面表层土壤水分逐渐降低，土壤蒸发量也随之降低；而中游灌区农田仍有灌溉，土壤水分较大，土壤蒸发量波动较小。下游主要为荒漠覆盖，表层土壤较干。只是在内蒙古额济纳绿洲，植被覆盖较为浓密，一年有两次灌溉，土壤蒸发量较荒漠地区高一些。因此，下游整体的土壤蒸发量较低，时空分布格局比较稳定。

黑河流域上、中、下游的下垫面类型、植被覆盖度和土壤含水量存在差异，按月统计了植被生长季黑河流域不同下垫面类型［参照国际地圈－生物圈计划（International Geosphere-Biosphere Programme，IGBP）全球植被分类方案 https://ladsweb.nascom.nasa.

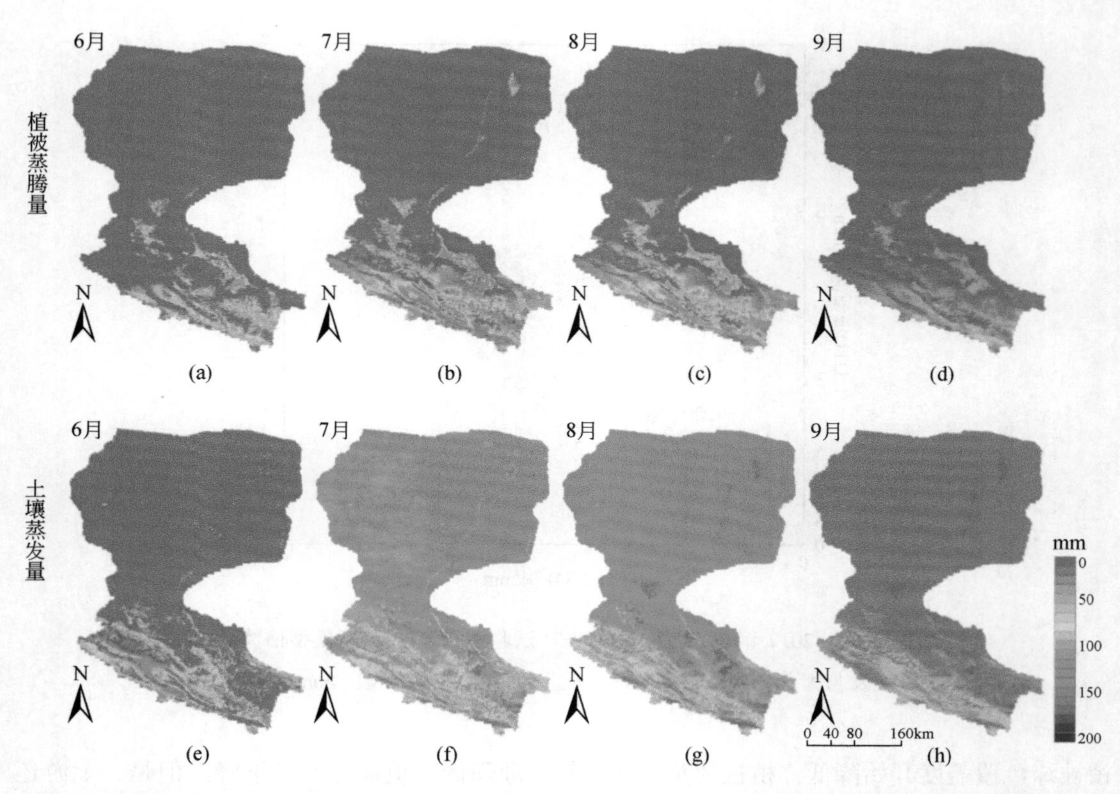

图 2-55　黑河流域 2012 年月尺度植被蒸腾量与土壤蒸发量的空间分布格局［修改自 Song 等（2018）］

gov/data/search. html）］的土壤蒸发、植被蒸腾和水体蒸发，见图 2-56。在植被生长季（6～9 月），不同下垫面植被蒸腾量都呈现先增加后降低的变化趋势，峰值出现在植被生长旺季 7 月。农作物、林地、草地、灌木和湿地下垫面的植被蒸腾量月平均值分别为 76mm、61mm、51mm、96mm 和 90mm，其中灌木和湿地下垫面的植被蒸腾量高于其他下垫面，草地的蒸腾量最小。从 9 月开始，黑河流域植被生长进入末期，植被蒸腾能力迅速下降，植被蒸腾量月平均值为 20mm。在生长季（6～9 月），研究区植被覆盖下垫面土壤蒸发量波动较小，受到表层土壤含水量、太阳辐射以及植被覆盖等因素的综合影响，植被覆盖下垫面土壤蒸发月平均值在 6～9 月逐渐降低，草地和灌木下垫面土壤蒸发和湿地内水体、土壤等蒸发月平均值高于其他下垫面，月平均值高于 50mm。荒漠下垫面虽然有少量植被覆盖，但是由于 MODIS LAI 产品的空间分辨率为 1km，很难体现荒漠下垫面的植被信息，因此，本章统计的主要是荒漠下垫面的土壤蒸发。荒漠下垫面土壤蒸发量在 6 月和 7 月平均值要高于 8 月和 9 月，其原因是少量植被蒸腾也存在一定的贡献。水体蒸发量在 6 月、7 月和 8 月的月平均值比较接近，但 9 月开始下降，水体表面蒸发量的波动主要受到太阳辐射变化的影响。

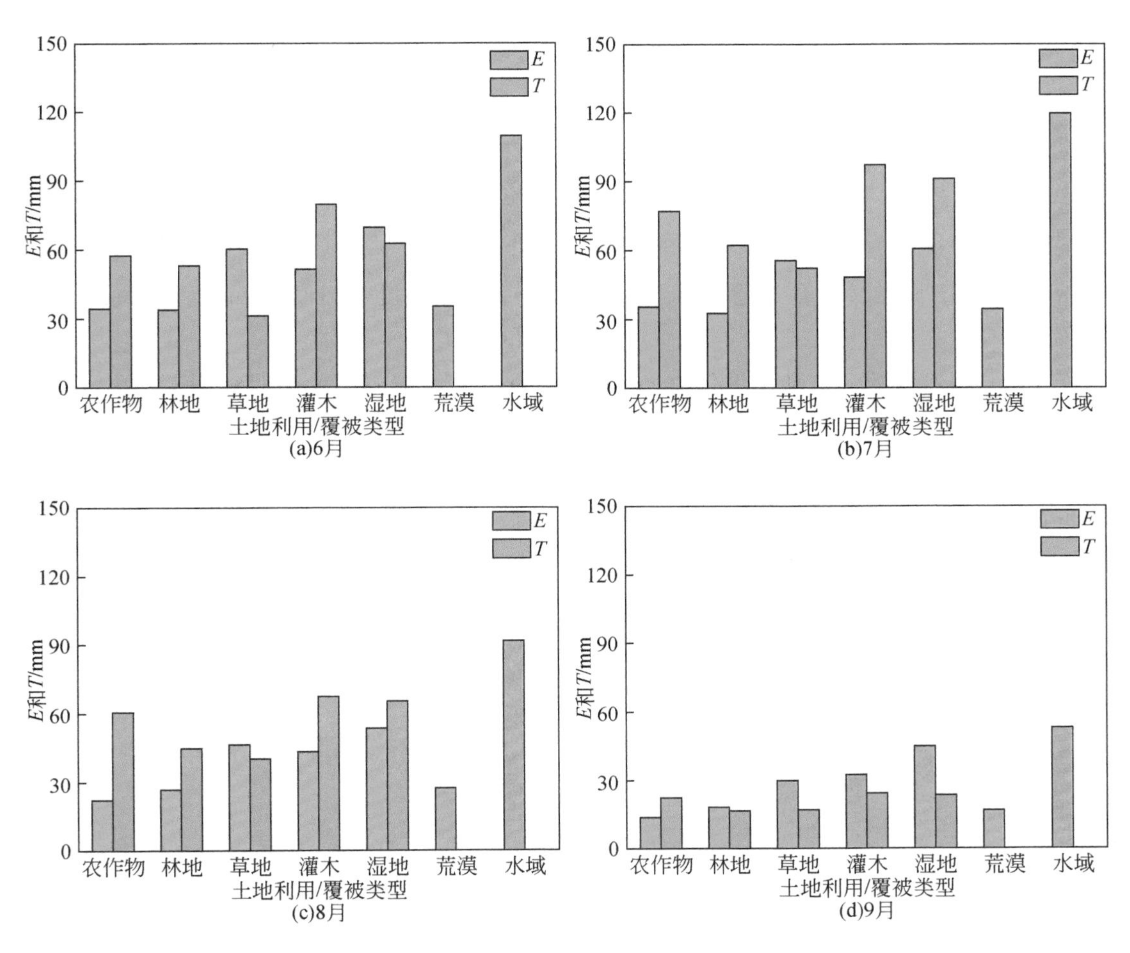

图 2-56　黑河流域不同下垫面类型生长季月尺度土壤蒸发（E）、植被蒸腾（T）和水体蒸发量（E）［修改自 Song 等（2018）］

2）高时空分辨率地表蒸散发的估算

遥感技术提供的区域尺度地表蒸散发对流域水资源管理、农田灌溉决策等意义重大。但现有的蒸散发遥感产品的时空分辨率较低，限制了其应用，如基于 ASTER 和 MODIS 遥感数据估算的蒸散发在时间和空间分辨率方面都有不足。另外，目前的 MOD16（1000m，8 天）、ETWatch（1000m，月）、ETMonitor（250m，8 天）等蒸散发遥感产品也存在此问题。因此，基于多源遥感数据发展田块尺度（100m）逐日 ET 的计算方法是十分必要的。

SEBS 模型是目前应用较为广泛的单层地表蒸散发遥感估算模型之一。该模型主要基于动力学、热力学粗糙度参数化方案莫宁-奥布霍夫相似理论以及大气总体相似理论等建立，采用地表能量平衡干湿限的条件来确定相对蒸发比进而获得地表潜热通量（Su，2002）。

数据融合主要用于尺度下推的转换，通过将一个尺度影像信息融入另一尺度影像来达到尺度转换目的，即确定低空间分辨率像元中的亚像元地表温度或反射率值，融合高空间分辨率图像信息，使得低空间分辨率图像获得高空间分辨率图像的细节信息，这里选用 Zhu 等（2010）在 STARFM 算法的基础上加入粗分辨率影像端元分解的概念，继而提出的 ESTARFM 算法。

利用多源遥感数据（MODIS、ASTER、ETM+等数据）和大气驱动场的格网数据，运用优化的 SEBS 模型，结合遥感影像融合技术估算田块尺度逐日（100m，日）地表蒸散发。具体估算方案如下。

基于多源遥感数据，利用优化的 SEBS 模型可得到过境时刻的瞬时地表蒸散发，为了得到遥感估算的日蒸散发，必须将遥感反演得到的瞬时蒸散发进行瞬时到日的时间尺度扩展。图 2-57 为田块尺度逐日地表蒸散发遥感估算流程图。逐日蒸散发的估算可分为以下三种方案：方案Ⅰ：晴好日且有高分辨率遥感数据，直接利用优化 SEBS 模型并结合修正蒸发比不变法估算日蒸散发；方案Ⅱ：晴好日但无高分辨率遥感数据，即有 MODIS 数据但无 ETM+、ASTER 等卫星过境，首先基于遥感数据 ESTARFM 融合技术获取模型输入地表参数，然后利用优化 SEBS 模型并结合修正蒸发比不变法估算日蒸散发；方案Ⅲ：非晴好日（无 MODIS 数据，因 MODIS 数据质量无法反演地表参数），此时采用参考作物蒸发比方法插补计算非晴好日蒸散发。下面分别对三种方案下的日蒸散发估算进行介绍。

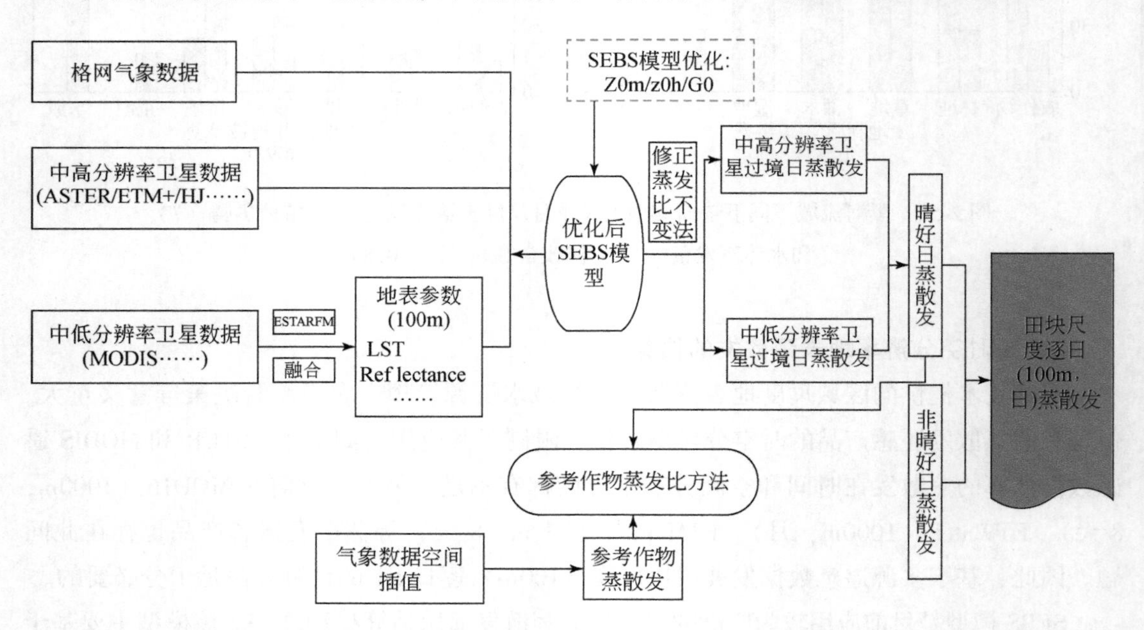

图 2-57　田块尺度（100m 分辨率）逐日地表蒸散发遥感估算流程图［修改自 Ma 等（2018）］

（1）晴好日，有中高分辨率卫星遥感数据的蒸散发估算。针对方案Ⅰ，即在晴好日且有中高分辨率卫星遥感数据（如 ASTER、ETM+等），利用优化后的 SEBS 模型，通过修正蒸发比不变法扩展到日蒸散发。

（2）晴好日，无中高分辨率卫星遥感数据的蒸散发估算。针对方案Ⅱ，即在晴好日，但无中高分辨率卫星过境的日蒸散发估算，仍然是通过修正蒸发比不变法扩展到日蒸散发（同上）。然而该日没有模型运行所需的高时空分辨率地表参数，本书通过 ESTARFM 遥感影像融合技术获取高时空分辨率的地表参数，然后输入优化的 SEBS 模型，最终估算出百米级空间分辨率（田块尺度）的日蒸散发。

（3）非晴好日的蒸散发估算。针对方案Ⅲ，即代表非晴好日，该日获取的卫星遥感数据无法反演地表参数。因此，需要采用插补方法估算非晴好日的蒸散发。Allen 等（2007）提出了参考作物蒸发比方法，该方法根据晴好日的遥感估算 ET_{clr} 以及参考作物 ET_{r_clr} 计算出晴好日的参考作物蒸发比（$ET_rF_{clr}=ET_{clr}/ET_{r\_clr}$），再通过对相邻两个晴好日的 ET_rF_{clr} 线性内插得到非晴好日的参考作物蒸发比，继而计算非晴好日蒸散发：

$$ET_{unc}=ET_rF_{unc}\times ET_{r\_unc} \tag{2-19}$$

式中，ET_{unc} 为非晴好日的蒸散发；ET_rF_{unc} 为非晴好日的参考作物蒸发比，由晴好日内插得到；ET_{r_unc} 为非晴好日的参考作物蒸散发。本书采用参考作物蒸发比方法实现非晴好日蒸散发的插补。

（1）田块尺度瞬时感热通量和潜热通量、日蒸散发估算结果的验证与分析

利用涡动相关仪足迹模型来选取对应遥感数据估算的田块尺度逐日蒸散发结果，并在观测站点进行了验证，田块尺度逐日蒸散发包括了晴好日的逐日蒸散发和非晴好日的逐日蒸散发，验证结果见图 2-58。在黑河中游不同下垫面（涉及菜地、果园、湿地、玉米、戈壁、沙漠和山前荒漠）上，遥感估算日蒸散发和观测值有较好的一致性。从 6 月 1 日 ~9 月 14 日的 ET 验证结果来看，日蒸散发的 MBE 是-0.20mm/d，MAPE 是 14.24%，RMSE 是 0.85mm/d，回归斜率为 0.94，R 为 0.91。但在一些地表的某时段仍存在遥感估算偏差较大的情况，如山前荒漠下垫面 6 月初的遥感估算结果存在偏低的情况；对于绿洲中的居民地（村庄），由于村庄规模普遍较小，因此对百米尺度的像元来说，居民地与其周围的农田构成了异质性的混合像元，使得遥感估算值与观测值的差异比较明显；而对于湿地下垫面，遥感估算结果一般比观测值偏高（图 2-58 绿色点）。

此外，针对融合多源遥感数据估算逐日田块尺度地表蒸散发的三种方案（方案Ⅰ：晴好日且有高分辨率遥感数据，用优化 SEBS 模型估算；方案Ⅱ：晴好日无高分辨率遥感数据，采用融合遥感数据，基于优化 SEBS 模型估算；方案Ⅲ：非晴好日无遥感数据，用插补方法计算）分别进行了验证，结果见图 2-59 和表 2-2，方案Ⅰ的 MBE 为-0.08mm/d，MAPE 为 12.08%，RMSE 为 0.82mm/d，R 为 0.92；方案Ⅱ的 MBE 为-0.18mm/d，MAPE

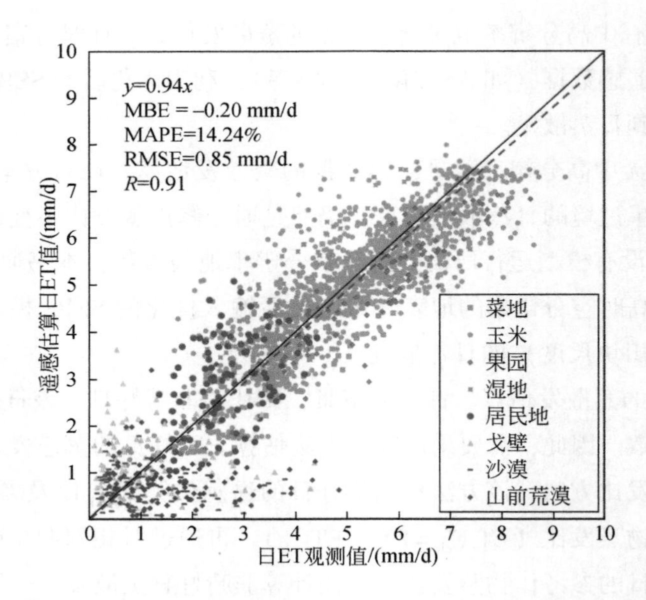

图 2-58 黑河中游张掖荒漠–绿洲区 6 月 1 日 ~9 月 14 日田块尺度逐日蒸散发（ET）遥感估算结果的验证［修改自 Ma 等（2018）］

为 13.39%，RMSE 为 0.88mm/d，R 为 0.90；方案Ⅲ的 MBE 为 –0.16mm/d，MAPE 为 17.25%，RMSE 为 0.90mm/d，R 为 0.87。该验证结果表明：三种方案均与观测值有较好的一致性。方案Ⅰ验证精度最好，从图 2-59 中可以看出其基本分布于 1∶1 线，方案Ⅱ和方案Ⅲ的精度次之。

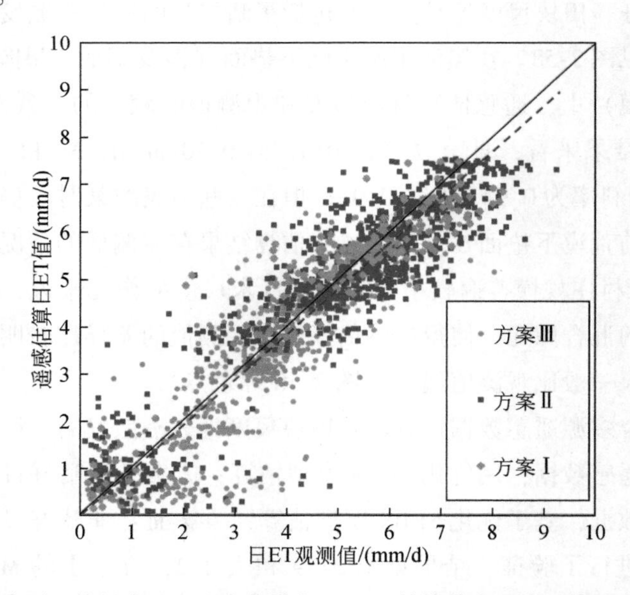

图 2-59 不同方案下田块尺度逐日地表蒸散发（ET）估算精度比较［修改自 Ma 等（2018）］

(2) 田块尺度蒸散发估算结果及其时空变化分析。

上一节分别从足迹和像元尺度对融合多源遥感数据模型估算结果进行了验证，验证结果表明估算结果精度达到了应用的需求。下面对蒸散发估算结果进行时空特征的分析。

利用优化后 SEBS 模型和融合多源遥感数据估算的晴好日的日蒸散发（方案Ⅰ和方案Ⅱ）和非晴好日的日蒸散发（方案Ⅲ）累加得到月尺度蒸散发量。图 2-60 显示了 4 ~ 9 月的月蒸散发情况。从整体上看，4 ~ 9 月的月蒸散量变化特征表现得十分明显，同时，为了更好地定量分析生长季期间蒸散发的月季节变化，对以上获取的月累积蒸散发进行统计分析，求出不同地表类型蒸散发的平均值（Ave）和标准差（σ），见表 2-2。平均值表示月的平均强度，标准差表示空间差异，σ 越大表示在空间上的分布变化越大。

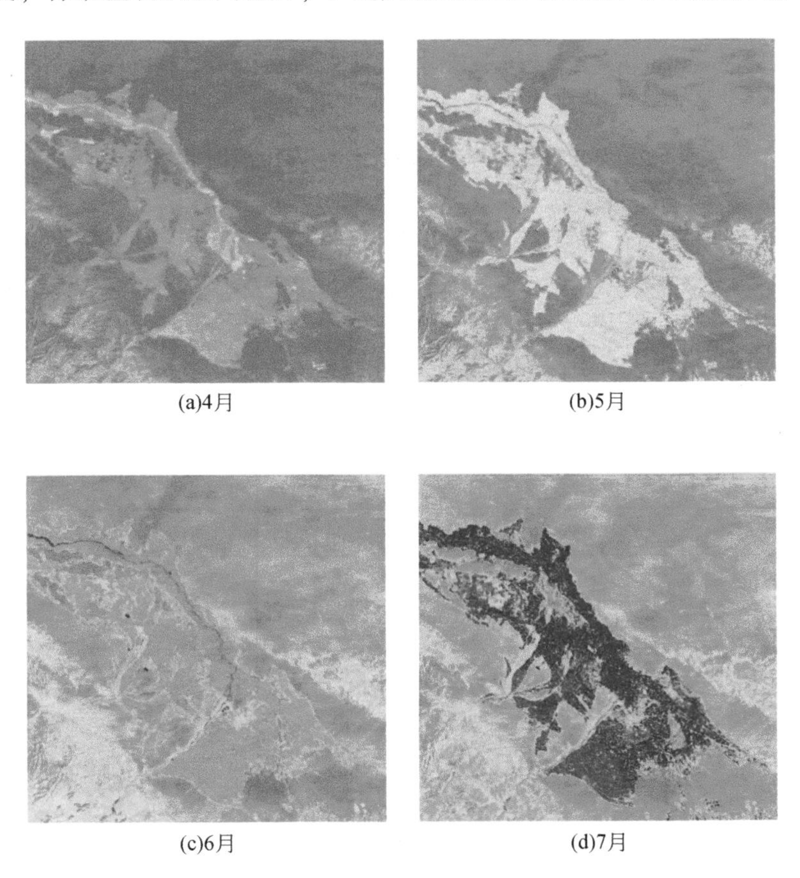

(a)4月　(b)5月

(c)6月　(d)7月

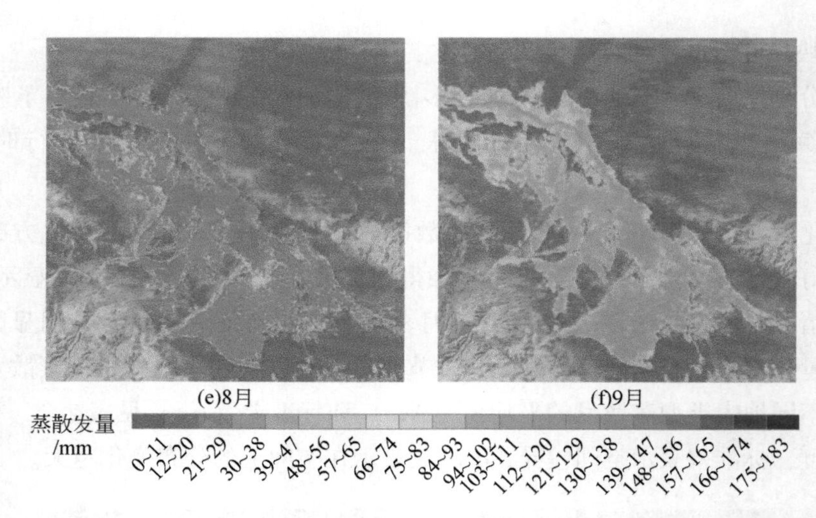

图 2-60　90km×90km 研究区作物生长期间月蒸散发量时空变化 [修改自 Ma 等 (2018)]

表 2-2　研究区生长季不同地表类型各月的蒸散发量特征
[修改自 Ma 等 (2018)]

(单位：mm)

类型	统计量	月变化					
		4 月	5 月	6 月	7 月	8 月	9 月
水体	平均值	124.91	166.88	182.01	169.01	146.67	118.12
	标准差	20.21	15.64	12.49	12.44	10.56	7.83
绿洲作物	平均值	63.14	102.10	141.78	151.10	127.96	93.99
	标准差	10.96	11.42	18.75	23.20	18.92	11.86
绿洲果园	平均值	69.53	105.30	154.06	155.65	135.22	102.94
	标准差	7.89	9.85	13.53	16.03	12.94	9.24
绿洲湿地	平均值	88.04	123.54	158.93	159.27	134.12	97.85
	标准差	16.59	15.47	18.77	20.66	16.04	11.58
村镇	平均值	31.45	58.43	73.56	65.46	58.71	51.58
	标准差	11.84	15.90	23.11	28.23	23.29	15.38
戈壁	平均值	33.75	57.19	50.52	35.98	29.05	26.82
	标准差	8.30	10.77	15.67	18.70	16.52	11.76
沙漠	平均值	28.22	52.38	47.35	36.46	30.26	27.07
	标准差	14.40	18.03	23.51	25.63	22.48	16.58
山前荒漠	平均值	35.10	51.52	57.48	46.89	38.32	34.30
	标准差	10.73	17.89	25.53	30.08	27.90	22.01

续表

类型	统计量	月变化					
		4 月	5 月	6 月	7 月	8 月	9 月
草地	平均值	45.78	63.71	71.89	52.38	44.10	38.36
	标准差	20.62	23.54	29.05	31.78	29.50	21.85
有林地	平均值	66.83	88.39	98.58	85.68	77.33	61.84
	标准差	24.24	25.52	26.97	31.91	30.13	19.85

注：绿洲作物主要为玉米、春小麦、蔬菜等。

整体上，由于陆面蒸散发量受气象条件、下垫面供水状态、植被生长等因素的综合影响，因此研究区域植被的蒸散发量存在明显的时间差异性。具体分析如下：4 月绿洲内部作物的月蒸散发均值为 63.14mm，标准差为 10.96mm。春小麦刚刚播种不久，叶面积指数在 0.35m^2/m^2左右。在生长初期，黑河中游地区气温还比较低，太阳辐射较小，此时绿洲的制种玉米还未播种，农田中有较多裸地，所以蒸散发比较小。黑河河道两边因水分充足，蒸散发则相对较大。然而从 4 月上中下旬来看，整个研究区的蒸散发开始逐渐增大。5 月由于气温的不断回升，辐射增强，春小麦的生长速度加快，绿洲中间伴随着春灌一轮的进行，蒸散发增加明显，从图 2-60 的下旬蒸散发图可以清楚看出，春小麦在张掖南边的分布情况。5 月绿洲内部作物的月蒸散发均值为 102.10mm，标准差为 11.42mm。6 月的春小麦开始抽穗，并且玉米已进入了拔节期。绿洲灌区的农作物月蒸散发均值提高到 141.78mm，标准差 18.75mm。同时，叶面积指数也在增长，其均值升至 1.93m^2/m^2。6 月上旬整个研究区绿洲作物的蒸散发增幅最大，旬蒸散发量达到 35.54mm。7 月当玉米进入旺盛的抽雄吐丝生长期，此时的春小麦已经收割，绿洲灌溉的月蒸散发均值达到最大 151.10mm，标准差为 23.20mm，高的标准差表明 7 月蒸散发的空间分布变异程度增大。此时的高值出现在黑河以及沿河像元。蒸散发的空间分布和叶面积指数的空间分布十分相似，也就说明了绿洲作物蒸散发分布与作物种植结构和灌溉密切相关。绿洲作物的旬蒸发量也达到了整个生长季的最大值 57.31mm，而周围戈壁与荒漠的旬蒸散量仅为 12mm 左右。8 月绿洲农作物玉米逐步进入成熟期，其灌溉量也相对 7 月减少，绿洲作物的月蒸散发均值下降到 127.96mm，标准差降至 18.92mm，而叶面积指数基本已经达到了最大值，说明大部分农作物在 8 月开始成熟。9 月的绿洲灌溉区月蒸散发均值下降到了 93.99mm，标准差降低至 11.86mm，标准差相对于 8 月的减少，说明了叶面积指数、灌溉和地气温差对蒸散发的影响在减弱。

3）时空连续地表蒸散发的估算

目前，将地球静止卫星的高时间分辨率地表温度数据（LST）同化到变分同化（VDA）模型中估计地表水热通量的方法已经比较成熟（Bateni et al.，2013a，2014；Xu et al., 2014)。地球静止卫星能够获取日变化的地表温度数据，该数据集能够有效提升VDA模型的预测和模拟能力。然而，它们的空间分辨率相对比较低，并且其覆盖范围主要集中在中低纬度地区。极轨卫星获取的地表温度数据空间分辨率较高并可覆盖全球。因此，同化极轨卫星获取的低时间分辨率地表温度数据估算地表水热通量具有较高的研究价值。

MODIS具有1km×1km空间分辨率和一天两次时间分辨率的LST产品数据（来自Aqua和Terra平台），被同化到Bateni等（2013a）提出的VDA模型中。该VDA模型的关键未知参数是中性整体传热系数（C_{HN}）和蒸散比（EF）。C_{HN}表示地表水热通量的总和（感热通量+潜热通量），EF表示地表水热通量的分配情况，如EF=LE/(H+LE)。根据LAI或表观热惯量（ATI）并通过某一表达式对参数EF进行参数化，基于该表达式构建的EF先验估计值可以作为VDA模型的初始预测值。VDA模型通过最小化LST模拟与观测值之间的差异来获取最优的C_{HN}和EF值（EF后验估计值）。研究测试了VDA模型在中国西北部黑河流域复杂植被-水文条件下的预测表现，并用大孔径闪烁仪的实测数据来验证VDA模型的估算值。

潜热通量作为地表蒸散发的能量形式，其变化特征与蒸散发类似，因此本节仅展示潜热通量的结果。单源变分数据同化（CS VDA）模型和双源变分数据同化（DS VDA）模型的逐小时潜热通量估计结果在阿柔站、大满站以及四道桥站点实测结果的比较如图2-61所示。CS VDA和DS VDA模型的预测结果和观测结果之间存在较好一致性，大部分点落在1∶1线附近。相比于CS VDA模型，DS VDA模型运算过程中，能够更为稳健地代表问题蕴含的物理意义，因此DS VDA模型的表现略优于CS VDA模型。三个站点的地表水热通量估计的统计结果如表2-3所示。对潜热通量而言，三个站点的平均偏差（RMSE）分别是50.28W/m^2（94.30W/m^2）（CS模型）和30.29W/m^2（74.15W/m^2）（DS VDA模型）。较低的偏差和均方根误差说明CS VDA模型和DS VDA模型能在复杂植被-水文条件下准确估计地表水热通量。统计分析结果表明，相比于CS VDA模型，将地表区分为植被和土壤的DS VDA模型能有效提升地表水热通量估计的准确度。如表2-3所示，降水量大、植被覆盖度高（LAI=2.7）的阿柔站的水热通量模型估计结果的MAPE高于降水稀少、植被稀疏（LAI=2.7）的四道桥站。事实上，CS VDA和DS VDA模型均在干旱或植被稀疏地区（如四道桥站）表现较好，而在湿润或植被覆盖度较高地区（如阿柔站和大满站）预测性能变差。在干旱或植被稀疏的地区，干燥速率主要取决于地表状态变量（如LST和LAI）。相反，在湿润或植被覆盖度高的地区，干燥速率则主要取决于大气状态变量（如空气温度和比湿）。因此，VDA模型（通过同化LST数据优化C_{HN}和EF）在干旱或植被稀疏地区（站点）表现较好（Crow et al., 2005；Xu et al., 2014, 2016）。

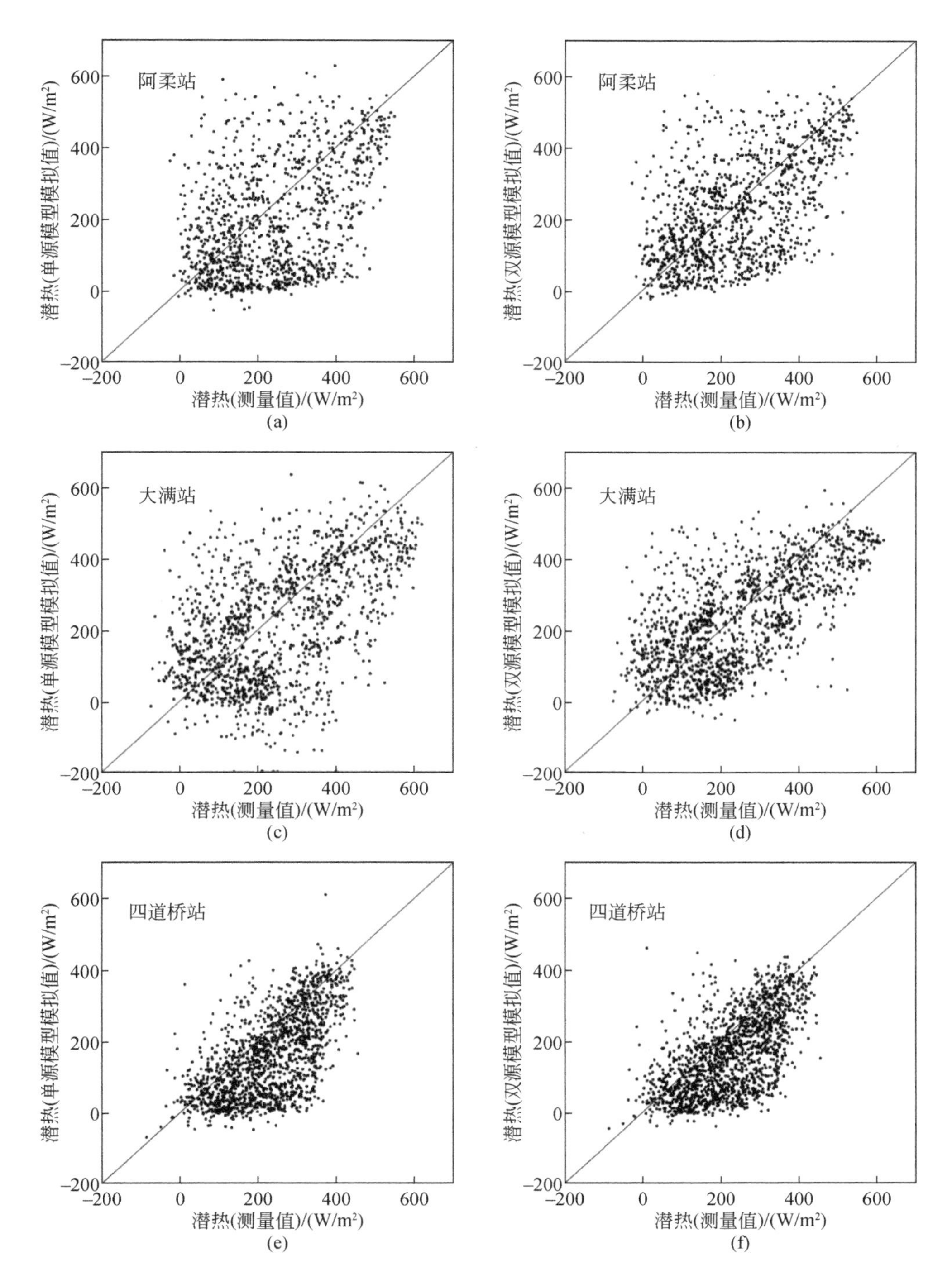

图 2-61　2015 年 121 ~ 273 积日逐小时潜热估计结果在阿柔站、大满站和四道桥站实测结果对比（Xu et al., 2019）

CS VDA 模型对应左侧，DS VDA 模型对应右侧

表 2-3　CS 和 DS 各自的开环模型和 VDA 模型在三个试验站对逐小时潜热估计的统计结果

站点 S	统计量	CS		DS	
		开环模型	VDA 模型	开环模型	VDA 模型
阿柔	偏差/(W/m²)	45.32	36.15	40.21	6.75
	MAPE/%	46.85	35.08	39.54	25.69
	RMSE/(W/m²)	150.52	115.85	132.41	84.88
	R^2	0.49	0.59	0.53	0.62
大满	偏差/(W/m²)	61.22	46.69	56.91	22.70
	MAPE/%	39.54	26.52	50.21	21.57
	RMSE/(W/m²)	115.25	84.43	110.25	61.45
	R^2	0.49	0.66	0.55	0.75
四道桥	偏差/(W/m²)	95.41	68.01	82.45	61.42
	MAPE/%	41.25	31.44	40.38	20.48
	RMSE/(W/m²)	100.02	82.61	93.51	76.11
	R^2	0.45	0.68	0.53	0.71
均值	偏差/(W/m²)	67.32	50.28	59.86	30.29
	MAPE/%	42.55	31.01	43.38	22.58
	RMSE/(W/m²)	121.93	94.30	112.06	74.15
	R^2	0.48	0.64	0.54	0.69

黑河流域植物生长季节（5～9 月）的月平均潜热通量估计值如图 2-62 所示。相比于草地、耕地和林地，裸地的潜热通量更低。在有植被覆盖的地区（如草地、耕地和林地），潜热通量 5～7 月升高，7～9 月降低。而在降水稀少的裸地，潜热通量在 5～9 月基本是一个常量。在黑河流域上游地区，潜热通量的空间分布特征和降水与植被覆盖度的空间分布特征有很好的一致性。降水丰富、植被覆盖度高的地区相应潜热通量通常也较大。在黑河流域中游地区，潜热通量的空间分布和作物灌溉的绿洲有很好的一致性。在黑河流域中部和北部（fc 接近于 0），CS VDA 模型和 DS VDA 模型的地表水热通量估计结果的相对差异比较小，而在黑河流域南部（大部分地区的 fc 非 0），这种相对差异有所提升。

黑河流域上游山地不同海拔的土地覆盖、气温、蒸散发以及降水差异如图 2-63 所示。在海拔 1000～3000m，四种主要植被类型（草地、耕地、灌木和林地）的面积随海拔升高。植被的分布特征与降水的差异密切相关。在海拔 1000～3000m，植被覆盖度和降水随海拔升高，相应地，蒸散发也随海拔升高而升高。蒸散发在海拔 2800～3200m 达到峰值，此时植被覆盖度和降水也达到了各自的峰值（此处气温约为 7℃）。当海拔高于 3000m 时，

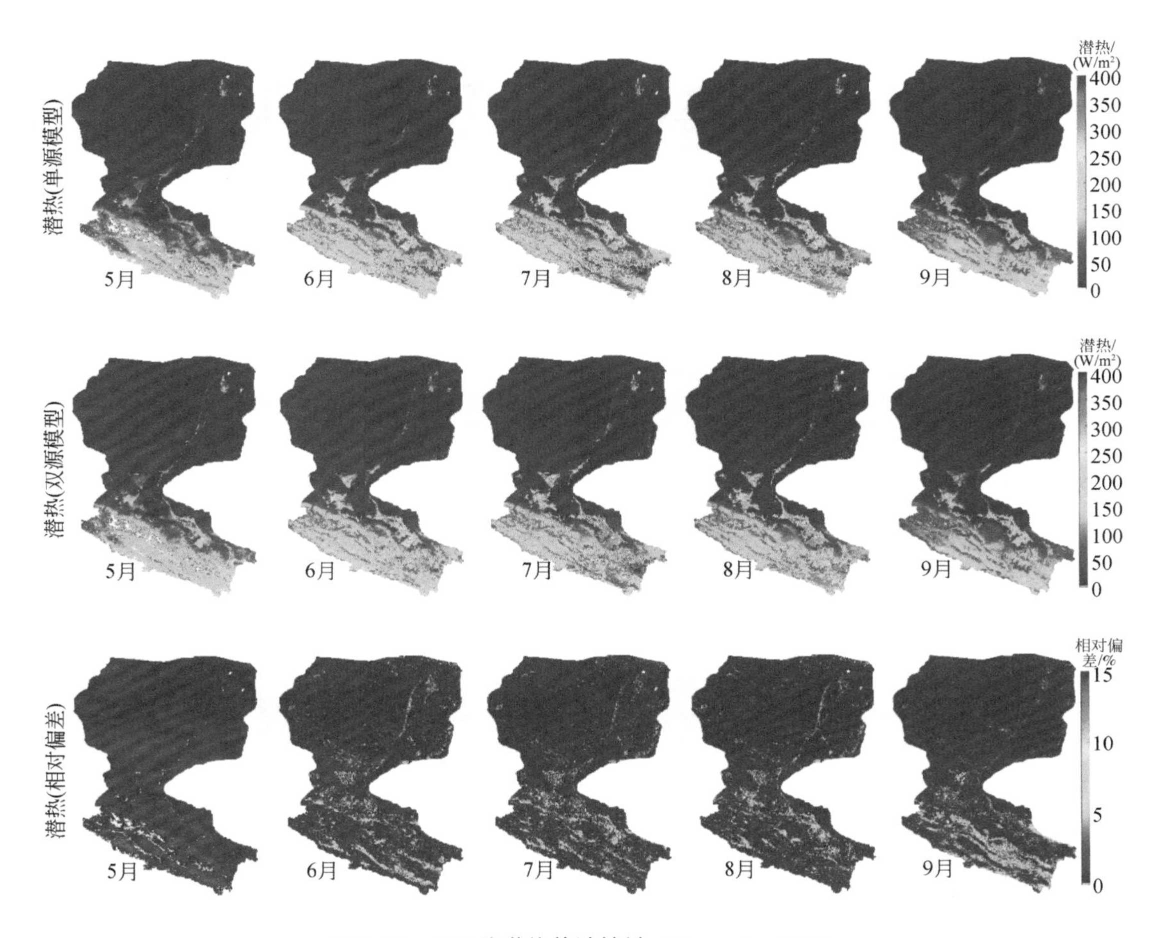

图 2-62 月平均潜热估计结果（Xu et al., 2019）

第一行为 CS VDA 模型结果；第二行为 DS VDA 模型结果；第三行为 CS VDA 模型和 DS VDA 模型对潜热估计的相对差异［（LE（DS）-LE（CS）/LE（DS）×100］。LE（DS）和 LE（CS）分别代表 DS 模型和 CS 模型的潜热估算结果

降水和植被覆盖度降低，蒸散发也相应降低。径流自高海拔地区向低海拔地区流动，使得海拔 1600m 以下地区蒸散发高于降水。随海拔升高，气温逐渐降低（图 2-63）。

2.3.3 多尺度地表蒸散发综合监测的前沿方向

地表蒸散发是整个生物圈、大气圈和水圈中水循环和能量传输的重要控制因素，而全球植被蒸腾量占地表蒸散发量的比例大于 80%，并且在干旱区，这个比例更高。地面观测与遥感观测是获取地表蒸散发的最直接手段，尺度扩展也已经成为连接地面观测与遥感观

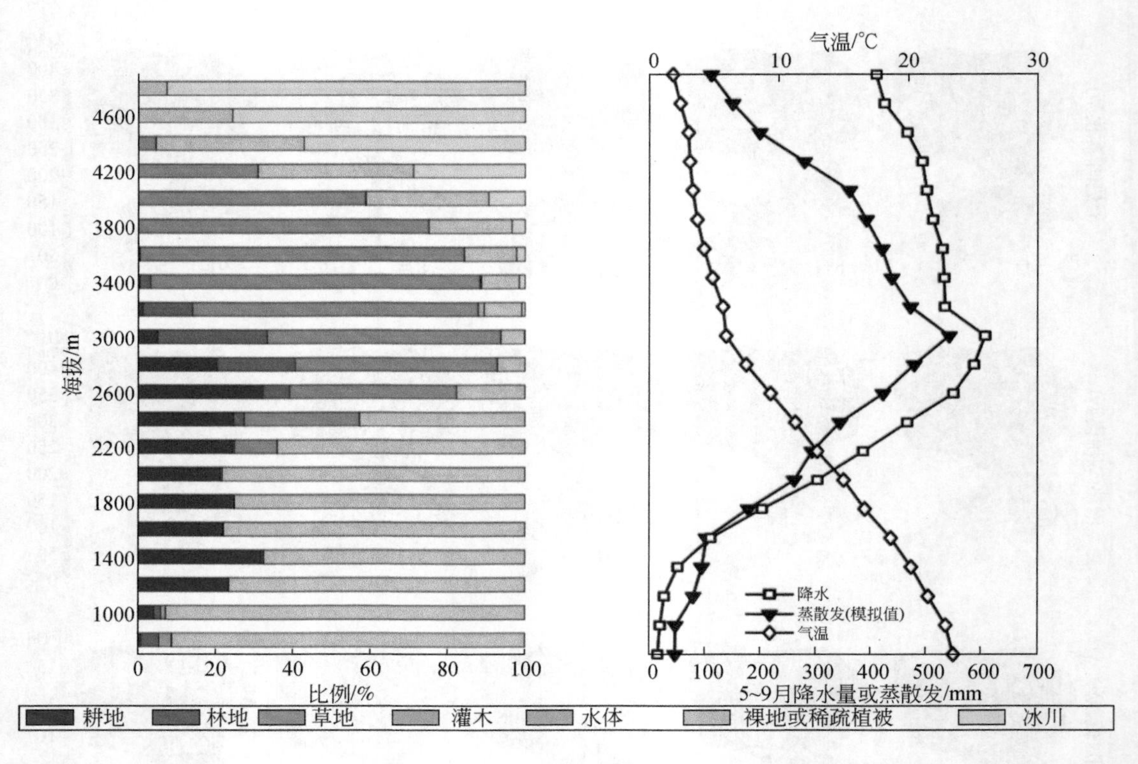

图 2-63　黑河流域上游山地 2015 年土地覆盖、气温、蒸散发和降水随海拔变化情况（Xu et al.，2019）

测的重要桥梁。

目前已经有很多学者开展关于机器学习算法引入到地表蒸散发尺度扩展的研究。但是机器学习算法本身是以数据为主要驱动，通过从海量的观测数据中不断挖掘变量之间存在的潜在关系，如果要进行地表蒸散发的深入研究，不考虑过程本身的物理机理，显然是不符合科学研究中因果关系的需要的。基于水量平衡原理和高精度称重系统的蒸渗仪，理论较为成熟，被视为最精确和可靠的获取地表蒸散发的方式，而涡动相关仪可以直接测量三维风速、风向、湿度、大气压力、CO_2通量、显热通量、潜热通量等物理量，是目前获取地表蒸散发的主要手段，在全球和各国 FLUXNET 中得到了广泛的应用。受观测源区大小、源区内下垫面类型和土壤水分等空间异质性和涡动相关仪能量闭合问题的影响，蒸渗仪和涡动相关仪观测结果存在一定的差异。为进行涡动相关仪观测结果的验证，需要开展蒸渗仪到涡动相关仪尺度的转换，以获取涡动相关仪源区内的蒸散发的地面真值，但这方面的研究目前还比较欠缺，未来需要进一步加强。考虑到多尺度地表蒸散发观测与尺度转换的研究现状，可重点关注以下几个前沿科学问题。

（1）考虑如何将现有的蒸散发物理机理同数据驱动的机器学习算法相结合，发展出一种新的混合模型，真正做到既符合实际的物理定律，又从数据中找到存在的规律，从而解决现有的方法中存在的极端情况估算精度不高的问题。

(2) 进一步提高蒸渗仪观测精度。目前，蒸渗仪观测结果仍然存在较大的噪声（如风速），需要研究相关算法，提高数据处理精度。

(3) 开展涡动相关仪源区内多台蒸渗仪组网观测，以获取非均匀下垫面下不同植被类型和空间分布的有效代表性。

(4) 结合高分辨率卫星/无人机遥感影像，选取叶面积指数、土壤温度和土壤水分等辅助信息，开展尺度转换算法研究，获取可以代表涡动相关仪源区尺度的高精度蒸散发观测地面真值。

随着遥感技术的发展，基于地表蒸散发遥感模型估算地表蒸散发、土壤蒸发和植被蒸腾研究取得了长足的进步。但是，当前的地表蒸散发遥感模型由于受到模型驱动数据、模型结构和模型参数等方面的约束，模型的模拟结果往往存在较大的不确定性。利用站点和遥感观测数据，结合多种融合方法，可以对遥感模型的驱动数据、模型参数等进行改进，进而提高地表蒸散发的估算精度。从地表蒸散发的应用需求角度来看，高精度、大尺度、高时空分辨率、长时间序列的地表蒸散发产品将是未来的一个发展趋势。

未来地表蒸散遥感估算研究可重点关注以下几个前沿科学问题。

(1) 发展具有新理论和新方法支撑的地表蒸散发遥感估算模型，当前的地表蒸散发估算多基于 Monin-Obukhov 相似性理论，其模型参数的确定基于较多假设，发展具有较少参数依赖的地表蒸散发遥感估算模型，对地表蒸散发的精确估算意义重大。

(2) 充分结合站点观测数据和多源遥感数据产品，通过数据同化等融合方法实现过程模型与地面观测、多源遥感数据产品的集成，获得时空连续地表蒸散发数据，提高地表蒸散发的模拟精度，对水资源管理、农田水分利用效率评估等具有重要实践价值。

(3) 充分利用深度学习方法，实现大数据与遥感模型的集成，使得机理模型可以充分利用越来越丰富的大数据，对减小模型估算误差，提高地表蒸散发的估算精度，以及构建长时序、高精度的地表蒸散发产品具有重要意义。

2.4 流域天空地一体化观测网络

2.4.1 流域天空地一体化观测网络的现状

自 20 世纪 80 年代开始，在世界气候研究计划（World Climate Research Program，WCRP）和国际地圈-生物圈计划的协调组织下，在全球不同的气候区开展了大量的观测试验，对水文学、生态学、大气科学、环境科学和整个陆地表层系统科学的快速发展起到重要的作用。例如，①第一次国际卫星陆面过程气候计划野外试验（First International Satellite Land Surface Climatology Project Field Experiment，FIFE；Sellers et al.，1988），该试验于 1987 ~ 1989 年在美国堪萨斯州中部草原进行，试验区为 15km×15km 的天然草地，周围被农田包围，在试验区内布设了 22 个观测点，其中包括 17 套波文比–能量平衡系统和 6 台涡动相关仪（1987 年）以及 11 套波文比–能量平衡系统和 5 台涡动相关仪（1989 年）构成的多尺度蒸散发观测系统。②国际水文和大气先行性试验（Hydrology-Atmoshpere Pilot Experiment，HAPEX）。法国西南部和尼日尔分别开展了 HAPEX-MOBILHY 试验（André et al.，1986）和 HAPEX-Sahel 试验（Goutorbe et al.，1994）。HAPEX-MOBILHY 试验区域在法国西南部，开始于 1985 年，持续两年，试验区域为 100km×100km，蒸渗仪和波文比–能量平衡系统安装在中心站，两台涡动相关仪安装在森林区域，12 个站有两层风温湿梯度观测，并基于空气动力学法计算感热通量，然后用余项法推算出潜热通量；HAPEX-Sahel 于 1992 年在尼日尔西部面积为 100km×100km 区域内开展，安装了三个超级站点用于监测一系列水文和气象要素，同时包括了机载涡动仪，并与航空和卫星观测相配合。③北半球气候变化陆面过程试验（Northern hemisphere climate Processes land surface Experiment，NOPEX；Halldin et al.，1999），NOPEX 试验在北半球高纬度森林区开展，该试验区域为 50km×100km，分为春季和夏季试验（1994 ~ 1995 年）和冬季试验（1996 ~ 1997 年）两个阶段，在该试验区包含 2 个森林站（涡动相关仪）、3 个农田站（2 个涡动相关仪，1 台波文比–能量平衡系统仪）、2 个湖泊站点（微气象观测）、2 个沼泽站（涡动相关仪和波文比–能量平衡系统）以及其他降雨、水文观测站。④加拿大北部生态系统–大气研究试验（Boreal Ecosystem-Atmosphere Study，BOREAS；Sellers et al.，1995），BOREAS 试验在 1993 ~ 1994 年于加拿大北方森林生态系统开展，该试验采用多尺度嵌套的观测策略，采用卫星遥感、航空遥感、机载涡动相关仪以及地面站的观测等，在地面布设了 10 个通量观测站，采用涡动相关仪观测地表和大气之间的感热、潜热和 CO_2 通量。在国内同样开展了许多大型的野外观测试验，如黑河地区地气相互作用野外观测实验研究（Heihe river basin Field Experiment，HEIFE）和全球能量水循环亚洲季风青藏高原试验研究（王介民，1999）等，其中 HEIFE 实验在 1990 ~ 1992 年于河西走廊黑河流域中段的 70km×90km 范围实验区进行，包括 5 个微气象基本站（绿洲、戈壁、沙漠、沙漠与绿洲交界区）、5 个自动气象站，并收集实验区内的 3 个高空气象站、3 个地面气象站和水文站的常规气象和水文数据，被列为世界气候研究计划关于 HAPEX 试验的第三个较大的国际性实验项目，同时被列为国际地圈–生物圈计划的组成部分。这些大型野外观测试验主要以大陆或区域尺度作为试验区，偏重地气相互作用研究，一般是短期、某个典型区域的观测试验。

流域是地球系统的缩微，是自然界的基本单元，可以表征地球系统的大部分动力特征

（李新等，2008）。水文科学虽然有流域试验的悠久传统，但系统地将综合观测思路引入流域水文与生态研究，则始于21世纪以来以流域为单元建立的分布式观测系统（程国栋等，2020）。其主要特点是多变量、多尺度的协同观测，传感器网络技术的应用，观测平台与信息系统相结合，以及观测系统的优化设计，并强调卫星与航空遥感手段的应用，其中的航空遥感可以作为地面观测和卫星遥感尺度转换的桥梁（Liu and Xu，2018）。过去十多年来，以流域为单元建立分布式的观测系统蔚然成风（Cheng et al.，2014；2015），世界范围内，主要的流域观测系统有：推进水文科学的大学联盟观测网（The Consortium of Universities for the Advancement of Hydrological Sciences，Inc.，CUAHSI）在美国不同区域设置的11个试验流域（CUAHSI，2007）、美国基金委发起的地球关键带观测平台（Anderson et al.，2008）、丹麦水文观测系统（Jensen and Illangasekare 2011），德国的欧洲陆地环境观测平台（Zacharias et al.，2011），以及我国的黑河流域地表过程综合观测网（Liu et al.，2018b）和青海湖流域关键带观测平台（Li et al.，2018）等。以黑河流域和青海湖流域观测网络为例，概述两个流域的天空地一体化观测网状况。

2.4.2 流域天空地一体化观测网络取得的成果、突破与影响

1. 黑河流域

黑河流域是我国第二大内陆河流域，总面积为14.3万km^2，位于97.1°E～102.0°E和37.7°N～42.7°N，发源于祁连山中段，北至中蒙边境，东与石羊河流域接壤，西与疏勒河流域毗邻，分属三省（自治区），上游属青海祁连县，中游属甘肃山丹县、民乐县、张掖市、临泽市、高台市、肃南裕固族自治县、酒泉市等市县，下游属甘肃金塔市和内蒙古额济纳旗。黑河流域位于欧亚大陆中部，远离海洋，周围高山环绕，流域气候主要受中高纬度的西风带环流控制和极地冷气团影响，气候干燥，降水稀少而集中，多大风，日照充足，太阳辐射强烈，昼夜温差大。从流域的上游到下游，以水为纽带形成了“冰雪/冻土—森林—草原—河流—湖泊—绿洲—沙漠—戈壁”的多元自然景观，流域内寒区和干旱区并存，山区冰冻圈和极端干旱的河流尾闾地区形成了鲜明对比。

2007年和2012年在黑河流域开展了两次大型的试验，分别为“黑河遥感—地面观测同步试验”（WATER，2007～2011年）（李新等，2008；Li et al.，2009；Liu et al.，2011）和“黑河流域生态-水文过程综合遥感观测联合试验”（HiWATER，2012～2015年）（李新等，2012；Li et al.，2013；Liu et al.，2018b），并基于此构建了黑河流域地表过程综合观测网。观测网的主要目标包括：①构建国际领先的多要素-多尺度-网络化-立体-精细化的流域综合观测系统，显著提升对流域地表过程的观测能力；②建设寒旱区典型下垫面

像元尺度的遥感试验场，形成从单站到航空像元到卫星像元尺度转换的综合观测能力；③长期开展地面与遥感结合的综合观测，积累长时间序列观测数据集，服务于寒旱区流域地表过程集成研究，增强遥感在流域地表过程集成研究和水资源管理中的应用能力（程国栋等，2020）。

黑河流域地表过程综合观测网由长期观测网和专题试验两部分组成，以下分别介绍。

1）长期观测网

长期观测平台包括水文气象观测网、生态水文无线传感器网络（黑河上游八宝河、青海湖流域的土壤水分/温度传感器网络）以及相应的卫星、无人机遥感监测等。

A. 水文气象观测网。

流域水文气象观测网最多时包括 3 个超级站和 20 个普通站，包括上游 1 个超级站（阿柔超级站）和 9 个普通站（景阳岭站、峨堡站、黄草沟站、阿柔阳坡站、阿柔阴坡站、垭口站、黄藏寺站、大沙龙站、关滩站），中游 1 个超级站（大满超级站）和 6 个普通站（张掖湿地站、神沙窝沙漠站、黑河遥感站、花寨子荒漠站、巴吉滩戈壁站、盈科站），下游 1 个超级站（四道桥超级站）和 5 个普通站（混合林站、胡杨林站、农田站、裸地站、荒漠站），这些观测站覆盖黑河流域林地、草甸、农田、湿地、裸地以及荒漠/戈壁/沙漠等主要地表类型。2016 年起精简与优化为 11 个观测站，2021 年开始与中国地质调查局西宁自然资源综合调查中心合作又建立了 4 个观测站，共计 15 个观测站：上游 6 个站点（阿柔超级站、景阳岭站、垭口站、大沙龙站、寺大隆站、八一冰川站）、中游 5 个站点（大满超级站、花寨子荒漠站、张掖湿地站、黑河遥感站、金塔农田站）和下游 4 个站点（四道桥超级站、混合林站、荒漠站、居延海站）。流域水文气象观测网上、中、下游的观测站点的相关信息如表 2-4 所示，各个观测站点的分布如图 2-64 所示。

表 2-4　黑河流域地表过程综合观测网的站点

序号	站点名称	经度/(°E)	纬度/(°N)	高程/m	位置	站点类型	观测期/(年.月)	植被类型
1	阿柔超级站	100.46	38.05	3 033	上游	超级站	2008.03 ~	亚高山山地草甸
2	景阳岭站	101.12	37.84	3 750	上游	普通站	2013.08 ~	高寒草甸
3	峨堡站	100.92	37.95	3 294	上游	普通站	2013.06 ~ 2016.10	高寒草甸
4	黄草沟站	100.73	38.00	3 137	上游	普通站	2013.06 ~ 2015.04	高寒草甸
5	阿柔阳坡站	100.52	38.09	3 529	上游	普通站	2013.08 ~ 2015.08	高寒草甸
6	阿柔阴坡站	100.41	37.98	3 536	上游	普通站	2013.08 ~ 2015.08	高寒草甸
7	垭口站	100.24	38.01	4 148	上游	普通站	2013.12 ~	高寒草甸
8	黄藏寺站	100.19	38.23	2 612	上游	普通站	2013.06 ~ 2015.04	小麦
9	大沙龙站	98.94	38.84	3 739	上游	普通站	2013.08 ~	沼泽化高寒草甸
10	关滩站	100.25	38.53	2 835	上游	普通站	2008 ~ 2011	青海云杉
11	大满超级站	100.37	38.86	1 556	中游	超级站	2012.05 ~	玉米

续表

序号	站点名称	经度/(°E)	纬度/(°N)	高程/m	位置	站点类型	观测期/(年.月)	植被类型
12	张掖湿地站	100.45	38.98	1 460	中游	普通站	2012.06 ~	芦苇
13	神沙窝沙漠站	100.49	38.79	1 594	中游	普通站	2012.06 ~ 2015.04	沙地
14	黑河遥感站	100.48	38.83	1 560	中游	普通站	2014.08 ~	草地
15	花寨子荒漠站	100.32	38.77	1 731	中游	普通站	2012.06 ~	盐爪爪荒漠
16	巴吉滩戈壁站	100.30	38.92	1 562	中游	普通站	2012.05 ~ 2015.04	红砂荒漠
17	盈科站	100.41	38.86	1 519	中游	普通站	2008 ~ 2011	玉米
18	四道桥超级站	101.14	42.00	873	下游	超级站	2013.07 ~	柽柳
19	混合林站	101.13	41.99	874	下游	普通站	2013.07 ~	柽柳和胡杨
20	胡杨林站	101.12	41.99	876	下游	普通站	2013.07 ~ 2016.04	胡杨
21	农田站	101.14	42.00	875	下游	普通站	2013.07 ~ 2015.11	瓜地
22	裸地站	101.13	42.00	878	下游	普通站	2013.07 ~ 2016.03	裸地
23	荒漠站	100.99	42.11	1 054	下游	普通站	2015.04 ~	红砂荒漠
24	金塔站	98.9209	39.9845	1203	下游	普通站	2021.06 ~	玉米
25	居延海站	101.2996	42.3141	848	下游	普通站	2021.06 ~	湖面
26	寺大隆站	99.9061	38.4415	3140	下游	普通站	2022.11 ~	青海云杉
27	八一冰川站	98.8910	39.0121	4500	下游	普通站	2022.11 ~	冻土（冰碛物）

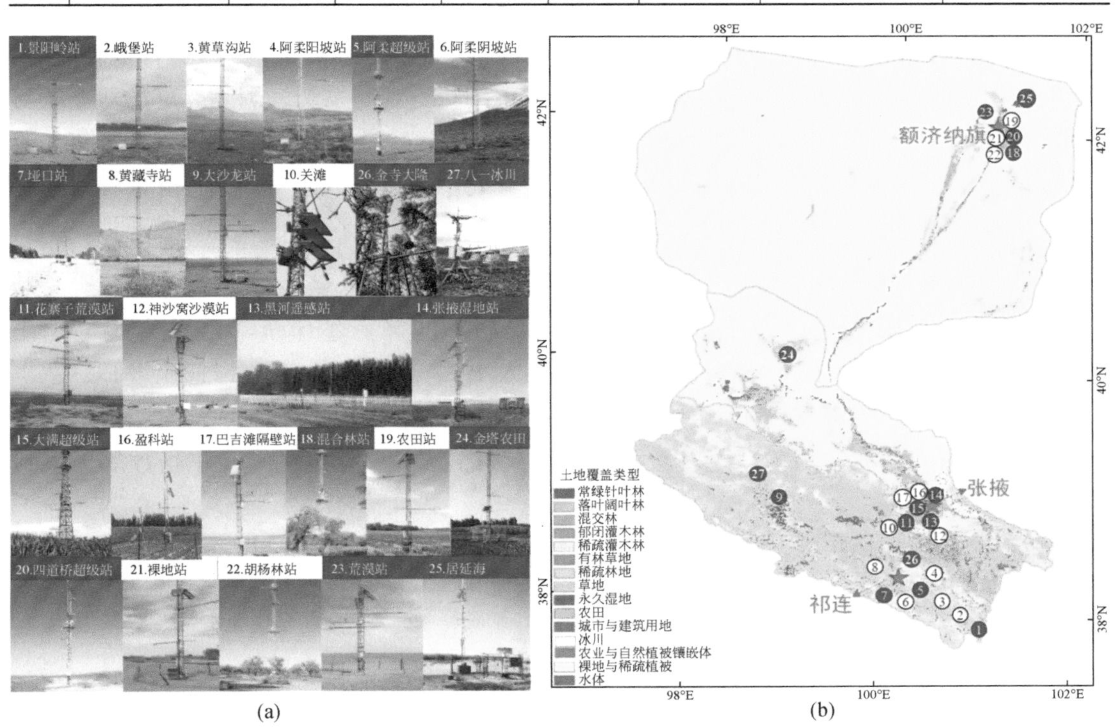

图 2-64　黑河流域地表过程综合观测网站点分布

蓝底色为现有站点，白底色为已拆除站点

流域水文气象观测网的观测站点分超级站和普通站。其中，超级站的仪器配置由多尺度地表水热通量观测仪器（蒸渗仪/植物液流仪-涡动相关仪-闪烁仪）、多尺度土壤水分观测仪器（单点土壤水分-宇宙射线土壤水分测定仪-土壤温湿度无线传感器网络）以及水文气象要素梯度观测系统（30～40m 塔）、叶面积指数传感器网络、物候相机（植被物候与覆盖度）、植被叶绿素荧光观测系统等观测设备组成（Liu et al., 2018b），其中水文气象要素梯度观测包括 6/7 层空气温湿度、风速/风向和 CO_2/水汽浓度梯度、气压、降水量、四分量辐射、光合有效辐射、红外地表温度、土壤温湿度廓线（上游：16/17 层，埋深至 3.2m；中游：8/9 层，埋深至 1.6m；下游：9/10 层，埋深至 2m）、土壤热通量、平均土壤温度等；普通站的仪器包括涡动相关仪、自动气象站（10m 塔）以及物候相机，其中自动气象站包括空气温湿度、风速/风向、气压、降水量、四分量辐射、光合有效辐射、红外地表温度、土壤温湿度廓线（7/8 层，上游埋深至 1.6m，中、下游埋深至 1m，其中混合林站的埋深至 2.4m）、土壤热通量等。

在以上仪器配置的基础上，还根据不同站下垫面的特点，增设观测仪器。例如，在中游大满超级站和张掖湿地站作物冠层内和冠层上方有两层光合有效辐射观测，张掖湿地站有甲烷通量观测系统；在下游混合林站、胡杨林站附近，根据胡杨林的不同高度及胸径，安装植物液流仪，并在 2019 年将植物液流仪统一调整到混合林站旁的三个观测点（位于该站涡动相关仪源区内三个方位）；在上游垭口站布设了积雪观测系统，包括伽马射线雪水当量仪、积雪属性分析仪以及全球导航卫星系统的积雪观测系统、国际标准的双栅式对比用标准雨量计、涡动相关系统、风吹雪粒子测量仪等（Che et al., 2019）；2013 年 8 月起，在下游四道桥超级站、混合林站、胡杨林站、农田站和闪烁仪东北侧点开展针对胡杨和柽柳的 5 个地下水位观测。

其中，超级站的 30～40m 通量/气象塔仪器配置与观测项目见图 2-65 和表 2-5。其中，闪烁仪的发射与接收器架设在相隔一定距离的两侧，光径路线长度大于 1 个半 MODIS 像元（其源区大于中等分辨率卫星像元大小），蒸渗仪、涡动相关仪（EC）、水文气象要素梯度观测塔放置在中间位置，并且尽量垂直于当地主风方向。闪烁仪的源区内布设影响地表蒸散发的关键地表参数传感器，如土壤温湿盐度、叶面积指数等无线传感器网络。

普通站一般为 10m 塔，主要由涡动相关仪、自动气象站以及物候相机组成。仪器配置与观测项目见图 2-66 和表 2-5。

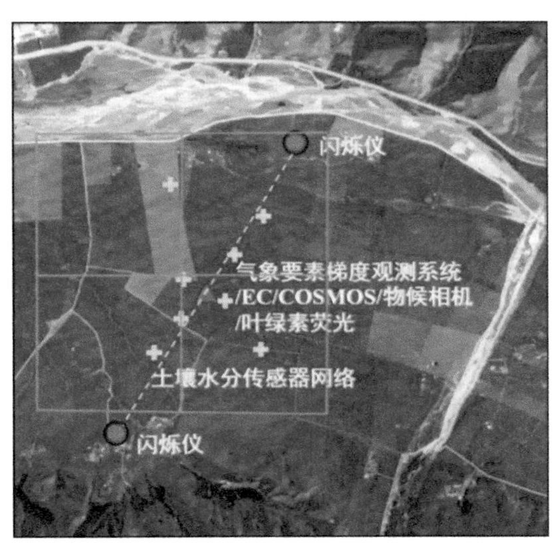

(a)阿柔超级站

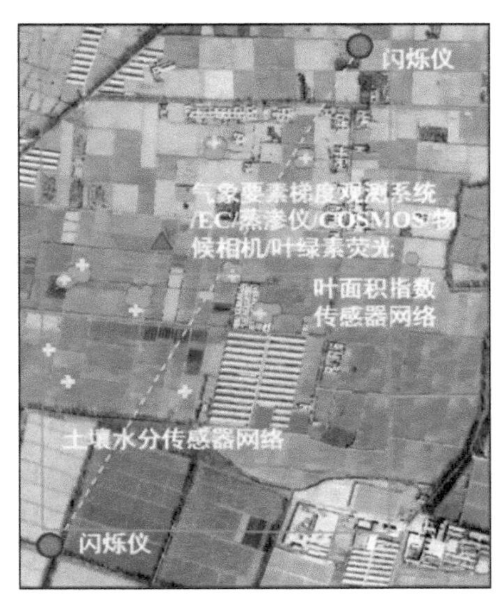

(b)大满超级站

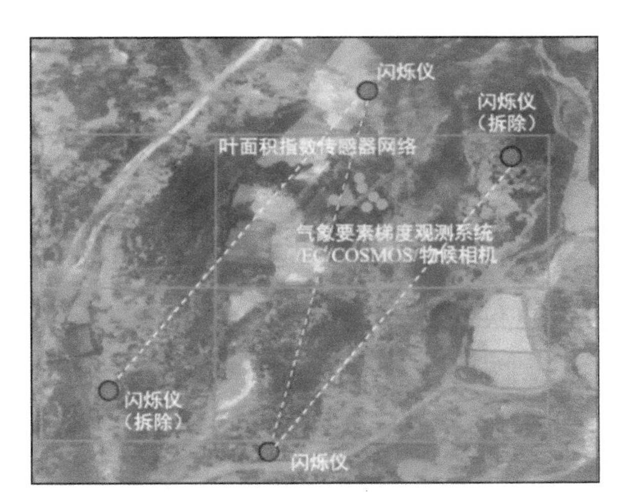

(c)四道桥超级站

图 2-65　超级站的多尺度观测系统

蓝色条框为 MODIS 像元示意

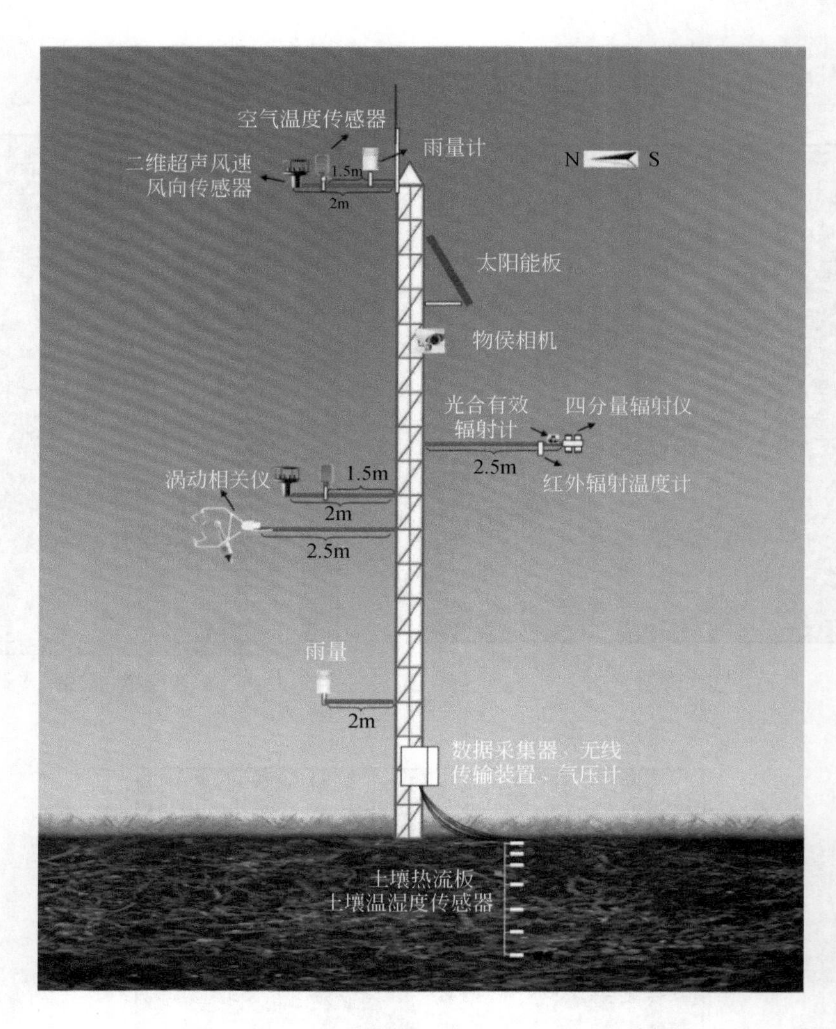

图 2-66　普通站示意图（徐自为等，2020）

B. 植被生理生态参数

黑河流域地表过程综合观测网正在运行的 11 个站点均安装了物候相机，部分站点安装了 2～3 个不同型号物候相机，用于监测各个站点的物候。大满超级站（28 个节点）、四道桥超级站（6 个节点）和混合林站（5 个节点）安装了叶面积指数传感器网络，用于测量叶面积指数；下游混合林站旁安装了 3 个观测点的植物液流仪，用于测量树木蒸腾。

C. 水文参数

主要包括降水量（每个站点均有翻斗式雨量计，另外阿柔超级站和垭口站有国际标准的双栅式对比用标准雨量计，景阳岭站和大沙龙站有称重式雨量计）、河道径流与地下水位（中游主河道有 8 个水文断面的流量变化过程观测（河流水位和流速），下游有针对胡

表 2-5　黑河流域地表过程综合观测网中各站点仪器型号信息表

站点	涡动相关仪	闪烁仪	风速风向传感器	空气温湿度传感器	四分量辐射仪	气压计	雨量计	红外辐射计	土壤温度探头	土壤水分探头	土壤热流板	光合有效辐射
阿柔超级站	CSAT3&Li7500A	MWSC-160&BLS900/MW94&RR-RSS460	010C/020C	HMP45C	CNR4	CS100	T200B(DFIR)/TE525MM	SI-111	109	CS616	HFP01SC TCAV	PAR-LITE
景阳岭站	CSAT3B&Li7500DS	—	Windsonic	HMP45AC	CNR1	CS100	TE525MM	SI-111	109ss-L	CS616	HMP01	—
峨堡站	—	—	03001	HMP45D	CNR4	278	TE525MM	IRTC3	AV-10T	ECH2O-5	HFT3	—
黄草沟站	—	—	03001	HMP45D	CNR1	CS100	TE525MM	IRTC3	AV-10T	ECH2O-5	HFT3	—
阿柔阳坡站	—	—	034B	HMP45AC	CNR1	CS100	TE525MM	SI-111	109	CS616	HFP01	PQS-1
阿柔阴坡站	—	—	010C/020C	HMP45AC	CNR4	278	TE525MM	SI-111	109-L	CS616	HFP01	PQS-1
垭口站	CSAT3&Li7500A	—	010C/020C	HMP45C	CNR1	278	T200B(DFIR)/TE525MM	SI-111	109-L	CS616	HFP01	PQS-1
黄藏寺站	—	—	03001	HMP45D	CNR4	278	TE525MM	IRTC3	AV-10T	CS616	HFT3	—
大沙龙站	CSAT3&Li7500	—	010C/020C	HMP45C	CNR1	PTB110	TE525MM	SI-111	109ss-L	CS616	HFP01	—
大满超级站	CSAT3&Li7500A/CPEC200	MWSC-160&BLS900	Windsonic	AV-14TH	PSP&PIR	CS100	TE525MM	SI-111	AV-10T	CS616	HFP01SC TCAV	LI190SB
张掖湿地站	CSAT3&Li7500A&Li7700	—	03002	HMP45AC	CNR1	CS100	TE525MM	SI-111	109ss-L	—	HFP01	PQS-1
神沙窝沙漠站	CSAT3&Li7500	—	010C/020C	HMP45AC	CNR1	PTB110	52203	ITRC3	109	CS616	HFP01	—
黑河遥感站		—	010C/020C	HMP45AC	CNR4	CS100	TE525MM	SI-111	109ss-L	CS616	HFP01	—
花寨子荒漠站	CSAT3&Li7500A	—	Windsonic	AV-14TH	CNR1	CS100	TE525MM	SI-111	AV-10T	ML3	HFP01	—

续表

站点	涡动相关仪	闪烁仪	风速风向传感器	空气温湿度传感器	四分量辐射仪	气压计	雨量计	红外辐射计	土壤温度探头	土壤水分探头	土壤热流板	光合有效辐射
巴吉滩戈壁站	CSAT3&Li7500	—	010C/020C	HMP45AC	CNR1	PTB110	TE525MM	IRTC3	AV-10T	ECH2O-5	HFT3	—
四道桥超级站	CSAT3B&Li7500DS	BLS900/BLS450	010C/020C	HC2S3	CNR4	CS100	TE525MM	SI-111	109ss-L	ML2X	HFP01SC TCAV	PQS-1
混合林站	CSAT3B&Li7500DS	—	03001	HMP45D	CNR4	AV-410BP	52203	SI-111	AV-10T	ML2X	HFP01	PQS-1
胡杨林站	CSAT3&Li7500	—	010C	HMP45AC	CNR4	—	—	SI-111	109ss-L	ML2X	HFP01	PQS-1
农田站	CSAT3&Li7500A	—	—	—	CNR4	—	—	SI-111	AV-10T	ML2X	HFP01	PQS-1
裸地站	CSAT3&Li7500	—	—	—	CNR4	—	—	SI-111	AV-10T	ML2X	HFP01	—
荒漠站	CPEC200	—	010C/020C	HMP45AC	CNR1	PTB110	TE525MM	SI-111	AV-10T	ML3	HFT3	—

杨、柽柳和农田的 5 个点的地下水位观测)、积雪和冻土观测［阿柔超级站的冻融观测系统(包括 16/17 层土壤湿度/温度,埋深至 3.2m;6 层土壤水势和导热率,埋深至 1.2m),垭口站包括积雪自身物理属性以及积雪的物质和能量交换过程观测仪器。其中,积雪自身物理属性观测仪器包括伽马射线雪水当量仪、积雪属性分析仪(雪深、密度和湿度)以及全球导航卫星系统的积雪观测系统(雪深);积雪物质与能量交换过程观测仪器包括国际标准的双栅式对比用标准雨量计(降雪量)、涡动相关系统(雪升华)、风吹雪粒子测量仪等(Che et al., 2019)］。

D. 生态水文无线传感器网络

为度量流域尺度土壤水分与温度等的时空动态、空间异质性和不确定性,为微波土壤水分产品真实性检验、流域水文模拟和同化提供观测数据,2013 年 6 ~ 8 月在黑河上游八宝河流域($2495km^2$)安装了共计 40 套 WATERNET 土壤水分无线传感器网络节点(图 2-67),主要分为三种:①土壤水分和土壤温度观测(21 个节点);②土壤水分、土壤温度和地表温度观测(8 个节点);③土壤温度、土壤水分、地表温度、雪深和降水(11 个节点)。这些节点用于长期测量高寒草甸、农田和裸地的 4cm、10cm 及 20cm 土壤水分和温度、地表温度、雪深及降水等变量(Jin et al., 2014; Kang et al., 2017)。

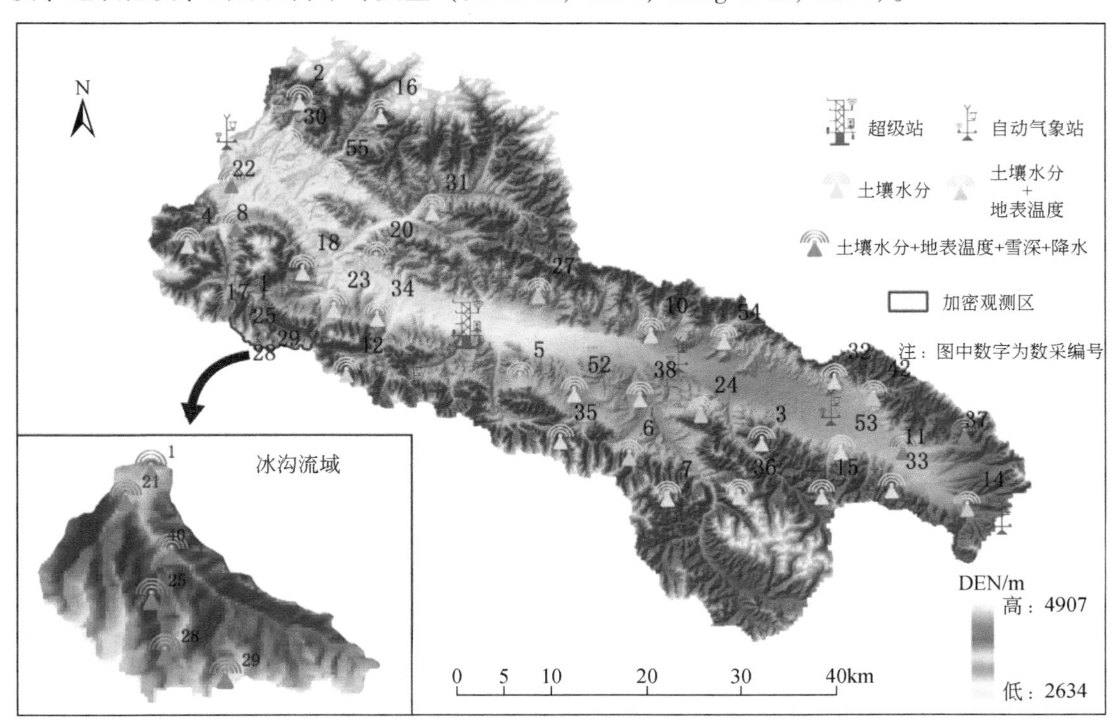

图 2-67 八宝河流域无线传感器网络的布设［修改自 Kang 等(2017)］

E. 其他观测

土壤参数观测包括土壤质地、孔隙度、容重、饱和导水率和土壤有机质含量等；地表辐射特性参数包括地物光谱、叶绿素荧光、地表发射率、微波辐射特征以及组分温度等。

此外，还包括黑河流域生产了一批卫星遥感产品，已发布了9类关键生态-水文变量的高时空分辨率遥感监测产品（植被类型/土地覆被、物候期、植被覆盖度、植被净初级生产力、叶面积指数、积雪面积、土壤水分、降水量、蒸散发）（Liu et al.，2018b）。自2018年开始，每年在黑河流域中游典型生态系统生长季开展的无人机遥感监测（包括地表覆盖类型、植被指数、叶面积指数、地表反照率、地表温度与三维结构等），形成流域天空地一体化观测网络。

2）专题试验

专题试验主要为2012年在黑河流域中游开展的非均匀下垫面地表蒸散发的多尺度观测试验与相应的航空遥感试验。

2012年5~9月在黑河流域中游张掖市绿洲-荒漠区域开展了非均匀下垫面地表蒸散发的多尺度观测试验（通量观测矩阵试验，如图2-68所示），包括了大、小两个嵌套的观测矩阵，大矩阵区域（30km×30km）由绿洲内的一个超级站以及周围戈壁、沙漠、荒漠和湿地下垫面四个普通站组成；小矩阵区域（5.5km×5.5km）位于绿洲内，根据作物种植结构、防护林朝向、村庄、渠道与道路分布、土壤水分与灌溉等条件分为17个小区，每个小区有一个观测点（布设了涡动相关仪和自动气象站），同时有四组大孔径闪烁仪观测，横跨3个3×1和1个2×1的MODIS像元，此外还包括两套宇宙射线土壤水分测定仪、3组植物液流仪（用于不同高度与胸径防护林的蒸腾量测量）、1套稳定同位素原位观测系统（土壤蒸发与作物蒸腾的拆分）以及180个节点的土壤温湿度无线传感器网络和42个节点的叶面积指数观测网。在地面还开展同步观测实验，进行多点的植被物候期、株高、叶面积指数、生物量、土壤参数、田间管理措施、灌溉情况和地物光谱、双向反射率分布函数（Bidirectional Reflectance Distribution Function，BRDF）、地表发射率、气溶胶光学厚度、冻土与积雪微波辐射特征等观测，并且用风廓线仪和全球定位系统（Global Positioning System，GPS）探空等同步观测区域上空大气边界层条件。

同时，2012年和2014年在黑河流域的上、中、下游开展了航空遥感试验，总计飞行了21架次（大于100小时飞行），搭载了成像光谱仪、多角度的可见光与红外传感器、激光雷达、微波辐射计等全波段机载传感器，获取了24类不同区域、不同传感器的原始数据与19类航空遥感数据产品（Li et al.，2017c）。

3）观测网络的运行与维护

黑河流域地表过程综合观测网横跨我国三个省（自治区）（青海、甘肃和内蒙古），纵横千余千米，观测站点分布在上、中、下游，为保证黑河流域地表过程综合观测网内各

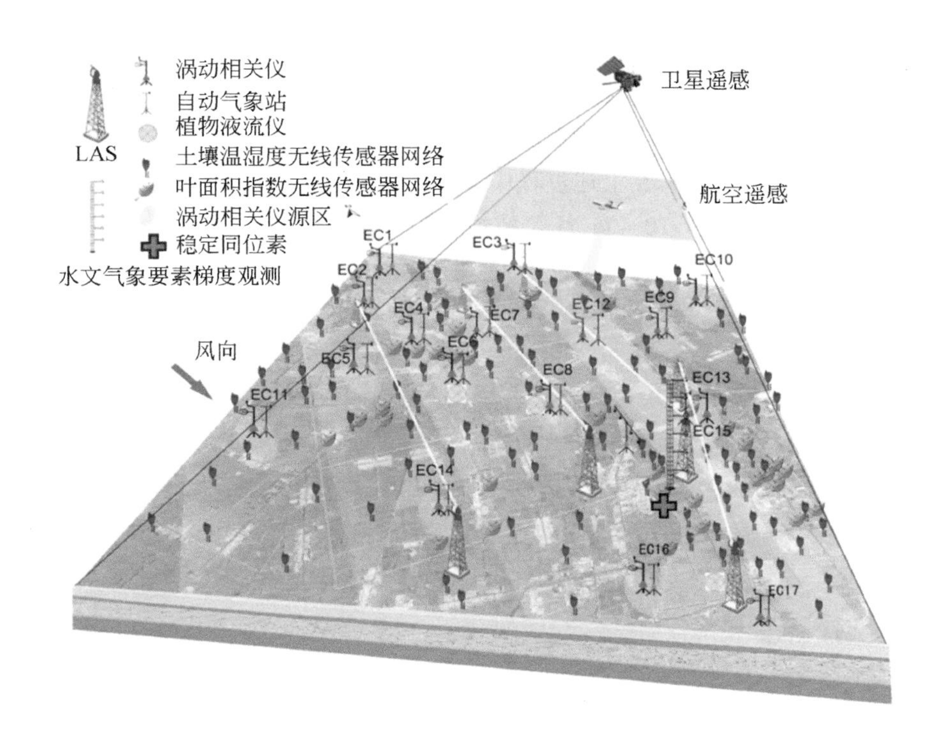

图 2-68　非均匀下垫面地表蒸散发的多尺度观测试验示意图［修改自 Li 等（2017b）］

站点仪器的正常运行和观测数据的质量，制定了黑河流域地表过程综合观测网的运行与维护流程（徐自为等，2020）。

首先，黑河流域地表过程综合观测网内所有观测站点均安装了无线传输装置，实现了数据的自动、远程和实时传输；升级了涡动相关仪的数据采集器（CR6，Campbell Scientific Inc.，USA），实现了涡动相关仪观测数据在线处理功能。开发了野外台站远程监控与数据处理系统（图 2-69），所有观测数据均通过该系统进行综合管理。该系统包括了数据自动采集、存储与管理、数据库、仪器设备状态监控、仪器周边环境监控以及数据的可视化等模块。通过野外台站远程监控与数据处理系统可实现数据的实时接收和入库、观测仪器设备工作状态的远程监控与预警、数据的综合管理与展示等功能，初步构建了智能监测物联网（Li et al.，2019c），这是开展综合观测网运行与维护的关键环节。

水文气象观测网的运维流程（图 2-70），分为日-旬-月-年的时间尺度，具体为每日浏览黑河流域地表过程综合观测网各个观测站点无线传输到数据综汇系统的实时数据，查看观测数据的质量、连续性与仪器运行状况（如查看涡动相关仪的水热碳通量、各个标量值、仪器信号诊断值等；闪烁仪的空气折射指数结构参数、信号强度等；自动气象站的各个变量的数值）；每旬由野外台站远程监控与数据处理系统绘制各个站点的每个观测要素的连续变化图，通过这些要素变化图进一步查看观测数据质量；每月实地到观测站点进行巡检，包括现场采集数据，检查仪器设备状况，擦拭易受外部环境影响的传感器，观测场景拍照以及植被物候、株高、下垫面状况等的测量与记录等（表 2-6）；每年初对前一年观测数据进行预处理与检查。在上述过程中，如发现问题，及时前往观测站点对仪器进行检修与更换。每年 4 ~5 月、10 ~11 月（植被生长开始、结束时候）会对综合观测网内仪器设备进行全面的检查和标定。

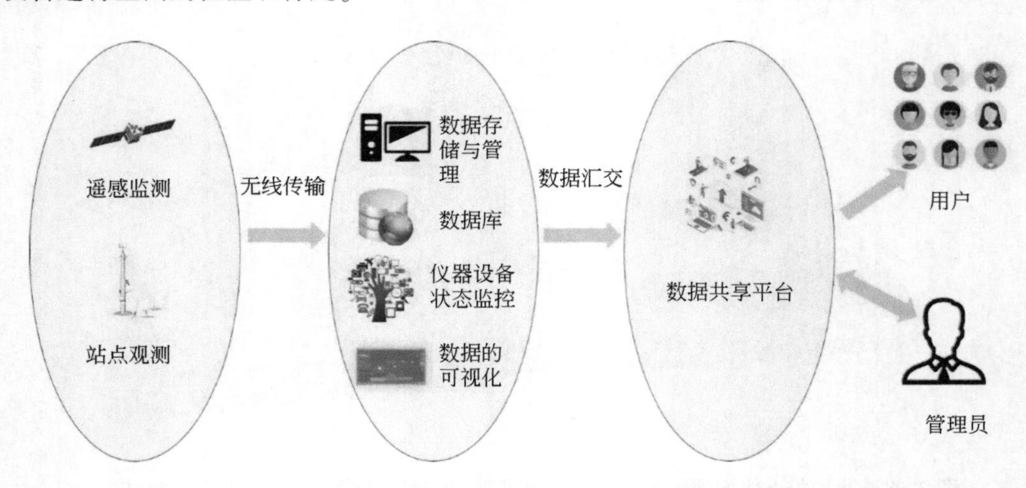

图 2-69　野外台站远程监控与数据处理系统

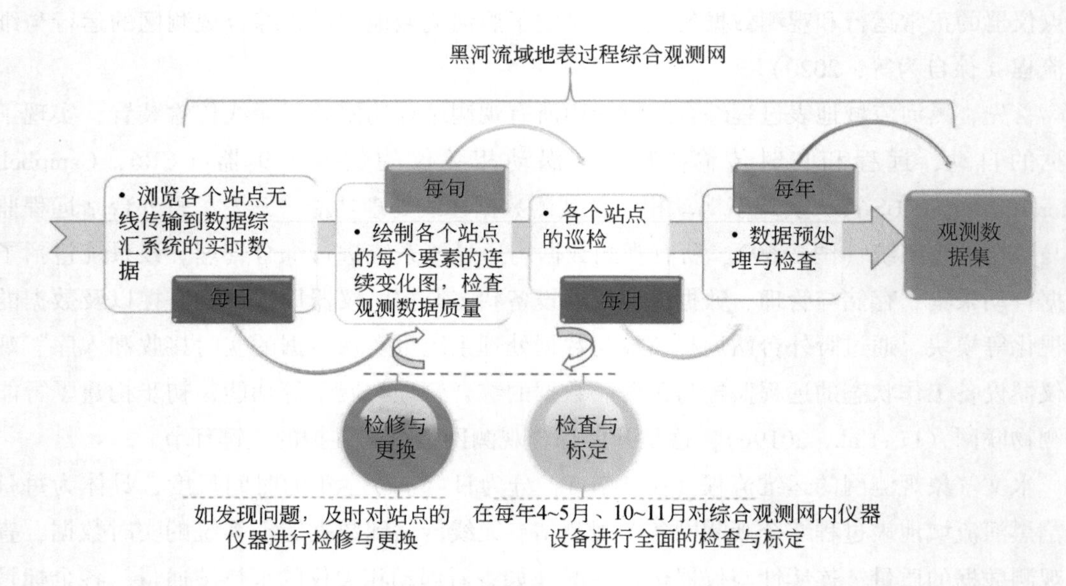

图 2-70　黑河流域地表过程综合观测网的运维流程（徐自为等，2020）

表 2-6　黑河流域地表过程综合观测网的巡检表（以 2020 年 5 月中下旬巡检为例）

站点	到达时间	离开时间	整体描述	下垫面状况	株高/m	物候期	是否灌溉	耕作措施	仪器工作状况	备注
大满超级站	15:05	15:30	晴，仪器完整，塔体无倾斜	玉米，无明显变化	0.1	出苗期	否	无	良好，标定涡动	
花寨子荒漠站	16:30	16:50	晴，仪器完整，塔体无倾斜	盐爪爪，无明显变化	0.15	返青	否	无	良好，标定涡动	调试物候相机
张掖湿地站	9:30	11:30	晴，仪器完整，塔体无倾斜	芦苇，水深约 0.5m	0.6	萌动期	否	无	良好，标定涡动	调试物候相机
黑河遥感站	16:30	17:30	晴，仪器完整，塔体无倾斜	杂草，无明显变化	0.1	返青	否	无	良好	
四道桥站	9:10	15:00	晴，仪器完整，塔体无倾斜	柽柳、草甸，无明显变化	3.0	萌芽	否	无	良好，标定涡动	更换 6 层二维风
混合林站	16:00	19:30	晴，仪器完整，塔体无倾斜	胡杨和柽柳，无明显变化	15.0	展叶	否	无	良好，标定涡动	调试物候相机
荒漠站	9:20	12:30	晴，仪器完整，塔体无倾斜	红砂，无明显变化	—	—	否	无	良好，标定涡动	调试物候相机
阿柔站	9:10	11:50	多云，仪器完整，塔体无倾斜	草甸，无明显变化	0.2	返青	否	无	良好，标定涡动	
景阳岭站	14:30	15:30	晴，仪器完整，塔体无倾斜	草甸，无明显变化	—	返青	否	无	良好，标定涡动	
垭口站	9:30	11:20	晴，仪器完整，塔体无倾斜	草甸，有积雪	—	—	否	无	四分量辐射仪有问题，标定涡动	有积雪
大沙龙站	11:10	12:20	雾，仪器完整，塔体无倾斜	草甸，无明显变化	—	返青	否	无	良好，标定涡动	

4）数据处理与质量控制

仪器的比对和标定是保证观测数据质量的前提条件。针对有多层观测梯度/埋深的站点（如超级站的空气温湿度、风速/风向梯度、土壤水分与温度廓线等）以及在同一区域有多个观测站点等（如无线传感器网络、通量观测矩阵等）情况，需对所用仪器设备进行统一的比对和标定。对于多层风速/风向和空气温湿度传感器，需将这些传感器安装到同一高度进行比对；对于土壤水分与温度传感器，分为干、湿极端条件进行标定；对于地表通量仪器设备（涡动相关仪和大孔径闪烁仪）和辐射传感器，需选取较均匀的地表，如戈壁（黑河流域中游）和灌丛（黑河流域下游）开展比对。另外，每年植被生长季开始和结束时对涡动相关仪的红外气体分析仪等进行定期标定（徐自为等，2020）。

针对黑河流域地表过程综合观测网的观测数据，制定了完整、可操作的数据处理流程，包括涡动相关仪、闪烁仪、自动气象站、宇宙射线土壤水分测定仪、植物液流仪、物候相机、叶面积指数传感器网络等，并发布在国家青藏高原科学数据中心上（图 2-71）。

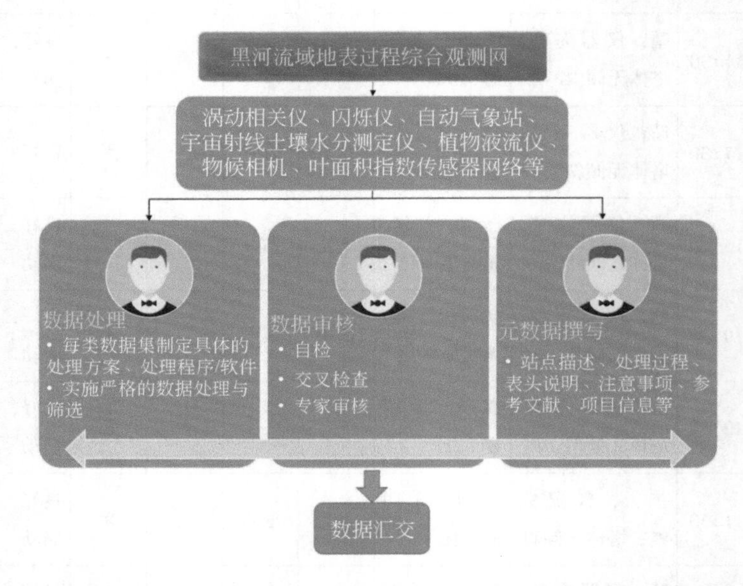

图 2-71　黑河流域地表过程综合观测网的数据处理与质量控制流程（徐自为等，2020）

首先，针对不同的观测数据集制定详细的数据处理方案，进行严格的数据处理与筛选（Liu et al.，2011，2013b；Xu et al.，2013；Qiao et al.，2015；Zhu et al.，2015；Zheng et al.，2023）。例如，①涡动相关仪，主要应用采集器的在线计算模块或采用美国 Licor 公司开发的 Eddypro 软件（http://www. licor. com/env/products/eddy_covariance/software. html）进行后期处理，其主要步骤包括野点值剔除、延迟时间校正、角度订正（针对 Gill 型号三维超声风速仪）、坐标旋转、频率响应修正、超声虚温修正和密度修正等，最后得到 30 分钟的通量值，并进一步进行数据筛选（如剔除仪器出错和降雨前后 1 小时数据）。数据处理过程中利用大气平稳性和湍流相似性特征的检验，对每 30 分钟通量值进行质量标识。②闪烁仪，采用北京师范大学开发的大尺度水热通量观测系统数据处理与分析软件进行处理，主要是根据闪烁仪观测的空气折射指数和气象结构参数，结合气象数据（风速、空气温度、气压等），基于莫宁-奥布霍夫相似理论通过迭代计算得到感热和潜热通量。观测数据的筛选主要包括剔除空气折射指数结构参数（Cn^2）达到饱和的数据，剔除解调信号强度较小的数据，以及剔除降水时刻数据。③自动气象站，主要是检查和整理的过程，剔除明显超出物理含义的观测数据。④宇宙射线土壤水分测定仪，数据筛选（剔除电压小于等于 11.8V 的数据、剔除空气相对湿度大于 80% 数据、剔除采样时间间隔不在 60±1 分钟内数据、剔除快中子数较前后一小时大于 200 的数据）、数据校正（去除气压、空气湿度和太阳活动对快中子数的影响）、仪器率定以及土壤水分的计算等。

其次，数据的三级审核，包括数据处理人员针对各自负责数据集进行自检，不同数据集处理者进行交叉检查以及相关专家的终审。

最后，撰写每个观测数据集的元数据，包括站点描述、处理过程、表头说明、注意事项、参考文献、项目信息等。在进行上述步骤后，将处理后的观测数据集以及元数据进行汇交，由数据共享平台发布与共享。

5）发布与共享

黑河流域地表过程综合观测网数据集已发布于国家青藏高原科学数据中心，这些数据得到了国内众多高校、科研院所的积极使用，取得了一批重要的研究成果。据国家青藏高原科学数据中心（https://data.tpdc.ac.cn/zh-hans/）不完全统计，2012～2022 年期间发布数据集 461 个，被浏览 650 万余次，注册下载 66 000 余次，支持了 SCI 论文发表 400 余篇以及各类科研项目 1000 余个，先后有 20 余篇论文入选 ESI 热点和高被引论文，服务了国家部委、地方政府、国内外科研院所和高校等 300 余家单位。黑河流域地表过程综合观测网也被德国于利希研究中心农业圈研究所所长、道尔顿奖获得者 Harry Vereecken 教授，英国皇家学会院士、霍顿勋章与道尔顿奖获得者 Keith Beven 教授等国际同行誉为与美国关键带观测平台、德国的陆地环境观测平台、丹麦水文观测系统和澳大利亚陆地生态系统研究网络等并列的国际重要观测系统（Beven et al.，2020；Vereecken et al.，2015）。

2. 青海湖流域

青海湖位于青藏高原东北部（36°15′N～38°20′N，97°50′E～101°20′E），是中国最大的内陆咸水湖，面积约 4625.6km^2（2022 年），湖面海拔 3194m，平均水深约 15m，最大水深 31.4m，湖水平均矿化度 12.32g/L，含盐量 1.24%。青海湖是构造断陷湖，湖盆边缘多以断裂与周围山相接，形成了一个高寒山地封闭流域，流域面积约 29 661km^2。流域东边是日月山，分割湟水流域，南边是青海南山，分割共和盆地，北面是大通山，分割大通河流域，青海湖周边分布有宽广的湖滨平原，宽度从 3～4km 至 15～20km 不等，绝大多数为堆积平原。发源于青海湖周围山区流入青海湖的河流有 40 多条，其中大部分河流为季节性河流。其中，布哈河年径流量约 7.85 亿 m^3，约占青海湖总入湖径流量的 50%，是流域内最大的河流；第二大河流沙柳河年净流量约 2.46 亿 m^3，约占青海湖总入湖径流量的14.5%。在地形以及东亚季风、南亚季风和西风环流的影响下，青海湖流域形成高寒半干旱气候。年平均气温为-1.1~4.0℃，年平均降水量在291~579mm，年平均蒸发量在1300~2000mm。湖区全年降水偏少，主要集中在5~9月，雨热同季，每年从11月中旬开始到翌年1月气温最低，此时全湖形成稳定的冰盖，冰封期年平均为108~116天。流域内的基岩类型包含变质岩、酸性火成岩等，西部山区有多处分散分布的石灰岩出露地表。土壤类型包括寒冻雏形土（Gelic Cambosols）、砂质新成土（Sandic Primosols）、正常潜育土（Orthic Gleyosols）和干润均腐土（Ustic Isohumosols）。流域内广泛分布着多年冻土和季节性冻土，是世界上低纬度高海拔冻土集中分布区。在气候变化的大背景下，流域多年冻土正发生退化，逐渐向季节性冻土转化。流域内主要植被覆盖类型是高山草甸、高山灌丛、温性草原，流域北部和东北部分布有少量面积的灌溉农田，流域东部有少量沙地，环湖的湖滨平原和河口三角洲以及河流沿岸分布有大量的湿地，为野生动物提供了生活繁衍的场所。流域行政区划上分别隶属海北藏族自治州刚察县和海晏县、海西蒙古族藏族自治州天峻县和海南藏族自治州共和县，范围涉及3州、4县、25个乡。流域人口以藏族为主，其余还有汉族、回族、撒拉族、蒙古族等，经济主要以农牧业和旅游业为主。

青海湖流域对气候和全球环境变化十分敏感，全球变暖背景下高原季风增强、西风环流趋弱、气候趋于暖湿、流域植被恢复、冻土退化和径流量变化显著。青海湖流域是研究我国西部环境变化、青藏高原隆升过程、环境效应及它们与全球联系的极佳场所，成为国际科学界研究地表过程的热点地区之一。青海湖流域地表过程综合观测网定位于以高寒半干旱流域的水土气生人相互作用研究为核心，建成高寒半干旱封闭流域的生态水文与生物地球化学过程综合研究实验基地和多尺度、多要素、多过程的网络化、立体化观测网和地球关键带观测站（Critical Zone Observatory，CZO），研究高原湖泊流域水土气生多要素多尺度综合监测技术，评估气候变化和人类活动影响下高寒生态系统生态水文与生物地球化学过程及其对生态功能的影响，研发“山水林田湖草沙”优化调配技术，提出高原湖泊流域可持续发展途径。流域地表过程综合观测网的主要研究方向与观测内容包括：

（1）高寒生态系统生态水文与生物地球化学过程及其对气候变化与人类活动的响应机制。针对青藏高原湖泊-流域系统水循环特征，在青海湖流域建立多尺度生态水文与生物地球化学综合观测系统，同步对比观测高寒荒漠、高寒草甸、亚高山灌丛、高寒草原、沙地、湖泊不同生态系统降水-径流-入渗-土壤水-蒸发（蒸腾）等水文过程，分析不同生态系统碳氮水循环和能量交换过程。研究典型生态系统和水体碳氮水收支特征，刻画陆表多界面的碳氮水耦合过程。建立坡面-集水区-干支流-湖泊的嵌套式水文观测及水体采集系统，在坡面观测地表径流和壤中流的形成过程及其对碳氮迁移路径和数量的影响；研究不同季节地表水–地下水–湖水转换关系，解析不同干支河流碳氮水组分比例及其向湖泊输送的碳氮通量。

（2）寒区流域地球关键带结构、过程与生态功能变化及其流域水资源再生机制。利用地球关键带科学研究思路，沿海拔梯度在流域高寒荒漠、高寒草甸、亚高山灌丛、高寒草原和沙地景观单元样地设置钻孔，在垂直方向测算从地表到岩石之间的土壤–风化层–岩石分层结构、植物根系深度及密度空间分布；采集剖面主要发生层原状土柱和样品，用 CT 扫描技术辨识剖面裂隙形状与大小、土壤微结构与孔隙度；通过样品实验分析土壤微生物数量及组成，在以上基础上构建流域典型景观单元关键带植被–冻胀裂隙–土壤孔隙–植物根系–岩石–微生物三维空间图；研究土壤–景观与地表水系及地下水流路径协同关系，探讨高寒区关键带结构异质性特征及其对土壤碳氮水储量空间格局的影响规律，揭示流域水资源再生机制。

（3）高原湖泊陆地水汽交换特征与机理。利用涡动相关和微气象观测系统长期连续动态观测青海湖水热通量变化过程，定量分析小时、日、月、年不同时间尺度湖面能量分配特征和蒸发量及碳通量变化规律，识别影响湖面能量通量和碳水通量变化的气象因素；分析不同水文年湖水温度、盐度及湖冰物候的变化特征，解析盐度和冻融对碳水过程的影响，揭示气候变化对高原咸水湖泊蒸发的影响。

（4）流域多尺度生态水文耦合模型与生物地球化学模型。在以上地表过程试验观测研究基础上，建立基于土壤冻融过程的寒区土壤多孔介质水分迁移模型，研发流域多尺度生态水文耦合模型与生物地球化学模型，模拟青藏高原水资源和碳汇功能变化的时空格局。

1）野外观测站点

目前，青海湖研究站在青海湖流域共有长期维护的野外站点 11 个，其中 9 个陆地生态系统观测站点（包括 1 个 40m 观测塔、5 个 10m 观测塔和 3 个 2m 三脚架），1 个湖面观测站点，以及 1 个寒区坡面产流机制与生物地球化学过程试验观测场。

A. 典型陆地生态系统观测站点

青海湖研究站从 2009 年陆续开展了对高寒草甸、金露梅灌丛、青海湖面等不同生态系统的波文比和土壤水分温度观测，同时在高寒草甸、金露梅灌丛、芨芨草草原、青海湖面利用涡度相关技术进行了水热通量自动化观测。2018 年在青海湖流域沿环境梯度（海拔、降水、温度）新建了 7 个陆地典型生态系统多尺度地表过程综合观测网络系统平台，包括高寒荒漠、高寒草甸、高寒草甸草原、亚高寒灌丛、高寒草原、沙地和温性草原（表 2-7 和表 2-8）。

表 2-7　典型生态系统观测站点基本信息

序号	站点名称	生态系统	经纬度	海拔/m	土壤类型	主要植物类型
1	高寒荒漠站	高寒荒漠	38°17′55. 77″N 98°16′10. 97″E	4211	草毡寒冻雏形土	唐古红景天
2	高寒草甸站	高寒草甸	37°53′12. 75″N 98°24′28. 21″E	3974	草毡寒冻雏形土	小嵩草
3	超级站	高寒草甸和 草原混合	37°42′11. 47″N 98°35′41. 62″E	3718	草毡寒冻雏形土	小嵩草、 紫花针茅
4	金露梅站	亚高山灌丛	37°31′15. 26″N 100°06′5. 54″E	3498	暗沃寒冻雏形土	嵩草、金露梅
5	紫花针茅站	高寒草原	37°36′22. 57″N 98°40′36. 27″E	3268	暗沃寒冻雏形土	紫花针茅
6	沙地站	沙地	36°47′3. 45″N 100°47′30. 21″E	3252	干旱砂质新成土	沙棘、 沙蒿群落
7	芨芨草站	温性草原	37°14′51. 02″N 100°14′15. 31″E	3205	黏化钙积干润均腐土	芨芨草

根据观测塔的高度，将站点分为超级站和普通站（图 2-72 和图 2-73）。超级站（高寒草甸草原）的观测塔高 40m，布设 7 层梯度（3m、5m、10m、15m、20m、30m、40m），每层观测参数包括空气温湿度、风速风向和水汽及 CO_2 浓度。6m 高度处架设有四分量辐射传感器、光合有效辐射传感器和热熔外地表温度传感器，10m 处架设有一个翻斗式雨量计，4m 处架设有一台开路涡动相关仪，3m 处架设有物候相机。另外，在塔附近还安装有一台称重式雨量计。其他站点为普通站，塔高 10m，架设有 3 层气象参数观测，1 套涡动相关观测系统和物候自动观测系统。所有站点在地下埋设有测量土壤热通量、土壤水分、温度和土壤 CO_2 浓度的传感器，不同站点土层厚度不同，因此地下传感器埋设的层数和深度也不同（表 2-9）。站点设备全年不间断进行连续观测，时间间隔为 10 分钟，物候相机拍照间隔时间为 2 小时。站点仪器设备通过太阳能供电，所有站点均可以通过 4G 信号进行无线传输。这些站点从空间和海拔分布以及生态系统类型角度对整个青海湖流域具有很好的代表性，对青海湖流域碳氮水循环和能量交换过程以及地球关键带结构、过程与生态功能变化的相关研究起到了很重要的支撑作用。

表 2-8 青海湖流域地表过程综合观测网中各站点仪器型号信息

站点	涡动相关仪	风速风向传感器	空气温湿度传感器	水汽、二氧化碳浓度	四分量辐射仪	气压计	雨量计	红外辐射计	土壤温度传感器	土壤水分传感器	土壤二氧化碳浓度传感器	土壤热流板	光合有效辐射
高寒荒漠站	WindMaster & Li7500RS	Windsonic	HMP155A	—	CNR4	CS106	T200B、TE525MM	SI-111	109	CS616	GMP343	HMP01	PQS1
高寒草甸站	CSAT3 & EC150	Windsonic	HMP155A	—	CNR4	CS106	T200B、TE525MM	SI-111	109	CS616	GMP343	HMP01	PQS1
超级站	WindMaster & Li7500RS	Windsonic	HMP155A	Li840A	CNR4	CS106	T200B、TE525MM	SI-111	109	CS616	GMP252	HMP01	PQS1
金露梅站	CSAT3 & EC150	Windsonic	HMP155A	—	CNR4	CS106	T200B、TE525MM	SI-111	109	CS616	GMP343	HMP01	PQS1
紫花针茅站	—	034B	HMP155A	—	CNR4	CS106	TE525MM	SI-111	109	CS616		HFP01	PQS1
沙地站	WindMaster & Li7500RS	Windsonic	HMP155A	—	CNR4	CS106	T200B、TE525MM	SI-111	109	CS616	GMP343	HFP01	PQS1
芨芨草站	WindMaster & Li7500RS	Windsonic	HMP155A	—	CNR4	CS106	T200B、TE525MM	SI-111	109	CS616	GMP343	HFP01	PQS1
湖面站	81000、LI-7700、Li7500A	03002	HMP45D	—	CNR4	CS106	T200B、TE525MM	SI-111	—	—	—	—	LI-190SB

图 2-72　超级站及其仪器配置

图 2-73　普通站及其仪器配置（以金露梅站为例）

表 2-9　野外站点地下传感器埋设情况

<table>
<tr><td>站点</td><td colspan="2">高寒荒漠站</td><td colspan="2">高寒草甸站</td><td colspan="2">超级站</td><td colspan="2">金露梅站</td><td colspan="2">沙地站</td><td colspan="2">芨芨草站</td></tr>
<tr><td>总深度/m</td><td colspan="2">0.4</td><td colspan="2">1.5</td><td colspan="2">4</td><td colspan="2">4</td><td colspan="2">4</td><td colspan="2">5</td></tr>
<tr><td>层数</td><td colspan="2">4</td><td colspan="2">7</td><td colspan="2">9</td><td colspan="2">9</td><td colspan="2">8</td><td colspan="2">9</td></tr>
<tr><td>第 1 层</td><td>0.05m</td><td rowspan="2">土壤温度、土壤水分、二氧化碳浓度</td><td>0.05m</td><td rowspan="2">土壤温度、土壤水分、二氧化碳浓度</td><td>0.05m</td><td rowspan="2">土壤温度、土壤水分、二氧化碳浓度</td><td>0.05m</td><td rowspan="2">土壤温度、土壤水分、二氧化碳浓度</td><td>0.05m</td><td rowspan="2">土壤温度、土壤水分、二氧化碳浓度</td><td>0.05m</td><td rowspan="2">土壤温度、土壤水分、二氧化碳浓度</td></tr>
<tr><td>第 2 层</td><td>0.1m</td><td>0.1m</td><td>0.1m</td><td>0.1m</td><td>0.1m</td><td>0.1m</td></tr>
<tr><td>第 3 层</td><td>0.2m</td><td rowspan="2">土壤温度、土壤水分</td><td>0.2m</td><td rowspan="5">土壤温度、土壤水分</td><td>0.2m</td><td rowspan="7">土壤温度、土壤水分</td><td>0.2m</td><td rowspan="7">土壤温度、土壤水分</td><td>0.2m</td><td rowspan="7">土壤温度、土壤水分</td><td>0.2m</td><td rowspan="7">土壤温度、土壤水分</td></tr>
<tr><td>第 4 层</td><td>0.4m</td><td>0.4m</td><td>0.4m</td><td>0.4m</td><td>0.4m</td><td>0.4m</td></tr>
<tr><td>第 5 层</td><td rowspan="5"></td><td rowspan="5"></td><td>0.8m</td><td>0.8m</td><td>0.8m</td><td>0.8m</td><td>0.8m</td></tr>
<tr><td>第 6 层</td><td>1.2m</td><td>1.2m</td><td>1.2m</td><td>1.2m</td><td>1.2m</td></tr>
<tr><td>第 7 层</td><td>1.5m</td><td>2.3m</td><td>2.3m</td><td>2m</td><td>2m</td></tr>
<tr><td>第 8 层</td><td rowspan="2"></td><td rowspan="2"></td><td>3.2m</td><td>3.2m</td><td rowspan="2">4m</td><td>3m</td></tr>
<tr><td>第 9 层</td><td>4m</td><td>4m</td><td>5m</td></tr>
</table>

B. 湖面观测站

湖面观测站（图 2-74）位于青海湖南岸二郎剑风景区的中国鱼雷发射试验基地（36°35′28″N，100°30′06″E，海拔 3198m）该平台距离最近的湖岸约 740m，所在位置湖水深度约为 15m，观测仪器离水面高度约为 10m。平台上安装了涡动相关和微气象观测设备，自动观测青海湖湖面的气象过程和水汽二氧化碳以及甲烷的通量变化。此外，还布设有 5 层（20cm、50cm、100cm、200cm、300cm）测量湖水温度的传感器。仪器观测时间间隔为 10 分钟。该站点观测平台稳固，仪器设备采用太阳能供电，数据可以通过 4G 信号进行无线传输，科研人员可乘坐景区的汽艇到平台进行维护。湖面观测站在青藏高原首次实现内陆湖泊水热通量的连续观测，对青海湖碳水耦合变化规律研究以及高原湖泊-陆地水汽交换特征与机理研究起到了关键的支撑作用。

2020 年 7 月，在湖面站平台附近安装了以浮标为平台的多参数水质观测系统（图 2-75），测定参数包括：温度、电导率、盐度、深度、pH、氧化还原电位（ORP）、溶解氧、浊度、总藻类（叶绿素和蓝绿藻-藻蓝蛋白），测量传感器设置有 10 层（20cm、50cm、100cm、300cm、500cm、700cm、900cm、1100cm、1300cm、1500cm），观测时间间隔为 2 小时。

C. 寒区坡面产流机制与生物地球化学过程试验观测场

寒区坡面产流机制与生物地球化学过程试验观测场（以下简称观测场），修建在青海湖流域沙柳河小流域千户里（37°25′N，100° 15′E，8.9ha）地区（图 2-76）。在该集水区

图 2-74　青海湖湖面站观测平台和仪器

图 2-75　青海湖湖面站浮标

的阴坡和阳坡通过布设和修建多个地表径流场、壤中流收集系统、地下水位计、水槽式地表径流观测系统、土壤三参数测量仪（水分、温度和电导率）、土壤水势仪，从坡面-沟谷-河道系统连续监测降水入渗和径流（地表径流和壤中流）形成迁移和产汇流过程。通过采集各种水体样品，进行实验室内同位素、生物地球化学示踪、有机/无机碳测定，分析壤中流水分来源、运移路径、滞留时间，以及碳的迁移量和迁移过程。集水区内现布设土壤三参数测量仪7套、土壤水势仪6套、地下水水位计8套、Trime 2套、径流仪5套、RG3-M雨量计5套、电导率仪2套、RBC水槽式地表径流观测系统1套、便携式流速仪1部、土壤水采集器3套、TRD 7套。野外定点连续观测的指标主要包括：降水、地表径流（各坡面）、壤中流（土壤至基岩层各发生层）、地下水水位、小流域出水口地表径流、河水径流量、电导率、土壤含水量、土壤温度和土壤水势。采集水样后在实验室进行分析的指标包括：氢氧同位素（D和^{18}O）、八大阴阳离子（K^+、Ca^{2+}、Na^+、Mg^{2+}、CO_3^{2-}、SO_4^{2-}、HCO_3^-、Cl^-）、有机/无机碳（DOC、POC、DIC、PIC）。

图2-76　寒区坡面产流机制与生物地球化学过程试验观测场

观测场安装有大气碳氧同位素剖面测量仪、蒸渗仪和土壤水分测量仪。碳氧同位素廓线测量系统可进行5层（0.2m、1.3m、2m、6m、8m）CO_2浓度、碳氧同位素观测。可直接测量大气中^{13}C与^{12}C和^{18}O与^{16}O的比值，同时可以测量样品中CO_2浓度和水汽浓度。CO_2同位素可作为示踪剂广泛用于生态循环和大气循环中的碳通量研究。该仪器可以获取植被冠层和近地层生态系统植被光合和生态系统呼吸的同位素信号以及地上植被向地下输入的碳同位素信号，为生态系统碳循环的起始环节提供长期连续自动高频观测数据。水汽同位素廓线测量系统可进行5层（0.2m、1.3m、2m、6m、8m）水汽浓度、氢氧同位素廓线观测，能够精确测量液态水、气态水同位素比值，测量数据可用于获取植被冠层和近地层的植被土壤蒸发和植被蒸腾的水汽同位素信号昼夜及季节变化。同时，检测降水同位素信号，结合全球降水数据可计算青海湖水汽蒸发对流域生态系统的季节降水贡献比例，为评估青海湖流域水循环关键过程提供高质量的数据支撑。在观测场接通了交流电，能够保证同位素剖面测量仪和蒸渗仪等大型试验仪器设备正常工作。该观测场旨在对典型的青藏高原高寒草甸集水区进行长期的综合观测，获取配套全面的观测数据，从而支撑有关小流域水文过程与生态过程的相互影响、碳水耦合过程以及生态系统对气候变化的响应等方面的研究。

D. 土壤水分观测网络

为了在青海湖流域开展土壤水分尺度转换和遥感反演土壤水分产品真实性检验的研究，2019年9月在青海天峻县40km×36km范围安装了60个节点的土壤温湿度传感器网络，2020年9月又在相对宽阔均匀的河漫滩草地上，进行了两个1km×1km区域（MODIS像元）的加密观测区仪器安装，每个加密区布设11个点位，共计布设了82个土壤温湿度传感器节点。每个节点测量2层（5cm、10cm）土壤水分，使用的传感器为CS655。该传感器可以同时测量土壤温度、水分和电导率。每年对该传感器网络进行两次维护，并取土样对传感器测量的土壤水分进行定标。

2）观测站点维护和数据管理

青海湖流域野外观测站点目前均可以通过4G信号进行远程连接，可以在线查看仪器运行情况，进行数据下载。通过日常远程检查设备运行情况，及时发现并解决问题。同时，每月实地到观测站点进行巡检，包括现场采集数据，检查仪器设备状况，擦拭易受外部环境影响的传感器，对站点周围场景拍照，有条件时利用多光谱无人机对地面进行拍摄。每年生长季开始前（5月下旬或6月上旬）和结束后（10月中旬）对各个站点的设备进行检查，并对涡动相关仪进行标定。目前，青海湖流域地表过程综合观测网的部分数据已发布于国家青藏高原科学数据中心。

2.4.3 流域天空地一体化观测网络的前沿方向

当前，黑河和青海湖流域已建立了天空地一体化观测网络，但在大气边界层、碳-氮-

水同位素通量原位观测等方面仍需加强，在生物、生态、土壤、生物地球化学监测等方面仍需继续拓展。今后应继续推动观测网络的信息化建设，更加注重物联网技术的应用，实时在线获取在线、长时间连续的、多要素、多尺度的高质量观测数据，构建以“地面观测网-无人机-多源卫星”为主的智能观测系统。同时，要建立稳定、高质量的站网运行维护技术队伍，加强运行保障能力建设。

此外，应更加重视站网观测的标准化和规范化，重视引入新的观测技术和手段，重视观测、数据与模型相结合，形成观测—数据—模型链式研究范式，面向学科前沿和满足国家重大需求，支撑国家重大科技任务和服务地方关心的区域发展问题。

第3章　典型生态系统生态水文过程与机理

系统理解干旱半干旱区植被-土壤-大气连续体生态水文过程变化及控制机理，对深入揭示干旱半干旱区水文循环过程及陆地生态系统响应气候变化的稳定性维持机理具有重要意义。本章基于多尺度观测及模型模拟等方法深入探讨气孔导度对环境因子的响应、植物水分利用来源及蒸散发拆分、典型生态系统生态水文过程及控制机理、地下水流动及溶质运移多尺度过程、流域多尺度蒸散发格局及机理和区域尺度植被生长对干旱的响应机理。

3.1　气孔导度对环境因子的响应模拟

3.1.1　气孔导度模型研究现状和科学问题

气孔是土壤-植被-大气连续体中物质、能量交换的主要通道，对植物本身的水分、气体交换以及维持陆地表面过程的碳水循环、地面能量分配、区域气候发挥着关键作用。气孔导度即气孔张开的程度，它是影响植物光合作用、呼吸作用及蒸腾作用的主要因素（Yin and Struik，2009）。环境因子如CO_2浓度、空气湿度、土壤水分、光照、温度等环境因素都会影响气孔运动，而植物会通过整合内源激素刺激和环境信号刺激来调节气孔大小（Heherington and Woodward，2003）。在众多环境因子中，太阳辐射、CO_2浓度、空气湿度、土壤水分和温度对气孔导度的影响机理研究最深入（Wei et al.，2001；Aliniaeifard and Van Meeteren，2014；Tardieu and Lafarge，2010；Buckley and Mott，2013）。气孔导度模型一直是生态学和全球变化研究的热点，是许多生态系统模型及全球陆面模式的重要组成部分（Rosero et al.，2009）。最具代表性的气孔导度模型主要包括三种：①基于环境因子与气孔导度的关系建立的经验模型，以 Jarvis 模型为代表；②基于气孔导度与净光合速率等环境因子建立的半经验模型，以 BWB-Leuning 模型为代表（Leuning，1995）；③基于光合作用、光合能力、激素调控（如 ABA 等）、水分传导、细胞膨压等影响气孔导度的因素建立的机理模型，以及基于扩散理论和最优气孔行为理论建立的机理及动力学模型具有代表性与可行性，如基于保卫细胞膨压对环境因子的响应机理提出的 Gao 模型（Gao et al.，2002）。气孔导度模型在全球变化生态学中的应用广泛，常作为参数化模型应用在陆地生态系统模型及陆面模式中。例如，Jarvis 模型被应用在 Noah 陆面模式中计算气孔与冠层阻抗参数；Ball 气孔导度模型常与 Farquhar 光合作用模型结合为 FvCB 模型，广泛应用到陆地生态系统模型中，并结合气候模式来预测全球变化对植被和大气之间碳水循环的影响（De Kauwe et al.，2013）。

3.1.2 高山嵩草气孔导度模拟研究取得的成果、突破与影响

青藏高原是全球气候变化敏感区，青藏高原地区植物对环境因子变化的响应也成为研究热点。二十多年来，国内学者基于定位观测、样带调查、控制实验、室内培养、模型模拟等多种手段，围绕全球变化背景下的高寒生态系统响应开展了大量工作，取得了重要进展。高寒草甸是青藏高原分布最广、面积最大的草地类型，高山嵩草（*Kobresia pygmaea*）是其主要建群种之一，多生长在海拔 3800～4500m 的地带。我们对高山嵩草的光合有效辐射、增温、土壤干旱、UV-B 辐射的生理生态学响应特征已有了一定的研究与认识。在此基础上，开展高山嵩草气孔导度对环境因子响应的模型模拟研究，可为青藏高原高寒生态系统对全球变化响应的模拟研究提供科学依据。

1. 研究方法

在野外实验观测的基础上，应用 Jarvis 模型、BWB-Leuning 模型和 Gao 模型模拟高山嵩草的气孔导度变化（李泽卿等，2020）。Jarvis 模型主要考虑光合有效辐射、气温和饱和水气压差对气孔导度的影响，采用了常用的经验公式（Leuning，1995；Kim et al.，2004）：

$$G_s=\frac{a_1\mathrm{PAR}(a_2+a_3T+a_4T^2)(1-a_5\mathrm{VPD})}{(a_6+\mathrm{PAR})(1+a_7\mathrm{VPD})} \tag{3-1}$$

式中，G_s为气孔导度［μmol/（m^2·s）］；PAR 为光合有效辐射［μmol/（m^2·s）］；VPD 为饱和水气压差（kPa）；T 为气温（℃）；a_1、a_2、a_3、a_4、a_5、a_6和 a_7均为待定参数。

半经验模型使用了目前应用最为广泛的 BWB-Leuning 模型，假设在叶片 CO_2浓度、空气湿度和土壤水分均处于稳态时，气孔导度与净光合速率之间为线性关系（Leuning，1995）：

$$G_s=\frac{b_1A_nh_s}{(C_1-\Gamma)\left(1+\frac{\mathrm{VPD}}{\mathrm{VPD}_0}\right)}+g_0 \tag{3-2}$$

式中，A_n为净光合速率［μmol/（m^2·s）］；h_s为叶表面处空气的相对湿度（%）；C_1为叶表面 CO_2浓度（mg/L）；b_1、VPD_0和 g_0（理论上光合速率趋于 0 时叶片最小气孔导度）为待定参数；Γ 为 CO_2补偿点（mmol/mol）。本研究中 Γ 是利用实测 CO_2响应曲线用直角双曲线模型模拟得到的（李泽卿等，2020）。净光合速率的模拟主要考虑光合有效辐射（PAR）

与气温（T）对模型的影响（Leuning，1995）：

$$A_n=\frac{\alpha \cdot \mathrm{PAR} \cdot A_{\max}}{\alpha \cdot \mathrm{PAR}+A_{\max}} \tag{3-3}$$

$$A_{\max}=A_{\max}(T_{\mathrm{opt}}) \cdot f(T_{\mathrm{leaf}}) \tag{3-4}$$

$$f(T_{\mathrm{leaf}})=\left[\left(\frac{T_{\max}-T}{T_{\max}-T_{\mathrm{opt}}}\right)\left(\frac{T-T_{\min}}{T_{\mathrm{opt}}-T_{\min}}\right)^{\left(\frac{T_{\mathrm{opt}}-T_{\min}}{T_{\max}-T_{\mathrm{opt}}}\right)}\right]^{(C)} \tag{3-5}$$

式中，α 为叶片光合量子效率；$A_{\max}$（T_{opt}），为最适温度下某一 CO_2 浓度以及光饱和条件下的最大光合速率，选取实测数据中，饱和光强 2100μmol/(m^2 · s）下、CO_2 浓度为 360mg/L 左右时的数据。式（3-5）为叶温对 $A_{\max}$ 的调节函数，T、$T_{\min}$、T_{opt}、$T_{\max}$ 分别为环境温度、最低温度、最适温度、最高温度；C 为温度修正系数［式（3-6)］：

$$C=\frac{T_{\mathrm{opt}}}{T} \tag{3-6}$$

基于过程的气孔导度模型应用了 Gao 模型，是基于气孔保卫细胞结构的力学性质和保卫细胞水分关系建立的机理性气孔导度模型（Gao et al.，2002）：

$$G_{\mathrm{s}}=\frac{g_{0m}+k_{\psi}\psi_{\mathrm{s}}+k_{\alpha\beta}\mathrm{PAR}}{1+k_{\beta g}d_{\mathrm{vp}}} \tag{3-7}$$

式中，G_{s}为气孔导度［μmol/(m^2 · s)］；Ψ_{s}为土壤水势（bar)；PAR 为光合有效辐射强度［μmol/(m^2 · s)］；g_{om}为黑暗条件下最大可能的气孔导度；k_{Ψ}为保卫细胞结构的弹性屈服系数［mmol/(m^2 · s · kPa)］；$k_{\alpha\beta}$为气孔导度对光合行为的敏感性参数；$k_{\beta g}$为气孔导度对水汽压差的敏感性参数；d_{vp}为大气水汽压相对差（饱和水汽压差 VPD 与大气压 P_a之比)。

在考虑空气温度对模型影响时，因温度影响 VPD，故将 VPD 表达为

$$\mathrm{VPD}=0.611\times e^{\frac{17.27\times T_{\mathrm{air}}}{T_{\mathrm{air}}+237.3}}\times\left(1-\frac{\mathrm{RH}}{100}\right) \tag{3-8}$$

式中，RH 为相对湿度（%）；T_{air}为气温（℃）。

为提高 Gao 模型对气温变化的敏感性，李泽卿（2020）提出改进的 Gao 模型（Modified Gao 模型)，具体公式为

$$G_{\mathrm{s}}=\frac{g_{0m}+k_{\psi}\psi_{s}+k_{p}I_{p}}{1+k_{\beta g}d_{\mathrm{vp}}} \tag{3-9}$$

式中，k_p为与温度有关的气孔导度对光合有效辐射的敏感性参数，其他符号同式（3-9)。k_p的计算公式如下。

$$k_p=\frac{R_{\mathrm{d0}}\exp\left(\frac{T_{\mathrm{leaf}}-25}{14.427}\right)\{g_{\mathrm{x0}}C_{\mathrm{a}}[1+k_{\mathrm{t}}(T_{\mathrm{leaf}}-20)]+g_{\mathrm{p0}}O_{\mathrm{a}}[1+k_{\mathrm{t}}(T_{\mathrm{leaf}}-20)]\}}{a_{p0}[1+k_t(T_{\mathrm{leaf}}-20)]\left\{g_{\mathrm{x0}}C_{\mathrm{a}}[1+k_{\mathrm{t}}(T_{\mathrm{leaf}}-20)]+g_{\mathrm{p0}}O_{\mathrm{a}}[1+k_{\mathrm{t}}(T_{\mathrm{leaf}}-20)]-R_{\mathrm{d0}}\exp\left(\frac{T_{\mathrm{leaf}}-25}{14.427}\right)\right\}} \tag{3-10}$$

式中，R_{d0}为25℃时的暗呼吸速率，为常数 [μmol/(m^2·s)]。T_{leaf}为叶温（℃）；C_a为空气 CO_2分压（kPa）；O_a为空气 O_2分压（kPa）；g_{x0}、g_{p0}和 α_{p0}代表20℃时光合羧化速率、光呼吸速率和光合效率系数；k_t为经验系数。

2. 模型模拟与检验

将野外测定数据代入式（3-1）~式（3-10）中，可得到气孔导度模型参数，如表 3-1 所示。模型模拟结果用决定系数（R^2）、均方根误差（RMSE）以及赤池信息准则（Akaike Information Criterion，AIC）评价。四个模型都较好地模拟了高山嵩草的气孔导度变化，其中 BWB-Leuning 模型拟合效果优于其他二者（表 3-1）。

表 3-1　气孔导度模型参数（引自李泽卿，2020）

模型	参数								R^2	RMSE	AIC
Jarvis 模型	a_1	a_2	a_3	a_4	a_5	a_6	a_7		0.659	0.0669	-711
	0.989	0.431	0.00478	0.00018	1	200.003	-0.19				
BWB-Leuning 模型	b_1	VPD_0	g_0						0.726	0.0503	-795
	6.365	0.00354	0.221								
Gao 模型	g_{0m}	k_ψ	$k_{\alpha\beta}$	$k_{\beta g}$					0.624	0.0732	-693
	0.3713	1.324	0.000274	583.64							
改进的 Gao 模型	g_{0m}	k_ψ	R_{d0}	g_{x0}	g_{p0}	α_{p0}	k_p	$k_{\beta g}$	0.691	0.0819	-704
	0.503	2.010	0.00268	3.811	-5.803	10.440	0.113	65.66			

注：g_{0m}为黑暗条件下最大可能气孔导度；k_ψ为保卫细胞结构弹性屈服系数 [（mmol/(m^2·s·kPa)]；$k_{\alpha\beta}$为气孔导度对光合行为的敏感性参数；$k_{\beta g}$为气孔导度对水汽压差的敏感性参数；a_1、a_2、a_3、a_4、a_5、a_6、a_7、b_1、VPD_0 和 g_0 为待定参数。

三个气孔导度模型模拟均表明，高山嵩草气孔导度（G_s）随着光合有效辐射（PAR）的增加（305~2100μmol/(m^2·s)）呈现先增加后降低的趋势，当 PAR 大于 1800μmol/(m^2·s）时，气孔导度明显下降（图 3-1）。青藏高原地区太阳光照强烈，中午尤甚，光强可达到2000μmol/(m^2·s）以上，远比一般植物光合作用饱和光强高，因此高寒草甸植物的光合作用及与其有关的生理生态活动经常遭受“光抑制”现象。高山嵩草气孔导度对温度的响应在 5~35℃气温范围内呈现“钟形”（Bell-shaped）响应，模型模拟的高山嵩草气孔开放的最适温度为23℃（Jarvis 模型）~25℃（BWB-Leuning 模型）（图 3-1）。

高山嵩草气孔导度随着饱和水汽压差（VPD）（0.12~3.48kPa）的增加而降低（图 3-1），呈负相关关系。植物叶片气孔导度对 VPD 增加的响应涉及叶肉细胞或者保卫细胞自身的水分状态，且有可能由脱落酸（ABA）等激素信号介导，而叶水势和导水率则决定了细胞表皮水势和保卫细胞膨压对 VPD 变化的响应，VPD 升高导致水分蒸散增强，加

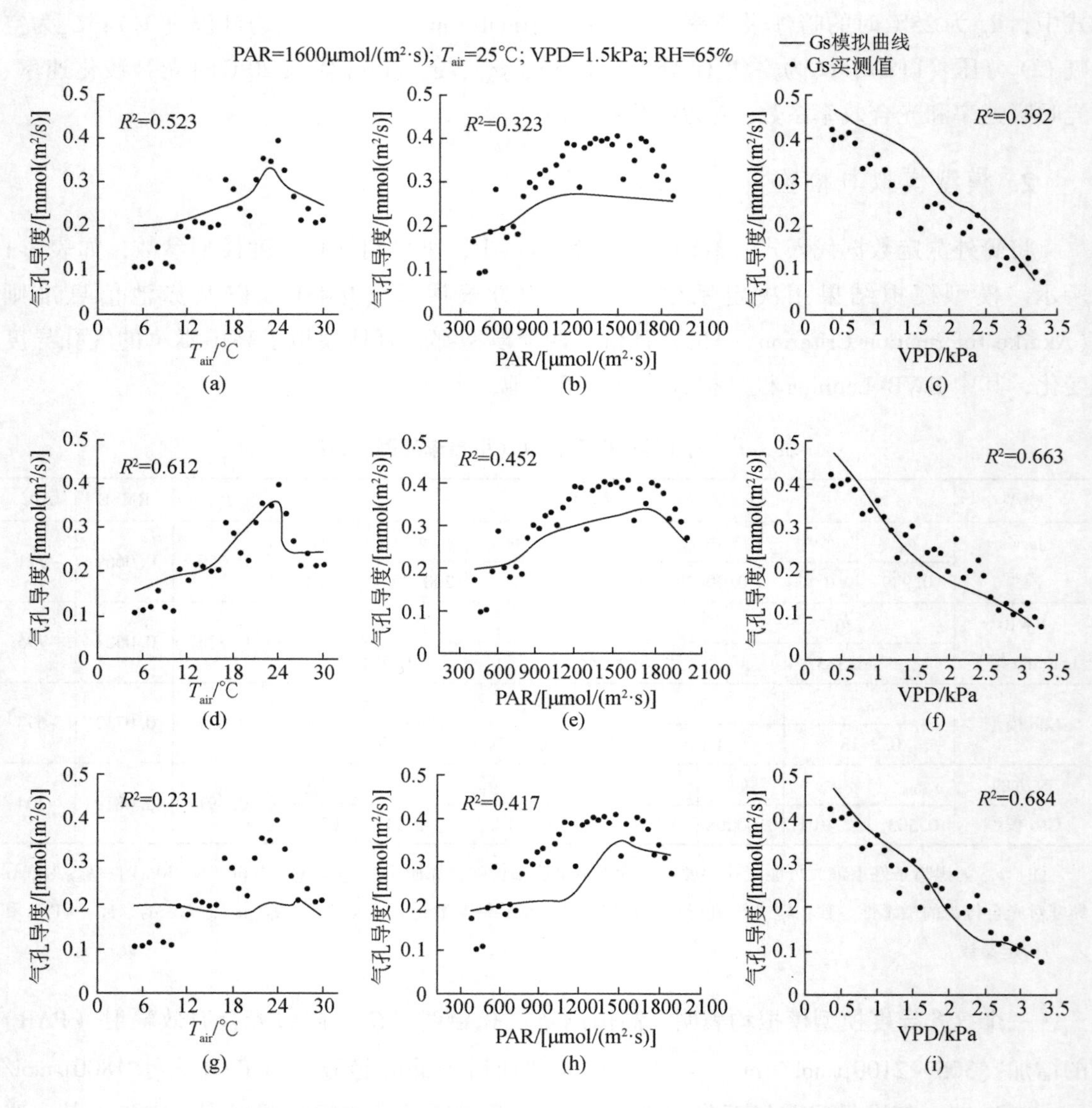

图 3-1　高山嵩草气孔导度对主要环境因子的响应模拟（李泽卿等，2020）

剧植物叶细胞及茎干水势下降，气孔导度减小（Aliniaeifard and Van Meeteren，2014；Arve et al.，2014；Merilo et al.，2017）。不同生境不同物种的气孔导度对 VPD 的响应有不同模式，有一些植物叶片气孔导度随着 VPD 增加而下降（杨淇越和赵文智，2014；韩路等，2016），也有一些植物物种的叶片气孔导度表现为先随着 VPD 增加而增加，达到峰值后，再随 VPD 增加而减少（王珊等，2017；Tobin and Kulmatiski，2018）。高 VPD 引起的气孔导度降低，光合作用降低，进而会使得高寒草甸生态系统 CO_2 净交换量、高寒草甸生产力随 VPD 升高而降低（Wagle and Kakani，2014；Goodrish et al.，2015；Ding et al.，2018）。

改进的 Gao 模型对高山嵩草气孔导度的模拟结果表明，其对气温和光合有效辐射强度响应的准确度与变化趋势均有提高（图 3-2）。改进的 Gao 模型模拟的 2018 年和 2019 年气孔导度对气温的响应曲线虽有波动，但均呈现出随着温度增加，气孔导度模拟值先增大后减小的趋势，比起 Gao 模型有明显的改善。改进的 Gao 模型模拟 2018 年和 2019 年气孔导度对光合有效辐射的响应曲线的准确性均上升。改进的 Gao 模型模拟 2018 年和 2019 年高山嵩草气孔导度对饱和水汽压差的响应曲线的准确值比 Gao 模型有所下降。

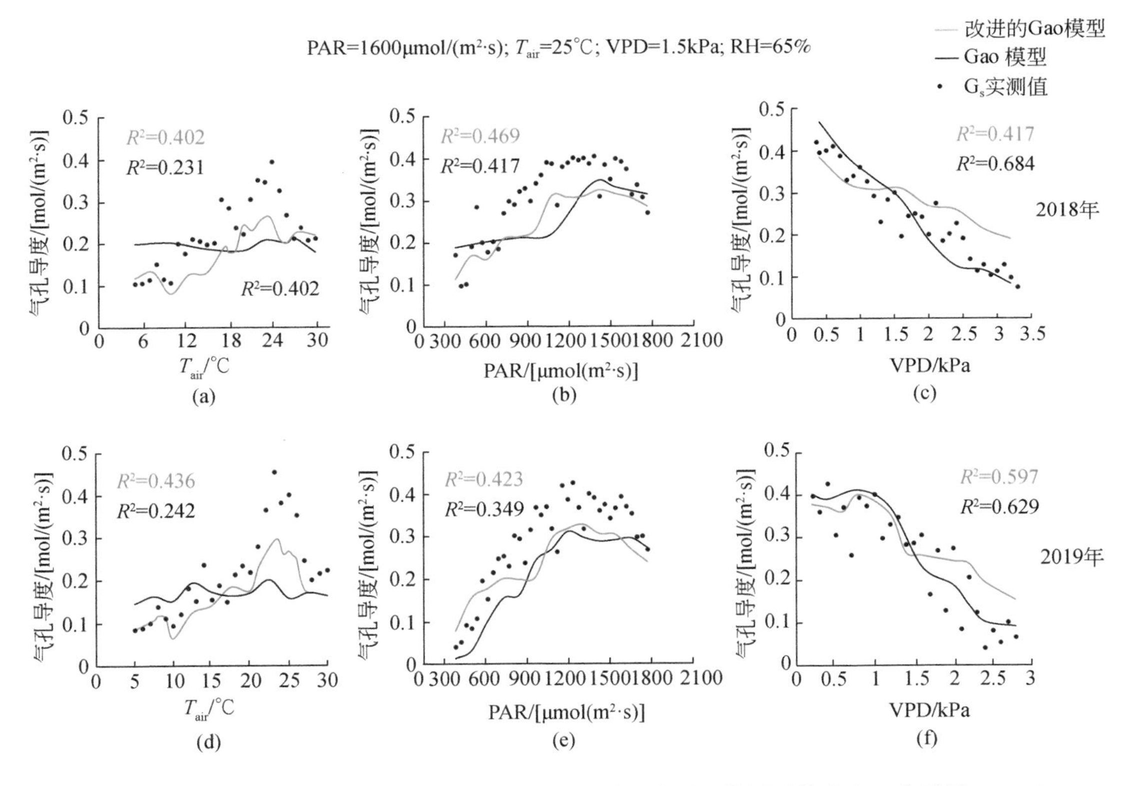

图 3-2　改进的 Gao 模型模拟下的高山嵩草气孔导度对主要环境因子的响应（李泽卿，2020）

国际上常用的 Jarvis 模型、BWB-Leuning 模型及机理模型 Gao 模型及本研究改进的 Gao 模型均可以较好地模拟高山嵩草气孔导度对环境因子的响应特征。总体来说，BWB-Leuning 模型准确度最高，Jarvis 模型次之，然后是改进的 Gao 模型，Gao 模型准确度最低。高山嵩草气孔导度对各环境因子的敏感性排序为 VPD>PAR>T_{air}；3 个模型中，BWB-Leuning 模型对光合有效辐射强度和气温最敏感，模拟准确度最高；Gao 模型对饱和水汽压差最敏感。高山嵩草气孔开放的最适温度，为 23～25℃，可为高山嵩草光合作用及气体交换的最适温度提供参考。

3. 未来气候变化情景下高山嵩草气孔导度的模拟预测

1）未来气候变化情景设计

目前，未来气候变化情景常用到三个排放情景（RCP2.6、RCP4.5、RCP8.5），是指在2100年辐射水平可分别达到2.6W/m^2、4.5W/m^2、8.5W/m^2。在2019～2100年的未来时间段中，除2019～2040年外，基本以30年为一个阶段选定一个代表年份，可以较为均匀地表示出2019～2100年的变化情况。基于此，本研究除2019年外，未来气候变化情景下选择了2040年、2070年、2099年作为模型模拟的年份。基于世界气象组织（World Meteorological Organization，WMO）建议，为应对全球气候变化进程日益加快，以及全球天气与气候预测和战略决策的现时需求，采用1976～2005年时段作为新的基准年段。历年气候观测数据来自中国气象数据网提供的“中国地面气候资料日值数据集（V3.0）”以及国家气象科学数据中心的青海地面气候资料月值数据集，选取青海湖流域附近刚察县气象站1976～2005年逐日气象资料，对气候模拟数据的模拟精度进行验证。

在RCP 2.6、RCP 4.5、RCP 8.5的排放情景下，青海湖流域4～9月的各月平均气温在2019～2099年均呈现升高趋势（图3-3）。其中，生长季开始前的4月以及生长季末端即9月增温幅度更为明显。青海湖流域4～9月的各月平均光合有效辐射强度在2019～2099年均呈现升高趋势（图3-3），而在一年中的变化趋势大致为双峰曲线，4～5月月平均光合有效辐射强度先增加，5～6月下降后上升，7月达到第二个峰值后逐渐降低。随着不同的排放情境中辐射胁迫的增加，5月与7月的峰值特点越发不明显，变化曲线逐渐脱离双峰趋势。青海湖流域4～9月的各月平均饱和水汽压差在2019～2099年均呈现下降趋势（图3-3），尤其在2040～2070年各月饱和水汽压差下降速率逐渐加快。在一年中的变化趋势大致为4～5月略微上升，5～6月下降，6～7月上升，后随着月进程而逐渐降低。

总体上来说，青海湖地区在RCP2.6、RCP4.5、RCP8.5的排放情景下，4～9月的月平均气温在未来100年呈现普遍升高的趋势，且RCP8.5情景下的增温速率最高，约为RCP2.6情景下的10倍左右。各月的月平均光合有效辐射强度也随着未来年份的增加而增加，同样，RCP8.5情景下的增加速率最高；各月的月平均饱和水汽压差则在不同的未来情景下均随着年份增加而逐渐下降，代表青海湖流域气候向着潮湿的趋势发展。上述变化趋势与其他相关研究一致。有研究表明，在RCP2.6、RCP4.5、RCP8.5排放情景下，2011～2100年青海高原年平均气温呈现普遍升高的趋势，极端低温事件减少。同时，在青海湖地区降水增加明显，气候向湿润温暖发展。

2）未来气候变化情景下高山嵩草气孔导度的模拟预测

在RCP2.6、RCP4.5、RCP8.5排放情景下，使用Jarvis经验模型、BWB-Leuning半经验模型，以及改进后的Gao机理模型，分别对2019年、2040年、2070年、2099年的4～9

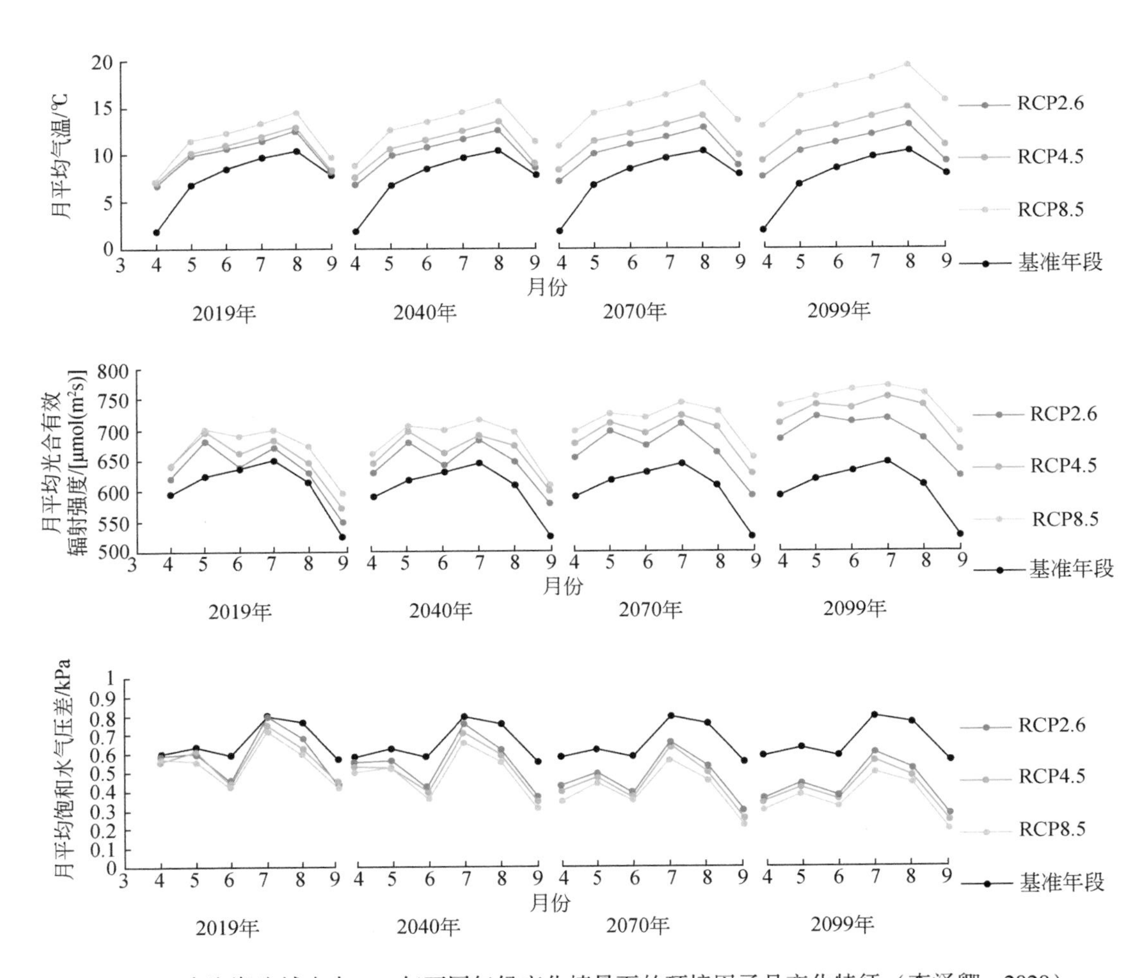

图 3-3 青海湖流域未来 100 年不同气候变化情景下的环境因子月变化特征（李泽卿，2020）

月气孔导度月变化进行模拟。

在 RCP2.6 情景下，2019 年和 2040 年，三个模型模拟的气孔导度的月变化曲线均表现为单峰型，8 月最高；2070 年，也为单峰型，但 Jarvis 模型与改进后的 Gao 模型预测的气孔导度最大值提前至 7 月；2099 年，三个模型模拟的月变化预测曲线均表现为双峰变化，7 月明显降低（图 3-4）。Jarvis 模型的模拟的气孔导度预测值普遍高于另外两个模型，改进后的 Gao 模型则始终最低。

在 RCP 4.5 情景下，Jarvis 模型与 BWB-Leuning 模型的 2019 年气孔导度的月变化曲线均表现为 4 ~8 月随着月增加，气孔导度预测值增加，8 月后下降，而改进的 Gao 模型的峰值则出现在 7 月；三个模型的变化曲线在 2040 年依然为单峰趋势，Jarvis 模型的峰值也提前至 7 月；2070 年三个模型的曲线变化与峰值出现月与 2040 年相同，但 9 月的气孔导度

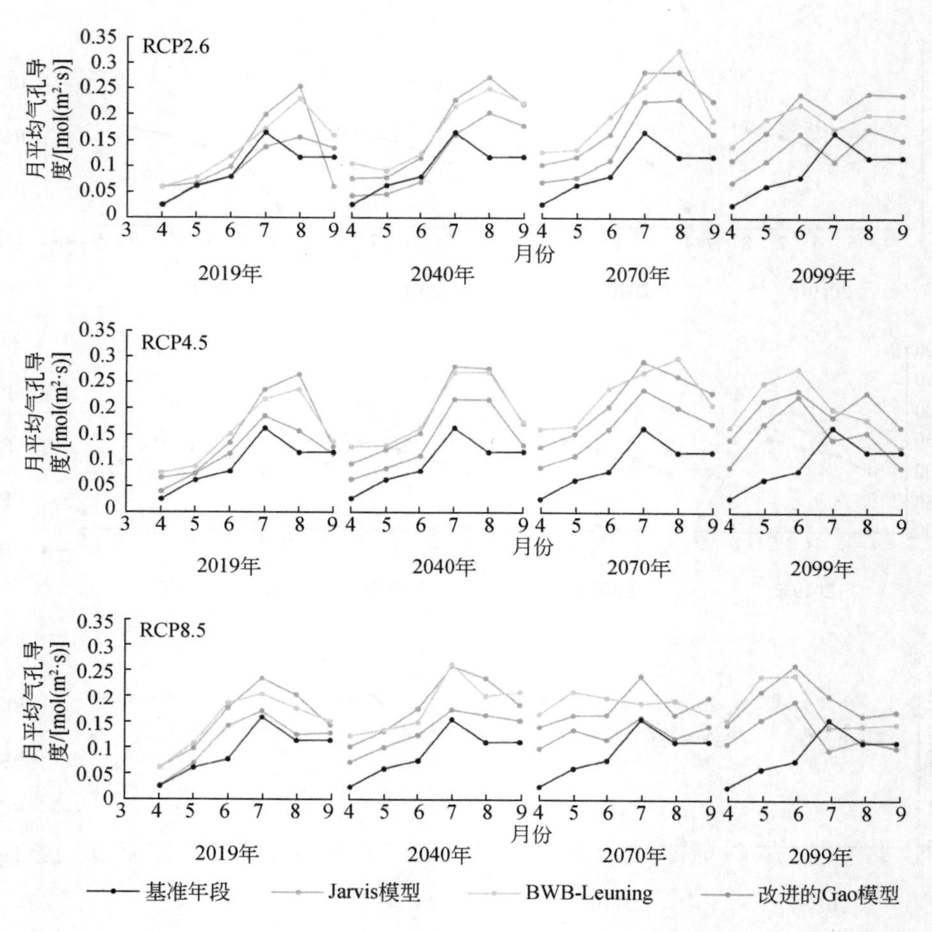

图 3-4　不同排放情景下未来 100 年高山嵩草气孔导度月变化预测（李泽卿，2020）

预测值有明显上升，预测曲线比起 2040 年变化幅度更小；2099 年，Jarvis 模型的月变化预测曲线仍表现为双峰变化，7 月明显降低，但 BWB-Leuning 模型与改进后 Gao 模型则表现为峰值在 6 月的单峰曲线（图 3-4）。2019 年和 2040 年，Jarvis 模型的模拟的气孔导度预测值普遍高于另外两个模型，但 2070 年与 2099 年 BWB-Leuning 模型的预测值则在大多数月大于另外二者，改进后的 Gao 模型则始终最低。

在 RCP8.5 情景下，2019 与 2040 年，三个模型的气孔导度月变化曲线均表现为 4～7 月随着月增加，气孔导度预测值增加，7 月后下降的趋势；2070 年，三个模型的峰值出现均在 7 月，随后下降，但 Jarvis 模型与改进后的 Gao 模型的预测曲线在 9 月又出现了上升；2099 年，三个模型的气孔导度预测值均在 4～6 月随着月增加而增加，除 Jarvis 模型曲线 8 月的预测值明显低于 7 月外，三个模型的预测曲线在 7～9 月（Jarvis 模型为 8 月与 9 月）处于较为平稳的状态（图 3-4）。从三个模型的气孔导度预测值的大小来看，RCP8.5 情景下，Jarvis 模型模拟的气孔导度预测值在四个年份普遍高于另外两个模型，改进后的 Gao 模型仍始终最低。

总体来说，从高山嵩草气孔导度在不同年份的生长季4～9月的变化趋势来分析，在 RCP 2.6、RCP 4.5、RCP 8.5 这三个低、中、高排放情景下，2019 年、2040 年、2070 年三个模型基本都表现出随着月增加，先增高后降低的趋势，峰值一般出现在7月或8月。随着辐射胁迫增强，高山嵩草气孔导度峰值出现的月呈现提前的趋势。2099 年的预测曲线在 RCP 2.6 与 RCP 4.5 情景下，表现出双峰变化（3个模型的预测曲线峰值出现在6月与8月），在 RCP 8.5 情景下，3个模型的预测曲线表现出单峰曲线趋势，在6月达到峰值后下降，但7～9月出现波动平台期，变化较小。

在本研究中，在低、中、高三个排放情景下，随着年份增加，相同月的月均温度也逐渐增加，且排放情景越高，增温幅度越大。高山嵩草气孔导度4～6月预测值的月均值也均呈现增大趋势，且高山嵩草气孔导度月均值的最大值出现的月也会提前。但 2099 年高山嵩草气孔导度预测值在7月、8月有着明显降低。气孔导度影响着植物光合作用，进而会影响陆地生态系统碳循环过程中的净初级生产力（NPP）。有研究表明升温对青藏高原地区的 NPP 有着促进作用，因为升温缓解了该地区植被生长的温度限制（朱再春等，2018）。本研究模拟结果表明，生长季早期（4～6月）气孔导度随着年份（2019 年、2040 年及 2070 年）增加、温度升高而出现升高趋势，但到 2099 年气孔导度在3个排放情景下的7～9月（RCP 2.6 情景下为7月、8月）均有明显下降，这说明在未来气候情景下高寒草甸 NPP 的季节动态特征将会发生明显变化，生长季早期会有明显增加，但7～9月的增加速率可能会有明显降低，年 NPP 可能会维持不变，甚至下降。也有研究提出，气候变暖会促进莎草科植物在生长季早期的生长，气候变化也会使得生长季中期降水减少和对土壤水消耗增加，进而导致植物水分胁迫加剧，这些会导致生长季提前结束，且生长季末期生物量减少（Wang et al.，2020）。基于 MODIS 数据的模拟研究也指出，由于降水的空间异质性，由于过高的温度引起大量水分蒸发，青藏高原 NPP 在不同区域会表现为增加或下降的不同趋势（陈卓奇等，2012）。本研究中的模型模拟结果表明：在 RCP 2.6、RCP 4.5、RCP 8.5 三个排放情景下，随着年份增加，排放情景越高，增温幅度越大，这会导致青藏高原地区植物生长季提前，生长季早期（4～6月）气孔导度随着年份（2019 年、2040 年及 2070 年）增加、温度升高而出现升高趋势，2099 年气孔导度在3个排放情景下的7～9月（RCP 2.6 情景下为为7月、8月）均有明显下降。高山嵩草气孔导度对未来不同气候变化情景的响应规律可以解释已有的相关研究结果。

3.1.3 气孔导度对环境因子的响应模拟研究前沿方向

气孔导度模型是目前流行的陆面过程模型中植物对全球气候变化响应模拟的最小也是

最基本的碳水耦合过程，决定着生态系统、区域乃至全球尺度植被对气候变化响应模拟的准确性。目前的陆面过程模型中气孔导度模型还是以经验模型（如 Jarvis 模型）和半经验模型（如 BWB-Leuning 模型）为主，未来研究亟须从以下几个方面开展。

（1）机理模型的开发和应用。深入认识和揭示植物气孔运动的机理并进行模型模拟，简化模型参数的率定，减少模型参数的区域性和特异性，提出普适化更强的气孔导度机理模型，是提高陆面过程模型精度的关键科学问题。

（2）气孔导度对环境因子的响应具有明显的地理格局、种间差异、种内差异，气孔导度的时空异质性规律和模型模拟将是未来研究的重要方向。科学认识反映植物气体交换特征的硬属性与植物化学计量属性、形态属性等软属性的协同/权衡关系，将有助于提高植物气孔导度对环境因子响应的时空格局模拟的准确性，是未来全球陆面过程的重要研究课题。

3.2 干旱半干旱区植物水分来源与蒸散发拆分

植物水分利用来源和蒸散发拆分是生态水文相互作用与反馈的关键过程，对刻画陆地生态系统水热循环过程及其对气候系统的反馈至关重要。本节简要地综述植物水分利用来源和蒸散发拆分研究的研究现状与科学问题，总结近几年在该方向取得的成果及其影响力，简要阐述未来植物水分来源与蒸散发拆分的前沿研究方向。

3.2.1 植物水分来源与蒸散发拆分研究现状与科学问题

1. 植物水分来源研究现状与科学问题

相比于传统的方法和技术，利用稳定水同位素技术研究植物水分来源具有采样方便、破坏性小、结果准确等优势，近年来获得广泛的应用，目前已被广泛应用于植物水分利用来源研究中，尤其在河岸生态系统（Dawson and Pate，1996）、海岸生态系统（Ewe et al.，2007）、山地森林生态系统（Williams and Ehleringer，2000）等，成为探讨植物-水分关系的重要手段。在我国，该技术近年来也得到了长足的发展和应用，如在沙地生态系统（Dai et al.，2015）、内陆河河岸生态系统（Fu et al.，2013）、荒漠生态系统（Zhang et al.，2017b）、青藏高原高寒生态系统（Wu et al.，2016b）、西南地区热带季雨林生态系统（Liu et al.，2010）、半湿润半干旱区森林生态系统（Liu et al.，2017）等都有应用。目前，干旱半干旱区植物水分来源研究重点关注以下几方面的前沿科学问题。

1）相同生境中植物的水分利用分化与干旱适应策略

植物水分利用来源的差异影响植物之间的相互作用，从而影响群落结构。水文生态位的分离是植物共存的重要机制，Walter（1939）通过研究萨瓦纳乔木-草本共生生态系统水分利用关系，发现植物存在水分生态位分离和重叠，在此基础上提出共生群落“两层用水模式”，其认为在萨瓦纳稀树草原，草本植物和乔木存在垂直生态位分异，草本植物对浅层土壤水有较高的利用率，而乔木更倾向于利用深层土壤水。这很好地解释了温带草原生态系统和半干旱区荒漠生态系统物种的生态位分化和共存。然而，并不是所有植物都具有“两层用水模式”，如在美国高草草原生态系统，无论干季还是雨季，草本植物和灌木都只利用浅层土壤水，这导致了植物对浅层土壤水的竞争关系（Nippert and Knapp，2007）。然而，针对我国极端干旱区荒漠植被的研究较少，不同荒漠植物间对降雨的响应是否不同？荒漠植物对不同季节降雨的响应是否有差异？上述科学问题亟须进行深入系统研究。

2）植物水分利用来源对环境水分条件变化的响应及动态

降水是干旱半干旱区植物可利用水分最重要的补给源，降水入渗补给浅层土壤，能够激活浅层根系的活性。不同根系分布特征的植物，其水分利用来源及对干旱的响应方式不同。例如，Snyder（2000）研究了美国圣佩德罗河流域植物水分来源，发现三角叶杨（*Populus fremontii*）浅层根系活性在雨季增加，提高了对表层土壤水的利用比例。干旱半干旱区河岸带水分条件变化复杂，研究发现有些植物适应这种变化的方式是不利用丰富的河水，而是优先利用稳定的深层土壤水或地下水（Dawson and Ehleringer，1991；Snyder，2000），但是河岸带不同植物的水分来源对地下水位变化的响应存在差异，如Li等（2019a）研究黑河下游荒漠河岸带胡杨和多枝柽柳水分利用来源对地下水埋深变化的响应，发现随着地下水位下降，多枝柽柳利用地下水的比例增加，而胡杨利用深层土壤水的比例增加，这主要是由于前者具有更快的根系生长速度。干旱半干旱区，植物水分利用来源往往发生明显的季节变化，主要的表现是植物在湿季主要利用浅层土壤水而干季转换成主要利用深层土壤水或地下水。作为一种应对干旱的生态适应策略，植物改变水分利用来源的现象普遍存在。有研究认为，随着干旱加剧，吸收更稳定水源的植物能够保持稳定的水势和光合速率，而降低干旱对其生理生态过程的消极影响。但也有研究认为水分来源的调整并不总是能消除干旱的影响。目前，水分来源的转变是否能抵消干旱对植物生理生态过程的负面影响仍然存在争议。虽然先前对荒漠植物水分适应与响应机制已开展了大量研究，但以下科学问题仍不清楚：不同水分条件下，同种植物的水分来源是否具有明显差异？相同水分条件下不同物种之间是否存在差异？以降水为主要水源的荒漠植物和以地下水为主要水源的荒漠植物其生理生态特征是否存在显著差异？目前对河岸生态系统胡杨和多枝柽柳生态适应性的研究仍存在不足。尽管相关研究已经很多，但这些研究大多是以空间代替时间的方法进行探究，关注由地下水埋深空间差异造成的不同生境下的胡杨、多枝柽柳适应特点，偏重静态特征的探究，忽视了黑河下游特殊的地下水水文节律所产生的影响。综上所述，黑河下游关于植物水分之间的关系研究存在以下问题：荒漠河岸生态系统胡杨和多枝柽柳水分利用来源与生理生态过程如何响应地下水埋深的季节波动，以及二者的关系是怎样的？干旱区植物水分来源与植物生活型、植物年龄、根系的垂直分布以及植物所处的微生境相关，需开展不同水分条件下多种荒漠植物及河岸林水分来源与季节性变化的研究，并全面地认识干旱区植物水分关系。

2．蒸散发拆分的研究现状与科学问题

在干旱半干旱区，蒸散发在陆地生态系统水分收支中占有尤其重要的比例，在年尺度水收支平衡中贡献率高达95%以上（Wang and Yamanaka，2014）。蒸散发（ET）主要由土壤蒸发（E）和植物蒸腾（T）组成。一般而言，诸多研究均关注蒸散发总量，而对于其组分拆分研究较少，在我国的半干旱区很有必要开展蒸散发的组分拆分研究，原因如下：①土壤蒸发和植物蒸腾具有截然不同的水文物理过程，为促进对干旱区水分收支过程的认知，需要提高对各组分的认知；②干旱区生态系统的水收支动态取决于植物对水分的利用和植物水分利用效率，定量回答以上两个问题都需要将土壤蒸发和植物蒸腾区分开来；③量化土壤蒸发或植物蒸腾的相对贡献量对模拟和耦合陆地碳、水过程很有必要。特别是气候变化情境下，生态水文动态反馈模拟中，错误的贡献量会导致整个预测结果的偏离；④在干旱区，水资源作为稀缺资源，定量化其无效损耗及有效损耗的幅度，对农田生态系统与自然陆地生态系统水分利用率评价及管理具有科学的指导意义。综上，在半干旱区精确估算蒸散发及其组分拆分具有很强的科学研究意义及社会服务意义。常见的蒸散发观测方法（诸如涡度相关法、波文比法）很难分离植物蒸腾和土壤蒸发，对其组分观测的方法（如植物液流计、小蒸渗仪），由于下垫面异质性，特别是干旱区植被的斑块状分布，不能很好地代表其所在大尺度生态系统。相对而言，同位素方法和数值模拟的方法具有较好的空间同质性，在很大程度上克服了上述方法的缺陷。同位素作为自然界的主要示踪剂，常用来拆分生态系统尺度上的蒸散发通量（Wang et al.，2015b）。土壤水分蒸发由于其库容巨大，水分循环较慢，而植物库由于大量的蒸腾，水分更新很快，二者截然不同的水文物理过程，导致蒸发和蒸腾的水蒸气同位素比值差异显著（Wang and Yakir，2000），为分离蒸散发提供了很好的理论基础。蒸散发的分离常用蒸发比值（T/ET）来表示，可估算为

$$T/\mathrm{ET}=\frac{\delta_{\mathrm{ET}}-\delta_T}{\delta_{\mathrm{ET}}-\delta_E} \tag{3-11}$$

式中，δ 为国际标准化后的同位素成分（δ^{18}O 或 δD），下标 ET、E 和 T 为蒸散发、土壤蒸发、蒸腾通量。本方法关键在于准确测算各通量中的同位素成分。

迄今为止，已经有很多利用同位素方法分离蒸散发的案例。然而，传统的同位素方法

中常带有蒸腾通量的稳定态假设（植物从土壤吸水到蒸腾至大气过程中其同位素成分不变），然而，目前很多科学家质疑这一假设（Lai et al.，2006），并且提出了很多基于叶片稳定态或非稳定态模型来估算蒸腾通量的同位素（Dongmann et al.，1974；Farquhar and Cernusak，2005）；目前诸多稳态或非稳态同位素模型在生态系统尺度上的适应性如何，仍然没有定论。除此之外，同位素方法中繁杂的大气取样过程，使之往往局限于很粗的时间分辨率，常用于季节变化的研究。数值模拟方法，近年来应用非常广泛，因为其不仅可以模拟各种时间尺度上的能量及水通量并能考虑其空间异质性，而且可以耦合同位素信息模拟水分在SPAC中运移（Wang et al.，2015b）。二层模型虽然是对现实简单的模拟，但是可以用于有效地提高蒸发散的估算（Shuttleworth and Wallace，1985），并可以在各种气候类型及植被覆盖条件下将蒸散发组分成功分离。Shuttleworth-Wallace模型（Shuttleworth and Wallace，1985）是常用的二层模型，但是其没有充分考虑观测冠层和土壤层的能量平衡，所以其模拟结果只能通过潜热来验证。Kustas和Norman（2000）提出的TSEB模型充分考虑了冠层和土壤层的能量平衡，因此可以用各能量通量及地表温度来校验模型，但是这个方法需要实地的辐射温度测量，因此现实中应用受到很大的限制，迄今为止，在自然非控制实验环境下，耦合同位素方法来校正和提高模型研究很少。

3.2.2 植被水分来源和蒸散发拆分方面取得的突破与影响

1. 植被水分来源方面取得的突破与影响

1）黑河流域不同荒漠植被水分来源分化及其季节响应变化特征

从黑河流域中游到下游，荒漠植物水分来源具有明显分异，沿降水减少梯度呈规律变化。在降水为112mm和65mm的流域中游样地（临泽县和金塔县），红砂（*Reaumuria soongorica*）水分来源主要是降水补给的土壤水，且具有显著的季节波动；而在降水为35mm的流域下游样地（额济纳旗），红砂主要利用地下水以及地下水补给的深层土壤水，且无显著季节变化（图3-5）。红砂和泡泡刺（*Nitraria sphaerocarpa*）根系吸水均表征出较强的可塑性，其根系吸水深度能在不同深度的土层之间进行转换，使其能最大限度地吸收水分维持生存。降水量的变化显著地影响红砂和泡泡刺之间的水分竞争关系。在降水量112mm的样地，红砂和泡泡刺的水分来源基本一致，都主要利用表层（0～30cm）和中层（30～80cm）土壤水分，其平均利用比例分别达（69.9±20.99）%和（73.8±17.79）%，二者之间存在较强的水分竞争关系。然而，在降水量为65mm的样地，红砂则主要利用深层（>80cm）土壤水分，其平均利用比例为（72.2±18.98）%，而泡泡刺则利用表层土壤水分，其平均利用比例为（60.5±19.82）%，二者水分来源明显分化（张赐成，2018）。

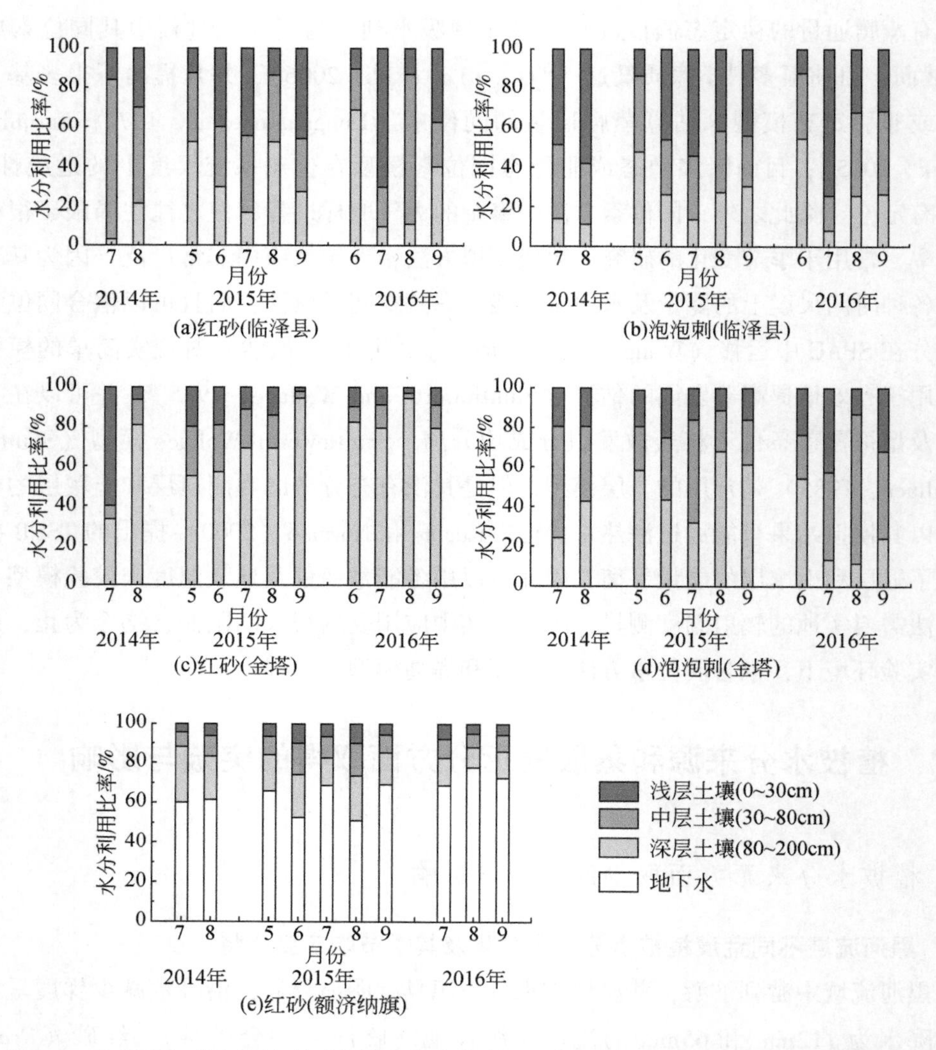

图 3-5　生长季红砂和泡泡刺对各层土壤水分利用比例的季节变化特征（张赐成，2018）

流域不同荒漠植物对不同大小降雨事件以及对不同季节降雨的响应存在差异性(图3-6)。在同等降水量下，泡泡刺对降雨响应的速度比红砂快，红砂和泡泡刺在生长季中期对降雨响应的速度比生长季初期快。随着降水量的增加，荒漠植物对雨水的吸收利用率（PWU）先增加，随后降水量达到阈值后 PWU 值保持不变，红砂和泡泡刺的降水量阈值分别为 25mm 和 20mm 左右。光合速率（A_n）、气孔导度（g_s）和蒸腾速率（T_r）与降水量大小存在显著正相关性。与对照组相比，在同等降水量下泡泡刺 A_n、g_s和 T_r的增加量大于红砂，尤其是大降水事件（>15mm）。基于气体交换测定得到的瞬时水分利用效率（WUE）不同荒漠植物在不同季节之间存在显著差异性。红砂和泡泡刺 A_n对 Ψ_{pd}的敏感性在生长季中期均高于在生长季初期，生长季中期荒漠植物响应水分变化敏感程度更高（张赐成，2018）。

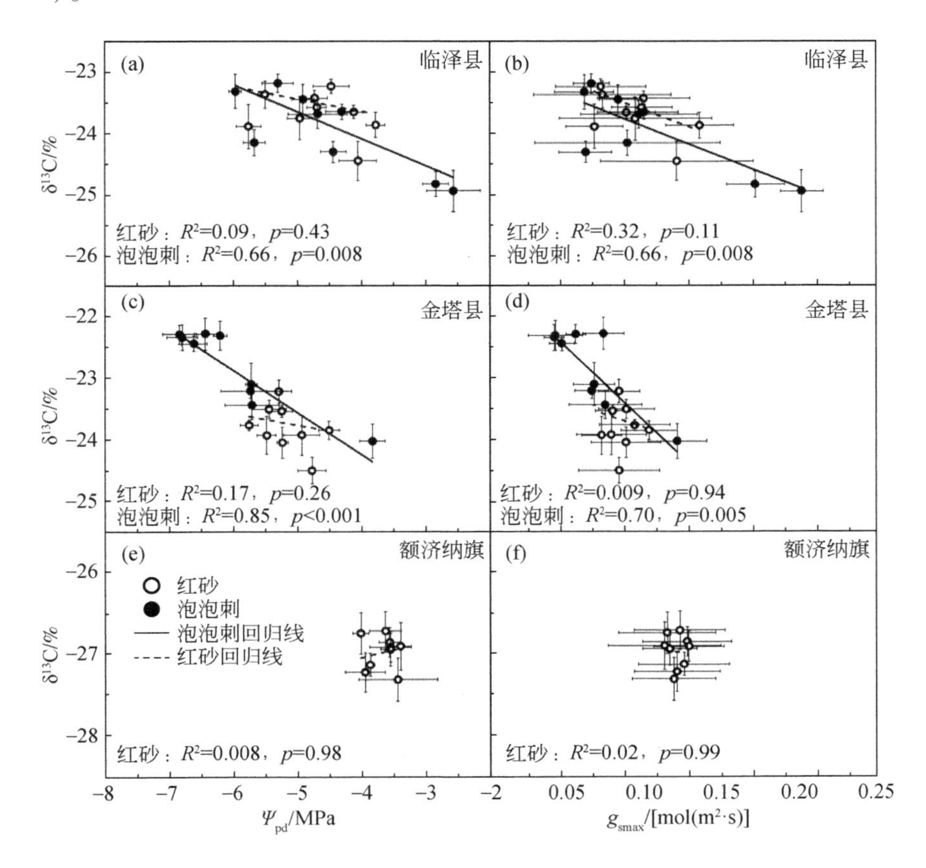

图3-6 红砂和泡泡刺黎明前水势（Ψ_{pd}）、最大气孔导度（g_{smax}）与碳同位素（$\delta^{13}C$）之间的关系（张赐成，2018）

2）黑河流域不同河岸林植被水分来源分化与生理生态响应

胡杨和多枝柽柳通过调整水分利用来源适应地下水埋深的季节变化（图3-7）。胡杨主要利用0～200cm的土壤水，生长季内平均利用比例达68.50%；多枝柽柳在生长季初期和末期主要利用土壤水，平均利用比例为76.90%，而在生长季中期主要利用地下水，平均比例达64.03%。生长季内，随着地下水埋深的增加，胡杨利用100cm以下深层土壤水和地下水的比例明显增加，而多枝柽柳利用地下水的比例增加（李恩贵，2019）。

胡杨和多枝柽柳对地下水埋深时空变化的生理生态响应特征存在差异（图3-8）。空间上，胡杨叶片光合能力随地下水埋深的增加而下降，表现为日最大净光合速率、光饱和点显著下降，水分利用效率先增加后降低；多枝柽柳叶片光合生理参数变化趋势不明显。

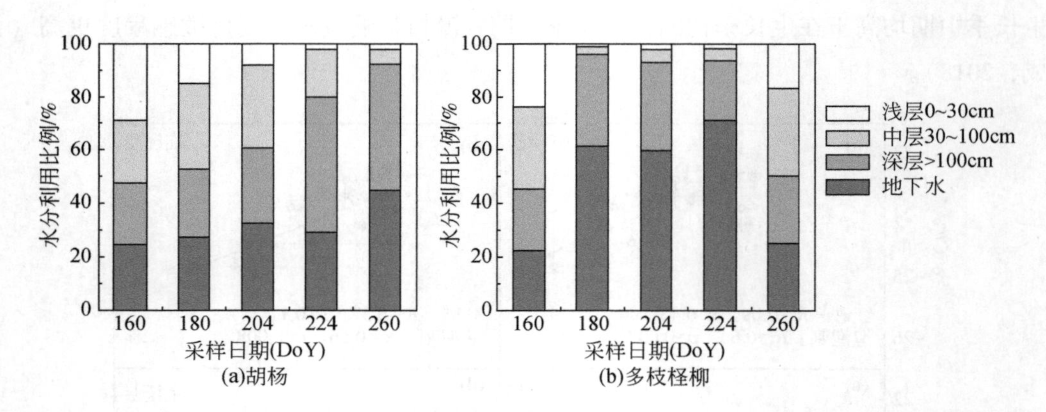

图 3-7　胡杨和多枝柽柳对潜在水源利用比例的季节变化（李恩贵，2019）

DoY 指第××天

定点连续观测实验结果表明，生长季内荒漠河岸生态系统地下水埋深增加幅度在 1.0m 左右，随着地下水埋深增加，胡杨最大净光合速率和最大气孔导度分别下降为生长季最大值的 54% 和 56%；多枝柽柳最大气体交换参数变化不显著。胡杨净光合速率和气孔导度与茎干水中氧同位素（$\delta^{18}O$）值呈显著的正相关，多枝柽柳气体交换参数与茎干 $\delta^{18}O$ 值没有显著的相关关系。胡杨气孔导度与叶水势呈显著的正相关关系，多枝柽柳气孔导度与叶水势没有显著的相关关系，表明胡杨气孔行为倾向于等水（Isohydry）调节方式，光合固碳能力容易受水分胁迫的影响；多枝柽柳更倾向于异水（Anisohydry）调节方式（李恩贵，2019）。

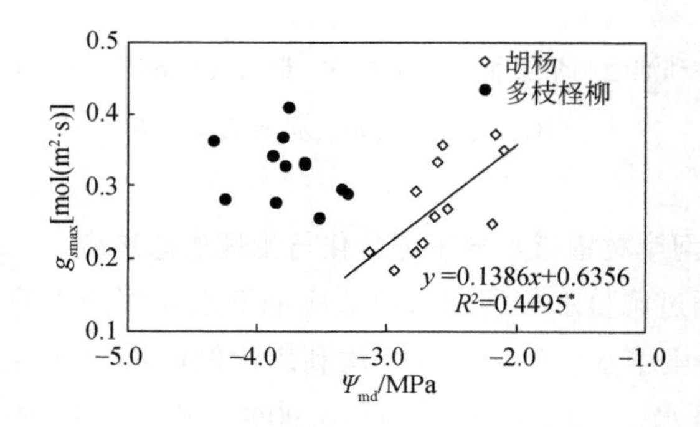

图 3-8　胡杨（*Populus euphratica*）和多枝柽柳（*Tamarix ramosissima*）正午水势（Ψ_{md}）与日最大气孔导度（g_{smax}）的关系［修改自李恩贵（2019）］

* 表示统计显著

2. 蒸散发拆分方法的研究突破与影响

1）Iso-SPAC 模型开发

如图 3-9 所示，Iso-SPAC 模型是在原有的能量平衡原理基础上建立的陆地生态系统水热通量双源模型，其基于拆分的蒸散发通量（土壤蒸发、植物蒸腾），并耦合了水流在土壤–植物–大气连续体传输中氢氧稳定同位素分馏、混合等过程，刻画了水流过程及其陆–气界面层相应氢氧稳定同位素的变动。该模型考虑了当前国际上流行的叶片尺度上的同位素富集估算模型，涵盖了植物蒸腾的稳态及非稳态模型。并尺度上推至冠层尺度，可估算蒸散发、蒸腾、土壤蒸发，以及冠层叶水同位素信息。由于以上估算结果可同时利用野外观测能量及水量通量信息，水气通量同位素信息，以及叶片水的同位素观测等多要素观测结果进行交叉验证，因此较一般的物理模型而言，Iso-SPAC 模型具有更好的鲁棒性。其涉及的主要公式及其详细过程请参看已发表文献（Wang et al.，2015b）。

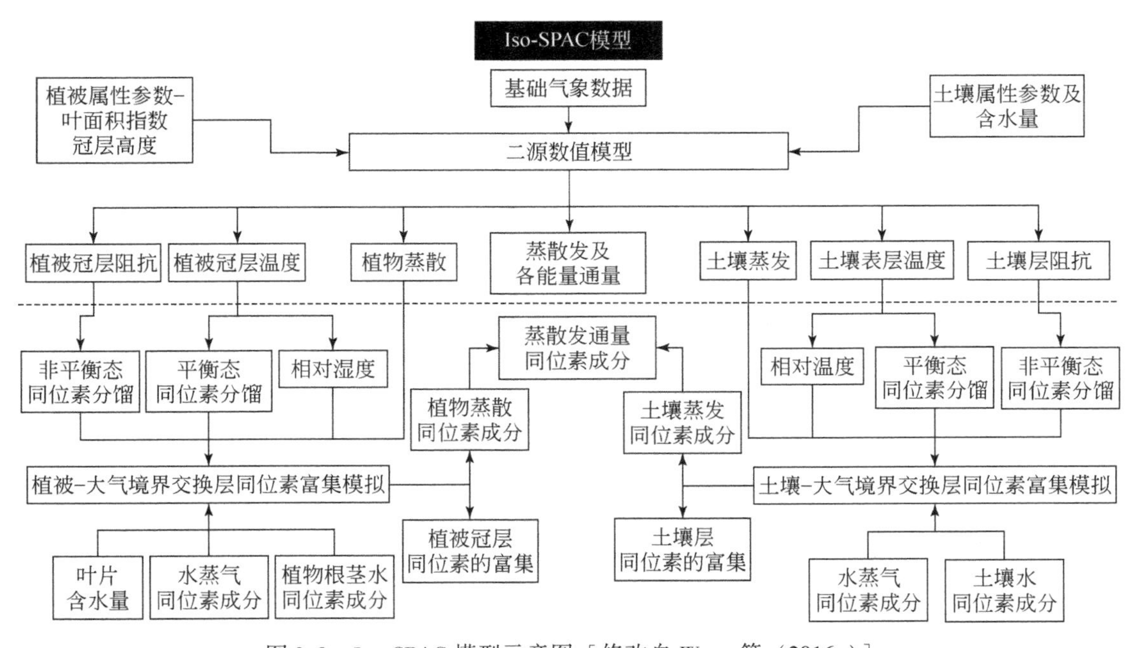

图 3-9　Iso-SPAC 模型示意图［修改自 Wang 等（2016a）］

2）同位素方法及双源模型对蒸散发拆分对比研究

如图 3-10 所示，较 Keeling plot 方法，由于其在季节初期，以及割草后的一段时间，其水气来源不足（fetch requirement），Iso-SPAC 模型更好地捕捉了蒸散发的组分动态。基于稳态假设的 Keeling plot 方法，如果其测量满足感兴趣下垫面的水气来源的要求，在假设和前提要求都满足的前提条件下，能够较好地评价用来拆分蒸散发季节变化，也可以用来相互校正 Iso-SPAC 模型。

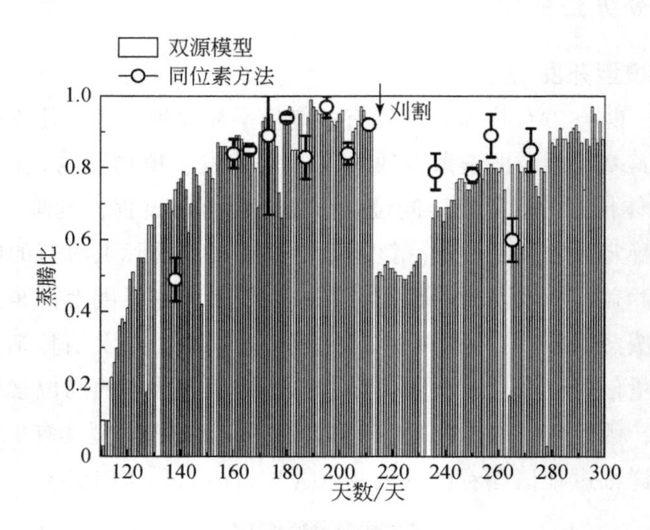

图 3-10　基于 Iso-SPAC 模型及同位素方法获取的草地生态系统蒸腾比（*T/ET*）季节动态（Wang et al., 2015b）

误差线代表了由 Keeling plot 方法测量蒸散发同位素产生的误差导致的估算 *T/ET* 的标准差

3）黑河流域蒸散发组分季节动态及控制因素

基于黑河流域地表过程综合观测网观测数据，结合双源模型及其他方法的率定，对比研究了典型生态系统蒸散比的变化规律。流域五个站点的蒸腾比（T/ET）年际波动较小，表现出明显的季节性变动（图 3-11）。所有的生态系统蒸腾比季节动态都呈现出单峰格局，在 7 月达到波动最大值。生长季平均蒸腾比最高的是农田生态系统（0.80±0.13），高寒草甸生态系统（0.79±0.12）、荒漠河岸林生态系统（0.67±0.07）、荒漠河岸林柽柳灌木生态系统（0.67±0.06）和高寒沼泽草甸（0.55±0.23）依次降低。叶面积指数是五种生态系统控制蒸腾比变动的主要因子，决定了其具有类似的季节动态。五种生态系统环境条件差异（如水分或水汽压匮缺）导致了蒸腾比的变化分异规律（Tong et al., 2019）。

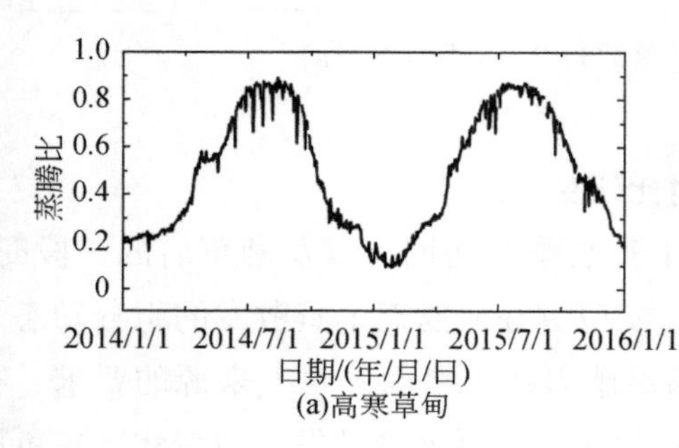

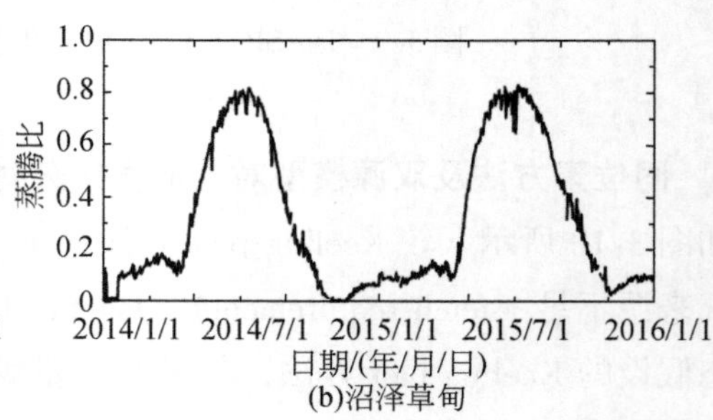

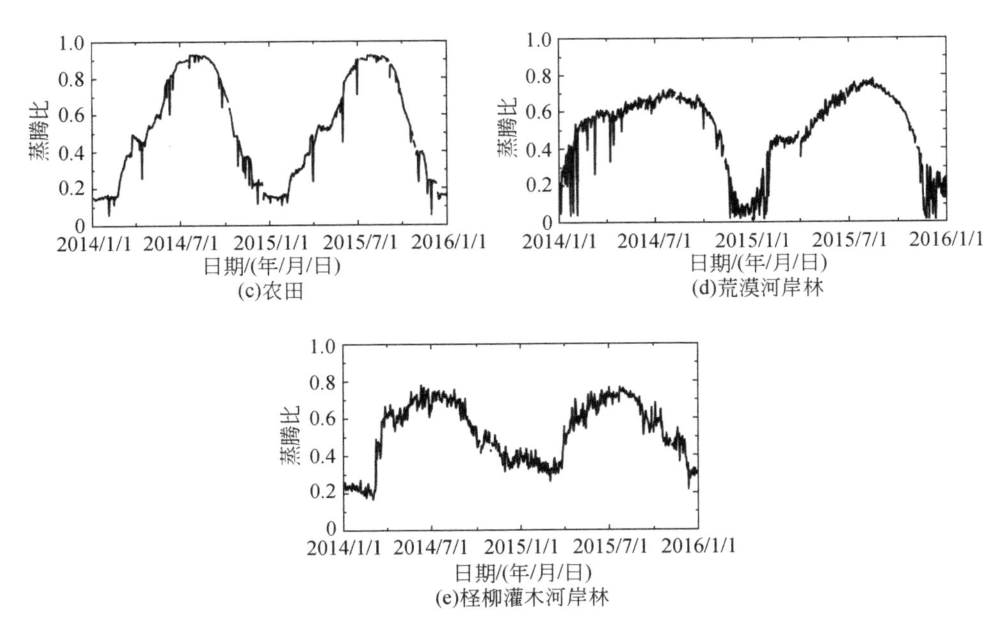

图 3-11　2014～2015 年黑河流域典型生态系统蒸腾比（T/ET）年际及季节变化［修改自 Tong 等（2019）］

4）异质性地膜覆盖下垫面对蒸散发及组分的影响

先前的研究工作全面量化评估了地膜覆盖对蒸散发及组分的影响。在覆膜农田生长季，裸地蒸发、覆膜土地蒸发和植物蒸腾对总蒸散发的贡献率分别为（21±12)%、(6±4)%和（73±14)%。考虑和不考虑覆膜效应的模型对比表明：覆膜通过降低生态系统土壤蒸发（0.02±0.02mm/h）增加了蒸腾比，在生长季蒸腾比的平均增加值为 7.2%，其季节变动范围为 0～16%（图 3-12）。覆膜也会增加土壤温度，同时降低陆地表面的可用能量。覆膜对蒸散发及组分的影响随叶片发育而变化，在叶片面积指数较低的时期（如生长初期和刈割后）覆膜对蒸散发及组分的影响更为敏感。如果不考虑覆盖物的影响，ET（土壤蒸发比，E/ET）通量将被高估，这主要是由于土壤阻力和土壤水分有效性被低估（Wang et al.，2019）。

3.2.3　植物水分来源与蒸散发拆分研究前沿方向

植物水分来源与蒸散发拆分是生态水文中的关键过程，准确刻画不同生态系统的植物水分来源与蒸散发组分特征，成为应对和适应未来气候变化的重要挑战。未来研究需要加强以下几方面的研究。

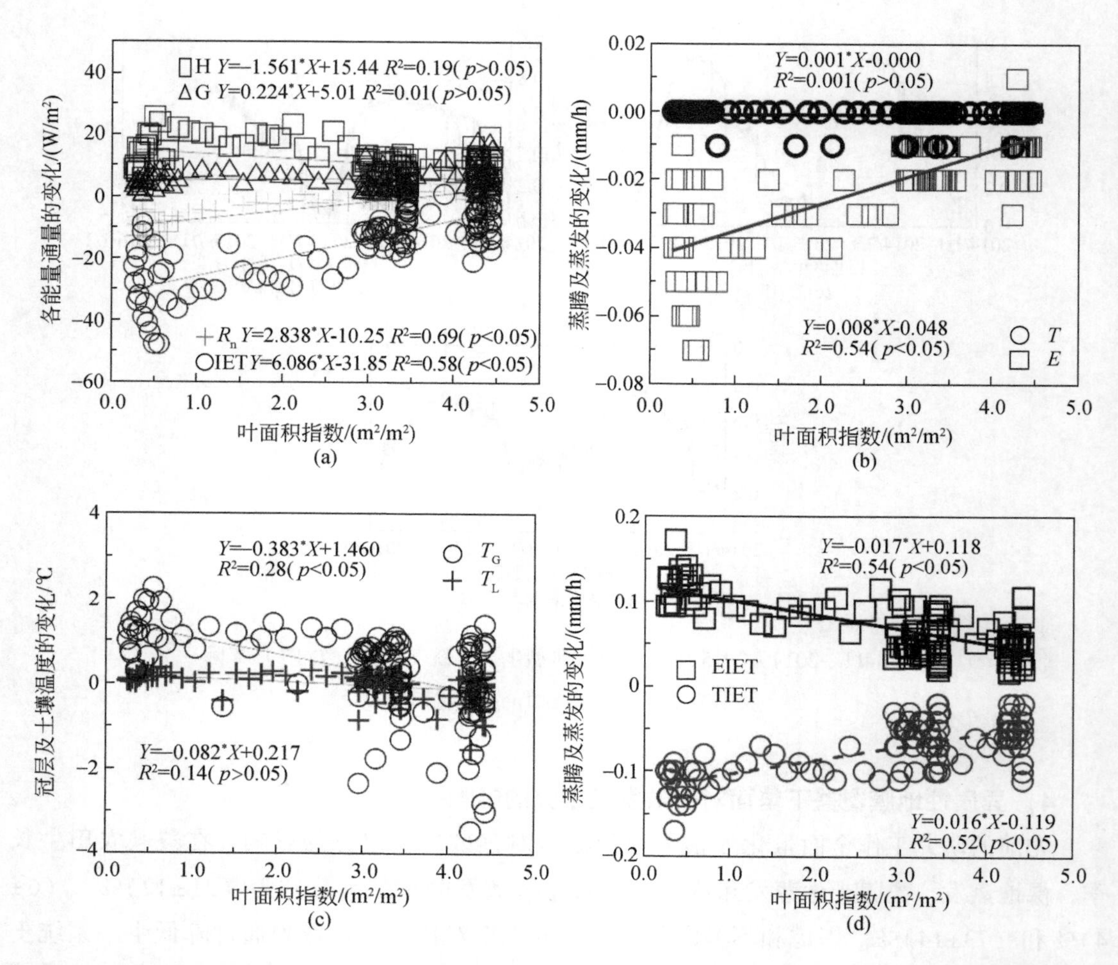

图 3-12　叶面积指数（LAI）和考虑及不考虑覆膜对（a）的能量通量（R_n、LET、H 和 G）和能源可用性（R_n-G），（b）冠层温度（T_L）和土壤温度（T_G），（c）蒸腾比（T/ET）和（d）植物蒸腾（T）和土壤蒸发的影响［修改自 Wang 等（2019）］

（1）植物用水来源和蒸散发的拆分研究多独立开展，然而在土壤-植物-大气连续体（SPAC）系统中，二者之间是相互作用、相互影响的。如何将二者耦合在统一框架开展研究，是未来的植物用水来源和蒸散发的拆分研究的前沿方向。

（2）植被对气候的反馈是当前生态水文研究的难点，如何将不同功能型或功能属性的植物用水来源适应策略应用于已有生态水文模型当中，用以模拟分析蒸散发及其组分通量的变动、分析不同功能型或功能属性的植物对未来气候变化的响应，并开展不同生态系统适应评价是未来的研究热点问题。

3.3 典型生态系统生态水文过程与机理

3.3.1 草原灌丛化生态水文过程与机理

1. 研究现状与科学问题

灌丛化是一种在全球干旱半干旱区草原普遍发生的现象，是指在干旱半干旱草原生态系统中出现草本植物退化，原生灌木或木本植物的植株密度、盖度和生物量增加的现象。引发灌丛化的原因较为复杂，大体可归因于气候变化、过度放牧或者草原火灾（Eldridge et al., 2011）等。近年来关于灌丛化对生态、水文、生物地球化学的影响及其机理方面的研究文献呈现井喷式的增长，成为生态学、水文学等学科研究的国际前沿与热点。灌丛化常伴随着生态系统结构和功能的改变，并对区域生态过程具有较大影响，具体表现为植物多样性的改变、碳循环等过程的变化。已有的研究表明，灌丛化会导致草地生态系统生产力及生物多样性发生改变（Eldridge et al., 2011），最终可能导致土地荒漠化。灌丛化会改变生态系统结构及生产力，进而改变生态系统的水文过程（如土壤水分动态、蒸散发及组分）。因此，增加灌丛化生态系统灌草组成结构的变化以及这种变化对蒸散发及组分的影响和反馈机制的研究，有助于更好地预测异质性较强的生态系统（如萨瓦纳稀树草原、灌丛化草地）陆地-大气交互与反馈作用。

蒸散发是陆地生态系统水热平衡的关键组分，在年水分收支中贡献率高达95%以上。蒸散发一般包括土壤蒸发和植物蒸腾两部分，将其拆分为土壤蒸发与植被蒸腾对提高水分在SPAC（土壤-植物-大气-连续体）系统的传输认知及水资源管理有重要的意义。然而，灌丛化草地生态系统其灌、草斑块状呈不连续分布，土壤水分呈现高度异质性，并且土壤蒸发、灌丛及草本的蒸腾水汽混合在一起，这导致其组分（如灌丛蒸腾、草本蒸腾及土壤蒸发）难以区分与量化。灌丛化生态系统不同发育阶段灌草竞争（如植被盖度、根系吸水）及其对气候变化和季节干湿交替响应各异，灌丛化如何改变生态系统群落结构及土壤水文过程，进而影响蒸散发及其组分？回答以上问题还面临诸多方法和观测方面的挑战。开展灌丛化对蒸散发及其组分的影响有非常重要的科学研究意义，至少可以总结为以下几个方面：①刻画灌、草斑块之间的生态、水文属性差异，能够促进对灌丛化草原生态系统蒸散发及组分的认知。②对模拟和耦合干旱半干旱区植被斑块分布、水分和生物地球化学循环很有必要。植物群落组成的变化以及对水文循环的影响和反馈机制的研究，可以提高并优化陆地-大气耦合模式及对干旱区生态系统的预测。③针对灌丛化梯度观测和基于过程模型模拟的认知，可为未来可能的影响开展预测，为草地生态系统的科学管理提供理论依据与方法支撑。在我国内蒙古草原，由于近几十年放牧的增加，小叶锦鸡儿（*Caragana microphylla* Lam.）覆盖面积扩大（Li et al., 2013a），探讨不同灌丛化阶段草地生态系统植被、土壤异质性特征，开展灌丛化对蒸散发及其组分影响研究，对我国草地生态系统的生态恢复及科学管理具有积极的科学意义。综上，灌丛化对蒸散发及组分影响的研究对干旱半干旱区草地生态恢复与可持续管理具有很强的科学研究意义及社会服务意义。

灌丛化导致了植物群落组成结构的改变，并能够改变微气候环境，正反馈于灌丛的生长，从而促使灌丛逐渐扩张（D'Odorico et al., 2013; Li et al., 2013a）。灌丛化通常与生态系统功能的降低密切关联。然而灌丛化的生态水文效应及反馈机制因气候、植被类型及下垫面属性而异，仍然面临诸多不确定性。亟待提高灌丛化对植物群落组成结构的变化，以及这种变化对水文循环的影响和生态水文反馈机制的理解。蒸散发是水分在SPAC中传输至关重要的过程，并且是生态系统水分和能量平衡的主要组成部分。陆地生态系统中的蒸散发（如植物蒸腾、土壤蒸发、冠层截留等）是由两种或三种不同来源的水汽混合而成的。就灌丛化草地而言，调查不同蒸散发组成部分对生态水文的过程耦合和植被斑块格局模拟，对气候反馈机制的研究和水资源管理等方面的提高至关重要（Wang et al., 2018）。然而在灌丛化草地，植被呈斑块分布，存在灌、草用水策略分异及竞争。为了生存，灌、草需要适应自身的根系系统（在水平和垂直分布方面）到土壤中不同的含水层，但同时物种之间也存在鲜明的水资源竞争策略与分化（Zhang et al., 2017b）。灌丛化草地土壤水分分布具有强烈的异质性，灌丛斑块与草地斑块土壤水分动态各异。尽管过去有很多类似的研究，但是基于灌草的用水策略及分化、生长差异以及灌、草斑块间可获取土壤水分差异，与蒸散发及组分间的复杂作用关系的探讨较少。随着气候变化及干湿季节的交替，不同灌丛化阶段生态系统的适应策略及与蒸散发之间的关系的探讨较少。

在以前的研究中，很多方法用来拆分蒸散发，并开展灌丛化对蒸散发及组分的影响，包括田间对比试验和水平衡建模方法。然而以上陆地生物圈模型等常用的方法，都缺乏对灌丛化生态系统中植被与大气之间的复杂相互作用关系的描述，难以刻画植被斑块与环境之间和灌草之间的竞争等复杂的相互作用关系，因此不能应用于异质性较强的灌丛化草地生态系统中。如何充分表征植被的动态过程，评估灌木入侵导致的蒸散发或其组分变化的机制，对当前的方法（如同位素方法）提出了挑战（Huxman et al., 2005）。因此，需要一种充分考虑灌丛化生态系统的特殊属性，如灌木和草本植物功能属性、用水策略、生长差异以及这些属性在不同灌丛化阶段差异的方法，从而充分表征灌丛化生态系统的生物物理动态过程。先前研究表明，水文连通性（Hydrological Connectivity）限制了全球陆地水通量的拆分（Good et al., 2015），模型模拟中考虑地表水和地下水连通度及相互作用可提高全球蒸散发及组分的模拟精度（Maxwell and Condon，2016）。然而，很少研究综合不同植物功能类型的生态水文连通性，并耦合进行蒸散发拆分及估算（Wang et al.，2018）。生态水文连通性（Ecohydrological Connectivity）被描述为一种生态系统属性，代表通过SPAC的水流联系，通过它可以产生反馈和显现其他系统行为。量化生态水文连通性的作用非常重要，将蒸散发的拆分与生态水文连通性关联，可更加详细地表征诸多的水文模型中植被-水分之间的相互作用关系及其分异规律，提升未来生态水文模型对可用水资源量的预测。灌丛化生态系统具有不同的植物功能类型（灌木和草），其冠层结构和根系结构具有显著的异质性（Eldridge et al.，2011），并且其固有的斑块分布非常适合在生态水文连通性框架内描述其生物物理过程，并开展以从草地到灌木为主的状态及生态系统属性的变化的研究。

我国内蒙古草原是欧亚地区草原的代表，是维持游牧民族生计的重要牧场。有效利用有限的水资源对维持畜牧业至关重要，这需要最大限度地提高生产用水（T），并使非生产性水损失（E）最小化。高琼和刘婷（2015）曾研究解释我国半干旱区灌丛化形成的机理。灌丛化会导致木本植物多度的增加，进而影响到这些地区植被的组成，改变生态系统的结构和功能（李宗超和胡霞，2015），进而会对水文过程产生影响。在该地区已有许多关于灌丛化草地土壤水分动态及蒸散发的研究（Li et al.，2013a；Peng et al.，2013；Zhang et al.，2013；彭海英等，2014）。然而针对灌丛化的蒸散耗水效应研究较少。Li等（2013a）对内蒙古灌丛草地下垫面灌丛斑块及草地斑块的土壤水分动态进行了长期观测，并指出内蒙古太仆寺旗站点的灌丛斑块与草地斑块土壤水分动态无显著季节差异，但是没有结合灌、草的用水特征来刻画灌、草实际可利用水量。Peng等（2013）对不同程度的人类干扰下灌丛化梯度的生物量、群落特征、水分可利用性等进行了比对研究。Zhang等（2013）对不同灌丛化梯度下草地的土壤有机质、土壤全氮、土壤全磷、土壤孔隙度、土壤质地、土壤饱和导水率进行了对比研究。Fan等（2019）对灌木和草本的生长进行了调查，指出灌、草生长特征也随着灌丛化发生的阶段而异，并正向反馈于灌丛的生长过程。但是综合考虑灌丛化所处阶段，灌、草生长特征以及主要的生物物理过程（如根系吸水、冠层结构和气孔导度）开展蒸散发及其组分拆分的研究几乎没有，并且目前缺乏在灌丛化生态系统应用的可行的方法和蒸散发拆分数值模型。

综上，科学家在灌丛化生态水文效应及机理方面做了大量的工作，对灌丛化生态水文效应的研究取得了显著进展，但是灌丛化生态水文效应因与土地利用、区域气候、下垫面有关，仍需要大量的观测与模拟深入研究。以往的研究存在以下几点不足：①先前应用的蒸散发拆分方面的研究和方法，难以刻画植被斑块与环境之间的反馈机制以及灌草竞争等复杂的相互作用关系，因此不能应用于异质性较强的灌丛化草地生态系统中。②灌丛化的水文效应及反馈机制以及对区域气候的可能影响因气候、植被类型及下垫面属性而异，仍然面临诸多不确定性。而已有的灌丛化的蒸散耗水效应及反馈机制研究不能应用于我国的灌丛化草地。③缺乏能够在我国灌丛化草地估算应用的考量灌、草的功能属性、根系用水策略和具有自主知识产权的蒸散耗水模型。因此，本研究拟采取现场观测及同位素示踪方法，基于灌、草的功能属性，构建“多源”数值模型，研究不同灌丛化梯度下生态系统的冠层结构、叶面积指数、生长特征、土壤水分和土壤温度，对比分析灌丛化的观测及模拟结果，提高对灌丛化对蒸散发及组分影响的过程及机制的认知，旨在为我国干旱半干旱区的生态水文学的发展做出贡献。

2. 草原灌丛化生态水文过程与机理方面取得的突破与影响

1）生态水文连通性概念框架

研究首次引入了生态水文连通性概念框架（图 3-13）。利用同位素示踪技术刻画灌、草根系用水特征，并将灌、草的生态水文连通性分别量化、耦合入“多源”能量平衡模型，量化了灌、草蒸腾及土壤蒸发的季节动态。就灌丛化草地而言，生态水文连通性在灌木和草本的几个层面上进行了量化（图 3-13）。第一个在垂直层面，生态水文连通性是水通过 SPAC 系统（植物蒸腾和土壤蒸发）或简单的土壤–大气连续体（土壤蒸发）向上运动，这可以通过使用电路理论和阻力项来参数化（如冠层阻抗、空气动力学阻抗和土壤表面阻抗）。第二个生态水文连通性是通过根系吸收，从不同土壤层向上传输水的过程。根系吸水反映植物的生存策略并控制蒸腾通量。尽管根系吸水非常重要，但仍然没有可靠的方法来重建其用水模式。水稳定同位素（H_2O^{18}或HDO^{16}）作为自然示踪剂广泛应用于水文循环、地球化学循环及气候变化等科学研究中。植物茎（或根系）水由于其未发生同位素分馏，普遍被认为与其水源（如土壤水或地下水等潜在水源）具有相同的同位素比值，并被广泛用于植物–水关系研究中，以研究从全植物到生态系统尺度的生理和水文过程。第三个生态水文连通性是在水平层面不同斑块之间的耦合，用于聚集灌丛化生态系统中不同的植被覆盖类型（如灌木和草本），以估算不同生态系统的蒸散发及其组成部分。基于生态水文连通性概念框架下的“多源”数值模型为灌丛化草地蒸散发及组分的估算提供了较好的研究框架（Wang et al.，2018）。

2）量化灌、草、土壤对蒸散发的贡献

图 3-14 的结果表明，灌木、草本蒸腾和土壤蒸发对系统总蒸散发贡献比例分别为(24±13)%、(20±4)%和（56±16)%。研究指出灌、草的生态水文连通性及其生长动态可解释灌、草的贡献比例（Wang et al.，2018）。

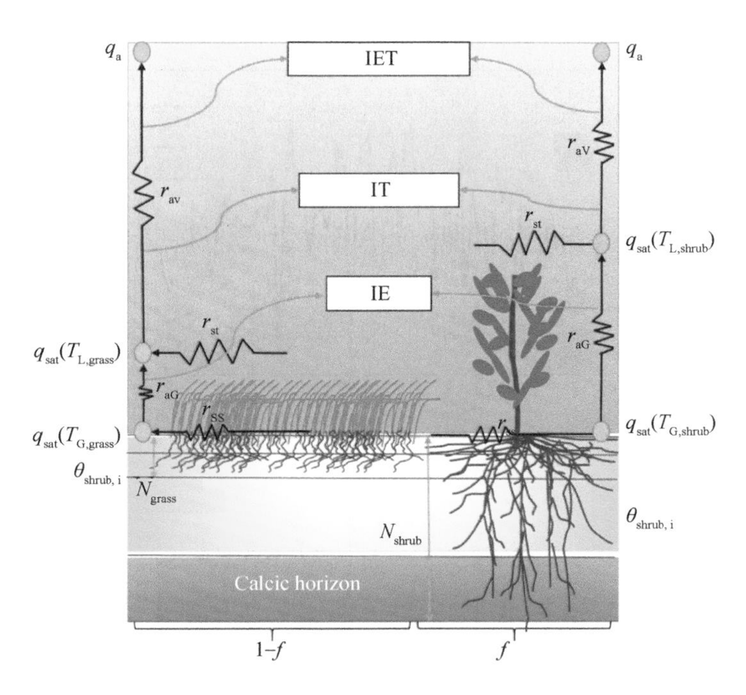

图 3-13　生态水文连通度示意简图（Wang et al.，2018）

图中 q_a 为在某一高度的大气绝对湿度；q_{sat}（$T_{L,shrub}$）和 q_{sat}（$T_{L,grass}$）为灌、草冠层温度下的饱和比湿；q_{sat}（$T_{G,shrub}$）h 和 q_{sat}（$T_{G,grass}$）为灌、草斑块下的陆地表层饱和比湿；N_{grass} 和 N_{shurb} 代表根系深度和所触及的土壤剖面层；f 为灌丛盖度；r_{aV} 和 r_{aG} 为基于冠层和土壤表层的大气动力学阻抗；r_{st} 为气孔阻抗；r_{ss} 为土壤表层阻抗；IE、IT、IET 代表土壤蒸发、植物蒸腾及蒸散发汽化潜热

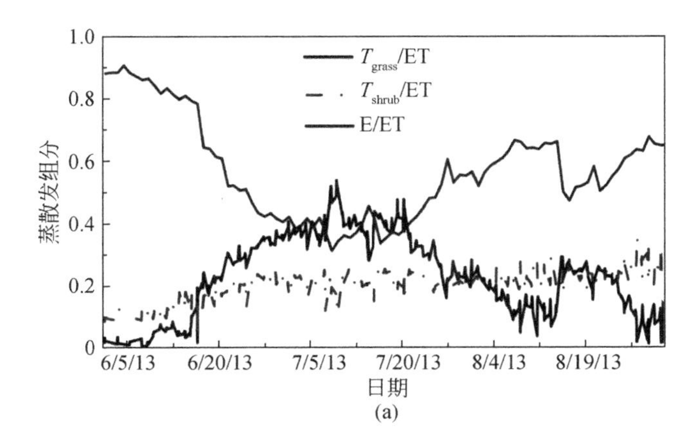

(a)

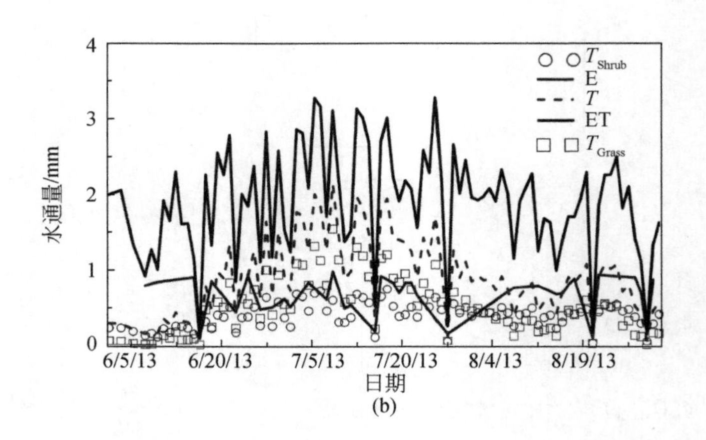

(b)

图 3-14 (a) 生长季灌木和草本蒸腾组分（T_{shrub}/ET 和 T_{grass}/ET）和土壤蒸发比（E/ET）的季节时间动态；(b) 蒸散发及其组分的季节时间动态（Wang et al., 2018）

3）灌丛化对蒸散发及其组分的影响及机理

相对于蒸散发的总量，灌丛化对蒸散发组分的影响更大。灌丛化对蒸散发及其组分和组分效应的影响可用灌丛化所引起的群落冠层导度变化机理来解释（图 3-15）。在未来气候变化情境下，灌木由于吸收深层土壤水分的特征，更加适应于干旱化气候。干旱气候条件下，灌丛化会增加生态系统耗水，并且会增加植物耗水比例。而草本因其较快的气孔导度响应及生长速度，而更加适应于湿润气候。湿润气候条件下，灌丛化进程可能会发生逆转，会导致越来越多的水分以无效土壤蒸发形式损耗（Wang et al., 2018）。

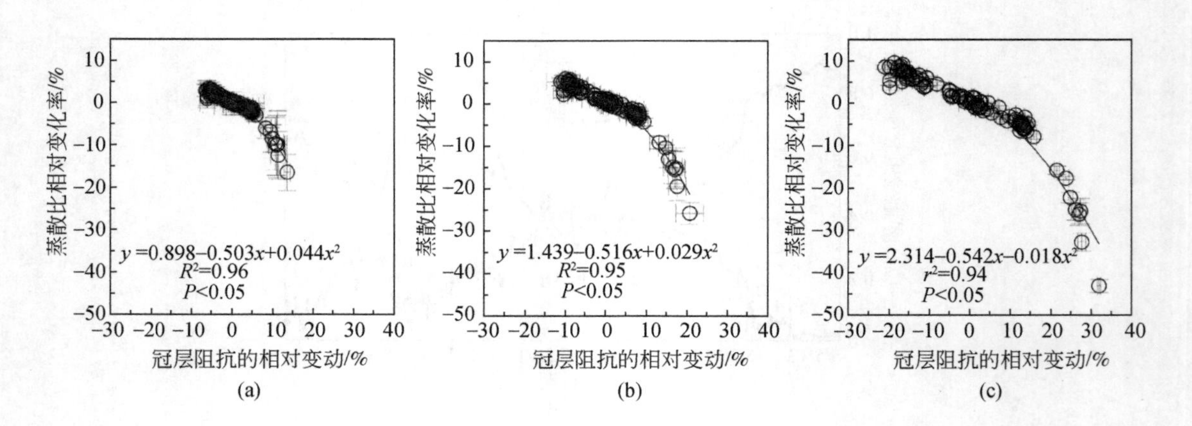

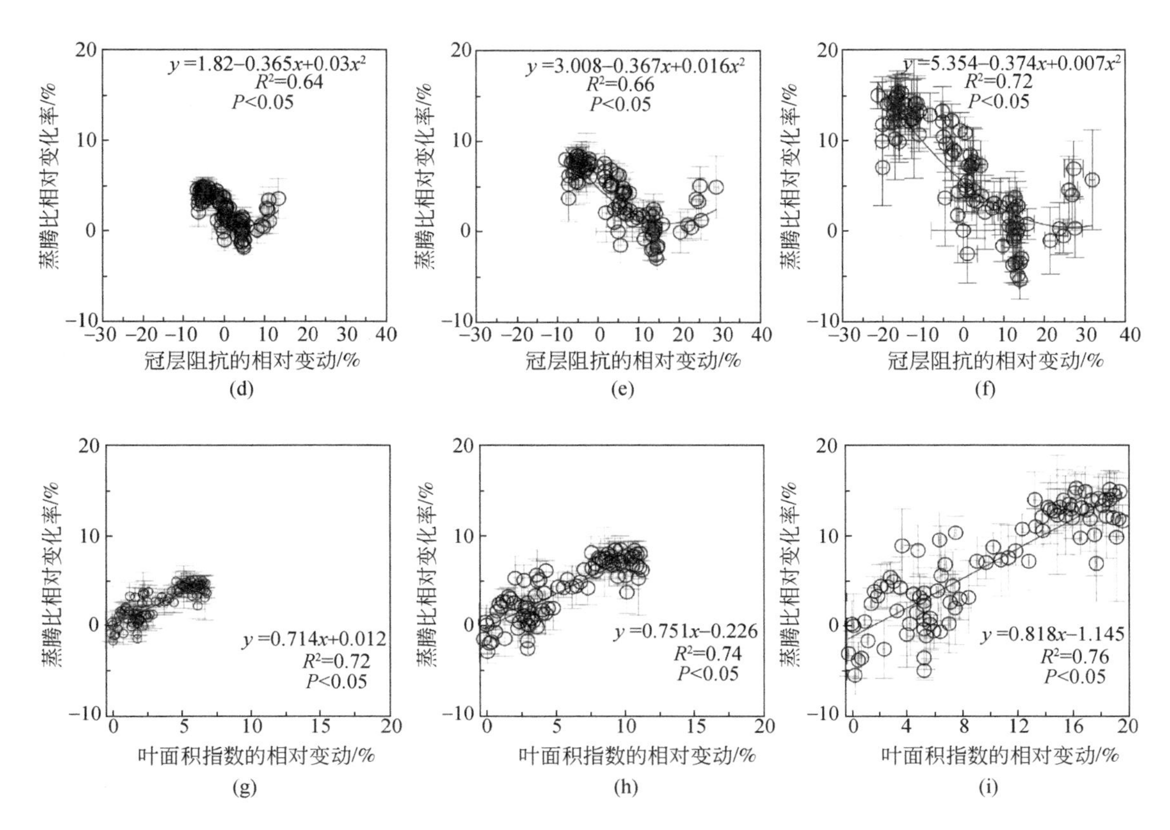

图 3-15　三个灌木入侵场景（a）25% 的覆盖率、（b）31.4% 的覆盖率和（c）43.5% 的覆盖率下，潜热通量（lET）和冠层阻抗（r_c）相对变化关系（与实际灌木覆盖 15% 比较），（d）~（f）蒸腾比（T/ET）和冠层阻抗（r_c）相对变化关系，（g）~（i）叶面积指数（LAI）随 T/ET 的相对变化关系（Wang et al., 2018）

如图 3-16 所示，灌丛化对蒸散发及组分影响结果表明，在湿润期，草本可以迅速利用快速得到补充的表层土壤水分，而灌木的深根系可以获取所有深度的土壤水分进行蒸腾。在旱季，灌木可以利用深层土壤水分，控制主导生态系统的蒸腾作用（Wang et al., 2018）。

3. 研究前沿方向

草原灌丛化作为一种重要的全球变化现象，其生态水文效应及影响需要从多方面深入开展评价，以维持草原生态系统的功能，未来研究需要加强以下几方面的研究。

（1）灌丛化的生态水文效应是生态水文研究的难点与挑战。如何将灌、草各自的水力功能属性应用于已有生态水文模型当中，用以模拟分析灌、草斑块的各自的土壤水文，分

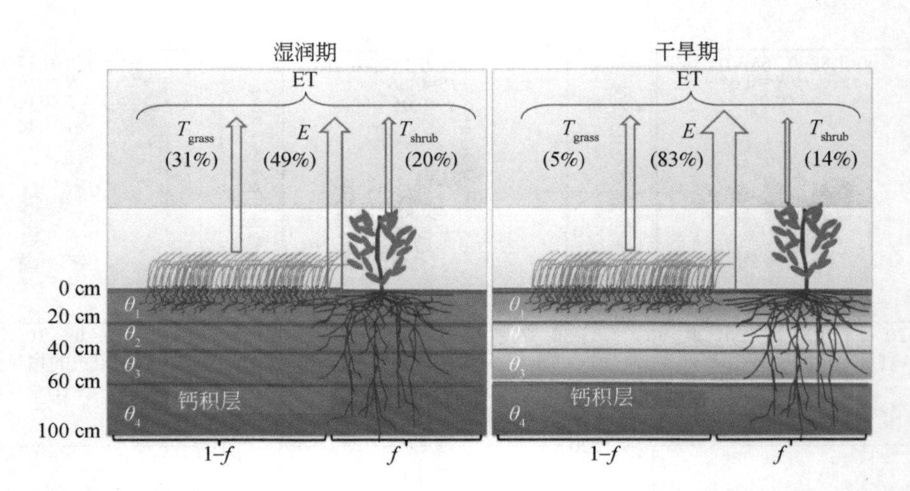

图 3-16　蒸散发组分在干湿交替及其灌、草生态水文连通性的情景框架（Wang et al., 2018）

覆盖度为 f 的灌丛化草地生态系统中，蒸散发组分可划分为土壤蒸发 E、草本蒸腾 T_{grass} 和灌木蒸腾 T_{shrub}

析不同灌丛化梯度下，灌、草对未来气候变化情景的响应及分异规律，并开展灌丛化草地生态系统科学管理是未来的研究热点问题。

（2）如何识别大尺度上的灌丛化现象及其背后的机理过程是未来的难点与挑战。如何识别区域灌丛分布斑块格局及其分布适应机理，揭示干旱半干旱区植被分布结构及其动态特征，阐述其背后的生态水文机理和区域气候效应，是未来灌丛化草地研究亟须回答的问题。

3.3.2　荒漠植被生态水文过程与生态适应机制

1. 研究现状和科学问题

荒漠约占地球陆地表层系统的30%，荒漠植被是天然植被的重要组成部分，对区域乃至全球气候变化和生态功能的维持都具有重要的作用。荒漠植被主要包括荒漠绿洲植被和荒漠植被。长期以来，荒漠绿洲植被，特别是荒漠河岸林被认为是内陆河流域荒漠区生态功能的主题，受到广泛关注。荒漠植被虽然面积广袤，但其因为植被稀疏矮小、种群结构单一及能量-水分交换强度弱等特点，而在很多生态水文研究中被简化甚至被视作裸地，因此对荒漠特有的植被结构、水分利用等的系统性认识还远远不够。黑河流域位于我国西北干旱区，为我国第二大内陆河流域，降水稀少、空气干燥、太阳辐射强烈。流域内荒漠植被面积占陆地总面积的70%以上，在不同的降水条件、地下水深度以及土壤性质条件下，流域中游到下游荒漠植物种类和组成空间分布差异明显。在黑河流域生态水文观测平台的支持下，基于获取的大量典型样地通量观测数据、土壤水分-地下水自动观测数据，结合野外调查和定点实验，探究荒漠植被多尺度生态水文过程以及荒漠植被的生态适应机制（李炜，2016；张赐成，2018）。

2. 取得的成果、突破与影响

1）黑河中下游荒漠生态系统多年降雨特征

张掖（BJT）、临泽（L-FYQ）、高台（G-WTQ）、金塔（J-FYQ）和额济纳（WLTG）五个样地具有明显的水分梯度递减的趋势，生长季平均降雨分别占多年平均降雨的88.62%、83.38%、84.44%、75.23%和83.38%，同样表现出沿水分梯度递减的趋势。黑河中下游主要以降水量<5mm的小降雨事件为主，比例高达80%以上，分别为81.21%、86.08%、87.66%和90.14%；其次为5～10mm的降雨，发生频率为6.50%～11.83%；次降雨事件降水量>15mm的发生概率很低，平均发生频率为4.48%（图3-17）。以往研究认为干旱区大降雨的发生频次和年际变异性是降雨总量和降水格局差异的主要原因，大降雨事件能够有效补给深层土壤水分，利于深根性灌木的利用；而小降雨事件往往被植被冠层截留并以穿透雨的形式补给表层土壤，促进浅根型的草本植物生长。

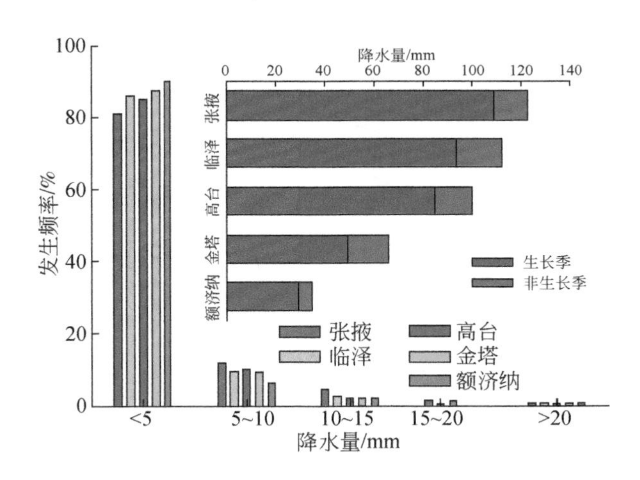

图3-17　黑河中下游5个实验样地多年次降雨事件统计及降雨的年内分配比例（李炜，2016）

2）土壤水分对降雨的响应特征

荒漠区降雨是土壤水分的主要补给来源，降雨通过影响水分下渗，进而影响土壤水分的运动过程。人工降雨模拟实验表明，不同降雨事件可同时增加红砂荒漠根区和裸地的土壤水分，但不同土层和土壤水分随时间的变化不同。$P=3.63$mm和$P=6.73$mm的降雨分别影响到0～40cm和0～60cm的土壤水分，而$P=10.09$mm的降雨能补给80～100cm深层土壤水分（图3-18）。所有的降雨事件中根区土壤含水量明显高于裸地，尤其$P=$

10.09mm 和 $P=6.73$mm 两次降雨。次降水量从 10.09mm 减少到 3.63mm，根区土壤水分在雨后 2 天分别增加了 149.16%、142.87% 和 58.84%，均高于裸地土壤水分的增加量；雨后 4 天受水分蒸发和植物耗水的影响，0～100cm 根区土壤水分增加幅度下降，分别增加 140.30%、128.91% 和 65.71%，同样高于裸地土壤水分的增加量；雨后 6 天，剖面各层土壤水分进一步降低，根区土壤水分增加量分别为 52.95%、51.64% 和 11.77%，相应的裸地土壤水分仅在 $P=10.09$mm 和 $P=6.73$mm 降雨事件中有所增加（15.51% 和 35.70%）。

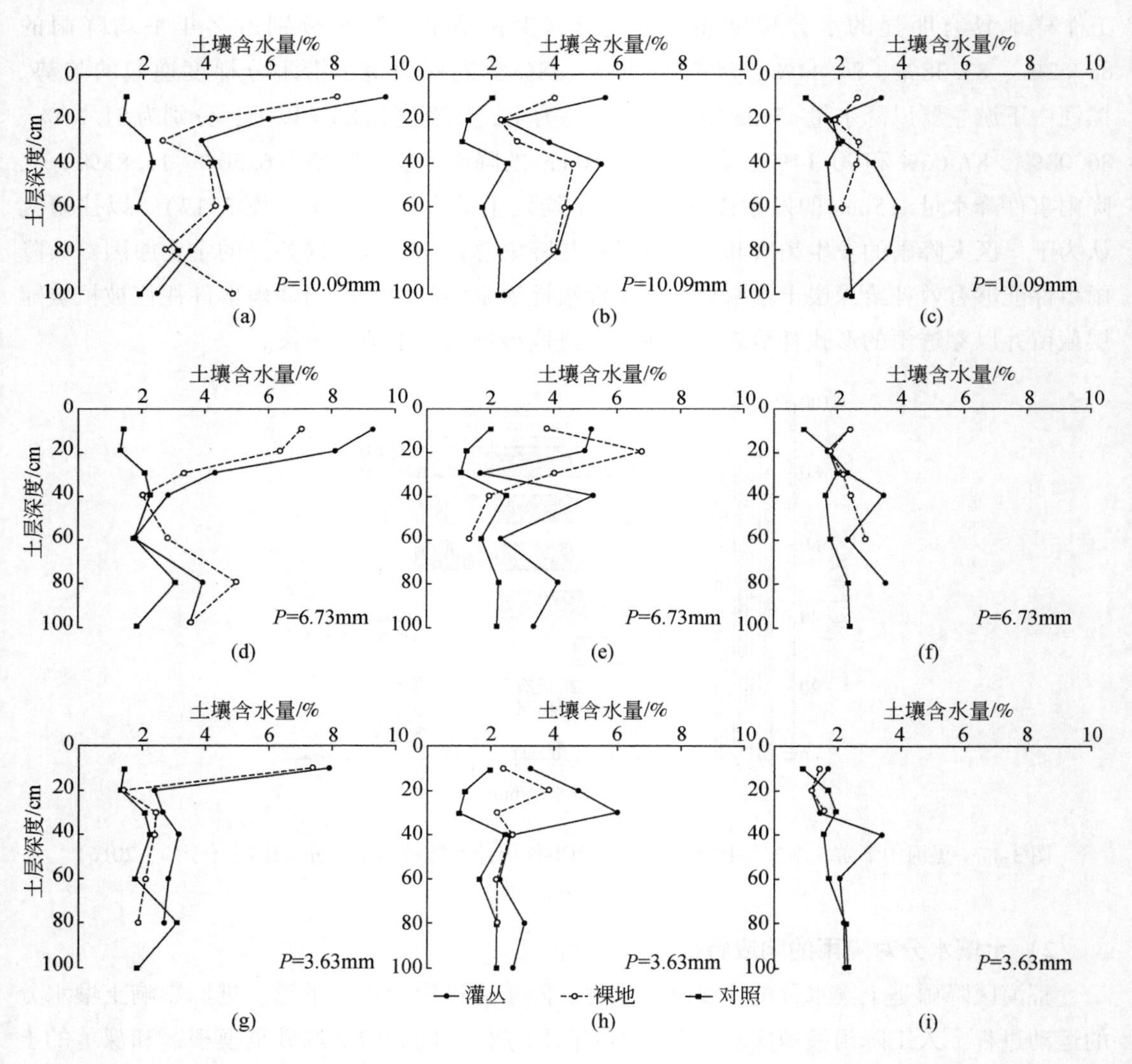

图 3-18　不同降雨处理下（$P=10.09$mm、$P=6.73$mm 和 $P=3.63$mm）荒漠土壤水分的变化（李炜，2016）

从左到右依次为雨后 2 天、雨后 4 天和雨后 6 天降雨事件实验期内（6天）荒漠生态系统自然对照组（CK）平均土壤储水量为33.69±1.00mm，6天平均水分消耗速率为0.61mm/d。一次降雨后，根区（Shrub）和裸地（Bare）土壤储水量均得到增加，根区受树干茎流和根系结构的影响，储水量的增加高于裸地。$P=10.09$mm、$P=6.73$mm和$P=3.63$mm三次降雨后2天，根区储水量分别增加113.77%、103.64%和48.48%，而裸地储水量分别增加75.99%、81.33%和21.66%，表现为随降水量的增加根区-裸地水分差异性增大（图3-19）。雨后4天，随着蒸散发的耗水发生，根区土壤储水量的增量降至97.76%、84.18%和29.81%，裸地的增量变为73.60%、44.11%和22.08%；此时根区-相邻水分差额出现不规则的变化，分别是8.11mm、13.45mm和2.60mm（图3-19）。雨后6天，根区和裸地储水量增量进一步下降，根区水分增量仅剩下52.95%、50.54%和11.04%，裸地在$P>5$mm的降雨事件中还出现20.42%和29.63%的增加，而$P=3.63$mm的储水量基本恢复到对照组的水平（图3-19）。

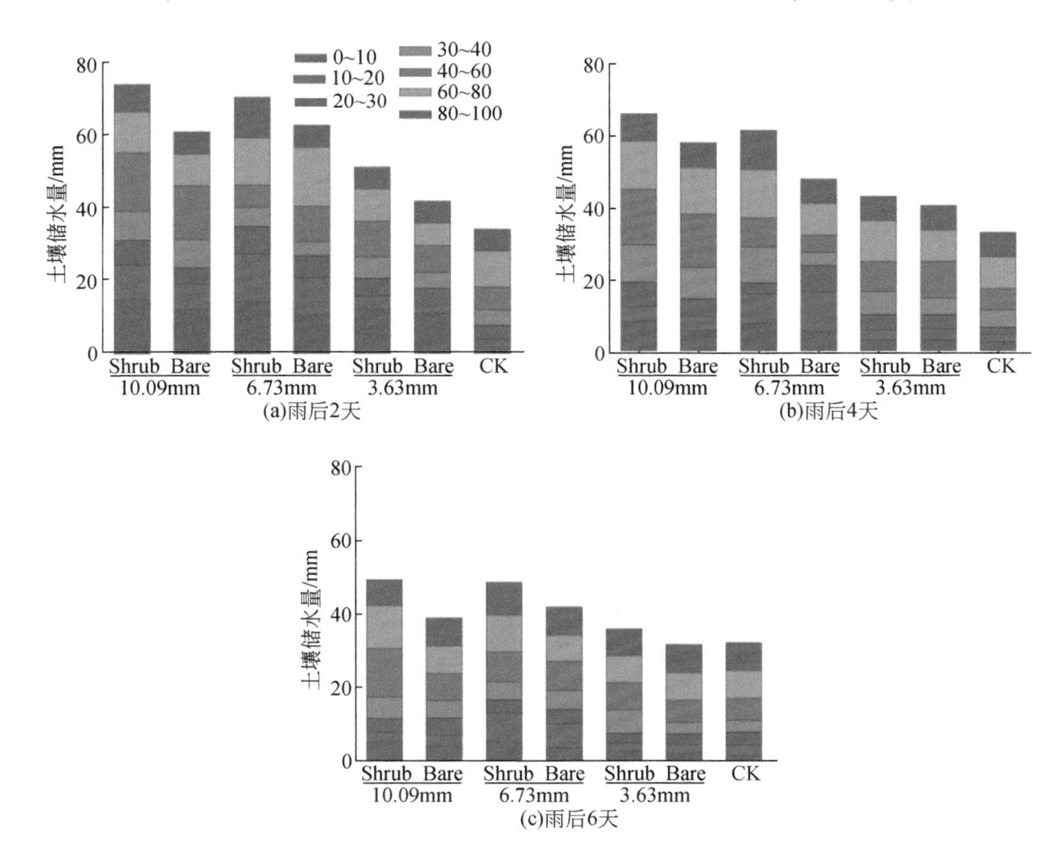

图3-19 不同降雨处理下土壤储水量对次降雨事件的响应（李炜，2016）

3）荒漠生态系统的蒸散发过程

基于2014年张掖巴吉滩样地的通量观测数据分析，红砂荒漠2014年生长季总蒸散发量（ET）为142.79mm，平均为（0.94±0.64）mm/d；6～8月的日蒸散发速率较高，为1.10～1.34mm/d。该样地的潜在蒸散发（ET_0）显著高于ET，可达5倍（图3-20）。由ET和ET_0计算得出的作物系数（K_c）均小于1，生长季均值为0.23±0.20。额济纳旗乌兰图格样地2015年生长季ET为40.81mm，平均值为（0.27±0.47）mm/d；7月ET较高，为（0.40±0.53）mm/d，9月由于降雨的影响，ET最高，为（0.65±0.72）mm/d。该样地生长季平均ET_0为（7.23±1.92）mm/d，是ET的26.7倍。K_c很低，平均为0.05±0.11（图3-20）。

4）荒漠植物的生理生态适应特征

光合作用是植物最重要的生理过程及生物学特性之一，它决定着植物体内碳平衡、水平衡以及养分元素的平衡，同时也反映了植物的环境适应能力。因此，通过对植物叶片光合作用参数的测定来了解植物生理活动对降雨的响应，有助于加深对干旱区植物的生态适应性的理解。在生长季初期，土壤中植物根的活性相对较低，对雨水的吸收利用程度较

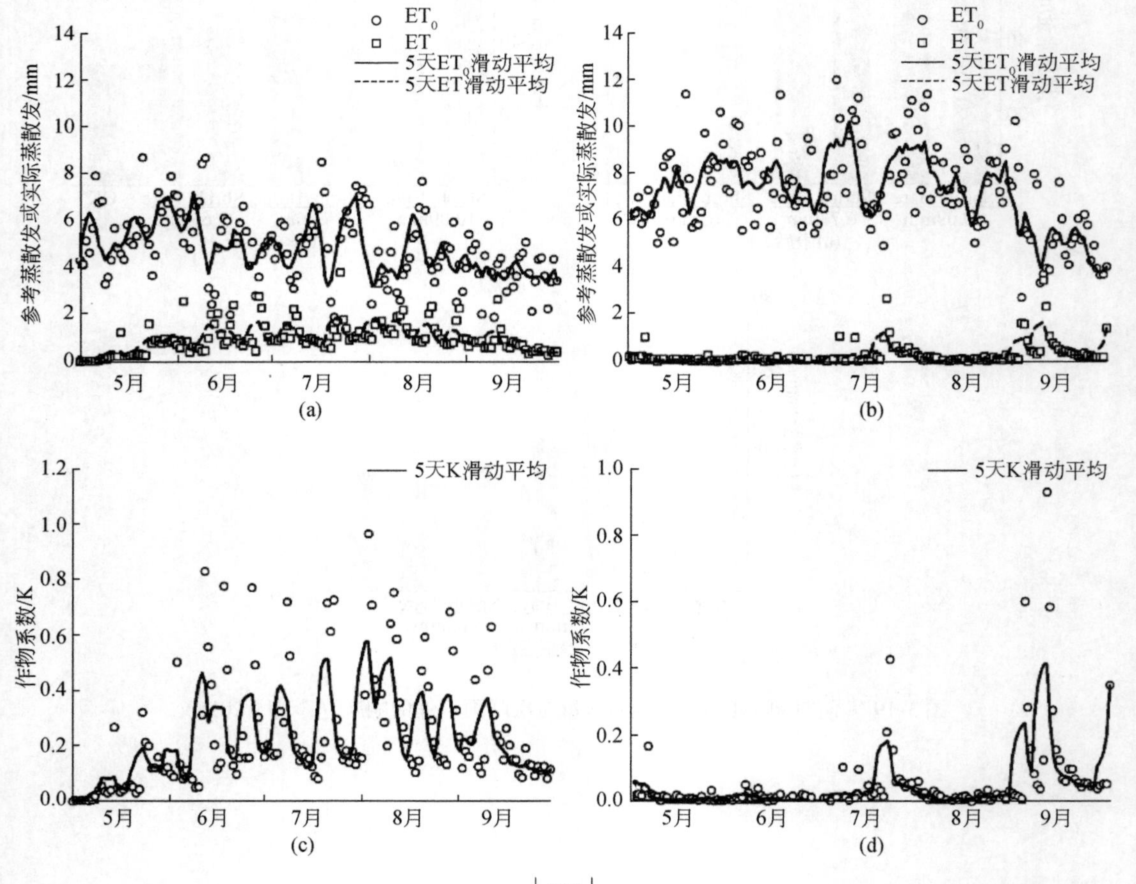

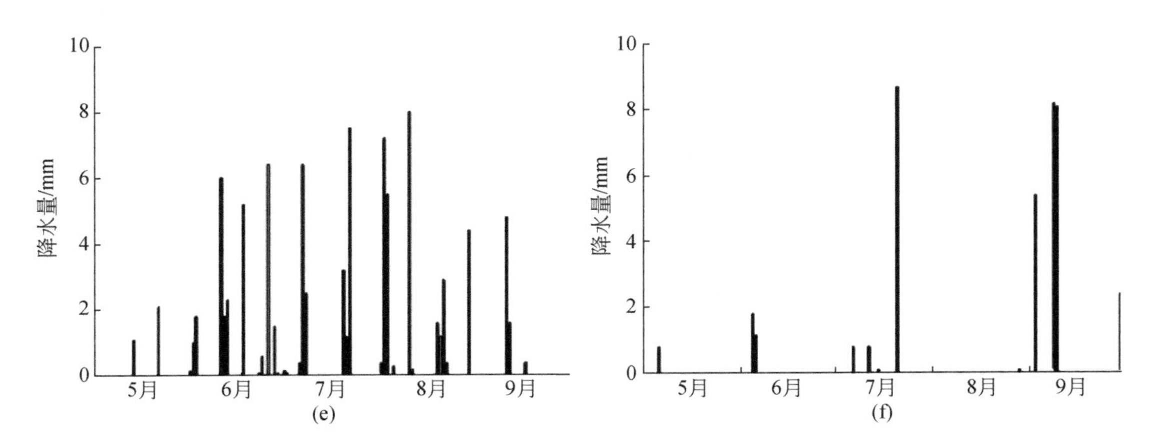

图3-20 巴吉滩样地（a）（c）（e）和乌兰图格样地（b）（d）（f）的潜在蒸散发（ET_0）、实际蒸散发（ET）、作物系数（K_c）与降水量的变化过程（李炜，2016）

低，雨水对提高植物水势贡献率低，因此对光合速率、蒸腾速率的增加量有限。而在生长季中期，可能是由于荒漠植物根系的活性增强或根的数量增多，其对降雨的吸收利用率也相应地提高，改善了植物水分条件，进而提高了光合作用速率。

研究表明，红砂和泡泡刺的气孔导度与黎明前叶水势均呈现较强的正相关关系，且泡泡刺的气孔导度对水分条件的变化更加敏感。随环境水分亏缺程度的加剧，气孔导度对植物水分变化的敏感性减弱。

荒漠植物的光合作用参数（净光合速率 A_n、气孔导度 g_s、蒸腾速率 Tr 和水分利用效率 WUE）均与黎明前水势（Ψ_{pd}）呈现出较强的相关性［图3-21，（a）~（f）］，其中 WUE 与 Ψ_{pd}之间在生长季初和生长季中期均无显著相关性。红砂 WUE 平均值在生长季初期和生长季中期无显著差异［图3-21（h）（i）］（$P>0.05$），泡泡刺 WUE 在生长季初期显著高于生长季中期（$P<0.05$）。生长季中期 A_n对 Ψ_{pd}回归拟合线斜率高于生长季初期回归线斜率

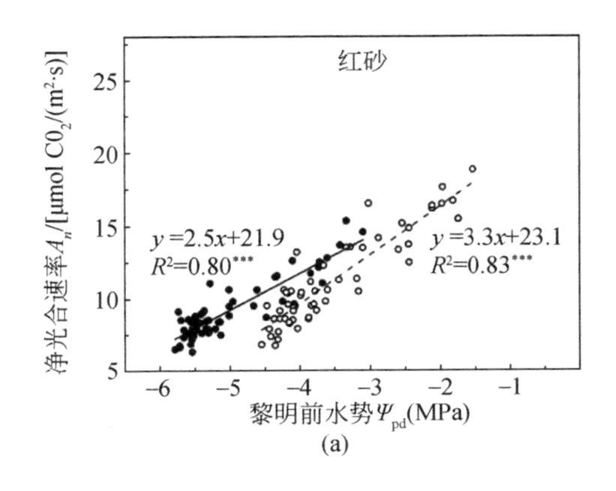

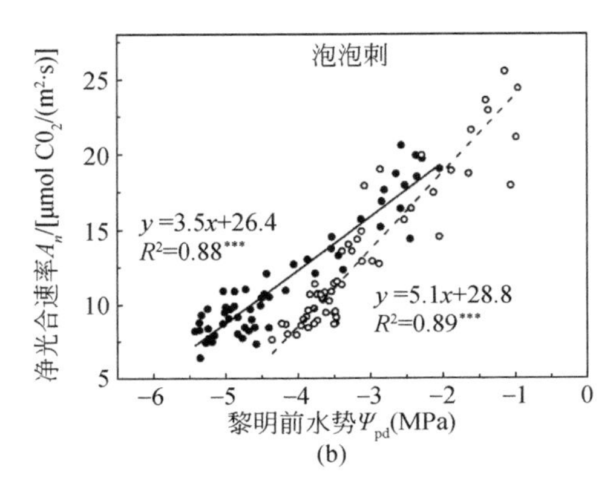

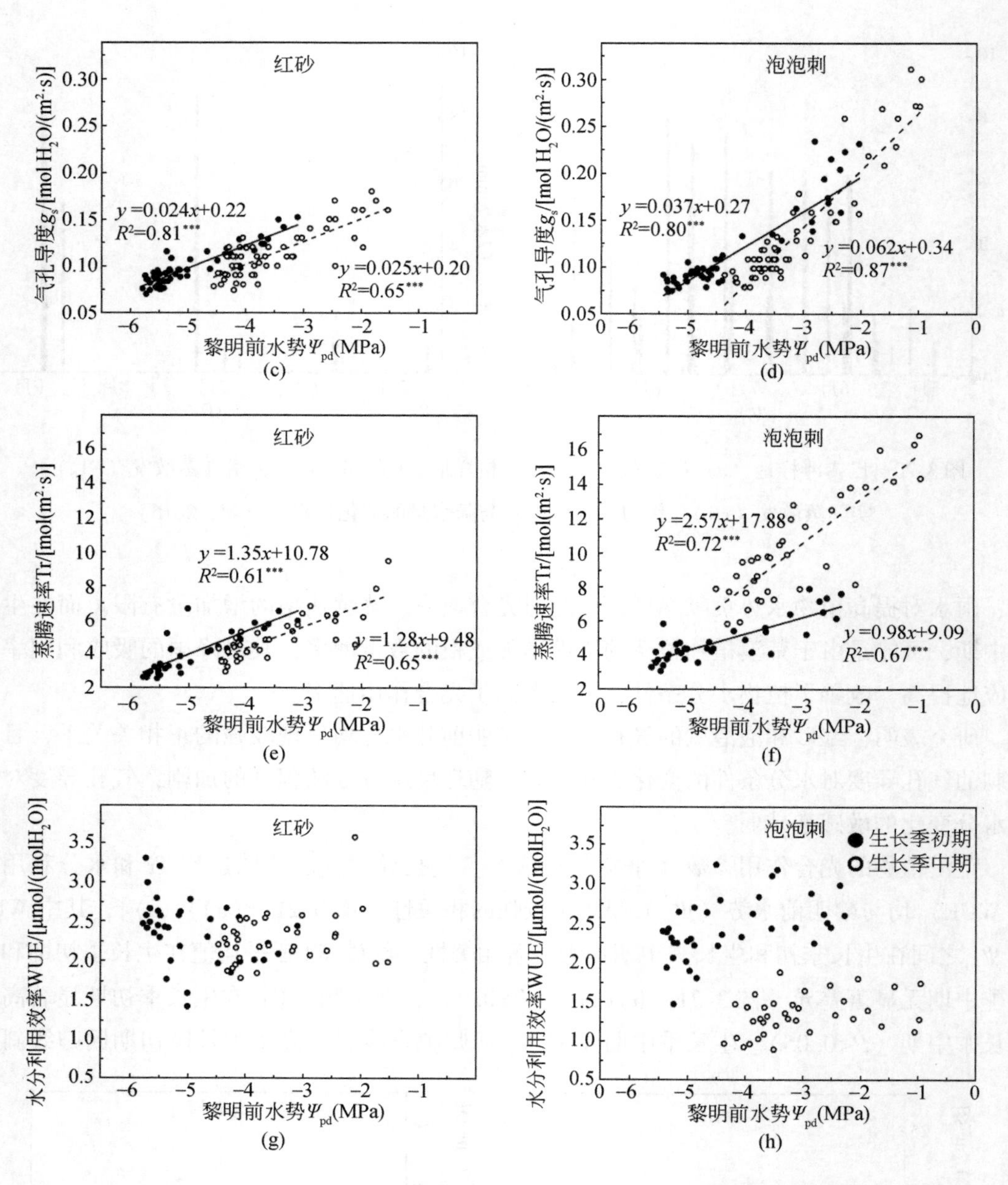

图 3-21　净光合速率、气孔导度、蒸腾速率以及水分利用效率与植物黎明前水势之间的关系（张赐成，2018）

［图 3-21（a)(b)］；红砂 g_s 与 Ψ_{pd} 之间的回归线斜率在生长季初期与生长季中期无显著差异，而泡泡刺回归斜率在生长季中期显著大于生长季初期［图 3-21（b)(c)］；Tr 与 Ψ_{pd} 之间的关系跟 g_s 与 Ψ_{pd} 之间基本相一致［图 3-21（e)(f)］。

对生长季初和生长季中 A_n 和 g_s 之间的关系进行比较发现，红砂和泡泡刺 A_n 对 g_s 的敏感性在生长季初期和生长季中期基本一致，这反映出无论是生长季初还是生长季中，气孔导度都是控制植物光合速率的主导因素（图 3-22）。植物水分利用效率与土壤中水分含量的关系密切，随着土壤可利用水分的变化而变化，同时也与大气条件和植物自身功能性状有关。红砂的水分利用效率平均值生长季初和生长季中无显著差异，而泡泡刺水分利用效率平均值生长季初显著高于生长季中期（图 3-22），表明植物水分利用效率在不同物种之间以及不同季节存在显著差异性。生长季中期泡泡刺植物水分利用效率的显著降低主要是由于其蒸腾速率的增加速率显著大于光合速率的增加速率，该结果反映出泡泡刺的蒸腾速率对不同季节降雨的响应比光合速率更为敏感。

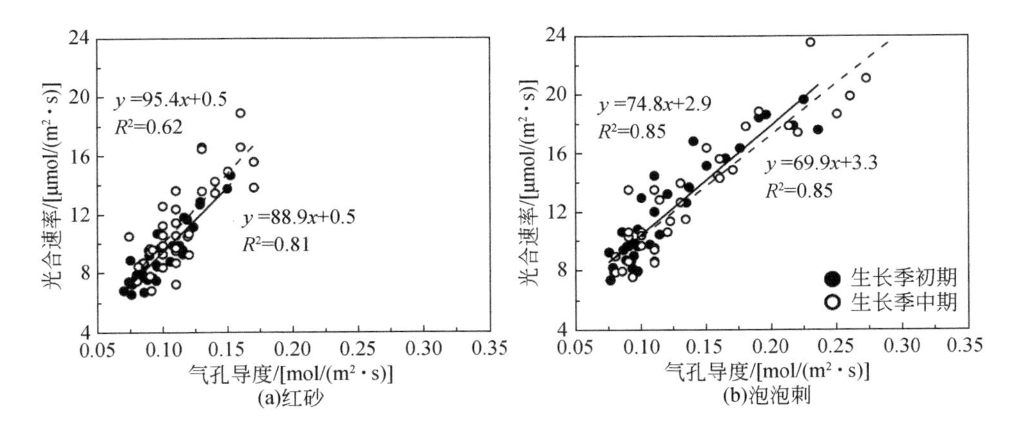

图 3-22 红砂和泡泡刺光合速率与气孔导度之间的关系（张赐成，2018）

5）荒漠植物的生物量分配特征

降水梯度下荒漠植物个体变化的同时，植物功能类型分配结构也在发生相应的改变。根系、茎干和叶片是植物三大功能形状器官，自 BJT 样地到 WLTG 样地随 MAP 的降低，红砂个体叶片生物量和茎干生物量呈递增的趋势（除 L-FYQ），叶片表现为（2.44±0.35）g<（3.36±1.3）g<（6.23±0.46）g<（10.79±2.72）g，茎干表现为（12.13±1.48）g<（26.05±19.77）g<（35.65±4.97）g<（85.53±7.21）g，WLTG 样地茎干和叶片生物量均显著高于 BJT、G-WTQ 和 J-FYQ 样地（AVONA，$p<0.05$）（图 3-23）。L-FYQ 样地较为特殊，茎、叶生物量仅低于 WLTG 样地［茎（55.55±10.08）g、叶（32.33±8.23g）］。红砂个体茎叶比没有表现出随水分梯度的变化而规律性变化，L-FYQ 样地最小，为 1.72，BJT、G-WTQ、J-FYQ 和 WLTG 样地分别为 4.97、7.75、5.72 和 7.93。主要伴生物种 BJT 盐爪爪的茎叶比较低，为 5.34［茎（26.63±1.48g）、叶（4.99±0.90）g］；泡泡刺茎叶比随水分条件的递减由 L-FYQ 的 5.70 增加到 J-FYQ 的 13.34，茎生物量较接近［（64.42±18.07）g（J-FYQ）>(62.27±35.44）g（L-FYQ）)，叶生物量由 L-FYQ 的（10.92±6.41）g

递减至 J-FYQ 的（4.83±1.49）g；珍珠猪毛菜主要生存在 G-WTQ 样地，茎、叶生物量分别为（25.19±8.89）g、（9.88±5.82）g，茎叶比最小，为 2.55。地下生物量与根系的发育相关，随 MAP 的减少，BJT 样地、L-FYQ 样地、WLTG 样地红砂根系分布和地下生物量递增，为 16.9g<66.42g<430.95g；根冠比是植物功能形状分配和环境适应性的体现，水分条件最好的 BJT 样地根冠比为 1.16，水分条件居中的 L-FYQ 样地根冠比为 0.76，水分条件最差的 WLTG 样地根冠比为 4.47。

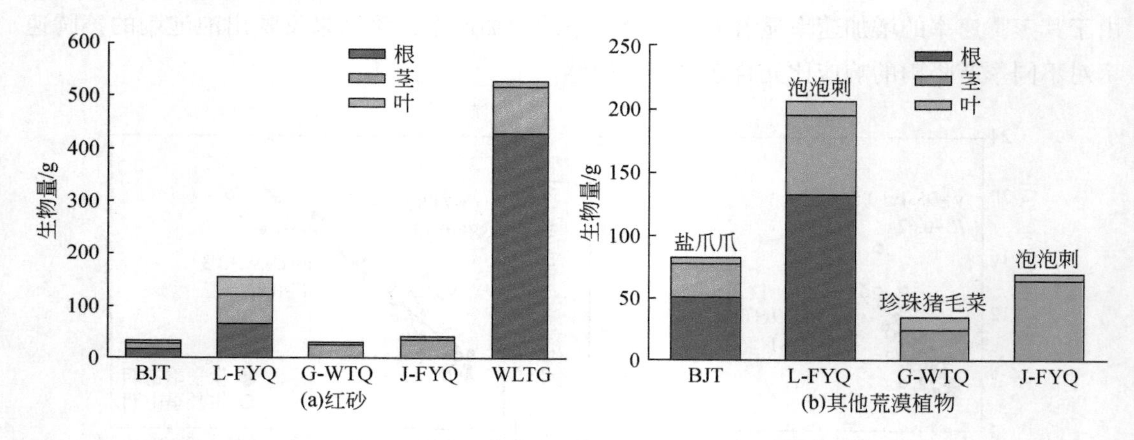

图 3-23　降水梯度下荒漠植物个体的生物量分配（李炜，2016）

BJT-巴吉滩，L-FYQ-临泽，G-WTQ-高台，J-FYQ-金塔，WLTG-乌兰图格

在干旱区，多年生的植物根系大多数具有二态结构：①分布在表层土壤的侧根吸收夏季降水补给的浅层土壤水；②深入到深层土壤的主根吸收冬季降水补给的深层土壤水或地下水。植物通过调节根系吸水深度来响应环境中水分的变化，最大效率地吸收土壤水分来满足植物对水分的需求。在各实验样地中，红砂和泡泡刺对各层水分利用比例总体变化趋势与根系的分布特征以及根系形态结构（图 3-24）基本相吻合。红砂和泡泡刺无论是总根还是细根表面积沿土壤剖面分布变化特征基本一致，呈“S”形分布即随着土壤深度的增加先增加后减少，在 20～40cm 土壤深度达到其最大值。红砂和泡泡刺的最大根深之间有明显差异，前者显著大于后者，其值分别为 1.8m 和 1.2m。此外，泡泡刺根系分布比红砂浅，前者 60% 的细根和 75% 的总根集中在 0～0.4m 深度，在同样深度下后者分别为 34% 和 39%。在金塔样地，红砂细根沿土壤垂直剖面的变化趋势与泡泡刺细根相反，但总根系的变化趋势基本一致。该样地红砂的最大根深与泡泡刺最大根深差异不大，分别为 1.8m 和 1.6m。然而，红砂和泡泡刺的细根分布具有较大差异，红砂 70% 的细根集中 80cm 以下土层，而泡泡刺 68% 的细根集中在 0～80cm 土层。在额济纳样地，红砂总根和细根沿土壤垂直剖面的变化趋势相反，即随土壤深度的增加细根量逐渐增加，其最大值出现在 220～240cm；总根的量随深度的增加逐渐减小，最大值出现在 20～40cm 深度。直接

利用根系分布方法判定植物水分来源具有很多不确定性，因为植物根系的分布与植物根的活性在时间上不一定吻合，如临泽样地泡泡刺根主要集中在表层，但在生长季初期其水分来源主要为深层土壤水。

图3-24　红砂和泡泡刺根系形态与结构特征

临泽样地红砂和泡泡刺表层的侧根分布较多；金塔样地红砂表层侧根较少，泡泡刺表层侧根较多；额济纳样地红砂表层基本无侧根

6）荒漠植物群落结构适应特征

黑河流域中下游红砂灌丛斑块特征和群落特征均与多年平均降水有较好的相关关系（表3-2）。随水分条件的减少，红砂灌丛斑块特征和红砂荒漠群落特征表现出反向的水分响应关系。多年平均降水与红砂灌丛斑块特征呈显著负相关，而与群落特征呈显著正相关（$P<0.05$）。具体而言，红砂灌丛斑块的最大高度、平均冠层周长和平均面积与MAP、GMAP和WMAP的负相关系数较为接近（-0.75～-0.69），而群落植被盖度、植株间距和地上生物量更多受WMAP的影响。MAP分别解释了红砂灌丛斑块最大高度、平均冠层周长和平均面积变化的52%、80%和76%，尤其是平均冠层周长和平均面积，其曲线拟合系数和斜率的变幅均优于最大高度，说明当水分条件逐渐降低时，红砂依靠强大的个体发

育能力和植被功能性状结构的改变能力适应水分胁迫。伴生种的灌丛斑块特征与 MAP 间关系不显著。

表 3-2 灌丛斑块特征、群落特征与多年平均降水的相关性（李小雁等，2020）

	红砂灌丛斑块			伴生灌丛斑块			群落特征			
	H	$\bar{P}$	$\bar{A}$	*H*	$\bar{P}$	$\bar{A}$	盖度(%)	*PD*	SR	AGB
MAP	-0.74 **	-0.80 **	-0.70 **	-0.59	-0.64	-0.59	0.90 **	-0.82 **	0.85 **	0.75 **
GMAP	-0.75 **	-0.79 **	-0.69 **	-0.65	-0.65	-0.61	0.90 **	-0.80 **	0.87 **	0.78 **
WMAP	-0.78 **	-0.80 **	-0.71 *	-0.57	-0.57	-0.54	0.94 **	-0.85 **	0.84 **	0.79 **

** 表示在 0.01 置信水平上显著。

红砂荒漠在黑河中下游主要以不规则的斑点状格局分布。中游红砂灌丛（巴吉滩样地）斑块的数量和密度明显多于下游（额济纳样地），灌丛斑块最大高度、平均周长和平均面积自中游到下游递增；中游红砂灌丛斑块与伴生植物灌丛斑块之间相互作用较强烈，利于加强斑块间能量、物质和生物等方面的交换，从而增加红砂灌丛斑块的形态异质性。

7）荒漠植被的多尺度适应策略

黑河流域荒漠植被随环境梯度呈现多尺度生态适应策略（图 3-25）。以红砂荒漠为例，可以发现植物水分利用来源在中游以降水为主而下游以地下水为主，并通过调节自身结构功能及空间分布和借助灵活的水分利用策略适应中下游的干旱环境。随 MAP 递减，红砂荒漠用水来源由浅层土壤水向深层土壤水及地下水转变，并形成多尺度水分利用策略，通过在分子尺度上增加抗氧化酶并提高渗透调节能力，叶片尺度降低比叶面积并调节气孔导度对 ψ_{pd} 响应的敏感性，斑块尺度垂直方向上调整根系结构改变灌丛斑块水分聚集功能、水平方向上改变灌丛斑块空间格局并改善“资源岛”效应和生态系统尺度改变能量收支分配对降雨的响应方式，整体上提高红砂荒漠的水分利用效率，形成由被动“节流”到主动“开源”的生态适应策略。

3. 前沿研究方向

陆地生态系统生态水文过程主要关注以地表径流为主的水平通量和以蒸散、入渗、渗漏、土壤水分等为主的垂直通量变化及其影响机制，以及由这些通量变化引起的生态和水文过程的变化。对植被覆盖度很小且不连续的干旱区植被，以往研究主要关注植物长期形成的独特水分适应机理和水分胁迫响应对策，对植被与土壤之间的水文过程研究还较为初步。水分是干旱区生态系统最主要的限制因子，且降水是干旱区生态系统最主要的水分来源和不同时空尺度上生物化学循环过程重要的驱动力。荒漠生态系统有着独特的降水再分配过程，其植物生长不但可以对地表水和表层土壤水的赋存及运移产生影响，还可作用于深层土壤水和地下水。在干旱区，绝大部分降水用于蒸散耗水，植被结构直接影响蒸散的

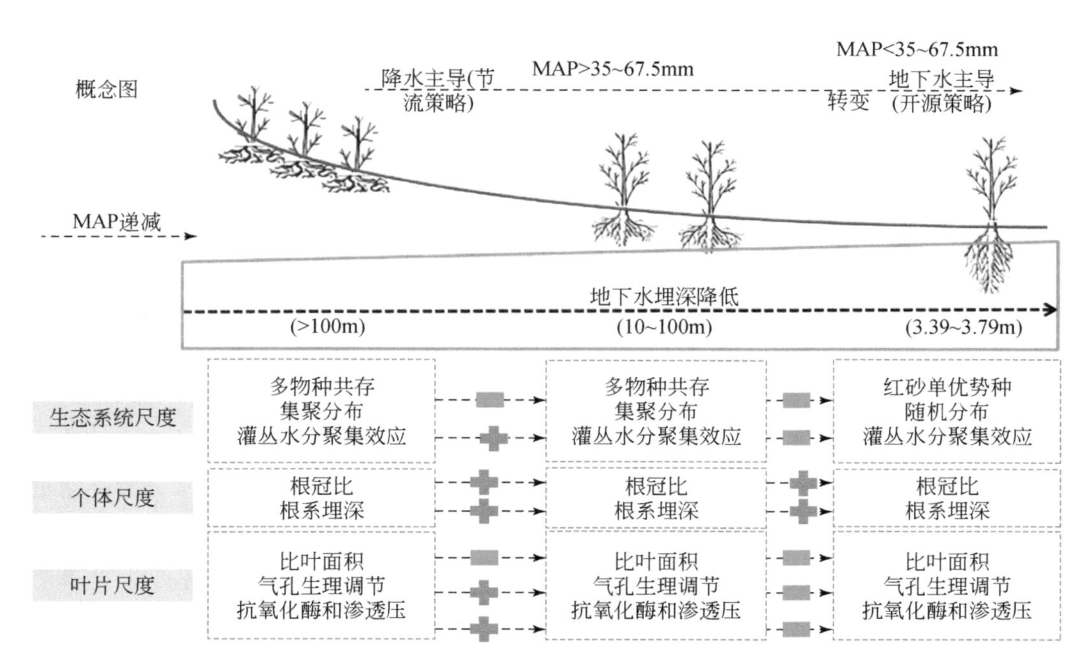

图 3-25　黑河荒漠植被结构随环境梯度呈现出多尺度生态适应策略（李小雁等，2020）

大小和组成（植被截持、植被蒸腾和土壤蒸发）。目前，荒漠生态系统的生态水文过程研究刚刚起步，亟须开展相关研究，促进荒漠生态水文学的发展。

（1）荒漠生态系统多尺度的生态水文过程与生态适应机理研究，揭示其结构组成和功能变化如何影响荒漠生态系统的碳水收支平衡，探讨干旱区生态系统水分适应策略的内在机制，包括荒漠植物个体–群落–生态系统多尺度的水分适应机理、多尺度的碳氮水耦合循环过程，以及植被–土壤水热传输过程对水循环的调控机制等。

（2）需加强人类活动和气候变化下荒漠植被的生态水文过程与适应机制的野外综合观测与模型模拟研究，探索人类活动–气候变化–植被格局–生态水文过程的相互作用机理，是应对全球变化下干旱区可持续发展的重要内容。

3.3.3　高寒生态系统生态水文过程

青海湖流域地处青藏高原东北部，并位于东亚季风湿润区和内陆干旱区的过渡地带，对全球环境变化十分敏感，生态系统极其脆弱。水是青海湖流域各生态系统之间相互联系的中心纽带，水循环过程是流域生态演变的关键驱动因子。根据湖泊–流域水热分布特点，按照环境梯度（海拔、气温、降水），在高山嵩草草甸、金露梅灌丛、芨芨草草原、具鳞水柏枝灌丛、农田和沙地等典型生态系统分别建立了生态水文过程观测平台，同步对比观测降水—土壤水—径流—蒸散发等水文过程，在此基础上研究不同高寒生态系统水文过程的差异性特征。同时，采集不同生态系统的优势植物样品及其潜在用水来源样品，借助稳定同位素方法研究不同生态系统的水分利用特征。

1. 研究现状、挑战和科学问题

受到高寒地区典型的气候特征、冻融过程和人类活动等因素影响，高寒生态系统的水文循环过程、土壤水热变化均具有明显不同于其他地区的特点。以流域为单元，研究不同退化程度和典型植被类型的生态水文过程及其影响因素是高寒生态系统生态水文过程研究的重要方向（孙向民等，2010）。已有研究基于高寒地区多年的观测资料，探讨了气温、地温、降水、土壤水分与径流的响应关系，认为多年冻土区降水大部分冻结于土壤中或用于补充土壤水分的亏缺而不直接产生径流（李太兵等，2009），同时土壤水分对降水的响应存在明显的滞后现象，较高的植被覆盖能有效改善土壤物理结构、提高土壤有机质含量，促进降水入渗（柴雯等，2008），而土壤结皮将对表层土壤水文过程产生显著影响（Jiang et al.，2018）。高寒生态系统水热过程常与冻土层的冻融过程结合研究，有研究认为5～7个月的冻结过程有利于维持土壤水分（杨梅学等，2002），而持续的升温将导致浅层土壤冻结期显著缩短而融化期显著延长，土壤蒸发速率和植被蒸腾速率增加，加速寒区有机质的分解速率、降低土壤碳库稳定性、导致物种减少甚至消失，严重威胁区域经济发展和生态安全（王俊峰和吴青柏，2010）。近年来，碳循环问题日益成为全球变化与地球科学研究领域的前沿与热点，高寒生态系统在碳循环中的作用及未来演替趋势值得关注。已有研究发现升温能够促进高寒地区植被生长，使得进入生态系统的碳呈现略微增加趋势，但植被碳利用效率逐步减小，表明气候变化背景下生态系统固碳能力有所退化（刘双等，2018）；而较浅的地下水可能抑制高寒草甸生态系统的土壤呼吸、促进碳吸收（Sun et al.，2021）。

高寒生态系统生态水文过程研究存在来自学科交叉与技术手段等方面的诸多困难，面临的主要挑战在于缺乏陆面生态过程要素中有关水文的一些关键性信息积累，如植被结构和格局如何影响降水的截留作用、土壤优势流与水分运移，以及水汽压差如何控制植物功能性组分的蒸腾作用、水文连通性及响应单元等，而且存在比水文过程更加复杂和困难的尺度问题（王根绪等，2005）。地表空间的不均匀性、过程的非线性、主导过程在不同尺度上的变化等共同导致生态水文学研究中尺度问题的存在（Kim et al.，2006），而从叶片、群落、生态系统到集水区，不同尺度上的水文性质存在普遍联系（Vereecken et al.，2010），这就为生态水文过程和水分收支研究中的尺度转化提供了可能。进行尺度转换需要充分考虑各景观单元内过程及单元间的关系，虽然相关学者已经开展了众多研究，但由于流域的空间异质性和水文通量的时空变异性以及数据的不足，至今仍没有形成一套完备的理论和方法。

生态水文过程在不同时空尺度上影响着水分的收支和平衡，主要包括降水、截留、蒸散发、土壤入渗、地表径流、地下水补给和土壤储水量的变化等（Manfreda et al., 2010）。水分平衡各要素的变化规律及其对生态过程的响应是理解生态水文过程的关键，也是模拟和预测植被生态系统对气候变化和人类活动响应的基础（Raz-Yaseef et al., 2010）。目前对水分平衡的研究主要集中在样点和流域尺度，一方面是因为在这两个尺度上进行实验相对容易，另一方面是因为这两个尺度可以较为明显地反映人类活动的影响（Baird and Wilby, 1999），而流域内各生态系统和景观格局的水文过程，更注重生态系统对水分的响应机制研究。已有的研究更多侧重于单个生态系统水分平衡研究，缺乏在不同空间尺度上以流域为整体进行多个生态系统水分平衡对比观测与模拟研究。

2. 取得的成果、突破与影响

1）高山嵩草草甸生态水文过程

A. 高山嵩草草甸降水特征

高山嵩草草甸观测样地2012年7月~2013年6月降水主要集中在生长季5~9月，尤其是7~8月（占年降水总量61%）。研究时段内共观测到降水93次，累计降水量为576mm，其中5mm及以下降水占总降水次数的73%，占降水总量的15%。

高山嵩草草甸草本层的冠层截留量（IC_g，mm）与降水量（P，mm）、地上生物量（$AGBM_{fg}$，kg/m^2）具有很好的线性关系，利用逐步回归分析得到草本层冠层截留量的线性回归方程为

$$IC_g = 0.51 - 0.038P + 0.22P \cdot AGBM_{fg} \quad (3\text{-}12)$$

拟合方程修正的决定系数达到0.95，显著水平$p<0.001$。

B. 高山嵩草草甸土壤水分特征

高山嵩草草甸土壤水分垂直变化趋势为越往下层越低，表层达到0.30m^3/m^3，100cm处为0.19m^3/m^{3}左右，最低值出现在40cm深度，仅为0.18m^3/m^3（图3-26）。生长季土壤水分垂直变化状况与全年类似，最高值出现在表层10cm处。

高山嵩草草甸不同深度土壤水分变化过程基本类似，10cm土壤水分在1~2月变化很小，3月略微增加，4~6月增加迅速，7~8月略有增加并在8月达到全年最高值，9~10月稍有下降，11月迅速减少，12月进一步减少（图3-27）。受土壤水分入渗和土壤温度传导滞后效应的影响，深层土壤水分对降水以及冻土解冻引起水分增加的响应相对滞后，100cm深度最高土壤水分出现在9月，较其他深度滞后约1个月。

C. 高山嵩草草甸壤中流特征

高山嵩草草甸坡下壤中流2014年和2015年平均产流率分别为0.94%和0.28%，同时

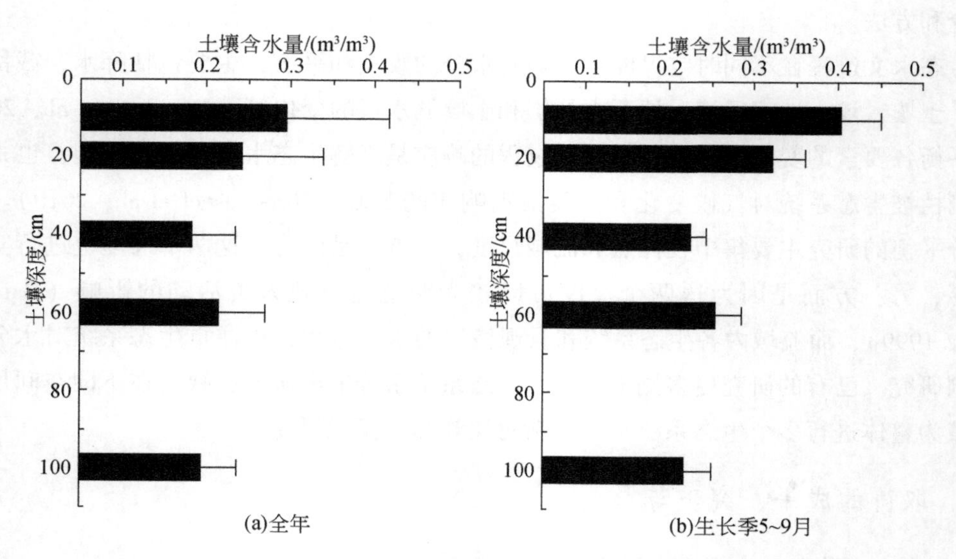

图 3-26　高山嵩草草甸年平均和生长季平均土壤含水量垂直分布

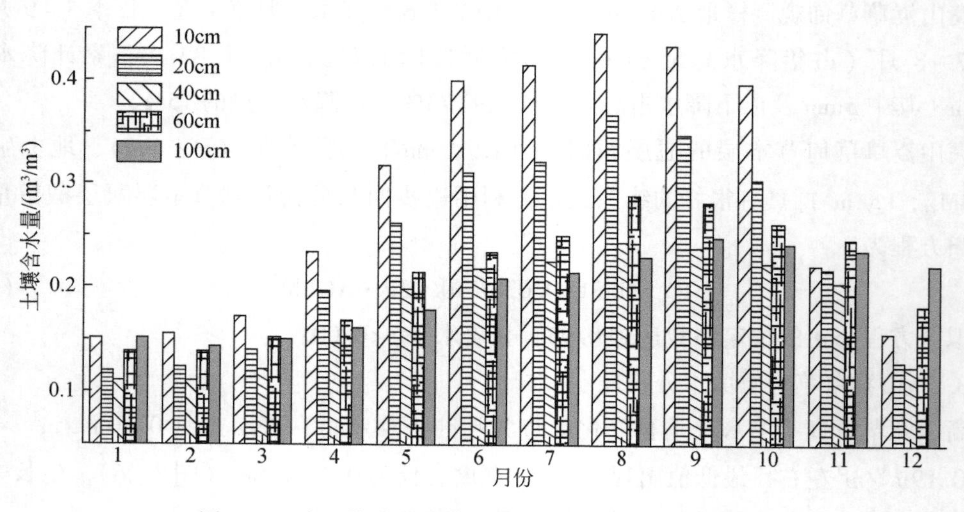

图 3-27　高山嵩草草甸不同深度土壤含水量月际变化

上层土壤（0～40cm）产流量要多于下层土壤（40～80cm）；而坡中壤中流 2014 年和 2015 年平均产流率分别为 0.07% 和 0.04%，均显著低于坡下壤中流的产流率。

采用稳定同位素方法研究高山嵩草草甸壤中流的水分来源，结果显示，降雨 δD 和 $\delta^{18}O$ 值在采样期间波动较大，范围分别介于−72.37‰～12.35‰和−12.55‰～−0.65‰，平均值分别为−24.39‰和−5.71‰（表 3-3）。坡下和坡中的土壤水 δD 和 $\delta^{18}O$ 值较为接近且标准差较小，说明在降水较多的季节坡下和坡中土壤水波动较小。

表 3-3 高山嵩草草甸降雨、土壤水及壤中流 δD、$\delta^{18}O$ 平均值（肖雄等，2016）

平均值	降雨	土壤水			
		坡下 20cm	下坡 60cm	坡中 20cm	坡中 60cm
δD/‰	−24. 39±26. 00	−27. 50±1. 59	−29. 42±1. 31	−27. 71±1. 33	−28. 92±0. 61
$\delta^{18}O$/‰	−5. 71±2. 91	−4. 95±0. 39	−4. 91±0. 41	−5. 01±0. 18	−4. 98±0. 28

平均值	壤中流			
	坡下 0 ~ 40cm	坡下 40 ~ 80cm	坡中 0 ~ 40cm	坡中 40 ~ 80cm
δD/‰	−22. 34±3. 52	−26. 06±2. 20	−37. 42±19. 49	−24. 97±4. 71
$\delta^{18}O$/‰	−4. 38±0. 50	−4. 87±0. 21	−6. 99±2. 11	−5. 39±0. 57

坡下上层壤中流的氢氧同位素值主要分布在 20cm 深度土壤水线和当地大气降水线之间，下层壤中流主要分布在 60cm 深度土壤水线和当地大气降水线之间（图 3-28），说明雨前土壤水和降雨是坡下壤中流的主要来源。坡中上层壤中流的 $\delta^{18}O$、δD 值分布与当地大气降水线基本一致，说明该处壤中流主要受降水补给，雨前土壤水对壤中流的贡献较小；坡中下层壤中流的氢氧同位素值也主要分布在大气降水线附近，部分位于大气降水线和 20cm 深度土壤水线之间，说明其产流来源主要是降雨，并在一定程度上受浅层土壤水影响。

进一步利用二源线性混合模型对不同坡位、不同土层的壤中流进行产流来源计算，结果显示：在历次降水径流过程中，雨前土壤水对坡下上层和下层壤中流的贡献率平均分别为 83. 57% 和 78. 17%，表明坡下壤中流均主要来源于雨前土壤水；雨前土壤水对坡中上层和下层壤中流的平均贡献率分别为 37. 72% 和 49. 90%，因此坡中上层壤中流主要来源

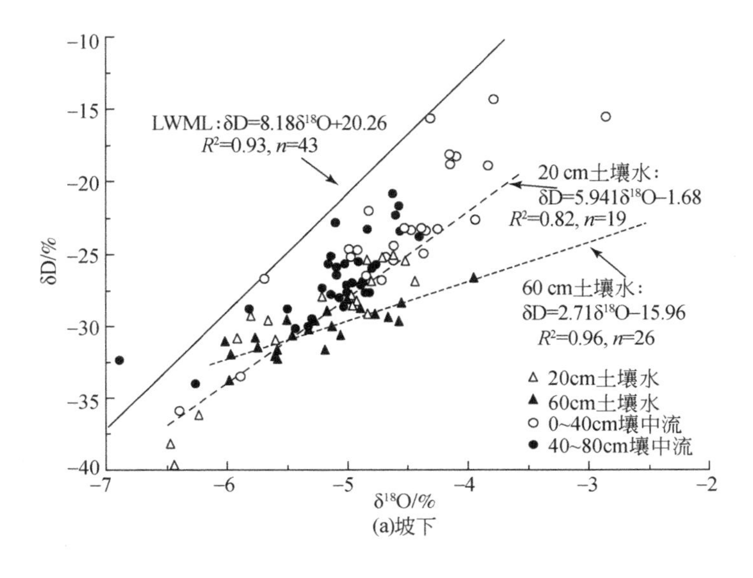

(a)坡下

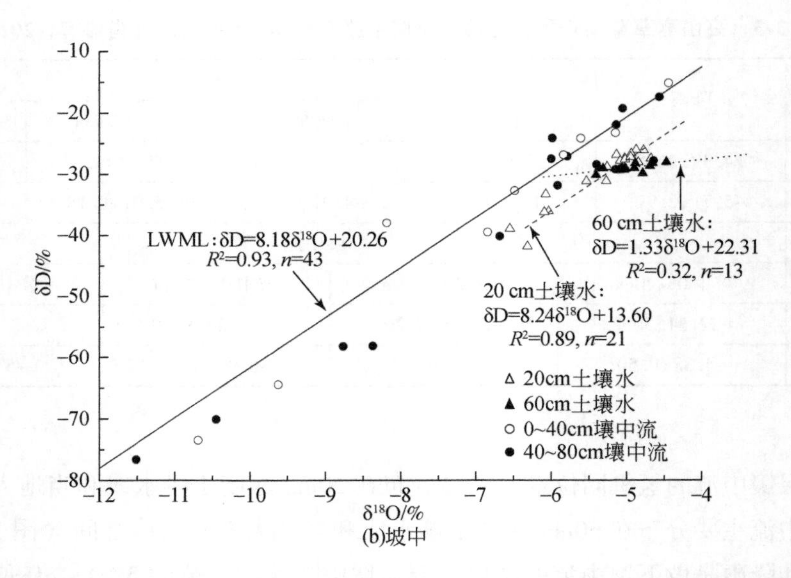

图 3-28　高山嵩草草甸 2014 ~ 2015 年不同坡位壤中流与土壤水氢氧同位素关系（肖雄等，2016）

于降雨，而下层壤中流有近 1/2 来自雨前土壤水。

D. 高山嵩草草甸蒸散发特征

2011 年 7 月 ~ 2013 年 8 月，高山嵩草草甸 1 月左右蒸散发最低，平均约为 0. 2mm/d；3 月底蒸散发开始超过 1mm/d，5 月平均蒸散发为 2. 0mm/d；6 ~ 8 月，日平均蒸散发量超过 2mm/d，最大达到 5. 4mm/d；9 月蒸散发开始下降，11 月之后蒸散发小于 0. 3mm/d。蒸散发与参考蒸散发的比值（K_c）在冬季基本小于 1，而 K_c 持续大于 1 出现在 4 月底 5 月初，此时植被开始返青，使得生态系统的蒸散发较大；K_c 最大值出现在夏季，7 日滑动平均值达到 2. 2 左右；K_c 持续小于 1 出现在 10 月初左右，此时植被已经开始凋萎。

高山嵩草草甸蒸散发影响因素逐步回归分析结果显示（表 3-4）：生长季期间对其蒸散发影响最大的非生物因素主要是可利用能量（AE），其次是最低土壤温度（T_{smin}）和夜间风速（WS_n）；非生长季期间净辐射（R_n）对蒸散发的影响最大，水汽压（e_a）也有较大影响；全年尺度对蒸散发影响最大的因素首先是可利用能量（AE），其次是水汽压（e_a）。

2）金露梅灌丛生态水文过程

A. 金露梅灌丛降水特征

金露梅灌丛观测样地 2012 年 7 月 ~ 2013 年 6 月降水主要集中在生长季 5 ~ 9 月，尤其是 7 ~ 8 月（占年降水总量 64%）。研究时段内共观测到 85 次降雨，累计降水量为 521mm。从不同降水等级看，金露梅灌丛 5mm 及以下降水分别占总降水次数和降水总量的 75% 和 18% 。

表 3-4　高山嵩草草甸蒸散发多元线性逐步回归分析结果（张思毅，2014）

变量		系数		标准化系数	F	R^2
		系数	标准误			
生长季	常数	-1.12	0.2		163	0.81**
	AE	0.02	0.001	0.9		
	T_{smin}	0.087	0.015	0.25		
	WS_n	0.15	0.05	0.12		
非生长季	常数	0.07	0.07		243.69	0.83**
	R_n	0.0055	0.0008	0.46		
	G	0.02	0	0.35		
	e_a	1.3	0.16	0.27		
	WS_d	0.021	0.009	0.08		
全年	常数	-0.59	0.05		560.02	0.90**
	AE	0.017	0.001	0.83		
	e_a	1.35	0.13	0.36		
	T_{amax}	-0.02	0.006	-0.14		
	WD_n	0.056	0.019	0.05		
	P	-0.025	0.01	-0.06		

注：G 表示土壤热通量，WS_d 表示白天风速，T_{amax} 表示日最高空气温度，WD_n 表示夜间风向，P 表示降雨量。

** 表示显著性水平 $p<0.001$。

根据多次观测数据拟合得到金露梅灌丛穿透雨（TF_{JLM}，mm）与降水量（P，mm）的关系为

$$TF_{JLM}=0.61P-0.83 \tag{3-13}$$

拟合方程修正的决定系数达到 0.99，显著水平 $p<0.001$。

金露梅灌丛枝条树干茎流体积（SF_{JLMv}，ml）与枝条横截面积（BA，mm^2）、降水量（P，mm）的关系为

$$SF_{JLMv}=0.10P\cdot BA+0.78P-16.59 \tag{3-14}$$

拟合方程修正的决定系数达到 0.94，显著水平 $p<0.001$。

根据式（3-13）和式（3-14），结合金露梅灌丛的盖度、枝条大小、降雨特征，可以计算得到逐日降雨条件下金露梅灌丛的冠层截留量。利用 2012 年 7 月 ~ 2013 年 6 月的降水数据，计算得到该段时期内金露梅灌丛树干茎流量为 58.25mm，占同期降水量的 11%；整个生态系统的冠层截留量达到 186.57mm，占同期降水量的 36%，其中灌丛冠层截留量为 79.23mm，草本冠层截留量为 107.34mm。

B. 金露梅灌丛土壤水分特征

金露梅灌丛表层土壤含水量较低，全年平均约为 0.25m^3/m^3；20cm 处土壤水分最高，平均约为 0.31m^3/m^3；最低值出现在 60cm，平均约为 0.21m^3/m^3；底层 80cm 处平均为 0.22m^3/m^3。生长季土壤水分较高，最大值出现在 20cm 处，超过 0.40m^3/m^3；最低值出现在 60cm，为 0.23m^3/m^3（图 3-29）。

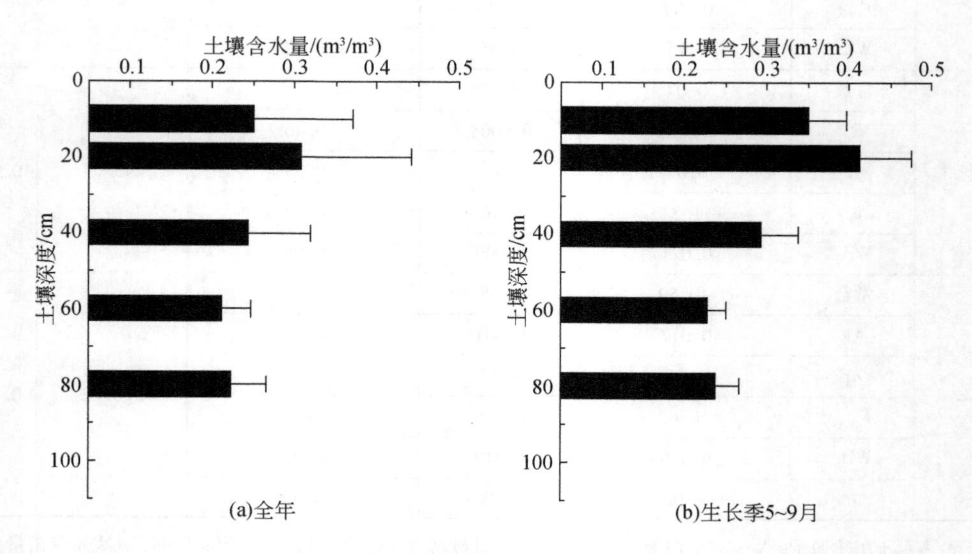

图 3-29　金露梅灌丛年平均和生长季平均土壤含水量垂直分布

金露梅灌丛表层土壤水分在 1～2 月最低，变化较小，3 月略有增加，4 月开始有较大幅度增加，8 月达到峰值，9～10 月逐渐下降，11 月迅速降低，12 月进一步降低（图 3-30）。20cm 和 40cm 土壤水分在 1～4 月变化较小，5 月迅速增加。60cm 和 80cm 土壤水分则在 6 月才有较大幅度增加。20～80cm 土壤水分在 6～10 月变化不大，20cm 和 40cm 土壤水分在 11 月、60cm 和 80cm 土壤水分在 12 月迅速下降。

C. 金露梅灌丛蒸散发特征

2012 年 5 月～2014 年 2 月，金露梅灌丛蒸散发从 10 月初到次年 5 月底较小，通常小于 2mm/d；6～9 月蒸散发较大，最高值约为 5.5mm/d。参考蒸散发波动幅度较小，夏季峰值并不十分明显，但冬春季节波动比实际蒸散发大。K_c 最低值出现在冬春季节，一般在 0.2～0.5；最高值出现在生长季，7 日滑动平均常在 1.5 左右。

金露梅灌丛蒸散发影响因素逐步回归分析结果显示（表 3-5）：生长季期间，主要影响因素是可利用能量（AE）和最低土壤温度（T_{smin}）；非生长季期间，主要影响因素是最高气温（T_{amax}）和净辐射（R_n）；而全年期间，影响因素则包括最高土壤温度（T_{smax}）、可利用能量（AE）、风速（WS）。因此，由于金露梅灌丛地处高寒地带，辐射条件和温度

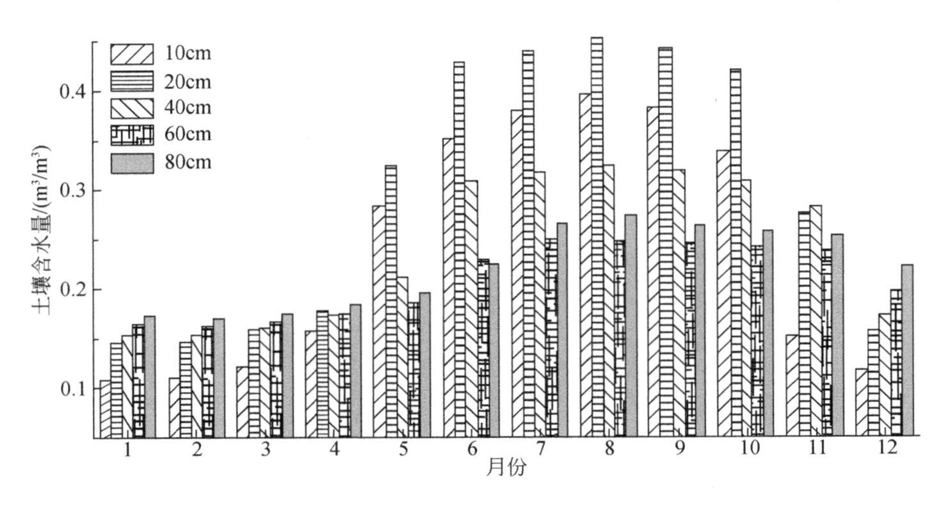

图 3-30　金露梅灌丛不同深度土壤含水量月际变化

条件是控制其不同季节蒸散发的主导因素，而水分条件对其蒸散发的影响较小。

表 3-5　金露梅灌丛蒸散发多元线性逐步回归分析结果（张思毅，2014）

变量		系数		标准化系数	F	R^2
		系数	标准误			
生长季	常数	-1.98	0.15		445.24	0.87**
	AE	0.024	0.001	0.84		
	T_{smin}	0.28	0.01	0.72		
非生长季	常数	0.2	0.03		464.01	0.86**
	T_{amax}	0.033	0.003	0.59		
	R_n	0.0038	0.0006	0.38		
全年	常数	-0.94	0.2		366.15	0.82**
	T_{smax}	0.13	0.01	0.57		
	AE	0.014	0.001	0.45		
	WS_d	0.23	0.04	0.16		
	WS_n	-0.059	0.027	-0.07		

** 表示显著性水平 $p<0.001$。

D. 金露梅灌丛水分利用特征

稳定同位素研究结果显示（表 3-6）：2014 年 6 月金露梅主要利用浅层土壤水，利用比例达 91.6%，此时气温逐渐升高，浅层土壤温度较高，表层根系活性增强，加上降水与土壤融化产生大量液态水，促使金露梅主要利用浅层土壤水。2014 年 8 月，金露梅主要利用深层土壤水，利用比例达96.1%，表明其能够伴随环境条件变化而改变根系吸水深度，根系吸水具有可塑性功能。需要注意的是，2014 年 8 月降水较多，造成土壤水 $\delta^{18}O$ 值偏低，10 ~ 20cm 土壤水同位素含量明显比其他日期贫化，金露梅和美丽风毛菊 $\delta^{18}O$ 值与深层土壤水同位素值比较接近，多源混合模型计算得到的深层土壤水利用比例可能偏高。2014 年 9 月，随着气温逐渐降低，金露梅灌丛植被生长逐渐受到限制，叶片进入枯黄期，蒸腾速率明显减小，金露梅 $\delta^{18}O$ 值介于浅层和中层土壤水之间，表明其根系主要利用浅层和中层土壤水，利用比例平均分别为 57.0% 和 20.7%。

表 3-6　金露梅灌丛植物对不同层土壤水的利用比例（吴华武，2016）（单位:%）

植物	日期/（年/月/日）	浅层（0 ~ 10cm）	中层（10 ~ 30cm）	深层（30 ~ 60cm）
金露梅	2014/6/16	91.6（89 ~ 94）	5.3（0 ~ 11）	3.1（0 ~ 7）
	2014/7/6	—	—	—
	2014/8/26	0.9（0 ~ 2）	3.1（0 ~ 7）	96.1（93 ~ 99）
	2014/9/9	57.0（54 ~ 60）	20.7（0 ~ 43）	22.3（0 ~ 46）

注：伴生植物（美丽风毛菊和青藏苔草）同位素值均未落在土壤层范围内，多源混合模型未能计算出其利用潜在水源的比例；“—”表示植物水同位素值未落在土壤层范围内，多源混合模型未能计算出其利用潜在水源的比例；括号外为平均值，括号内为变化范围。

3）芨芨草草原生态水文过程

A. 芨芨草草原降水特征

芨芨草草原 2013 ~ 2015 年小降水事件频次较高且较为稳定，占总降水次数 65% 左右，占年降水总量 20% ~ 25%；中等降水事件发生频次次之并有一定波动性，占总降水次数 23% ~ 27%，占降水总量 40% ~ 55%；大降水事件和极端降水事件年际差异较大，发生频次很低且波动性较大，占总降水次数 5% ~ 9%，占降水总量 20% ~ 39%。另外，研究期间生长季（5 ~ 9 月）降水次数占年总降水次数 66.1% ~ 90%，降水量占年总降水量 88% ~ 95%。

2014 ~ 2015 年生长季冠层降雨再分配实验期间总降水量为 498.79mm，次降水范围介于 0.30 ~ 35.78mm；穿透雨总量为 352.05mm，范围为 0.13 ~ 28.87mm；穿透雨所占比例范围为 39.71% ~ 90.41%，平均为 70.58%。因此，芨芨草草原冠层截留量占同期降水量的比例约为 29.42%。

B. 芨芨草草原土壤水分特征

芨芨草草原各层土壤水分波动较大，全年尺度表层 40cm 土壤水分均较低，约为 0.15m^3/m^3；20cm 和 60cm 均较高，分别为 0.23m^3/m^3 和 0.24m^3/m^3；底层为 0.19m^3/m^3；生长季土壤水分的垂直分布规律与全年类似，但均高于全年平均值，介于 0.18 ~ 0.29m^3/m^3（图 3-31）。

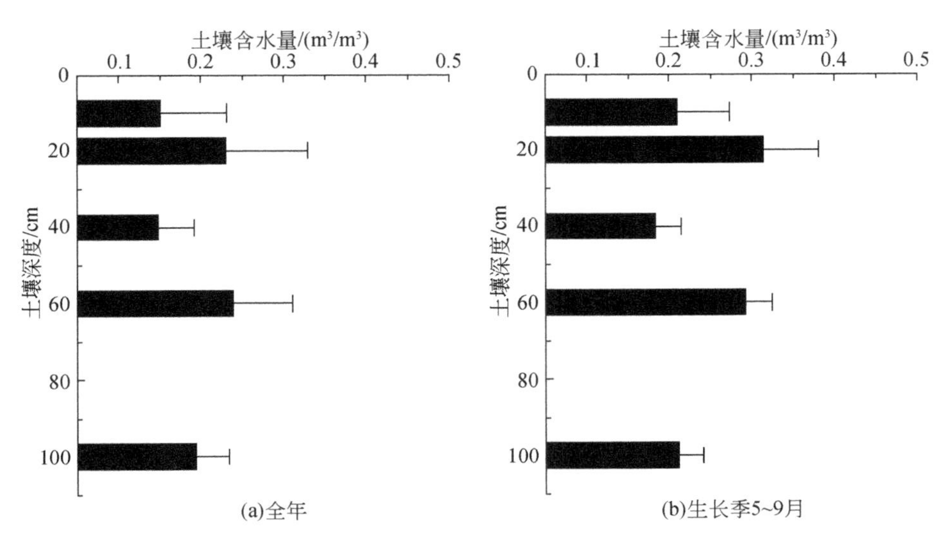

图 3-31 芨芨草草原年平均和生长季平均土壤含水量垂直分布

芨芨草草原 0 ~ 40cm 土壤含水量最低值多出现在 1 月，之后伴随气温上升、冻土解冻和降雨增加，土壤液态水含量逐渐上升（图 3-32）。表层 10cm 土壤含水量最大值出现在 7 月，其他各层土壤含水量最大值出现在 8 月，8 月以后各层土壤含水量均不断下降。

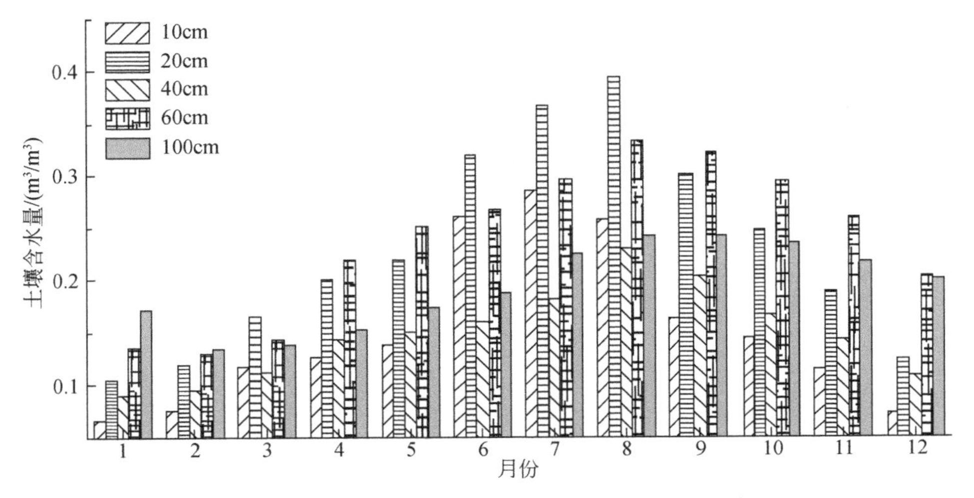

图 3-32 芨芨草草原不同深度土壤含水量月际变化

C. 芨芨草草原地表径流特征

芨芨草呈丛状分布，且多聚集生长，因此将芨芨草冠幅垂直向下部分区域称为芨芨草斑块，芨芨草斑块之间的区域称为基质斑块，并分别进行地表径流观测。2014 ~ 2015 年共收集 54 次降水的地表径流，降水总量 422. 5mm。芨芨草斑块共产生径流 3. 06mm，基质斑块共产生径流7.55mm，芨芨草-基质斑块共产生径流3.88mm（蒋志云，2016）。芨芨草斑块与芨芨草-基质斑块的产流临界降水量均为1.53mm，而基质斑块的产流临界降水量为0.30mm，说明基质斑块相对芨芨草斑块更易产流。芨芨草斑块径流系数介于0.01%~3.86%，平均为0.46%；基质斑块径流系数介于0.01%~9.17%，平均为0.96%；芨芨草-基质斑块径流系数介于0.01%~3.47%，平均为0.43%。

D. 芨芨草草原蒸散发特征

尽管芨芨草草原海拔较低，春季气温相对较高，但在2012年7月~2014年2月，其蒸散发在6月之前依然较小，实际蒸散发大于参考蒸散发也出现在6月。这可能因为芨芨草草原降水量较少，蒸散发的水分供给受到限制，只有当出现较大降雨时，植被才会迅速生长，实际蒸散发才能大于参考蒸散发。9月中旬之后，降雨减少，实际蒸散发又降低到参考蒸散发以下。2012年生长季蒸散发较大，而2013年生长季蒸散发则相对较小，最大日蒸散发出现在降雨丰沛的2012年8月。

芨芨草草原蒸散发影响因素逐步回归分析结果显示（表3-7）：生长季期间，对蒸散发影响最大的非生物因素是有效能量（AE），土壤水分（SWC）也是重要的影响因素；非生长季期间，有效能量（AE）对芨芨草草原蒸散发的影响最大，水汽压（e_a）也具有较大影响；全年时间尺度，对蒸散发影响最大的因素是土壤水分（SWC），其他因素还包括有效能量（AE）、最低土壤温度（T_{smin}）和水汽压（e_a）。

表3-7　芨芨草草原蒸散发多元线性逐步回归分析结果（张思毅，2014）

变量		系数		标准化系数	F	R^2
		系数	标准误			
生长季	常数	-0.35	0.27		47.66	0.51**
	AE	0.015	0.002	0.78		
	SWC	4.17	0.88	0.29		
	VPD	-0.96	0.31	-0.25		
非生长季	常数	-0.13	0.04		283.12	0.82**
	AE	0.0054	0.0004	0.61		
	e_a	0.53	0.11	0.22		
	T_{smin}	0.0076	0.0024	0.18		
全年	常数	-1.42	0.07		716	0.90**
	SWC	8.29	0.5	0.66		
	AE	0.0087	0.0004	0.53		
	T_{smin}	-0.05	0	-0.52		
	e_a	1.03	0.13	0.39		

注：VPD表示饱和水汽压差。

**表示显著性水平$p<0.001$。

E. 芨芨草草原水分利用特征

芨芨草草原不同植物对浅层、中层和深层土壤水的利用比例具有明显的时间差异（图3-33）。芨芨草在不同年份对各层土壤水的利用比例呈现较为一致的变化特征，即生长季初期（5~6月）主要利用浅层土壤水。2013年其水分利用深度发生两次转变，从7月5日主要利用浅层土壤水（46%）逐渐转向7月12日大量利用深层土壤水（43.7%）；7月18日其水分利用深度集中在0~10cm，长时间无降水后，表层土壤水分逐渐被消耗，使其在8月9日水分利用深度转向30~60cm，利用比例达到71.2%。而在2014年的长时间干旱期，浅层土壤含水量较低，其根系吸水深度同样从浅层转向深层（8月1日达到56.4%）。生长末期（9月），2013年芨芨草主要依赖浅层土壤水（83%），而2014年其根系吸水深度集中在中层或深层土壤（>70%）。

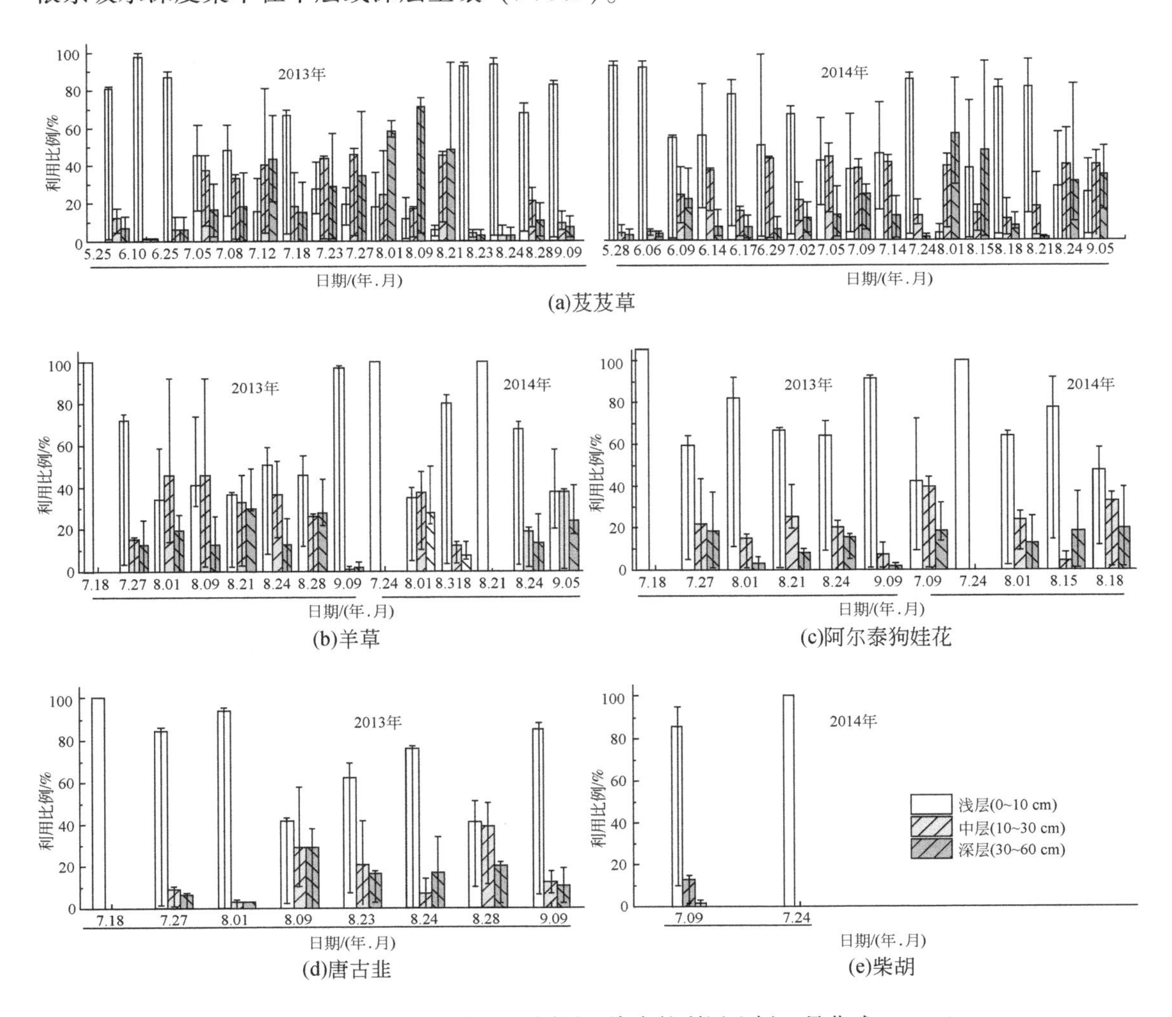

图3-33　芨芨草草原植物对不同层土壤水的利用比例（吴华武，2016）

羊草生长季的水分利用深度也发生较小程度转变，主要在浅层和中层土壤之间，因为浅层土壤含水量急剧减少，根系转而利用中层土壤水，如2013年8月1日和8月9日中层土壤水利用比例分别达到46.1%和46%；同样2014年8月1日羊草也主要利用中层土壤水。

阿尔泰狗娃花、唐古韭和柴胡在整个生长季内均主要依赖浅层土壤水，其水源深度没有在不同土壤层之间发生转变。

4）具鳞水柏枝灌丛生态水文过程

A. 具鳞水柏枝灌丛降水特征

具鳞水柏枝灌丛降水主要集中在6~9月，7月最多。2012年共计102次降雨，累计降雨323mm，其中小于5mm降雨占降雨总次数的78.43%、占年降雨总量的32.57%。

具鳞水柏枝灌丛冠层降雨再分配实验期间降水量介于0.8~39.2mm，穿透雨量介于0.5~25.0mm，穿透雨量占降水量的比例介于35%~79%。树干茎流量（SF_{SBZv}，mL）与枝条特性和降水量具有很好的相关关系，选择枝条横截面积（BA，mm^2）和降水量（P，mm）以及两者的乘积共3个因子作为输入参数，利用逐步回归分析方法建立树干茎流量的估算模型（Zhang et al.，2015）：

$$SF_{SBZv}=0.13P*BA-2.52P-7.7 \tag{3-15}$$

拟合方程修正决定系数达到0.91，显著水平$p<0.001$。

B. 具鳞水柏枝灌丛土壤水分特征

具鳞水柏枝灌丛10cm和90cm土壤水分大部分时间差别不大，6月表层完全解冻而底层尚未解冻、12月表层冻结而底层尚未冻结使得两层土壤水分差异较大（图3-34）。10cm土壤含水量1~6月逐渐增加，6月达到最高值0.22m^3/m^3，7~8月略有下降，9~10月略有回升，11~12月迅速下降。90cm土壤含水量在1~7月逐渐上升，7~10月总体较高并略有波动，其中9月最大，达到0.17m^3/m^3，10月之后迅速下降。

C. 具鳞水柏枝灌丛蒸散发特征

虽然具鳞水柏枝灌丛的年蒸散发量高于其他生态系统，但一年之中只有少数时间K_c大于1（主要出现在7~9月）。具鳞水柏枝灌丛蒸散发影响因素逐步回归分析结果显示（表3-8）：生长季期间，对具鳞水柏枝蒸散发影响最大的非生物要素是净辐射（R_n）和土壤热通量（G）；非生长季期间，对具鳞水柏枝蒸散发影响最大的是最高土壤温度T_{smax}和土壤热通量（G），其次是饱和水汽压差（VPD）；在全年尺度，对具鳞水柏枝蒸散发影响最大的是最低土壤温度（T_{smin}）。

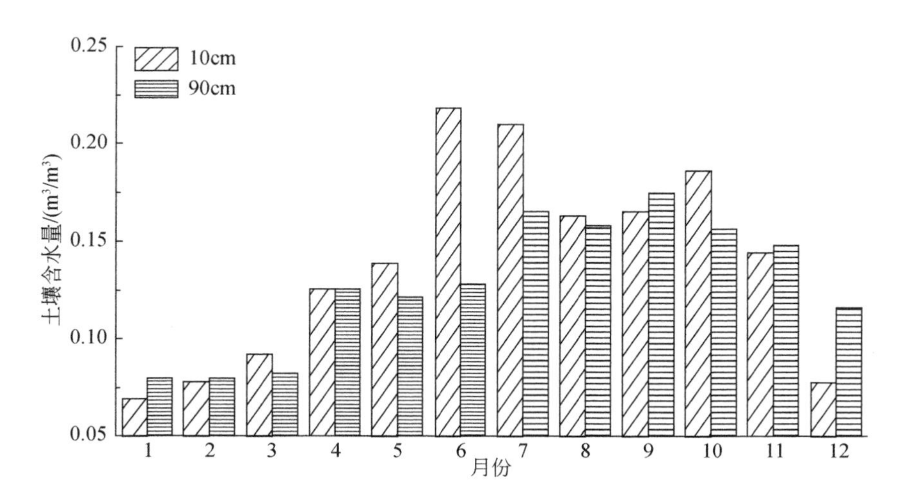

图 3-34　具鳞水柏枝灌丛不同深度土壤含水量月际变化

表 3-8　具鳞水柏枝灌丛蒸散发多元线性逐步回归分析结果（张思毅，2014）

变量		系数		标准化系数	F	R^2
		系数	标准误			
生长季	常数	-1.29	0.21		570.46	0.94**
	G	-0.14	0.01	-0.65		
	R_n	0.023	0.001	0.74		
	T_a	0.22	0.01	0.42		
	WS	-0.25	0.06	-0.1		
非生长季	常数	0	0.05		209.52	0.76**
	T_{smax}	0.059	0.004	0.74		
	G	-0.035	0.002	-0.74		
	VPD	1.07	0.14	0.43		
全年	常数	1.54	0.16		380.67	0.81**
	T_{smin}	0.19	0.01	0.83		
	AE	0.013	0.001	0.4		
	SWC	-9.39	0.9	-0.4		
	WS	-0.41	0.05	-0.19		

** 表示显著性水平 $p<0.001$。

D. 具鳞水柏枝灌丛水分利用特征

河岸边和距离河岸约 100m 处具鳞水柏枝在较湿润的 2012 年和相对干旱的 2013 年，伴随水分条件变化，呈现不同的水分利用方式（图 3-35）。湿润年份，河岸边具鳞水柏枝在相对干旱的2012年8月19日主要利用0~10cm土壤水，比例达到68.9%；8月19~25日降水较多，水分条件明显改善；8月25日以10~20cm土壤水为主要水源，利用比例达到85%。干旱年份，在相对干旱的2013年7月8日，河岸边具鳞水柏枝主要利用地下水与河水，利用比例分别达到38.1%和44.8%；7月23日之前一段时期降水较多，30cm以上土壤含水量明显增大，水分条件转向湿润，具鳞水柏枝主要利用0~10cm、10~20cm和50~70cm的土壤水，利用比例分别为15%、16.5%和16.5%，但此时对地下水和河水的利用量仍然较多（比例分别为15.4%和14.9%）。因此，河岸边具鳞水柏枝在湿润年份以

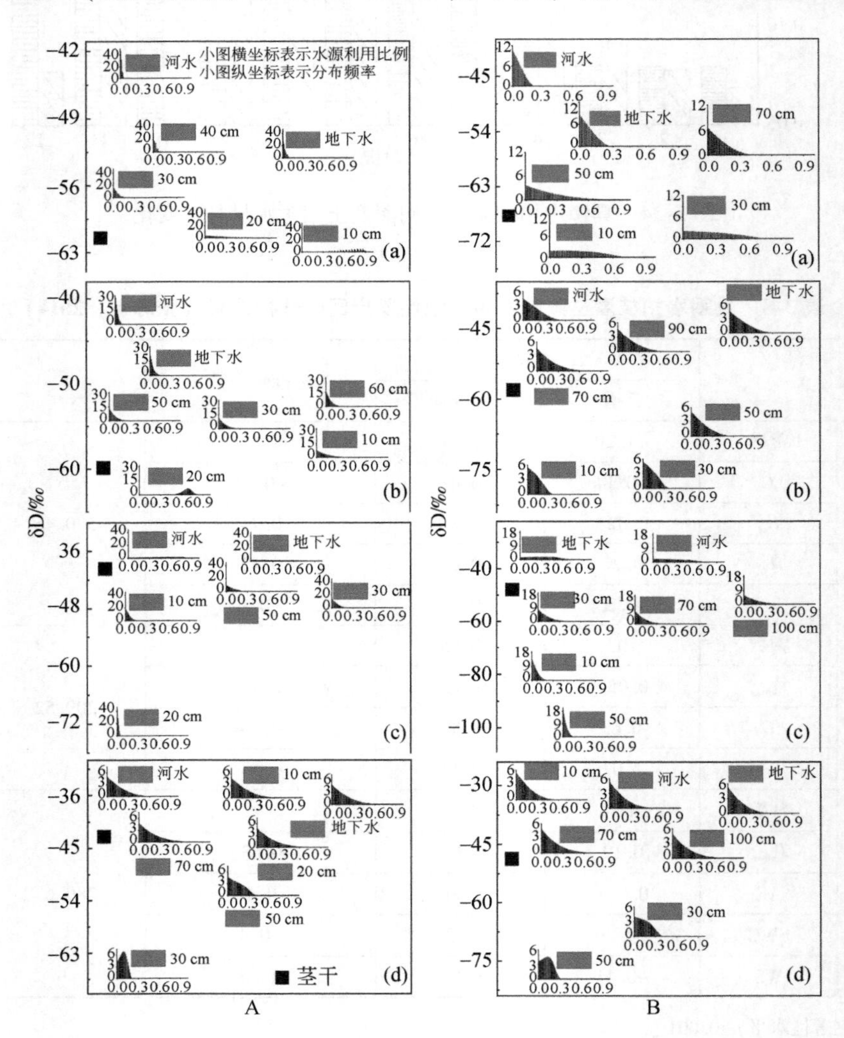

图3-35　潜在水源对具鳞水柏枝用水贡献率变化（赵国琴，2014）

A表示河岸边，B表示距离河岸约100m处；(a) 代表2012年8月19日，(b) 代表2012年8月25日，(c) 代表2013年7月8日，(d) 代表2013年7月23日；每幅小图横坐标表示水源利用比例，纵坐标表示分布频率。

最大根系密度层（10～30cm）的土壤水为主要水源，在干旱年份对地下水和河水的依赖程度较高。

湿润年份，距离河岸约100m处的具鳞水柏枝在相对干旱的8月19日以0～50cm土壤水为主要水源，对0～10cm、10～30cm和30～50cm土壤水利用比例分别为27.6%、27%和21.2%；8月25日，水分条件转向湿润，0～40cm土壤含水量增大，但具鳞水柏枝主要利用50～90cm土壤水，致使该层土壤含水量降低。干旱年份，距离河岸约100m处的具鳞水柏枝在相对干旱的7月8日主要利用地下水和河水，利用比例分别为30.7%和28.6%；7月23日，60cm以上土壤含水量增大，水分条件转向湿润，具鳞水柏枝主要利用50～100cm土壤水以及地下水和河水的混合水，使得该层土壤含水量降低，对50～70cm、70～100cm土壤水、地下水和河水的利用比例分别为16.4%、16.1%、14.2%和14%。因此，距离河岸较远的具鳞水柏枝在湿润年份主要利用根层范围内的土壤水，在干旱年份对地下水和河水依赖程度较高。

5）农田生态水文过程

A. 农田降水特征

2010年5月20日～9月30日，农田样地共观测到降雨36场，降雨总量239.13mm，最大次降水量达到26.01mm，最小次降水量仅为1.27mm。从降雨次数看，观测样地主要以≤10mm的降雨事件为主；而从降水量看，各个等级的降雨分布比较均匀。降雨强度方面，除1场降雨强度较大（4.84mm/h）外，其他35场降雨强度均小于3mm/h。

B. 农田土壤水分特征

1～2月，农田10cm和30cm土壤含水量较低并保持相对稳定，60cm和90cm土壤含水量受土壤冻结影响显著下降（图3-36）。3～4月，各层土壤含水量均有所上升，10cm上升幅度最大，从3月的15.34%上升到4月的22.90%。5～6月，因为降水较少，10cm土壤含水量略有上升，而30cm、60cm和90cm土壤含水量受土壤融解影响显著上升，上升幅度分别为9.69%、10.61%和8.86%。7～9月，在持续降雨影响下，10cm土壤含水量不断增加，而其他三个深度的土壤含水量总体而言逐渐下降，表明在逐月尺度上仅有30cm以上深度的土壤含水量对降雨过程的响应较为敏感。10月，由于降水量显著减少，各层土壤含水量均略有减少，减少幅度都小于1.50%。11～12月，由于基本没有降雨，并受土壤冻结影响，各层土壤含水量显著下降，下降幅度分别为7.59%、8.70%、3.39%和2.06%。总体而言，农田深层土壤水分对降水和温度变化的响应与浅层土壤相比存在1～2个月的滞后。

C. 农田地表径流特征

农田地表径流量随着降水量和降雨历时的增加而增加，观测时段内地表径流系数最大为0.97%，最小为0.07%，主要介于0.20%～0.80%，平均为0.49%。降水量、降雨历

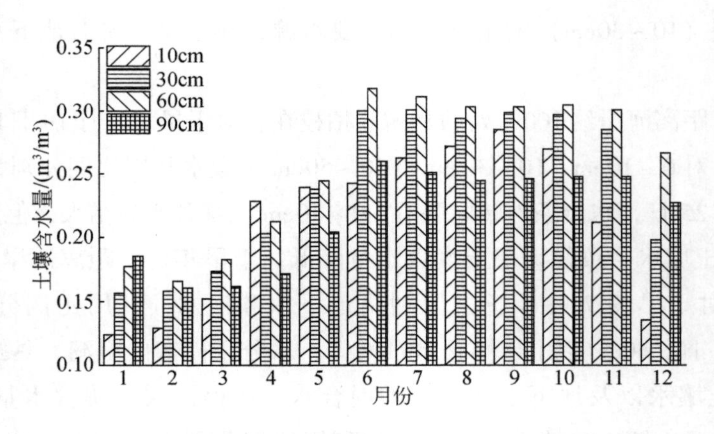

图 3-36　农田不同深度土壤含水量月际变化

时、降雨强度对农田地表径流系数的影响均不明显，可能与实验时段内地表植被形态变化较大有关。

D. 农田蒸散发特征

农田蒸散发在 1 ~ 4 月均非常微弱且变化不大，5 月显著增加，7 月达到最大值后缓慢下降，10 月后显著减小。2010 年，根据水量平衡方程计算结果，农田 7 月平均蒸散发速率为 3.05mm/d，生长季蒸散发约为 312mm。

E. 农田水分利用特征

农田中油菜和燕麦植物水 $\delta^{18}O$ 值在物候期内主要在 0 ~ 30cm 土壤层波动，可以推断二者的根系均主要吸收 0 ~ 30cm 的土壤水。运用多源混合模型计算油菜和燕麦对不同层土壤水的利用比例，结果显示（表 3-9）：拔节期（6 月）油菜根系主要吸收利用 0 ~ 10cm 土壤水，利用比例为 95.1%；开花期（7 月中上旬）油菜对 0 ~ 10cm 土壤水利用比例仍然较大（>40%）；灌浆期（8 月上旬）经历短暂的干旱后油菜对 0 ~ 10cm 土壤水的利用比例明显减小，对 30 ~ 60cm 土壤水的利用量显著增加（69.9%）；在成熟末期（8 月中下旬），油菜根系对 0 ~ 30cm 土壤水的利用比例较为均匀。燕麦在分蘖期（6 月）和拔节期（7 月中上旬）主要利用 0 ~ 10cm 土壤水，在孕穗期（7 月末）根系主要吸收 0 ~ 30cm 土壤水，在抽穗期（8 月中旬）其均匀利用 0 ~ 30cm 的土壤水，在成熟早期（9 月中上旬）主要利用 0 ~ 10cm 土壤水（62%）。

6）沙地生态水文过程

A. 沙地土壤水分特征

1 月，由于降水量很少以及土壤结冰影响，沙地各层土壤含水量均非常低（图 3-37）。2 ~ 4 月，虽然没有有效降水，但各层土壤的含水量总体而言持续上升，各个深度的上升幅度分别为 1.11%、4.11%、4.29%、2.59%。5 ~ 8 月，伴随降水量的逐渐增加，各层土壤含水量不断增加，10cm 和 30cm 深度土壤含水量对降雨过程的响应在 6 月开始表现非常明显，而 60cm 和 90cm 深度的土壤含水量直至 7 月才显著增加。9～10 月，伴随降水量减少，浅层土壤和深层土壤的含水量呈现相反趋势，即浅层土壤含水量 9 月有所下降 10 月有所上升，而相同时段的深层土壤含水量则是先上升后下降。11 月，各层土壤含水量均没有显著变化。12 月，各层土壤含水量均急剧下降，下降幅度分别为 7.70%、5.79%、3.30%、1.09%。

表 3-9　农田中油菜和燕麦生长季对不同层土壤水的利用比例（吴华武，2016）

（单位：%）

植物类型	日期/（年/月/日）	浅层（0～10cm）	中层（10～30cm）	深层（30～60cm）
油菜	2014/6/29	95.1（91～98）	3.6（0～9）	1.3（0～4）
	2014/7/15	68（54～80）	21.9（0～46）	10.1（0～21）
	2014/7/24	44.8（16～70）	16.3（0～36）	38.9（0～84）
	2014/8/1	7.9（0～17）	22.2（0～48）	69.9（52～85）
	2014/8/15	38.8（16～60）	40.9（0～84）	20.3（0～42）
燕麦	2014/6/29	72.8（61～84）	18.9（0～39）	8.3（0～17）
	2014/7/15	83.1（78～88）	10.6（0～22）	6.3（0～13）
	2014/7/24	65.4（55～74）	13.6（0～29）	20.9（0～45）
	2014/8/1	37.9（17～58）	40.4（0～83）	21.7（0～45）
	2014/8/15	34.8（20～49）	39.6（0～80）	25.5（0～53）
	2014/9/5	62（49～74）	24.9（0～51）	13.1（0～27）

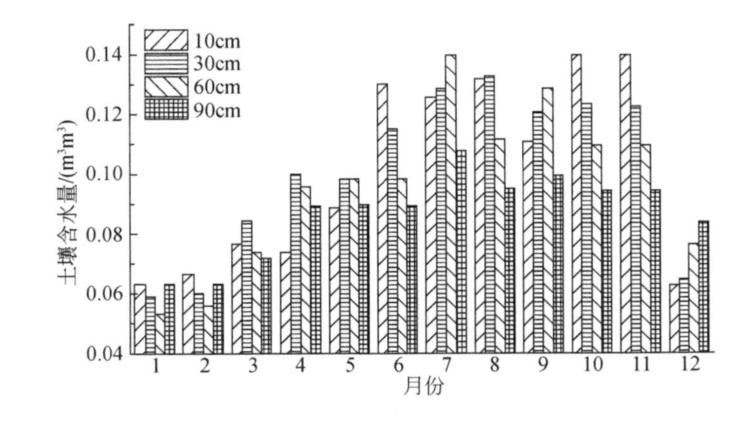

图 3-37　沙地不同深度土壤含水量月际变化

B. 沙地地表径流特征

2010 年 6 ~ 9 月共进行 9 次沙地地表径流量观测，观测时段内共降雨 191.33mm，总计产生地表径流 1.86mm。9 次地表径流中，沙地地表径流系数最大为 1.52%、最小为 0.25%，平均为 0.96%，并与降水量不存在显著的相关性。观测样地沙地可以产生地表径流的主要原因在于物理结皮发育较多，同时有部分草本生长。

C. 沙地蒸散发特征

根据水量平衡方程计算结果，沙地蒸散发在 1 ~ 4 月非常微弱且变化不大，5 月显著增加，7 月达到最大值后缓慢下降，10 月后显著减小。2010 年 7 月沙地平均蒸散发速率为 2.57mm/d，生长季蒸散发为 171mm。

D. 沙地水分利用特征

沙地植物对不同层次土壤水的利用比例呈现明显的季节变化，表明植物利用的水源深度也发生季节性变化（图 3-38）。2013 年 8 ~ 9 月，肋果沙棘 $\delta^{18}O$ 值小于浅层土壤水并与深层土壤水具有较好的对应关系，说明此时其主要利用深层土壤水，利用比例达到 75% 以

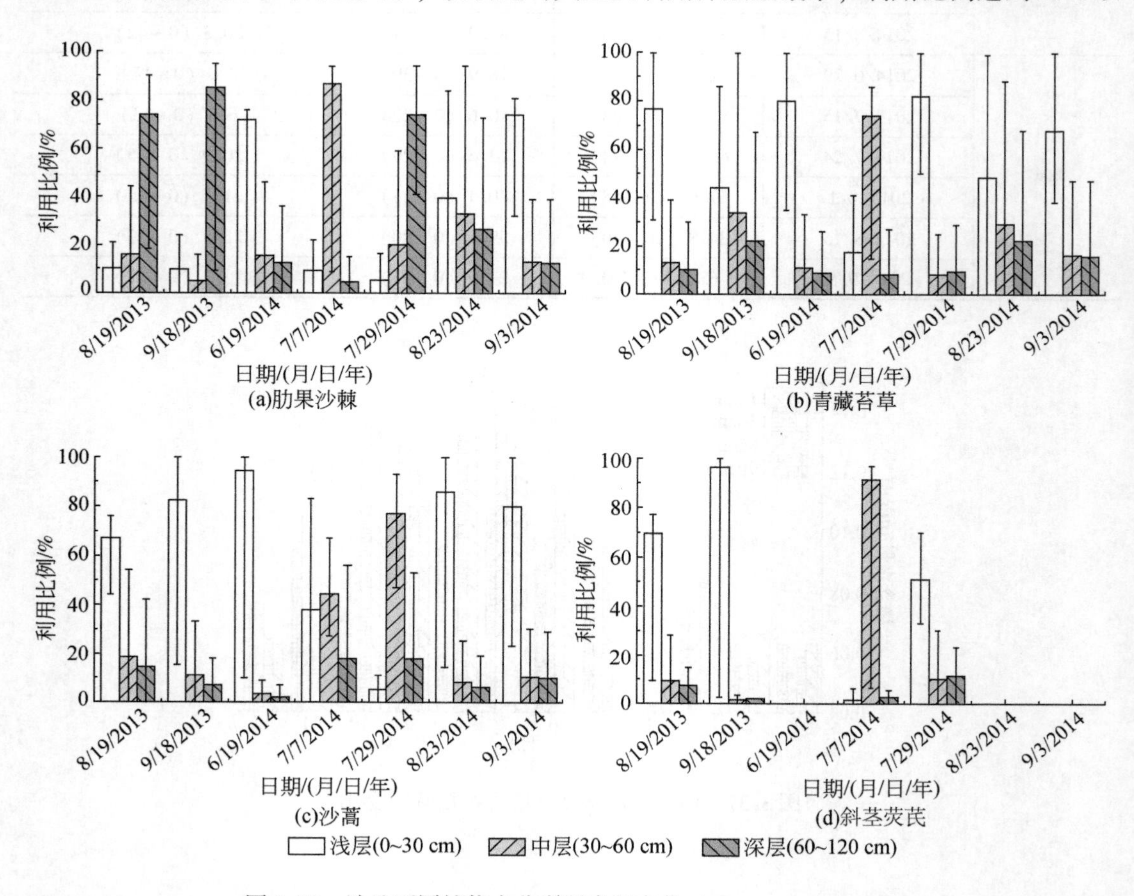

图 3-38 沙地不同植物水分利用来源变化（Wu et al., 2016a）

上；其他原生植物（沙蒿、青藏苔草和斜茎黄芪）$\delta^{18}O$ 值在浅层土壤水（0 ~ 30cm）之间变化，表明浅层土壤水是原生植物的主要水分利用来源，利用比例均在45%以上，说明原生植物具有较强的气孔调节能力使其能较好地适应缺水环境。植物根系吸水范围与土壤储水量变化之间具有明显的滞后性，2013 年 9 月 18 日采样前沙地生态系统没有降水发生，浅层土壤含水量很低，肋果沙棘主要利用深层土壤水；然而，在此次采样时浅层土壤含水量显著增加，但肋果沙棘并未立即利用浅层土壤水（Wu et al.，2016a）。

7）流域水分收支

A. 水分收支数量关系

流域尺度遥感反演结果显示（图 3-39）：2014 ~ 2015 年，青海湖流域降水量为 150.17 亿 m^3，流域蒸散发为 147.45 亿 m^3，陆地和湖泊蒸发量分别占流域蒸散发的 75.31% 和 24.69%。对于陆地生态系统而言，2014 ~ 2015 年降水量较为丰富，土壤蓄水量有所增加（1.77 亿 m^3），而草地（包括草原和草甸）蒸散发量占陆地生态系统蒸散发总量的 98% 以上（李小雁等，2018）。

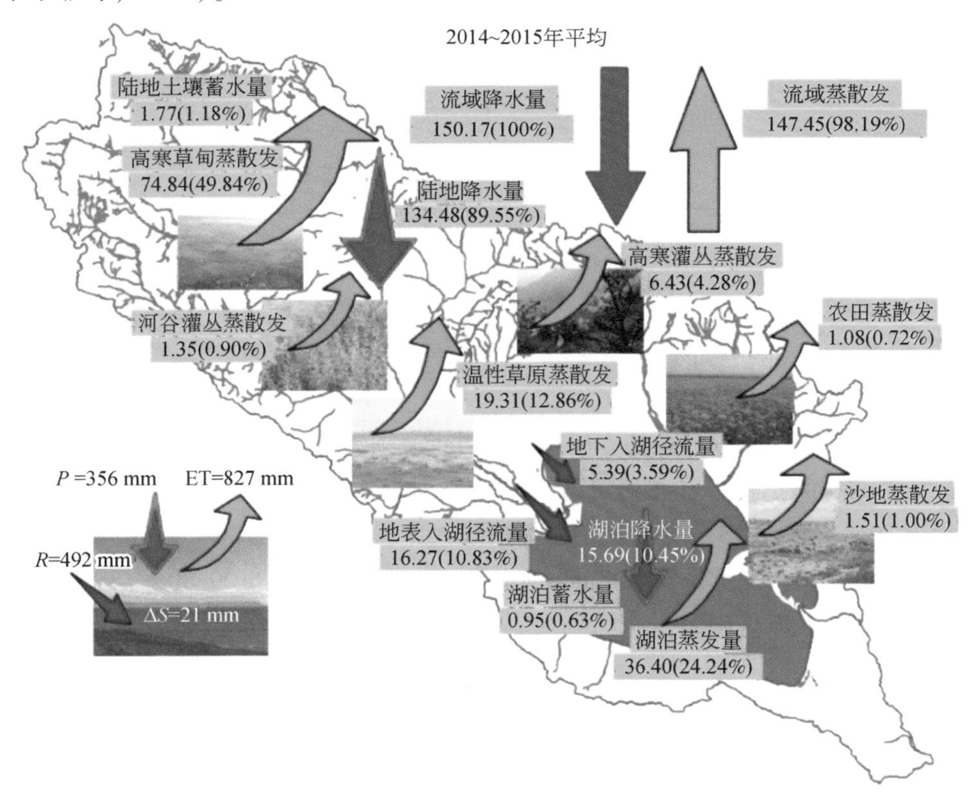

图 3-39　基于遥感方法的青海湖流域 2014 ~ 2015 年水分收支（单位：亿 m^3）（李小雁等，2018）

括号内比例为相对于整个流域降水量的比例

B. 水分收支空间格局

青海湖流域陆地生态系统 2014 年和 2015 年蒸散发平均分别为 343mm 和 360mm，而且 2014 年不同海拔高度的蒸散发均高于 2015 年（图 3-40）。伴随海拔高度上升，2014 年和 2015 年的蒸散发均呈现先增加再减少的趋势，最高值分别出现在 3600 ~ 3650m 和 3650 ~ 3700m 范围内。结合太阳辐射、气温、土壤含水量的空间分布可知，3600 ~ 3700m 地区水热组合最佳、蒸散发最大，低于该海拔地区蒸散发主要受水分条件限制，高于该海拔地区蒸散发主要受能量条件控制（Ma et al.，2019）。

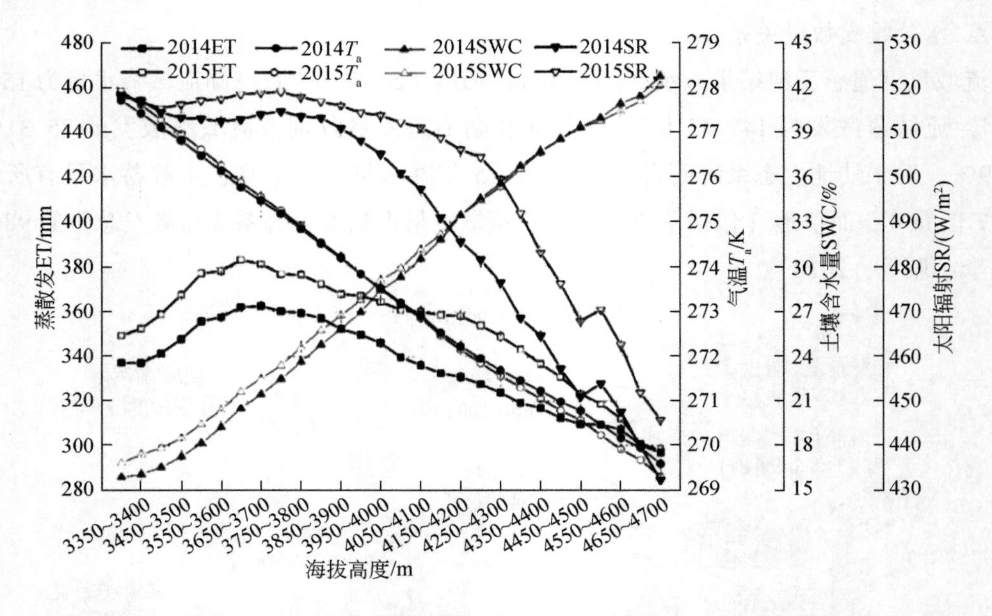

图 3-40 青海湖流域不同海拔高度蒸散发和气象要素变化（Ma et al.，2019）

为了进一步定量刻画水分条件和能量条件对青海湖流域蒸散发的限制程度，分别对比不同海拔高度的实际蒸散发和参考蒸散发，结果表明（图 3-41）：3300 ~ 4700m 范围内，低海拔地区 2014 年和 2015 年水分条件限制的最大比例分别为 11. 20% 和 10. 13%，高海拔地区 2014 年和 2015 年能量条件限制的最大比例分别为 24. 45% 和 29. 80%，因此青海湖流域蒸散发主要受能量条件限制。

3. 前沿研究方向

虽然高寒生态系统生态水文过程研究已经取得了一定进展，但仍需在以下方面进行加强（孙向民等，2010）：①生态水文过程观测与机理分析。影响高寒生态系统生态水文过程的诸多因素尚未完全清楚，因此应加强生态水文过程的野外数据采集，在此基础上识别不同时空尺度生态水文过程演替的驱动因子，揭示生态水文过程机理并构建更理想的生态

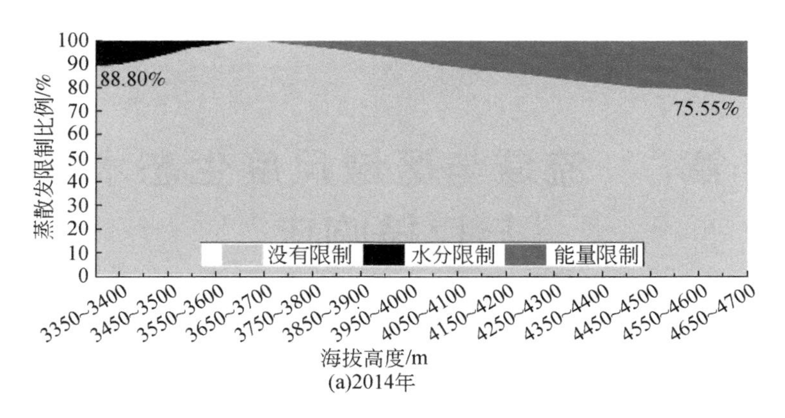

(a)2014年

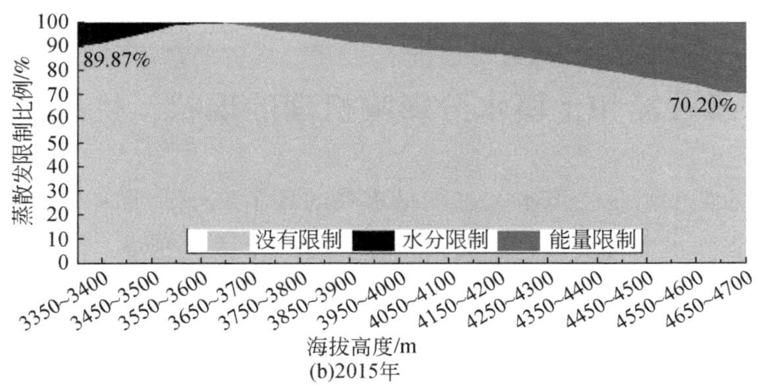

(b)2015年

图 3-41　青海湖流域不同海拔高度蒸散发限制比例（Ma et al., 2019）

水文模型。②生态水文界面的耦合过程与过程模拟。生态过程与水文过程的耦合是生态水文过程的关键，由于高寒生态系统及其物质、能量循环系统的特殊性，高寒地区生态水文模型研究尚不完善，各种降水截留、产汇流和蒸散发等水循环过程数学模型的参数化和模拟精度均有待进一步研究。③生态水文过程的尺度效应。高寒生态系统由于其下垫面植被群落分布差异、巨大垂直地带性及高寒气候明显差异，而且绝大多数水文和生态过程的模型对数学物理定律具有很大的依赖性，因此需要对时空尺度进行放大或微缩。

第4章　流域与区域尺度生态水文格局与植被响应

4.1　流域多尺度蒸散发和土壤水分格局及控制机理

4.1.1　流域蒸散发和土壤水分影响机理的现状、挑战与科学问题

水量平衡和能量平衡是生态水文过程最重要的环节之一，土壤水分是影响全球水循环、气候变化过程和水资源利用、生态系统保护的一个关键变量，而蒸散发既是联系土壤-植被-大气连续体中水循环的纽带，也是地球表层物质与能量平衡的关键环节，连接着大气、水文、生态等过程（Baldocchi et al., 1997；Pielke et al., 1998），陆地上一年大约有2/3的降水通过蒸散发返回到大气中，这个比例在干旱和半干旱区会更高（Baumgartner et al., 1975）。因此，定量了解蒸散发和土壤水分的变化和格局非常重要，尤其针对一个流域观测系统。蒸散发是地球多圈层相互作用的关键过程，深刻影响着地球表层过程，由于下垫面的多样性、土壤水分的异质性和蒸散发过程的复杂性，影响蒸散发和土壤水分时空格局变化的机理及过程还存在很大的不确定性。当前，大多数的研究一般是在少量的生态系统、基于几年的数据来定量揭示蒸散发和土壤水分在特定区域的变化特征，而很少有研究利用长时间的观测数据来获取多站点、多尺度、多年的蒸散发和土壤水分变化特征，尤其是以流域为整体的研究对象更少（需要多个生态系统的长期并行观测）。

自2000年开始，以流域为观测对象的研究越来越多（Cheng et al., 2014），流域尺度也是开展陆表系统观测与科学研究、水资源管理等研究的理想单元，如德国陆地环境观测平台（Zacharias et al., 2011）、美国地球关键带观测平台（Anderson et al., 2008）、丹麦水文观测系统（Jensen and Illangasekare, 2011）等。黑河流域是我国第二大内陆河流域，发源于上游祁连山北麓，降水较为充沛，植被覆盖度高（主要为高寒草甸、青海云杉林），是黑河流域的产流区；中下游为耗水区，中游为人工绿洲（主要为灌溉的农田），同时有较多的荒漠区域，下游为天然绿洲（河岸林），分布着大面积的沙漠戈壁，气候非常干燥，属极端干旱区。水资源是约束黑河流域可持续发展的关键，是联系流域生态和经济系统的

纽带，地表蒸散发作为植被蒸腾，土壤、水体、植被冠层截留降水的蒸发，以及冰雪升华的总和，成为准确刻画流域水资源时空格局及动态的重要环节。

本节应用黑河流域内典型下垫面布设的观测站点，基于涡动相关仪和土壤水分探头获取的多年水热通量观测资料，翔实给出黑河流域内蒸散发和土壤水分的时空变化，并研究蒸散发的控制机理。主要从典型生态系统、绿洲-荒漠系统和全流域三个方面分析了黑河流域蒸散发的时间和空间变化特征（Xu et al., 2020）。黑河流域最多时建立了 23 个观测站，其中包括了 17 个通量观测站点（均有涡动相关仪和土壤水分探头的观测，其中 3 个观测站点有闪烁仪的观测，2 个观测点有植物液流仪的观测），覆盖了黑河流域的主要下垫面类型。另外，2012 年在黑河流域中游人工绿洲-荒漠区域开展了非均匀下垫面地表蒸散发的多尺度观测试验，包括两个嵌套的大、小通量观测矩阵。大矩阵（绿洲-荒漠区域）包括绿洲内外 5 个观测站点，小矩阵（绿洲内）包括 17 个观测站点。2013 ~ 2015 年在黑河流域下游天然绿洲-荒漠区域开展了通量观测矩阵试验，包括绿洲内部 5 个观测站点和荒漠区域 1 个观测站点。此外，基于黑河流域站点的观测数据，结合遥感信息，并采用机器学习方法生产了黑河流域蒸散发遥感产品（Xu et al., 2018），同时黑河流域已经系统地生产了黑河流域降水、蒸散发、土壤水分等水循环产品。这些多尺度、一手的观测数据为研究黑河流域关键的水循环变量——蒸散发的时空变化特征提供了坚实的基础。

4.1.2 流域蒸散发和土壤水分影响机理取得的成果、突破与影响

1. 影响蒸散发和土壤水分的相关环境因子变化特征

黑河流域观测站点从上游到下游分布非常广泛，覆盖了不同的地表类型和气候条件。以流域内三个超级站 2014 ~ 2018 年 5 个完整年度的数据为例，三个站点分别代表了上游高寒草甸（阿柔超级站）、中游农田（大满超级站）和下游河岸林（四道桥超级站）。选取各站点蒸散发、土壤水分及主要环境因子进行分析，如图 4-1 所示。可以看出，各环境影响因子在上、中、下游差异很大，其中净辐射比较相近，但下游相对较大（尤其在冬季），阿柔超级站、大满超级站和四道桥超级站的年均值分别为 66.82W/m^2、63.79W/m^2 和 94.36W/m^2。上游的气温明显低于中、下游站点，年均气温分别为 0.12℃（阿柔超级站）、6.98℃（大满超级站）和 9.49℃（四道桥超级站）。年均风速在上游和下游均为 3m/s，中游为 2m/s，最大值出现在春季。中游大满超级站风速相对较小主要是由于人工绿洲内分布的防护林、建筑物以及其他作物等导致的风屏效应。降水在黑河流域的分布差异明显，从上游到下游呈现明显的减小趋势，上游降水量在 400 ~ 550mm，中游在 100 ~

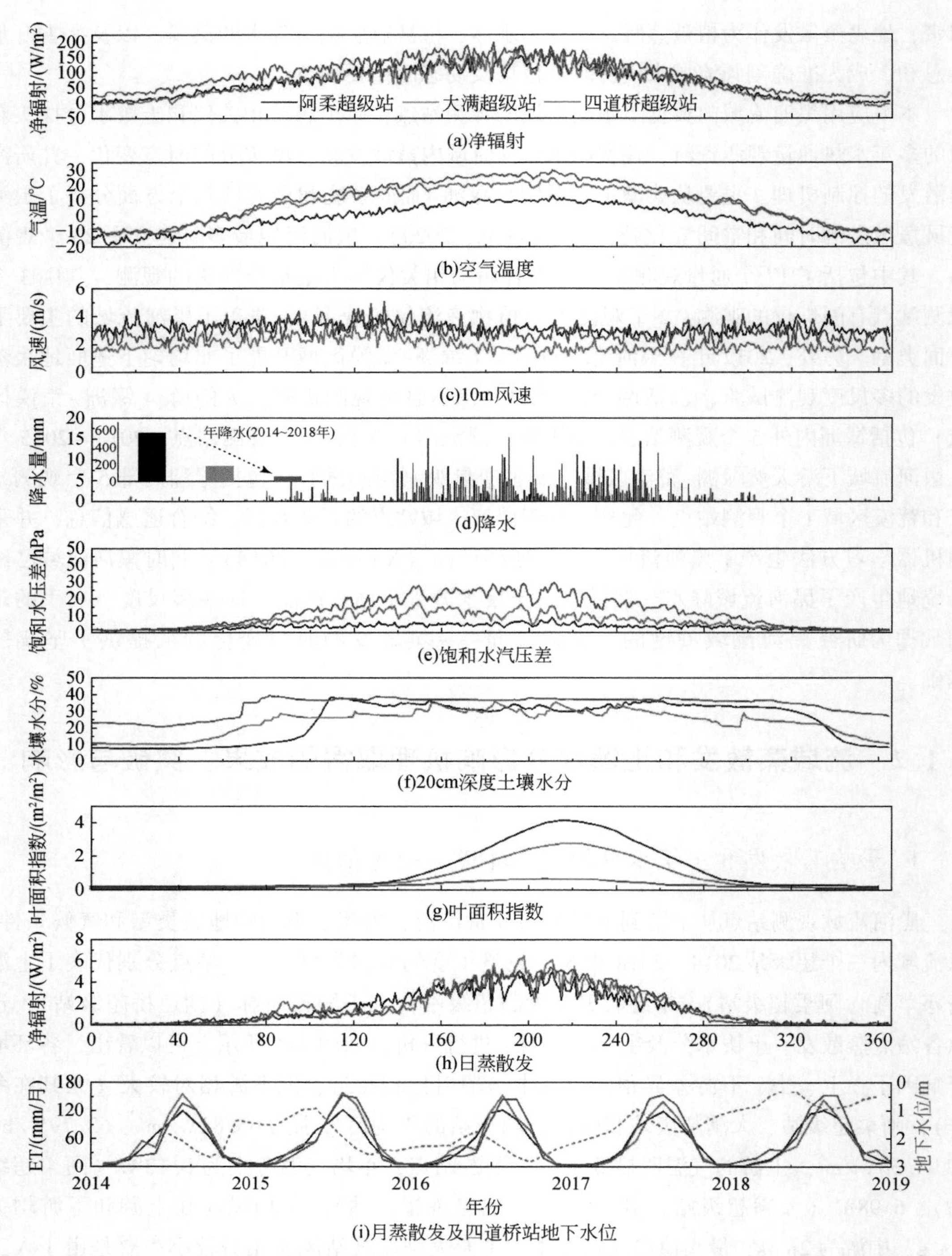

图 4-1　蒸散发及相关影响因子的季节变化特征（Xu et al.，2020）

（a）~（h）为 2014 ~ 2018 年日均值，横坐标指第××天

160mm，下游在30~40mm。饱和水汽压差表示了空气的干燥程度，下游的饱和水汽压差（年均12hPa）明显高于上游（3hPa）和中游（6hPa），表明下游空气非常干燥。在植被下垫面，土壤水分均比较高，尤其在植物生长季，阿柔超级站、大满超级站和四道桥超级站的年均土壤水分为25%、24%和33%。阿柔超级站处于高寒山区，冻结期较长，土壤水分主要受夏季降雨影响，中游大满超级站为绿洲灌区，土壤水分受多次灌溉影响，降雨只占约25%，而下游四道桥超级站处于河岸附近，其土壤水分主要是来自中游的分水引起的地下水补给，土壤水分在生长季一直处于高位，降水影响较小。在作物生长季（5~9月），上游草地的叶面积指数（2.4m^2/m^2）要高于中游玉米（1.6m^2/m^2）和下游河岸林（0.5m^2/m^2）。上游蒸散发的水分来源主要为降水，而中下游则是灌溉或者地下水的补给。总体上，上、中、下游的蒸散发量均较大，大满超级站的年蒸散发量（646mm）要高于四道桥超级站（615mm）和阿柔超级站（530mm）。从季节变化来看，三个超级站的蒸散发没有明显的不同，主要是由于三站均为植被下垫面，且土壤水分较高，可利用能量也比较相似。从年际变化来看，阿柔超级站的蒸散发没有明显的年际变化特征，而大满超级站的蒸散发自2016年开始则呈现下降趋势，主要是由于灌溉方式由大水漫灌改成滴灌导致。四道桥超级站则呈现上升的趋势，可能是由于地下水位上升引起的。

为了研究蒸散发的影响因子，选取解耦因子（Ω）和Priestley-Taylor系数α作为指标。其中，Ω为介于0和1的一个量，可用如下公式进行计算（Jarvis and McNaughton，1986）：

$$\Omega=\frac{\varepsilon+1}{\varepsilon+1+G_a/G_s} \tag{4-1}$$

式中，G_s为气孔阻抗；G_a为空气动力学阻抗；ε为Δ/γ；Δ为饱和水汽压斜率；γ为干湿球常数。

气孔阻抗的计算公式如下（Monteith，1965）：

$$G_s=\frac{\gamma \mathrm{LE} G_a}{\Delta(R_n-G_0)+\rho C_p \mathrm{VPD} G_a-\mathrm{LE}(\Delta+\gamma)} \tag{4-2}$$

式中，R_n为净辐射；ρ为空气密度；C_p为空气比热容；VPD为饱和水汽压差；G_0为土壤热通量；LE为潜热通量。空气动力学阻抗可用Monteith-Unsworth方程计算（Monteith-Unsworth，1990）。

$$G_a=\left[\frac{u}{u_*^2}+6.2\,u_*^{-2/3}\right]^{-1} \tag{4-3}$$

Priestley-Taylor公式被广泛用于蒸散发的计算（Priestley and Taylor，1972），在基于大量观测资料的情况下，很多研究学者也给出了Priestley-Taylor系数在不同下垫面类型的经验系数，计算公式如下：

$$\alpha=\frac{\mathrm{LE}(\Delta+\gamma)}{\Delta(R_n-G_0)} \tag{4-4}$$

基于上述公式计算了解耦因子（Ω），其可用于表示受水分或能量驱动的蒸散发占总蒸散发的比例。Ω 位于0～1，Ω 越接近于0，ET受气孔阻抗和饱和水汽压差影响越大，相反，Ω 接近于1，蒸散发则主要受可利用能量的影响。图4-2为以三个超级站为例研究蒸散发的影响因子，可以看到：阿柔超级站（上游，高寒草甸）和大满超级站（中游，制种玉米）在作物生长季蒸散发主要受可利用能量的影响，而四道桥超级站 Ω 非常小，表明该站的蒸散发主要受气孔阻抗和饱和水汽压差的影响。从季节变化来看，可利用能量在作物生长季是影响蒸散发的主要因子，而气孔阻抗和饱和水汽压差在非生长季是影响蒸散发的主要因子。还可以看到，在大满站发生灌溉时，Ω 会出现一些波动，尤其是春季的灌溉，土壤水分增加非常明显的时候，可利用能量会变成蒸散发的主要影响因子。三个站点的土壤水分均较高，上游主要来源于降水，中下游主要来源于灌溉（中游一般四次，下游一般两次）和地下水补给，因此土壤水分不是限制作物生长的因子。

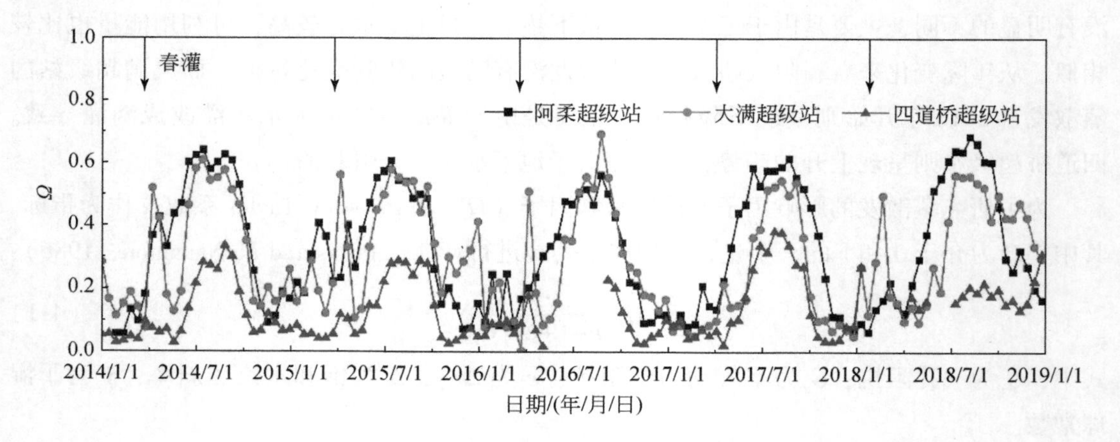

图4-2　解耦因子的季节与年际变化特征

此外，应用Priestley-Taylor系数 α 进一步研究蒸散发的影响因子，许多研究表明当气孔阻抗超过一定阈值后 α 和气孔阻抗间的关系将变得不明显，图4-3为三个站点 α 和气孔阻抗间的关系，可以看出，一般 α 介于0～1.5，阿柔超级站、大满超级站和四道桥超级站 α 的均值分别为1.14、1.18和0.97。在阿柔超级站，当气孔阻抗大于15mm/s时，α 对气孔阻抗变得不敏感。较高的气孔阻抗意味着蒸散发不受作物生理条件的控制，而环境因子是蒸散发的主要影响因素。这种现象同样出现在大满超级站，当植被封垄后 α 一直保持较高的数值。而在四道桥超级站，气孔阻抗很小，一般小于5mm/s，α 和气孔阻抗间的关系非常明显，这主要是较高的饱和水汽压差以及土壤盐渍化等导致的较低的光合作用引起的。

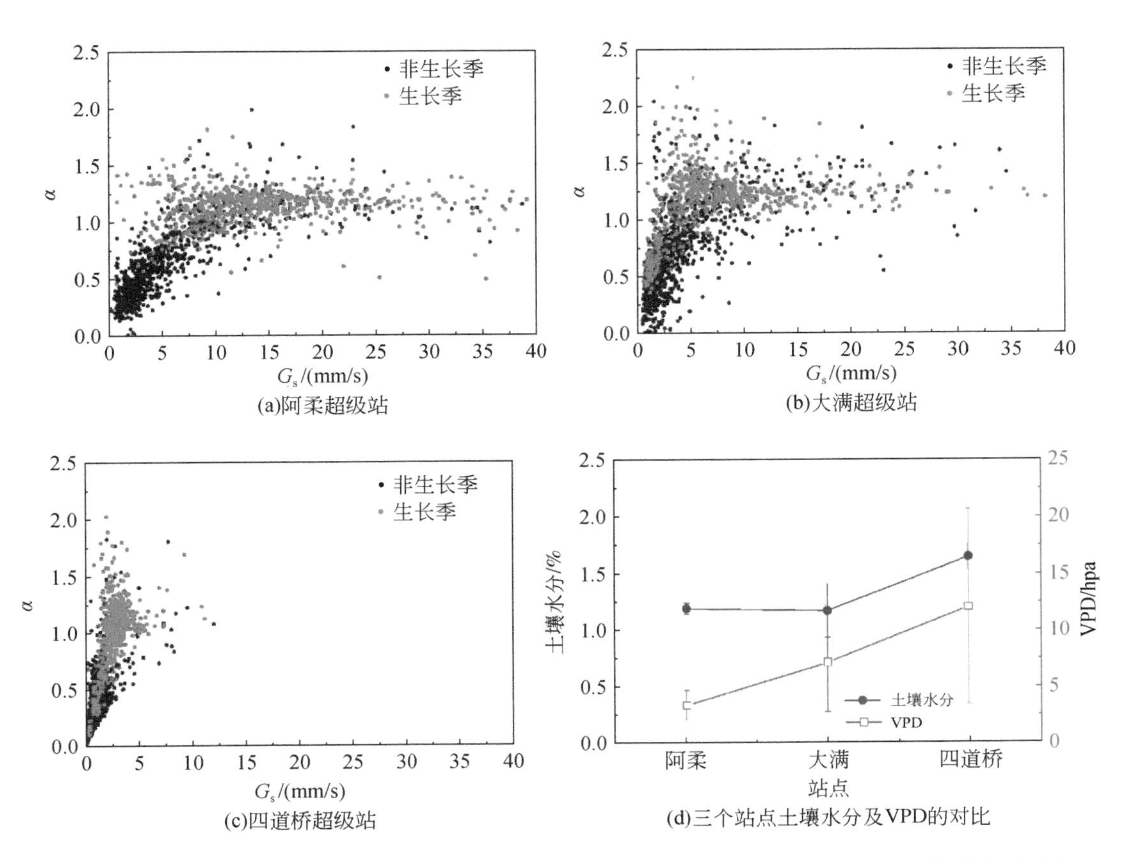

图4-3 2014~2018年Priestley-Taylor系数（α）与观测气孔阻抗（G_s）间的关系及其影响因子的变化（土壤水分深度20cm）（Xu et al., 2020）

2. 典型生态系统蒸散发及其组分的变化特征

1）蒸散发的变化特征。

选取黑河流域内9个典型的生态系统多年的观测数据开展蒸散发的变化特征分析（图4-4），即高寒草甸、青海云杉、灌丛和高寒草甸、农田、湿地、红砂荒漠、柽柳、胡杨、红砂荒漠。从图4-4中可以看出，总体上流域内各生态系统的年蒸散发在43~1053mm变化。

黑河流域上游属于寒区冰冻圈，是整个流域的产水区，总体上降水大于蒸散发。选取的典型下垫面多年蒸散发分别为，高寒草甸下垫面：430~590mm（均值为530mm），青海云杉下垫面：330~413mm（均值为385mm），灌丛和高寒草甸混合下垫面：412~550mm（均值为491mm）。

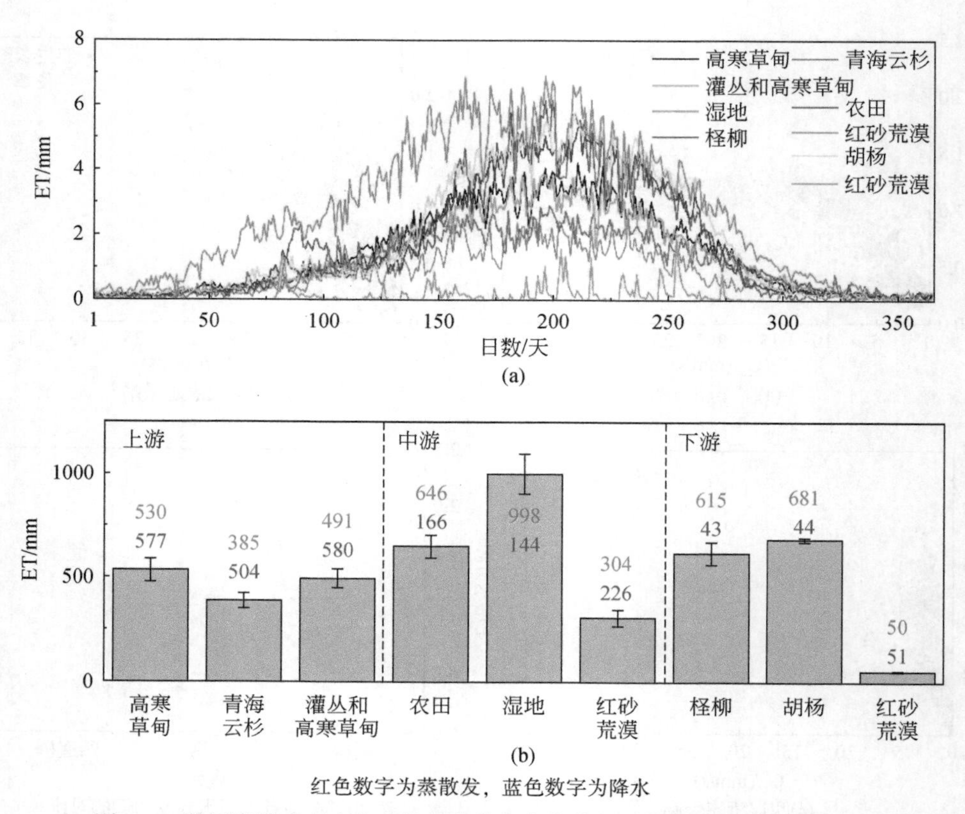

图 4-4　黑河流域典型生态系统的蒸散发变化特征［修改自 Xu 等（2020］

中游为人工绿洲–荒漠区域，属于流域的耗水区，年降水在 139 ~ 166mm，绿洲的农田主要靠上游来水的灌溉维持。该区域荒漠下垫面蒸散发略大于降水，而绿洲内植被下垫面蒸散发要远大于降水，且不同植被下垫面的蒸散发量级相当，最大的蒸散发发生在湿地下垫面；绿洲内农田一般有 4 次灌溉，在 2016 年灌溉制度实施改革，由漫灌改为滴灌，灌溉的次数增加，而每次的灌溉量较少。选取的典型下垫面多年蒸散发分别为，灌溉农田下垫面：550 ~ 700mm（均值为 646mm），湿地下垫面：891 ~ 1056mm（均值为 998mm），红砂荒漠下垫面：180 ~ 215mm（均值为 190mm）。

下游为天然绿洲–荒漠区域，同样属于流域的耗水区。该区域属于极端干旱区，年降水量通常小于 50mm，绿洲内作物维持主要靠上游的来水。总体上下游的荒漠下垫面蒸散发与降水相当，而天然绿洲植被（河岸林）年蒸散发大于 600mm，远远大于降水。河岸林的水分来源主要为灌溉（一年在春、秋两次灌溉）和地下水的补给。选取的典型下垫面多年蒸散发分别为，下游河岸林（柽柳）：540 ~ 680mm（均值为 615mm），下游河岸林（胡杨）：670 ~ 690mm（均值为 681mm），蒸散发大于上游的林地蒸散（青海云杉林）；下游荒漠下垫面：43 ~ 56mm（均值为 50mm）。

2）蒸散发的组分变化特征

蒸散发（ET）主要由植被蒸腾（T）和土壤蒸发（E）组成，其中植被蒸腾一般被认为有效耗水量，用于植被生长，而土壤蒸发是被认为是无效耗水量，降低水资源利用效率。水是黑河流域各个生态系统连接的纽带，蒸散发是水资源的关键环节，水资源管理的主要目标是减少农田和自然植被的非生产性的水蒸发损失，增加植被蒸腾占蒸散发的比例（T/ET）。因此，开展生态系统中的蒸散发拆分研究对灌溉用水管理非常重要，其结果可以作为确定实际需水量和设计灌溉策略的重要依据，尤其在黑河流域这样典型的内陆河流域，对上游到下游不同生态系统的 T/ET 研究十分重要。

基于黑河流域上、中、下游 6 个典型生态系统的通量和气象观测数据，利用 uWUE 方法（Zhou et al.，2014b，2016）对高山草甸、青海云杉、玉米、盐爪爪荒漠、柽柳、胡杨和柽柳混合下垫面的多年生长季蒸散发进行拆分，并从日、季节、年际尺度分析典型生态系统蒸腾以及蒸腾比（T/ET）的变化特征。图 4-5 为 T/ET 在 6 个典型生态系统的季节变化特征，可以看到，在高山草甸、玉米生态系统 T/ET 呈现倒 U 形变化趋势，柽柳、柽柳和胡杨混合生态系统 T/ET 呈现在生长季初期较大，之后逐渐下降趋势，青海云杉与中游荒漠生态系统则无明显的季节变化，分别在 0.5 和 0.3 上下波动。各生态系统的年际变化趋势也存在一定的差异，其生长季日均 T/ET 分别为 0.53（高寒草甸）、0.52（青海云杉）、0.59（玉米）、0.37（荒漠）、0.56（柽柳）、0.59（胡杨和柽柳）。

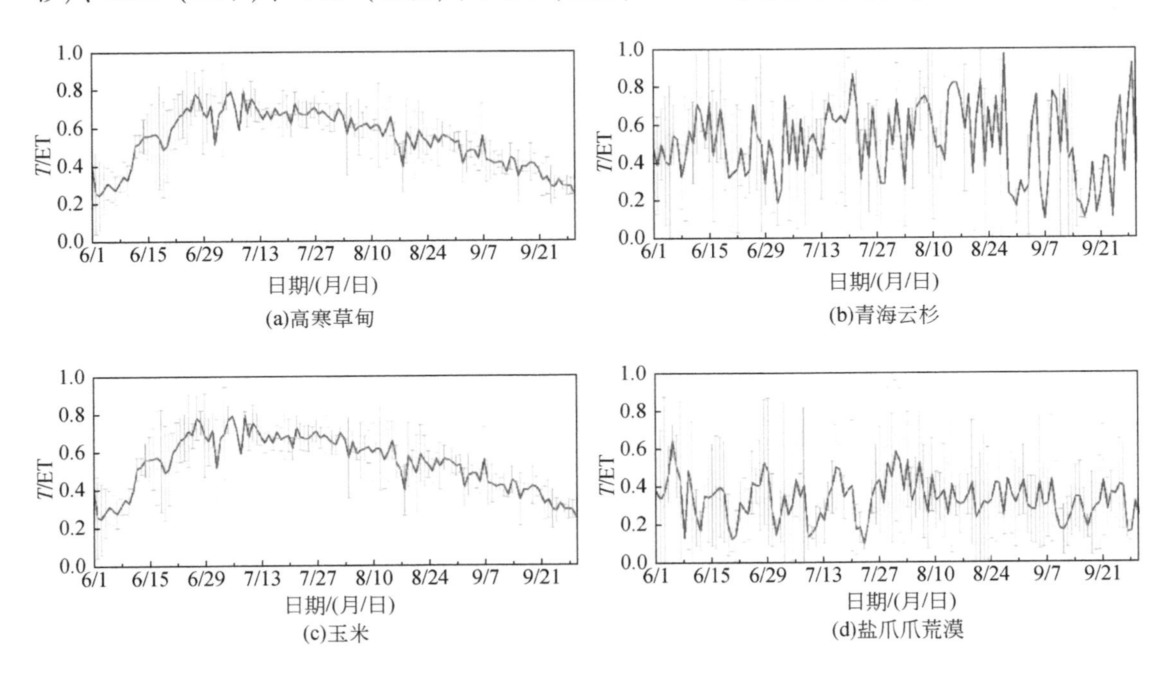

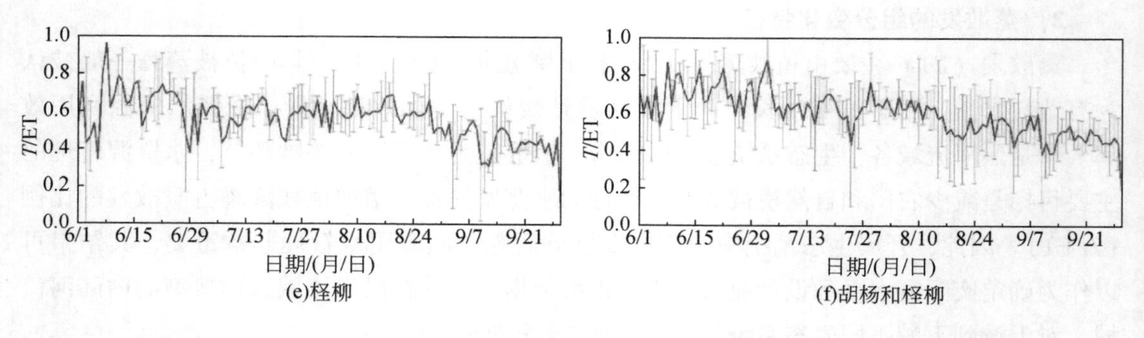

图 4-5　不同生态系统的蒸腾比（T/ET）生长季的季节变化特征（2008～2016 年）
［修改自 Xu 等（2021）］

图 4-6 显示 2008～2016 年不同生态系统蒸腾（T）和蒸腾比（T/ET）的平均月和季节变化，可以看到玉米生态系统 T 最大，其次是胡杨和柽柳，高寒草甸、青海云杉、盐爪爪荒漠生态系统最小。在玉米和高寒草甸生态系统，T 在 6 月作物生长初期相对较小，随着 7～8 月作物生长，T 逐渐增加并达到最大，在 9 月作物生长末期，T 逐渐减小。对于常绿植物（青海云杉），由于海拔较高，气温较低，T 相对较小，但也呈现 6～8 月升高，9 月减小的趋势。对于下游胡杨和柽柳极端干旱区域，尽管降雨很少，但蒸腾量依然会很高，这主要是由于有充足的地下水和灌溉（一般在 3 月和 10 月）补给。在整个作物生长季所有的生态系统，T/ET 在 7 月的比例最高（平均为 33%），其次是 8 月（29%）、6 月（23%）和 9 月（15%）。荒漠生态系统的 T 最小，且没有明显的季节变化，该生态系统主要靠有限的降水供给。同时可以看到，荒漠生态系统 T/ET 呈现最大的年际变化（0.29～0.45），其次是胡杨和柽柳（0.53～0.65）、玉米（0.55～0.65）、柽柳（0.52～0.60）、高寒草甸（0.47～0.56），以及青海云杉生态系统（0.49～0.52）。可以明显看出，荒漠生态系统土壤蒸发占主导位置，E 和 T 在上游的高寒草甸和青海云杉生态系统由于有充足的降水比较相似，在中游农田和下游河岸林尽管 T 占主导地位，E 同样较高，可以实施更加有效的水资源管理措施。

3. 典型生态系统土壤水分的变化特征

受气候、土壤、地形、植被等因子的综合影响，土壤水分表现出极强的时间和空间异质性。在不同的生态系统，土壤水分呈现出差异性的动态分布规律。了解生态系统中土壤水分的动态变化是研究陆地生态系统水文循环以及生物地球化学循环的重要内容。选取黑河流域内 7 个典型的生态系统多年的观测数据开展土壤水分的变化特征分析，即山地针叶林（青海云杉）、高寒草甸、山地草原、农田、红砂荒漠、盐爪爪荒漠、荒漠河岸林。通过分析土壤水分数据，描绘黑河流域典型生态系统土壤水分季节动态、垂直动态及频率变

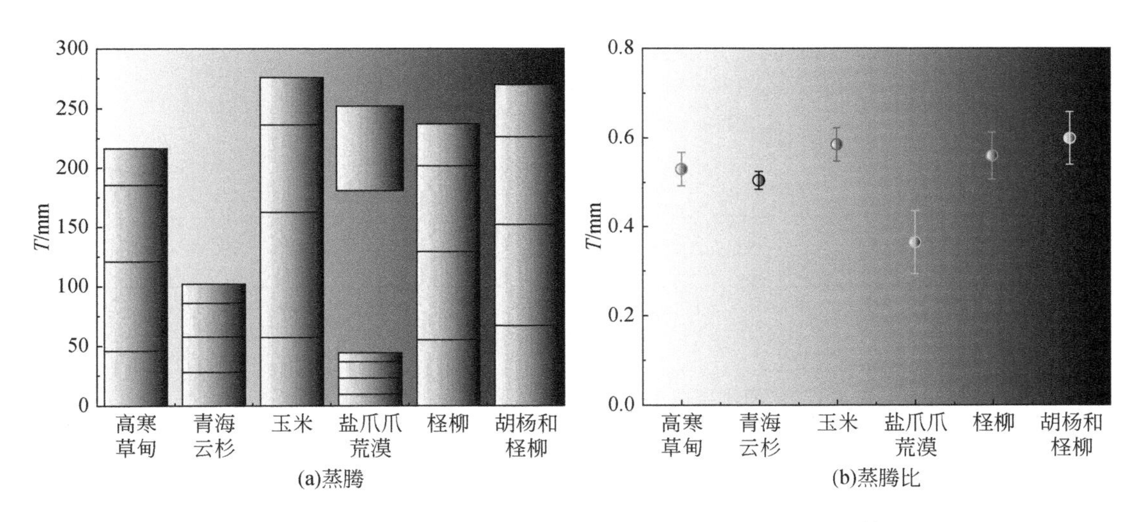

图 4-6　不同生态系统蒸腾及蒸腾比 *T/ET* 的变化特征［修改自 Xu 等（2021）］

化，并分析不同生态系统土壤水分动态的异同（任永吉等，2022）。

1）典型生态系统土壤水分季节动态的变化特征

黑河流域典型生态系统土壤储水量表现出不同的年内变化趋势（图 4-7）。高寒草甸生态系统冬季气温低，土壤冻结程度高，使水分探头所测液态水含量极低，由此计算出的土壤储水量并不是真实的储水。春夏季冻土融化后土壤储水量显著增加，并在整个生长季维持在 500mm 左右的较高水平。山地草原土壤储水量变化趋势与高寒草甸相似，但春季土壤水分增加过程中有几次快速增长。山地针叶林虽然也表现出土壤水分冻结—融化的季节变化过程，但水分波动幅度明显小于高寒草甸，生长季土壤储水量可达 400mm。红砂荒漠生态系统全年土壤储水量波动极小，生长季土壤储水量仅略高于其他时期。盐爪爪荒漠全年土壤储水量始终比红砂荒漠高约 100mm，水分条件较红砂荒漠好。由于存在灌溉补给，农田生态系统土壤储水量在所有生态系统中最高，受轮灌影响，存在几次明显的大幅度增加，土壤储水量可达到 800mm。3 月上游的生态输水补充了下游地下水，使地下水位上升，能够补给荒漠河岸林土壤水分，荒漠河岸林土壤储水量出现了大幅度的增加，而 8 月后，随着地下水补给的减少和强烈的蒸散发，其土壤储水量不断下降。

通过对各典型生态系统不同土层深度土壤水分含量进行插值，得到各生态系统土壤水分年内变化状况等值线图（图 4-8）。

高寒草甸生态系统中，各层土壤水分在 12 月至次年 5 月初均较低，且各层土壤水分含量差异不大，均低于 10%，5 月开始，各层土壤水分含量不断增加，浅层土壤水分增加量高于深层，夏季浅层土壤水分含量最高时可超过 50%，深层土壤水分含量也超过 20%。9 月末各层土壤水分开始逐渐降低［图 4-8（a）］。

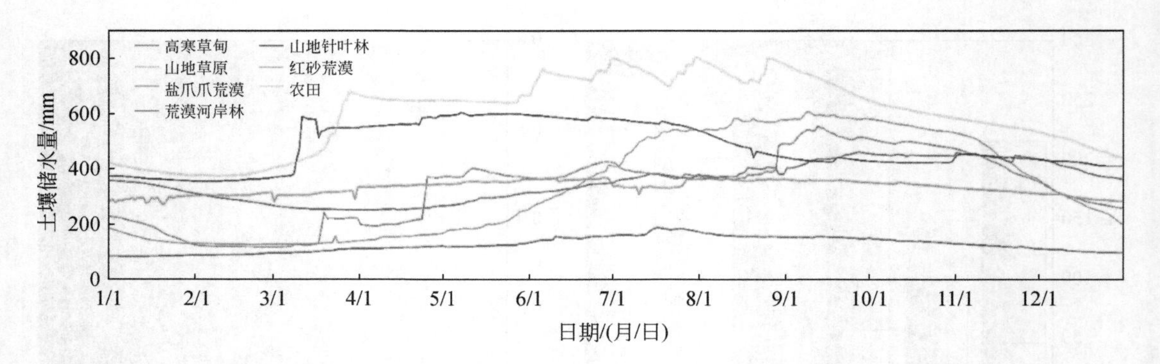

图 4-7 黑河流域典型生态系统 0～200mm 土壤储水量变化

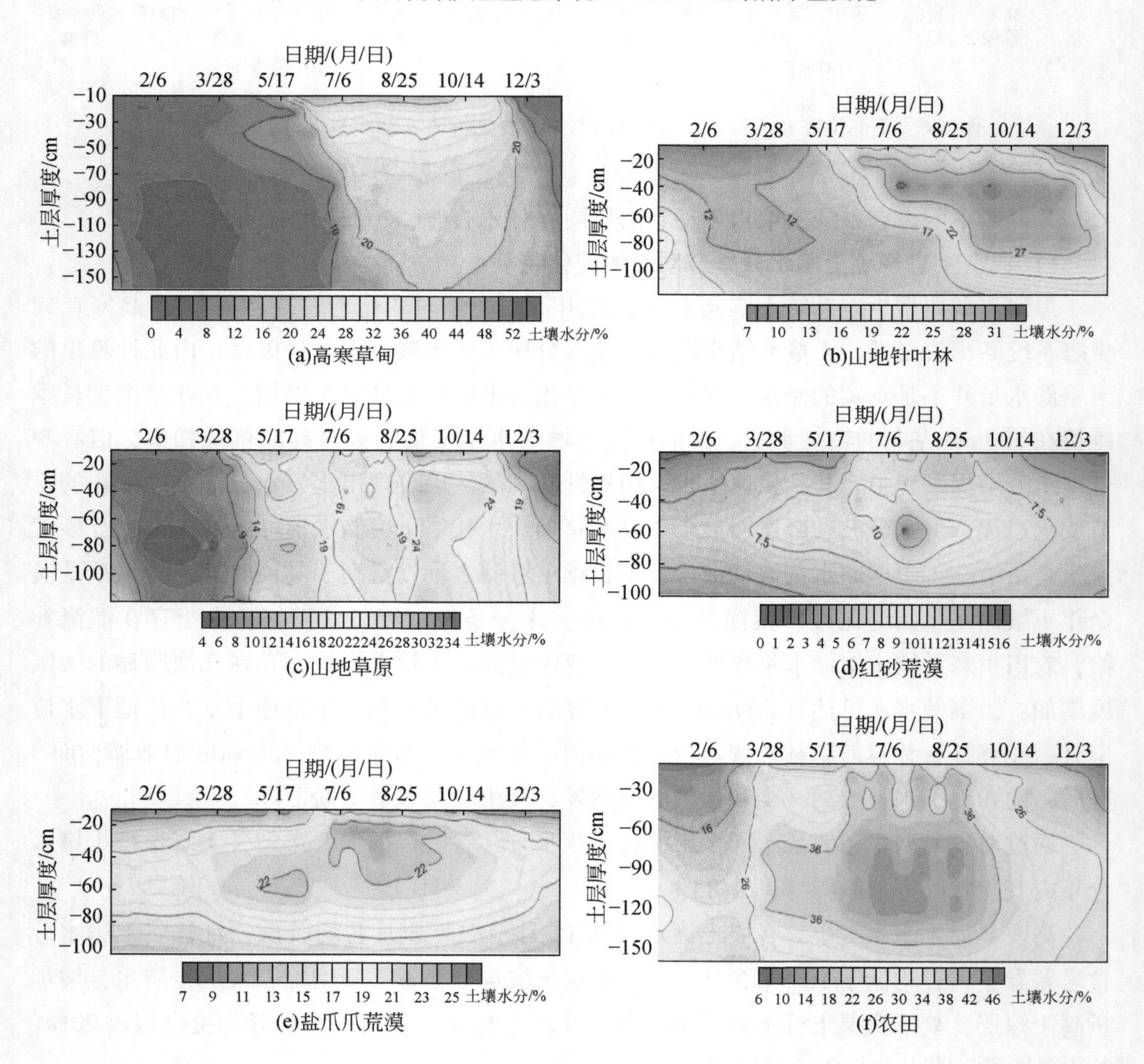

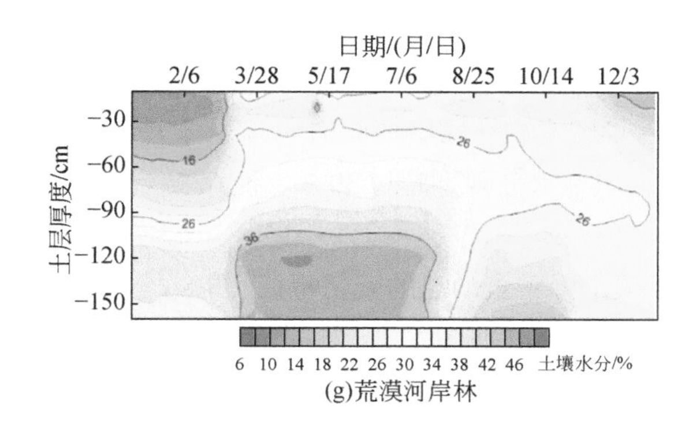

(g)荒漠河岸林

图4-8　黑河流域典型生态系统年际土壤水分状况等值线图

山地针叶林生态系统全年各层土壤水分均有差异。每年1月~5月，各层土壤水分含量最低，土壤水分含量随土层深度增加而增加。5月开始土壤水分开始增加，其中深层土壤水分增加与浅层土壤相比具有一定的滞后性。与高寒草甸不同，山地针叶林生态系统夏季土壤水分最高的土层并非土壤表层，而是在约40cm深度的土层，土壤水分最高值约为37%。10月初，表层土壤水分先开始下降，12月初，深层土壤水分开始出现明显下降，土壤水分最高的土层由40cm变为80cm。2~5月，各层土壤水分为全年最低，且较为稳定[图4-8（b）]。

山地草原各层土壤水分全年变化趋势较为一致。4月初各层土壤水分开始较为明显地增加，60cm以上土层土壤水分增加较快，更深层土壤水分增加程度相对较小。7月开始出现一个较为干旱的时期，各层土壤水分略有下降。8月底各层土壤水分均有较为明显的增加。11月，各层土壤水分开始下降，12月至次年3月，土壤水分达到全年最低值[图4-8（c）]。

红砂荒漠生态系统土壤水分含量较低，全年最为湿润时期土壤水分也仅能达到18%。红砂荒漠各层土壤水分变化趋势较为一致，1~7月各层土壤水分不断增加，8~12月土壤水分不断减少。全年所有时期，60cm土层土壤水分最高，夏季降雨后，表层土壤也会出现极为短暂的一段湿润期[图4-8（d）]。

盐爪爪荒漠土壤整体水分状况好于红砂荒漠，不会出现土壤水分趋近于0的极端干旱时期，夏季水分状况最好时土壤水分可超过25%。盐爪爪荒漠土壤水分整体变化趋势与红砂荒漠一致，全年表现为先增加后减少，但在7~9月有一个较长时间的湿润期，土壤水分一直保持相对较高的水平。而且这一时期土壤水分最高的是20~40cm土层，比红砂荒漠最高土壤水分层浅[图4-8（e）]。

农田生态系统各层土壤水分变化趋势差异较大，超过90cm深度的土层全年水分含量变化较为稳定，1~6月逐渐增高，6~8月较为稳定，9~12月逐渐下降，且该层水分含量全年都高于浅层土壤。60cm以上土层3~9月的土壤水分表现出较为明显的波动，但总体水分状况较好，而10月至次年3月该层土壤水分较低［图4-8（f）］。

荒漠河岸林生态系统土壤水分变化趋势与其他生态系统极为不同。在全年大部分时期，都表现为土壤水分含量随土层深度增加而增加，3～8月，120cm以下土层深度土壤水分高达40%，而此时浅层土壤水分则不超过30%。但在9～10月，120cm以下土层土壤出现一个短暂的干期［图4-8（g）］。

2）典型生态系统土壤水分垂直动态的变化特征

黑河流域各典型生态系统土壤垂直方向上水分含量有较大不同，同一生态系统全年不同月间差异也较大（图4-9）。

高寒草甸生态系统除6月和12月外，各月土壤水分垂直动态均表现为随土层深度增加，土壤水分含量先增加后减少。1～4月各层土壤水分含量相近，水分含量均较低，垂直方向上土壤水分含量变化趋势也较为相似。7～10月土壤水分垂直变化趋势也相似，20cm土层土壤水分含量最高，深层土壤水分含量与浅层差异较大。6月各层土壤水分含量差异最大，表层比深层土壤水分高约30%。在全年中，10～20cm土层土壤水分变化幅度最大，为5%～45%；160cm以下变化幅度最小，为5%～25%。

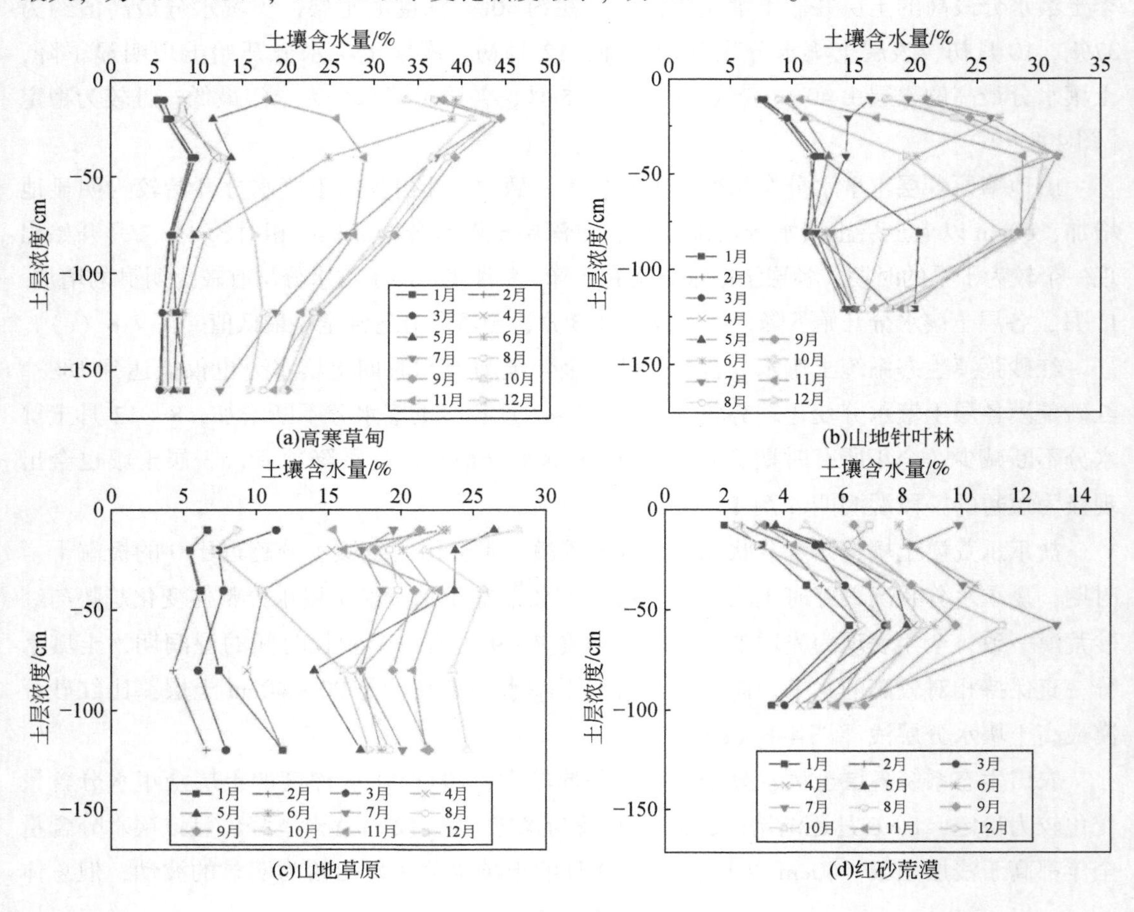

(a)高寒草甸 (b)山地针叶林

(c)山地草原 (d)红砂荒漠

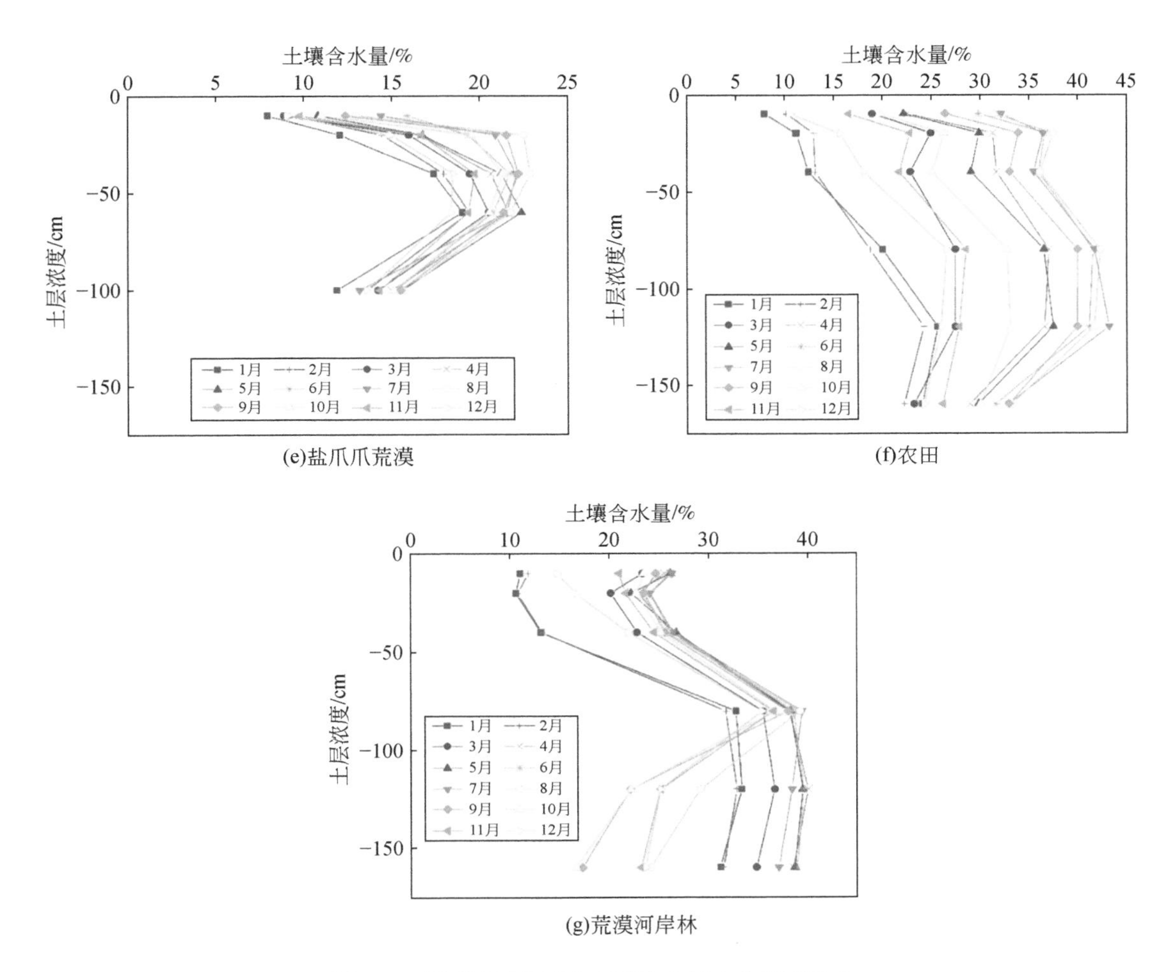

(e)盐爪爪荒漠

(f)农田

(g)荒漠河岸林

图 4-9　黑河流域典型生态系统土壤水分垂直动态

山地针叶林生态系统中，各月土壤水分垂直分布格局差异较大。2～4 月土壤水分含量较低，垂直分布格局较为相似。7～12 月均表现为土壤水分含量随深度增加先增加后减少，6 月则表现出更为复杂的反 S 分布格局。全年水分含量变化幅度最大的土层是 20～40cm 土层，为 10%～35%，100cm 以下土层变化幅度最小，仅为 10%～20%。

除 4 月外，山地草原全年各月土壤水分均表现出 S 形曲线的分布格局，5 月、11 月、12 月三个月各层土壤水分含量差异较大，其他各月不同深度土壤水分含量变化程度较为相近，不同层土壤水分含量全年变化幅度也较为相近。

红砂荒漠中 7 月、8 月土壤水分表现出 S 形曲线分布格局，其他各月土壤水分含量为反 C 形曲线，即土壤水分含量随土层深度增加先增加后减少，各月土壤水分含量最高值均出现在 60cm 处。60cm 土层含水量全年变化范围为 6%～14%，变化幅度在各层中最大，

100cm 土层含水量变化幅度最小，仅为 2% ~8%。

盐爪爪荒漠各月土壤水分含量均呈反 C 形曲线，10 ~ 20cm 土层土壤水分快速增加，20 ~ 60cm 土壤水分含量变化相对较小，100cm 土壤水分较 60cm 土壤水分含量显著降低。20cm 土层全年含水量变化幅度为 12% ~24%，其他各层含水量变化幅度差异不大，变化幅度均不足 10%。

农田各月土壤水分垂直格局也较为一致，接近反 C 形曲线，仅在 20 ~ 40cm 土层土壤水分出现小幅度降低，总体上仍然表现为随深度增加，土壤水分含量先增加后减少的趋势，各月土壤水分含量最高的土层深度不同，但集中在 80cm 和 120cm 这两层。仅 160cm 以下土层含水量全年变化幅度较小，为 20% ~35%，其他各层土壤水分变化幅度可达 25%。

荒漠河岸林生态系统各月土壤水分表现为 S 形曲线，1 ~ 2 月表层土壤水分显著低于其他月，3 ~ 11 月 80cm 以上土层土壤水分极为接近，但 3 ~ 7 月 120cm 以下土层土壤水分显著高于 8 ~ 12 月。60cm 土层全年土壤水分变化幅度不足 10%，在 30% ~40% 变动，但 160cm 以下土层土壤水分变化范围在 15% ~40%，变化幅度高达 25%。

3）典型生态系统土壤水分频率变化特征

按 2% 土壤水分梯度将各典型生态系统不同层土壤水分分组，得到土壤水分频率分布图（图 4-10）。其中，高寒草甸、山地草原和荒漠河岸林生态系统土壤水分频率曲线为双峰型，山地针叶林、红砂荒漠、盐爪爪荒漠土壤水分频率曲线为单峰型，而农田生态系统的曲线表现为多峰型无规律变化。同一生态系统不同层土壤出现水分频率峰值时的水分含量也不同。高寒草甸各层第一个土壤水分频率峰值均在 8% ~10% 水分含量处，但出现另一峰值的水分含量差异较大，分别为 15cm 土层 45%，60cm 土层 35%，140cm 土层 19%，各层土壤水分变化范围差异也较大，表现为越浅层土壤水分变化范围越大。山地针叶林 15cm 土层土壤水分频率峰值出现在土壤含水量 11% 处，60cm 土层出现 15% 和 27% 两个峰值，140cm 土层则只存在 17% 一个峰值，该层土壤水分变化范围与浅层土壤相比极小。山地草原各土层频率曲线均有一个峰值出现在约 9% 处，15cm 土层的另一峰值出现在土壤水分 27% 处，60cm 和 140cm 频率曲线较为相似，另一峰值均出现在约 21% 处，各层土壤水分变化范围较一致。红砂荒漠 15cm、60cm 和 140cm 土层土壤水分频率峰值分别出现在土壤水分 3%、7% 和 5% 处，且各层频率曲线极为狭窄。盐爪爪荒漠土壤水分频率曲线与红砂荒漠表现出一定的差异，整体土壤水分状况好于红砂荒漠，15cm 和 140cm 土层峰值均出现在土壤水分 13% 处，60cm 土层峰值则出现在 21% 处。农田各层土壤水分变化范围较大，且频率曲线无明显峰值存在。荒漠河岸林 15cm 土层水分频率两个峰值分别位于水分含量 11% 和 23% 处，60cm 土层两峰值位于水分含量 17% 和 29% 处，140cm 土层峰值则位于水分含量 21% 和 32% 处。

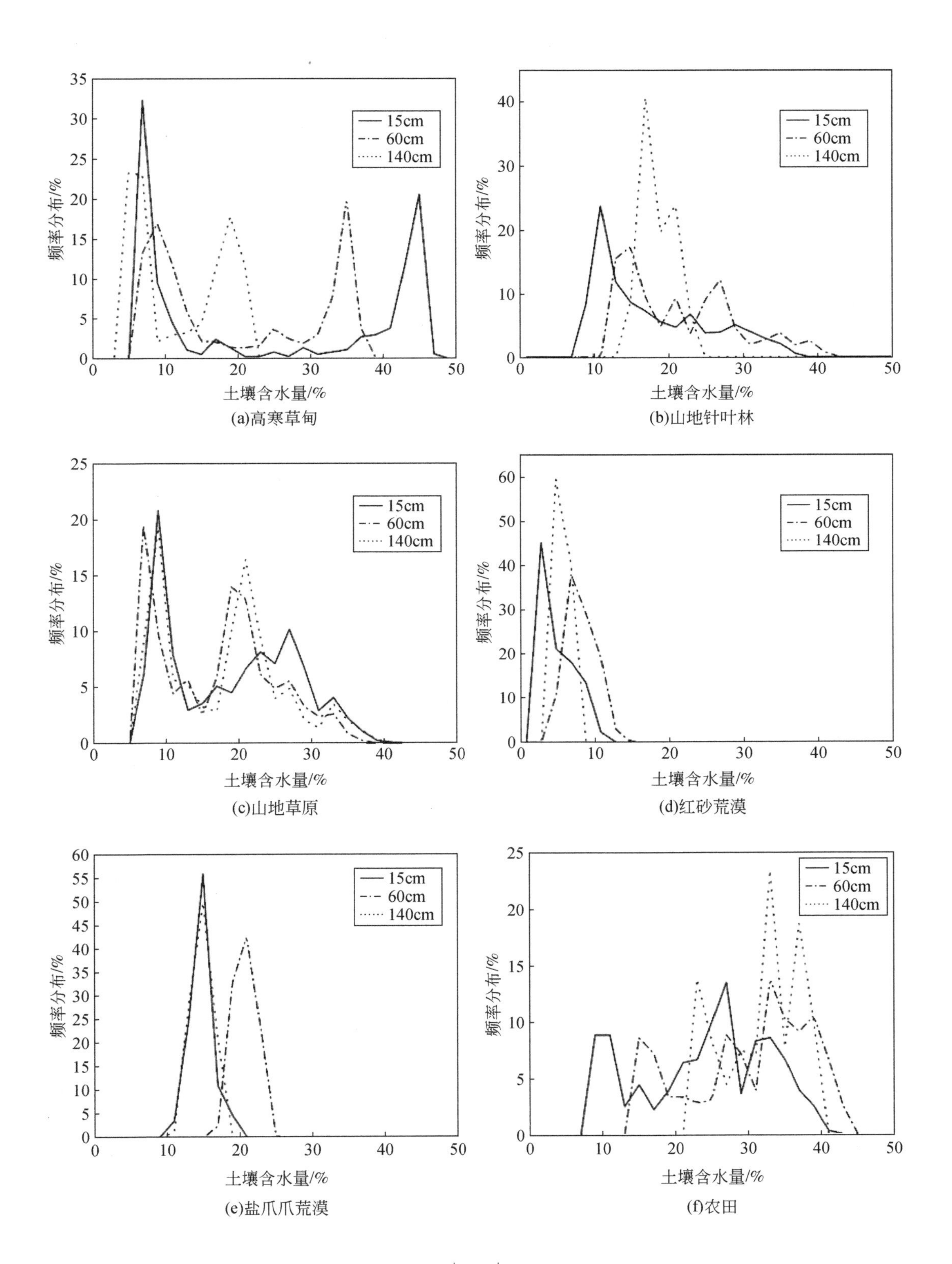

频率分布/%
土壤含水量/%
15cm
60cm
140cm
(a)高寒草甸
(b)山地针叶林
(c)山地草原
(d)红砂荒漠
(e)盐爪爪荒漠
(f)农田

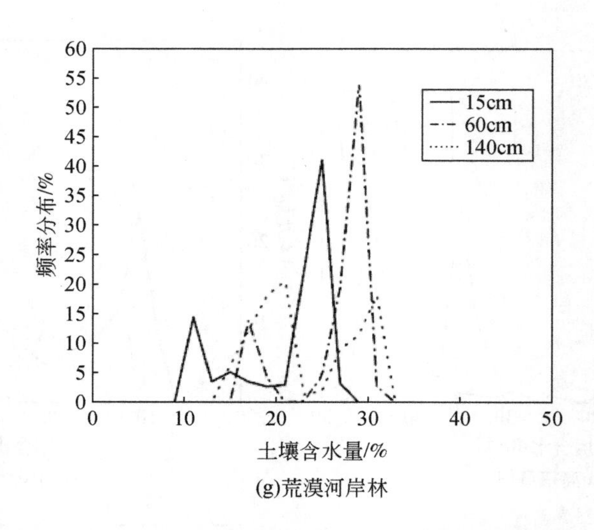

(g)荒漠河岸林

图 4-10　黑河流域典型生态系统土壤水分垂直动态

4. 绿洲-荒漠系统蒸散发时空变化特征

黑河流域中下游典型的特征是较小的绿洲被大面积的荒漠围绕，尤其是下游区域。其中，中游为人工绿洲-荒漠系统，下游为天然绿洲-荒漠系统，主要关心和研究的问题分别是地表蒸散发在中度非均匀和高度非均匀下垫面的空间异质性（Li et al., 2018b）。

2012 年 6 ~ 9 月在黑河流域中游开展了通量观测矩阵试验，在绿洲-荒漠 30km×30km 区域共建立了 21 个观测站点（绿洲内部 17 个，绿洲外围 4 个），基于该数据研究了绿洲-荒漠系统蒸散发变化特征（图 4-11），从图 4-11 中可以看到蒸散发呈现 3 个层次的变化特征：①绿洲-荒漠区域。绿洲内蒸散量最大，而戈壁、沙漠和荒漠下垫面蒸散发最小。绿洲内植被下垫面（玉米、蔬菜、果园、湿地）的蒸散量最大，其次是村庄下垫面。这种差异主要是由于不同下垫面间土壤水分的差异（不同的降水、农田的灌溉等）。植被下垫面在 6 月中旬至 9 月中旬的累积蒸散量为 400 ~ 500mm，村庄下垫面为 250mm，而戈壁、沙漠和荒漠下垫面蒸散量在 100 ~ 150mm。②绿洲内部。绿洲内包括玉米、果园、蔬菜、防护林、村庄等下垫面，不同下垫面的蒸散量存在较大的差异，表明不同下垫面类型间也存在较大的空间异质性，各下垫面的日均蒸散量分别为果园（5.53mm/d）、玉米（4.80mm/d）和蔬菜（4.77mm/d）、湿地（4.28mm/d）、防护林（4.07mm/d），村庄蒸散量最小（2.63mm/d）。这种差异主要是由于各种下垫面间可利用能量、土壤含水量的差异等。③绿洲内玉米下垫面。绿洲内部包括 14 个玉米下垫面观测点，在 6 ~ 9 月的累计蒸散发在 472 ~ 608mm，表明不同的玉米田蒸散发之间仍存在着空间异质性。这种差异主要是由于各田块玉米不同的长势、不同的土壤含水量等。

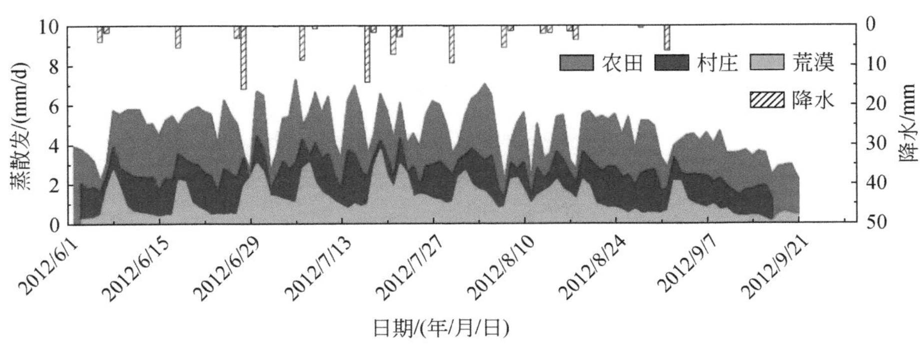

(a)绿洲荒漠系统ET总体变化特征

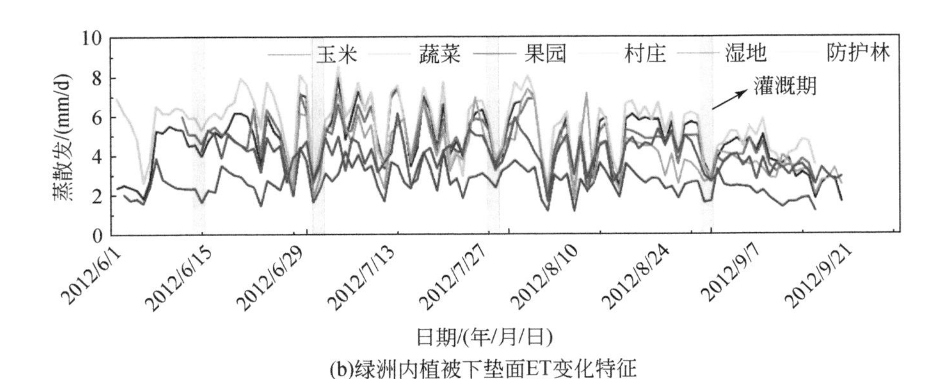

(b)绿洲内植被下垫面ET变化特征

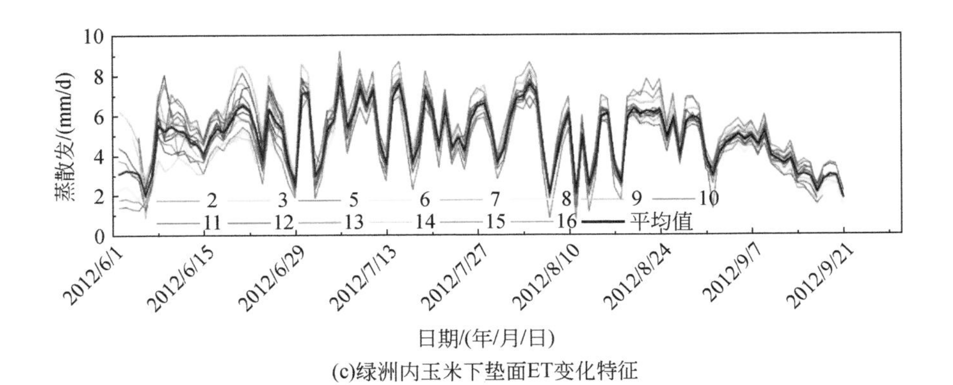

(c)绿洲内玉米下垫面ET变化特征

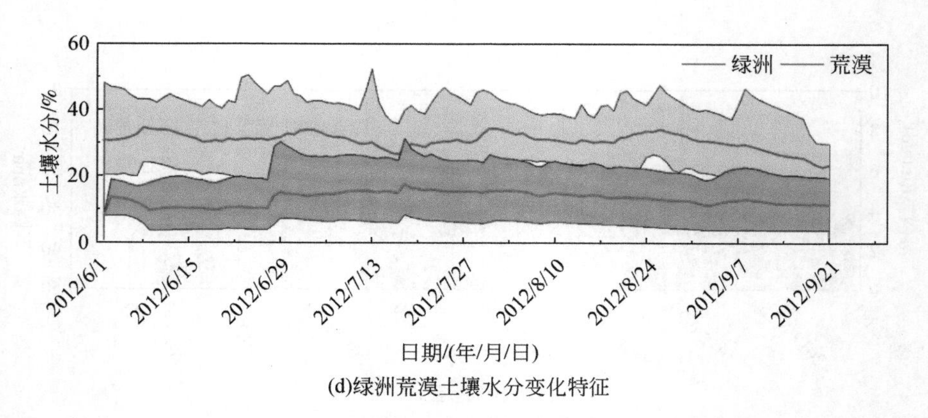

(d)绿洲荒漠土壤水分变化特征

图 4-11　2012 年 6 ~ 9 月人工绿洲荒漠系统蒸散发变化特征［修改自 Xu 等（2020）］
图中阴影区域为土壤水分的变化范围

在下游区域，自 2013 年起在绿洲内建立了 5 个观测站，2015 年在绿洲外的荒漠区域建立了观测站。选取 2015 年全年的观测数据分析绿洲荒漠蒸散发的变化特征（图 4-12）。绿洲内植被下垫面蒸散发要明显大于红砂荒漠下垫面，在下游天然绿洲区域蒸散发也呈现三个层次：绿洲内植被下垫面蒸散发最大（约 617mm），之后是裸地（约 290mm），红砂荒漠最小（约 56mm）。这种差异主要是不同下垫面的水分条件差异导致的（绿洲内土壤水分约 20%，荒漠约 5%）。绿洲内一般有两次灌溉，分别在春季（3 ~ 4 月）和秋季（9 月），可以保证作物正常生长以及地下水的补给，因此土壤水分在植被生长季一直维持较高的数值。与此相反，红砂荒漠的水分来源为降水，由于稀少的降水导致土壤水分较低，蒸散发量与降水量也相当。下游主要植物为柽柳和胡杨，地下水是植物生长的主要补给来源，地下水位一般在 1 ~ 3m 深度，也可以看到从植物生长初期到末期，地下水位一直呈现下降的趋势。

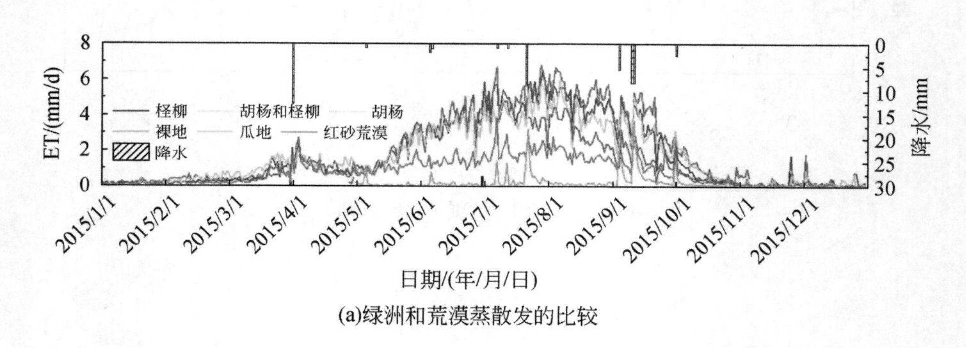

(a)绿洲和荒漠蒸散发的比较

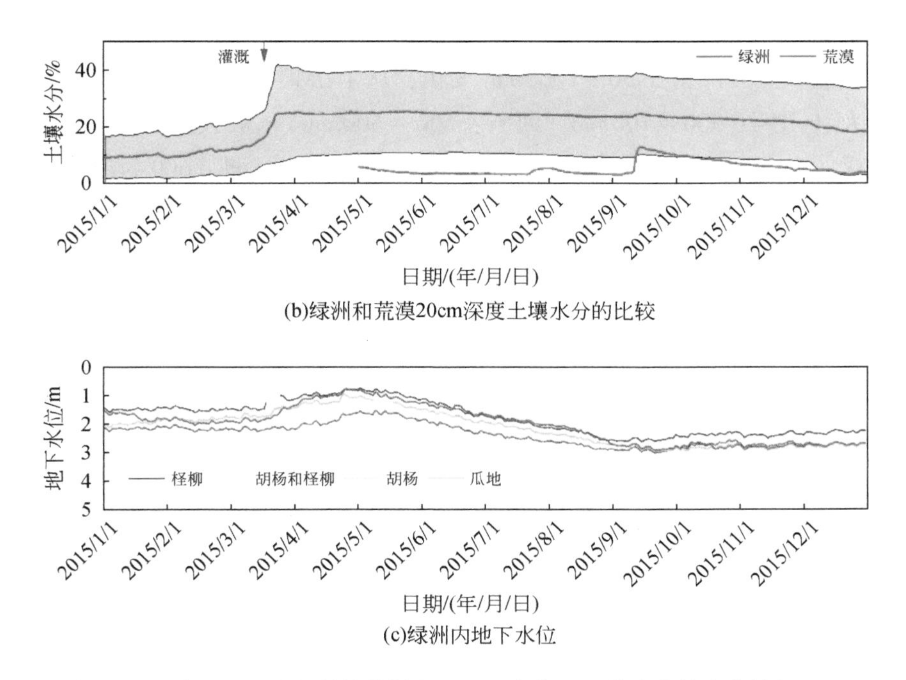

(b)绿洲和荒漠20cm深度土壤水分的比较

(c)绿洲内地下水位

图 4-12　2015 年黑河流域下游天然绿洲的蒸散发、地下水位和土壤水分的变化特征（Xu et al., 2020）

5. 流域蒸散发时空变化特征

为明晰黑河流域全流域蒸散发时空变化特征，基于黑河流域 36 个站点（65 个站年）的涡动相关仪通量观测数据，并结合多源遥感数据（土地利用与植被类型图、叶面积指数等）和大气驱动数据（太阳辐射、气温、相对湿度、降水）等，运用随机森林机器学习方法构建了地表蒸散发尺度扩展模型。以此模型生产了 2012 ~ 2016 年生长季（5 ~ 9 月）黑河流域地表蒸散发相对真值（ETMap，Xu et al., 2018），该流域尺度蒸散发相对真值数据集可用于遥感估算及模式模拟结果的验证，解决了地面观测与遥感像元/模式网格之间空间尺度不匹配的问题。

图 4-13 为 ETMap 流域蒸散发及其相关参数的空间变化特征，可以看到：流域内蒸散发空间分布总体上呈现上游整体较大，但小于中、下游绿洲内的蒸散发，沿着黑河河道两侧蒸散发量相对较大，其余大面积的区域蒸散发较小。这主要是由于上游为冰冻圈产水区（有充足的降水及冰川的融水等），是中、下游的水分来源，同时植被生长较好（主要为高寒草甸、青海云杉林），而中下游为绿洲荒漠区域，是耗水区（降水量较少，尤其是下游）。因此，叶面积指数总体上从上游到下游有减少的趋势，而降水从上游到下游则明显减小。从全流域蒸散发与降水的关系来看，上游降水大于蒸散发，当纬度小于 38.6°N 时，蒸散发大于降水。相比较下，中下游蒸散发明显大于降水，下游尤为显著，但由于有地下

水和灌溉的供给，绿洲的蒸散发也维持很高的水平。

总体上，流域蒸散发量在 50 ~ 1000mm 变化，从上游到下游呈现递减趋势。蒸散发在上游区域较大（山区：500 ~ 700mm，河谷：500 ~ 600mm），最大值出现在绿洲内，如中游张掖、临泽、金塔和酒泉（600 ~ 800mm）和下游额济纳绿洲（600 ~ 700mm），低值出现在荒漠和稀疏植被下垫面，尤其是下游区域（中游 100 ~ 250mm，下游 50 ~ 200mm）。

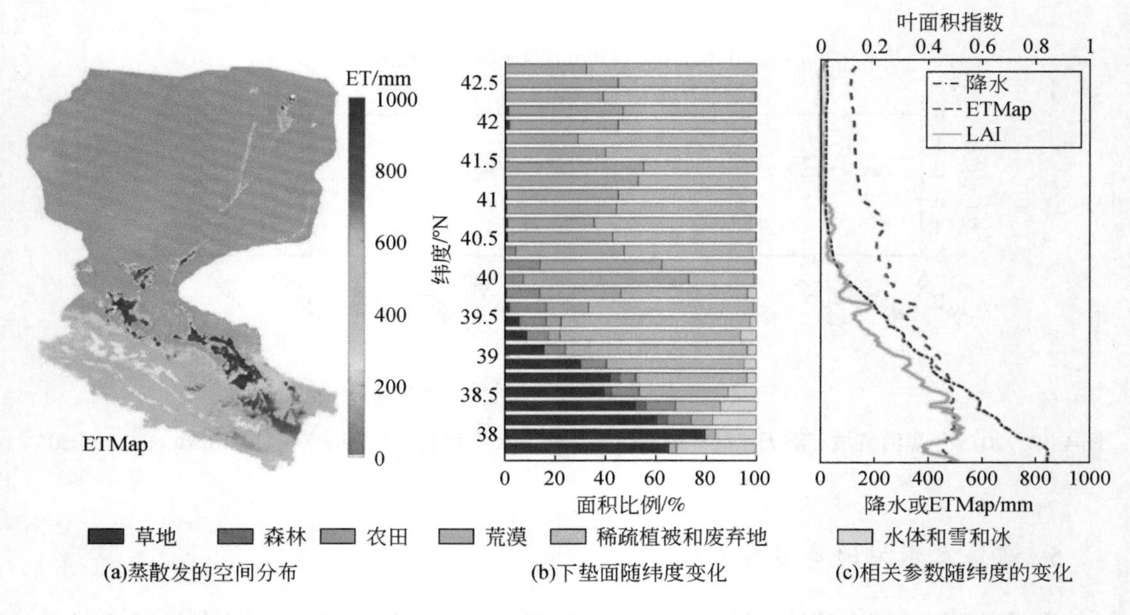

图 4-13　流域蒸散发变化特征（2012 ~ 2016 年均值）［修改自 Xu 等（2020）］

从 ETMap 中选取典型下垫面分析蒸散发的年际变化，可以看到，通常情况下不同下垫面的蒸散发没有明显的年际变化，蒸散发在上、中、下游的植被下垫面呈现较高的数值（图 4-14）。2012 ~ 2016 年，各个下垫面的年蒸散发量分别为，高寒草甸 558mm、青海云杉 628mm、中游农田 609mm、湿地 574mm、柽柳 615mm、胡杨 602mm、中游荒漠 242mm、下游荒漠 190mm。除了青海云杉（高估）和湿地（低估）外，通过尺度扩展得到的蒸散发量大体上与蒸散发的观测值相当。这种结果的差异可能是蒸散发的不同空间代表范围引起的，地面观测值仅代表站点所在范围周边的地表，而尺度扩展后的蒸散发代表了黑河流域同种下垫面类型的观测数值。另外，尺度扩展的结果也存在不确定性，地面观测站点越多尺度扩展后的结果也越准确，反之则不确定性增加。

蒸散发在流域内不同的土地利用/覆盖上表现出很大的差异（图 4-14），为了进一步研究引起蒸散发时空分布格局的机制，选取植被因子（归一化植被指数，NDVI）、土壤水分条件［以地表温度（LST）替代，可在一定程度上表征土壤水分］和能量因子（净辐

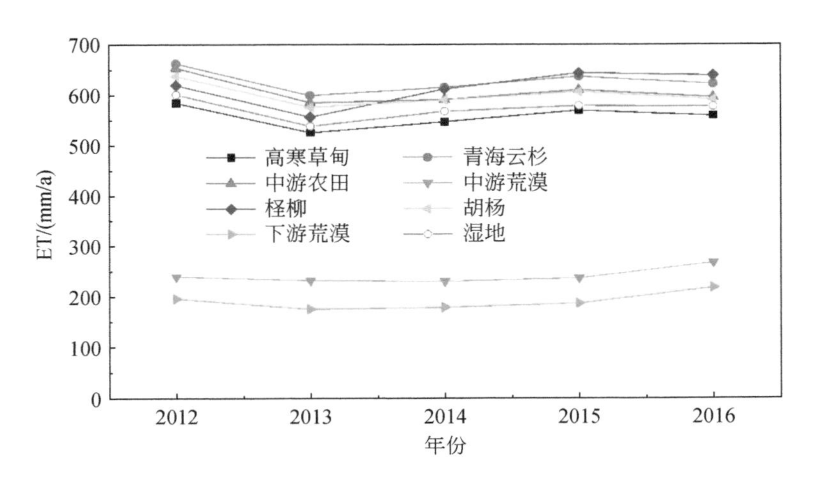

图 4-14　ETMap 获取的典型下垫面地表蒸散发（空间分辨率 1km，2012～2016 年）（Xu et al.，2020）

射，R_n）进行分析，结果如图 4-15。可以看出：在上游高寒草甸、中下游绿洲区域的植被下垫面，蒸散发与 NDVI 的 Pearson 相关系数大于 0.8；蒸散发与地表温度呈现很好的一致性，在中游农田和下游河岸林，二者的 Pearson 相关系数大于 0.7；净辐射是蒸散发的能量来源，在上游和中下游植被区域，蒸散发与净辐射呈现很好的一致性，但在裸地和稀疏地表相关性较弱（这些区域主要受水分条件的限制）。以上可以看出，影响黑河流域地表蒸散发的时空分布格局的因子主要为土地利用/覆盖、土壤水分条件、植被条件和可利用能量。

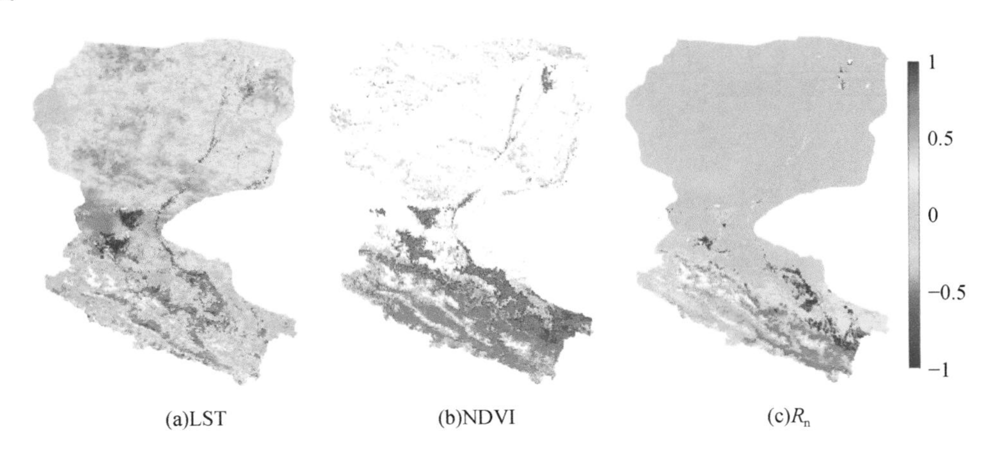

图 4-15　蒸散发空间分布与相关影响因子间的 Pearson 相关系数（Xu et al.，2020）

6. 流域土壤水分时空变化特征

为获取流域尺度土壤水分的时空变化特征，基于 SMAP 微波卫星粗分辨率遥感产品(36km 分辨率)，采用随机森林机器学习方法，结合植被指数、地表温度、高程等中分辨率遥感信息，构建了土壤水分降尺度模型，生产了 2016 ~ 2018 年黑河流域 1km 分辨率土壤水分日值产品。

图 4-16 展示了 2016 年黑河流域生长季（5 ~9 月）土壤水分月均值及相应月蒸散发和降水的空间分布特征。可以看到，总体上，黑河流域土壤水分（0 ~5cm 表层）月均值介于 6% ~33%，空间分布整体上呈现自上游向下游逐渐降低的趋势。上游土壤水分较高，介于 12% ~33%，高寒草甸、山地森林覆盖区域土壤水分较高，上游土壤水分自东向西逐步减少。中、下游绿洲和河流区域土壤水分较高，8 月灌溉农田土壤水分月均值也可达 30% 以上，其他戈壁和荒漠区域土壤水分为整个流域最低的区域，一般在 10% 左右。从时间上看，土壤水分自 5 月开始逐渐增加，至 8 月达到最大值，9 月开始降低。这一时空分布特征与典型生态类型地面观测结果是相一致的。

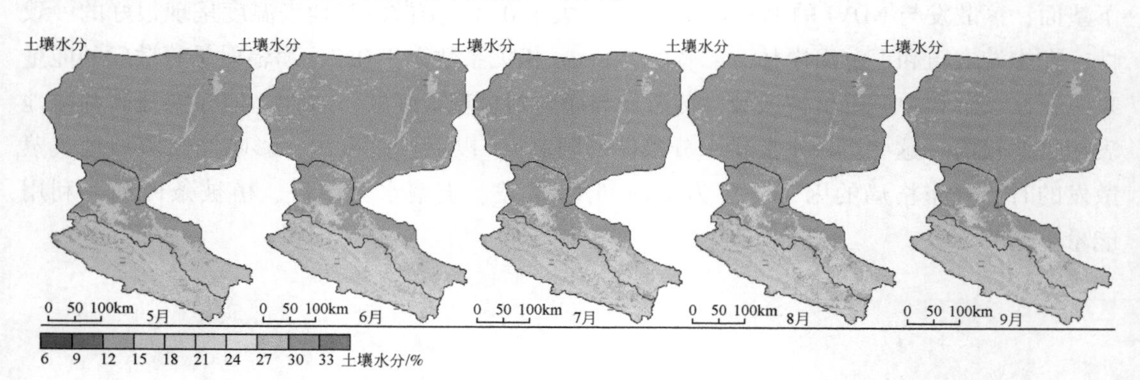

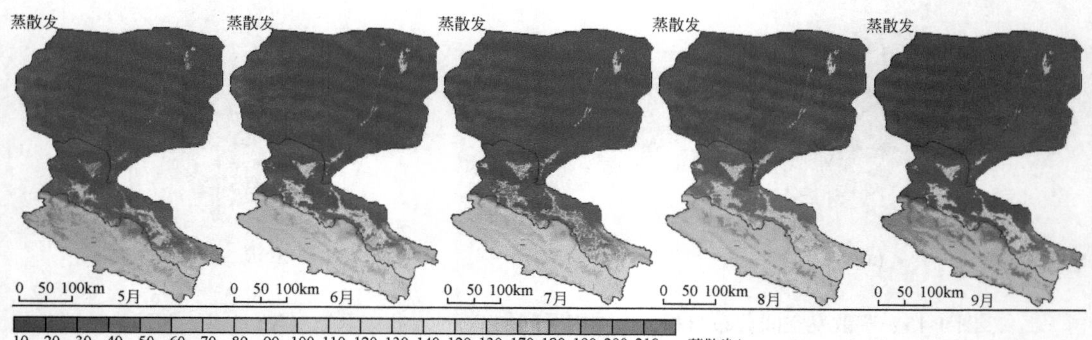

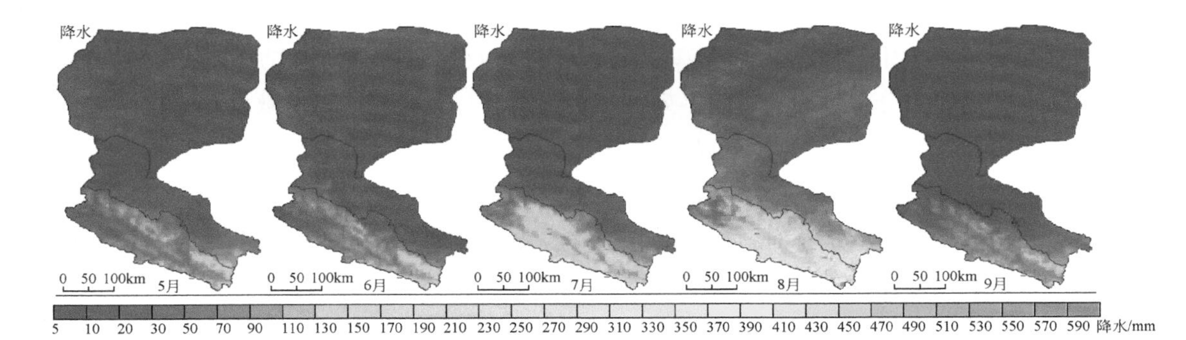

图4-16　2016年黑河流域土壤水分及蒸散发和降水的时空分布

流域土壤水分的时空分布特征及其明显的分异性，主要受区域降水和蒸散发过程的影响。从图4-16展示的降水和蒸散发时空分布特征可以很明显地看到这一点。总体上，上游以高寒山区为主，降水量大，蒸散发相对于降雨较小，为流域主要产水区域，土壤水分可以保持较高的水平，特别是在高山草甸和针叶林区域。降水量自东南向西北逐渐减小，土壤水分也随之减小。降水自山区向中下游迅速降低，特别是黑河下游干旱荒漠和戈壁沙漠区域，降水量不足50mm，而潜在蒸散发又极大，导致整个中下游大部分区域处在极端干旱状态，土壤水分较低。在绿洲区域，包括河岸林带，由于有灌溉和地下水补给，土壤水分相对较高。这一点也与中下游蒸散发的空间分布相一致。在中下游区域，蒸散发受土壤水分控制，能量充足，使得土壤水分高的区域形成高的蒸散发，而土壤水分低的区域，蒸散发也很小。

总体来说，从时空分布上看，土壤水分与降水、蒸散发的时空变化具有较好的一致性（图4-16）。其中，降水（包括灌溉和地下水补给）是土壤水分主要的控制因素，生态系统类型、蒸散发对流域下垫面土壤水分有显著的影响。相较站点观测数据，遥感反演的土壤水分整体较低，但总体分布特征和时间变化规律与站点观测的典型生态系统土壤水分的时空分布特征和年内月变化规律大体一致。

4.1.3　多尺度蒸散发和土壤水分格局及控制机理研究的前沿方向

蒸散发和土壤水分的分布格局与生态系统的相互影响是当前全球气候变化研究的一个重要问题，当前对于蒸散发和土壤水分的时空分布格局和控制机理有了大量的研究，并获得一些认识。基于在黑河流域构建的覆盖全流域的多要素-多尺度-网络-立体-精细化的综合观测系统，以流域为研究对象，定量给出了黑河流域典型生态系统、绿洲荒漠系统、全流域的蒸散发和土壤水分时空变化特征及其影响因子，研究结果对流域水资源管理可提供数据支撑，同时对认识和理解气候与景观类似的内陆河流域蒸散发和土壤水分的时空变化特征可起到借鉴作用。但从蒸散发和土壤水分格局及控制机理研究的需求来看，多尺度、高精度、高时空分辨率和长时间序列的持续观测，对理解和认识蒸散发和土壤水分的时空分布格局及其控制机理具有关键的作用。

考虑到下垫面和生态系统的多样性，以及气候变化和生态过程相互影响的长期性和滞后性，以及蒸散发和土壤水分时空变化的复杂性，多尺度蒸散发和土壤水分格局及控制机理的研究可以重点关注以下几个问题。

（1）异质性地表不同尺度蒸散发和土壤水分新的观测技术和测算理论的发展，当前的观测大部分还局限在以单一生态类型下的观测为主。如何获取复杂生态系统，如镶嵌斑块内各生态系统的蒸散发过程、土壤水分变化特征及其相互影响的观测和认识，需要发展新的观测技术和分析理论。

（2）蒸散发和土壤水分观测尺度差异的原因及控制机理研究，多尺度观测可以获取不同尺度下的蒸散发和土壤水分的值，但由于不同尺度的观测技术和观测源区的差异，不同尺度观测结果之间的差异性的原因并不是十分明确，需要进一步研究仪器、源区、计算模型对观测尺度差异的贡献，研究尺度效应的控制机理。

（3）不同时空分辨率区域尺度蒸散发和土壤水分的分布格局和控制机理，充分利用遥感多分辨率的特点和机器学习、AI 大数据技术，开展多时空分辨率区域蒸散发和土壤水分的遥感产品分析，研究植被、土壤、地形、气候等各要素对区域蒸散发和土壤水分分布格局的影响和控制机理，构建遥感反演根区土壤水分模型，进一步提高蒸散发、土壤水分与生态系统相互影响机理的分析水平。

4.2 区域尺度植被生长对干旱的响应机理

4.2.1 区域尺度植被生长对干旱响应的研究现状与科学问题

水分是植物生长和存活的关键限制因素。在植物生长发育过程中，当土壤水分供应不足或树木蒸腾速率超过水分吸收速率时，树木将发生干旱胁迫。干旱胁迫普遍发生于干旱半干旱地区，但随着气候变化的日益加剧，其他区域也由于周期性或难以预测的干旱事件导致不同程度的植被生长衰退甚至死亡。普遍认为，植物应对干旱通常发展出独特的适应策略和生理机制，如增加根系深度、关闭气孔减少蒸腾、提高水分利用效率、改善碳水化合物分配等（Maestre et al.，2005）。气候干旱（季节干旱、极端干旱等）深刻地影响植被生长动态及时空格局，乃至广泛地引发植被生产力下降，区域植被退化及死亡，亟待刻画和理解植被对干旱的响应机理。目前关于区域植被生长对干旱响应的研究现状及科学问题如下。

1）季节干旱及极端干旱事件对植被的影响

在温室气体增加和人类活动的干扰下，全球气候呈现暖干化趋势，极端干旱事件的频率和强度都有所上升，气候模型预测这种趋势将持续到未来几十年（Dai，2013；Stocker et al.，2013；Xu et al.，2019）。极端干旱作为突发性的高强度胁迫事件，对植被生长产生一系列滞后的长期影响（Anderegg et al.，2015；McDowell and Allen，2015），最终导致植被发生水力衰竭或碳饥饿而死亡。不同植被类型对极端干旱的响应存在差异。研究表明，结构和功能简单的植被（如草地）经历干旱后有更快速的恢复能力，而灌木和乔木则经历更长的恢复时间（Li et al.，2019b）。除极端事件的增加外，气候干旱的另一个突出特征表现为不同季节间的变化过程差异显著，季节非对称性升温（冬季和春季升温较之夏季剧烈）和降水的季节分布格局改变导致了不同季节的干旱事件。由于温度和水分供应的不匹配，春季已经成为影响植被物候和季节生长的关键时期，尤其在北半球中高纬度的干旱半干旱区域。针对气候干旱两大特点（季节性、极端性）的研究仍然较少，尤其缺乏较大空间尺度上针对不同植被类型响应差异的系统研究。

2）多手段集合探究植被生长对干旱的响应机理

目前关于植被生长响应气候干旱的研究多是基于模型、遥感、树木年轮学等手段，实现在较大空间尺度上针对单一树种或混合林分的长时间序列分析。基于树木生长期较长的特点，年轮学被广泛应用于探究不同时间尺度树木生长对温度、降水等气候因子的响应差异（Andrews et al.，2020）。除乔木外，灌木、草本等植被类型也可应用年轮开展干旱胁迫研究（Gamm et al.，2018）。既往研究关于树木年轮的取样方法仍然存在缺陷，如采样易受样地环境和空间限制、植被生长指标单一等。因此，针对树木年轮学采样的不足，集合样地调查、遥感数据、室内实验、Meta-analysis 等多手段开展相关研究有助于更全面深入地理解植被生长对干旱的响应机理。

4.2.2 区域植被生长对干旱响应的研究取得的成果、突破与影响

1. 植被生长对干旱发生时间的响应

人类活动引起的气候变化使得干旱事件的强度和发生频率都呈现增加趋势，持续加剧的气候干旱对陆地生态系统的结构和功能造成了深远的影响，并且广泛地导致植被生产力降低。气候干旱的发生时间对植被生长产生不同的影响，当前最新的研究突出体现在：①积雪对树木生长的影响；②干旱时间对干旱遗产效应的影响；③植被生长对季节干旱的

非对称响应等方面。

既往研究主要关注夏季或生长季干旱对树木生长的影响，但是长期以来关于冬季干旱胁迫对干旱半干旱区森林生长的滞后影响是一个研究盲点，突出体现在对以下两个核心科学问题缺乏系统性认识：①冬季干旱胁迫如何调控温带森林春季物候？②冬季积雪能否缓解生长季不断加剧的干旱胁迫？中国温带地区森林的生长受到生长季开始前和生长季前期水分供应的强烈限制。并且中国温带地区观测到季节变暖不对称，春季和冬季的增温速率比夏季高，这可能导致融雪更早，从而影响树木生长与积雪的相互作用。由于春季提前和增温，在季风降水补充土壤水量不足的年份，较早融雪和较高的大气水分需求可能会增加春季的水分流失，并加剧夏季的水分胁迫。然而，目前缺乏在更大的空间尺度上以及在不同的气候区域中的积雪效应的观察证据。基于中国温带地区包括 19 个树种的 114 条标准树木年轮年表数据库、高分辨率卫星遥感及 269 个气象站点 1950 ~ 2015 年气象要素连续观测等多源数据，借助偏最小二乘回归及时间序列分析等多变量分析方法，定量解析发现：冬季降水解释了中国温带地区森林春季物候年际变化的 16.1%。这是因为在温带干旱、半干旱和半湿润地区，生长季早期（如春季）的水供应很大程度上依赖于积雪融水。冬季降水的变化（主要是降雪）可以调节这些地区生物群落的春季土壤水分，进而对植被的生长和植被活动的年际周期产生重要影响。冬季降水的增加通常减轻春季干旱，导致水分限制地区的植被物候提前，反之亦然。在此基础上，研究发现冬季积雪对中国温带不同气候区森林生长的贡献较小，仅为 2% ~5%，但冬季积雪对森林生长的贡献在样点间存在巨大的空间异质性（2% ~23%），其作用大小与冬季积雪占生长季前期降水的比例存在密切关系。研究进一步发现，在区域尺度上冬季积雪对生长季不断加剧的干旱胁迫的补偿作用随时间进展没有出现变化（图 4-17），这是因为当季风降水没有到来时，冬季降雪量和融化时间都会影响季节性积雪驱动的土壤湿度变化。温带干旱地区冬季降雪量低，限制了其对生长季树木生长的调节作用，冬季降雪量丰富的地区在调节随后的生长季树木生长中起着重要作用。更重要的是，在过去的几十年中，冬季降雪呈下降趋势，这进一步恶化了用以支持树木生长的积雪驱动的水供应。理想情况下，春季融雪与森林活跃的光合作用同时发生，土壤水分主要来源依次依赖于积雪融水和季风降水。中国北方地区树木形成层细胞分裂一般在 5 月初开始，而平均日温度从<0℃到>0℃的转变通常发生在 4 月初。伴随着更高的春季升温速率，融雪趋向于更早。因此，树木形成层的生长时间与春季水分供应之间可能存在时间上的不匹配，积雪融水将以蒸散和潜在径流（如山区）的形式而损失。在中国东北地区，研究发现冬季积雪对落叶松的生长具有显著的补偿作用，这是因为在该地区，4 月存在降雪，但到 5 月降雪消失，当生长季节一般在 4 月下旬开始时，4 月的积雪使树木能够获得季风降雨前的供水。落叶松在浅层土壤中具有较高的细根比例。雪水主要补给表层土壤，再加上落叶松森林中厚厚的腐殖质层，可以在土壤中保留更多的积雪融水，以在随后的生长季节提供水分。此外，冬季积雪的保温效应还可以促进随后生长季节中树木的生长。因此，在积雪丰富的地区，冬季积雪深度对随后的生长季节树木生长具有较高的补偿作用，并且这种补偿作用在干旱年份的效应（24.4% ~48.0%）要显著高于湿润年份（6.1% ~8.1%）。该系列研究从冬季干旱对森林生长的滞后影响这一独特视角，揭示了冬季干旱对森林春季物候及树木生长的调控过程。

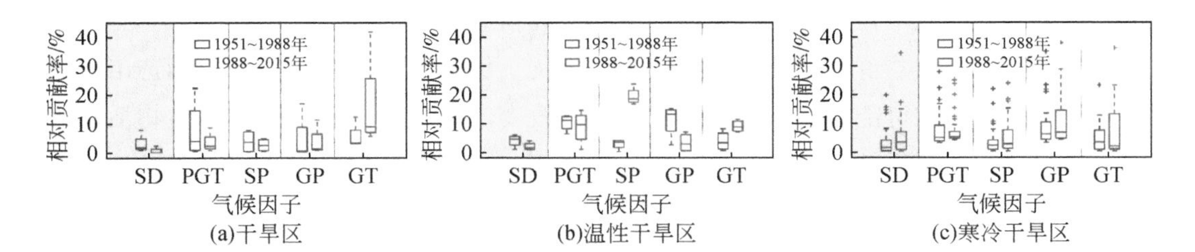

图 4-17　中国温带三个主要气候区内不同气候因子对树木生长影响的相对贡献率的时间变化［修改自 Wu 等（2018）］

该分析中考虑了对树木生长具有影响的 5 个气候因子：冬季积雪（SD）、生长季前期平均温度（PGT）、春季降水（SP）、生长季降水（GP）和生长季均温（GT）。阴影部分为冬季积雪对树木生长相对贡献率的变化

近年来，越来越多的证据表明，干旱对陆地生态系统的影响模式、方向以及程度可能会根据干旱事件发生的时间而有所不同。干旱对陆地生态系统产生遗产效应（Legacy Effect），这被定义为干旱后恢复滞后或恢复不完全导致其对功能的持续影响。然而，目前关于干旱发生时间是否以及如何影响树木生长遗产效应的了解较少。基于全球 2500 个站点的树木年轮宽度指数（RWI）数据库和高分辨率卫星遥感数据，定量研究了 1948 ~2008 年不同发生时间的极端干旱事件的遗产效应（观测到的 RWI 与预期 RWI 的偏离）。研究发现，极端干旱发生后三年内，旱季遗产效应与雨季相比具有更长的时间和更强的影响。在全球范围内，旱季极端干旱的平均遗产效应强度（0.18）约为雨季极端干旱的（0.02）的 9 倍。这是因为植物通过一系列结构或生理调节来应对干旱胁迫和干旱对土壤的不利影响，这都可能会滞后影响极端干旱发生后的树木生长。具体表现在干旱导致气孔关闭，减少向 Rubisco 的 CO_2 供应，通过抑制叶肉对 CO_2 扩散的传导，或通过降低光合酶的活性和浓度，直接降低了 CO_2 的同化速率。在干旱条件下生长的树木必须在修复、组织维护、生长和防御的需求之间分配现有的有机物储备。在这种情况下，任何对有限的储备的额外需求都可能延迟生长的恢复。一方面，在恢复正常过程之前必须修复干旱引起的生理失调性损害；另一方面，在干旱期间，植物必须保持从土壤到叶片的有效水分转移，使叶片中的水势保持在空化阈值以上，由于干旱期间树木的蒸腾作用大大降低，该过程需要大量的代谢。此外，为了减少对水分亏缺的脆弱性，植物必须在个体的不同组织（如光合组织，叶子；导水组织，茎；吸水组织，根部）之间重新分配用于增加生物量的有限碳水化合物。

在干燥条件下长期生长的树种倾向于增加地下生物量的分配，从而改善深层土壤水的吸收能力。干旱引起的光合作用减少和光合产物分配的变化，造成极端干旱后数年树轮宽度减小。

土壤方面，由于干旱引起的土壤结构和土壤疏水性变化在干旱恢复期间促进优势流的产生，干旱后保水能力降低。由于土壤含水量的减少，土壤中的养分溶解量降低，干旱限制了土壤中养分的流动性，同时可能通过改变根际营养影响干旱后树木的生长。另外，干旱可能导致土壤微生物群落的结构和活性发生变化。例如，干旱会促使土壤筛选出更具抗旱性的微生物群，这可能导致现有微生物群落的改变。干旱还会通过影响微生物活动来影响微生物驱动的生态系统功能，这是由多种机制引发的，如植物生产力降低导致土壤中有机碳的输入减少，进一步反馈于植物并改变其对土壤养分的利用。综上所述，干旱发生的时间是影响树木恢复的关键因素。研究结果将有助于增进当前对极端干旱事件影响树木生长恢复时间的了解，对改善未来气候变化下极端干旱事件对森林生态系统的预估影响至关重要。

北半球白天和夜间气候的年际变化存在季节性不对称现象，但对植被活动的影响知之甚少。基于高分辨率卫星遥感、FLUXNET 和树木年轮数据，研究了过去几十年中植被活动对北半球（>30°N）白天和夜间气候变化的季节响应。研究发现北半球温带地区植被活动对春季和夏季日最高温响应不同，部分原因是白天变暖引起的干旱从春季到夏季逐渐加剧，春季白天温度升高会引起春季物候提前和光合速率增加，如果土壤水分充足，则促进植被生长，相反，如果生长季早期较高的升温速率不能匹配充足的水分，则升高的温度引起持续的干旱，特别是在季节干旱胁迫的地区（大部分北半球温带地区），会减少植被生长，甚至抵消春季生态系统的碳增加。其次，与春季和夏季日最高温相比，北半球温带地区植被活动与秋季日最高温显著正相关，这可能与水分胁迫对光合作用影响缓解有关。另外，北半球部分地区植被活动与春季和夏季最低温呈现正响应，这可能与夜间变暖的补偿作用有关。然而，在干旱和温暖干旱地区，植被生长对春季和夏季日最低温响应相反，表明夜间变暖对植被生长的补偿作用可能因季节和区域而异，并且可能会受到其他生物物理因素的影响，如水分条件和植物功能类型。除了某些山区以外（如北美西部的落基山脉），植被活动与秋季日最低温度普遍呈负相关。秋季夜间变暖对北半球植被生长的主要影响可能是增强植物的呼吸作用，因此导致秋季碳损失。但是，树木年轮数据表明植被生长与秋季低温呈一致的正相关。除增强植物的呼吸作用外，秋季（白天和黑夜）升高的温度可能会重新激活形成层的活动，加之减轻的水分限制，这些过程可能部分解释了北半球温带地区树木年轮数据和秋季日最低温之间的广泛正相关。在北半球观测到的植被生长对季节性日最低温的分异响应在一定程度上归因于最低温对植物生长和呼吸的水分平衡作用。研究结果为日间和夜间气候变化的季节不对称性与水分限制相互作用引起植被生长的时空变化响应提供了新的见解。

2. 植被生长对极端干旱和高温的响应

极端干旱是最广泛、最具有破坏性的极端气候事件，通过减少植被生长、增加树木死亡率等过程深刻影响陆地生态系统的结构和功能，并改变陆地碳平衡（Ciais et al.，2005；Allen et al.，2010；Van der Molen et al.，2011；Anderegg et al.，2013；Sheffield et al.，2014；Anderegg et al.，2015）。极端干旱事件会导致冠层光合作用的下降，增加森林被有害生物/病原体攻击的风险（Allen et al.，2015，2010；Breshears et al.，2005）。干旱引起的植被变化增加了陆地生态系统对气候变化响应的预测的不确定性，对水文预测、碳平衡和生态系统的多种过程产生了影响（Anderegg et al.，2013；Gaylord et al.，2015）。因此，了解生态系统生产力对极端干旱的响应和恢复力对预测未来气候变化下生态系统功能的变化至关重要（Anderegg et al.，2015）。

不同植被类型对极端干旱的响应及恢复存在明显的差异，这可能是由于不同植被类型对干旱/非干旱周期进行结构和生理调节的能力有所不同（Wolf et al.，2014）。一般而言，与其他植被类型相比，森林恢复生产力需要的时间较短，但需要更长的时间来恢复生长（Li et al.，2019b）。这是因为与其他植被相比，一方面，在极端干旱胁迫发生时，森林通过调节气孔开放以维持基本的新陈代谢及生产力，具有更强的保水能力（Choat et al.，2018）；另一方面，发生干旱时，森林倾向于增加根部而非茎/叶碳水化合物的分配，由于碳水化合物的积累和保水能力，森林生长的恢复时间更长（Van der Molen et al.，2011；Huang et al.，2018）。目前，常绿阔叶林（Evergreen Broad-leaf Forest，EBF；主要是热带和亚热带常绿森林）经历了变干的趋势，以及更长时间的旱季胁迫（Fu et al.，2013；Boisier et al.，2015）。例如，亚马孙常绿森林的平均干旱持续时间从2005年的6.5个月增加到2010年的9个月（Anderson et al.，2018）。在最近的几十年中，中国的热带和亚热带常绿阔叶林也遭受了土壤干燥和干旱事件频发的影响。由于常绿阔叶林在严重缺水的情况仍保留叶片（Xu et al.，2016b），因此更容易遭受干旱的影响。相反，草地具有更简单的结构和较低的生产力，在干旱期间出现地上部分枯萎，但在干旱消失后会迅速重新生长（Ponce-Campos et al.，2013；Stampfli et al.，2018）。与草地相比，灌木的结构和功能更复杂，但对水分、碳水化合物和养分的需求比乔木少，因此生长和生产力的恢复时间较短（Li et al.，2019b）。在缺水地区生长的植物（如温带灌木丛和草原），其生理过程对干旱的敏感性较低，但在适应高温和/或干旱胁迫时更具灵活性（Vicente-Serrano et al.，2013；Zhou et al.，2014b）。

我们重点探讨了大尺度空间上极端干旱的两个研究难点：①不同的植被类型是否具有不同的干旱遗产效应？②树木生长对生长季温度分布（而非平均温度）的响应如何受极端干旱的影响？

基于多年工作构建的树轮数据库，结合全球树轮数据库及遥感植被指数等数据，以95th 分位数识别极端干旱事件，并将植被生长中极端干旱遗产效应定义为在极端干旱事件发生后 1 ~4 年内观测到的植被生长［以平均生长季 NDVI（$NDVI_{GS}$）和树轮指数（TRI）表示］与预测的植被生长的偏离，率先定量解析了极端干旱对森林的干旱遗产效应。进一步分析了干旱遗产效应对森林、灌丛和草地生长的影响，发现三种植被类型之间的干旱遗产效应明显不同。干旱对森林的遗产效应持续时间超过 1 年，可持续长达 4 年。相比之下，灌丛的干旱遗产效应为 1 ~2 年，而草地的最大干旱遗产效应为 1 年（图 4-18）。

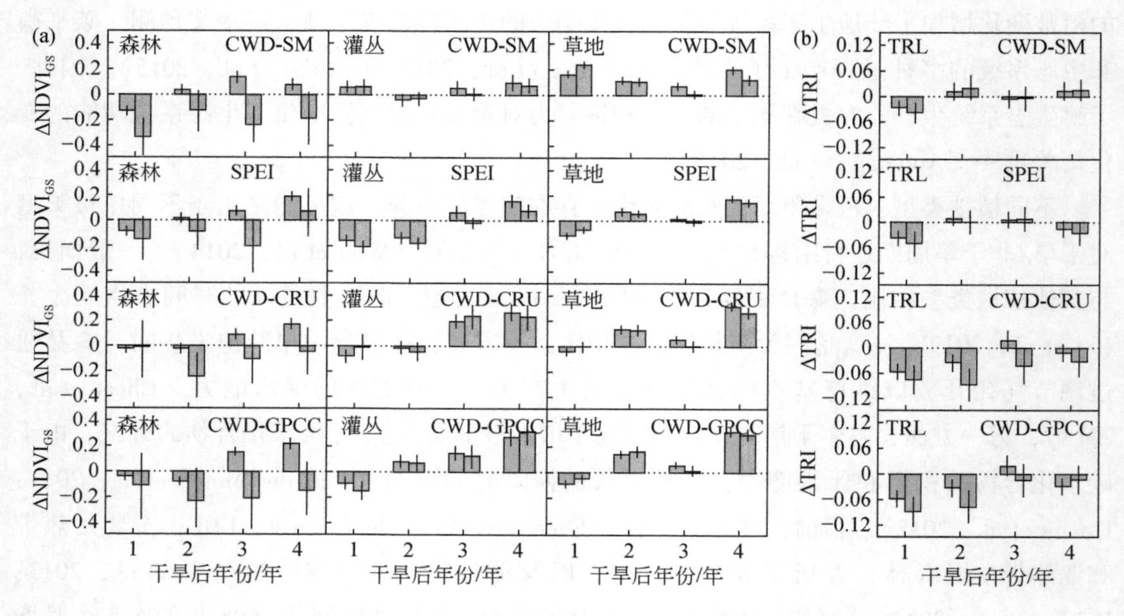

图 4-18　北半球温带地区植被在极端干旱事件发生后的 1 ~4 年内，干旱对 $NDVI_{GS}$（a）和 TRI（b）的影响［修改自 Wu 等（2018）］

分析四种不同类型的干旱变量，包括标准降水量-蒸散量指数（SPEI）、CRU（http://www.cru.uea.ac.uk/）降水量计算的气候水分亏缺（CWD-CRU）、全球降水气候中心（Global Precipitation Climatology Centre，GPCC）降水量计算的气候水分亏缺（CWD-GPCC），以及气候预测中心（Climate Prediction Center，CPC）土壤湿度计算的气候水分亏缺（CWD-SM）。误差线表示极端干旱事件发生后不同时期干旱对植物生长影响的 95% 的置信区间。蓝色和橙色柱分别显示了来自所有可用样点的结果以及 $NDVI_{GS}$或 TRI 与干旱变量之间具有显著正相关样点的结果

为了研究不同植被类型之间的干旱遗产效应与植被干旱恢复力之间的联系，计算了平均植被生长恢复力（R_s）指标来表示极端干旱事件后植被生长的变化。对于灌丛，我们在 1 ~3 年的时间尺度上发现一致的负 R_s值；对于草地，在 1 年的时间尺度上观察到负 R_s，但是在 2 ~3 年的时间尺度上观察到正 R_s；对于森林，在 1 ~3 年的时间尺度上未发现负 R_s，这表明森林的恢复力较灌木和草地更强。森林在 2 ~3 年的时间尺度上存在正的 R_s，

并且与 $NDVI_{GS}$和 SPEI 之间存在显著的正相关关系（图 4-19）。基于以上研究结果，我们进一步揭示了不同植被类型干旱遗产效应的分异主要归因于植被水分利用来源格局及植被水力结构和气孔行为对干旱的响应存在差异，初步阐明了不同植被类型干旱遗产效应分异的影响因素（Wu et al.，2018）。

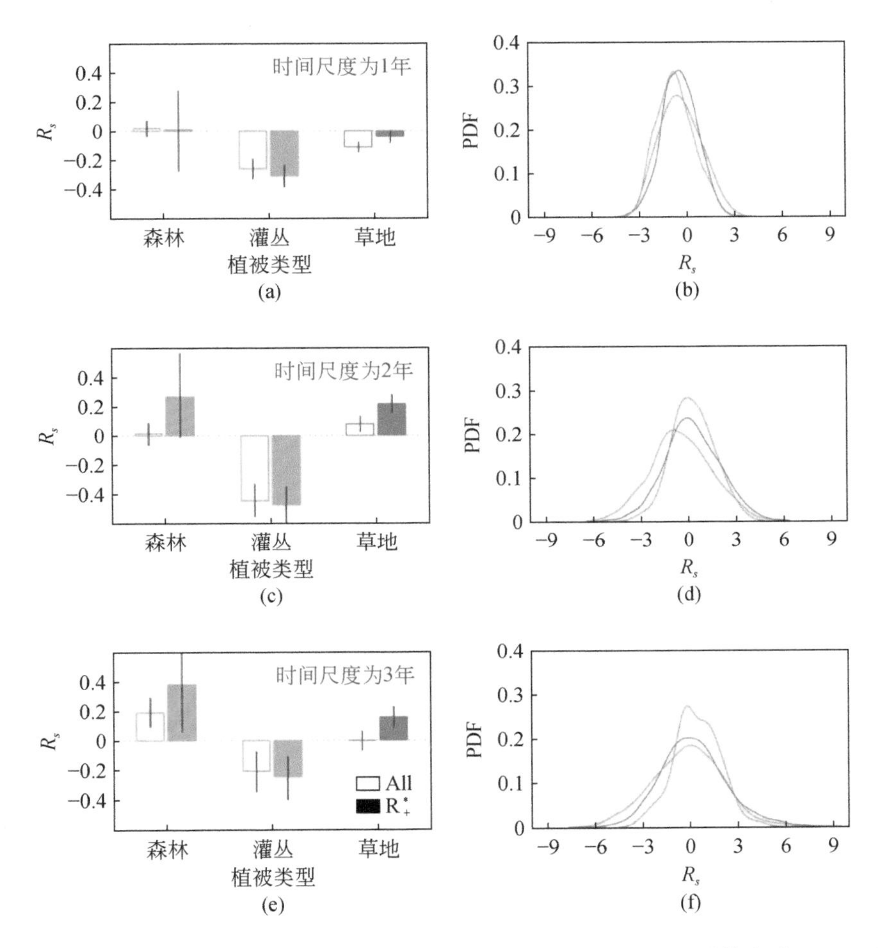

图 4-19　森林、灌丛和草地在不同时间尺度上对极端干旱事件的平均恢复力（R_s）和恢复力的概率密度函数（PDF）［修改自 Wu 等（2018）］

干旱事件通过标准降水-蒸散指数（SPEI）估算。基于 $NDVI_{GS}$，在 1～3 年的时间范围内计算森林、灌木和草地的恢复力。不同的时间尺度表示考虑用于计算 R_s的极端干旱事件前后连续年的长度不同。用于计算 R_s的 $NDVI_{GS}$通过线性方法进行去趋势计算。误差线表示 95% 置信区间，其中包含 1000 次重复

在本研究中，我们创新性地引入温度暴露（Temperature Exposure）的概念，将传统研究中植被对平均温度的响应成功拓展到植被对不同温度区间的响应。我们将 1982～2012 年生长季节每日温度分布的第 95 个百分位数定义为每个栅格区域中的极端高温（EHT）

阈值。通过建立 $NDVI_{GS}$与生长季总降水量、高于 EHT 阈值温度（TE_H）、低于 EHT 阈值温度（TE_L）、平均生长季太阳辐射、平均生长季温度之间的回归关系，分析了生长季植被生长与气候因子的关系，进一步研究了不同类型植被生长在 1982～2012 年对气候因子的非线性响应。

通过温带地区树木生长对不同温度区间温度暴露的响应规律研究，发现森林对温度暴露的响应具有明确的阈值效应：高温暴露（高于生长季温度分布的 95th 分位数）显著抑制了森林生长。在部分北半球部分温带区域（25%～35%），$NDVI_{GS}$与生长季总降水量（约 68%）和 TE_H（约 61%）分别呈现显著正相关和显著负相关（$p<0.05$）。研究发现，累积的 TE_H和 TE_L对 $NDVI_{GS}$有不同的影响（图 4-20）。在北半球温带区域，尤其是在美国中部和欧亚大陆南部，TE_H（约 61%）对 $NDVI_{GS}$的负响应比 TE_L（约 48%）更为普遍。在北半球寒带区域，$NDVI_{GS}$对 TE_H（约 33%）的正响应比 TE_L（约 47%）弱得多（$p<0.05$）。这些结果表明，生长季总降水量和 TE_H、TE_L的累积共同作用可以较好地解释北半球温带和北部地区 $NDVI_{GS}$年际变化。

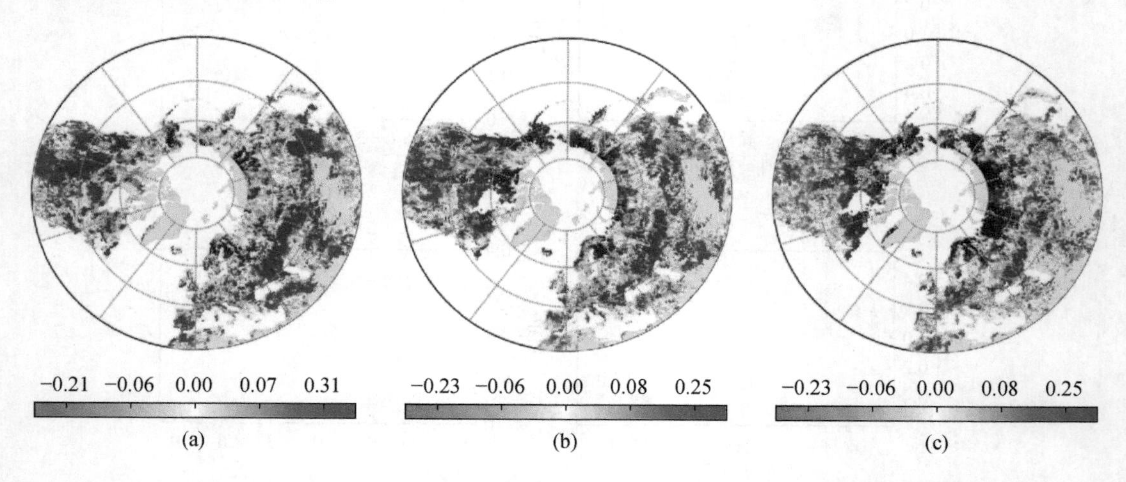

图 4-20　生长季（4～10 月）平均归一化植被指数（$NDVI_{GS}$）与气候年际变化间标准回归系数的空间格局（Wu et al.，2019a）

$NDVI_{GS}$与生长季总降水量（a），以及 1982～2012 年生长季日平均温度的高温阈值日积温（b，TE_H）和低温阈值日积温（c，TE_L）的回归分析。分析中舍弃了 1982～2012 年多年平均 NDVI 值小于 0.1 的区域（空白区域）。$p<0.05$ 时具有统计学意义

考虑到森林、灌丛和草地之间水热条件和植被结构的差异，在不同植被类型中，植被生长不会对温度暴露产生一致的响应。但研究表明，北半球温带和高纬度地区所有植被类型的 $NDVI_{GS}$都具有对γ_{TE}响应的单峰模式（图 4-21）。这种模式具体显示为在较低温度区间内，随温度的增加γ_{TE}逐渐增加，直到达到不同植被类型的温度阈值；超过该阈值，植

被生长对温度暴露的响应逐渐下降，甚至由正响应变为负响应（Wu et al.，2019a）。研究进一步阐明极端干旱通过影响土壤水分有效性及植物气孔行为加剧高温暴露对森林生长的抑制作用，明确极端干旱和高温暴露对森林生长的协同抑制过程，并发现该协同抑制在较湿润的地区表现得更为明显（Wu et al.，2019a）。

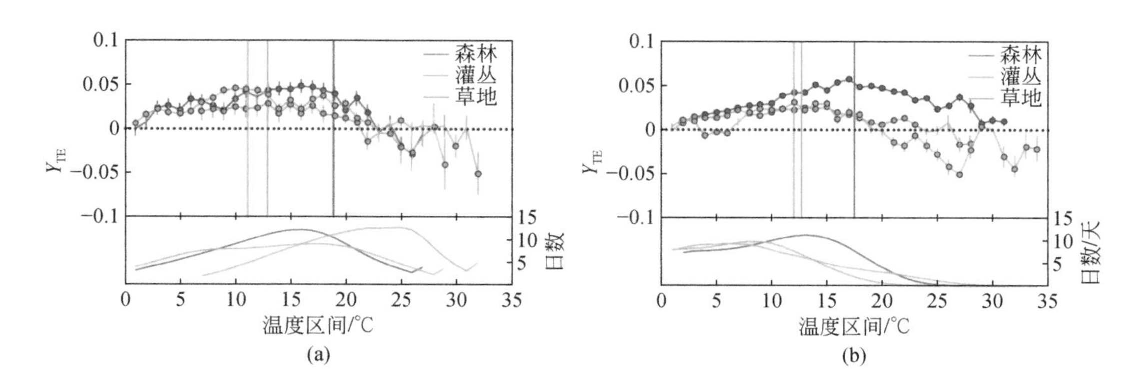

图 4-21 在不同温度范围内，生长季（4～10 月）平均归一化植被指数（$NDVI_{GS}$）对温度暴露（γ_{TE}）的响应与温度之间存在非线性关系［修改自 Wu 等（2019a）］

1982～2012 年，北半球温带（a）和寒带（b）的森林、灌丛和草地中 $NDVI_{GS}$ 的 γ_{TE} 和温度在不同温度范围（间隔为 1℃）之间的非线性关系。误差线表示 γ_{TE} 95% 水平的置信区间。曲线上的标记显示 $NDVI_{GS}$ 对 TE 的响应显著。垂直虚线表示森林、灌丛和草地 $NDVI_{GS}$ 的 γ_{TE} 和温度之间的非线性关系的温度阈值。底部图形中显示了 1982～2012 年生长季森林、灌丛和草地在每个 1℃间隔内的平均天数

目前，较多的研究主要集中在植物生长的干旱恢复，很少有研究关注生态系统碳和能量通量的干旱恢复格局及机理。我们使用 FLUXNET 2015 的原位观测资料，在日尺度上考察了 2003 年欧洲干旱和 2012 年美国干旱对生态系统碳通量和能量通量恢复的影响。我们确定了四个指标：生态系统总初级生产力（GPP）、生态系统总呼吸（TER）、生态系统净交换（NEE）和潜热通量（LE）。为了探讨生态系统不同指标之间干旱恢复时间潜在差异的原因，我们选择了五个与恢复时间相关的因素，分别代表干旱影响的程度、生态系统的多年平均气候条件、干旱恢复期的水热状况和恢复期平均气候条件。使用偏最小二乘回归检验了生态系统干旱恢复时间与每个生态系统指标的潜在驱动因素之间的关系。

结果表明，这两次极端干旱对生态系统总初级生产力、生态系统总呼吸、生态系统净交换和潜热通量产生了强烈影响。这些指标的恢复时间差异很大。在区域范围内，总初级生产力、生态系统总呼吸、生态系统净交换量和潜热通量的恢复时间分别在 2003 年欧洲干旱之后的第 44、23、63 和 27 天，而 2012 年美国干旱，相应指标的恢复时间分别为第 42、63、15 和 33 天。进一步的研究表明，各指标的背景值和干旱程度在调节 2003 年欧洲

干旱的干旱恢复中起着重要作用，较低的背景值和更为严重的干旱导致更长的恢复时间。但是，2012 年美国干旱造成的生态系统恢复主要受恢复期间的降水条件影响，降水增加会导致恢复时间缩短（图 4-22）。

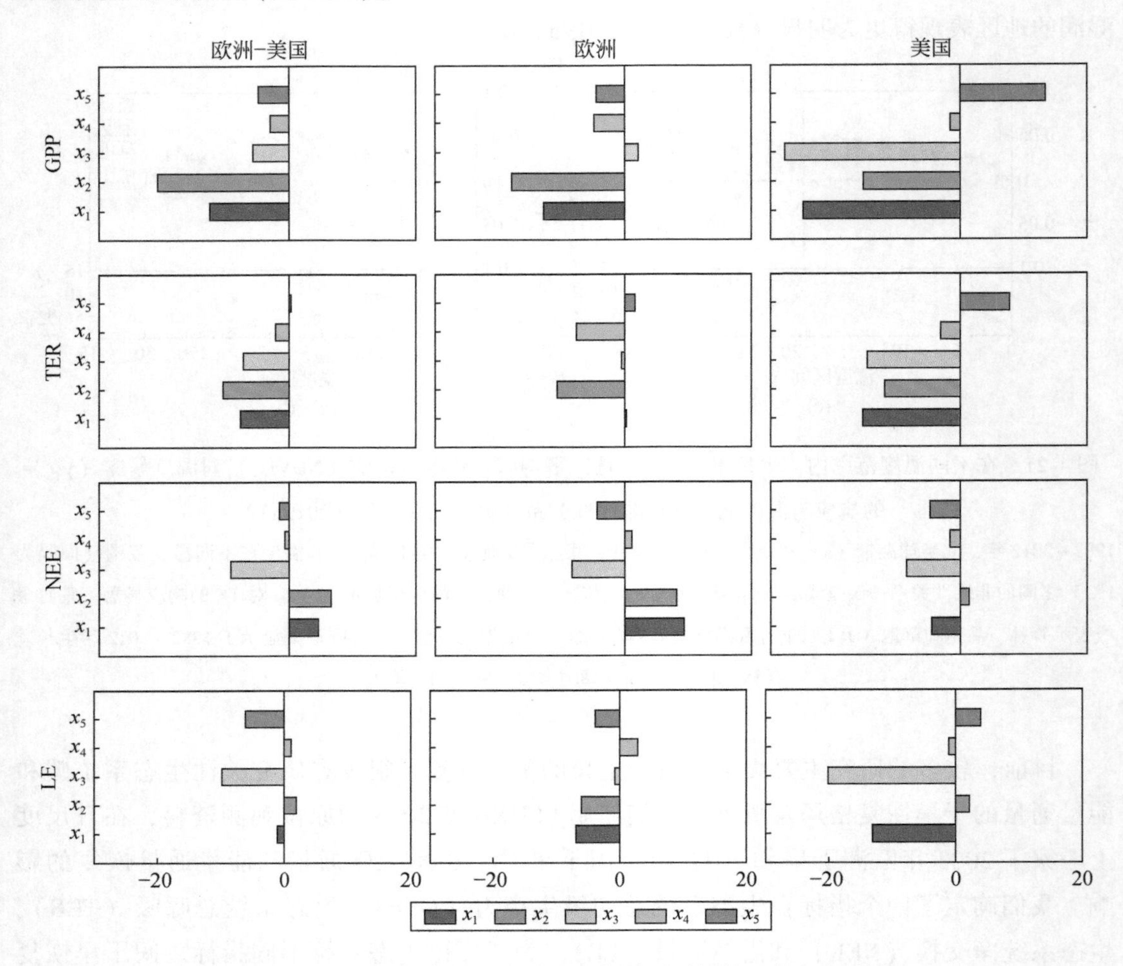

图 4-22　2003 年欧洲干旱和 2012 年美国干旱的五个生态系统指标恢复时间驱动因素的偏最小二乘回归系数（He et al., 2018）

横坐标表示每个变量的回归系数。y 轴上的 x_1 ~ x_5 是自变量。以 GPP 为例：x_1 表示与最大负 ΔGPP 相对应的基线 GPP；x_2 指示最大负 ΔGPP；x_3 表示恢复期间的累积 ΔP（降水距平）；x_4 表示恢复期间的平均 ΔT（温度距平）；x_5 为干燥度指数。GPP 为生态系统总初级生产力；TER 为生态系统总呼吸；NEE 为生态系统净交换；LE 为潜热通量

研究同时也表明，鉴于生态系统类型和干旱条件之间的空间差异，预计生态系统之间的恢复时间并不均匀。对于这两次极端干旱，敏感性和恢复时间在很大程度上取决于生态系统类型和特定的功能指标（图 4-23）。在欧洲干旱期间，最大的负 ΔGPP 和正 ΔNEE 发生在一个落叶阔叶林站（DB-Hai），最大的 ΔTER 和 ΔLE 发生在两个常绿针叶林站点

(DE-Tha 和 IT-SRo)，显示了各种指标和群落类型对干旱的敏感性差异。在2012年美国干旱期间，干旱对农作物的影响最大，这与恢复时间相对较长有关。除农作物站点外，最大的 ΔGPP、最大的 ΔTER 和最大的 ΔLE 发生在两个落叶阔叶林站（US-Ha1 和 US-UMd），但所有三个指标都迅速恢复。GPP、TER 和 LE 的最长恢复时间都发生在稀疏灌木生态系统（US-SRC）。相反，这四个指标的恢复时间最短发生在常绿针叶林站（US-NR1）。此外，两个草地站点各指标均显示较快的干旱恢复。这些结果为不同生物气候区不同碳水过程的不同恢复轨迹提供了重要的理论依据（He et al., 2018）。

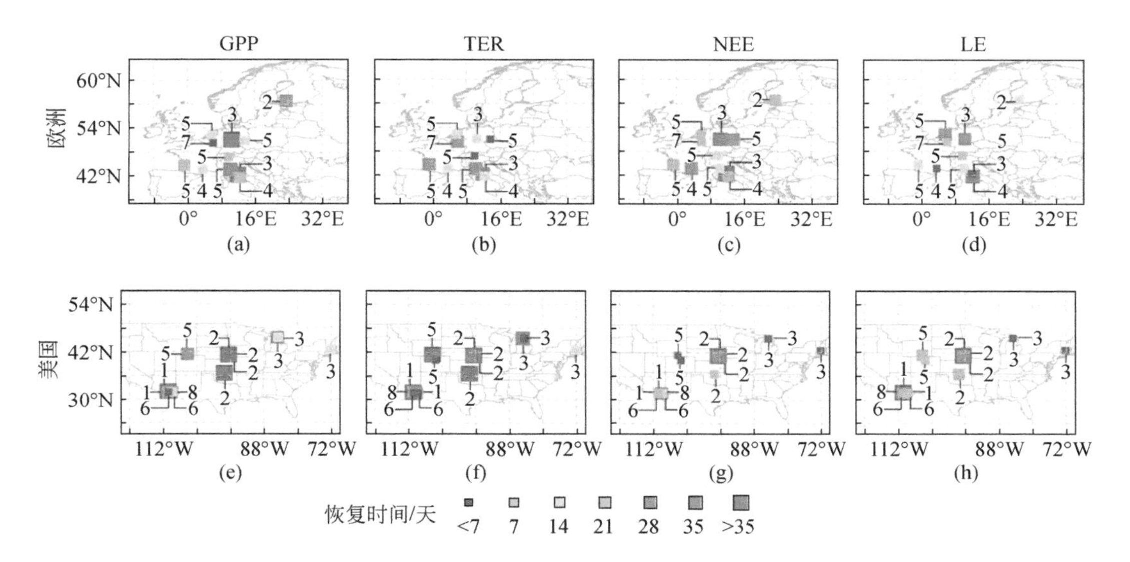

图4-23　2003年欧洲干旱和2012年美国干旱中各个生态系统不同指标的干旱恢复时间的空间格局
[修改自 He 等（2018）]

1 为稀疏灌木（OSH）；2 为农作物（CRO）；3 为落叶阔叶林（DBF）；4 为常绿阔叶林（EBF）；5 为常绿针叶林（ENF）；6 为草地（GRA）；7 为混交林（MF）；8 为稀树草原（WSA）。GPP 为生态系统总初级生产力；TER 为生态系统总呼吸；NEE 为生态系统净交换；LE 为潜热通量

我们进一步研究了干旱发生时间对植被恢复的影响。研究以中国西南地区遭受的两次严重干旱事件为例展开分析；我们通过三个独立的干旱指数：标准降水指数（SPI）、蒸发应力指数（ESI）及修正的土壤水分指数（SMI）来确定干旱的时空格局，结合归一化植被指数（NDVI）、增强植被指数（EVI）、总初级生产力（GPP）/净初级生产力（NPP）和植被光学厚度（VOD）等多种遥感植被指数，研究了2009~2010年冬春季干旱和2011年夏季干旱对西南地区植被生长和生产力的影响。分析表明，2009~2010年冬春干旱严重的土壤水分亏缺导致了蒸散量的减少，引起2010年春季 EVI（0.047）和 GPP（1.833Pg）/NPP 的增加，夏季 NDVI 及 VOD 的降低。相比之下，2011年夏季干旱导致

EVI 增强，夏季 GPP（1.272Pg）/NPP（0.546）高于正常年份（2007～2008 年），这是西南地区森林分布区太阳辐射增加导致（图 4-24）。我们的研究强调了植被对极端干旱事件发生时间响应的分异。

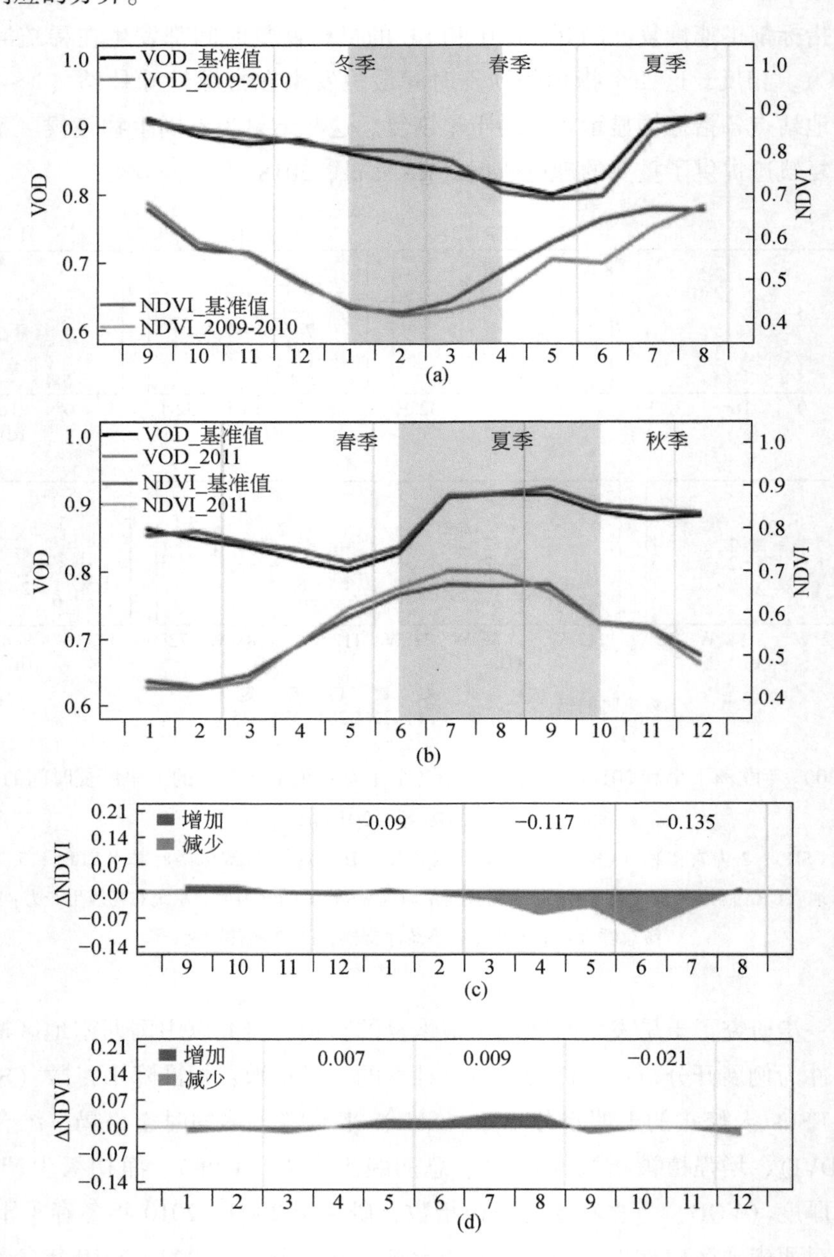

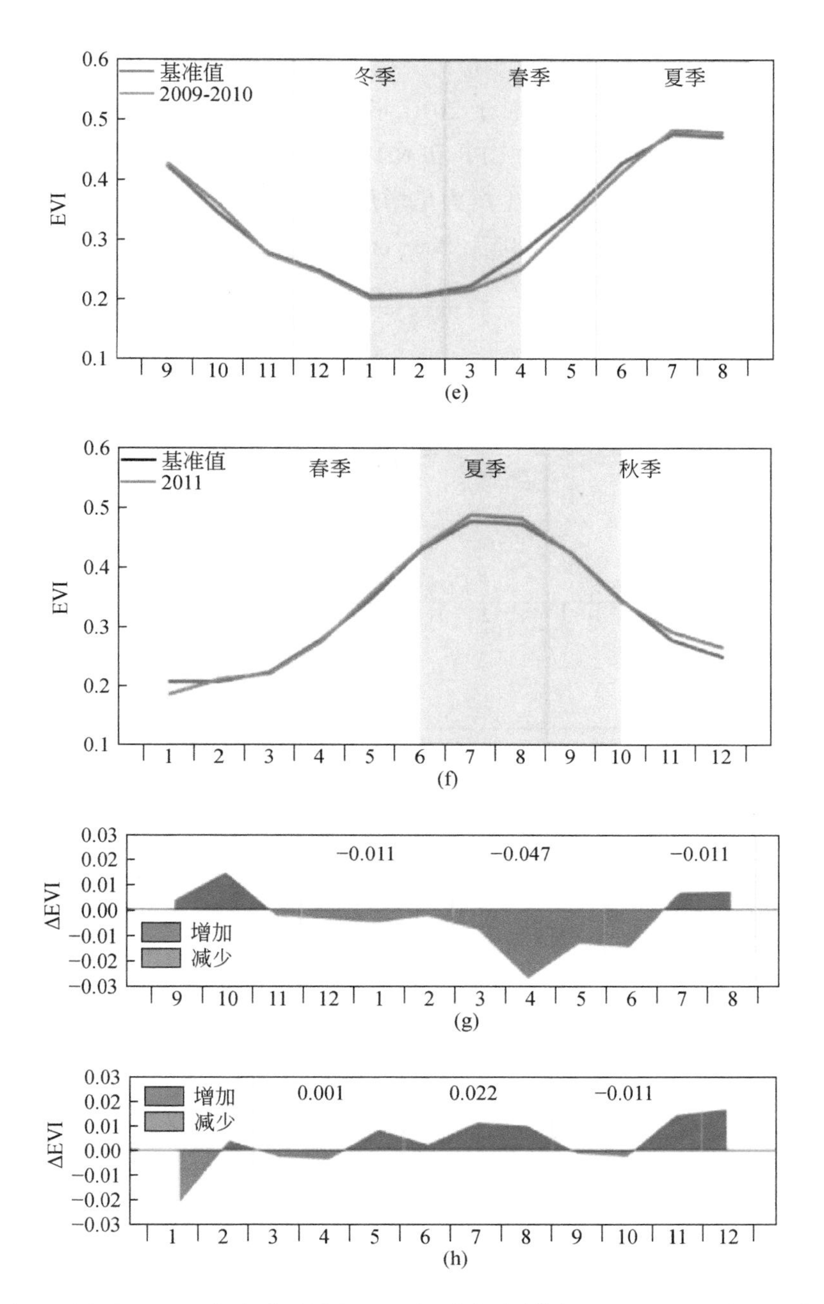

图 4-24 中国西南地区 2010 年春季干旱和 2011 年夏季干旱期间 NDVI、VOD 和 EVI 的时间变化（Song et al., 2019）

（a）和（c）2009～2010 年 MODIS NDVI（绿色）和 LPRM VOD（红色）的季节变化；（b）和（d）MODIS NDVI（绿色）相对于平均基准的季节变化（2007 年和 2008 年；橙色）。阴影区域表示干旱时期。（e）和（f）与基线（深青色）相比，2009～2010 年和 2011 年 MODIS EVI（棕色）的季节变化以及 2009～2010 年相对于基线的 MODIS EVI（g），（h）距平。（c）（d）（g）（h）图中顶部数字表示季节性距平由于植被的干旱响应也可能取决于植被类型，因此我们进行了进一步的分析，以检验不同植被类型的响应（图 4-25）。对于 2010 年的冬春干旱，春季和夏季所有植被类型（包括森林、灌丛、草地和农田）的 GPP 和 NDVI 均大幅下降，春季的 EVI 则适度下降。相反，对于 2011 年夏季干旱，森林生产力呈增加趋势，而农田生产力大大降低。这些结果突出了不同植被类型的不同干旱响应（Song et al.，2019）。

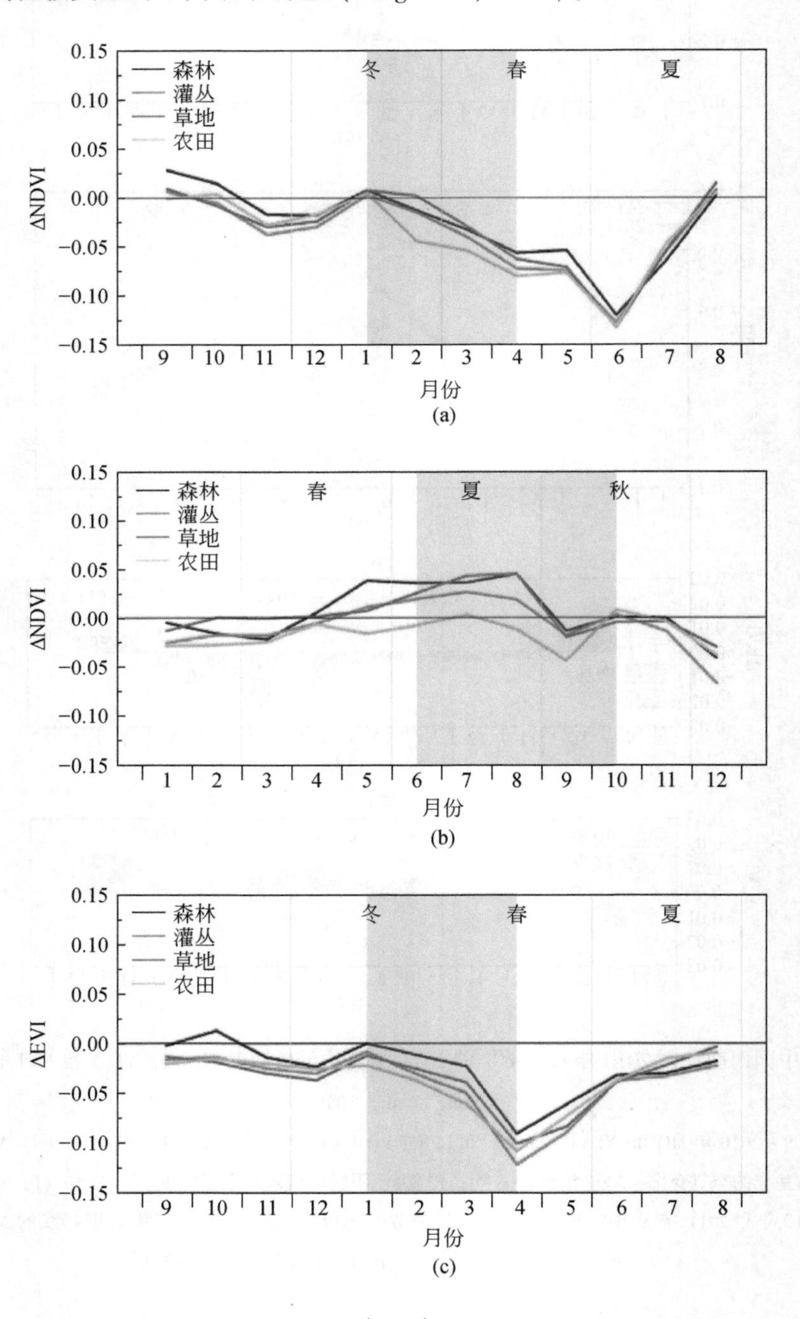

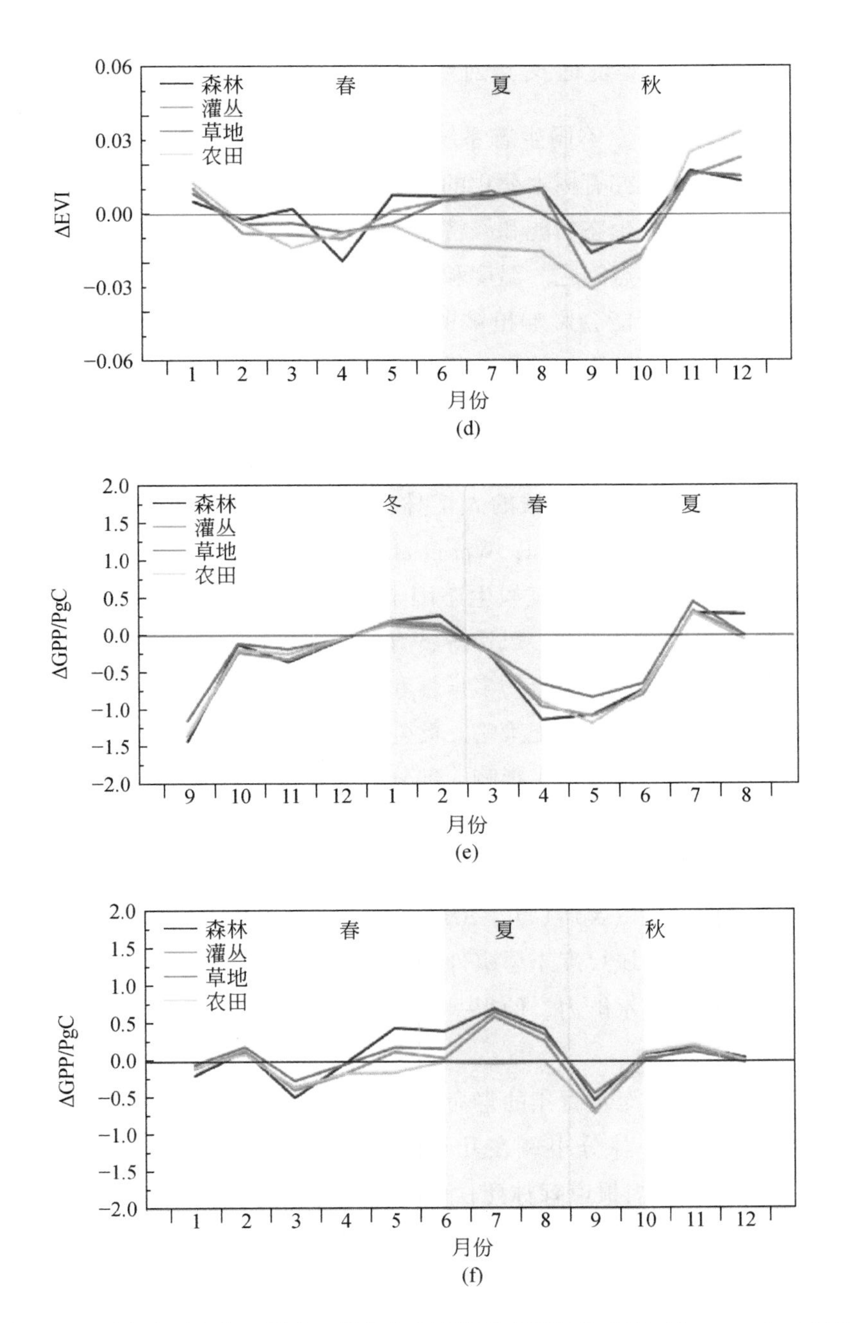

图 4-25　西南地区森林、灌丛、草地和农田植被对干旱的响应（Song et al., 2019）

与基准相比，2009～2010 年和 2011 年的 MODIS NDVI（a）和（b）、EVI（c）和（d）与 GLASS GPP（e）和（f）的季节性距平

3. 区域尺度植被生长衰退及其对干旱的响应

在全球气候变化背景下，不同生态系统中均出现大面积植被生长衰退甚至死亡的现象，即使是在气候湿润地区亦有树木死亡的报道（Allen et al., 2010）。森林生长及结构的稳定性是森林生态系统发挥生态功能和经济效益的基础，因此气候变化如何影响树木生长及死亡是当前国际研究的热点问题。温度和水分是影响植被进行光合作用和生理代谢活动的关键气候因子，其变化可能会影响植被的内在生理机制进而通过植被生长状态对外呈现。虽然关于气候变化对植被生长的影响仍存在争议（如温度升高导致生长季延长进而促进生长；水分胁迫增加病虫害和火灾的发生频率进而抑制生长），但目前大量研究均表明温度升高或水分胁迫会导致植被死亡率增加，如欧洲南部及北美西部的温带森林、我国西北部干旱半干旱区域及黄土高原区域的人工林、北欧生态系统中的落叶灌木和人工林等（Allen et al., 2010；Liu et al., 2013a；Wei et al., 2018）。

树木生长衰退或死亡的机制受气候生态因子和群落或个体水平生理生态因子的驱动。气候生态因子主要包括水分、温度、风速等，直接或间接影响树木生理过程；群落生态因子包括林分密度与年龄结构、林分生物多样性和林分竞争指数；个体生理因子包括树木水力传导能力和碳水化合物储备及分配策略。此外，海拔、坡位、坡度等地理环境也通过改变微气候及水热条件间接对植被产生影响，部分人工林木还可能受人为经营管理活动的干扰（Wei et al., 2018）。除外在因素外，树种本身对干旱和高温事件的适应性与抗性也是其能否在气候变化背景下维持生长或存活的关键，大量研究表明气孔调节能力较强的树种对外在胁迫具有更强的抗性（Xu et al., 2017a）。温度升高引起的蒸散发加剧和降水格局改变引起的降水量下降是区域尺度干旱事件频发的主导因素，气候暖干化加剧大气干旱胁迫，同时大大降低土壤的供水能力，使得一些浅根系植物和抗性较弱的幼龄树更易受到胁迫出现衰退。

树木通常具有几十年乃至上百年的寿命，不同区域微环境对植被生长的胁迫也具有差异性，这使得单纯研究某一林分小斑在几年间的生长变化是缺乏实践意义的。Allen 等（2010）通过综述全球范围内报道森林死亡的案例研究，发现自 20 世纪 70 年代以来，全球不同气候带中的多种森林类型均出现了水热胁迫导致的森林衰退或死亡事件，甚至在非洲和亚洲水热条件较好的热带湿润森林也报道过多次死亡实例。人工刺槐林是我国北方地区主要的造林树种之一，通过综述发现刺槐个体特别是在黄土高原区域出现大面积生长减缓、冠层干枯甚至整株死亡的现象，同时进一步分析影响刺槐生长的环境因子及生长衰退的内在生理学机制，提出具有实践性的林分管理建议。Andrews 等（2020）通过利用生态系统水平衡模型对土壤水分进行建模模拟，进一步量化了林分密度在水分供应-植被生长之间的重要性，并将土壤中水分的有效性与大气中的水分需求相结合，提出新的生态干旱指标用于指示植被受到的水分胁迫。研究表明，低密度林分的增长与高密度林分相比更不易受到干旱和高温胁迫，且树木之间的竞争作用较弱有利于树木径向生长和更新。

树木年轮学是分析树木生长与气候关系的常见研究手段，不仅可以提供过去几十年树木生长与气候之间关系的有价值信息，还可以反映树木对各种气候胁迫的响应，进一步预测森林未来的生长或衰退。基于树木年轮学的方法，大量研究表明暖干化的气候背景已造成大面积树木生长衰退甚至死亡现象，在未来胁迫持续加剧超过大部分植被生长阈值的情境下，植被衰退将成为更广泛且普遍的现象（Xu et al.，2017a；Andrews et al.，2020；Guillaume et al.，2020；Bosela et al.，2020；Podlaski，2021）。除乔木外，灌木也同样受到生长胁迫。结合灌木年轮学和稳定同位素的方法，Gamm 等（2008）发现格陵兰岛西部的两种落叶灌木自 20 世纪 90 年代初就出现急剧的生长下降，具体原因为干旱引起的气孔关闭和干旱加剧导致的病虫害暴发。尽管树木年轮学具有长时间序列分析的优点，但受空间限制很难实现大尺度取样。同时，对树木生长衰退的定义和衡量标准尚未形成统一的标准，仅限于郁闭度、死亡率、更新程度等指标，缺乏直观的生长指标。

既往研究由于树木年轮取样方法的缺陷及多要素森林健康数据库的缺乏，无法从树木生长、群落更新、树木死亡等多过程对区域森林动态及其对气候干旱的响应机理进行综合研究。针对该问题，本研究团队发展了全样地（Stand-total）采样方法，即将全样地树木年轮取样和植物群落调查相结合，形成了多种手段综合的采样方法体系，解决了传统树木年轮选择性取样无法准确获取群落学信息（如年龄结构）的缺陷，使之更适用于树木年轮生态学及区域对比研究。团队基于该方法在新疆天山、阿尔泰山南坡、内蒙古东南缘、西伯利亚后贝加尔地区和阿尔泰山北坡等地区开展了大范围的树木年轮取样及森林群落调查，结合遥感气象数据和生态学模型进一步分析了不同树种树木生长和更新对气候变化的响应，以期回答以下两个关键科学问题：①树木径向生长和森林更新是否对气候变化表现出一致的响应？②气候暖干化是否导致了亚洲内陆森林出现生长衰退？

亚洲内陆干旱半干旱区域是北半球中纬度最高的一片干旱区域，生态环境较为脆弱，气候变化剧烈，通常季节性或长期处于干旱胁迫状态，特别容易受到水分亏缺加剧的影响而导致树木生长下降和死亡率增加，是研究植被生长与气候变化关系的关键区域。该区域主要的植被类型包括寒温带针叶林、高寒灌丛和高寒草甸，乔木优势树种有雪岭云杉（*Picea schrenkiana*）、西伯利亚落叶松（*Larix sibirica*）、樟子松（*Pinus sylvestris*）、巴山冷杉（*Abies fargesii*）、兴安落叶松（*Larix gmelinii*）等。研究团队基于全样地采样方法体系，对该区域多个优势树种主导的林分进行了树木年轮取样及群落调查，构建了亚洲内陆地区 89 个样点树木年轮宽度、群落年龄结构、森林死亡率等多要素数据库，解决了传统树轮数据库只关注单一要素的缺陷，拓展了多要素树木年轮数据库在地学研究中的贡献。

研究亚洲内陆干旱半干旱区域植被生长与气候变化的关系，需要指示树木长期生长波动状态的年轮数据和与之相匹配的气象数据，由于采样点周边气象站的气象数据时间序列较短，且存在大量缺失值，因此研究中多采用全球尺度遥感反演的气象数据集，如全球PDSI数据集、NCDC及GPCC数据集等，并通过相关性分析衡量数据集数据和气象站或实测数据的匹配性。基于标准树木年轮处理分析技术，进行树轮年表的构建和生长状况的评估，使用基面积增长量（BAI）和年轮宽度指数（RWI）作为指示树木生长趋势的指标。除此之外，滑动相关、偏相关、主成分分析和广义线性模型（Generalized Linear Model，GLM）也被用作分析树木生长和生长–气候关系的主要研究方法。

研究结果表明，在全球气候变暖和干旱加剧的背景下，亚洲内陆干旱半干旱区的森林普遍存在生长衰退的现象，且受到病虫害侵染的林分面积逐年增加，但不同树种、不同结构和类型的森林对气候变化的响应有差异，且响应开始的时间和季节也有所不同。从森林类型来看，该区域树木生长下降仅发生于半干旱森林中：针对10种该区域生长的主要树种，在中国北部、西北部和西伯利亚南部至内蒙古区域的31个样点开展了年轮取样，结合国际树木年轮数据库（International Tree Ring Data Bank，ITRDB）进行分析，发现半干旱森林（年均降水量200～400mm）在20世纪90年代初期出现生长衰退现象，而半湿润森林（年均降水量400～700mm）始终保持缓慢增加的生长趋势（图4-26）。进一步分析表明，两种森林类型的年轮宽度指数（RWI，指示树木生长状态）与降水和大气饱和水汽压差（VPD，指示干旱胁迫）的相关性有差异，具体表现在80%半干旱森林RWI与降水存在显著正相关，62%与VPD有显著负相关（半湿润森林RWI仅有10%～20%存在显著相关性），即干旱胁迫显著抑制了大面积半干旱森林的生长，同时由于插值气候数据集的不完全匹配，实际自然条件下半干旱森林对气候的响应可能比研究展现得更为剧烈。

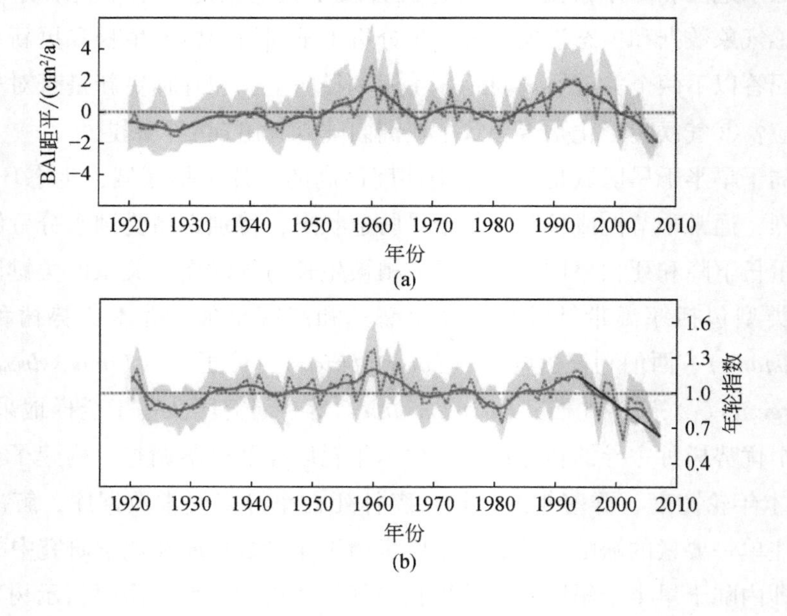

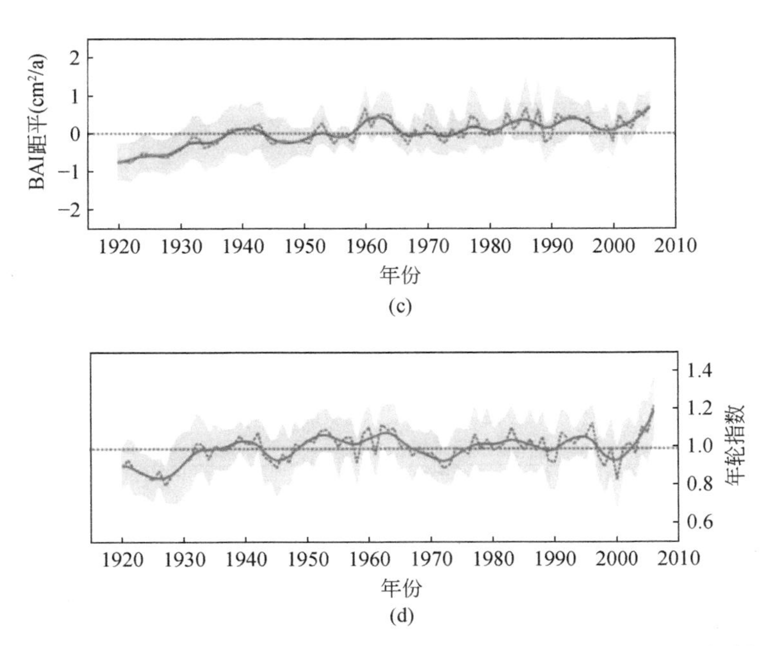

图 4-26 1920 ~ 2006 年树木基面积增长量（BAI）和年轮宽度指数（RWI）随时间变化趋势

［修改自 Liu 等（2013a）］

半干旱森林（年平均降水量为 200 ~ 400mm）BAI 和 TRI 的变化［（a）（b）；RWI，n=42，BAI，n=20］；半湿润地区（年平均降水量为 400 ~ 700mm）森林 BAI 和 TRI 的变化［（c）（d）；RWI，n=21，BAI，n=11］。细虚线表示各个站点的年平均值，粗实线表示五年的滑动平均值，灰色区域表示站点之间的四分位数。在（b）中用分段线性回归表示自 1994 年以来 RWI 显著下降的趋势（y=0.025x+50.38，p<0.01）

从响应时间和季节来看，该区域的树木对生长季前期的早春干旱更为敏感：基于上述团队构建的多要素数据库和气象数据，利用滑动相关及偏相关分析等方法，发现在气候变化的背景下，1920 ~ 2006 年生长季前期和初期（2 ~ 7 月）的土壤水分亏缺加剧，并逐步限制区域树木的生长，增加了不同树种的气候敏感性。森林群落更新和树木径向生长对春季升温的响应不同：春季升温促进了半干旱区森林群落更新，但是抑制了树木径向生长。进一步明确了该地区树木径向生长自 20 世纪 70 年代初开始受到早春季节特别是 4 月温度的限制，揭示了树木径向生长的干旱限制时间逐渐提前和延长（图 4-27）。拓展区域尺度的研究，发现半干旱区泰加林土壤水分利用率在最近 20 年有所增加，却仍出现了成熟林生长衰退和幼树生长速率减缓，明确了早春升温诱导的干旱加剧是该地区森林生长出现衰退的主要原因。从树种来看，树木生长衰退程度和响应因子在不同树种间具有明显差异：其中樟子松的衰退最为明显，径向生长自 1928 年出现显著下降，而落叶松保持较为稳定的生长或略有下降。由于物种抗旱能力、气孔调节水平和水分利用策略的差异，该区域樟子松的生长与落叶松相比更易受到干旱的影响，具体表现为樟子松 TRI 在年际尺度上与 PDSI 均显示出显著正相关，且受到生长季前期和生长季温度的显著抑制；相反，落叶松

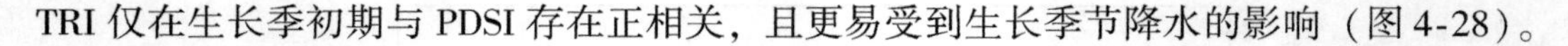

TRI 仅在生长季初期与 PDSI 存在正相关，且更易受到生长季节降水的影响（图 4-28）。

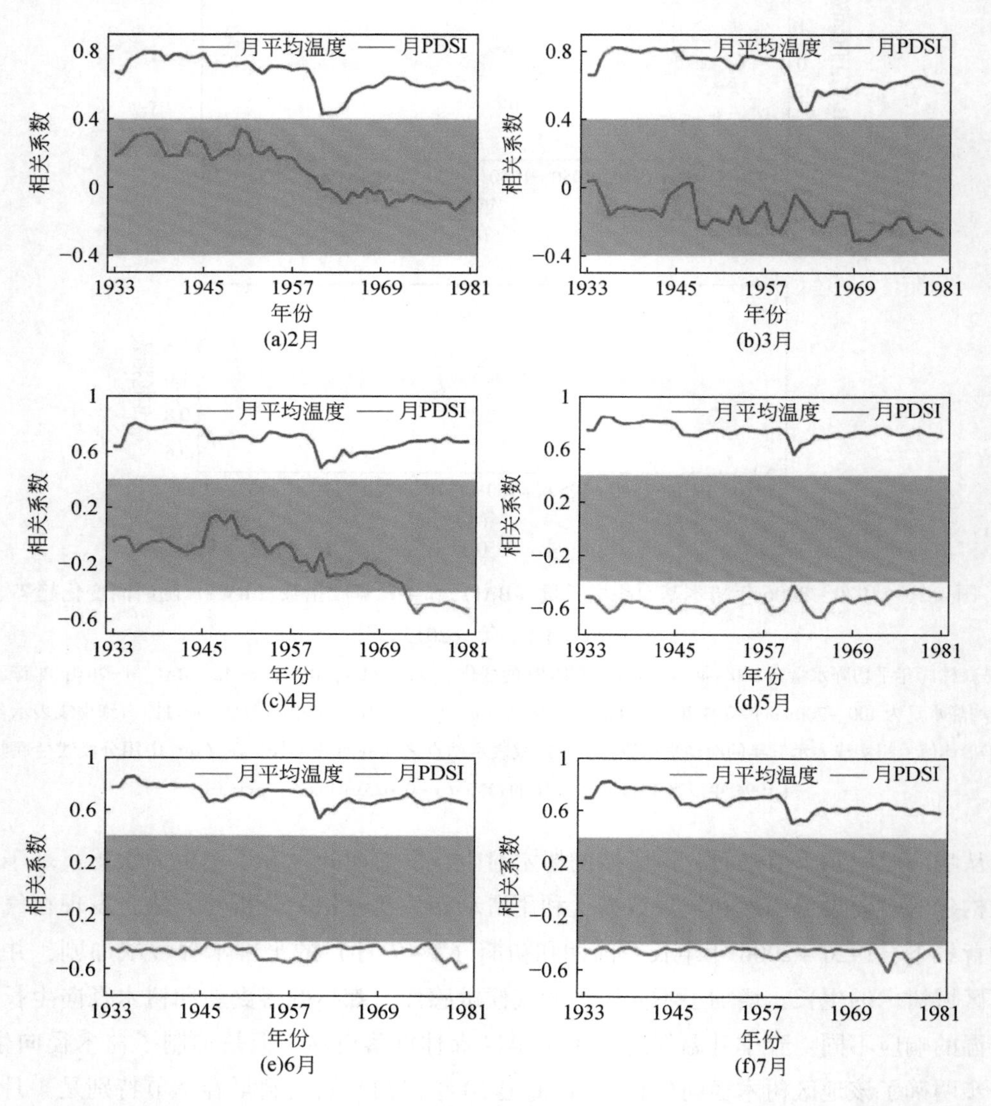

图 4-27　区域树木径向生长对 2～7 月月平均温度和月 PDSI 的滑动相关分析［修改自 Wu 等（2013）］

灰色阴影区表示相关系数统计不显著

从森林结构来看，较小的非连续森林斑块更易受到干旱的胁迫，且具有更低的恢复能力。基于分析不同大小的森林斑块对干旱事件的抵抗力和恢复力的研究目标，研究团队沿干旱梯度在连续森林、干旱林线及附近设立三个样点，每个样点包含大、中、小三种森林斑块，结合年轮数据、样方调查数据和群落种苗数据，利用非参数检验和线性模型的方法，发现不同干旱强度样地的树木径向生长 20 世纪 90 年代初均出现显著或轻微下降，较

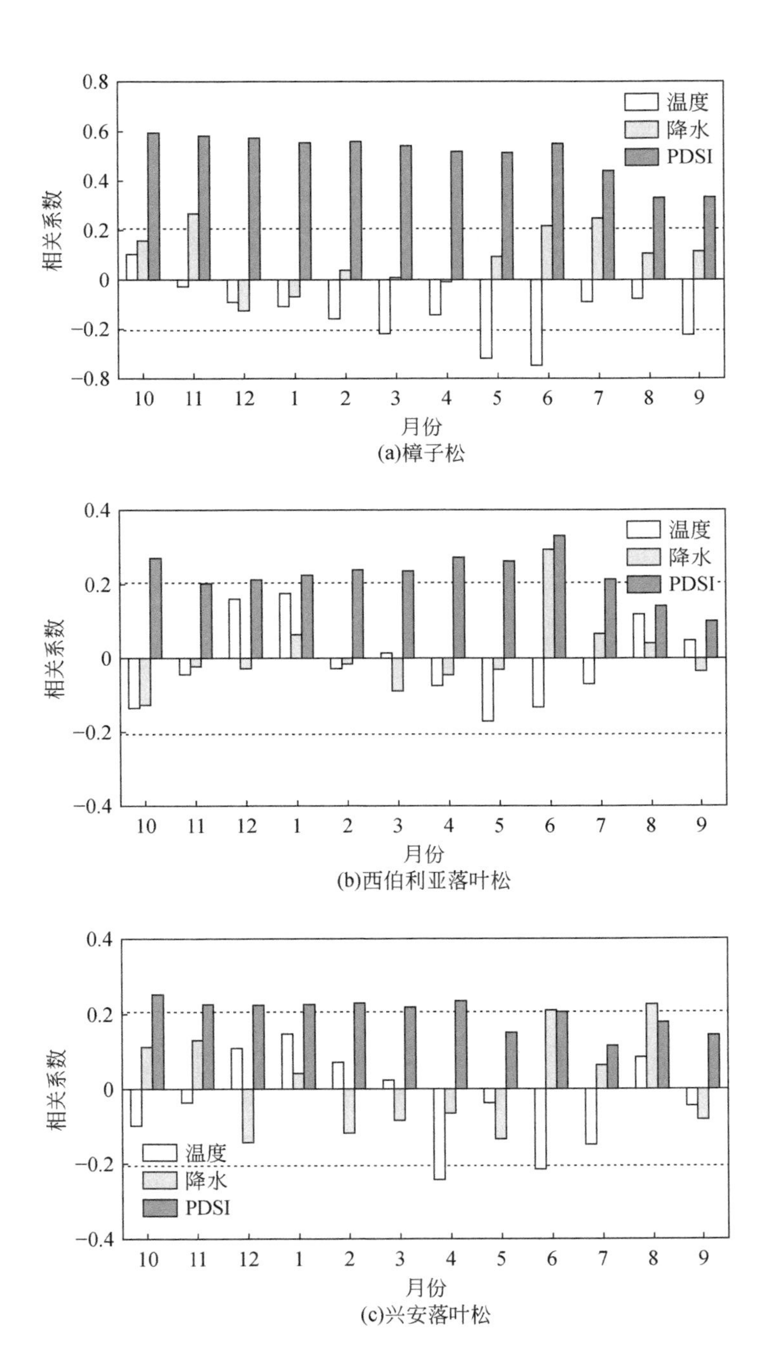

图4-28　1937～2005年樟子松西伯利亚落叶松兴安落叶松的标准年表和温度、降水、PDSI的相关性分析［修改自Wu等（2012）］

虚线表示95%置信区间

大森林斑块树木的生长更稳定，具有更高抵抗干扰事件的能力。土壤中种子的数量和样方中幼苗及幼树的密度被认为是评估森林潜在再生能力和更新状态的重要指标，通过种子发芽实验和群落调查，进一步发现中等干旱强度样地的幼苗和幼树密度均明显高于其他两个样地（图 4-29），且具有更高的土壤种子总数和有效种子数量（可通过室内发芽实验正常萌发的种子比例），明确了与连续森林相比，处于干旱林线的森林斑块恢复力更强，遭遇干旱胁迫后有更好的再生能力。推及斑块尺度的研究，发现在相同的气候条件下较小的森林斑块总是具有相对较弱的恢复力，进一步的气候变暖和干旱加剧可能会导致干旱林线周围的小斑块森林消失。

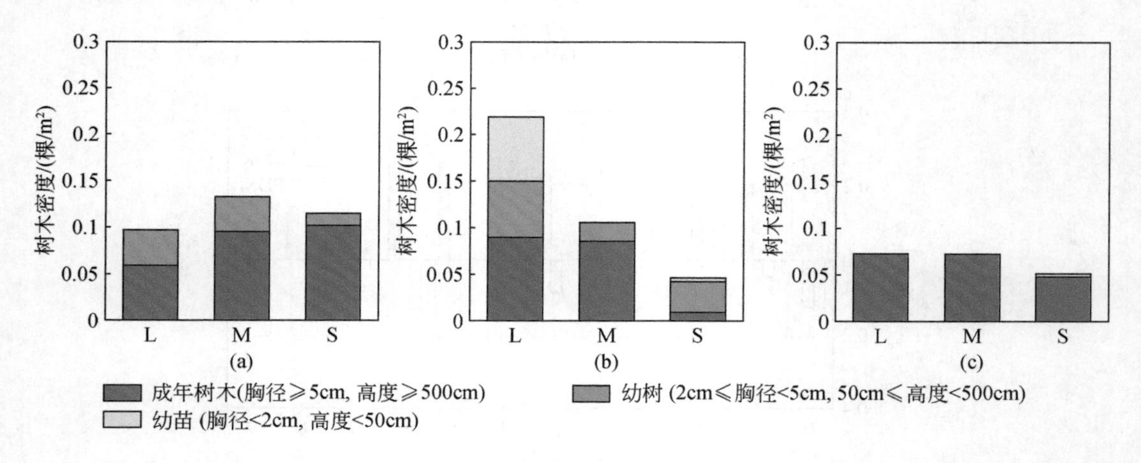

图 4-29　ARM（a，阿玛克，较湿润样地）、KHO（b，中等干旱强度）和 DYR（c，较干旱样地）的成年树木、幼树和幼苗的树木密度［修改自 Xu 等（2017a）］

L、M 和 S 表示这三个样地上的森林斑块的大、中和小

综述以上在亚洲内陆干旱半干旱地区关于树木生长的研究，发现在全球气候变暖和干旱加剧的背景下，该区域树木在 20 世纪 90 年代以来普遍存在生长衰退的现象。该地区树木在生长季前期主要依靠冬季积雪融化供给水分，早春温度的升高提前了积雪融化时间，加大了蒸散发强度，增加了早春土壤水分对树木生长的限制。快速且持续的气候变暖可能会引起包括森林火灾、森林病虫害在内的多种胁迫发生，使该区域植被面临更严重的气候压力和干扰，甚至出现部分森林区域性丧失。以上研究结果揭示了该区域森林退化对气候响应的内在机理，为未来森林管理提供了更有效的思考方向。

4.2.3　植被生长对干旱响应研究的前沿方向

植被对干旱的响应是一个极其复杂的过程，涉及分子、生理、个体、群落等多个层次和多种响应机制，同时受到个体生理属性、植被群落结构等多种因素的影响。在未来气候变化的背景下，需要在以下几方面加强研究：①探究干旱影响植物生长衰退和死亡的生理机制。在季节干旱和极端干旱频发的背景下，从生理角度研究植物如何协调碳同化和水分消耗之间的关系以响应干旱事件，有助于更全面深入地解读干旱对植被的影响。②从系统科学角度刻画植物对干旱的适应性。植物通常不断地调整自身形态和生长策略以适应自身生存的干旱环境。长期生长在干旱半干旱区域的植被通常在形态和生长属性上有较高的干旱适应性，如物候节律的变化、碳水化合物的分配差异、叶片属性的差异等，需要结合多学科方法、多过程机理、多源数据等从系统科学角度刻画植被的干旱适应性。③集合树木年轮学、遥感数据、大尺度空间采样等研究手段，在较大的空间和时间尺度上定量研究植被生长对干旱响应的机理，关注不同干旱胁迫和不同植被类型交互作用下响应的差异性。

第5章 地下水流动及溶质运移多尺度过程

5.1 地下水流动及溶质运移研究的现状、挑战与科学问题

随着工农业的快速发展，人类不合理的活动加剧，如滥用化学肥料、肆意排放未经处理的工业废料/水等，造成大量污染物（如有害化学物质、重金属、放射性物质等）外泄，严重破坏了地球陆地生态系统中的水循环和碳氮循环。污染物经由地表渗入地下含水层后，受含水层非均质性和地下水渗流影响，运移过程缓慢且不易发现，给地下水污染治理和水环境保护工作带来了极大困难（Li et al., 2017b）。因此，发展完备的理论和研究手段对地下水污染物迁移过程进行量化、预测和评估，对保护环境生态系统、保障工农业生产以及人类健康有着重要的意义。

地下水污染物迁移转化的过程，即溶质在非均质多孔介质（如土壤含水层）中的迁移与转化过程。如图5-1所示，针对溶质在多孔介质中反应性迁移的研究，其困难主要体现在三个方面：①多孔介质结构复杂，呈现出强烈的时空非均质性（Molz et al., 2004）；②这种非均质性在各个尺度上均存在，具有多尺度的特性（Koltermann and Gorelick, 1996）；③在非均质性以及多尺度特性的共同影响下，溶质运移过程的不确定性不断加剧。总之，多孔介质内理化性质所决定的溶质运移过程的时空非均质性、多尺度特性及不确定性是亟待解决的关键性科学问题及挑战（Wu et al., 2004; Li et al., 2017a）。依据流体与流体，以及流体与多孔介质结构之间相互作用的描述方式，多孔介质内的数值模型可以被分为本构方程各异的三种不同计算尺度：分子尺度模型、孔隙尺度模型，以及达西尺度模型（Bird et al., 2015）。目前，针对多孔介质流动及溶质反应性迁移的建模和数值模拟相关研究主要基于孔隙尺度以及达西尺度。

这种多尺度的特性往往会给建模及数值模拟带来两方面的挑战。首先，尺度与尺度之间，时空的不匹配、物理意义上的不连续往往会降低数值模型的预测性能（Whitaker, 1999; Battiato et al., 2019）。例如，从分子尺度的分子扩散（Molecular Diffusion）过程、到孔隙尺度描述随着孔隙内溶液速度波动的溶质扩散（Microdispersion）过程，以及宏观上由非均质性导致的速度变异驱动的溶质迁移（Macrodispersion）过程，都由溶质迁移过

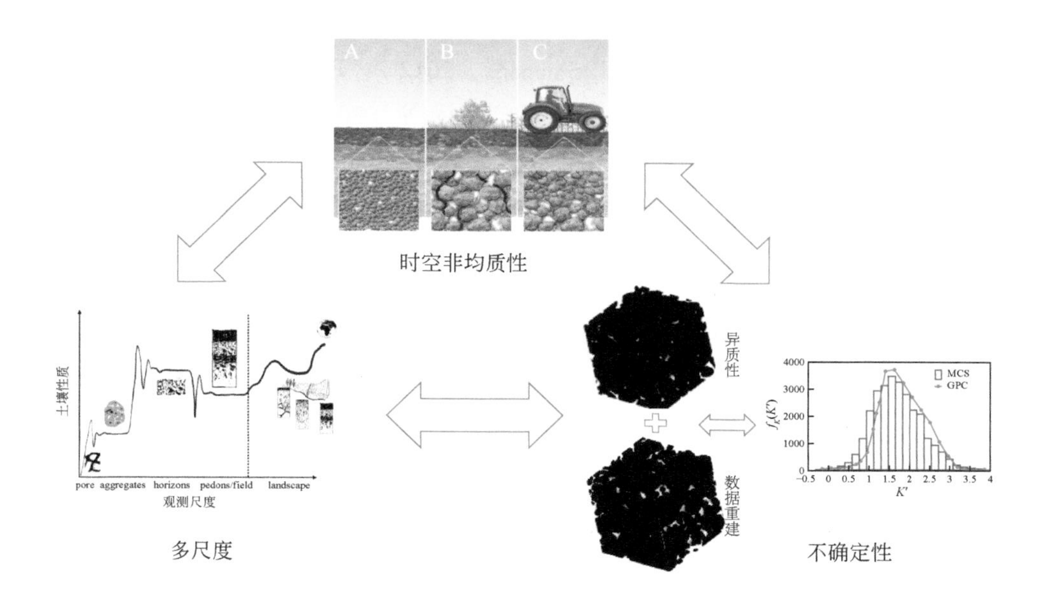

图 5-1 多孔介质（如土壤、岩心等）中流动和溶质运移研究的三大挑战：
多尺度、时空非均质性和不确定性

程的对流弥散方程（Advection Diffusion Equation，ADE）以及扩散张量参数（Dispersion coefficient）进行描述（Bird et al.，2015）。这必然导致了实验室测得的反应速率（Reaction Rate）与实际自然环境条件下的反应速率之间的偏差，从而导致分析以及模型预测的偏差（White and Brantley，2003；Tartakovsky et al.，2008a）。其次，溶质运移对微观尺度非均质性（米级以下）有很强的敏感性，且微观尺度非均质性可能影响溶质扩散到更大的尺度（十到上百米）（Scheibe and Yabusaki，1998；Zheng and Gorelick，2010；Liu et al.，2015）。例如，溶质随地表水由地表渗入/透出地下含水层后，与地下水构成的复杂流体系统流经空间几何形状复杂的非均质孔隙结构，流体内挟带的溶质会发生在孔隙尺度（微米级）的运移中；此外，不同类型的溶质之间（如混合）以及溶质与多孔介质之间会存在化学反应（如溶解、沉积），导致固体生成物在多孔介质表面的沉积或溶解，从而改变多孔介质的几何形状/拓扑结构（Molins，2015）；孔隙结构的改变反过来又会影响孔隙尺度的溶质运移；而孔隙率、渗透系数、反应速率等宏观尺度特征参数也将随之变化，进而影响溶质的迁移和转换（Wang et al.，2018）。

达西尺度模型方法研究基于连续体假设（Bear，1972）以及相关反应模型（George and William，2008）描述大尺度的平均输运现象，对解决如地下水溶质反应性迁移等实际问题发挥了重大作用，并且涌现出一批大尺度溶质运移模拟程序（软件）和模型，如

MODFLOW（Harbaugh，2005）、MT3DMS（Zheng et al.，2010）、FEFLOW（Diersch，2014）、HydroGeoSphere（Brunner and Simmons，2012）、ParFlow（Maxwell，2013）和PFLOTRAN（Lichtner et al.，2017）等。近期，Yang 等（2019）分析了时空分辨率对镉（Cd）的水文生物地球化学过程模拟结果的影响。基于非均质沉积样地——美国能源部汉福德站点（Hanford Site）的潜流带（hyporheiczone）区域，他们在工作中分析了不同时空分辨率、Cd 反应催化剂浓度对模拟结果的影响，结果发现 Cd 的生物地球化学转化过程更多地取决于空间分辨率，而流体的动力学过程则受时间分辨率的影响。在 Yang 等（2020）的工作中，耦合地下地表过程的大尺度水文过程软件 ParFlow 被应用到华北平原的地表地下水热的分析过程中。高时空分辨率的模拟结果与之前工作和 JRA-55 再分析中报告中的水热通量进行比对，验证结果证明了模拟的精度。进一步，模拟实验被应用到分析长期的地下水超采对地表温度的影响作用，结果显示长期抽水会逐渐削弱地下表面对陆地表面热的缓冲作用。现有的工作已经能够利用高分辨率数据实现大尺度上地表地下耦合过程的水热通量估算，以及溶质运移反应过程间完备的耦合和预测，上述工作模拟结果列于图 5-2。

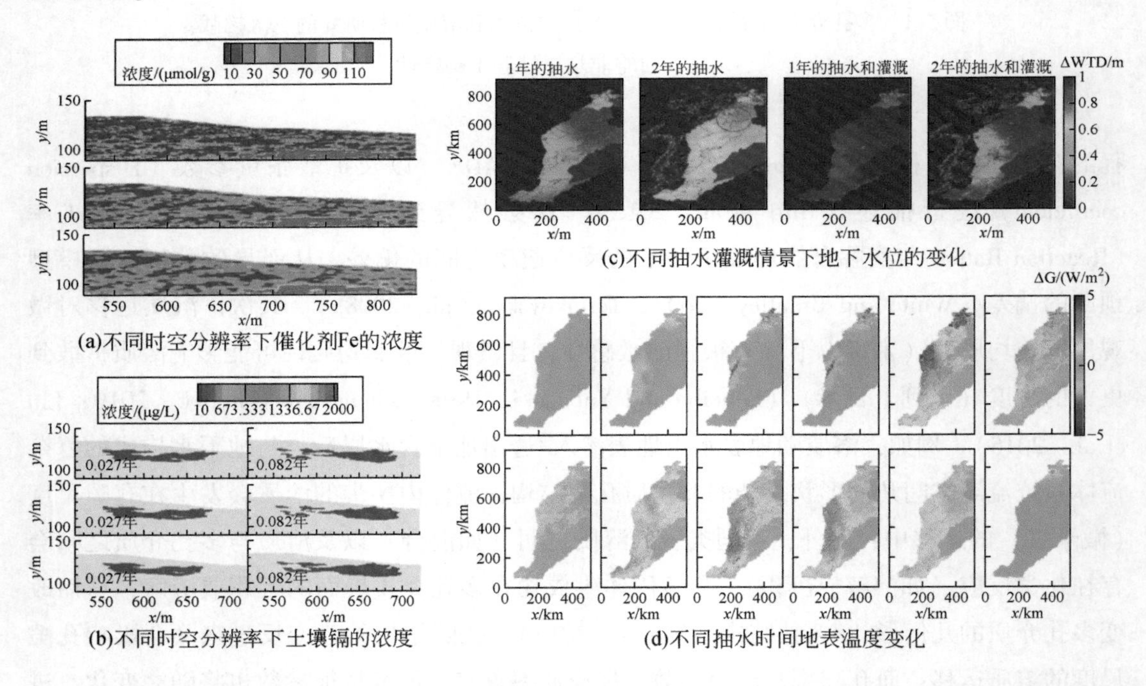

图 5-2　不同时空分辨率对镉的水文生物地球化学过程模拟结果的影响（Yang et al.，2019）及抽水作用对地表温度的影响（Yang et al.，2020）

常用的达西尺度模型，基于连续介质尺度理论进行建模，其重要的基本假设便是对包含大量孔隙与颗粒的表征体元内部、孔隙与颗粒、孔隙与孔隙、颗粒与颗粒之间的微观非均质性进行均质化处理（Bear，1972）。然而，应用此类参数化方案（如渗透率，有效反应速率等）或者简化的模型（如对流弥散方程）描述由土壤多孔介质结构所控制的流动与反应性运输过程时，土壤内微观过程对宏观现象的影响规律难以刻画，溶质跨尺度运移过程的微观机理无法揭示（Meakin and Tartakovsky，2009；Joekar-Niasar and Hassanizadeh，2012）。

理论研究表明，只有当孔隙尺度的特征长度l_a与观测的特征长度L_o之间的关系满足$l_a/L_o \ll 1$时，流体动量守恒方程能推导出达西定律。此时，达西尺度模型的模拟精度可以得到保证，表征单元体假设条件对模拟结果的影响可以忽略不计（Whitaker，1999）。在实际过程中，观测特征长度一般大于孔隙尺度特征长度，如在理想示踪剂的运移过程当中。然而，当流动与溶质运移过程深度耦合时，高度的非线性带来的不稳定区域就会出现。在这个过程当中，孔隙尺度特征长度与观测特征长度相当$l_a/L_o \sim 1$，达西尺度模型的预测精度难以保证。因此，随着问题的复杂化、研究过程的精细化，达西尺度模型的计算精度将会急剧下降。以多孔介质内的混合反应过程为例，水流速度对平均反应速率的影响显著（Li et al.，2008b），流速增大时溶解态反应物可以得到来流的充分补充，同时溶解态产物可以及时被水流带走，平均反应速率随之增大（Salehikhoo et al.，2013）。然而基于表征单元体假设的达西尺度模型显然不能对孔隙内的复杂的流动过程进行完整的描述，因此并不能准确地实现对孔隙内反应速率的精确计算。

近些年来，随着CT成像技术（Wildenschild and Sheppard，2013；Yang et al.，2017）、核磁共振成像（Magnetic Resonance Imaging，MRI）技术（Seymour et al.，2007）等三维成像技术的发展，微纳米尺度的孔隙结构可无损重构。基于此，利用数值方法对孔隙结构内的动力学过程进行精细刻画的孔隙尺度模型越来越受到关注（Blunt et al.，2013；Blunt，2017；Yang et al.，2014，2015）。其中，被广泛应用的数值方法主要包括两类和四种算法（Yang et al.，2016）。第一类方法对多孔介质内流动方程进行直接数值模拟（Direct Numerical Simulation，DNS），其中包括①基于传统的计算流体力学（Computational Fluid Dynamics，CFD）的方法，如有限体积法（Finite Volume Method，FVM；Yang et al.，2013b；Benioug et al.，2019；Wang et al.，2020）；②光滑粒子水动力学（Smoothed Particle Hydrodynamics，SPH）方法（Tartakovsky et al.，2008b）；③格子玻尔兹曼方法（Lattice Boltzmann Method，LBM；Meng et al.，2020a，b）。第二类方法对孔隙结构进行简化，主要包括孔隙网络模型（Pore-Network Model，PNM）；（Mehmani and Balhoff，2015）。

如图5-3所示，近些年来孔隙尺度模型已经有了长足的发展。Yang等（2013b）针对复杂三维结构的速度场模拟进行验证和优化。他们针对具有代表性的三维结构进行模拟，并将模拟的结果与磁共振成像所获得的速度场等一系列的结果进行比对。他们的工作为不同的三维模型提供了基准算例，为新模型的开发提供了便利。进一步，Yang 等（2016）对四种常用的孔隙尺度数值算法进行了对比，将不同的数值模型应用到三维球堆结构内的流动以及溶质运移过程的模拟当中，分析了模拟所得到的宏观变量（如渗透率，溶质穿透曲线）和微观变量的（如局部速度和浓度）结果。不同模型之间的比对结果良好，证明了孔隙尺度模型的可靠性。Yang 等（2014）基于计算流体力学软件 TETHYS 对人工生成的土壤团聚体之间的流动以及溶质的运移过程进行模拟。数值实验对不同情景下的流动过程进行量化，结果发现可溶性养分主要通过团聚体间的孔进行运输，而且团聚体之间的间距在较小的情况下仍然是主要的流动路径。Yang 等（2017）提出了利用 X 射线 CT 扫描技术和图像处理技术相结合对植物根系图像进行分割的方法，获得根系结构的三维图像并从中提取定量信息，然后采用孔隙尺度计算流体动力学方法对根系-土壤-地下水系统进行根系吸水的数值模拟。该耦合成像建模方法为研究根际流过程提供了一个崭新的平台。Meng 等（2020b）模拟了 CO_2地下储存过程，分析了重力驱动下酸性 CO_2溶液在地层中的溶解作用，明晰了其影响下的溶液反应运移情况。孔隙尺度、达西尺度数值模拟的结果以及达西尺度线性稳定性结果显示，重力的驱动作用受到溶解反应过程中溶质消耗作用的抑制。

然而微观尺度模型计算量较大，在计算区域过大或计算资源有限的情况下，无法对大范围长时间序列的地下水流动和溶质反应性迁移过程进行完整的描述。Yang 等（2016）发现，即使在简单的对流扩散问题中，对于单个微米级孔隙的表征，也需要至少数十个网格点，进而，对较为复杂的多孔介质结构和反应过程的表征，其计算量需求将会进一步扩大，这大大限制了孔隙尺度模型的应用。这种计算精度和计算效率之间的巨大不平衡带来的无疑是“尺度的暴政”（NSF，2006）。因此，构建模型，模拟并预测多孔介质大尺度下的跨尺度运移的同时，定量分析小尺度非均质性的影响，需要在三个方面进行攻关：①多孔介质的非均质性难以用简单的模型进行描述；②溶质运移时空多尺度特性（小时到年的时间范围内变化；微米到千米的空间范围异质），带来了巨大的计算挑战；③模型研究溶质运移通常需要依赖于不同尺度的参数和/或过程表示，并兼顾过程之间的相互作用，仅依靠单一尺度/独立过程建模是远远不够的（NGWA，2017）。

尺度转换是研究多孔介质流动和溶质运移的前沿方向和难题。其中，包含微观建模信息的尺度升级法（Upscaling）（Whitaker，1999）是研究尺度转换的有效方法（Wood，2009）。尺度升级法旨在提升大尺度模型的准确性（准确反映孔隙尺度微观信息）和预测性（升尺度参数化之后用于在不同的动力学和边界条件下进行无拟合预测）（Battiato et al.，2019），可描述较大尺度多孔介质的非均质性及其对溶质运移的影响（Dagan et al.，2013）。如图 5-4 所示，尺度升级的基本原理是将微观模型通过平均方法（如体积/质量平均等）获得相应的宏观模型，进而描述较大尺度多孔介质非均质性及其对溶质运移的影

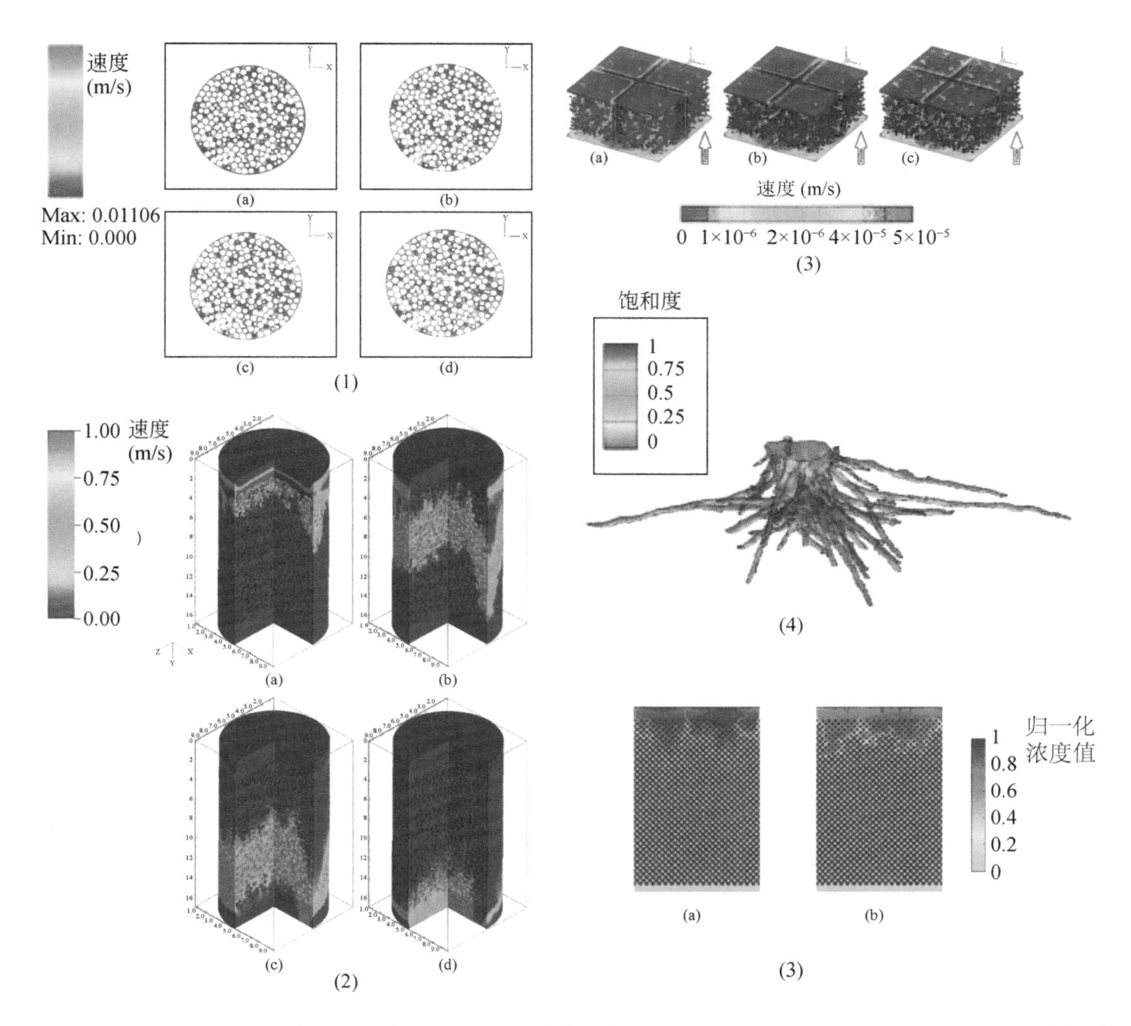

图 5-3 (1) 实验测得速度场分布与不同数值软件模拟结果对比图 (Yang et al., 2013); (2) 不同数值方法模拟三维球堆内的流动过程对比图 (Yang et al., 2016); (3) 不同构造下人工团聚体内速度分布图 (Yang et al., 2014); (4) 基于 CT 扫描的 “根系” 饱和度 (Yang et al., 2017); (5) 重力驱动作用下酸性溶液不稳定溶解迁移过程 (Meng et al., 2020)

响，提升宏观模型预测效果。虽然不同的升尺度方法采用了不同的近似方式，但总的来说，不同的升尺度模型都需要以表征单元体为基础实现局部近似 (Localization Approximation)：

$$\mathcal{L}_1[u] = \mathcal{L}_2[\langle u \rangle] \tag{5-1}$$

式中，$\mathcal{L}_1$ [·] 和$\mathcal{L}_2$ [·] 为不同的偏微分算子；u 为孔隙尺度变量；$\langle u \rangle$ 为基于体积平均后的达西尺度变量（速度、温度、浓度等）。基于两种相互关联的分类方式：①结构与功能分类方法；②离散与连续分类方法（Cushman et al.，2003），传统的尺度升级法可以分为体积平均（Volume Averaging）、混合理论（Mixture Theory）、热动力学约束平均（Thermodynamically Constrained Averaging）、均质化（Homogenization）、重整化群技术（Renormalization Group Techniques）等（Battiato et al.，2019）。然而采用尺度升级法得到的宏观连续尺度模型，在模型封闭的过程中也同样忽略或简化了部分微观尺度上的信息，不能准确描述溶质运移过程（Kechagia et al.，2002；Battiato et al.，2009；Battiato and Tartakovsky，2011；Kim and Lindquist，2011）。

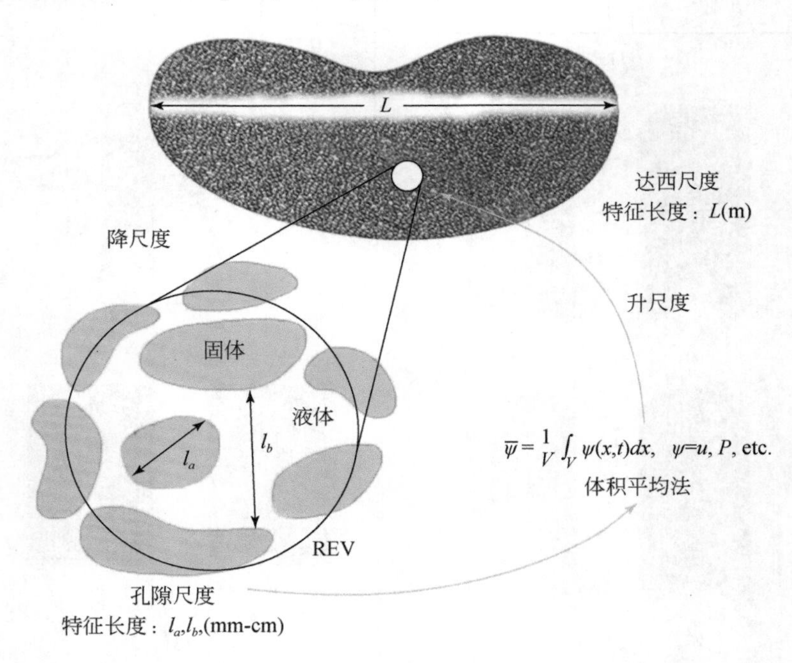

图 5-4　基于体积平均方法的升尺度概念图［修改自 Whitaker（1999）］

采用多重网格算法解决多孔介质反应性迁移过程中的跨尺度问题已经在多个领域进行了一定程度的应用（Tomin and Lunati，2013；Scheibe et al.，2014；Mehmani and Balhoff，2015；Molins and Knabner，2019；Wang and Battiato，2020）。其中，最常见的方式就是对反应性迁移的关键区域进行网格加密从而提升模型的计算精度（Mehmani and Tchelepi，2018；Amanbek et al.，2019）。然而，这种在单一尺度上的精细化计算并不能解释多孔介质问题中孔隙尺度达西尺度机理上的巨大差异，更不能实现大尺度下更深层次的微观机理过程的分析。近些年，异构多尺度方法（Heterogeneous Multiscale Method）作为一种有效的解决多尺度问题的通用数值方法，被应用到多孔介质反应流多尺度问题的分析当中（E et al.，2003，2007）。该方法依赖于微观模型和宏观模型之间的有效耦合，并将微观模型应用到宏观尺度模型失效的区域，利用微观模型为宏观模型提供必要的数据，以提升模型的精度（Attinger and Koumoutsakos，2004）。基于这种耦合理论所提出的混合多尺度模拟（Hybrid Multiscale Simulation，也称多尺度混合模拟）方法（Scheibe et al.，2014；Mehmani and Balhoff，2015；Molins and Knabner，2019），既实现了孔隙尺度模型到达西尺度模型的尺度上升，又将达西尺度的信息实时地反馈回孔隙尺度，从而实现孔隙达西尺度之间的双向（Bi-direction）信息传递与转化。因此，混合多尺度模拟方法在描述宏观尺度系统中的现象的同时，能刻画并深入理解关键区域关键时刻的微观过程（Kevrekidis et al.，2003）。目前广泛采用的多孔介质内反应流的混合多尺度数值方法主要包括两类：①基于 Darcy-Brinkman-Stokes（DBS）方程的多尺度混合模型（Darcy-Brinkman-Stokes based hybrid multiscale method，DBS-HMM）（Soulaine and Tchelepi，2016）。该模型能够组合每个尺度上的参数，并应用于跨尺度耦合反应迁移过程模拟。②基于区域离散算法的多尺度耦合模型（Domain decomposition method based hybrid multiscale method，DDM-HMM）（Discacciati et al.，2010）。在各单一尺度分别采用不同的数学模型来表征流动–溶质运移过程，并在不同尺度间建立耦合模型确保过程连续性并进行参数计算和传递（流量、反应速率等）（Scheibe et al.，2015a，2015b）。这种方法往往需要在尺度之间的耦合边界上设置基于迭代方法或者非迭代方法的耦合边界条件，为在不同计算尺度上设置不同的数值算法以及时空尺度提供了可能。

综上所述，开展多孔介质溶质运移过程多尺度耦合理论及数值方法研究，对推进地下水污染物运移过程等应用的量化、预测和评估至关重要。因此，针对多孔介质溶质运移过程中广泛使用的孔隙尺度和达西尺度的耦合数值模型，本节将首先简要描述单一尺度模型的相关理论，然而在此基础上进一步详细阐述混合多尺度模型的耦合理论、数值算法，以及模型应用，总结数值模型的研究成果，并对数值模型的应用前景进行展望。

5.2 地下水流动及溶质运移研究取得的成果、突破与影响

5.2.1 尺度耦合理论研究进展

1. 达西尺度多孔介质溶质运移理论

在达西尺度上，基于“表征单元体”（Representative Elementary Volume）的假设，多孔介质被描述为一个连续体。多孔介质内流体流动和溶质运移过程主要采用达西定律和对流弥散方程进行描述（Whitaker，1999；Battiato et al.，2019）：

$$\frac{\partial(\varepsilon\rho)}{\partial t}+\nabla\cdot\overline{u}=0 \tag{5-2}$$

$$\overline{u}=-\frac{k}{\mu}(\nabla\overline{P}+\rho gz) \tag{5-3}$$

$$\frac{\partial(\varepsilon\overline{C})}{\partial t}+\overline{u}\cdot\nabla(\overline{C})=\overline{D}\nabla^2\overline{C}+\overline{R} \tag{5-4}$$

式中，ε 为孔隙度；ρ 为流体密度；$\overline{u}$、$\overline{P}$，$\overline{C}$分别为达西尺度速度、压力、浓度；μ 为流体黏度；g 为重力加速度；z 为垂直坐标；$\overline{D}$为有效扩散速率；k 为渗透率。其中，渗透率、孔隙度、有效扩散速率，用于计算与反应源相项相关的有效反应速率（Effective Reaction Rate）等，均需要适当的率定。通常来说，达西尺度模型的适用范围在厘米至千米数量级上，可用于较大尺度（如土柱尺度、区域尺度、流域尺度等）问题的模拟预测。然而，这种基于连续体假设的多孔介质表征方式在对微观尺度上不可忽视的反应过程进行描述时存在不足，特别是在流体各组分之间以及流体与界面之间的反应过程（Molins，2015），如沉淀溶解反应（Precipitation Dissolution Reactions）（Kang et al.，2002；Deng et al.，2016）、混合主导的反应过程（Mixing-controlled Reaction）（Anna et al.，2014）等。在这些反应过程中，局部浓度梯度的变化以及局部反应区域将代替弥散作用，主导反应性过程（Li et al.，2008b）；依赖连续体假设的反应性迁移模型无法捕捉如此微观的反应过程（Li et al.，2007a，2007b）。

2. 孔隙尺度多孔介质溶质运移理论

在孔隙尺度，反应流过程的研究对象不再为多孔介质的控制体，而是孔隙内的流动及其与多孔介质结构之间的相互作用。孔隙内的流体流动过程满足描述流体动力学的 Navier-Stokes（NS）方程以及对流扩散方程（Convection-Diffusion Equation，CDE）（Blunt，2013；Blunt et al.，2017）：

$$\nabla\cdot u=0 \tag{5-5}$$

$$\partial_t u+u\cdot\nabla u=-\frac{1}{\rho}\nabla p+\mu\nabla^2 u \tag{5-6}$$

$$\partial_t C+u\cdot\nabla C=D\nabla^2 C+R \tag{5-7}$$

式中，u，C、p 分别为孔隙内流体的速度、溶质浓度、压力；D 为扩散速率；R 为反应源相。流体与多孔介质结构之间的相互作用通过边界条件实现（Molins，2015）。通常情况下，孔隙尺度模型的分辨率在微米数量级上，能够准确模拟出孔隙尺度多孔介质内的流动和反应细节（Yang et al.，2013b，2016）。然而这种高精度的模型计算效率较低，即使随着高性能计算（High-Performance Computing，HPC）技术（Molins，2015）、图形处理器（Graphics Processing Units，GPU）加速技术（Lew，2019）的发展，孔隙尺度模型仍然面临计算量、数据量过大导致的计算效率和范围等问题。

3. 尺度耦合理论

1）基于 DBS 方程的多尺度耦合算法

基于 DBS 方程的多尺度耦合模型利用单一的方程来处理多孔介质表征单元体区域与孔隙区域共存的系统（Yang et al.，2014；Soulaine and Tchelepi，2016）。相比于孔隙尺度模型，基于 DBS 方程的模型主要区别在于固体与多孔介质结构的表征上。在孔隙尺度上，固体颗粒的结构被明确刻画，孔隙内的流动过程由 NS 方程具体描述，然而在基于 DBS 方程的方法中，孔隙与固体结构均由表征单元体刻画，不同位置结构的控制体由其孔隙度进行表示（固体：1；孔隙：0；边界：0～1），其不可压缩单相流的主控方程可以被描述为（Soulaine and Tchelepi，2016）

$$\frac{1}{\varepsilon_f}\left[\frac{\partial\rho\bar{\boldsymbol{u}}_f}{\partial t}+\nabla\cdot\left(\frac{\rho}{\varepsilon_f}\bar{\boldsymbol{u}}_f\bar{u}_f\right)\right]=-\nabla\bar{p}_f+\rho\boldsymbol{g}+\frac{\mu}{\varepsilon_f}\nabla^2\bar{\boldsymbol{u}}_f-\mu k_f^{-1}\bar{\boldsymbol{u}}_f \tag{5-8}$$

式中，ε_f为控制体内的体积分数；$\bar{\boldsymbol{u}}_f$、$\bar{\boldsymbol{p}}_f$为控制体内的速度、压力；k_f为控制体内的渗透率通常与孔隙度相关，如用 Kozeny-Carman 方程计算渗透率的方法；ρ 为流体密度；$\boldsymbol{g}$ 为重力加速度；μ 为动态黏度。同样地，基于体积平均的对流弥/扩散方程被提出用于对多尺度溶质运移过程进行描述（Soulaine and Tchelepi，2016）：

$$\frac{\partial E_f\bar{C}_f}{\partial_t}+\nabla\cdot(\bar{u}_f\bar{\bar{C}}_f)=\nabla\cdot(\varepsilon_f D\,\nabla\bar{\bar{C}}_f)+R_f \tag{5-9}$$

式中，$\bar{C}_f$为多尺度的浓度；$\varepsilon_f D$ 为多尺度的扩散速率；R_f 为反应源相，可描述反应性过程（溶解、沉淀等）。这种用单一方程描述两个计算尺度模型的方法简化了尺度之间耦合过程，不需要在孔隙与达西尺度之间设置耦合边界条件，孔隙以及达西尺度之间的差别只是概念上的，在孔隙尺度内，当ε_f很接近 0 时，式（5-8）和式（5-9）可还原为式（5-6）和式（5-7），当$0<\varepsilon_f<1$时，式（5-8）和式（5-9）可还原为式（5-3）和式（5-4）。

2）基于区域离散算法的多尺度耦合算法

为了对复杂的物理现象进行描述和模拟，将不同层级数值模型进行组合的数学方法被广泛应用在降低深度耦合物理过程的计算复杂度上。它提供了一种分级的问题设置方式，即在原始的计算域中设置多个重叠或不重叠子计算域，并对子计算区域进行耦合，从而实现复杂物理过程的分级与组合计算（Weinan et al.，2003，2007）。当面对这类耦合问题时，很自然地会出现两个方面的问题，其中包括：①如何设计耦合边界条件；②如何选择不同子区域上的算法并将其与耦合边界条件进行匹配（Discacciati et al.，2011）。针对流动与溶质运移过程，我们将对基于 Hybrid Mortar 方法、基于混合多尺度有限体积（Hybrid MultiScale Finite Volume Method，H-MSFV）方法以及基于迭代尺度耦合边界方法和非迭代尺度耦合方法的常用的多尺度模型进行介绍。

针对多孔介质的流动以及溶质运移的多尺度计算，基于区域离散算法的混合多尺度模型将反应性迁移计算区域 Ω 划分为孔隙尺度区域Ω_p以及达西尺度区域Ω_d两个计算区域，即$\Omega_p \cup \Omega_d = \Omega$。在孔隙尺度区域$\Omega_p$，流动与溶质运移过程由式（5-5）~式（5-7）描述，在达西尺度区域Ω_d，流动与溶质运移过程由式（5-2）~式（5-4）描述。在耦合边界 Γ（$\Gamma = \Omega_p \cap \Omega_d$）上，为了实现两个时空尺度不同的模型之间的耦合，耦合边界条件需要保证两个尺度的数值（速度、浓度值）以及物理意义（正压力、浓度通量）等的连续。Jenny 等（2003）最早提出多尺度有限体积（MultiScale Finite Volume，MSFV）方法。它优化 FVM 的计算框架，在一套大尺度的辅助控制体网格（Auxiliary Control Volume Grids）上应用达西尺度模型加速模型的计算。这种算法实现了不同精度网格之间尺度的上升和下降，同时间接实现不同尺度算法之间的耦合。近些年，模型被应用到混合多尺度流动（Tomin and Lunati，2013，2016）和溶质运移过程中（Barajas- solano and Tartakovsky，2016）。

Mortar 方法利用由有限元基本函数的线性组合空间代替两个区域之间的状态参数，能够将不同区域之间的耦合问题转换为参数空间的计算问题（Balhoff et al.，2008）。在此基础上，Mehmani 和 Balhoff（2014）针对孔隙达西尺度的耦合问题提出了一套混多尺度的算法框架。在此框架中，针对流动过程，Global Jacobian Schur（GJS）Scheme（Ganis，2012）被应用到流动过程的耦合当中，The Implicit Coupling（IMPC）方法和 Explicit Coupling（EXPC）方法的不迭代的耦合算法被应用到溶质运移的耦合过程当中。基于 Mortar 算法的耦合模型采用了 FEM 方法中的计算思路，最早应用到 FEM 方法与其他数值方法的耦合过程当中（Balhoff et al.，2008），最后发展过程中，模型才被广泛应用到其他的数值方法之间的耦合过程当中。例如，Mehmani 和 Balhoff（2014）利用 Hybrid Mortar 方法耦合不同区域的 PNM 方法；相比之下 Tartakovsky 等（2008b）开发的基于 SPH 方法的混合多尺度模型，与 H-MSFV 方法则紧紧地与其在各个尺度上相应的数值算法相结合。

目前除了这种利用各个尺度上数值算法的优势所开发的混合多尺度模型外，一些通用的尺度耦合边界条件同样的被应用到混合多尺度模型的分析中来（Discacciati et al.，2010；Molins et al.，2019；Battiato et al.，2011；Yousefzadeh and Battiato，2016）这种基于通用的耦合边界的方法给予在各自区域上的算法很大的自由性，允许了不同数值算法之间的组合。例如，Karimi 和 Nakshatrala（2017）在其混合多尺度模型中耦合 FEM 和 LBM 方法。Discacciati 等（2011）基于区域离散算法提出了耦合流动和溶质运移的多尺度方法，研发了 Dirichlet- Neumann、Adaptive Robin Neumann、Steklov- Poincare based 等一系列迭代耦合算法，并开展了理论推导与数值模拟验证。其中，用于对边界进行估值的迭代方程可以描述为

$$\lambda_u^{k+1} = (1-\gamma_u)\lambda_u^k + \gamma_u \bar{\boldsymbol{u}}^{k+1} \tag{5-10}$$

式中，$\boldsymbol{\lambda}_u^k$为第 k 次迭代时孔隙尺度边界上的速度估值；γ_u为速度边界耦合的松弛因子；$\bar{\boldsymbol{u}}^{k+1}$为达西尺度在第 $k+1$ 次迭代时的耦合边界上的速度。基于此数值耦合迭代公式，算法实现了达西尺度到孔隙尺度的估值。具体的收敛判别准则可以描述为

$$e_u = \frac{\sum |\lambda_u^{k+1} - \lambda_u^{k+1}|}{\sum |\lambda_u^{k+1}|} \tag{5-11}$$

当e_u小于特定的收敛值时，迭代结束。此时依据迭代准则，我们保证了边界上两个尺度的速度场数值的耦合，结合在达西尺度上的由孔隙到达西尺度的压力边界条件，算法保证了两个尺度上物理意义以及数值上的连续。此类多尺度的研究方法得到了广泛的关注，针对这一类问题，Tang 等（2015a）提出了一种基于 C++的多尺度通用接口（Multiscale Universal Interface，MUI），用于耦合各种异构求解器以执行多物理场和多尺度的仿真。这种轻便、可移植、可自定义的通用库，采用了求解器/各个尺度方案无关的方式设计方式，使得 MUI 可支持尽可能多的数值方法和耦合方案。动态计算、信息传递接口（Message Passing Interface，MPI）执行、异步 I/O、通用编程和模板元编程等高性能计算技术的引入提高了 MUI 的性能和灵活性。在混合多尺度仿真中，各个求解器之间的数据交换至关重要且具有挑战性，MUI 保证了耦合策略的成功和效率。MUI 通过 MPI 而不是通过文件的 I/O 进行数据传递，并且大量使用模板元编程，在提高运行效率的同时，使得代码的灵活性得到显著的提升。目前，MUI 已经在四种不同的多尺度问题中得到应用，并且显示了很好的计算优势以及灵活性。基于这种数值的优化方式，Meng 等（2020a）提出了基于 MUI 的 DDM-HMM 算法，以模拟多孔介质中的流动和反应性输运过程。两组基于 LBM 的独立代码以迭代方式耦合，以在两个子域中模拟孔隙度和达西尺度的流量以及反应性输运过程。在孔隙尺度和达西尺度模型的界面上设置适当的耦合边界条件，以确保边界上的质量、动量和溶质的连续性。MUI 实现了两个解算器在每个时间步下的速度、浓度等信息的交换与更新，进一步保证了边界数值和物理意义的连续。

5.2.2 尺度耦合模型研究进展

1. 基于 DBS 方程的多尺度耦合模型

如图 5-5 示，根据达西尺度方程，Yang 等（2014）对 NS 方程进行修改，并开发通用多尺度模型（Unified Multiscale Model，UMSM）。模型在 NS 方程中增加达西项并结合通用的质量守恒方程（Generalized Mass Balance Equation）来描述多孔介质内多尺度的非饱和流动过程。通过对饱和以及非饱和基准算例的模拟以及对解析解的比对，UMSM 模型被证明在数值上等价于孔隙尺度的模型。进一步地，模型被应用到 X-ray 扫描的土壤结构内的

流动过程模拟当中，模拟结果与实验结果匹配良好。UMSM 方法第一次实现了在像素分辨率上利用 X-ray 扫描结果对土壤和沉积物中的水流和反应性运移过程进行模拟。Yang 等（2015）将 UMSM 应用到包含地表和地下水生态系统的水文过程的模拟当中。在数值上，孔隙尺度模型被用来模拟地表水流动过程，达西尺度模型被用来模拟地下水流动过程。UMSM 被应用到基西米（Kissimmee）地区的迪士尼野外保护区（Disney Wilderness Preserve site，DWP）的地下水地表水交互过程的模拟当中。模型可以很好地捕捉到地下水位的变化以及地下水与地表水的相互作用。Yan 等（2018）将生物地球化学反应模型加入到 UMSM 的框架中，研究了微观尺度水分布对非饱和土壤中有机碳分解的影响。改进后的模型适用于模拟现实土壤芯中的流动和反应性传输，并与室内实验测量的吸收水含量进行了验证。仿真结果表明，水分布的变化改变了反应性关键区域和强度。

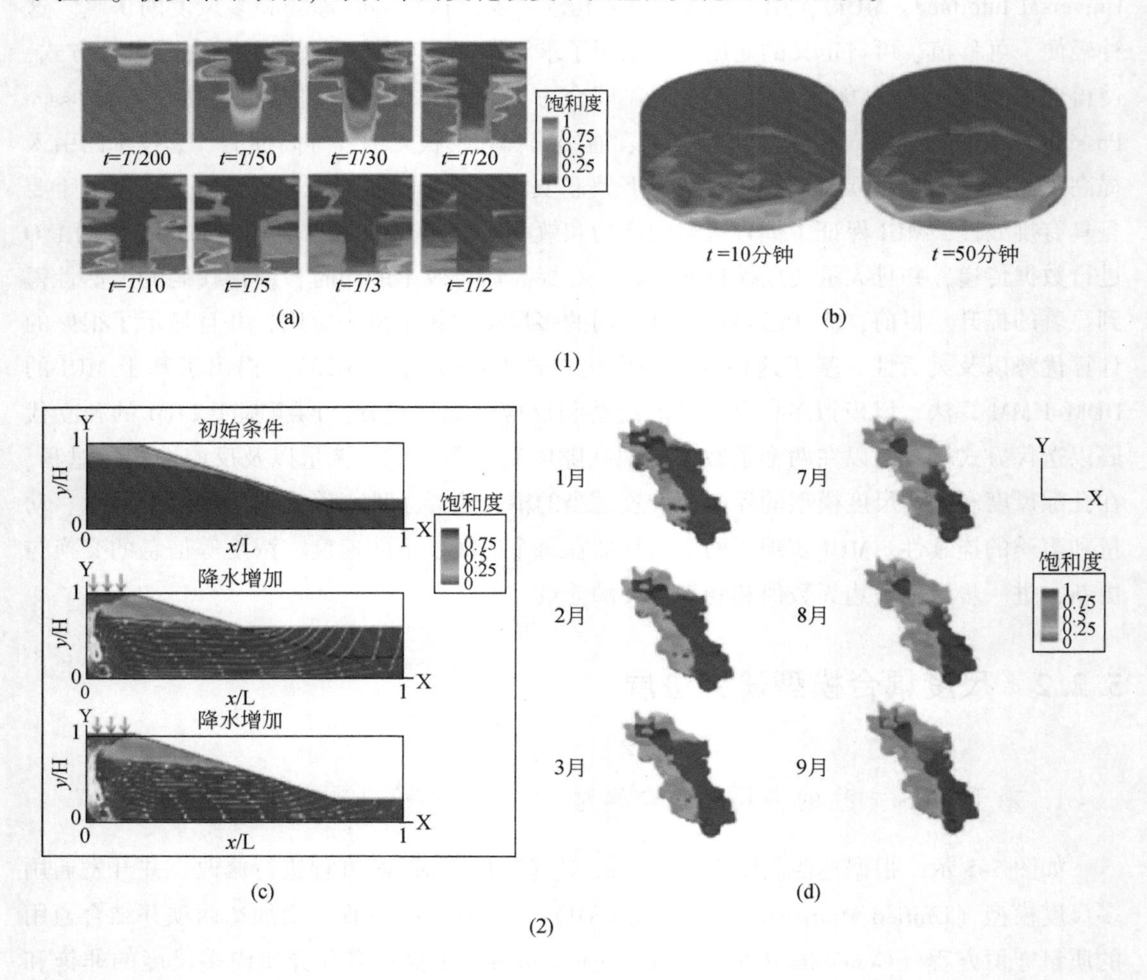

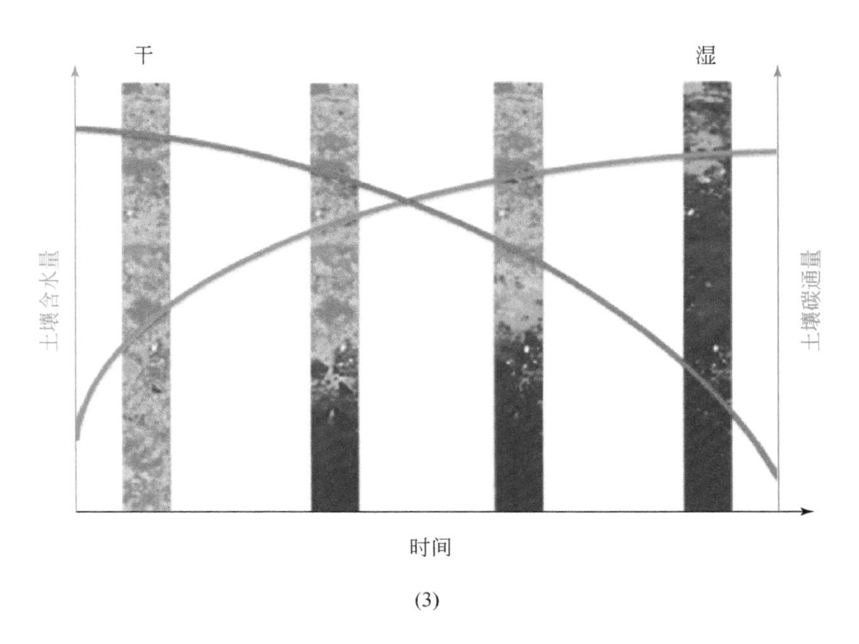

(3)

图 5-5 (1) UMSM 对多尺度的非饱和渗流过程进行模拟 (a) 不同时刻人造二维渗流结构中饱和度结果 (b) CT 扫描三维土柱内土壤饱和度结果 (Yang et al., 2014); (2) UMSM 对地表地下耦合过程进行模拟 (c) 不同降水情景下地表水地下水耦合流场图 (d) DWP 区域不同月土壤水饱和度图 (Yang et al., 2015); (3) CT 扫描土柱内生物化学过程模拟结果 (Yan et al., 2018)

基于 Micro-Continuum 理论，可利用 CFD 方法直接求解 DBS 方程。Soulaine 和 Tchelepi (2016) 基于软件包 OpenFOAM (https://openfoam.com) 开发了一套基于 DBS 方程的混合多尺度模型。模型被应用到一系列的复杂过程的模拟当中，其中包括裂隙中的流动过程、页岩气的热运动，以及基于浸没边界条件的空隙尺度的溶解过程 (Soulaine et al., 2017)。以单球结构的溶解过程为例，基于 Micro-Continuum 框架的混合多尺度模拟结果与基于 Arbitrary-Lagrangian-Eulerian 方法的模拟结果不存在显著差异，模型还被成功应用到方解石晶体在微通道中的溶解过程的模拟当中。其中，基于 DBS 方法的混合多尺度模型的重要应用是研究 X-ray 扫描获得的复杂结构内的流动和溶质运移过程，Guo 等 (2018) 将 Micro-Continuum 模型应用到页岩气运输中；Soulaine 等 (2016) 将模型应用到孔隙度渗透率的分析当中。基于同样的框架、Carrillo 和 Bourg (2019) 开发了一套 Darcy-Brinkman-Biot (DBB) 方法的模型，对软性多孔介质 (如黏土和弹性膜) 的水文和力学耦合进行分析。模型被应用到预测在不同孔隙水盐度和黏土含量影响下，理想的硅质碎屑岩的渗透率的变化过程中，预测的渗透率结果与土壤黏粒的浓度之间有很好的参数化关系，并且与现有的实验结果对比良好。此类基于 DBB 方法的模型被证明是一种高效捕捉沉积岩和其他可变形的多孔介质流体-化学-机械性能的手段。然而针对复杂结构的模拟，基于 DBS 方法的混合多尺度模型在对高分辨率的结构进行模拟时，仍然受限于庞大的计算量。Guo 等（2019）将 Pore-level Multiscale 模型（Mehmani and Tchelepi，2019）与 Micro-Continuum 框架相结合。近期，在此框架下对模型开发的关注点放在多尺度的多相流系统中（Soulaine et al.，2018；Carrillo and Bourg，2019）。利用介观尺度方法的优势，Brinkman-Force LBM（BF-LBM）模型可用于求解达西尺度流动过程（Guo and Zhao，2002）以及多尺度流动过程（Ginzburg et al.，2015；Kang et al.，2019）。BF-LBM 方法在连续体区域的格子单元上施加介质阻力，隐式求解 Stokes-Brinkman 方程。Ginzburg 等（2015）开发了基于 BF-LBM 的双松弛因子模型，以研究二维随机多孔介质中的多尺度流动并估算渗透率。基于 3Dμ-CT 图像，Kang 等（2019）利用 BF-LBM 模型模拟岩芯内的流动过程并计算其体积渗透率。在上述两组工作中，BF-LBM 模型均具有出色的性能和较好的计算效率。表 5-1 列出了基于 DBS 方法的混合多尺度模型的比较结果。

表 5-1　基于 DBS 方法的混合多尺度模型

模型	过程	数值方法	作者	期刊	年份	软件
UMSM	流动	FVM	Yang 等	SSSAJ	2014	内部开发代码
UMSM	流动	FVM	Yang 等	EM	2015	内部开发代码
UMSM	流动，溶质运移	FVM	Yan 等	STOTEN	2018	内部开发代码
Micro-continuum	流动，溶质运移	FVM	Soulaine 和 Tchelepi	TiPM	2016	OpenFOAM
Micro-continuum	流动	FVM	Soulaine 等	TiPM	2016	OpenFOAM
Micro-continuum	流动，溶质运移	FVM	Soulaine 等	JFM	2017	OpenFOAM
Micro-continuum	流动，溶质运移	FVM	Soulaine 等	TiPM	2018	OpenFOAM
Micro-continuum	流动	FVM	Guo 等	AWR	2018	OpenFOAM
Micro-continuum	流动	FVM	Guo 等	JCP	2019	内部开发代码
Micro-continuum	流动	FVM	Carrillo 和 Bourg	WRR	2019	OpenFOAM
Micro-continuum	流动	FVM	Carrillo 等	Journal of Computational Physics：X	2020	OpenFOAM
BF-LBM	流动	LBM	Ginzburg 等	AWR	2015	内部开发代码
BF-LBM	流动	LBM	Kang 等	WRR	2019	内部开发代码

注：FVM 为有限体积法；LBM 为格子玻尔兹曼法。SSSAJ：*Soil Science Society of America Journal*；EM：*Ecological Modelling*；STOTEN：*Science of The Total Environment*；TiPM：*Transport in Porous Media*；JFM：*Journal of Fluid Mechanics*；AWR：*Advances in Water Resources*；JCP：*Journal of Computational Physics*；WRR：*Water Resources Research*。

2. 基于区域离散算法的混合多尺度模型

针对溶质运移过程，Tartakovsky 等（2008b）利用多尺度 SPH 非迭代耦合法模拟了多孔介质中反应流，在孔隙和连续尺度均采用SPH 模拟，其结果也证明了多尺度混合方法比单一尺度方法预测更准确。该方法中的耦合算法避免了数值迭代，在一定程度上提高了计算效率。Battiato 和 Fartakovsky（2011）利用有限体积法开发了一个混合多尺度模型，为了实现边界上的耦合，他们提出了一套区域重叠（Overlapping）的耦合边界条件，并在对流扩散问题中进行了一系列的验证，模型结果与解析解匹配良好，除此之外模型被应用到二维的对流扩散过程中。在此基础上，Roubinet 和 Tartakovsky（2013）进一步完善边界条件，利用 Semi-analytical 的区域重叠耦合算法使得一种不迭代的尺度耦合方式成为可能。然而他们的工作仅针对一维的模型，没有实际的应用。Yousefzadeh 和 Battiato（2016）对模型进行改进，基于区域离散算法提出了一种基于迭代方法的紧耦合多尺度模型，模型采用了与 Battiato 和 Tartakovsky（2011）相同的验证方式，相比于之前的工作，模型被应用到二维的人工多孔介质结构中。

基于 MSFV 的框架，Tomin 和 Lunati（2013）提出了一种利用两套不同网格体系的多相流混合多尺度算法，并将新提出的算法应用到非均质的多孔介质结构内多相流的模拟当中。他们将新开发模型模拟的结果与纯粹孔隙尺度模型模拟的结果进行对比，发现两者有很好的一致性。Barajas-Solano 和 Tartakovsky（2016）提出了一套 H-MSFV 方法，利用迭代的方法实现浓度场多尺度的耦合。同样，在二维的对流扩散系统中，混合多尺度模拟的结果与孔隙尺度模拟的结果有着较好的一致性。在此基础上，Tomin 和 Lunati（2016）将开发的混合多尺度模型成功应用到稳定/不稳定排水问题上。

Balhoff 等（2008）首次基于区域离散算法，利用 PNM 算法结合 Mortars 方法对多孔介质内的多尺度速度场进行耦合。Sun 等（2012）将基于 Mortars 方法的模型应用到渗透率的计算当中。在此基础上，Sun 等（2012）将混合多尺度模型应用到碳储存的问题当中。进一步地，Mehmani 等（2014）提出了一种结合区域离散算法以及基于 PNM 方法的混合多尺度框架，用于实现流动与溶质运移过程的混合多尺度模拟。他们将开发的模型应用到二维均质和非均质的模型当中，并对模型的计算量进行了分析。在此基础上，Tang 等（2015）基于有限差分法，对多孔介质中溶质扩散、反应和生物膜生长开展了一系列模拟，得到比单一尺度模拟更加准确的结果。

Scheibe 等（2015a）开发出一套专门针对多孔介质内反应流的多尺度混合模拟程序，提出了一个在不同尺度间进行松弛耦合的方案，实时模拟了孔隙尺度和连续尺度的多孔介质内溶质混合作用控制下的双分子反应流。这套基于 Swift（Wilde et al., 2011）的多尺度混合模拟方法充分考虑了孔隙尺度的不完全混合现象，对连续尺度模拟进行了修正，且计算效率明显高于单一孔隙尺度模拟。但是，受到 Swift 研发环境局限性的影响，这一套方案很难拓展到实际问题的应用中。

近期，Molins 等（2019）利用 Embedded 边界结合自适应网络（Adaptive Mesh Refinement）对孔隙达西尺度进行耦合，并应用到多种人造裂隙结构中。在此模型中，裂隙界面的表面由嵌入边界表示，以耦合两个计算尺度。为了简化在该界面处浓度和通量的交换，使用自适应网格细化子区域之间的边界；在达西尺度的区域上，仍然使用粗化的网格降低计算量。混合多尺度模型的结果与单纯孔隙尺度模型的结果以及实验结果匹配良好。总的来说，现有的基于区域离散算法的混合模型的主要区别在于：模型用到的耦合数值算法在耦合边界上是否需要迭代，模型是否实现了不同精度的网格之间的耦合，以及模型是否实现流动与溶质运移的耦合过程。针对这些模型之间的差异，相关的算法之间的对比信息汇总于表 5-2。

表 5-2 基于区域离散方法的混合多尺度模型

模型	数值方法		过程	边界迭代	多区块	作者	期刊	年份
	孔隙尺度	达西尺度						
MSFV	FVM	FVM	流动	否	是	Tomin 和 Lunati	JCP	2013
Loose Coupling	SPH	PN	溶质运移	否	是	Scheibe 等	AWR	2015a
—	LB	FE	溶质运移	是	是	Karimi 和 Nakshatrala	AWR	2017
—	SPH	SPH	溶质运移	否	否	Tartakovsky 等	SC	2008a
Mortar Method	PN	FE	流动	是	是	Balhoff 等	CG	2008
Mortar Method	PN	PN	流动，溶质运移	是	是	Mehmani 和 Balhoff	MMS	2014
Mortar Method	FD	FE	溶质运移	是	否	Tang 等	WRR	2015b
—	FVM	FVM	溶质运移	是	否	Battiato 和 Tartakovsky	AWR	2011
—	FVM	FVM	溶质运移	否	是	Roubinet 和 Tartakovsky	WRR	2013
h-MsFV	FVM	FVM	溶质运移	是	是	Barajas-Solano 和 Tartakovsky	MMS	2016
Physics-based HMM	FVM	FVM	溶质运移	是	是	Yousefzadeh 和 Battiato	JCP	2016
AMR-EB	FVM	FVM	流动，溶质运移	是	是	Molins 等	TiPM	2019
MUI-based HMM	LB	LB	流动，溶质运移	是	否	Meng 等	WRR	2020a

注：FVM 为有限体积法；FE 为有限元法；LB 为格子玻尔兹曼法；PN 为孔隙网络法；SPH 为光滑粒子法；FD 为有限差分法。JCP：*Journal of Computational Physics*；AWR：*Advances in Water Resources*；SC：*SIAM Journal of Scientific Computing*；CG：*Computational Geosciences*；MMS：*Multiscale Modeling, Simulation*；WRR：*Water Resources Research*；TiPM：*Transport in Porous Media*。

针对通用的耦合框架，Meng 等（2020b）基于 MUI 开发了基于 LBM 方法的混合多尺度模型（图 5-6），并对溶质运移以及流动过程分别进行验证，在各自的验证算例中模型的结果与解析解的结果有良好的一致性。进一步地，混合多尺度模型被应用到人工非均质二维多孔介质中，并对沉淀生成的混合反应过程进行模拟。其中，混合多尺度模型将高精度的孔隙尺度计算区域设置在中间的反应核心区域，在其他反应过程微弱的区域设置达西尺度低精度的模型以降低模型的计算量。对混合多尺度模型模拟结果与孔隙尺度、达西尺度模拟结果进行交叉验证，发现混合多尺度模型能够捕捉到大尺度模型无法捕捉到的微观信息，并且能很好地实现尺度之间的耦合，其被证明为一种有效的、可在大的时空尺度上捕捉微观尺度信息并研究其对大尺度影响的手段。然而现有的混合多尺度模型设置了一个预设的孔隙尺度区域，但是这个预设的孔隙尺度区域并不能够实时捕捉到反应性迁移过程的关键区域。Sun 等（2020）在此通用尺度耦合界面的基础上开发了一套动态的混合多尺度模型，让模型捕捉反应的关键区域和关键时刻（Hot Spots and Hot Moments），并在此区域内设置孔隙尺度模型，在其他区域设置达西尺度模型降低模型的计算量（图 5-6）。在他们的工作中，模型针对均质和异质性多孔介质结构，捕捉高浓度的反应物区域，并实现不同尺度耦合场景上的相互验证比较。结果发现，动态的混合多尺度模型有着更高的计算精度。结合上述工作，混合多尺度的模型已经针对不同的反应条件、耦合场景以及多孔介质结构进行验证，并且获得了良好的计算精度以及计算效率。目前，现有的基于区域离散算法的混合多尺度模型工作列于表 5-2。

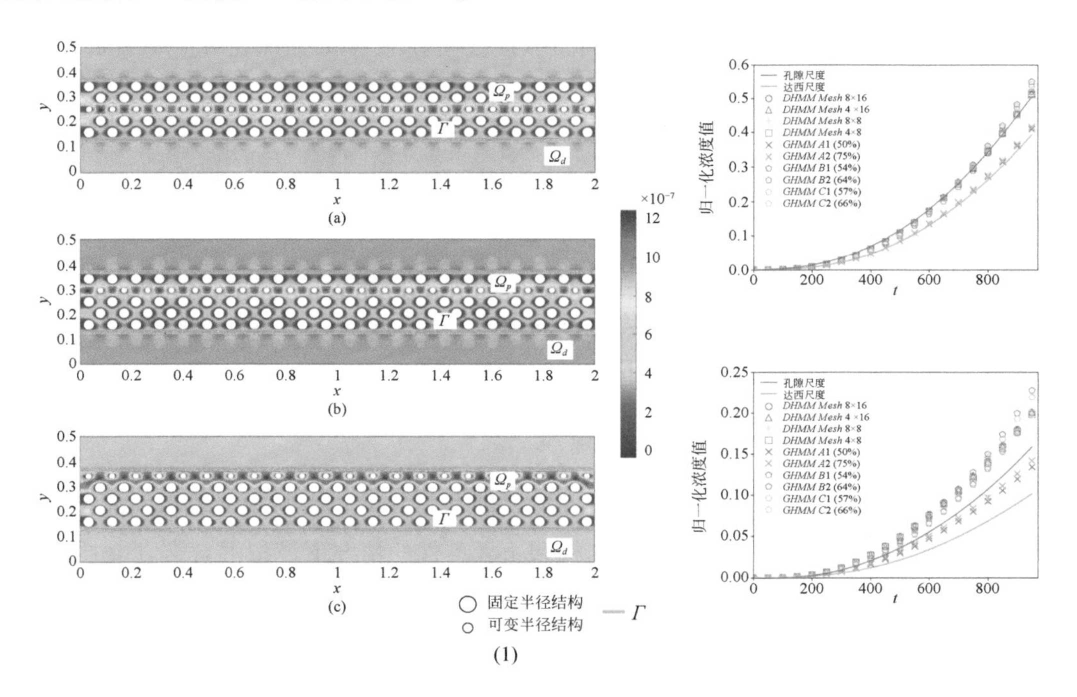

(1)

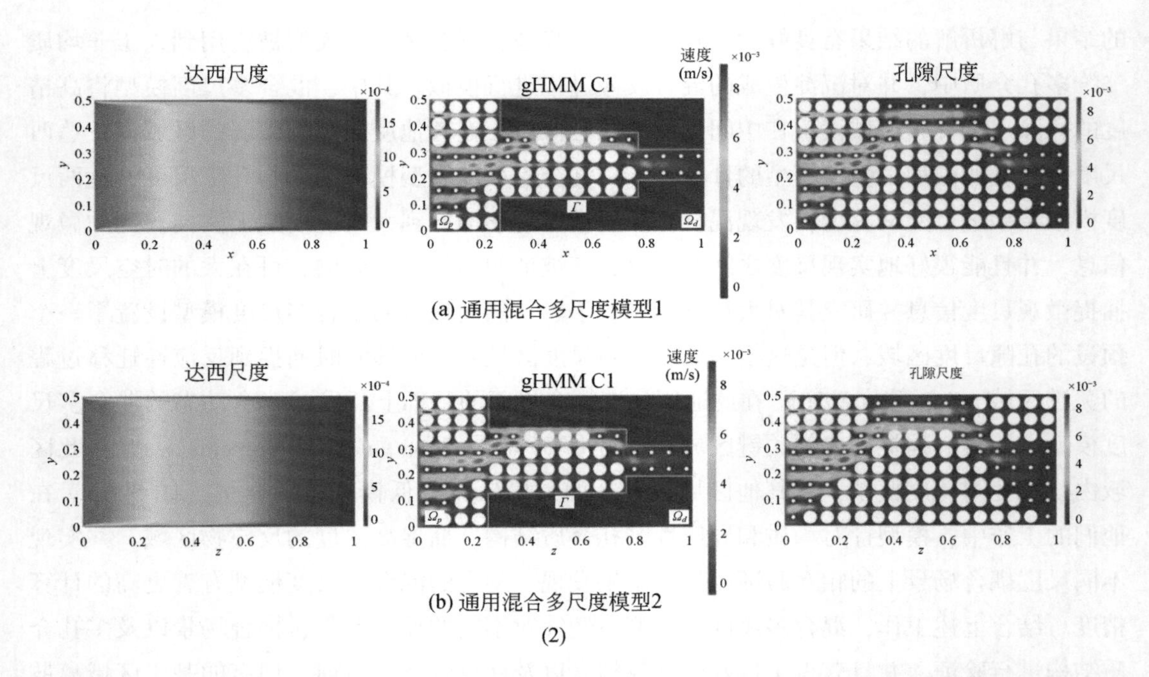

图5-6 （1）基于MUI的混合多尺度模型模拟结果（a）孔隙尺度模型、达西尺度模型与混合多尺度模型结果对比图（b）不同模拟方法生成物C浓度随时间变化（Meng et al.，2020b）；（2）不同尺度耦合场景下基于动态混合多尺度方法的生成物C浓度与孔隙尺度、达西尺度模拟结果对比图（Sun et al.，2020）

5.2.3 地下水流动及溶质运移多尺度模型的前沿方向

混合多尺度模型将最近发展起来的孔隙尺度的小尺度模型与大尺度模型相结合，分析微观尺度的生物地球化学过程对大尺度过程的影响。从模型开发的角度，针对不同的尺度耦合算法，未来的研究需要加强以下几方面的整合研究。

1. 基于DBS方程的混合多尺度模型

作为一种孔隙尺度和达西尺度方程之间显式耦合的方法，基于DBS方程的混合多尺度模型可以在不需要知道确切的界面孔隙结构和边界条件的情况下模拟混合多孔介质中的流动和溶质输运，同时也避免了为保证孔隙尺度和达西尺度之间耦合界面的质量和动量守恒而进行的数值迭代。目前，基于DBS方程的多尺度模型是一种很好的数值升尺度算法，也是利用X射线断层扫描等仪器在体素分辨率下表征多孔结构中流动和反应输运过程的有效数值方法。但对于利用高分辨率图像重建技术的现实多孔介质结构（如岩石样品或土壤岩芯）内的模拟，其计算要求也很高。因此，在保持精度的前提下，进一步降低基于DBS

方程的混合多尺度模型的计算损耗是至关重要的，值得更多的研究。

2. 基于区域离散算法的混合多尺度模型

在基于区域离散算法的混合多尺度模型框架下，孔隙尺度和达西尺度的耦合界面上，通过强制执行物理意义以及数值上的连续性来实现不同计算尺度的耦合。目前，已经有大量针对耦合界面进行开发的工作，基于区域离散算法的混合多尺度模型也被证明是一种有效的数值升尺度算法，但是现有的耦合边界条件依赖迭代的方式实现边界上的耦合，开发更加轻便高效的针对不同网格精度的耦合算法，仍然是此数值方法的研究方向。

第6章 生态水文过程集成与可持续发展

本章通过集成观测、实验、模拟分析以及决策支持等环节的生态水文过程，揭示植物个体、群落、生态系统、景观、流域等尺度的生态-水文过程相互作用规律，辨识气候变化和人类活动影响下流域及区域尺度生态-水文过程机理及存在的环境问题，发展生态-水文相互作用的研究方法，应用于黑河流域绿洲-荒漠相互作用与绿洲可持续发展、青海湖流域生态恢复与可持续发展，乃至祁连山生态功能与区域可持续发展，进而提升对生态水文过程作用下的水资源形成及其转化机制认识，为流域及区域的可持续发展提供科学支撑，使生态水文科学研究工作指导并应用于实践。

6.1 黑河流域绿洲-荒漠相互作用与绿洲可持续发展

6.1.1 绿洲-荒漠相互作用研究现状与科学问题

以荒漠为景观基质、绿洲为景观镶嵌的干旱、半干旱区分布在全球各大洲，尤其以亚洲、非洲较为集中，约占全球陆地面积的41%（韩德林，1999；Harrison and Pearce，2000）。该地区降水稀少、水资源缺乏、生态环境极其脆弱，对人为扰动十分敏感，是气候变化的关键区（GLP，2005；Reynolds et al.，2007）。绿洲是干旱区一种独特的生态景观，不仅是其生态环境的核心，也是其经济发展的基础。尤其是我国西北干旱区，其依靠不到该地区面积10%的绿洲养育着该地区90%以上的人口，产生超过95%的社会经济效益（Chu et al.，2005；王涛，2009）。西北干旱区自古就是“丝绸之路”的重要组成部分，也是“一带一路”倡议的重点发展区域。“丝绸之路经济带”沿线的中亚干旱、半干旱区与我国西北干旱区生态水文环境相似（丁永建和张世强，2018）：内陆河流域有水则成绿洲，无水则成荒漠。但是，目前干旱区内陆河流域面临着河湖干涸、天然植被退化、土地荒漠化加剧以及沙尘暴频发等生态环境退化的危机（程国栋和赵传燕，2008）。尤其是在沿“丝绸之路经济带”向西的诸多内陆河流域上发生了更为严峻的生态危机，如我国塔里木河流域（Zhao et al.，2013）、伊朗乌尔米亚湖（Stone，2015）、流经中亚大部分地区（包括乌兹别克斯坦、哈萨克斯坦、塔吉克斯坦、吉尔吉斯斯坦、土库曼斯坦、阿富汗和巴基斯坦，以及中国西北边疆部分地区）的咸海流域（Stanev et al.，2004；Crétaux et al.，2009）等。因此，亟须探索科学管理绿洲生态环境的有效途径，从而维持全球宝贵的绿洲面积（Li et al.，2016）。

绿洲与荒漠下垫面动力和热力特征差异明显，绿洲系统内部的土壤、植被和大气子系统之间，以及绿洲与荒漠系统之间通过动量、能量和水分交换进行相互作用和相互影响（Cheng et al.，2014）。受到大气条件的影响，绿洲–荒漠相互作用会产生绿洲内边界层、绿洲–荒漠局地环流和绿洲内部二次环流等现象，导致一些局地小气候特征，如绿洲“风屏效应”、绿洲“冷、湿岛效应”和邻近绿洲的荒漠“增湿、逆湿效应”等（图6-1）（Li et al.，2016）。绿洲与荒漠之间的相互作用，是绿洲大气、生态、水文系统研究的一个关键问题，对认识绿洲区域气候的变化规律，支撑绿洲的自我维持，形成保障绿洲生态系统稳定维持和发展的良性机制具有重要而深远的意义（Zhang and Huang，2004）。国内外学者通过长期系统的观测，积累了大量干旱、半干旱区绿洲与荒漠的地表辐射与能量、水分平衡、大气边界层、水文过程等观测资料，无论从理论研究方面（Pan and Chao，2001；吕世华等，2004；巢纪平和井宇，2012；张珊等，2016），还是野外观测试验方面（Taha et al.，1991；佴抗和胡隐樵，1994；胡隐樵和高由禧，1994；张芬等，2016；Xu et al.，2017b；Liu et al.，2018a）都对绿洲–荒漠相互作用做了深入的分析。随着对绿洲–荒漠相互作用机理的认识不断加深以及计算能力的飞速提高，研究手段也更加综合化——通过野外综合观测实验，借助卫星遥感监测和中尺度模式的数值模拟，由点及面、立体地综合研

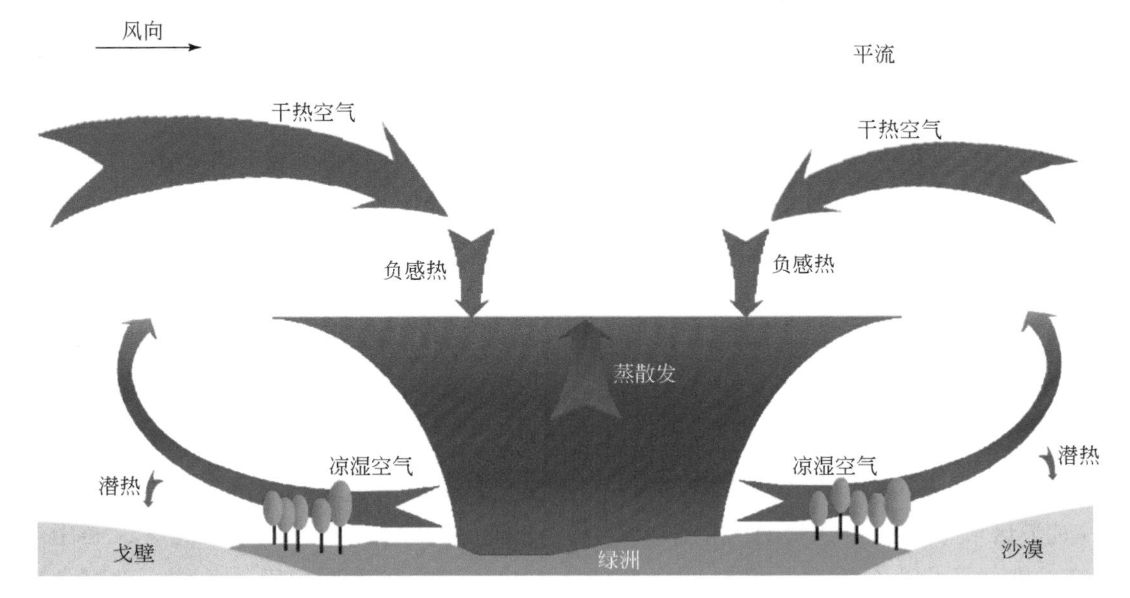

图6-1 绿洲–荒漠相互作用示意图［修改自Li等（2016）］

究绿洲-荒漠相互作用（牛国跃等，1997；阎宇平等，2001；Liu et al.，2004；Chu et al.，2005；Meng et al.，2015；王涛，2009；Georgescu et al.，2011；Liu et al.，2016a；Zhang et al.，2017c；Ruehr et al.，2020）。通过这些研究，进一步证实了绿洲效应，发现了荒漠效应，揭示了绿洲自我维持机理，加深了对绿洲小气候形成物理机制的理解，为绿洲地区的可持续发展提供了保障。但是目前存在对高时空分辨率的绿洲-荒漠相互作用综合认识不足的问题，主要包括：绿洲内部异质性对绿洲-荒漠相互作用的影响，特别是绿洲内部小尺度的能量和水分交换、农田防护林引起的动力异质性，以及灌溉造成的热力异质性等，对绿洲的稳定性和绿洲-荒漠的相互作用机制尚不清楚（Li et al.，2016）。

2012 年始在黑河流域开展的“黑河流域生态-水文过程综合遥感观测试验”（HiWATER），是“星-机-地”（卫星遥感-航空遥感-地面观测）一体化的多要素-多尺度-网络-立体-精细化的综合观测试验，尤其是 2012 年在黑河中游张掖绿洲-荒漠区域开展的“非均匀下垫面地表蒸散发的多尺度观测试验”（HiWATER-MUSOEXE）（Li et al.，2013a；Liu et al.，2016b），加之基于流场求解变量的计算流体力学（CFD）方法以精细尺度（几十米分辨率）的模拟见长，被越来越多地应用于大气边界层数值模拟研究中（Foken et al.，2011），这些都为上述问题的解决提供了契机。本章将利用 HiWATER 在黑河中游绿洲-荒漠区域构建的综合观测网，基于 CFD 数值模拟方法精细刻画绿洲内部局地小气候特征的形成和影响机制，并探讨加强绿洲自我维持与发展机制的途径（Liu et al.，2018b；Liu et al.，2020）。

6.1.2 绿洲-荒漠相互作用模拟取得的成果、突破与影响

绿洲-荒漠系统是一个复杂的非线性系统，真实场景下绿洲-荒漠相互作用受到天气、水文、植被和土壤因素，绿洲的空间水平尺度和人类活动等诸多因素的综合影响，产生的各种局地小气候效应往往交替与交织出现，这就为观测和分析绿洲-荒漠相互作用及其各种局地小气候效应的影响机制带来了困难（Meng et al.，2012）。在绿洲-荒漠系统的演变过程中，天气条件、地表类型以及下垫面水热特性是如何起作用的？绿洲-荒漠局地小气候效应的风速、温度、湿度场（简称风温湿场）的三维图像和影响机制是怎样的？如何最有效地发挥绿洲局地小气候效应，维持绿洲的稳定发展？为了更清楚地回答以上问题，本节将基于 HiWATER 的地面、航空和卫星遥感观测数据，以张掖绿洲-荒漠区域下垫面实际状况为依据，设计一个简化的绿洲-荒漠模拟研究区，利用以精细尺度（几十米分辨率）模拟见长的 CFD 方法，进行多组不同天气条件、地表类型以及下垫面水热特性的模拟试验，通过模拟得到的风温湿场的变化特征，精细地刻画绿洲-荒漠相互作用产生的各种现象，进一步探讨绿洲-荒漠局地小气候效应的形成和影

响机制（Liu et al.，2020）。

1. 模型与数值模拟试验

1）非均匀绿洲–荒漠下垫面 CFD 温湿场数值模型

构建非均匀绿洲–荒漠下垫面 CFD 温湿场数值模型（图 6-2），并在开源 CFD 平台 OpenFOAM 中基于 C++语言实现。除了 CFD 本身求解动量、能量和水汽方程的模块之外，添加两个模块，即辐射传输模块和能量平衡模块。辐射传输模块用于模拟植被冠层内每一层的净辐射通量以及土壤的净辐射通量，植被冠层能量平衡模块用于模拟植被冠层表面温度和湿度，土壤能量平衡模块用于获取地表温度的底边界条件（Liu et al.，2020）。

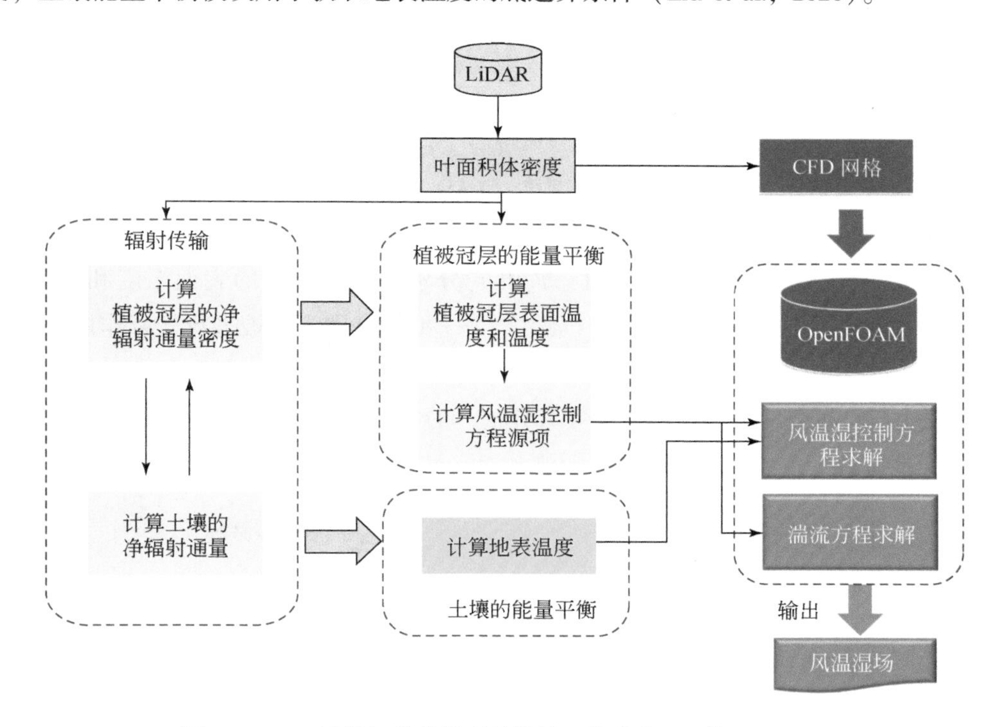

图 6-2　CFD 温湿场数值模型的结构［修改自 Liu 等（2020）］

构建非均匀绿洲–荒漠下垫面 CFD 温湿场数值模型的动量、温度和水汽方程：

$$\frac{\partial \overline{u_i}}{\partial t} + \overline{u_j} \cdot \frac{\partial \overline{u_i}}{\partial x_j} = -\frac{1}{\rho}\frac{\partial \overline{p}}{\partial x_i} + \frac{\partial}{\partial x_j}\left[(\mu + \mu_t)\left(\frac{\partial \overline{u_i}}{\partial x_j} + \frac{\partial \overline{u_j}}{\partial x_i}\right)\right] - \frac{2}{3}\frac{\partial k}{\partial x_j} - g\beta(\overline{T} - \overline{T_0}) + S_u \tag{6-1}$$

$$\frac{\partial T}{\partial t} + \overline{u_j} \cdot \left(\frac{\partial T}{\partial x_j} + \gamma_a\right) = \frac{\partial}{\partial x_j}\left[\left(\frac{\mu}{P_r} + \frac{\mu_t}{P_{rt}}\right)\frac{\partial T}{\partial x_j}\right] + S_T \tag{6-2}$$

$$\frac{\partial \overline{q}}{\partial t}+\overline{u_j}\cdot\frac{\partial \overline{q}}{\partial x_j}=\frac{\partial}{\partial x_j}\left[\left(\frac{\mu}{S_c}+\frac{\mu_t}{S_{ct}}\right)\frac{\partial \overline{q}}{\partial x_j}\right]+S_q \tag{6-3}$$

式中，为了使 Einstein 求和符号，采用 x_i（$i=1, 2, 3$，$x_1=x$，$x_2=y$，$x_3=z$）分别表示水平及垂直方向，u_i（$u_1=u$，$u_2=v$，$u_3=w$）为 x，y，z 轴方向的风速分量；i，j 为笛卡儿坐标节点序号；T 为温度；$\overline{T}$ 为平均温度；$\overline{T_0}$ 为参考温度；q 为水汽；t 为时间；μ 为摩尔黏性系数，取值 $1.45\times10^{-5}\mathrm{m^2/s}$；$\mu_t$ 为湍流黏性系数；ρ 为流体密度；β 为热膨胀系数；k 为湍流动能；g 为重力加速度，为 $9.81\mathrm{m/s^2}$；γ_a 为干绝热系数，取 0.0098K/m；$\overline{q}$ 为空气比湿；P_r、P_{rt}、S_c 和 S_{ct} 分别为普朗特数、湍流普朗特数、施密特数和湍流施密特数。

S_u、S_T 和 S_q 分别为动量、温度、水汽方程的源项：

$$S_u=-C_d\cdot \mathrm{LAD}\cdot \overline{u_i}\cdot |U| \tag{6-4}$$

$$S_T=\mathrm{LAD_H}\cdot g_{\mathrm{ha}}\cdot (T_1-T_a) \tag{6-5}$$

$$S_q=\mathrm{LAD_q}\cdot g_{\mathrm{q}}\cdot (q_1-q_a) \tag{6-6}$$

式中，C_d 为拖曳系数；LAD 为叶面积体密度；$\mathrm{LAD_H}$ 为参与周围空气热量交换的叶面积体密度；$\mathrm{LAD_q}$ 为参与周围空气水汽交换的叶面积体密度；$\mathrm{LAD_H}$ 与 $\mathrm{LAD_q}$ 与 LAD 的关系取决于植被类型；$|U|$ 为合成风速的绝对值；T_1 和 T_a 分别为植被冠层的表面温度和空气温度；q_1 和 q_a 分别为植被冠层的表面湿度和空气湿度；g_{ha} 和 g_{q} 分别为植被进行光合作用和蒸腾作用的气孔导度。

采用的湍流模型为雷诺平均法（RANS）的 k-ε 两方程湍流模型（Launder and Spalding，1974）：

$$\frac{\partial_k}{\partial t}+\overline{u_j}\cdot\frac{\partial_k}{\partial x_j}=\frac{\partial}{\partial x_j}\left[\left(\mu+\frac{\mu_t}{\sigma_k}\right)\frac{\partial_k}{\partial x_j}\right]+\mu_t\left(\frac{\partial \overline{u_i}}{\partial x_j}+\frac{\partial \overline{u_j}}{\partial x_j}\right)-\varepsilon+G_b+Sk \tag{6-7}$$

$$\frac{\partial \varepsilon}{\partial t}+\overline{u_j}\cdot\frac{\partial \varepsilon}{\partial x_j}=\frac{\partial}{\partial x_j}\left[\left(\mu+\frac{\mu_t}{\sigma_\varepsilon}\right)\frac{\partial \varepsilon}{\partial x_j}\right]+C_{1\varepsilon}\cdot\frac{\varepsilon}{k}\cdot P_k-C_{2\varepsilon}\frac{\varepsilon^2}{k}$$

$$+\left[\left(C_{1\varepsilon}-C_{2\varepsilon}\right)\cdot\alpha_b+1\right]\cdot G_b\cdot\frac{\varepsilon}{k}+S_\varepsilon \tag{6-8}$$

式中，$C_{1\varepsilon}$ 和 $C_{2\varepsilon}$ 为常数分别取 1.44 和 1.92；σ_k 和 σ_ε 为湍流普朗常数，分别取 1.0 和 1.3；G_b 为添加的浮力源项的系数。

S_k 和 S_ε 为与湍流动能和湍流耗散率相关的源项：

$$S_k=0 \tag{6-9}$$

$$S_\varepsilon=12(C_{2\varepsilon}-C_{1\varepsilon})\cdot C_\mu^{\frac{1}{2}}\cdot C_d\cdot \mathrm{LAD}\cdot |U|\cdot\varepsilon \tag{6-10}$$

式中，C_μ 为常数；ε 湍流扩散率。

2）数值试验设计

本试验设计的简化的绿洲–荒漠模拟区域采用条带状排列，与 y 方向平行，中间条带为绿洲，两侧条带为荒漠，即荒漠包围绿洲。这与我国西北地区绿洲处于荒漠的包围中或荒漠边缘的事实一致。本节对绿洲–荒漠相互作用的模拟研究，首先排除绿洲水平尺度的影响。张强和于学泉（2001）统计了我国河西地区 15 个典型绿洲水平空间尺度大小，统计结果显示：绿洲最常存在的尺度为 10 ~ 20km。并且已有研究表明：绿洲水平尺度也有一个最佳尺度值，一般最小临界尺度为 5 ~ 10km，最大临界尺度为 55 ~ 65km（张强和胡隐樵，2001；刘树华等，2005）。因此，在实际绿洲水平空间尺度统计结果的基础上，为了既保障绿洲–荒漠中尺度局地环流得以激发，又平衡计算机的计算资源，本研究设计绿洲水平空间大小为 10km×5km（x×y），周围荒漠的大小各为 30km×5km（x×y），周围荒漠的长度为绿洲长度的 3 倍，并且三条带状非均匀下垫面的异质性地表长度为大气边界层高度的 5 倍以上，以保证湍流的充分发展（图 6-3）（Patton et al.，2005）。

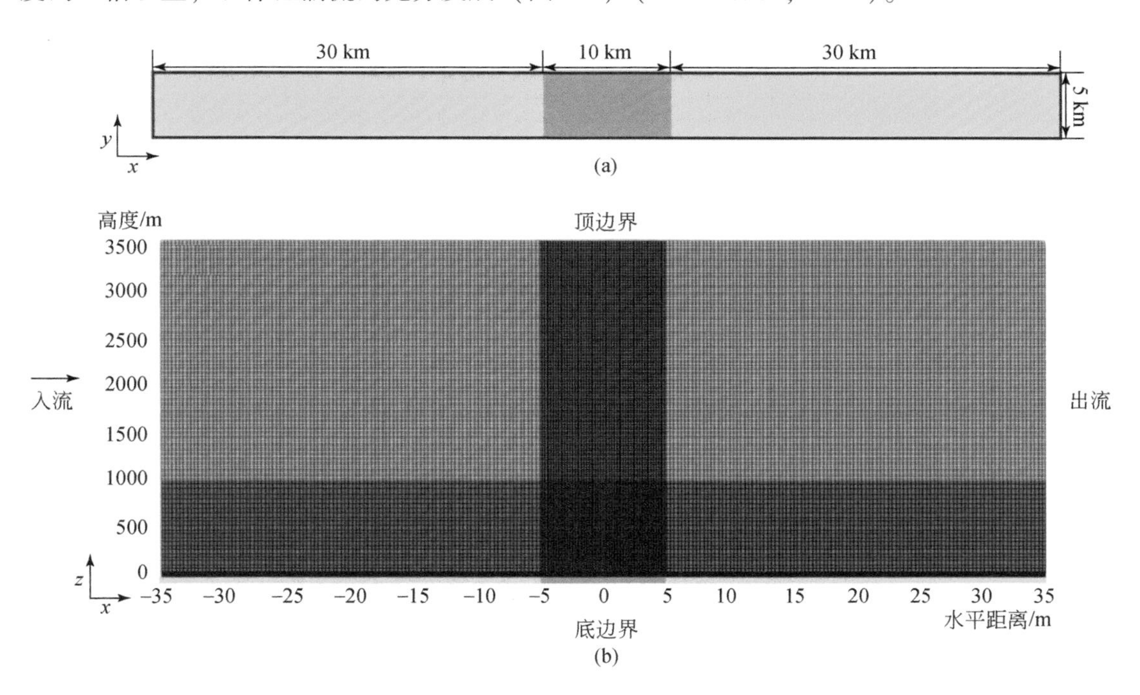

图 6-3　（a）非均匀绿洲–荒漠区域示意图和（b）绿洲–荒漠区域模拟计算域（Liu et al.，2020）

结合 2012 年 HiWATER-MUSOEXE 试验地面和遥感观测事实（Li et al.，2017b），天气条件、绿洲–荒漠下垫面水热状况差异、绿洲内部下垫面动力（植被覆盖度和分布格局）和热力特征都会影响绿洲–荒漠相互作用。因此，为便于研究各种因素（风速、地表温度、土壤水分以及植被分布格局等）变化的影响，本研究首先设置了基准模拟试验，然后进一步假设其他因素不变（以基准模拟试验为准），以其中一种因素作为变量设计了 4 组模拟试验，每组模拟试验下又设计了变量参数不同的多个算例进行模拟与对比。基准模拟试验

（算例 DO_ 0）设置为张掖人工绿洲内主要下垫面为玉米农田（依据绿洲区机载 LiDAR 数据的计算结果，玉米农田的平均高度为 2m，LAD 为 3. 14m^2/m^3），即在绿洲模拟区域设置高度为 2m、LAD 为 3. 14m^2/m^3 的均匀植被，两侧荒漠下垫面则无植被分布。绿洲和荒漠的地表温度分别为 300K 和 320K（依据绿洲和荒漠区融合多源遥感数据的地表温度数据），土壤水分分别为 0. 08cm^3/cm^3 和 0. 28cm^3/cm^3［依据绿洲和荒漠区机载 L 波段微波辐射计 PLMR（Polarimetric L-band Multibeam Radiometer）土壤水分数据］，所有高度入流风速为 0m/s（本研究模拟试验参数设置基于白天的观测事实，未考虑夜间）。以不同影响因素为变量的其他 4 组模拟试验的设置如下（表 6-1）。

表 6-1 "绿洲–荒漠"相互作用数值模拟试验方案

算例	10m 高度入流风速 /（m/s）	地表温度/K		土壤水分/（cm^3/cm^3）		绿洲内植被覆盖度/%	绿洲内植被分布格局	说明
		荒漠	绿洲	荒漠	绿洲			
DO_ 0	0	320	300	0. 08	0. 28	100	均匀低矮植被 $h=2m$; LAD=3. 14m^2/m^3; $C_d=0.2$	基准试验
DO_ 3	3	320	300	0. 08	0. 28	100	均匀低矮植被 $h=2m$; LAD=3. 14m^2/m^3; $C_d=0.2$	变量为入流风速
DO_ 5	5							
DO_ 0_ Ts（共 11 组）	0	320	290～310（步长 2K）共 11 组	0. 08	0. 28	100	均匀低矮植被 $h=2m$; LAD=3. 14m^2/m^3; $C_d=0.2$	变量为绿洲地表温度
DO_ 0_ fvc（共 10 组）	0	320	300	0. 08	0. 28	30～100（步长 10%）共 10 组	均匀低矮植被 $h=2m$; LAD=3. 14m^2/m^3; $C_d=0.2$	变量为绿洲内植被覆盖度
DO_ 0_ V1	0	320	300	0. 08	0. 28	100	低矮农田和高大防护林交错分布（比例分别为 80% 和 20%）	变量为绿洲内植被分布格局
DO_ 0_ V2								
DO_ 0_ V3							均匀高大植被 $h=30m$; LAD=0. 6m^2/m^3; $C_d=0.31$	
DO_ 0_ V4								

（1）天气条件。为了探索不同天气条件对绿洲-荒漠相互作用的影响，本研究设置了 x 方向（即自荒漠向绿洲的入流风）10m 高度风速为 3m/s 和 5m/s，y 方向风速均为 0m/s 的两个算例，分别为算例 DO_3 和算例 DO_5。依据张芬（2016）对绿洲和荒漠日平均风速的统计结果，算例 DO_5、算例 DO_3 和算例 DO_0 分别为大风、中风和静稳风情景下绿洲-荒漠相互作用的模拟。为了排除天气条件对绿洲-荒漠相互作用的影响，除研究不同天气条件对绿洲-荒漠相互作用影响的数值模拟试验外，其余试验的入流风速均设置为 0m/s。

（2）绿洲-荒漠下垫面热力状况。绿洲和荒漠的水热状况差异是产生绿洲-荒漠局地环流的关键，所以此组模拟试验以绿洲地表温度为变量设置了多组算例。荒漠的地表温度为 320K 保持不变，绿洲的地表温度变化范围为 290 ~ 310K，即荒漠和绿洲的地表温度差在 10 ~ 30K 变化，以 2K 为步长，共进行 11 组算例（算例 DO_0_Ts）。

（3）绿洲内植被覆盖度。为了研究绿洲内部下垫面植被覆盖度对绿洲-荒漠相互作用的影响，将绿洲内的主要植被类型简化为低矮农田（$h=2$m，LAD = 3.14m^2/m^3，C_d = 0.2），植被覆盖度的变化范围为 30% ~ 100%，以 10% 为步长，共进行 10 组算例（算例 DO_0_fvc）。

（4）绿洲内部下垫面植被分布格局。为了研究绿洲内部下垫面植被分布格局对绿洲-荒漠相互作用的影响，将绿洲内的主要植被类型简化为低矮农田（$h=2$m，LAD = 3.14m^2/m^3，C_d=0.2）、高大防护林（$h=30$m，LAD=0.6m^2/m^3，C_d=0.31）两种，并设计了 5 种不同的绿洲内植被分布情景，基本涵盖了目前人工绿洲可能的植被分布类型，如图 6-4 所示。根据张掖中游绿洲低矮植被约占 80% 的事实（5.5km×5.5km 小矩阵区域统计结果），算例 DO_0_V1、算例 DO_0_V2 和算例 DO_0_V3 均保持低矮农田和高大防护林的比例为 80% 和 20% 不变，但改变了低矮农田和高大防护林的分布格局；算例 DO_0_V4 为绿洲内完全覆盖高大林木。

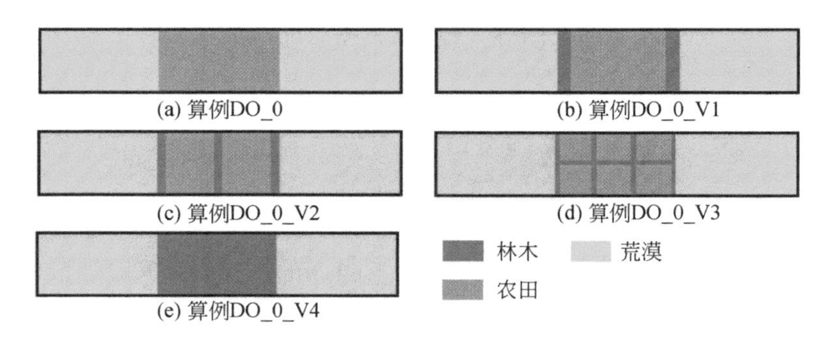

图 6-4　绿洲内部下垫面不同植被分布格局示意图（Liu et al.，2020）

3）模拟方案

研究设置入流和出流边界条件为周期性边界。为获取变量在周期性边界的初始廓线，本研究首先进行了满足风温湿场初始廓线的非周期性边界的前处理模拟，得到稳定的流场之后，再将该稳定流场作为周期性边界模拟的初始条件。模拟采用高精度二阶迎风格式QUICK算法对动量、湍流参数等进行数值离散，采用半隐式SIMPLE算法对控制方程进行求解。为了避免不完全收敛性所导致的求解误差，为压力和速度设置$\leqslant 10^{-5}$的无量纲准则残余误差。

2. 绿洲-荒漠相互作用的模拟结果

荒漠的地表温度高、土壤水分含量低，绿洲的地表温度低、土壤水分含量高，这种下垫面水热状况差异反映在大气边界层中，导致了绿洲-荒漠相互作用，而背景风场是影响绿洲-荒漠相互作用的重要因素。背景风较弱，尤其是静稳风情景（0m/s）下，绿洲-荒漠之间存在局地环流，绿洲上空存在着较强的下沉气流，两侧荒漠则存在着较强的上升气流，以绿洲中心为几何中心形成了两个对称的闭合环流圈（图6-5）：荒漠近地层的水平风速较大，最大可达3m/s。荒漠下层为辐合上升气流，约在200m高度，荒漠上层气流向绿洲上空辐散；绿洲上空为辐合下沉气流，有较大的向下垂直风速，并且越靠近绿洲中心地表，垂直风速越小，绿洲低层为辐散气流。两侧荒漠低层较大的向上垂直风速和绿洲上空较大的向下垂直风速促使气流在荒漠上空的辐散和绿洲上空的辐合运动；中风情景（约3m/s）下，绿洲内存在热力内边界层，上游荒漠和绿洲的局地环流被强大的背景风破坏，绿洲上空气流只有微弱的下沉运动，绿洲上空主要为荒漠干热空气的水平输送，绿洲-荒漠相互作用主要表现为绿洲热力内边层。在大风情景下，即入流风速继续增大到5m/s时，绿洲-荒漠局地环流或热力内边界层彻底被破坏，绿洲内仅存在植被、建筑物等高粗糙元造成的绿洲动力内边界层，即气流仅存在于从平坦荒漠向粗糙绿洲过渡中，由于空气动力学粗糙度跃变引起的风廓线的微弱抬升，绿洲-荒漠温度场趋于一致（具体参见Liu et al., 2020）。

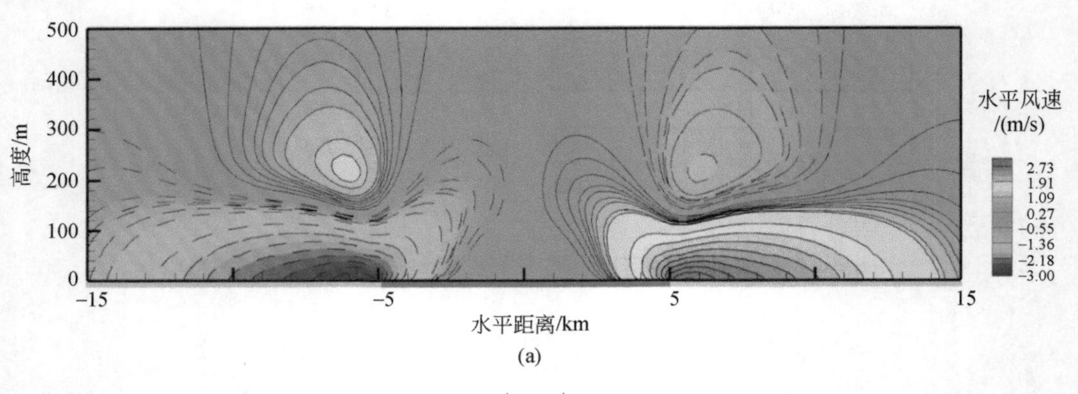

(a)

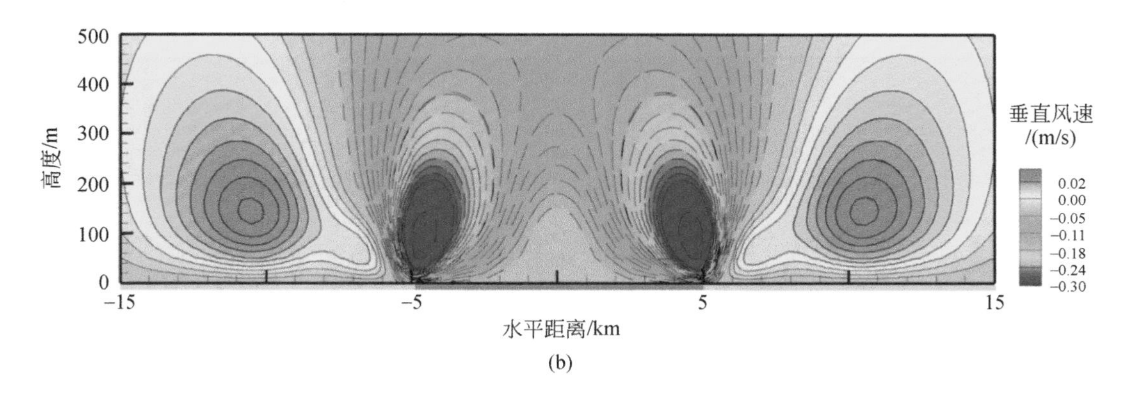

(b)

图6-5　绿洲-荒漠区域入流风速为0m/s时（a）水平风速；（b）垂直风速剖面图（算例DO_ 0）
实线表示风速为正，即水平风向同入流方向，垂直风向向上；虚线表示风速为负，即水平风向为入流方向反向，垂直风向向下；图底部的黄线和绿线分别表示荒漠和绿洲

3. 绿洲-荒漠小气候效应的模拟结果

绿洲-荒漠相互作用引起的绿洲-荒漠小气候效应，包括绿洲“冷、湿岛效应”和邻近绿洲的荒漠“增湿、逆湿效应”、绿洲“风屏效应”等。背景风较弱情景下，绿洲上游荒漠由于平流作用向绿洲输送热空气，输送来的干热空气与绿洲下层的冷湿空气形成绿洲低层的“平流逆温”大气稳定层结，即绿洲热力内边界层，高度约为100m［图6-6（b）（d）］；绿洲热力内边界层在静稳风情景下，呈现出以绿洲中心为几何中心的对称分布，高度约为200m［图6-6（a）（c）］。在绿洲“平流逆温”层高度以下，绿洲中心出现逆温，且上游荒漠的低层空气温度远远高于绿洲，下游荒漠的空气温度则比上游荒漠低一些。由于绿洲低层“平流逆温”的大气稳定层结，抑制了绿洲凉湿空气向高空的输送，绿洲形成“冷、湿岛效应”（图6-6）。并且，热力内边界层的存在会抑制绿洲的地表蒸散发向高层的输送，且绿洲内的水汽通过平流作用输送到周围荒漠，邻近绿洲的荒漠区空气比湿也较高，并且绿洲对下游荒漠湿度场的影响比对上游荒漠湿度场的影响更显著一些，使得邻近绿洲的荒漠形成“增湿、逆湿效应”。

由于绿洲内植被有效地消耗了气流的动能，不仅绿洲低层水平风速比其上游和下游荒漠同高度的水平风速都小，而且其下游荒漠的风速也小于上游荒漠，即绿洲表现出“风屏效应”。为了进一步研究绿洲“风屏效应”，Liu等（2018c）以WRF中尺度模式模拟的风场为背景场，利用机载LiDAR数据刻画高度非均匀绿洲下垫面的粗糙元结构特征，基于CFD方法模拟了2012年黑河中游高度非均匀绿洲核心矩阵区域5.5km×5.5km的风场结构特征，并利用HiWATER试验的通量观测矩阵中涡动相关仪和自动气象站的观测数据，分别从风速、风向和风廓线的日变化趋势等方面对风场模拟结果进行验证，结果表明：CFD

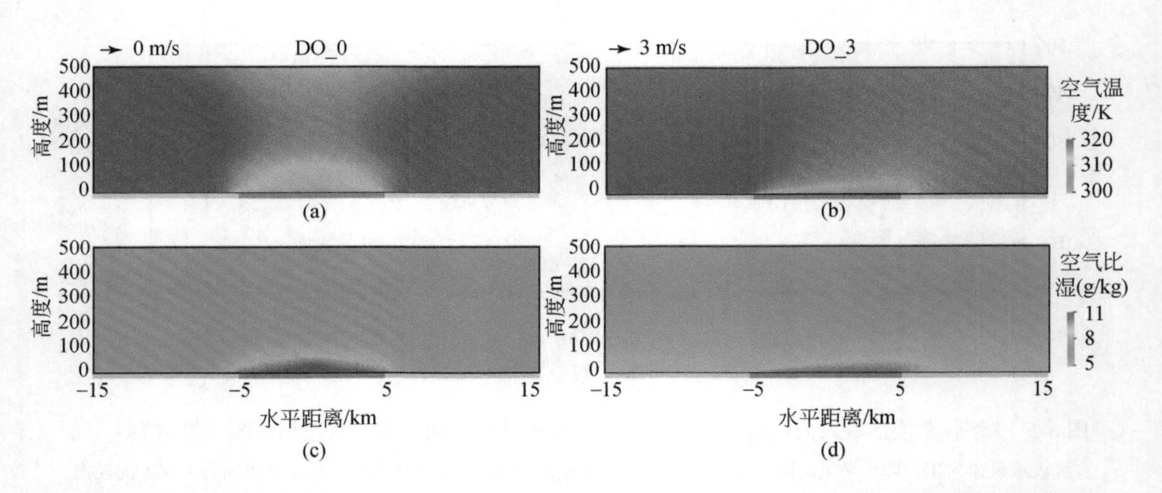

图 6-6　绿洲-荒漠区域 10m 高度入流风速为 0m/s 时（a）温度、（c）比湿垂直剖面（算例 DO_0）；10m 高度入流风速为 3m/s 时（b）温度、（d）比湿垂直剖面（算例 DO_3）（Liu et al.，2020）

图底部的黄线和绿线分别表示荒漠和绿洲

模拟的风场精度较高，与观测结果具有较好的一致性。下面通过绿洲的风场结构特征来进一步分析绿洲的“风屏效应”。在非均匀绿洲内选取三处典型代表区域，分别为样区A——玉米农田代表区域、样区 B——防护林代表区域和样区 C——建筑物代表区域［图6-7（a）］。图 6-7（b1）显示气流通过建筑物代表区域（样区 C）所发生的变化，其迎风向和背风向的风速（风向）分别为 2.8m/s（296°）和 1.3m/s（86°）。由于建筑物为不透水介质，在模拟中我们视其为“叶面积体密度”非常大的多孔介质，因此其对风速的削减程度较大，约减少了 53% 的风速；图 6-7（b2）为 2012 年 7 月 15 日 12:00 农田防护林代表区域（样区 B）的风场水平分布图。气流自 6 号站点经过“盈科”防护林带流向 12 号站点，风向从 267°转变为 230°，风速由 2.76m/s 衰减为 2.03m/s，“盈科”防护林抵挡了约 26% 的风速。这表明：农田防护林能有效地削减绿洲内的风速，减轻绿洲内地表土壤的风蚀，对保护农作物生长起到积极作用；图 6-7（b3）和（b4）显示了 2012 年 7 月 15 日12:00 15 号站点周围玉米农田代表区域（样区 A）2m 和 10m 高风场的水平分布。由于 7月玉米的平均高度约为 2m，可以明显看出，2m 高处风场主要受到玉米农田等低矮粗糙元的影响，田块内风场变化大。而 10m 高处农田区域叶面积体密度很小，风场主要受防护林等较高粗糙元的影响，而田块内风场较为均匀，风场的变化主要集中在防护林附近。

4. 绿洲可持续发展对策

综合上述“绿洲-荒漠”相互作用的模拟与分析可知，绿洲-荒漠小气候效应为对抗干旱气候环境提供了一个稳定的、凉爽的、湿润的、适宜植被生长和人类生存的，且具有

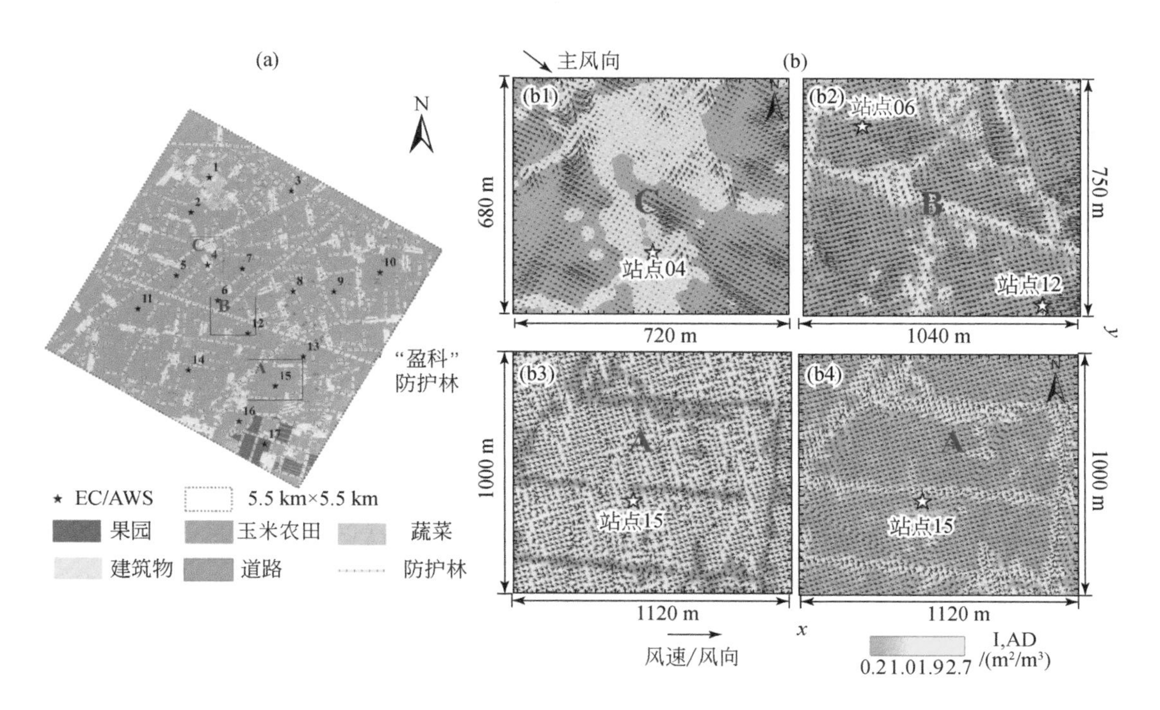

图 6-7 （a）“风屏效应”分析中选取的典型代表区域示意图；（b1）和（b2）分别为 CFD 模拟的非均匀绿洲的风场的样区 C（建筑物附近）和样区 B（“盈科”防护林附近）；（b3）和（b4）分别是样区 A（玉米农田附近）的 10m 和 2m 高度风场空间分布（模拟时间：2012 年 7 月 15 日 12：00）（Liu et al.，2018b）

自我维持和发展机制的绿洲生态环境系统，即高度非均匀绿洲的动力内边界层，使得绿洲具有“风屏效应”，绿洲系统有效地阻挡了来自荒漠的风蚀，减弱了绿洲内的风速，从而有利于绿洲热力内边界层和绿洲-荒漠局地环流的形成。在天气系统较弱时，绿洲热力内边界层和绿洲-荒漠局地环流使得绿洲近地层形成“平流逆温”的大气稳定层结。该稳定层结抑制了绿洲内低层冷湿空气向高空大气扩散，使得绿洲具有“冷、湿岛效应”。同时，该大气稳定层结也阻挡了来自荒漠上空的干热空气进入绿洲低层。而绿洲上空的下沉气流，使得绿洲“冷、湿岛效应”得以加强和维持。在绿洲内部，不同地块间的水热异质性同样会激发气流的上升和下沉运动，促进不同地块间的能量和水分交换，形成绿洲内的二次环流。绿洲和荒漠过渡区的“增湿、逆湿效应”，也是对绿洲内水汽的再利用，对维持绿洲-荒漠过渡区植被的生长具有重要作用，从而形成绿洲外围的生态保护带。

但是绿洲的自我维持与发展机制是有限的，其主要受到天气条件、绿洲-荒漠下垫面热力状况差异、绿洲内部下垫面动力状况（植被覆盖度以及高矮植被分布格局）等的影响。研究通过绿洲-荒漠热力状况差异模拟试验（DO_ 0_ Ts，共 11 个算例）和绿洲植被覆盖度模拟试验（DO_ 0_ fvc，共10个算例）进一步探讨绿洲–荒漠局地小气候效应的影响因素。模拟结果表明：从图6-8（a）可以看出绿洲内植被覆盖度对绿洲–荒漠局地环流的垂直上升运动影响不大，但是对水平运动影响较大。当植被覆盖度小于70%时，局地环流的水平运动随植被覆盖度的增大而明显增大；当植被覆盖度大于70%时，水平风速受植被覆盖度的影响较小。图6-8（b）显示：当植被覆盖度小于50%时，植被覆盖度对绿洲的空气温度的影响不大；当植被覆盖度大于50%时，二者成反比关系，且随着植被覆盖度的增大，绿洲“冷岛效应”逐渐增强。当植被覆盖度为小于70%时，空气比湿随着植被覆盖度的增大而增大；在植被覆盖度为70%时，绿洲的空气比湿达到一定峰值，即绿洲“湿岛效应”较强。之后随着植被覆盖度的增大（约为80%时），空气比湿略微下降；当植被覆盖度超过70%时，空气比湿受植被覆盖度的影响不再明显。

绿洲–荒漠局地环流强度（垂直和水平风速）对绿洲和荒漠间的地表温度差异较为敏感，局地环流强度随地表温度差的增大而增大。地表温度差对局地环流强度的影响存在一个约22K的临界值。大于此临界值后，地表温度差对局地环流强度的影响不再明显［图6-8（c）］。地表温度差对绿洲空气温度的影响较大。随着绿洲和荒漠间地表温度差的增大，绿洲空气温度逐渐减小。地表温度差对绿洲空气温度的影响也有一个临界值，约为22K。超过此临界值时，绿洲空气温度受地表温度差的影响逐渐减小［图6-8（c）］。地表温度差对绿洲内空气比湿的影响较小。当地表温度差小于22K时，绿洲空气比湿对地表温度差也较为敏感；当绿洲地表温度差大于22K时，绿洲空气比湿受地表温度差的影响不再明显［图6-8（d）］。

另外，人工绿洲主要为农田和防护林交错分布，该研究通过绿洲植被分布格局的模拟试验（算例DO_0、DO_0_V1至DO_0_V4共5个算例）来探讨绿洲内高、矮植被分布格局对绿洲–荒漠局地环流的影响。模拟结果表明：当绿洲内都是较高的防护林时（算例DO_0_V4），绿洲的“冷岛效应”最强［图6-9（a）］；当绿洲内都为低矮农田时（算例DO_0），绿洲的“冷岛效应”较弱［图6-9（e）］。由图6-9（b）~（d）可知：低矮农田和高大防护林的排列方式都会改变绿洲风的大小和方向，以及绿洲–荒漠下垫面的热力状况差异，从而导致绿洲“冷岛效应”的强度不同。虽然DO_0_V4更有利于维持“绿洲–荒漠”局地环流和“冷、湿岛效应”，从而有利于绿洲植被的生长和人类生存，但是从提高人工绿洲土地经济效益的角度，农田和防护林交错分布的算例DO_0_V3的绿洲下垫面植被分布格局更为合理。因此，兼顾绿洲生态和经济效益，人工绿洲应以农田和防护林交错分布格局为宜。周围种植防护林既有利于减小绿洲风速，阻挡荒漠的风蚀，又有利于减小背景风对绿洲–荒漠局地环流的破坏。

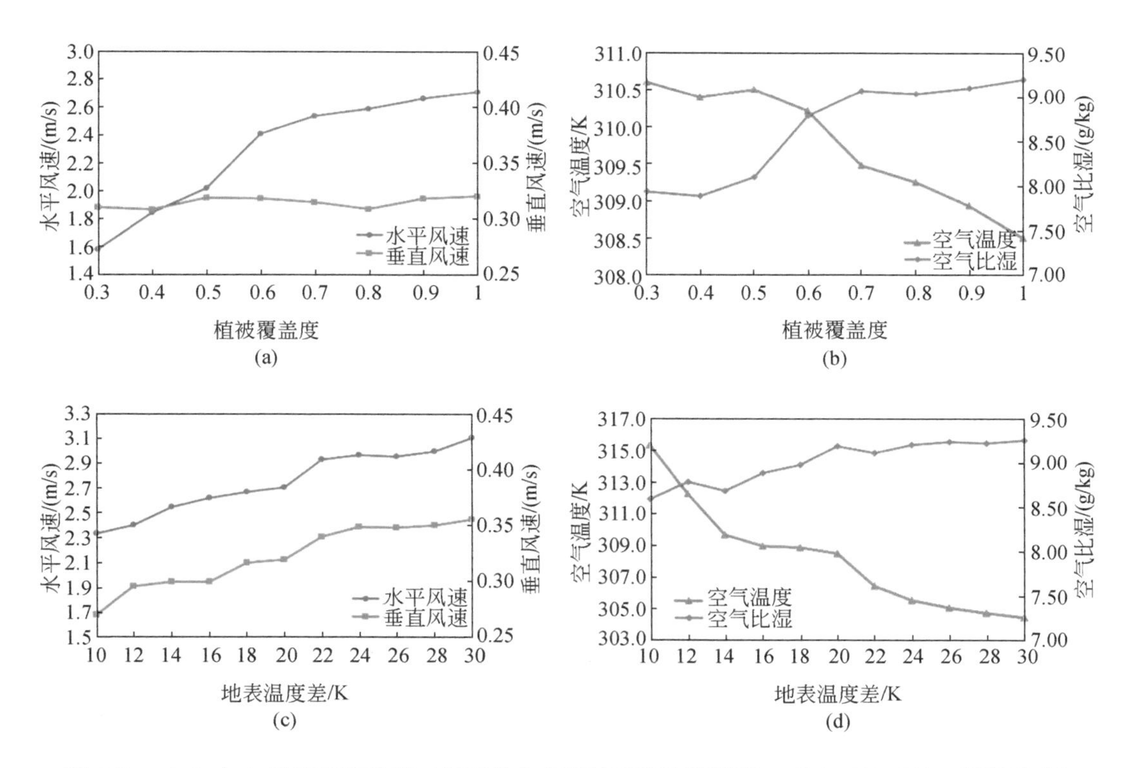

图 6-8 (a)(c)局地环流强度(绿洲最大水平风速和垂直风速);(b)(d)"冷、湿岛效应"强度(绿洲最小空气温度和最大空气比湿)随绿洲植被覆盖度和地表温度差的变化(Liu et al., 2020)

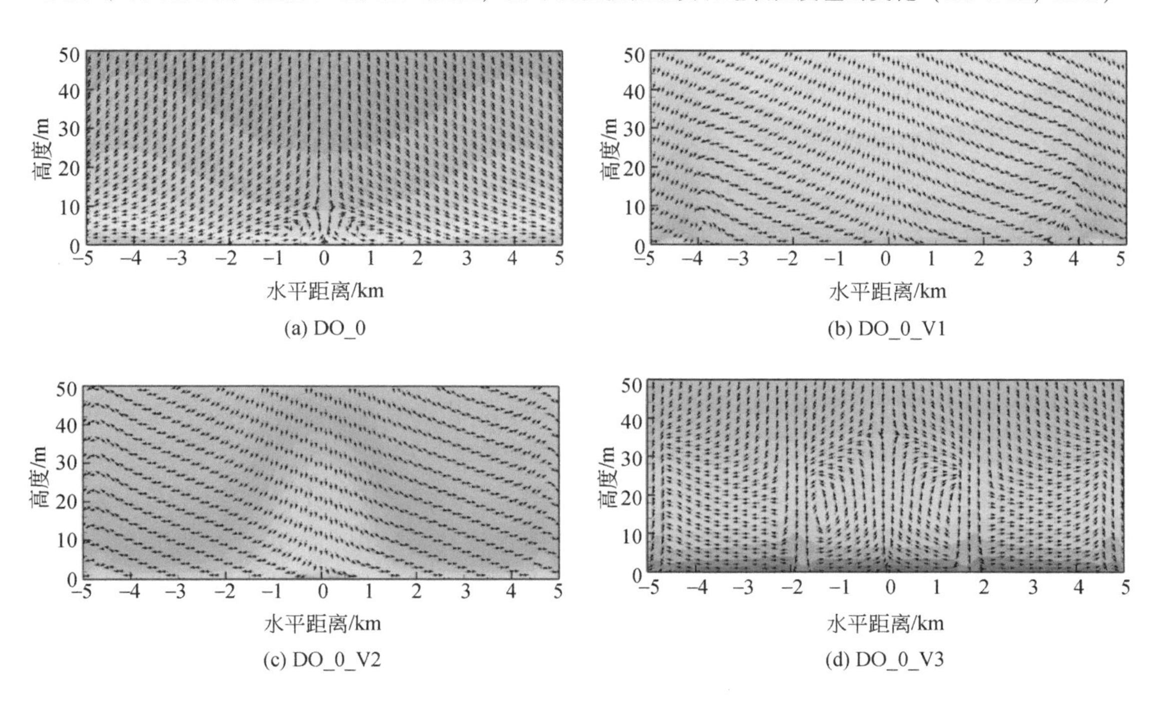

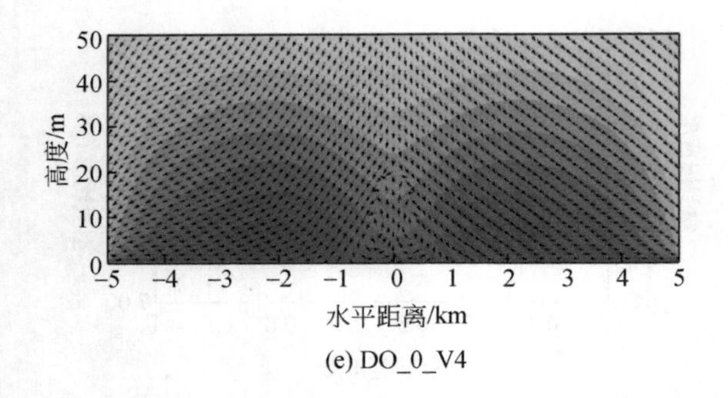

图 6-9 绿洲内不同植被分布格局的温度场（背景风速：0m/s）（Liu et al., 2020）

科学管理、保护和发展绿洲，就是要通过改造、影响和选择这些相关因素，使绿洲-荒漠局地小气候效应充分发挥。因此，通过本研究的模拟与分析，提出加强绿洲自我维持与发展机制的途径，具体如下。

（1）合理灌溉，维持适宜的绿洲和荒漠地表温度差。

保持绿洲和荒漠地表温度差的途径之一是适度地灌溉。水是绿洲存在的先决条件，并且灌溉对农业发展至关重要。干旱区的绿洲大气降水较少，因此灌溉是维持绿洲发展的基本条件，灌溉会增加绿洲的土壤水分，进而加大绿洲和荒漠的地表温度差（姜金华等，2005）。根据本研究的模拟和分析，绿洲和荒漠的地表温度差为 20 ~ 22K 时，就可以充分发挥绿洲-荒漠的局地小气候效应。因此，在本身水资源就十分宝贵的干旱和半干旱区，应通过先进的灌溉方式，如喷灌和滴灌等，进行适度灌溉以维持 20 ~ 22K 的地表温度差，并减少对水资源不必要的消耗。

（2）合理的土地利用/覆被格局。

绿洲地表由于植被的覆盖存在着蒸腾，蒸腾消耗了大量的热量与水分，因此维持绿洲适度的植被覆盖度是保持绿洲和荒漠地表温度差的另一种途径。另外，植被的存在有利于土壤水分的保持和地表温度的降低，也有利于加强绿洲“冷、湿岛效应”。根据本研究的模拟和分析，绿洲植被覆盖度维持在 50% ~ 70% 时，可以较好地发挥绿洲局地小气候效应。但是近几十年由于人类活动，如弃耕以及居民用地、道路等的扩大，绿洲内出现了斑块状的裸地，已有诸多绿洲面临荒漠化（吕世华等，2018）。我们应重视并防止绿洲荒漠化现象的加剧，采取措施至少维持其植被覆盖度在 50% ~ 70%。

人工绿洲是干旱区人民赖以生存的家园，在考虑其生态效应的同时，也要考虑其经济效益。因此，平衡两者的合理的绿洲土地利用/覆被格局为农田和防护林交错分布，且在绿洲周围种植防护林。一方面，绿洲动力内边界层的形成可以发挥其“风屏效应”，降低背景风场，保持绿洲内具有较小的风速；另一方面，农田和防护林交错分布的绿洲植被分布格局，有利于形成绿洲热力内边界层和绿洲-荒漠局地环流，从而维持绿洲低层为稳定大气边界层，有利于绿洲“冷、湿岛效应”的发挥。

6.1.3 绿洲-荒漠相互作用模拟的前沿方向

绿洲-荒漠相互作用过程中，几乎所有变量在时间、空间上都具有高度的异质性。为了同时应对地-气相互作用研究的复杂性、时空变化性和高度异质性交织在一起的问题，亟须综合地面观测、遥感反演和高分辨率数值模拟等多种研究手段，进而对绿洲-荒漠小气候效应的形成机理和影响机制进行集成研究，提出绿洲可持续发展的管理对策，未来研究需要加强以下几方面的研究。

（1）目前构建的绿洲-荒漠非均匀下垫面 CFD 温湿度场的数值模型，虽然考虑了植被冠层和土壤的能量平衡，但是对辐射传输机制的考虑还较为简单。尤其是土壤能量平衡模块，只考虑了表层土壤，并未考虑一定厚度内土壤的热量传输，因而模型机制还需进一步完善。另外，在湍流方程的选择中，未来也应尝试将湍流运动分为可解尺度（大尺度）和亚格子尺度（小尺度）的大涡模拟方法。

（2）本研究对绿洲-荒漠温度和湿度场的数值模拟，下垫面的异质性做了简化处理，模拟结果缺乏与实际观测数据的比较与验证，今后应从土地利用/覆盖类型、植被、土壤等方面出发，结合三维场景构建方法，进一步体现和表达下垫面的异质性。

（3）绿洲-荒漠小气候效应的日变化特征以及与各影响因素的定量关系还需进一步深入探讨。对于加强绿洲自我维持与发展机制的对策，也需要结合其他绿洲-荒漠系统的情况进一步完善。另外，进一步研究在气候变化和人类活动加剧情况下，绿洲未来的变化趋势和管理方式。

6.2 青海湖流域生态恢复与可持续发展

6.2.1 青海湖流域生态恢复的现状、挑战与科学问题

青海湖流域地势较高，在低温、干旱、多风等气候条件影响下，流域植被大多表现为植株低矮、生长缓慢、群落结构简单、抗干扰能力较低，流域生态环境表现出独特的原始性和脆弱性特点。同时，该地区又是以放牧为主的高原少数民族聚居区，生产方式比较粗放落后，独特的自然环境和民族文化吸引着越来越多的游客到此观光游览。在气候变化和人类活动共同影响下，21 世纪之前很长一段时间青海湖流域面临的突出生态问题包括湿地面积缩小（祁永发，2012）、天然草场退化（陈桂琛等，2008）、土地沙漠化（张金龙，

2014）等。自21世纪以来，伴随着气候暖湿化和生态保护与恢复，青海湖流域湿地面积不断增加、草场功能有所恢复、沙漠化面积逐渐缩小。

水是青海湖流域各生态系统之间相互联系的中心纽带，水循环过程是流域生态演变的关键驱动因子。作为高寒封闭湖泊的典型代表，河川径流对青海湖水量和湿地生态系统具有重要影响，而目前青海湖流域仅有两个水文观测站并位于下游地区，水文信息缺乏导致水量平衡各要素数量关系不清楚，也不能全面准确地阐明不同尺度水文过程变化及其对生态系统的影响。青海湖流域生态系统变化存在的关键科学问题包括：气候变化和人类活动如何影响径流特征？不同生态系统之间水文过程有何差异？如何结合高寒半干旱区湿地退化特点进行针对性修复？青海湖流域河川径流波动明显，河谷湿地经常受季节性干旱胁迫，再加上低温影响，导致退化生态系统的植被恢复和重建异常困难。对于湖滨湿地，盐碱化导致众多植物难以生存，再加上湖水位年际和季节变化形成的水陆互生环境，更加需要筛选能够适应高盐碱的水生和湿生植物。而目前针对高寒半干旱区河流-湖泊系统生态恢复的试验研究非常缺乏，相对于其他地区而言，青海湖流域生态恢复难度较大，需要深入研究主要植物的生态适应机制，并在试验示范中引进、筛选和集成相关技术。

1）气候变化与土地利用对河川径流的影响

借助SWAT（Soil and Water Assessment Tool）模型，分别选用20世纪70年代和21世纪初的气候情景和土地利用情景模拟青海湖流域两条主要河流（布哈河和沙柳河）的径流量，定量评估气候变化和土地利用变化对湿地水文的影响。结果显示（表6-2）：20世纪70年代至21世纪初，布哈河平均径流量减少了2.46m^3/s，由气候变化减少的径流量为2.05m^3/s，占径流量变化的83.42%；由土地利用/覆盖变化减少的径流量为0.38m^3/s，占径流量变化的15.40%。相同时期沙柳河平均径流量增加了0.49m^3/s，由气候变化增加的径流量为0.44m^3/s，占径流量变化的89.80%；由土地利用/覆盖变化增加的径流量为0.05m^3/s，占径流量变化的10.20%。因此，气候变化对青海湖流域主要河流的径流形成和变化起着较大作用。

表6-2　青海湖流域20世纪70年代与21世纪初气候和土地利用对径流量的影响（李小雁等，2016）

河流	模拟方案	模拟径流量/（m^3/s）	径流变化量/（m^3/s）	径流变化量百分比/%
布哈河	20世纪70年代土地利用/覆盖+20世纪70年代气候	23.04		
	20世纪70年代土地利用/覆盖+21世纪初气候	20.99	-2.05	83.42
	21世纪初土地利用/覆盖+20世纪70年代气候	22.67	-0.38	15.40
	21世纪初土地利用/覆盖+21世纪初气候	20.58	-2.46	100.00
	误差		0.03	

续表

河流	模拟方案	模拟径流量 / (m^3/s)	径流变化量 / (m^3/s)	径流变化量百分比/%
沙柳河	20 世纪 70 年代土地利用/覆盖+20 世纪 70 年代气候	7.47		
	20 世纪 70 年代土地利用/覆盖+21 世纪初气候	7.92	0.44	89.80
	21 世纪初土地利用/覆盖+20 世纪 70 年代气候	7.52	0.05	10.20
	21 世纪初土地利用/覆盖+21 世纪初气候	7.96	0.49	100
	误差		0	

注：20 世纪 70 年代为 1970 ~ 1979 年，21 世纪初为 2000 ~ 2005 年。

2）人口增长和畜牧业发展对水文特征的影响

人口增长对水文特征的影响主要表现在：①生活用水增加；②水利设施建设改变水文过程。与布哈河、沙柳河径流量相比，青海湖流域居民生活用水对水资源总量的影响非常微弱。青海湖流域的水利设施建设主要为在入湖河流修筑拦水坝，便于每年春季引水进行农田灌溉。根据《青海湖流域生态环境保护与综合治理规划》，近年来青海湖流域年平均灌溉用水量为 $6.9\times10^8 m^3$，占多年平均入湖径流量的比例仅为 4.14%。但是，流域内农业灌溉的传统季节是 4 ~ 5 月，人工引水导致部分河流下游地区出现季节性断流；而此时也是国家二级保护动物——青海湖裸鲤洄游产卵的关键季节，河道断流严重影响其正常繁殖和保护恢复。因此，从全年尺度看，水利设施建设引起的河流水文情势变化较小，但仍导致部分季节生产用水和生态用水竞争激烈。

在畜牧业发展对水文特征的影响方面，从直接耗水的角度讲，其对河流和湖泊水文的影响较为微弱。但放牧牲畜啃食河谷灌丛和湖滨草本植物，可能导致河谷湿地和湖滨湿地植被退化，保持水土、涵养水源的功能有所下降。

6.2.2 青海湖流域生态恢复取得的成果、突破与影响

针对青海湖流域河谷湿地的退化状况和影响因素，在深入分析河流生态需水特征基础上，遵循可行性、有限性和美学原则，综合考虑生态合理性、社会合理性和经济合理性，采用多种技术对重点区域进行生态修复。

1. 河流生态需水量

1）研究方法

传统的生态水力半径法根据曼宁公式获得水力半径（R）与过水断面平均流速（v）、河道糙率（n）、水力坡度（J）之间的关系为

$$R=v^{3/2}\times n^{3/2}\times J^{(-3/4)} \tag{6-11}$$

将式（6-11）中的过水断面平均流速赋予生物学意义（生态流速），那么得到的水力半径就是生态水力半径，并可进一步根据下式推求相应过水断面的生态流量（马育军和李小雁，2011）：

$$Q=\frac{R^{2/3}\times A\times J^{1/2}}{n} \tag{6-12}$$

式中，Q 为生态流量（m^3/s）；A 为过水断面面积（m^2）。

传统的生态水力半径法没有考虑水生生物对河流水深的要求，而水深是影响洄游鱼类生存和正常繁殖的重要因素，因此在已有方法基础上引入河流水深的约束；同时，水生生物对河流流速和水深的变化具有一定的适应性，因此生态流速和生态水深的设定应当是合理的阈值范围而不是一个特定数值。另外，河道生态径流过程应该具有与天然径流相似的变化特征，不同年份应是连续变化并且具有丰、平、枯特性，年内分配则应当反映不同时间水生生物对河流水力条件的需求差异。结合历年逐月河流径流量对设定的生态流速阈值与生态水深阈值进行修正，即可得到历年逐月生态流速和生态水位（生态水深加河底高程），在此基础上就可计算得到相应的生态流量和生态水位，具体计算过程如图 6-10 所示。

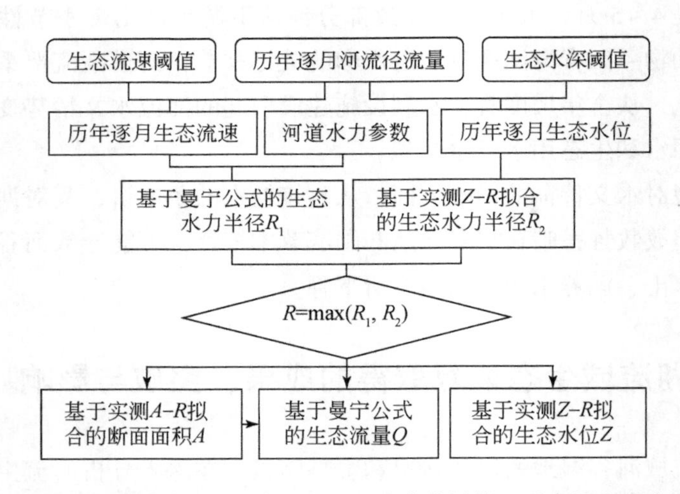

图 6-10　考虑年际差异的河流生态流量和生态水位计算（马育军和李小雁，2011）

图 6-10 中，历年逐月生态流速和历年逐月生态水位分别按照式（6-13）和式（6-14）进行计算：

$$v_{i,j}=v_{\min}+(v_{\max}-v_{\min})\times\frac{Q_{i,j}-Q_{\min}}{Q_{\max}-Q_{\min}} \tag{6-13}$$

$$Z_{i,j}=Z_0+h_{\min}+(h_{\max}-h_{\min})\times\frac{Q_{i,j}-Q_{\min}}{Q_{\max}-Q_{\min}} \tag{6-14}$$

式中，$v_{i,j}$和$Z_{i,j}$分别为修正得到的第i年第j月的生态流速（m/s）和生态水位（m）；Z_0为河底高程（m）；$Q_{i,j}$为第i年第j月的河流径流量（m^3/s）；Q_{max}和Q_{min}分别为某一时段（产卵期或非产卵期）逐月河流径流量的最大值和最小值；v_{max}和v_{min}分别为这一时段生态流速阈值的最大值和最小值；h_{max}和h_{min}分别为这一时段生态水深阈值的最大值和最小值（m）。

2）结果分析

从多年平均逐月生态径流量和天然径流量的对比看（图6-11）：1～3月天然径流量均略大于生态径流量，因此这段时期的天然径流应当主要用于维持河道的基本生态功能；4～5月两条河流的天然径流量均小于生态径流量，表明这两个月河流生态需水供需矛盾突出，布哈河生态缺水量为$2.90\times10^7m^3$，沙柳河生态缺水量为$2.10\times10^7m^3$，而此时也正值农田集中灌溉时期（春灌），农业用水挤占生态用水；6～11月两条河流的天然径流量均显著高于生态径流量，所以为了有效保护河流生态环境，同时满足区域社会经济发展的水资源需求，青海湖流域可以主要于这段时间进行人工引水用以满足生活用水、生产用水的需要，仅从满足河流生态需水的角度出发，布哈河和沙柳河可引水量分别为$6.43\times10^8m^3$和$1.72\times10^8m^3$。

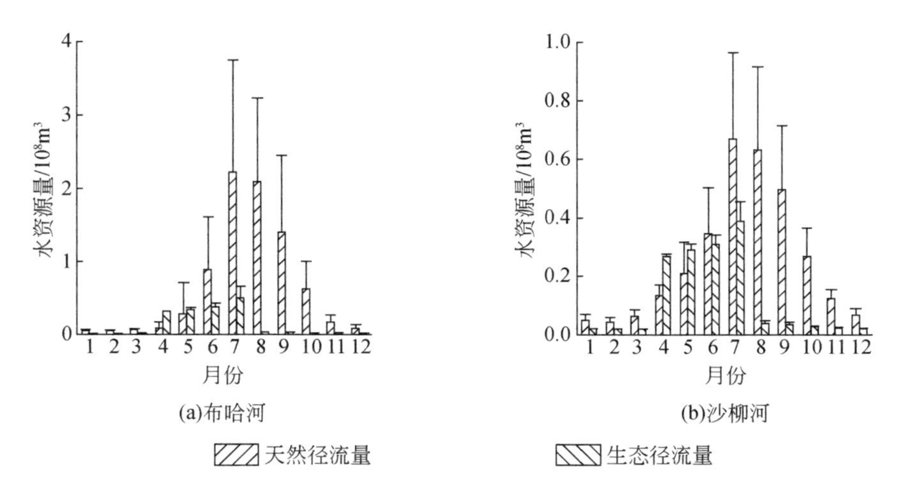

图6-11　布哈河和沙柳河逐月生态径流量与天然径流量对比（李小雁等，2016）

两条河流历年生态径流量和天然径流量对比结果表明（图6-12）：相对于天然径流的年际波动而言，生态径流的年度差异较小，布哈河年均生态径流量最大为$8.31m^3/s$（1989年）、最小为$4.60m^3/s$（1979年），二者相差0.81倍，而相同时段天然径流量相差达6.94倍；沙柳河年均生态径流量最大为$5.84m^3/s$（1989年）、最小为$3.99m^3/s$（2001

年)，二者相差0.46倍，而相同时段天然径流量相差达2.90倍。研究时段内布哈河年均生态径流量占相应年份天然径流量的比例介于11.52%～74.28%，沙柳河的相应比例介于33.51%～89.03%，均能满足10%天然径流量的河流生态需水最低需求。

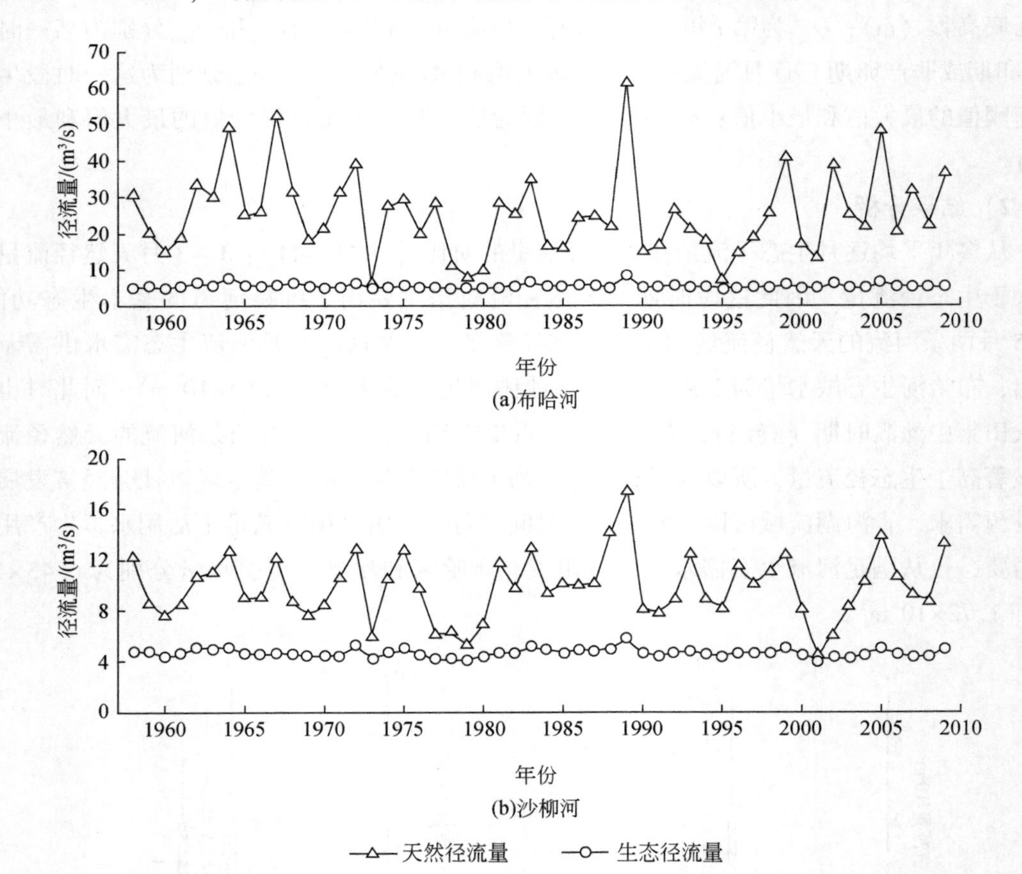

图6-12　布哈河和沙柳河天然径流量与生态径流量对比（1960～2010年）（李小雁等，2016）

2. 乡土灌木扦插快繁技术

1）研究方法

以乡土灌木乌柳、具鳞水柏枝和柽柳作为试验物种，采取生根粉处理、覆盖地膜、不同扦插深度、不同插条年限等处理方式，并对每种处理的成活率、地上生物量变化等进行监测，以便探讨各种扦插快繁技术的恢复效果及生态效应（李小雁等，2016）。

2）结果分析

不同处理方式当年成活率和次年保存率统计结果显示（表6-3）：乌柳和柽柳成活率较高，而具鳞水柏枝成活率略低。对于乌柳而言，随着扦插深度增加，成活率有所提高，而生根粉处理对其成活率的影响不明显。对于柽柳而言，未覆膜情况下 40cm 深度成活率比 20cm 提高 3.16% ~8.42%，覆膜情况下相应成活率平均提高 10.2%，生根粉处理亦能在一定程度上提高其成活率。对于具鳞水柏枝而言，两年生插条成活率显著高于一年生，而覆膜对其成活率的影响不显著。所有的试验品种在没有任何防护措施下越冬，次年乌柳的保存率较高，具鳞水柏枝较低，而柽柳极低。对于乌柳而言，随着扦插深度增加，总体保存率有所提高。对具鳞水柏枝而言，一年生与两年生插条的保存率没有明显差别，而覆膜能显著提高其保存率。柽柳插条虽然当年成活率很高，但越冬后大部分死亡，导致保存率极低。

表 6-3　乡土灌木扦插快繁技术当年成活率与次年保存率对比（李小雁等，2016）

（单位:%）

植物类型	处理方式	成活率	总体成活率	保存率	总体保存率
乌柳	20cm 无处理	98.95	99.08	42.98	36.62
	20cm 生根粉	98.42		28.07	
	40cm 无处理	99.47		40.35	
	40cm 生根粉	99.47		35.09	
柽柳	20cm 无处理	87.37	94.54	0.00	3.62
	20cm 生根粉	93.16		1.75	
	40cm 无处理	95.79		3.51	
	40cm 生根粉	96.32		5.26	
	20cm 覆膜	94.21		1.75	
	20cm 生根粉覆膜	96.84		1.75	
	40cm 覆膜	96.32		3.51	
	40cm 生根粉覆膜	96.32		11.40	
具鳞水柏枝	一年生无处理	82.11	85.61	10.00	22.60
	一年生生根粉	83.68		10.00	
	两年生无处理	87.89		10.00	
	两年生生根粉	90.00		23.33	
	一年生覆膜	87.89		25.00	
	一年生生根粉覆膜	76.14		47.50	
	两年生覆膜	89.12		22.50	
	两年生生根粉覆膜	88.07		32.50	

地上生物量增量统计结果表明：柽柳干物质增量最大，乌柳次之，具鳞水柏枝最小。对于大部分处理而言，生根粉浸泡能在一定程度上增加地上生物量。而随着扦插深度增加，三种灌木的地上生物量总体而言均有显著增加。相对于未覆膜处理而言，覆盖地膜可

以增加柽柳和沙棘的地上生物量。地上生物量增量的结果与成活率结果基本一致，进一步说明了生根粉浸泡、地膜覆盖等处理方式对于灌木生长的影响。

3. 灌草优化配置种植技术

1）研究方法

以乌柳、金露梅、沙棘等乡土灌木为基础，试验生根粉浸根、有机肥施加等处理方式的影响，共得到以下六种优化组合模式：单一乌柳种植模式、单一金露梅种植模式、单一沙棘种植模式、乌柳-金露梅间作模式、乌柳-沙棘间作模式、金露梅-沙棘间作模式，并对每种处理方式或栽植模式的苗木成活状况、土壤理化性质进行定期监测（李小雁等，2016）。

2）结果分析

不同处理方式当年成活率和次年保存率统计结果显示（表6-4）：乌柳与具鳞水柏枝成活率较高，其次是本地沙棘和金露梅，而沙棘成活率最低。对比不同处理方式的成活率，结果表明：通常情况下，生根粉处理的成活率最高，生根粉有机肥处理略高于有机肥处理，无处理的最低。所有处理在没有任何防护措施下越冬，次年保存率统计结果显示：乌柳实生苗保存率最高，具鳞水柏枝和本地沙棘、金露梅实生苗次之，沙棘最低。对比不同处理方式的保存率，结果表明：施加有机肥对保存率有正面影响，不同处理方式的总体保存率比较依次为有机肥>无处理>生根粉有机肥>生根粉。

表6-4　灌草优化配置种植技术不同试验品种当年成活率与次年保存率对比（李小雁等，2016）

（单位：%）

植物类型	处理方式	成活率	总体成活率	保存率	总体保存率
金露梅	无处理	78.00	78.25	52.50	48.33
	生根粉	76.00		47.50	
	有机肥	78.00		56.67	
	生根粉有机肥	81.00		36.67	
沙棘	无处理	65.00	57.75	9.00	6.75
	生根粉	77.00		3.00	
	有机肥	40.00		9.00	
	生根粉有机肥	49.00		6.00	
本地沙棘	无处理	90.00	80.00	52.50	60.59
	有机肥	70.00		68.67	
乌柳	无处理	82.00	90.50	70.00	69.17
	生根粉	90.00		57.50	
	有机肥	97.00		86.67	
	生根粉有机肥	93.00		62.50	

续表

植物类型	处理方式	成活率	总体成活率	保存率	总体保存率
具鳞水柏枝	无处理	89.00	89.25	70.00	62.50
	生根粉	92.00		53.33	
	有机肥	91.00		66.67	
	生根粉有机肥	85.00		60.00	

不同种植模式下各种试验品种的当年成活率和次年保存率统计结果显示（表 6-5）：乌柳成活率最高，显著高于金露梅，而沙棘成活率最低。乌柳次年保存率约为 80%，金露梅保存率约为 65%，沙棘保存率约为 50%，金露梅的越冬死亡率在不同种植模式下的差异较小，而沙棘的越冬死亡率在不同种植模式下的差异则较大（8% ~22%）。

表 6-5　灌草优化配置种植技术不同种植模式当年成活率与次年保存率对比（李小雁等，2016）

（单位：%）

试验区编号	种植模式	植物类型	当年成活率	次年保存率
试验区 1	乌柳、金露梅间作	乌柳	96	82
		金露梅	72	60
	乌柳、沙棘间作	乌柳	94	84
		沙棘	64	52
试验区 2	沙棘	沙棘	62	54
	金露梅	金露梅	72	62
试验区 3	沙棘	沙棘	66	58
	沙棘、金露梅间作	沙棘	64	42
		金露梅	74	70
	金露梅	金露梅	80	68

4. 天然灌草封育保护技术

1）研究方法

针对河道断流和过度放牧引起的河谷湿地植被退化问题，采用铁丝网围栏对河岸灌草植被进行封育保护，为了定量分析围栏封育对植被保护的恢复效果，对退化原生灌木具鳞水柏枝进行定点监测，对围栏内外的典型草本群落进行样方调查，调查群落主要包括垂穗披碱草群落、老芒麦群落和紫野大麦群落，调查内容包括物种组成、郁闭度、地上生物量（鲜重、干重）、土壤表层重量含水量等（李小雁等，2016）。

2）结果分析

具鳞水柏枝灌丛监测结果显示（表6-6）：经过3年封育，群落盖度增加2.05倍，地上生物量增加4.84倍，群落高度平均提高4倍以上。

表6-6　封育3年与未封育具鳞水柏枝灌丛对比（李小雁等，2016）

处理类型	群落高度/cm	平均基径/cm	群落盖度/%	地上生物量/（g/m^2）
未封育	17.37	0.35	8.03	153.24
封育3年	95.86	0.98	24.47	895.20

草本群落调查结果显示：垂穗披碱草群落、老芒麦群落和紫野大麦群落围栏内的物种数均少于围栏外，并且物种数伴随着围封年限的增加逐渐减少；围封1年、2年、3年后，三种群落的地上生物量分别增加191.77%～263.56%、111.45%～373.86%、61.78%～161.96%，表明植被恢复效果明显。

5. 沟垄集雨结合砾石覆盖种植技术

1）研究方法

为了有效改善土壤水分条件、降低土壤盐分含量，在土壤干燥且土质较差的河谷湿地采用沟垄集雨结合砾石覆盖技术种植沙棘。为了对比分析不同处理方式对沙棘生长的影响，将沟垄按宽度比划分为1∶1和1∶1.5两种类型、垄上处理划分为覆膜和未覆膜两种类型、沟内处理划分为覆砾石和未覆砾石两种类型，在此基础上组合得到10种沟垄集雨结合砾石覆盖种植模式（表6-7），并对每种模式下的苗木成活率、株高、地径、分枝数、最长枝条长等进行监测。

表6-7　沟垄集雨结合砾石覆盖种植技术不同处理方式

<table>
<tr><th>处理方式</th><th>沟垄宽度比</th><th>垄上处理</th><th>沟内处理</th></tr>
<tr><td>L1</td><td rowspan="4">40cm∶40cm
（窄垄）</td><td>未覆膜</td><td>未覆砾石</td></tr>
<tr><td>L2</td><td rowspan="3">覆膜</td><td>覆砾石</td></tr>
<tr><td>L3</td><td>未覆砾石</td></tr>
<tr><td>L4</td><td>覆砾石</td></tr>
<tr><td>L5</td><td rowspan="4">40cm∶60cm
（宽垄）</td><td rowspan="2">未覆膜</td><td>未覆砾石</td></tr>
<tr><td>L6</td><td>覆砾石</td></tr>
<tr><td>L7</td><td rowspan="2">覆膜</td><td>未覆砾石</td></tr>
<tr><td>L8</td><td>覆砾石</td></tr>
</table>

续表

处理方式	沟垄宽度比	垄上处理	沟内处理
L9	无沟垄 （平地）	未覆膜	未覆砾石
L10			覆砾石

2）结果分析

沟垄集雨结合砾石覆盖种植技术不同处理方式下沙棘成活率统计结果显示（马育军等，2010）：沟垄 8 种处理的沙棘成活率平均为 49%，高于平地两种处理的平均成活率（22%）。窄垄 4 种处理的沙棘成活率平均为 59%，高于宽垄 4 种处理的平均成活率（40%），更明显高于平地栽植的成活率。相同沟内处理条件下，垄上未覆膜比垄上覆膜的沙棘成活率平均高 8%。相同垄上处理条件下，沟内未覆砾石比沟内覆砾石的沙棘成活率平均高 11%。总体而言，沟垄栽植可以显著提高沙棘的成活率。

不同处理株高和茎粗变化的统计结果表明（图 6-13）：相同垄上处理条件下，沟内未覆砾石的株高变化平均值最大，沟内覆砾石的株高变化居中，平地栽植的株高变化最小；与株高变化的规律不同，虽然沟垄处理的茎粗变化（平均为 0. 85mm）明显高于平地栽植的茎粗变化（平均为 0. 44mm），但窄垄和宽垄条件下呈现相反趋势，前者沟内覆砾石的茎粗变化明显大于沟内未覆砾石的变化，而后者则是沟内覆砾石的茎粗变化小于沟内未覆砾石的变化。

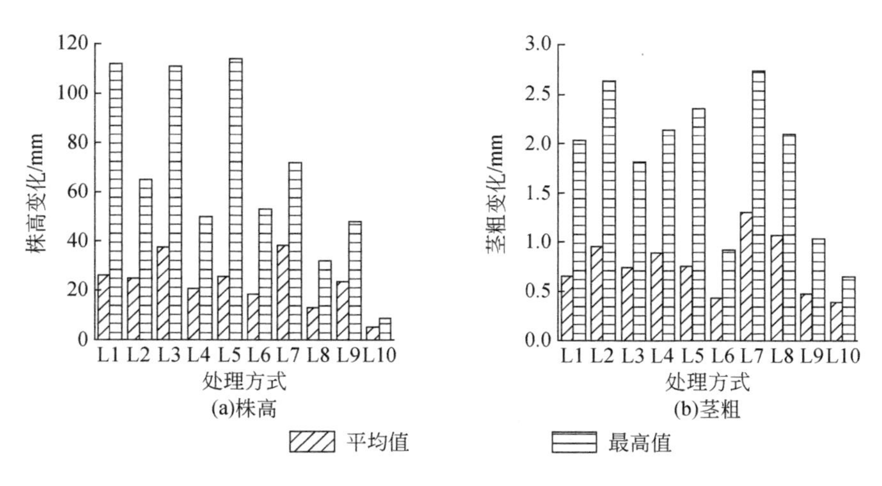

图 6-13　沟垄集雨结合砾石覆盖种植技术不同处理方式沙棘株高和茎粗变化

从各种处理方式下不同等级株高和茎粗变化所占的比例看（图 6-14）：株高变化>50mm 的植株主要分布于垄上覆膜、沟内未覆砾石（L3、L7）或沟内覆砾石、垄上未覆膜（L2、L6）处理中，并且前者所占比例（平均为 32. 47%）高于后者（平均为 18. 86%），而垄上覆膜、沟内覆砾石（L4、L8）处理的株高变化相对较小，平地栽植（L9、L10）的所有植株株高变化均小于50mm。对于茎粗变化而言，沟内未覆砾石情况下变化量>1. 2mm所占的比例（平均为26. 32%）高于沟内覆砾石情况下的相应比例（平均为20. 27%），垄上未覆膜情况下>1. 2mm的茎粗变化所占比例（平均为14. 93%）则显著低于垄上覆膜情况下的相应比例（平均为31. 66%），而平地栽植没有出现茎粗变化>1. 2mm的植株。

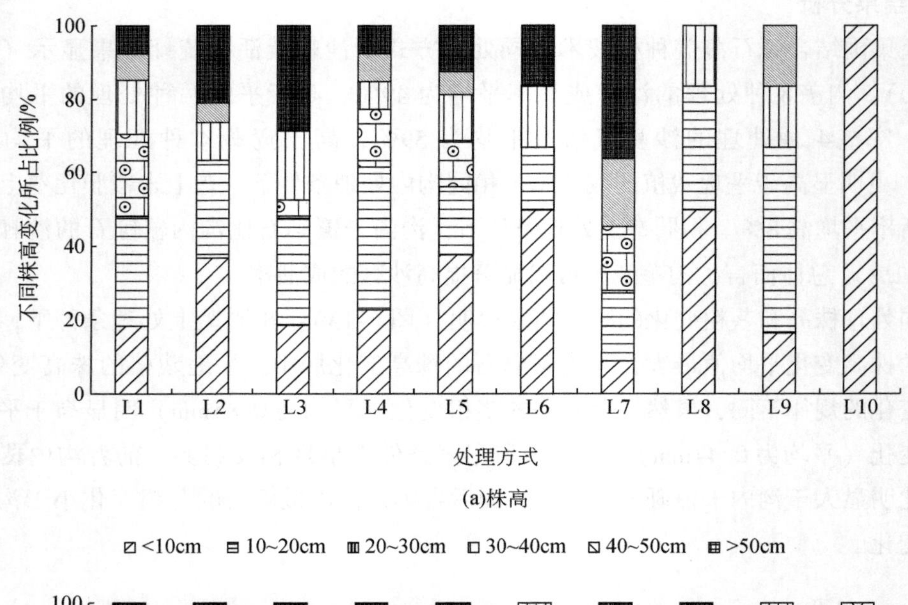

(a)株高

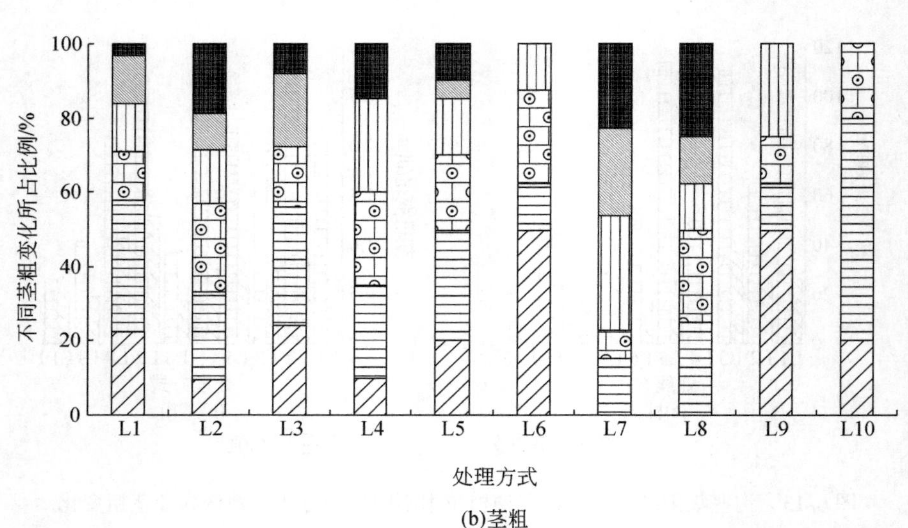

(b)茎粗

图 6-14　沟垄集雨结合砾石覆盖种植技术不同处理方式沙棘株高和茎粗变化比例（马育军等，2010）

对沙棘分枝数和最长枝条长的统计结果显示（表 6-8）：窄垄条件下沟内覆砾石的分枝数大于沟内未覆砾石的分枝数，宽垄条件下前者的分枝数则明显小于后者的分枝数，而垄上覆膜处理对沙棘分枝数的影响不显著。无论是窄垄还是宽垄条件下，垄上覆膜、沟内未覆砾石处理的最长枝条长均显著大于其他 3 种处理（垄上覆膜沟内覆砾石、垄上未覆膜沟内覆砾石、垄上未覆膜沟内未覆砾石），同时所有沟垄处理的最长枝条长都大于平地栽植。

表 6-8　沟垄集雨结合砾石覆盖种植技术不同处理方式沙棘分枝数和最长枝条长对比

项目	L1	L2	L3	L4	L5	L6	L7	L8	L9	L10
分枝数平均值/个	6.95	7.29	6.37	7.65	5.35	2.72	4.74	4.21	4.40	2.86
最长枝条长/mm	154	168	314	145	187	93	220	96	87	88

6.2.3　青海湖流域生态恢复的前沿方向

1）将轮牧制度与阶段性封育相结合控制放牧强度

完善单纯依据日期变化进行牲畜转场的轮牧制度，根据不同牧区每年植被生长实际情况对草场承载力进行界定，在此基础上确定相应的放牧时间和放牧强度。由于流域内退化湿地主要分布在环湖地区，返青季节一般为 4～5 月，生长旺季一般为 7～8 月，这些地区 4～5 月应当禁牧，防止牲畜对根系和新芽的啃食，而生长旺季过后则可安排适当强度的放牧。对严重退化的区域进行阶段性全年封育，并结合青海湖工程项目的实施对相关牧民的生产生活进行安排，建立适合青藏高原生态畜牧业发展的循环经济模式，帮助和引导牧民群众树立生态畜牧业发展意识，促进生态环境保护和畜牧业生产的长期协调发展。

2）因地制宜采取人工扦插、沟垄种植等措施，加快退化生态系统恢复

在封育保护基础上，为了加快青海湖流域退化生态系统的恢复进度，需要采取人工措施进行干预。对于河谷湿地，灌木是最主要的植被类型，对其进行人工扦插是一种简单可行、效果明显的恢复方法，为了保证具鳞水柏枝的扦插成活率和提高生长速度，应采集两年生以上插条，经浸泡处理后进行扦插，砾石河滩可以带土扦插，促进插条生根发芽。如果存在阶段性干旱缺水，则采取垄上覆膜集雨、沟内种植方式进行恢复，如果受盐碱化影响较大，则采取沟垄洗盐、垄上种植结合换土措施进行恢复。

3）加强水资源优化配置，完善农业灌溉制度

青海湖流域农业灌溉的传统季节是 4～5 月，但此时也是河流生态需水供需矛盾最为突出的季节。建议青海湖流域实施冬灌模式，即在水资源相对丰富的 9～10 月农作物收割后进行灌溉，这样既可以保证来年农作物种植和生长的水资源需求，也可以最大限度保证河流生态需水得到有效满足。另外，为了节约有限的水资源，青海湖流域应当结合农田水利设施建设大力开展节水灌溉，积极倡导喷灌、滴灌等方式，根据作物需水规律合理安排灌水时间和灌溉水量，并综合采用地表覆盖等措施减少无效土壤蒸发，提高水资源利用效率。

6.3 祁连山生态系统质量演变与可持续发展

6.3.1 祁连山生态系统质量研究现状与科学问题

生态系统质量源自生态系统健康的概念，用以衡量生态系统抵抗外界干扰的稳定性和承载力等抽象的性状与特征。健康是描述有机个体生命状态和行为的术语，生态学家借此来表达生态系统在外界干扰下的结构和功能完整性（Costanza，1992）。在从概念提出到研究和应用广泛开展的过程中，始终围绕生态系统结构、功能及其对干扰的响应。核心内容包括生态系统稳定性、组成与结构的多样性与复杂性、受到干扰后的恢复力、系统活力以及系统成分间的平衡等（Costanza and Mageau，1999；Rapport，1998）。在系列的研究中，研究人员逐渐地认识到生态系统的健康状况还与其社会属性密切相关，因此将生态系统的服务功能也纳入了健康的概念之中（Tett et al.，2013）。

在逐渐明确了健康的生态系统所具有的特征基础上，如何定量评价生态系统健康成了研究的主要方向，生态风险评估法、物种评价法、指标体系法以及抵抗力恢复力评估模型等多种方法先后发展出来（罗跃初等，2003）。各种方法最主要的差别在于评价指标及其综合方法不尽相同。综合而言，评价指标主要包括：活力、恢复力、组织力、生态系统服务功能的维持、管理模式选择、外部输入变化、对邻近系统的影响及人类健康的影响八个方面，可归结为生物物理指标、生态学指标和社会经济指标（Suter，1993；Jørgensen et al.，1993）。在诸多指标的基础上，将指标归纳在系统活力（Vigour）、系统组织力（Organization）和系统恢复力（Resilience）三个维度上，形成生态系统健康评价的VOR模型（Costanza，1992），该模型在多种不同的生态系统（Xu et al.，2001；Suo et al.，2008；Asif et al.，2016）及不同的尺度上（Peng et al.，2015；Yan et al.，2016）得到了广泛的应用。近年来，有学者提出，生态系统健康研究不能通过生态系统内部各组分的健康状况来推测整个系统的健康状况，建议采用“质量”这一较为中性的词代替“健康”来描述生态系统结构和功能的稳定性、系统的生产力变化及其对外部干扰的承载力等。在这种背景之下，以生态系统健康评价的知识与方法体系为依托，评价生态系统质量的方法与模型开始出现，并逐步在世界不同区域，不同类型生态系统上面得到了诸多的尝试与应用，取得了一系列的进展。

祁连山区生态系统质量状况的研究相对薄弱，对祁连山不同区域、不同类型生态系统质量状况与演变特征还不清楚。祁连山区生态系统的生态服务功能是保障祁连山生态安全及中下游社会经济可持续发展的重要屏障。祁连山区生态系统质量又是决定其结构功能及服务状况的基础和源泉。然而，目前针对祁连山区生态系统质量评价的有关研究还相对薄弱，已有研究主要是生态环境质量评价，主要从自然与社会环境要素，环境退化与污染，以及环境治理与效益等维度，对祁连山区环境质量状况做了评估。近年来，也出现了针对该区湿地生态质量变化的分析（张应丰，2015），针对森林景观空间结构与质量变化的研究，以及针对山地生态系统稳定性（赵军等，2002）和特定区域草地生态系统脆弱性的研究。这些研究对认识祁连山区环境以及特定范围、特定类型系统的质量有一定的帮助。但是不能揭示区域以及不同类型生态系统质量整体状况及演变特征。

祁连山区生态系统质量演变的相关研究缺乏，难以客观评估该区生态系统变化的成因以及各种生态恢复与保护措施的成效。生态系统质量演变是体现区域生态系统可持续性的重要指标。对生态系统质量演变状况的综合分析对认识特定区域环境变迁过程中生态系统变化情况，辨别人类的生产生活和生态保护活动与气候变化的作用效果，以及评判当前生态系统在保障区域生态安全方面的能力具有十分重要的意义。迄今为止，针对祁连山区各种生态系统质量演变的研究还比较缺乏。在国家开始建设祁连山国家公园，以及祁连山区域从生态治理到生态恢复转变的大背景下（李新等，2019），基于生态系统的结构和功能，全方位、多角度、深层次地明确界定生态系统质量概念的内涵与外延，探索和完善评价方法，对祁连山区生态保护及保障生态服务可持续性具有重要的学术和实践价值。

6.3.2 祁连山生态系统质量演变取得的成果、突破与影响

在现有的祁连山综合观测网所获取的多尺度、多过程、多要素的综合监测数据基础上，筛选能够反映祁连山区域典型生态系统质量状况的指标，构建评价模型。综合利用遥感与地面观测数据，开展祁连山各系统生态系统质量演变状况的分析，是一个紧密结合我国祁连山国家公园建设、区域生态保护等战略的举措。研究结果可望为祁连山生态系统的管理与生态恢复措施的优化配置提供依据，服务于祁连山绿色发展途径制定和可持续发展决策。

1. 基于遥感与地面观测的数据整合

目前可供区域生态服务及生态系统质量评估的数据主要包括遥感与地面观测数据。针对祁连山区而言，目前可用的遥感与地面观测数据相对比较齐全。但是各类遥感与地面观

测数据的相互匹配直接影响评估结果。本研究依据研究区遥感数据及评估的指标特征选取了数据，主要包括三部分。第一部分是祁连山综合观测网所得到的典型生态系统站点观测数据，包括黑河流域地表过程综合观测网、青海湖流域地表过程综合观测网、兰州大学寒旱区科学观测网，具体的观测规范及数据质量等详见 Liu 等（2011，2018a）。第二部分是祁连山全流域，利用 MODIS、AVHRR、MERSI 和 AMSR、SMAP 等中低分辨率传感器为辅的多源遥感数据生产的祁连山全区域长时间序列数据，包括历史（1980～2017 年，每 5 年一期）/现状（2018 年）中高分辨率生态环境要素遥感产品，主要有 4 种类型：①基础产品（土地覆盖/利用、数字高程模型（DEM）等）；②植被产品（NDVI、植被覆盖度、叶面积指数、植被初级生产力等）。遥感数据的处理方法详见 Zhong 等（2015）和 Liu 等（2018a）。两类数据均下载自泛第三极大数据中心网站（https://poles.tpdc.ac.cn/zh-hans/）。数据使用前，先进行筛选和数据质量确定。对监测站点数据，按照数据缺失情况，选择全年至少有 6 个月数据，并且覆盖整个生长季的站点。对遥感数据，查看元数据说明，确定在生产过程中有精度分析，且分辨率能够满足后续的分析要求。第三部分是祁连山区域气象观测站点的降雨、气温等常规气象数据，来自国家气象科学数据中心（http://data.cma.cn/site/index.html）。

2. 生态系统质量评价指标构建

本研究在目前生态系统健康和质量评价中较为前沿的 VOR 模型理论的基础上（Costanza，1992；袁毛宁等，2019），采用 NPP 年总量、NPP 变异系数（罗海江等，2008，2010），运用线性拉伸、归一化等手段分别构建了生态系统生产力指数、生态系统稳定性指数（柳新伟等，2004）和生态系统承载力指数（肖风劲和欧阳华，2002），最终利用熵值权重法构建生态系统质量综合评价模型，对祁连山山区部分 1986～2018 年各流域、各生态系统的质量进行综合评价，为后续进一步开展区域生态系统可持续性提供新的方法与数据支撑。

1）生态系统分类及景观格局特征参数提取

依据遥感数据的地表覆盖类型将祁连山区域生态系统划分为森林、农田、草地、湖泊（湿地）、荒漠和雪/冰六大类。进而运用 ArcGIS 软件对土地利用数据图进行叠加和统计分析，得到六大流域 1986～2018 年的土地利用转移矩阵，并在此基础上分析祁连山不同类型系统的总体变化特征。

为了得到系统稳定性和承载力评价中需要的景观格局变化的特征参数，利用祁连山区不同时期土地利用栅格图，经 ArcGIS10.2 的 Fishnet 工具划分为 20km×20km 网格，利用祁连山六大流域矢量边界进行裁剪，得到网格分割后的六大流域栅格数据。然后将数据导入景观空间格局分析软件 Fragstats4.2（栅格版），计算斑块面积、斑块破碎度、香浓多样性指数（SHDI）、蔓延度指数（CONTAG）、板块聚合度指数（COHESION）等景观空间格局特征参数［具体计算方法及各参数的意义等详见何原荣等（2008）］，以供后续系统质量评价中的系统承载力指标计算。

2）生态系统生产力指数

用 NPP 构建生态系统生产力指数（EPI），为便于比较，EPI 的取值范围归一化在［10，100］。

$$\mathrm{EPI}_{t,k}=\begin{cases}10 & N_{t,k}\leqslant N_{\min}\\ 10+(N_{t,k}-N_{\min})\times a & N_{\min}\leqslant N_{t,k}\leqslant N_{\max}\\ 100 & N_{t,k}\geqslant N_{\max}\end{cases} \tag{6-15}$$

$$a=\frac{100-10}{N_{\max}-N_{\min}} \tag{6-16}$$

式中，$\mathrm{EPI}_{t,k}$为第 t 年像元 k 的生产力指数；$N_{t,k}$为第 t 年像元 k 的 NPP 总量；a 为拉伸常数；$N_{\max}$和 $N_{\min}$为 NPP 年均值的上下限。

研究所采用数据的空间分辨率为 30m，因此 $\mathrm{EPI}_{t,k}$的值越大，表示第 t 年像元 k 的生产力越大，像元的生产力越大，其生态服务功能越强。

3）生态系统稳定性指数

用 NPP 的变异系数构建生态系统稳定性指数（ESI），为便于比较，ESI 的取值范围归一化在［10，100］。

$$\mathrm{ESI}_{t,k}=\begin{cases}10 & \mathrm{CV}_{t,k}\geqslant \mathrm{CV}_{\max}\\ 10+(\mathrm{CV}_{t,k}-\mathrm{CV}_{\min}) * \mathrm{a} & \mathrm{CV}_{\min}\leqslant \mathrm{CV}_{t,k}\leqslant \mathrm{CV}_{\max}\\ 100 & \mathrm{CV}_{t,k}\leqslant \mathrm{CV}_{\min}\end{cases} \tag{6-17}$$

$$a=\frac{100-10}{\mathrm{CV}_{\max}-\mathrm{CV}_{\min}} \tag{6-18}$$

$$\mathrm{CV}_{t,k}=\frac{S_{t,k}}{\overline{D}_{t,k}} \tag{6-19}$$

式中，$\mathrm{ESI}_{t,k}$为第 t 年像元 k 的稳定性指数；$\mathrm{CV}_{t,k}$为第 t 年像元 k 的 NPP 年均值变异系数；a 为拉伸常数；$\mathrm{CV}_{\max}$和 $\mathrm{CV}_{\min}$为 NPP 年均值变异系数的上下限；$S_{t,k}$为第 t 年像元 k 的 NPP 标准差；$\overline{D}_{t,k}$为第 t 年像元 k 的 NPP 均值。其中，$S_{t,k}$和 $\overline{D}_{t,k}$均为月尺度数据。

稳定性指数表征了生态系统的稳定性，$\mathrm{ESI}_{t,k}$为第 t 年像元 k 的稳定性指数，值越高表示第 t 年像元 k 的生态系统稳定性越强。生态系统稳定性越强，波动阈值的上下限越大，生态系统因为干扰导致功能变化的可能性越小。

4）生态系统承载力指数

用生态系统健康指数构建生态系统承载力指数（EBCI），EBCI 的取值范围归一化在

[10, 100], EBCI 越大表示生态系统承载力越高。

$$
EBCI_{t,r}=\begin{cases}10 & EHI_{t,r}\leqslant EHI_{min}\\ 10+(EHI_{t,r}-EHI_{min})\times a & EHI_{min}\leqslant EHI_{t,r}\leqslant EHI_{max}\\ 100 & EHI_{t,r}\geqslant EHI_{max}\end{cases} \tag{6-20}
$$

$$
a=\frac{100-10}{EHI_{max}-EHI_{min}} \tag{6-21}
$$

$$
EHI_{t,r}=\sqrt[3]{V_{t,r}\times O_{t,r}\times R_{t,r}} \tag{6-22}
$$

$$
V_{t,k}=\frac{N_{t,k}-N_{min}}{N_{max}-N_{min}} \tag{6-23}
$$

$$
O_{t,r}=0.35\times SHDI_{t,r}+0.35\times CONTAG_{t,r}+0.3\times COHESION_{t,r} \tag{6-24}
$$

$$
R_{t,r}=\sum_{i=1}^{n}A_{i,t,r}\times RC_i \tag{6-25}
$$

式中，$EBCI_{t,r}$为第 t 年像元 r 的承载力指数；$EHI_{t,r}$为第 t 年像元 r 的生态系统健康指数；a 为拉伸常数；EHI_{max}和 EHI_{min}为 EHI 年均值的上下限；$V_{t,k}$为第 t 年像元 k 的活力；$V_{t,r}$为第 t 年像元 r 的活力；$O_{t,r}$为第 t 年区域 r 的组织力；$R_{t,r}$为第 t 年像元 r 的恢复力；$N_{t,k}$为第 t 年像元 k 的 NPP 总量；N_{max}和 N_{min}为 NPP 年均值的上下限；$SHDI_{t,r}$为第 t 年像元 r 的香浓多样性指数；$CONTAG_{t,r}$为第 t 年像元 r 的蔓延度指数；$COHESION_{t,r}$为第 t 年像元 r 的斑块凝聚度指数；$A_{i,t,r}$为第 t 年像元 r 土地覆盖 i 的面积比例；RC_i为土地覆盖 i 的恢复力系数；n 为土地覆盖的数量。

由于所选取的三个景观指数单位不同，数据也存在数量级差异，因此在使用前要对数据进行标准化处理，使三个景观指数成为介于 0～1 的无量纲数据。值得注意的是，香农多样性指数越大，表示斑块数量越多，景观越破碎，与承载力呈反相关关系，因此用 1 减去标准化后的值再进行计算。

承载力指数不仅考量了 NPP 这一植被指数，还考量了景观指数，从生态系统的结构和功能两个方面衡量了生态系统对外部干扰的承载能力，该指数越大表示生态系统的承载能力越强。

RC_i值参考 Peng 等（2017），并结合研究区实际情况确定，具体取值如表 6-9 所示。

表 6-9　不同类型系统恢复力系数

系统	RC	系统	RC
耕地	0.47	湿地	0.80
林地	0.95	水体	0.77
草地	0.93	荒漠	0.20

5）生态系统质量指数

用熵值权重法确定 EBCI、EPI 和 ESI 的权重，加权求和，得到生态系统质量指数（EQI）。

$$\mathrm{EQI}_{t,r}=\sum_{l=1}^{m}W_l\times C_l \tag{6-26}$$

式中，$\mathrm{EQI}_{t,r}$为第 t 年像元 r 的生态系统质量指数；W_l为第 l 个指数的权重值；C_l为第 l 个指数的值；m 为指数的数量，此处 $m=3$。

熵值权重法根据各指标的变异程度计算权重，以各年份指标等级的个数构建矩阵，计算出 EPI 的权重为 0. 37，ESI 的权重为 0. 29，EBCI 的权重为 0. 34。

6）生态系统质量分级

考虑到生态系统的生产力、稳定性和承载力均不为 0，即在生态系统的结构和功能很差时，生态系统仍然具有微弱的生产力、稳定性和承载力，因此，在参照评价所得各种指数结果数值范围的基础上，将各指数的范围归一化在［10，100］，将评价结果分为五级：10～20 为Ⅰ级、20～40 为Ⅱ级、40～70 为Ⅲ级、70～90 为Ⅳ级、90～100 为Ⅴ级，级别越高生态系统质量越好。

3. 祁连山区生态系统演变特征

祁连山区各类系统自 1986 年以来的面积变化特征见表 6-10。1986～2018 年，祁连山区域农田生态系统、森林生态系统和草地生态系统的面积增大，荒漠和雪/冰的面积减小。2010 年以来，祁连山林地面积迅速扩大，与生态建设和保护政策变迁的时间高度一致。在此期间相继禁止了经营性采伐、森林抚育性质的“三木”采伐（即清除枯立木是、病腐木、风折木），并实施了封山育林、封山禁牧、培育苗木等工程性措施保护和修复天然林，同时开展了退耕还林工程。草地系统增加的面积主要由农田系统和荒漠转化而来的。草地面积的大幅度变化主要发生在 2000 年以来，因为退耕还林还草、退牧还草工程的实施，促使草地系统面积持续增加。雪/冰面积持续减小，主要转化为荒漠。全球气温升高是雪/冰面积减小的最主要因素，除此之外，人类活动对雪/冰的干扰程度也很强。

表 6-10　祁连山区 1986～2018 年主要生态系统面积变化　（单位：万 km^2）

生态系统	1986 年	1990 年	1995 年	2000 年	2005 年	2010 年	2015 年	2018 年
耕地生态系统	0. 15	0. 15	0. 15	0. 21	0. 23	0. 20	0. 20	0. 19
林地生态系统	0. 49	0. 49	0. 49	0. 47	0. 47	0. 45	1. 27	1. 27
草地生态系统	6. 07	5. 84	5. 95	6. 88	7. 23	8. 06	7. 33	7. 33
湿地生态系统	0. 25	0. 25	0. 27	0. 32	0. 44	0. 31	0. 24	0. 23
水体生态系统	1. 31	1. 31	1. 33	1. 29	1. 39	1. 38	1. 14	1. 14
荒漠生态系统	16. 45	16. 49	16. 66	16. 02	15. 57	15. 07	15. 29	15. 30

4. 祁连山区生态系统质量演变特征

1）祁连山区生态系统质量各参数变化特征

生产力是生态系统 17 种服务功能中最主要的部分，是生态系统服务功能高低的体现。本研究生态系统生产力指数表征了该生态系统生产能力在像元尺度上（900m²）的平均状况。祁连山区六类生态系统的生产力指数在 18.0～75.5（图 6-15）。对不同类型生态系统而言，生产力指数林地>草地>耕地>湿地>荒漠>水体。生产力指数以净初级生产力计算，是植被存留状况和光合作用的综合结果，因此其值也是不同类型系统植被状况的反映。由此可见，祁连山区陆地生态系统中，林地的植被状况最好，荒漠的植被状况最差。这一结果与刘纪远等（2006）西部生态系统综合评估中植被的变化状况基本一致，也符合该区域一般情况。

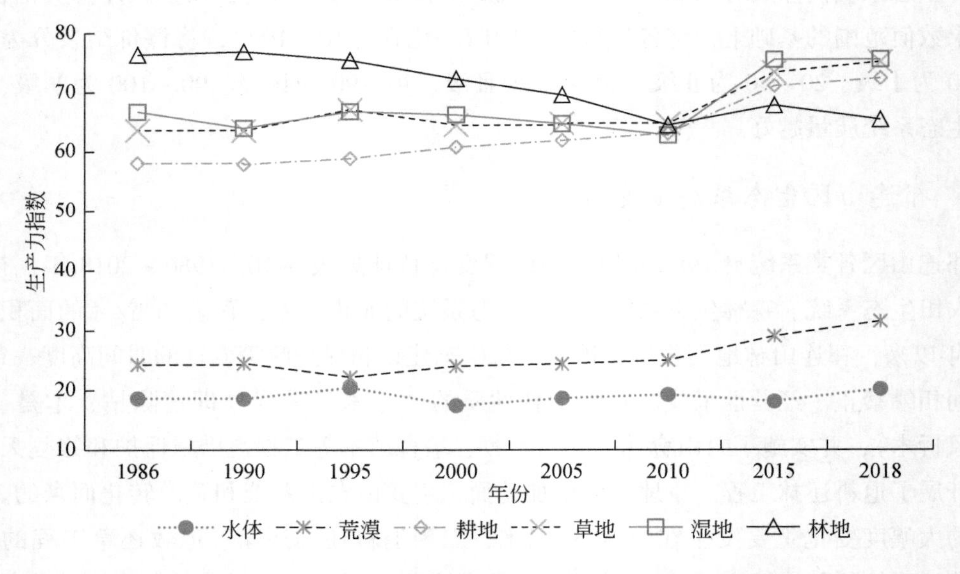

图 6-15　1986～2018 年祁连山不同生态系统生产力指数变化

1986～2018 年，祁连山区耕地和荒漠的生产力指数持续升高（图 6-15），草地、湿地、林地的生产力指数在 1986～2010 年轻微降低，2010 年来迅速升高。林地的生产力指数的变化相对复杂，区域差异明显。石羊河流域和湟水流域的林地生产力指数呈逐年递减趋势；疏勒河流域和柴达木盆地流域林地生产力指数总体上呈上升趋势，但在中间年份有所起伏，在 2010～2015 年上升明显；黑河流域和青海湖流域生产力指数总体上呈下降趋势，但 2010 年之后有所回升。

从流域尺度来看，祁连山区整体的生产力指数在 19.32～71.48（表 6-11）。1986～2010 年，均值在 40.57～43.96，2015 年来迅速升高到 50 以上，2005～2018 年升高了

20.82%。各流域在山区范围内部分的变化趋势略有不同，柴达木盆地流域和疏勒河流域生产力指数相对较低，在 19.32～34.71，大通河-湟水流域和石羊河流域较高，这一结果与这几个流域地表的下垫面状况相符，柴达木盆地流域和疏勒河流域下垫面以荒漠为主，植被稀疏，生产力指数较低。大通河-湟水流域一带是祁连山区植被较好的地带，下垫面主要是各种类型的草地和少数灌木及乔木林地，生产力指数相对较高。各流域生产力指数多年来呈持续上升趋势，但自 2010 年以来，青海湖流域、黑河流域、大通河-湟水流域、石羊河流域的林地生产力指数呈下降趋势，其原因尚不明确，这是一个值得密切关注和深入研究的问题。

表 6-11　祁连山区六大流域 1986～2018 年生产力指数变化

流域	1986 年	1990 年	1995 年	2000 年	2005 年	2010 年	2015 年	2018 年	均值	变化率/%
柴达木盆地流域	19.32	19.52	21.71	19.56	21.05	22.62	26.15	27.68	22.20	43.30
疏勒河流域	23.09	23.37	25.90	23.78	24.89	25.82	31.82	34.71	26.67	50.33
黑河流域	41.31	42.17	45.20	42.95	44.41	44.71	52.94	54.85	46.07	32.80
青海湖流域	41.89	42.17	45.34	43.05	45.79	46.20	54.35	55.85	46.83	33.33
石羊河流域	55.46	56.27	59.74	53.83	57.59	58.85	66.57	67.38	59.46	21.49
大通河-湟水流域	62.37	61.83	64.30	64.32	64.45	65.56	70.71	71.48	65.63	14.62
平均	40.57	40.89	43.70	41.25	43.03	43.96	50.42	51.99	44.48	28.15

祁连山区六大流域 1986～2018 年生态系统生产力指数的空间分布及其变化见图 6-16。东部生产力指数在 50 以上，西部在 50 以下，东高西低格局分异明显，这种分布与区域内植被覆盖的空间分布特征相符。从像元尺度来看，位于东部的黑河流域和石羊河流域上游，大通河-湟水流域及青海湖流域的生产力指数最高，位于西部的柴达木盆地流域和疏勒河流域生产力指数整体较低。总体上来说，祁连山区生产力指数由东向西递减的变化特征与地表覆被状况相符。祁连山区东部降水量充沛，多林地和草地，而西部的柴达木盆地流域和疏勒河流域分布着大面积的荒漠，生产力相对较低。

(a)1986年　　(b)1990年

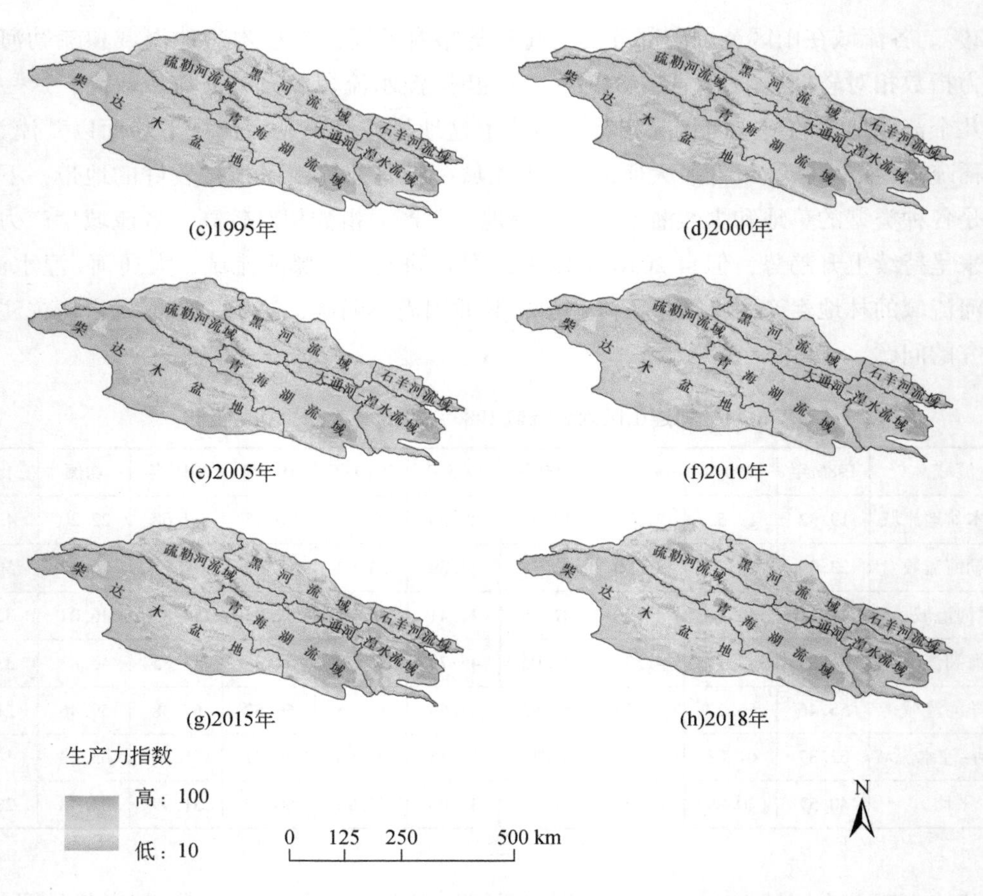

图 6-16　祁连山区 1986～2018 年生态系统生产力空间分布

上述的结果中，有两点值得特别注意。

第一，整个祁连山区林地生态系统内部生产力指数空间差异巨大且过去 30 多年来变化趋势不一，各流域林地生产力指数的标准差较大，表明不同空间位置的林地生态系统间生产力的分异也较大。大通河-湟水流域和石羊河流域位于祁连山区最东部，其降水高于其他流域，整体上，湟水流域东部林地生产力最高，依次向西递减。但是 1986～2018 年，在大部分地区林地生产力上升的背景下，湟水流域东部原本生产力最高的区域生产力指数明显下降。这一变化特征导致 1986～2018 年祁连山区整体的林地生产力呈下降趋势。

第二，与之前年份相比，各生态系统生产力指数在 2010 年之后增长明显。祁连山区气候数据的分析表明，该区域 2010 年之后气温和降水的变化与 2010 年之前差异并不显著，因此，年均气温和年降水量的变化不是该区生产力指数大幅度上升的主要因素。对该区域近年来的高分辨率遥感影像的分析表明，该区域 2010 年以后的开矿等人类活动大幅度减少，封山育林、封山禁牧与轮牧等措施覆盖区域大幅增加，与该区生态系统生产力指数升高的变化动态基本一致。由此可以推断，该区域生态环境保护力度的大幅度提高对生态系统生产力的增加作用明显。

本研究中生态系统的稳定性表征了像元尺度上各生态系统稳定性的平均状态。稳定性指数源自 NPP 变异系数，衡量的是生态系统服务功能的稳定性，或者说抵抗外部干扰的能力，在生态系统不跃迁（退化或进化）的前提下，生态系统生产力的波动越大，表明生态系统发生跃迁的阈值上下限范围越大，系统能够忍耐的环境要素变化范围越大，其稳定性就越好。

在祁连山区的六类生态系统中，1986～2018 年，林地稳定性指数最低且自 1995 年以来总体上持续降低（图 6-17），结合祁连山区实际情况，林地面积变动相对较小。稳定性指数持续降低与林地生产力指数空间变异系数大密切相关，表明该区林地生长状况的空间分异在持续减小，具体原因尚不明确。耕地稳定性指数相对较高，但也自 1995 年起持续降低，2015 年后草地，荒漠等生态系统的稳定性指数出现回升趋势。稳定性指数减小，反映出生态系统变化加强，进化或退化的可能性增大。结合生产力指数时间变化规律可知，生产力指数大体呈逐年递增趋势，说明近些年来，祁连山区生态系统的生产能力有所提高，因此可以推断该区生态系统更有可能是处于进化变动之中。

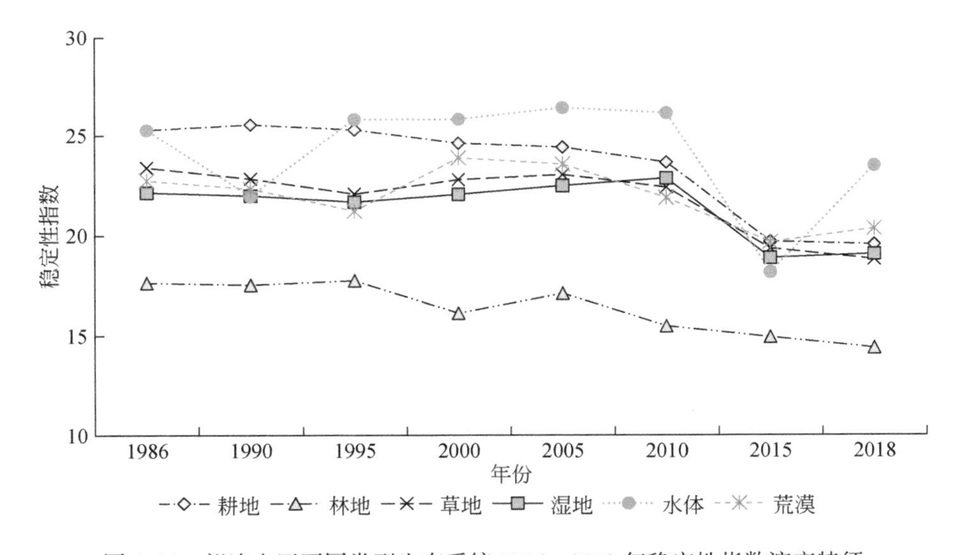

图 6-17　祁连山区不同类型生态系统 1986～2018 年稳定性指数演变特征

祁连山区六大流域稳定性指数 1986～2010 年在 19.69～25.82 波动（表 6-12），自 2010 年后明显降低。由表 6-12 可知，各流域生态系统稳定性指数均呈下降趋势，除部分流域的部分年份有较小幅度的波动外，其余呈逐年递减的趋势。1986～2010 年，各流域生态系统稳定性指数下降幅度均不大，2010 年后，下降明显。其中以青海湖流域、石羊河流域、黑河流域以及大通河–湟水流域的降低更为明显。这一变化表明，这几个流域范围内的 NPP 时间变异系数在减小，系统的年内生产力波动幅度有降低趋势。

表 6-12　祁连山区六大流域范围 1986～2018 年稳定性指数变化

流域	1986 年	1990 年	1995 年	2000 年	2005 年	2010 年	2015 年	2018 年	均值	变化率/%
柴达木盆地流域	20.77	20.77	19.69	22.22	22.17	20.73	17.71	18.73	20.35	-9.82
疏勒河流域	24.46	22.79	21.52	25.82	24.63	23.65	21.36	22.02	23.28	-9.98
黑河流域	24.82	22.93	23.43	24.99	24.84	24.44	19.49	20.36	23.16	-17.97
青海湖流域	23.68	23.42	22.94	22.79	22.68	21.72	18.82	18.05	21.76	-23.78
石羊河流域	25.04	24.40	23.82	24.15	24.06	23.52	20.54	19.45	23.12	-22.32
大通河–湟水流域	25.29	24.76	23.25	25.22	24.93	24.00	21.59	21.13	23.77	-16.45
平均	24.01	23.18	22.44	24.20	23.89	23.01	19.92	19.96	22.58	-16.87

祁连山区生态系统 1986～2018 年的稳定性空间分布与变化动态见图 6-18。区域生态系统稳定性指数普遍较低，在 10～30，各流域之间稳定性指数差异小，空间变化不明显。零星高值区在各流域高海拔位置，比较集中的高值区在青海湖流域内。因为本研究的系统稳定性主要是以 NPP 变异为表征，高值区域是 NPP 变异较大处，与所在位置的气候及下垫面变化密切相关。

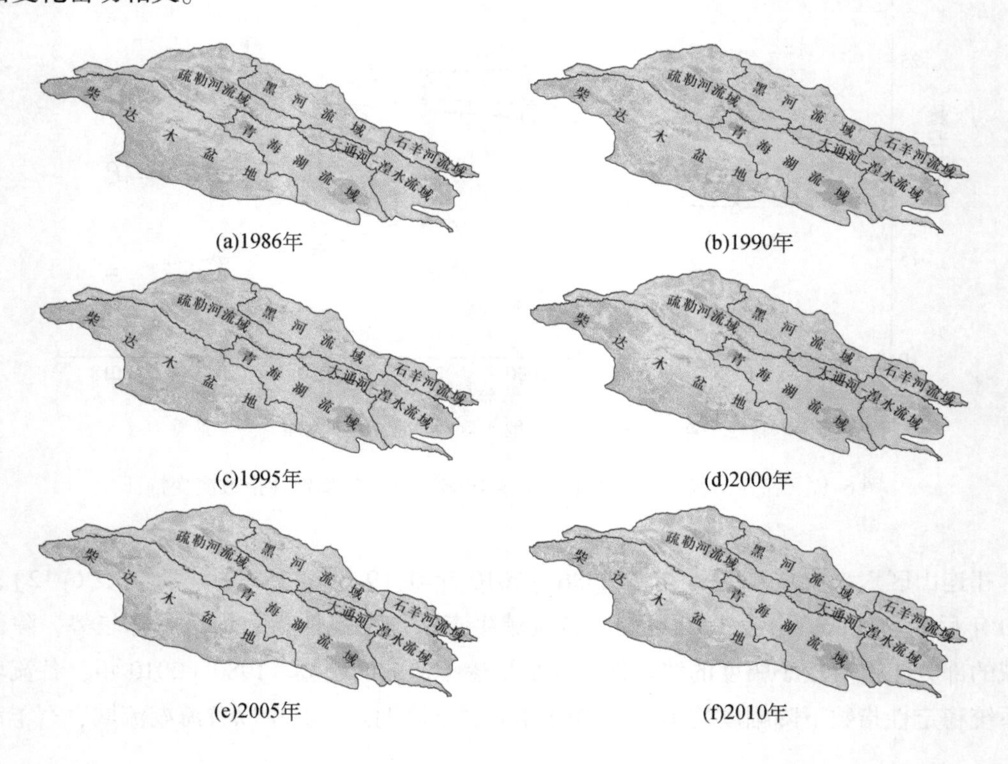

(a)1986年　(b)1990年

(c)1995年　(d)2000年

(e)2005年　(f)2010年

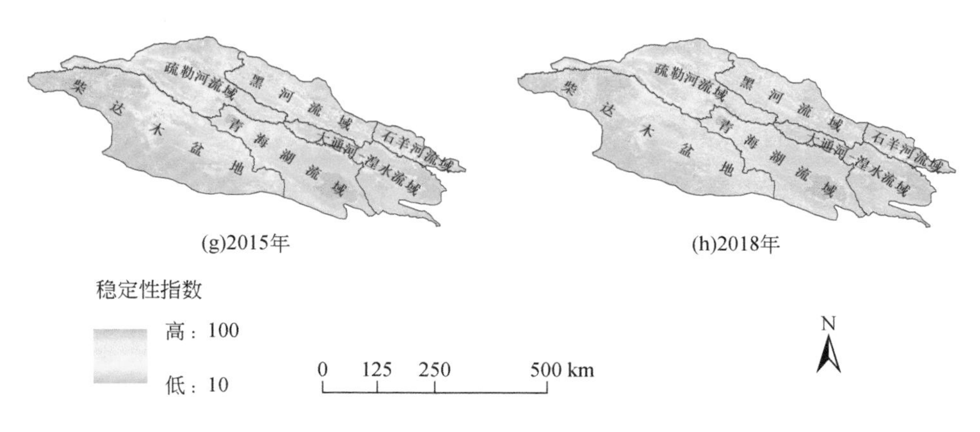

图 6-18 祁连山区 1986～2018 年生态系统稳定性空间分布

综合了系统活力、组织力、恢复力的承载力指数在不同类型生态系统中的演变不尽相同（图 6-19）。1986～2018 年，林地承载力下降了近 17%，尤其是自 2005 年以来，降低加剧。荒漠、耕地、草地、湿地等的承载力在 1986～2018 年轻微升高，其中荒漠升高最大，为 18%，耕地、草地、湿地分别升高 10.9%、8.8%、7%。

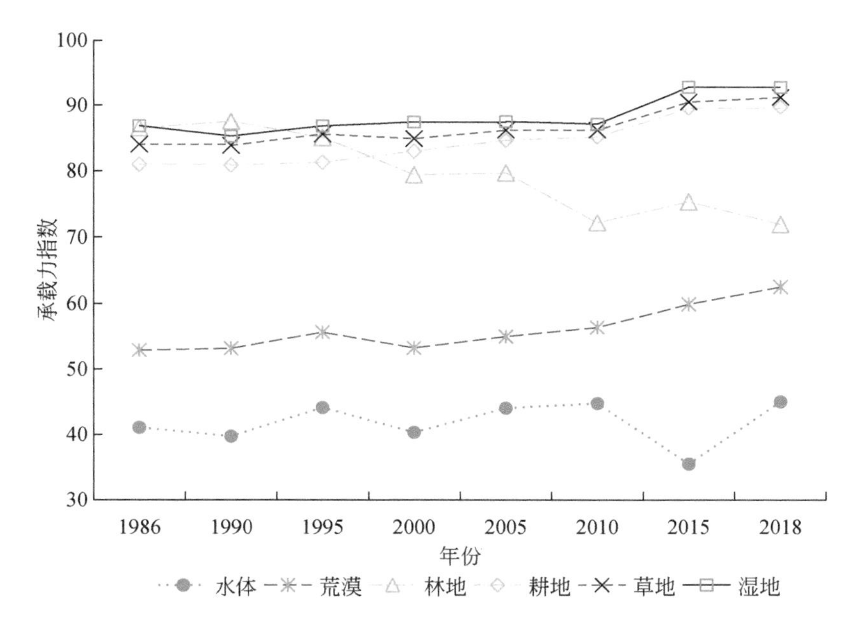

图 6-19 祁连山不同类型生态系统 1986～2018 年承载力指数演变特征

祁连山区六大流域承载力指数 1986～2018 年在 47.48～86.44 波动（表 6-13），1986～2000 年，变化不甚明显，2005 年以来，承载力指数迅速提高，2005～2018 年升高了

8.60%。就不同类型生态系统承载力指数而言，大通河-湟水流域、黑河流域、石羊河流域和青海湖流域林地的承载力指数下降，导致这几个流域整体承载力升高相对较小，而柴达木盆地流域和疏勒河流域整体承载力升高在25%左右。

表 6-13 祁连山区六大流域 1986～2018 年生态系统承载力变化

流域	1986 年	1990 年	1995 年	2000 年	2005 年	2010 年	2015 年	2018 年	均值	变化率/%
柴达木盆地流域	47.48	47.83	51.42	48.31	51.15	53.77	55.91	58.90	51.85	24.05
疏勒河流域	50.38	50.60	53.64	51.54	53.70	55.01	60.46	63.49	54.85	26.02
黑河流域	64.86	65.38	67.80	66.62	68.75	69.76	74.57	75.98	69.22	17.14
青海湖流域	69.05	68.13	71.11	70.04	73.04	73.83	76.35	79.01	72.57	14.42
石羊河流域	78.29	78.26	79.82	80.68	81.13	82.68	85.16	84.87	81.36	8.40
大通河-湟水流域	83.14	83.24	84.02	84.29	85.11	85.11	86.44	86.14	84.69	3.61
平均	65.53	65.57	67.97	66.91	68.81	70.03	73.15	74.73	69.09	14.04

祁连山区六大流域范围内，生态系统承载力指数在空间分布上呈由东向西递减的趋势，东部在70以上，西部在70以下（图6-20），与区域内东部生态系统相对稳定、植被覆盖与生长优于西部的特征相符。东部的大通河-湟水流域、青海湖流域东部和石羊河与黑河流域上游承载力普遍较高。青海湖流域西部以及黑河流域东西分异更为明显，流域西部承载力相对较低。位于祁连山区西部的柴达木盆地流域和疏勒河流域整体承载力相对较小，指数均值在55以下，空间分异相对较弱。

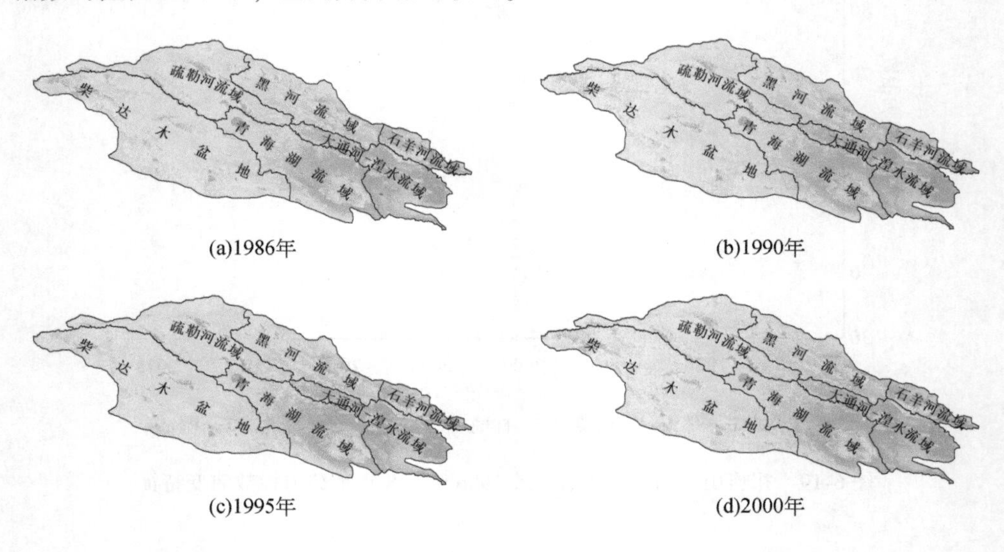

(a)1986年 (b)1990年

(c)1995年 (d)2000年

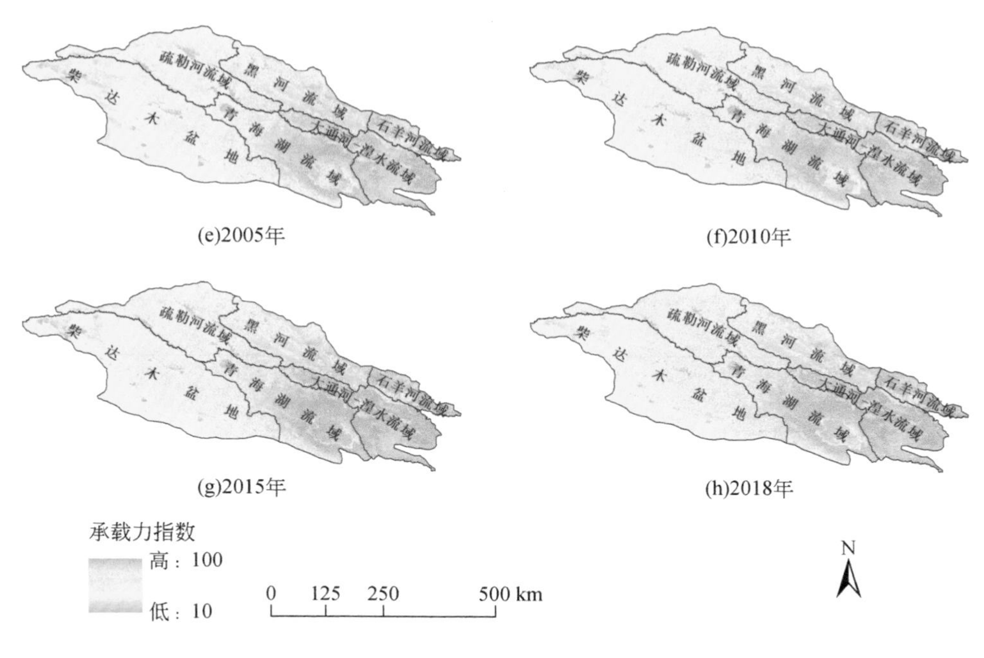

图 6-20 祁连山区 1986～2018 年生态系统承载力空间分布

1986～2018 年，祁连山区域承载力小幅增加（图 6-20）。但青海湖流域、黑河流域上游、大通河-湟水流域、石羊河流域上游的林地承载力有减小趋势。承载力既考虑了生态系统的生产功能（NPP），也考虑了生态系统的结构（景观指数、土地覆盖面积比例），更为全面地表征了生态系统在外部干扰因素作用下的变化状况。生态系统的结构和功能越完善，其所能承载的外部干扰越大。结合前文的数据来看，祁连山区各年份景观指数变化不大，承载力指数的变化主要与 NPP 的变化有关。承载力的上升，显示了该区域内主导性的各类草地趋于稳定，植被覆盖和生长的时间变异减弱，抵抗干扰能力在增强。

2）生态系统质量指数时空演变特征

祁连山区六大流域范围内不同类型生态系统的质量指数（图 6-21）在 1995～2000 年发生了根本性变化，在此之前，质量指数为林地>湿地>草地>耕地>荒漠>水体，2000 年后质量指数为湿地>草地>耕地>林地>荒漠>水体。2000～2018 年林地面积增加，但是质量指数减低，而且持续下降，降了近 16%。荒漠质量指数较低，但在 1986～2018 年持续升高了近 16%。耕地、草地和湿地生态系统质量指数在 2000 年以来缓慢升高，2010 年后迅速升高，分别升高 11.7%、9.2% 和 7.3%，水体质量指数在 1986～2018 年波动上升，共升高 5%。

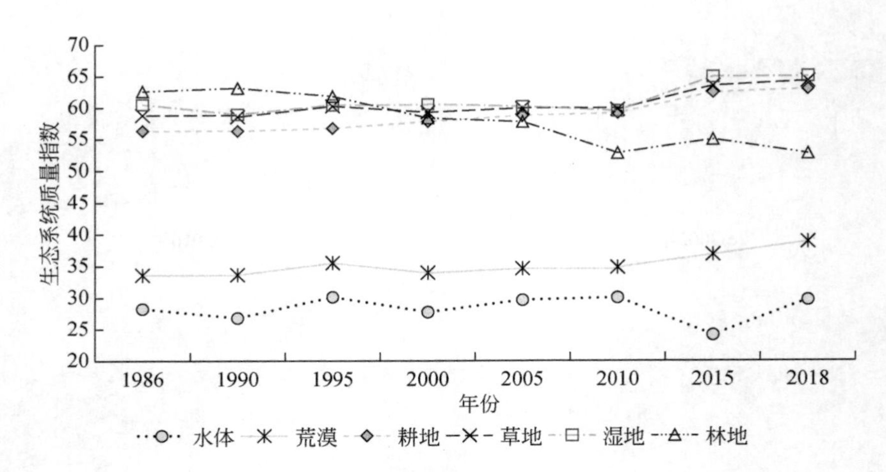

图 6-21　祁连山区不同类型生态系统 1986 ~ 2018 年质量指数演变特征

祁连山区六大流域范围的生态系统质量指数在大通河-湟水流域最高，柴达木盆地最低（表 6-14）。1986 ~ 2018 年，六大流域山区范围内生态系统质量指数总体持续升高，其中，疏勒河流域升高 24.45%，柴达木盆地流域升高 21.67%，大通河-湟水流域升高 4.68%，石羊河流域上游、青海湖流域和黑河流域上游分别升高 9.16%、14.70% 和 16.88%。六大流域平均升高 13.70%，2010 年起升幅相对更高。由此可见，祁连山区六大流域范围内的整体生态系统质量趋好。

表 6-14　祁连山区六大流域 1986 ~ 2018 年生态系统质量指数变化

流域	1986 年	1990 年	1995 年	2000 年	2005 年	2010 年	2015 年	2018 年	均值	变化率/%
柴达木盆地流域	29.35	29.54	31.26	30.15	31.65	32.56	33.47	35.71	31.71	21.67
疏勒河流域	32.80	32.49	34.08	33.85	34.64	35.15	39.53	40.82	35.42	24.45
黑河流域	44.66	44.99	46.49	45.84	47.02	47.20	51.15	52.20	47.44	16.88
青海湖流域	46.53	45.40	47.43	46.98	48.94	49.26	51.66	53.37	48.70	14.70
石羊河流域	54.35	54.45	55.72	54.14	55.81	56.65	59.47	59.33	56.24	9.16
大通河-湟水流域	58.14	57.90	58.93	58.99	59.28	59.41	60.90	60.86	59.30	4.68
平均	44.31	44.13	45.65	44.99	46.22	46.71	49.36	50.38	46.47	13.70

祁连山区各流域内耕地、草地和荒漠的生态系统质量呈逐年递增的趋势（图 6-22）。1986 ~ 2010 年，增长的幅度较小，而在 2010 年之后，增长幅度较大。生态系统质量的变化与生产力、承载力相同，这是由于稳定性的变化幅度相对较小且其权重较小。结合前文的数据可知，1986 ~ 2018 年以来，祁连山区的景观指数和各土地覆盖的面积比例变化不大，生态系统质量的变化主要受 NPP 的影响。

林地生态系统质量的变化相对复杂，柴达木盆地流域和疏勒河流域林地质量指数呈逐年递增的趋势，而石羊河流域上游和大通河-湟水流域内林地质量指数逐年递减，青海湖流域和黑河流域上游林地质量指数在 2010 年之后有所回升。祁连山区大部分地区林地的生态系统质量呈增长趋势，部分地区生态系统质量的下降是由于林地生产力出现了比较明显的变化（如大通河-湟水流域最东端）。

综合了生产力、稳定性和承载力的祁连山区六大流域生态系统质量指数见图 6-22。

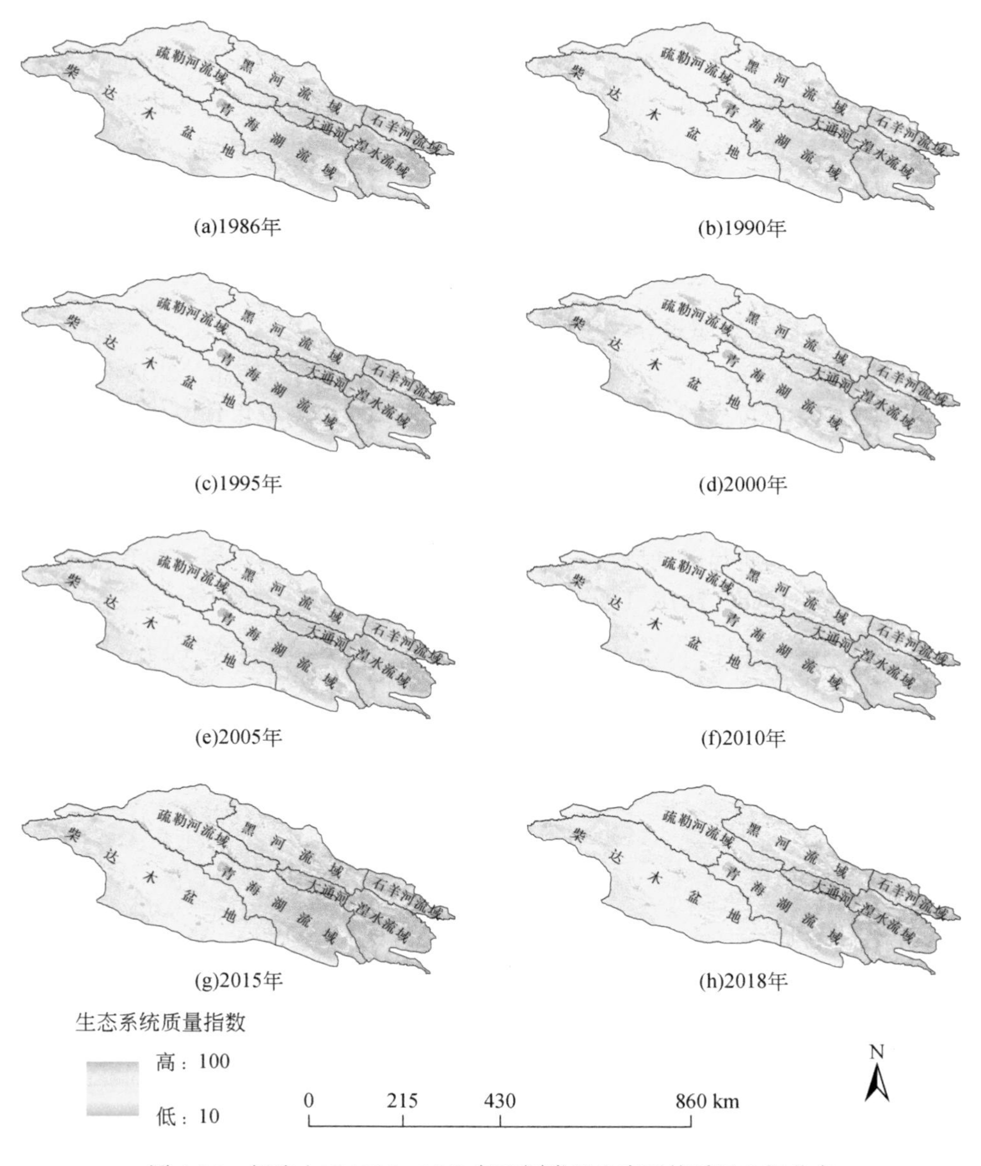

图 6-22　祁连山区 1986 ~ 2018 年不同类型生态系统质量空间分布

1986～2018 年区域生态系统质量指数整体较低，在 40～70 之间变化。空间分布上，生态系统质量由东向西递减，高值区域主要集中在东部的大通河-湟水流域和石羊河与黑河流域上游以及青海湖流域东部，西部的疏勒河流域、柴达木盆地流域、黑河流域中游以及青海湖流域上游生态系统质量指数普遍较低。青海湖流域和黑海流域存在明显的东西分异，东部的生态系统质量指数高于西部。

祁连山区东部由于降水量更丰富，林地和草地分布广泛，西部地区则分布着大面积的荒漠，因而整体上东部的生态系统质量指数高于西部。另外，因为祁连山区六大流域内海拔变化大，林地分布相对比较分散，不同流域以及同一流域不同位置的林地之间的生产力、稳定性和承载力都表现出一定的变异，因此林地质量指数的空间变化相对也较大。

在时间尺度上，1986～2018 年祁连山区六大流域整体的生态系统质量逐年递增，尤其是草地和荒漠两种主要生态系统的质量指数稳中有升。但是青海湖流域、大通河-湟水流域、黑河与石羊河流域上游的林地质量指数近年有降低趋势，具体原因尚不明确，需要进一步深入研究。

3）祁连山区生态系统质量分级情况及演变特征

图 6-23 为分级之后的生态系统质量等级分布。整体而言，1986～2018 年祁连山区陆地生态系统质量等级均较低，大部分处于Ⅱ级和Ⅲ级，几乎没有出现Ⅴ级，Ⅳ级出现得也相对较少，主要集中在湟水流域和石羊河流域上游区域，Ⅰ级部分主要是水体，因为其面积相对较小而且遥感数据所得到的水体生产力存在很大的不确定性，本研究不做论述。空间分布上，Ⅱ级主要分布在西部地区，该区域主要为荒漠，Ⅲ级主要分布在东部，该区域主要为林地和草地。1986～2018 年，祁连山区生态系统质量等级呈增长趋势，2010 年前，生态系统质量等级变化不明显，2010 年之后，大通河-湟水流域和石羊河流域上游的Ⅳ级区域明显增多，表明该区生态系统质量整体向好。

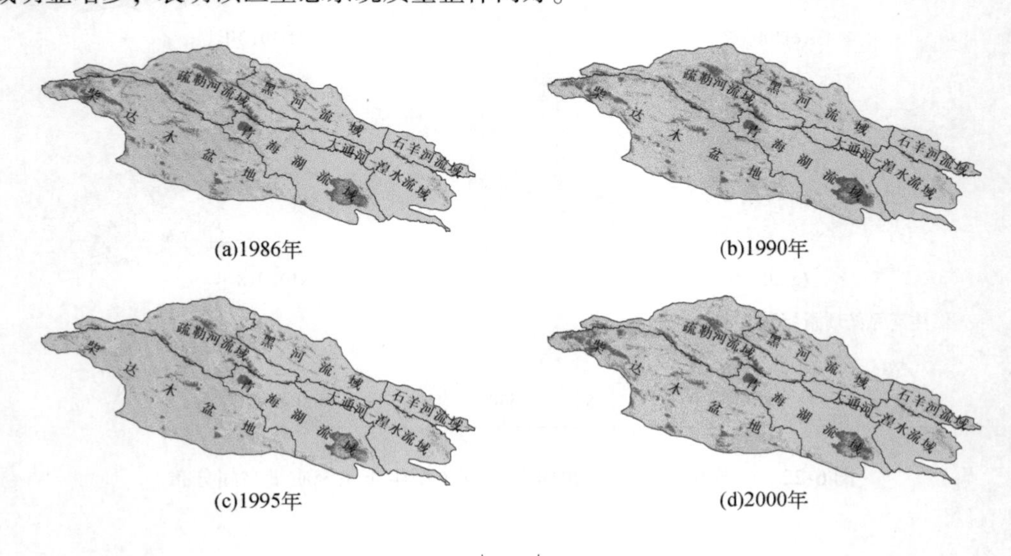

(a)1986年　(b)1990年

(c)1995年　(d)2000年

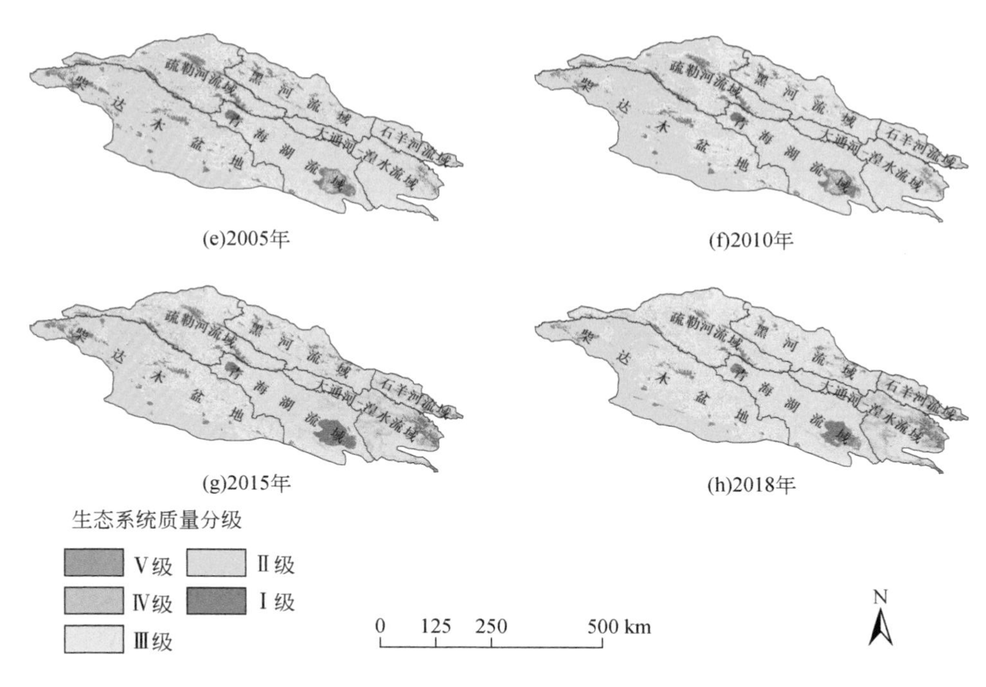

图 6-23　祁连山区 1986 ~ 2018 年生态系统质量等级空间分布

结合前文的结果可知，景观指数和各土地覆盖类型的面积变化相对较小，影响生态系统质量变化的主要因素是 NPP，而生产力以植物的光合作用为主，祁连山区东部植被分布相对集中且生长更好，该特征主导了祁连山区生态系统质量东高西低的格局。

针对不同类型生态系统（表 6-15），耕地生态系统大多处于Ⅲ级，在时间上变化也相对较小，2015 年以来，Ⅳ级比例小幅增加。与此同时，Ⅰ级和Ⅱ级的面积比也在小幅上升，说明在耕地生态系统质量整体提升的同时，也有部分耕地生态系统质量在恶化，在关注生态系统质量整体状况的同时，也要兼顾局部区域耕地生态系统质量变化成因和影响。

表 6-15　祁连山区陆地生态系统 1986 ~ 2018 年质量等级变化　　（单位:%）

生态系统	质量等级	1986 年	1990 年	1995 年	2000 年	2005 年	2010 年	2015 年	2018 年
耕地生态系统	Ⅰ级	0.00	0.00	0.00	0.00	0.04	0.03	0.21	0.92
	Ⅱ级	0.45	0.31	0.21	0.19	0.55	0.38	0.02	0.04
	Ⅲ级	99.54	99.69	99.79	99.79	99.38	99.52	98.25	96.80
	Ⅳ级	0.00	0.00	0.00	0.01	0.03	0.07	1.52	2.24
	Ⅴ级	0.00	0.00	0.00	0.00	0.00	0.00	0.00	0.00

续表

生态系统	质量等级	1986 年	1990 年	1995 年	2000 年	2005 年	2010 年	2015 年	2018 年
林地生态系统	Ⅰ级	6.45	4.83	8.29	16.54	16.78	25.90	24.47	28.64
	Ⅱ级	0.01	0.01	0.02	0.03	0.05	0.05	0.02	0.05
	Ⅲ级	79.38	81.08	76.52	56.36	61.67	47.51	38.87	32.07
	Ⅳ级	14.15	14.08	15.17	27.07	21.51	26.54	36.64	39.24
	Ⅴ级	0.00	0.00	0.00	0.00	0.00	0.00	0.00	0.00
草地生态系统	Ⅰ级	0.12	0.09	0.16	0.14	0.23	0.49	0.60	0.71
	Ⅱ级	0.22	0.11	0.03	0.06	0.24	0.15	0.10	0.10
	Ⅲ级	99.49	99.60	99.51	99.24	99.09	98.26	91.70	90.71
	Ⅳ级	0.17	0.21	0.29	0.56	0.44	1.10	7.59	8.48
	Ⅴ级	0.00	0.00	0.00	0.00	0.00	0.00	0.00	0.00
荒漠生态系统	Ⅰ级	6.45	5.28	1.77	6.64	3.41	2.44	2.49	0.92
	Ⅱ级	71.01	73.64	73.67	69.67	73.39	74.10	62.85	57.18
	Ⅲ级	22.54	21.08	24.56	23.69	23.20	23.45	34.61	41.83
	Ⅳ级	0.00	0.00	0.00	0.00	0.00	0.00	0.04	0.08
	Ⅴ级	0.00	0.00	0.00	0.00	0.00	0.00	0.00	0.00

林地生态系统主要处于较好的Ⅲ级和Ⅳ级，但也有部分区域处于Ⅰ级，近年来Ⅰ级有增加趋势，自 2010 年以来，Ⅳ级的比例也明显增加。由此可以推断，祁连山区六大流域内的林地质量近年来存在两极分化的风险，即在主体向好的同时部分区域存在退化，如大通-湟水流域最东端，存在Ⅲ级林地变为Ⅰ级的趋势。着力解决恶化最严重的区域应该是接下来提升林地生态系统质量的主要任务。

草地和荒漠是祁连山区主要的地表覆盖类型。草地生态系统大多处于Ⅲ级，30 多年来基本稳定，近年来Ⅲ级的比例不断升高，部分区域向Ⅳ级转化。荒漠生态系统主要在Ⅱ级和Ⅲ级，少量处于Ⅰ级。近年来，Ⅰ级的比例持续降低，Ⅲ级的比例小幅升高，反映出祁连山区生态系统质量整体向好的趋势。

生态系统质量的变化是多种因素作用的结果，其中气候变化与人类活动至关重要。2010 年前，祁连山区生态系统质量小幅提高。2010 年之后，生态系统质量增长更加明显。综合来看，祁连山区六大流域各生态系统质量等级的变化较小，而质量指数的数值变动更大，由此也可以看出，各生态系统质量变化幅度较小，在未来生态保护力度和强度持续提高的情况下，可以预期有更多的生态系统向高等级转变。

6.3.3 祁连山生态系统质量演变研究的前沿方向

祁连山是我国西部重要生态安全屏障，国家早在 1988 年就批准设立了甘肃祁连山国家级自然保护区，并于 2017 年 9 月设立试点国家公园。多年来该区域实施了众多的生态综合治理重大工程项目，实行了多种生态保护与恢复措施。这些生态保护与恢复措施对该区生态系统的影响如何，是否适宜，如何调整等都需要科学的依据。基于可靠的数据来源、适宜的评价指标以及科学合理的评估方法，开展祁连山区生态系统质量演变及其驱动因子的研究，建立质量特征与各种生态恢复与保护措施的响应关系，开展已有措施的效应评价，为该区域生态系统管理、保护与恢复提供依据。

1. 生态系统质量评价的指标及方法可靠性

科学合理地选择能够凸显区域生态环境特征的参数和指标是定量评价生态系统质量的前提。生态系统质量反映一定时空范围内生态系统生产能力大小，抵抗干扰的潜力，以及对人类生存和社会经济持续发展的支撑能力。生态系统质量强调生态系统的环境质量、服务功能、健康状态三大基本特征，其评价需要综合反映生态系统的活力、组织力和恢复力，具体而言需要包括生态系统的生产能力、服务功能的稳定性和承载力等的综合评价。迄今为止，国内外研究的重点主要集中于评价指标、评价方法、技术手段、评价模式的应用及区域生态系统质量的综合评价，并在定量评价与分析的基础上，解决某些典型区域的生态系统质量问题。由于各研究面对的生态系统所处的自然、社会和经济状况不同，生态系统发展阶段不同，监测指标和评价尺度各不相同，一致性指标体系难以确定。指标与指标综合方法的选择是生态系统质量评价面临的问题，也是研究的前沿方向，同时，如何在区域上验证生态系统质量评估结果，并定量地评价指标的可靠性是未来需要深入研究的问题。

2. 生态系统质量演变特征及其与生态系统服务可持续性的关系

祁连山是我国西部重要的生态屏障和“天然水塔”，而且还是重要的农牧业生产基地，其生态系统服务功能对青海、甘肃和内蒙古三省（自治区）相关区域的生产、生活和生态安全具有举足轻重的作用。生态系统服务的强弱及发挥程度与生态系统结构功能关系密切。迄今为止，在具体的量化评估生态系统服务功能影响因素方面并没有明确可行的方法与指标。生态系统质量（或者健康）评价指标的提出，为评估生态系统结构状况以及生态服务可持续性提供了一个全新的方法和视角。基于生态系统健康的持续性评价已经在多种生态系统上得到了应用，取得了很好的效果。与此同时，将生态系统服务与生态系统健康相结合的研究也迅速出现（Peng et al.，2017；Yuan et al.，2017）。但是，现有的关于生态系统健康（质量）与生态服务间关系的研究大多都是静态的，建立生态系统质量演变与生态系统结构与功能之间的关系，进而明确其与生态系统服务变化之间的定量关系，从生态系统质量变化的角度探索生态服务演变的驱动机制与动力，对评估和预测特定区域生态系统状况及其服务功能的变化特征和趋势具有重要的理论和实践价值。

祁连山区的水源涵养生态服务不但是保证山区生态系统健康稳定的前提，还是河西走廊等内陆河区域生产与生活可持续性的重要保障。在全球气候变暖和人类活动加强的背景下，该区生态服务演变趋势的客观评估是一个具有战略意义的重大课题。加上祁连山区地形变化大，生态系统类型多样，在数据获取、适用性方法选择以及结果的可靠性评估等方面存在巨大的挑战。在充分吸收我国生态系统评估已有方法的基础上，借鉴国际先进的理念与方法，建立生态系统结构与功能-生态系统质量-生态服务之间的关系。开展该区生态系统质量变化及生态服务可持续性的评估与预测，调整生态保护与恢复的策略，对确保祁连山区生态系统服务可持续性，保障西北地区的可持续发展具有非凡的意义。

3. 祁连山生态系统质量演变及其与生态保护措施的关系

生态系统质量是决定生态系统结构功能及服务状况的基础和源泉，生态系统质量评价的目的一方面是了解系统的现状和发展趋势，另一方面也是为了寻找提高生态系统质量的途径，保障生态系统服务功能持续发挥。科学评价生态系统质量并了解其动态变化和主导因素是实现这些目标的前提条件。同时，生态系统质量现状、演变规律和未来情景的认知，在加强生态系统质量响应气候变化与人类干扰认知的同时，也可为生态恢复与保护措施的选择提供科学决策依据。

参 考 文 献

柴琳娜，吴凤敏，张立新，等 . 2015. 基于 AMSR-E 数据反演华北平原冬小麦单散射反照率 . 遥感学报，19（1）：153-171.

柴琳娜，张立新，施建成，等 . 2013. 棉花和大豆等效散射反照率估算 . 遥感学报，17（1）：17-33.

柴雯，王根绪，李元寿，等 . 2008. 长江源区不同植被覆盖下土壤水分对降水的响应 . 冰川冻土，30（2）：329-337.

巢纪平，井宇 . 2012. 一个简单的绿洲和荒漠共存时距平气候形成的动力理论 . 中国科学：地球科学，42（3）：425-434.

车克钧，傅辉恩，王金叶 . 1998. 祁连山水源林生态系统结构与功能的研究 . 林业科学，34（5）：29-37.

陈桂琛，陈孝全，苟新京 . 2008. 青海湖流域生态环境保护与修复 . 西宁：青海人民出版社 .

陈卓奇，邵全琴，刘纪远，等 . 2012. 基于 MODIS 的青藏高原植被净初级生产力研究 . 中国科学：地球科学，42（3）：402-410.

程国栋，傅伯杰，宋长青，等 . 2020. 黑河流域生态-水文过程集成研究重大计划最新研究进展 . 北京：科学出版社 .

程国栋，赵传燕 . 2008. 干旱区内陆河流域生态水文综合集成研究 . 地球科学进展，23（10）：1005-1012.

丁永建，张世强 . 2018. 西北内陆河山区流域内循环过程与机理研究：现状与挑战 . 地球科学进展，33（7）：719-727.

董天，肖洋，张路，等 . 2019. 鄂尔多斯市生态系统格局和质量变化及驱动力 . 生态学报，39（2）：660-671.

佴抗，胡隐樵 . 1994. 远离绿洲的沙漠近地面观测实验 . 高原气象，13（3）：282-290.

高琼，刘婷 . 2015. 干旱半干旱区草原灌丛化的原因及影响——争议与进展 . 干旱区地理，38（6）：1202-1212.

韩德林 . 1999. 中国绿洲研究之进展 . 地理科学，19（4）：313-319.

韩路，王海珍，徐雅丽，等 . 2016. 灰胡杨蒸腾速率对气孔导度和水汽压差的响应 . 干旱区资源与环境，30（8）：193-197.

郝振纯，冯杰 . 2002. 水及溶质在大孔隙土壤中运移的实验研究进展 . 灌溉排水，21（1）：67-71.

何原荣，周青山 . 2008. 基于 SPOT 影像与 Fragstats 软件的区域景观指数提取与分析 . 海洋测绘，28（1）：18-21.

胡文星，柴琳娜，赵少杰，等 . 2017. 寒区复杂地表冻融状态判别式算法改进 . 遥感技术与应用，32（3）：395-405.

胡隐樵，高由禧 . 1994. 黑河实验（HEIFE）——对干旱地区陆面过程的一些新认识 . 气象学报，52（3）：11.

姜金华，胡非，角媛梅 . 2005. 黑河绿洲区不均匀下垫面大气边界层结构的大涡模拟研究 . 高原气象，24（6）：857-864.

蒋志云 . 2016. 青海湖流域芨芨草群落斑块格局的生态水文效应研究 . 北京：北京师范大学博士学位论文.

寇晓康，柴琳娜，赵少杰，等 . 2013. 植被的微波介电常数研究进展 . 北京师范大学学报（自然科学版），49（6）：619-625.

冷疏影，等 . 2016. 地理科学三十年 . 北京：商务印书馆 .

李恩贵 . 2019. 黑河下游荒漠河岸生态系统植物水分来源与水分利用效率研究 . 北京：北京师范大学博士学位论文 .

李太兵，王根绪，胡宏昌，等 . 2009. 长江源多年冻土区典型小流域水文过程特征研究 . 冰川冻土，31（1）：82-88.

李天来，颜阿丹，罗新兰，等 . 2010. 日光温室番茄单叶净光合速率模型的温度修正 . 农业工程学报，26（9）：274-279.

李炜 . 2016. 黑河流域中下游红砂荒漠生态水文特征与生态适应性研究 . 北京：北京师范大学 .

李小雁 . 2011. 干旱地区土壤-植被-水文耦合、响应与适应机制 . 中国科学：地球科学，41（12）：1721-1730.

李小雁，李凤霞，马育军，等 . 2016. 青海湖流域湿地修复与生物多样性保护 . 北京：科学出版社 .

李小雁，马育军，黄永梅，等 . 2018. 青海湖流域生态水文过程与水分收支研究 . 北京：科学出版社 .

李小雁，郑元润，王彦辉，等 . 2020. 黑河流域植被格局与生态水文适应机制 . 北京：科学出版社 .

李新，程国栋 . 2008. 流域科学研究中的观测和模型系统建设 . 地球科学进展，23（7）：756-764.

李新，马明国，王建 . 2008. 黑河流域遥感-地面观测同步试验：科学目标与试验方案 . 地球科学进展，23（9）：897-914.

李新，刘绍民，马明国，等 . 2012. 黑河流域生态-水文过程综合遥感观测联合试验总体设计 . 地球科学进展，27（5）：481-498.

李新，勾晓华，王宁练，等 . 2019. 祁连山绿色发展：从生态治理到生态恢复 . 科学通报，64（27）：2928-2937.

李新荣，张志山，王新平，等 . 2009. 干旱区土壤植被系统恢复的生态水文学研究进展 . 中国沙漠，29（5）：845-852.

李燕，薛立，吴敏 . 2007. 树木抗旱机理研究 . 生态学杂志，26（11）：1857-1866.

李永格，李宗省，冯起，等 . 2019. 基于生态红线划定的祁连山生态保护性开发研究 . 生态学报，39（7）：2343-2352.

李永秀，娄运生，张富存 . 2011. 冬小麦气孔导度模型的比较 . 中国农业气象，32（1）：106-110.

李泽卿 . 2020. 气候变化背景下高山嵩草气孔导度对环境因子的响应模拟与预测 . 北京：北京师范大学 .

李泽卿，黄永梅，潘莹萍，等 . 2020. 高山嵩草气孔导度对环境因子的响应模拟 . 生态学报，40（24）：

9094-9107.

李宗超，胡霞. 2015. 小叶锦鸡儿灌丛化对退化沙质草地土壤孔隙特征的影响. 土壤学报，52（1）：242-248.

刘丙霞，任健，邵明安，等. 2020. 黄土高原北部人工灌草植被土壤干燥化过程研究. 生态学报，40（11）：3795-3803.

刘昌明，刘璇，于静洁，等. 2022. 生态水文学兴起：学科理论与实践问题的评述. 北京师范大学学报（自然科学版），58（3）：412-423.

刘纪远，岳天祥，张仁华，等. 2006. 生态系统评估的信息技术支撑. 资源科学，28（4）：6-7.

刘军，赵少杰，蒋玲梅，等. 2015. 微波波段土壤的介电常数模型研究进展. 遥感信息，30（1）：5-13.

刘士平，杨建锋，李宝庆，等. 2000. 新型蒸渗仪及其在农田水文过程研究中的应用. 水利学报，3：29-36.

刘树华，胡予，胡非，等. 2005. 沙漠-绿洲陆-气相互作用和绿洲效应的数值模拟. 地球物理学报，48（5）：1019-1027.

刘双，谢正辉，高骏强，等. 2018. 高寒生态脆弱区冻土碳水循环对气候变化的响应——以甘南州为例. 高原气象，37（5）：1177-1187.

刘伟，区自清，应佩峰. 2001. 土壤大孔隙及其研究方法. 应用生态学报，12（3）：465-468.

刘勇，胡霞，李宗超，等. 2016. 基于医学 CT 和工业 CT 扫描研究土壤大孔隙结构特征的区别. 中国农学通报，32（14）：106-111.

刘庄，沈渭寿，车克钧，等. 2006. 祁连山自然保护区生态承载力分析与评价. 生态与农村环境学报，22（3）：19-22.

柳新伟，周厚诚，李萍，等. 2004. 生态系统稳定性定义剖析. 生态学报，11：2635-2640.

卢慧婷，黄琼中，朱捷缘，等. 2018. 拉萨河流域生态系统类型和质量变化及其对生态系统服务的影响. 生态学报，24：8911-8918.

陆峥，柴琳娜，张涛，等. 2017. AMSR2 土壤水分产品在黑河中上游流域的验证. 遥感技术与应用，32（2）：331-344.

罗海江，方修琦，白海玲，等. 2008. 基于 VEGETATION 数据的区域生态系统质量评价之一——指标体系选择. 中国环境监测，(2)：45-49.

罗海江，汪文鹏，白海玲. 2010. 基于 VEGETATION 数据区域生态系统质量评价之三——服务功能稳定度指数评价. 中国环境监测，(2)：37-41.

罗跃初，周忠轩，孙轶，等. 2003. 流域生态系统健康评价方法. 生态学报，23（8）：1606-1614.

吕世华，陈玉春，陈世强，等. 2004. 夏季河西地区绿洲-沙漠环境相互作用热力过程的初步分析. 高原气象，23（2）：127-131.

吕世华，奥银焕，孟宪红，等. 2018. 西北干旱区沙漠绿洲陆气相互作用. 北京：科学出版社.

马育军，李小雁. 2011. 生态水力半径法改进及其在青海湖流域的应用. 科技导报，29（17）：22-28.

马育军，李小雁. 2016. 青海湖流域典型生态系统土壤水分对降水脉动的响应. 北京师范大学学报（自然科学版），52（3）：356-361.

马育军，李小雁，伊万娟，等 . 2010. 沟垄集雨结合砾石覆盖对沙棘生长的影响 . 农业工程学报，26（S2）：188-194.

毛娜，黄来明，邵明安 . 2019. 黄土区坡面尺度不同植被类型土壤饱和导水率剖面分布及影响因素 . 土壤，51（2）：381-389.

牛国跃，洪钟祥，孙菽芬 . 1997. 沙漠绿洲非均匀分布引起的中尺度通量的数值模拟 . 大气科学，21（4）：385-395.

潘竟虎，董磊磊 . 2016. 2001–2010 年疏勒河流域生态系统质量综合评价 . 应用生态学报，9：2907-2915.

彭海英，李小雁，童绍玉 . 2014. 干旱半干旱区草原灌丛化研究进展 . 草业学报，23（2）：313-322.

戚培同，古松，唐艳鸿，等 . 2008. 三种方法测定高寒草甸生态系统蒸散比较 . 生态学报，28（1）：202-211.

祁永发 . 2012. 20 年来青海湖流域湿地变化研究 . 西宁：青海师范大学硕士学位论文 .

任海，邬建国，彭少麟 . 2000. 生态系统健康的评估 . 热带地理，4：310-316.

任永吉，白建科，王雁鹤，等 . 2022. 黑河流域典型下垫面土壤水分动态 . 草业科学，39（12）：2474-2491.

师生波，韩发，李红彦 . 2001. 高寒草甸麻花艽和美丽风毛菊的光合速率午间降低现象 . 植物生理学报，27（2）：123-128.

师生波，李天才，王伟，等 . 2017. 土壤干旱和强光交互作用对青藏高原高山嵩草光合功能的影响 . 草地学报，25（4）：724-731.

石辉，陈凤琴，刘世荣 . 2005. 岷江上游森林土壤大孔隙特征及其对水分出流速率的影响 . 生态学报，25（3）：507-512.

孙倩 . 2012. 祁连山东段景观生态脆弱性评价研究 . 兰州：甘肃农业大学硕士学位论文 .

孙向民，王根绪，刘光生 . 2010. 三江源区高寒湿地生态水文过程研究进展 . 水电能源科学，28（11）：21-24.

汤萃文，杨莎莎，刘丽娟，等 . 2012. 基于能值理论的东祁连山森林生态系统服务功能价值评价 . 生态学杂志，2：433-439.

唐飞飞 . 2014. 祁连山国家级自然保护区生态安全评价 . 兰州：兰州大学硕士学位论文 .

汪有奎，郭生祥，汪杰，等 . 2013. 甘肃祁连山国家级自然保护区森林生态系统服务价值评估 . 中国沙漠，6：1905-1911.

王方 . 2012. 祁连山自然保护区生态资产价值评估研究 . 兰州：兰州大学硕士学位论文 .

王根绪，刘桂民，常娟，2005. 流域尺度生态水文研究评述 . 生态学报，25（4）：892-903.

王根绪，张志强，李小雁，等 . 2020. 生态水文学概论 . 北京：科学出版社 .

王根绪，夏军，李小雁，等 . 2021. 陆地植被生态水文过程前沿进展：从植物叶片到流域 . 科学通报，66（28）：3667-3683.

王介民 . 1999. 陆面过程实验和地气相互作用研究——从 HEIFE 到 IMGRASS 和 GAME-Tibet/TIPEX. 高原气象，3：280-294.

王俊峰，吴青柏 . 2010. 气温升高对青藏高原沼泽草甸浅层土壤水热变化的影响 . 兰州大学学报（自然科学版)，46（1)：33-39.
王琦，柴琳娜，赵少杰，等.2015. 基于多角度微波辐射亮温数据反演冬小麦光学厚度. 遥感技术与应用，30（3)：424-430.
王珊，查天山，贾昕，等.2017. 毛乌素沙地油蒿群落冠层导度及影响因素. 北京林业大学学报，39（3)：65-73.
王涛.2009. 干旱区绿洲化-荒漠化研究的进展与趋势. 中国沙漠，29（1)：1-9.
王治海，刘建栋，刘玲，等.2012. 几种气孔导度模型在华北地区适应性研究. 中国农业气象，33（3)：412-416.
韦景树，李宗善，冯晓玙，等.2018. 黄土高原人工刺槐林生长衰退的生态生理机制. 应用生态学报，29（7)：2433-2444.
吴华武，2016. 青海湖流域不同生态系统植物水分来源与利用效率研究. 北京：北京师范大学博士学位论文.
吴华武，李小雁，蒋志云，等.2015. 基于 δD 和 $\delta^{18}O$ 的青海湖流域芨芨草水分利用来源变化研究. 生态学报，35（24)：8174-8183.
夏军，左其亭，王根绪，等.2020. 生态水文学. 北京：科学出版社.
肖风劲，欧阳华.2002. 生态系统健康及其评价指标和方法. 自然资源学报，2：204-209.
肖风劲，欧阳华，傅伯杰，等.2003. 森林生态系统健康评价指标及其在中国的应用. 地理学报，6：803-809.
肖雄，李小雁，吴华武，等.2016. 青海湖流域高寒草甸壤中流水分来源研究. 水土保持学报，30（2)：230-236.
肖洋，欧阳志云，王莉雁，等.2016. 内蒙古生态系统质量空间特征及其驱动力. 生态学报，19：6019-6030.
熊小刚，韩兴国.2005. 内蒙古半干旱草原灌丛化过程中小叶锦鸡儿引起的土壤碳、氮资源空间异质性分布. 生态学报，7：1678-1683.
徐自为，刘绍民，宫丽娟，等.2008. 涡动相关仪观测数据的处理与质量评价研究. 地球科学进展，23（4)：357-370.
徐自为，刘绍民，车涛，等.2020. 黑河流域地表过程综合观测网的运行、维护与数据质量控制. 资源科学，2（10)：1975-1986.
阎宇平，王介民，Menenti M，等.2001. 黑河实验区非均匀地表能量通量的数值模拟. 高原气象，20（2)：132-139.
杨彬，吕世奇，寇一翾，等.2016. 半干旱地区不同生育期菊芋生长特性与气体交换特征. 草业学报，25（10)：77-85
杨梅学，姚檀栋，何元庆.2002. 青藏高原土壤水热分布特征及冻融过程在季节转换中的作用. 山地学报，20（5)：553-558.
杨淇越，赵文智.2014. 梭梭（*Haloxylon ammodendron*）叶片气孔导度与气体交换对典型降水事件的响应. 中国沙漠，34（2)：419-425.

叶勤玉，柴琳娜，蒋玲梅，等 . 2014. 利用 AMSR2 和 MODIS 数据的土壤冻融相变水量降尺度方法 . 遥感学报，18（6）：1147-1157.

袁毛宁，刘焱序，王曼，等 . 2019. 基于“活力-组织力-恢复力-贡献力”框架的广州市生态系统健康评估 . 生态学杂志，4：1249-1257.

袁兴中，叶林奇 . 2001. 生态系统健康评价的群落学指标 . 环境导报，1：45-47.

曾德慧，姜凤岐，范志平，等 . 1999. 生态系统健康与人类可持续发展 . 应用生态学报，10（6）：751-756.

张宝秀，熊黑钢，徐长春 . 2008. 新疆于田绿洲生态弹性度与景观环境分析 . 水土保持研究，6：112-114.

张赐成 . 2018. 黑河流域中下游荒漠植物水分适应性特征研究 . 北京：北京师范大学博士学位论文 .

张德罡，于应文，胡自治，等 . 1999. 东祁连山杜鹃灌丛生态系统特征及干扰的影响 . 甘肃农业大学学报，1：29-36.

张芬，刘绍民，徐自为，等 . 2016. 张掖绿洲-荒漠区域近地层微气象与水热交换特征 . 高原气象，35（5）：1233-1247.

张金龙 . 2014. 基于土地利用/覆盖变化的青海湖流域生态系统服务价值动态演算 . 兰州：甘肃农业大学硕士学位论文 .

张立新，赵少杰，蒋玲梅 . 2009. 冻融交替季节黑河上游代表性地物类型的微波辐射时序特征 . 冰川冻土，31（2）：198-206.

张立新，蒋玲梅，柴琳娜，等 . 2011. 地表冻融过程被动微波遥感机理研究进展 . 地球科学进展，26（10）：1023-1029.

张妹婷，翟永洪，张志军，等 . 2017. 三江源区草地生态系统质量及其动态变化 . 环境科学研究，1：75-81.

张明军，周立华 . 2003. 祁连山水源涵养林生态系统服务价值估算 . 甘肃林业科技，1：7-9.

张谦，柴琳娜，施建成 . 2017. 双矩阵算法的 L 波段多角度玉米微波辐射参数化模型 . 遥感学报，21（2）：182-192.

张强，胡隐樵 . 2001. 干旱区的绿洲效应 . 综合考察，23（4）：234-236.

张强，于学泉 . 2001. 干旱区绿洲诱发的中尺度运动的模拟及其关键因子的敏感性实验 . 高原气象，20（1）：58-65.

张珊，张宇，王少影，等 . 2016. 金塔绿洲农田下垫面温湿度的非相似性分析 . 高原气象，35（3）：633-642.

张思毅 . 2014. 青海湖流域典型生态系统地表能量收支与蒸散发研究 . 北京：北京师范大学博士学位论文.

张涛，赵少杰，张立新，等 . 2015. 车载多频率微波辐射计与观测数据应用 . 遥感技术与应用，30（5）：1012-1020.

张圆，贾贞贞，刘绍民，等 . 2020. 遥感估算蒸散发真实性检验研究进展 . 遥感学报，24（8）：975-999.

张应丰 . 2015. 祁连山地湿地生态质量评价 . 林业调查规划，40（4）：69-72.

赵传燕，冯兆东，刘勇 . 2002. 祁连山区森林生态系统生态服务功能分析——以张掖地区为例 . 干旱区资源与环境，1：66-70.

赵国琴．2014. 青海湖流域具鳞水柏枝植物水分利用氢同位素示踪研究．北京：北京师范大学硕士学位论文．

赵国琴，李小雁，吴华武，等．2013. 青海湖流域具鳞水柏枝植物水分利用氢同位素示踪研究．植物生态学报，37（12）：1091-1100.

赵军，朱瑜馨，曹静．2002. 祁连山山地生态系统稳定性评估模型研究．西北师范大学学报（自然科学版），4：73-76.

赵少杰，张涛，蒋玲梅，等．2020. 裸露地表微波热采样深度统计模型．遥感学报，24（3）：290-301.

周虎，李文昭，张中彬，等．2013. 利用 X 射线 CT 研究多尺度土壤结构．土壤学报，50（6）：1226-1230.

周壮，赵少杰，蒋玲梅．2016. 被动微波遥感土壤水分产品降尺度方法研究综述．北京师范大学学报（自然科学版），52（4）：479-485.

朱再春，刘永稳，刘祯，等．2018. CMIP5 模式对未来升温情景下全球陆地生态系统净初级生产力变化的预估．气候变化研究进展，14（1）：31-39.

Ajwde W，Cavan D. 2007. Crop model data assimilation with the Ensemble Kalman filter for improving regional crop yield forecasts. Agricultural & Forest Meteorology，146（1-2）：38-56.

Aliniaeifard S，Van Meeteren U. 2014. Natural variation in stomatal response to closing stimuli among Arabidopsis thaliana accessions after exposure to low VPD as a tool to recognize the mechanism of disturbed stomatal functioning. Journal of Experimental Botany，65（22）：6529-6542.

Allaire-Leung S E，Gupta S C，Moncrief J F. 2000. Water and solute movement in soil as influenced by macropore characteristics：1. Macropore continuity. Journal of Contaminant Hydrology，41（3-4）：283-301.

Allen R G，Pereira L S，Raes D，et al. 1998. FAO5 Irrigation and Drainage Paper No. 56. Crop Evapotranpiration.

Allen C D，Macalady A K，Chenchouni H，et al. 2010. A global overview of drought and heat-induced tree mortality reveals emerging climate change risks for forests. Forest Ecology and Management，259（4）：660-684.

Allen C D，Breshears D D，McDowell N G. 2015. On underestimation of global vulnerability to tree mortality and forest die-off from hotter drought in the Anthropocene. Ecosphere，6（8）：129.

Al-Yaari A，Wigneron J P，Dorigo W，et al. 2019. Assessment and inter-comparison of recently developed/reprocessed microwave satellite soil moisture products using ISMN ground-based measurements. Remote Sensing of Environment，224：289-303.

Amanbek Y，Singh G，Wheeler M F，et al. 2019. Adaptive numerical homogenization for upscaling single phase flow and transport. Journal of Computational Physics，387：117-133.

Anderegg W R L，Kane J M，Anderegg L D L. 2013. Consequences of widespread tree mortality triggered by drought and temperature stress. Nature Climate Change，3（1）：30-36.

Anderegg W R L，Schwalm C，Biondi F，et al. 2015. Pervasive drought legacies in forest ecosystems and their implications for carbon cycle models. Science, 349 (6247): 528-532.

Anderson K, Gaston K J. 2013. Lightweight unmanned aerial vehicles will revolutionize spatial ecology. Frontiers in Ecology and the Environment, 11: 138-146.

Anderson M, Neale C, Li F, et al. 2004. Upscaling ground observations of vegetation water content, canopy height, and leaf area index during SMEX02 using aircraft and Landsat imagery. Remote Sensing of Environment, 92 (4): 447-464.

Anderson S P, Bales R C, Duffy C J. 2008. Critical zone observatories: Building a network to advance interdisciplinary study of earth surface processes. Mineralogical Magazine, 72 (1): 7-10.

Anderson L O, Ribeiro N G, Cunha A P, et al. 2018. Vulnerability of Amazonian forests to repeated droughts. Phil. Trans. R. Soc. B, 373: 2017041120170411.

Andrews C M D, Amato A W, Fraver S P, et al. 2020. Low stand density moderates growth declines during hot-droughts in semi-arid forests. The Journal of Applied Ecology, 57 (6): 89-102.

André J C, Goutorbe J P, Perrier A. 1986. HAPEX—MOBLIHY: A hydrologic atmospheric experiment for the study of water budget and evaporation flux at the climatic scale. Bulletin of the American Meteorological Society, 67: 138-144.

Anna P D, Jimenez-Martinez J, Tabuteau H, et al. 2014. Mixing and reaction kinetics in porous media: An experimental pore scale quantification. Environmental Science and Technology, 48 (1): 508-516.

Arbogast T, Cowsar L C, Yotov W I. 2000. Mixed finite element methods on nonmatching multiblock grids. Siam Journal on Numerical Analysis, 37 (4): 1295-1315.

Arve L E, Carvalho D R, Olsen J E, et al. 2014. ABA induces H_2O_2 production in guard cells, but does not close the stomata on *Vicia faba* leaves developed at high air humidity. Plant Signal Behav, 9: e29192.

Attinger S, Koumoutsakos Petros. 2004. Multiscale Modeling and Simulation. New York: Springer.

Anderson M C, Neale C M, Li F, et al. 2004. Upscaling ground observations of vegetation water content, canopy height, and leaf area index during SMEX02 using aircraft and Landsat imagery. Remote Sensing of Environment 92: 447-464.

Asif I, Soe W M, Wang C Y. 2016. Examining the ecosystem health and sustainability of the world' s largest mangrove forest using multi- temporal MODIS products. Science of The Total Environment, 569- 570: 1241-1254.

Bai J, Jia L, Liu S M, et al. 2015. Characterizing the footprint of eddy covariance system and large aperture scintillometer measurements to validate satellite-based surface fluxes. IEEE, Geoscience and Remote Sensing Letters, 12 (5): 943-947.

Baird A J, Wilby R L. 1999. Eco-hydrology: Plants and Water in Terrestrial and Aquatic Environments. London: Routledge.

Baldocchi D. 1992. Alagrangian random- walk model for simulating water vapor, CO_2, and sensible heat flux densities and scalar profiles over and within a soybean canopy. Boundary- Layer Meteorology, 61 (1): 113-144.

Baldocchi D D, Vogel C A, Hall B. 1997. Seasonal variation of carbon dioxide exchange rates above and below a boreal jack pine forest. Agricultural and Forest Meteorology, 83: 147-170.

Baldocchi D D, Falge E, Gu L, et al. 2001. FLUXNET. A new tool to study the temporal and spatial variability of ecosystem-scale carbon dioxide, water vapor, and energy flux densities. Bulletin of the American Meteorological Society, 82 (11): 2415-2434.

Balhoff M T, Thomas S G, Wheeler M F. 2008. Mortar coupling and upscaling of pore-scale models. Computational Geosciences, 12 (1): 15-27.

Ball J T, Woodrow I E, Berry J A. 1987. A model predicting stomatal conductance and its contribution to the control of photosynthesis under different environmental conditions//Biggens J. Progress in Photosynthesis Research, Netherlands: Springer.

Barajas-Solano D A, Tartakovsky A M. 2016. Hybrid multiscale finite volume method for advection diffusion equations subject to heterogeneous reactive bboundary conditions. Multiscale Modeling, Simulation, 14 (4): 1341-1376.

Bastiaanssen W G, Menenti M, Feddes R, et al. 1998. A remote sensing surface energy balance algorithm for land (SEBAL). 1. Formulation. Journal of Hydrology, 212: 198-212.

Bateni S M, Entekhabi D, Jeng D S. 2013. Variational assimilation of land surface temperature and the estimation of surface energy balance components. Journal of Hydrology, 481: 143-156.

Battiato I, Tartakovsky D M. 2011. Applicability regimes for macroscopic models of reactive transport in porous media. Journal of Contaminant Hydrology, 120-121: 18-26.

Battiato I, Tartakovsky D M, Tartakovsky A M, et al. 2009. On breakdown of macroscopic models of mixing-controlled heterogeneous reactions in porous media. Advances in Water Resources, 32 (11): 1664-1673.

Battiato I, Ferrero P T, O'Malley D. 2019. Theory and applications of macroscale models in porous media. Transport in Porous Media, 130 (1): 5-76.

Baumgartner A, Reichel E, Lee R. 1975. The world water balance: mean annual global, continental and maritime precipitation, evaporation and run-off. Agricultural Water Management, 1 (1): 100-101.

Bear J. 1972. Dynamics of Fluids in Porous Media. New York: Elsevier.

Beljaars A C M, Viterbo P, Miller M J, et al. 1996. The anomalous rainfall over the United States during July 1993: Sensitivity to land surface parameterization and soil moisture anomalies. Monthly Weather Review, 124 (4): 362-383.

Benioug M, Golfier F, Fischer P, et al. 2019. Interaction between biofilm growth and NAPL remediation: A pore-scale study. Advances in Water Resources, 125: 82-97.

Betts A K, Ball J H. 1998. FIFE surface climate and site-average dataset 1987. Journal of the Atmospheric Sciences, 55 (7): 1091-1108.

Beven K, Asadullah A, Bates P, et al. 2020. Developing observational methods to drive future hydrological science: Can we make a start as a community? Hydrological Processes, 34: 868-873.

Beyrich F, Herzog H J, Neisser J, et al. 2002. The LITFASS project of DWD and the LITFASS-98 experiment:

The project strategy and the experimental setup. Theoretical and Applied Climatology, 73: 3-18.

Beyrich F, Leps J P, Mauder M, et al. 2006. Area-averaged surface fluxes over the Litfass region based on eddy-covariance measurements. Boundary-Layer Meteorology, 121: 33-65.

Beyrich F, Bange J, Hartogensis O K, et al. 2012. Towards a validation of scintillometer measurements: The LITFASS-2009 experiment. Boundary-Layer Meteorology, 144: 83-112.

Bird R B. 2015. Troductory Transport Phenomena. NewYork: Wiley.

Bird R B, Stewart W E, Lightfoor E N. 2019. Transport Phenomena. NewYork: Wiley.

Blunt M J. 2017. Multiphase Flow in Permeable Media: A Pore-Scale Perspective. Cambridge: Cambridge University Press.

Blunt M J, Bijeljic B, Dong H, et al. 2013. Pore-scale imaging and modelling. Advances in Water Resources, 51: 197-216.

Bodesheim P, Jung M, Gans F, et al. 2018. Upscaled diurnal cycles of land-atmosphere fluxes: A new global half-hourly data product. Earth System Science Data, 10: 1327-1365.

Bogeat-Triboulot M B, Bur C, Gerardin T, et al. 2019. Additive effects of high growth rate and low transpiration rate drive differences in whole plant transpiration efficiency among black poplar genotypes. Environmental and Experimental Botany, 166: 103784.

Boisier J P, Ciais P, Ducharne A, et al. 2015. Projected strengthening of Amazonian dry season by constrained climate model simulations. Nature Climate Change, 5 (7): 656-660.

Bosela M, Tumajer J, Cienciala E, et al. 2020. Climate warming induced synchronous growth decline in Norway spruce populations across biogeographical gradients since 2000. Science of the Total Environment, 752: 141794.

Bowen I S. 1926. The ratio of heat losses by conduction and by evaporation from any water surface. Physical Review, 27: 779-787.

Bragg O M, Brown J M B, Ingram H A P. 1991. Modelling the ecohydrological consequences of peat extraction from a Scottish raised mire. Hydrological Basis of Ecologically Sound Management of Soil and Groundwater, 202: 13-21.

Breiman L. 2001. Random forests. Machine Learning, 45 (1): 5-32.

Breshears D D, Cobb N S, Rich P M, et al. 2005. Regional vegetation die-off in response to global-change-type drought. Proceedings of the National Academy of Sciences of the United States of America, 102 (42): 15144.

Brunner P, Simmons C T. 2012. HydroGeoSphere: A fully integrated, physically based hydrological model. Ground Water, 50 (2): 170-176.

Buchanan M L, Hart J L. 2012. Canopy disturbance history of old-growth Quercus alba, sites in the eastern United States: Examination of long-term trends and broad-scale patterns. Forest Ecology and Management, 267 (3): 28-39.

Buckley T N, Mott K A. 2013. Modelling stomatal conductance in response to environmental factors. Plant, Cell and Environment, 36 (9): 1691-1699.

Bultreys T, Van Hoorebeke L, Cnudde V. 2015. Multi-scale, micro-computed tomography-based pore network models to simulate drainage in heterogeneous rocks. Advances in Water Resources, 78: 36-49.

Burba G G, Verma S B. 2005. Seasonal and interannual variability in evapotranspiration of native tallgrass prairie and cultivated wheat ecosystems. Agricultural and Forest Meteorology, 135: 190-201.

Capowiez Y, Pierret A, Daniel O, et al. 1998. 3D skeleton reconstructions of natural earthworm burrow systems using CAT scan images of soil cores. Biology & Fertility of Soils, 27 (1): 51-59.

Cardell-Oliver R, Kranz M, Smettem K, et al. 2005. A reactive soil moisture sensor network: Design and field evaluation. International Journal of Distributed Sensor Networks, 1: 149-162.

Carrillo F J, Bourg I C. 2019. A Darcy-Brinkman-biot approach to modeling the hydrology and mechanics of porous media containing macropores and deformable microporous regions. Water Resources Research, 55: 8096-8121.

Carrillo F J, Bourg I C, Soulaine C. 2020. Multiphase flow modelling in multiscale porous media: An open-sourced micro-continuum approach. Journal of Computational Physics: X, 8: 100073.

Chai L, Zhang L, Lv X, et al. 2015. An investigation into the feasibility of using passive microwave remote sensing to monitor freeze/thaw rrosion in China. IEEE Journal of Selected Topics in Applied Earth Observations and Remote Sensing, 8 (9): 4460-4469.

Chai L, Zhang L, Zhang Y, et al. 2014. Comparison of the classification accuracy of three soil freeze-thaw discrimination algorithms in China using SSMIS and AMSR-E passive microwave imagery. International Journal of Remote Sensing, 35 (22): 7631-7649.

Chai L, Zhang Q, Shi J, et al. 2018. A parameterized multiangular microwave emission model of L-, C-, and X-bands for corn considering multiple-scattering effects. IEEE Geoscience and Remote Sensing Letters, 15 (8): 1249-1253.

Chai L, Jiang H, Crow W, et al. 2021. Estimating corn canopy water content from normalized difference water index (NDWI): An optimized NDWI-based scheme and its feasibility for retrieving corn VWC. submitted to IEEE Transactions on Geoscience and Remote Sensing, 59 (10): 8168-8181.

Chakravorty A, Chahar B R, Sharma O P, et al. 2016. A regional scale performance evaluation of SMOS and ESA-CCI soil moisture products over India with simulated soil moisture from MERRA-Land. Remote Sensing of Environment, 186: 514-527.

Chan S, Bindlish R, Hunt R, et al. 2013. SMAP Ancillary Data Report: Vegetation Water Content. Pasadena, CA, USA, D047: Jet Propulsion Laboratory, California Institute of Technology.

Chávez J L, Howell T A, Copeland K S. 2009. Evaluating eddy covariance cotton ET measurements in an advective environment with large weighing lysimeters. Irrigation Science, 28 (1): 35-50.

Che T, Li X, Liu S M, et al. 2019. Integrated hydrometeorological, snow and frozen-ground observations in the alpine region of the Heihe River Basin, China. Earth System Science Data, 11: 1483-1499.

Chen K S, Wu T, Tsang L, et al. 2003. Emission of rough surfaces calculated by the integral equation method with comparison to three-dimensional moment method simulations. IEEE Transactions on Geoscience and Remote Sensing, 41 (1): 90-101.

Chen D, Huang J, Jackson T J. 2005. Vegetation water content estimation for corn and soybeans using spectral indices derived from MODIS near- and short-wave infrared bands. Remote Sensing of Environment, 98 (2-3): 225-236.

Chen L, Kang Q J, Carey B, et al. 2014. Pore-scale study of diffusion-reaction processes involving dissolution and precipitation using the lattice Boltzmann method. International Journal of Heat and Mass Transfer, 75: 483-496.

Cheng G D, Li X. 2015. Integrated research methods in watershed science. Science China Earth Science, 58: 1159-1168.

Cheng G D, Li X, Zhao W Z, et al. 2014. Integrated study of the water-ecosystem-economy in the Heihe River Basin. National Science Review, 1: 413-428.

Choat B, Brodribb T J, Brodersen C R, et al. 2018. Triggers of tree mortality under drought. Nature, 558 (7711): 531-539.

Christakos G. 1990. A bayesian/maximum-entropy view to the spatial estimation problem. Math. Geology, 22 (7): 763-776.

Christakos G. 1991. Some Application of the Bayesian, Maximum-Entropy Concept in Geostatistics. Netherlands: Springer.

Christakos G. 1992. Random Field Models in Earth Sciences. San Diego, CA: Academic Press.

Christakos G. 2000. Modern Spatiotemporal Geostatistics. New York: Oxford University Press.

Chu P C, Lu S, Chen Y. 2005. A numerical modeling study on desert oasis self-supporting mechanisms. Journal of Hydrology, 312 (1-4): 256-276.

Ciais P, Reichstein M, Viovy N, et al. 2005. Europe-wide reduction in primary productivity caused by the heat and drought in 2003. Nature, 437: 529-533.

Cirpka O A, Valocchi A J. 2007. Two-dimensional concentration distribution for mixing-controlled bioreactive transport in steady state. Advances in Water Resources, 30: 1668-1679.

Clark C A, Arritt P W. 1998. Numerical simulations of the effect of soil moisture and vegetation cover on the development of deep convection. Journal of Applied Meteorology, 34 (9): 2029-2045.

Clewley D, Whitcomb J B, Akbar R, et al. 2017. A method for upscaling in situ soil moisture measurements to satellite footprint scale using random forests. IEEE Journal of Selected Topics in Applied Earth Observations and Remote Sensing, 10 (6): 2663-2673.

Colliander A, Jackson T J, Bindlish R, et al. 2017. Validation of SMAP surface soil moisture products with core validation sites. Remote Sensing of Environment, 191: 215-231.

Correa J, Postma J A, Watt M, et al. 2019. Soil compaction and the architectural plasticity of root systems. Journal of Experimental Botany, 70: 6019-6034.

Cosh M H, Jackson T J, Starks P, et al. 2006. Temporal stability of surface soil moisture in the Little Washita River Watershed and its applications in satellite soil moisture product validation. Journal of Hydrology, 323: 168-177.

Costanza R. 1992. Ecological economics: The science and management of sustainability. Columbia: Columbia University Press.

Costanza R, Mageau M. 1999. What is a healthy ecosystem? Aquatic Ecology, (33): 105-115.

County P G. 1999. Low-impact Development Design Strategies: An Integrated Design Approach. Prince George's County, Maryland: Department of Environmental Resources, Programs and Planning Division.

Crow W T, Ryu D, Famiglietti J S. 2005. Upscaling of field-scale soil moisture measurements using distributed land surface modeling. Advances in Water Resources, 28 (1): 1-14.

Crétaux J F, Calmant S, Romanovski V, et al. 2009. An absolute calibration site for radar altimeters in the continental domain: Lake Issykkul in Central Asia. Journal of Geodesy, 83 (8): 723-735.

CUAHSI, Consortium of Universities for the Advancement of Hydrologic Science Inc. 2007. Hydrology of a dynamic earth. Consortium of Universities for the Advancement of Hydrologic Science. http://www.cuahsi.org/docs/dois/CUAHSI-SciencePlan-Nov2007.pdf.

Cui Y, Long D, Hong Y, et al. 2016. Validation and reconstruction of FY-3B/MWRI soil moisture using an artificial neural network based on reconstructed MODIS optical products over the Tibetan Plateau. Journal of Hydrology, 543: 242-254.

Cushman J H, Bennethum L S, Hu B X. 2003. A primer on upscaling tools for porous media. Advances in Water Resources, 25 (8-12): 1043-1067.

Dagan G, Fiori A, Jankovic I. 2013. Upscaling of flow in heterogeneous porous formations: Critical examination and issues of principle. Advances in Water Resources, 51: 67-85.

Dai A. 2013. Increasing drought under global warming in observations and models. Nature Climate Change, 3 (1): 52-58.

Dai Y, Zheng X J, Tang L S, et al. 2015. Stable oxygen isotopes reveal distinct water use patterns of two Haloxylon species in the Gurbantonggut Desert. Plant and Soil, 389 (1-2): 73-87.

Das N N, Entekhabi D, Njoku E G. 2011. An algorithm for merging SMAP radiometer and radar data for high-resolution soil-moisture retrieval. IEEE Transactions on Geoscience & Remote Sensing, 49 (5): 1504-1512.

Dawson T E, Ehleringer J R. 1991. Streamside trees that do not use stream water. Nature, 350 (6316): 335-337.

Dawson T E, Pate J S. 1996. Seasonal water uptake and movement in root systems of Australian phraeatophytic plants of dimorphic root morphology: A stable isotope investigation. Oecologia, 107 (1): 13-20.

De Kauwe M G, Medlyn B E, Zaehle S, et al. 2013. Forest water use and water use efficiency at elevated CO_2: A model-data intercomparison at two contrasting temperate forest FACE sites. Global Change Biology, 19 (6): 1759-1779.

Deng H, Molins S, Steefel C, et al. 2016. A 2.5d reactive transport model for fracture alteration simulation. Environmental Science and Technology, 50 (14): 7564.

Dente L, Vekerdy Z, Wen J, et al. 2012. Maqu network for validation of satellite-derived soil moisture products. International Journal of Applied Earth Observation and Geoinformation, 17: 55-65.

Derksen C, Xu X, Scott Dunbar R, et al. 2017. Retrieving landscape freeze/thaw state from Soil Moisture Active Passive (SMAP) radar and radiometer measurements. Remote Sensing of Environment, 194: 48-62.

Desilets D, Zreda M, Ferré T P A. 2010. Nature's neutron probe: Land surface hydrology at an elusive scale with cosmic rays. Water Resources Research, 46 (11): W11505.

Devitt D A, Smith S D. 2002. Root channel macropores enhance downward movement of water in a Mojave Desert ecosystem. Journal of Arid Environments, 50 (1): 99-108.

Diersch H J. 2014. FEFLOW-Finite Element Modeling of Flow, Mass and Heat Transport in Porous and Fractured Media. Berlin, Heidelberg: Springer.

Ding R, Kang S, Li F, et al. 2010. Evaluating eddy covariance method by large-scale weighing lysimeter in a maize field of northwest China. Agricultural Water Management, 98 (1): 87-95.

Ding J, Yang T, Zhao Y, et al. 2018. Increasingly important role of atmospheric aridity on Tibetan alpine grasslands. Geophysical Research Letters, 45 (6): 2852-2859.

Discacciati M, Gervasio P, Quarteroni A. 2010. Heterogeneous mathematical models in fluid dynamics and associated solution algorithms// Bertoluzza S, Nochetto R H, Quarteroni A, et al. Multi-scale and Adaptivity: Modeling, Numerics and Applications. Berlin: Springer-Verlag.

Discacciati M, Gervasio P, Quarteroni A. 2011. Heterogeneous mathematical models in fluid dynamics and associated solution algorithms//Naldi G, Russo G. Multiscale and Adaptivity: Modeling, Numerics and Applications. Verlag: Springer.

Dongmann G, Nürnberg H, Förstel H, et al. 1974. On the enrichment of H218O in the leaves of transpiring plants. Radiat. Environ. Biophys, 11: 41-52.

Dorigo W, Wagner W, Albergel C, et al. 2017. ESA CCI soil moisture for improved Earth system understanding: State-of-the art and future directions. Remote Sensing of Environment, 203: 185-215.

Draper C, Reichle R, Jeu R D, et al. 2013. Estimating root mean square errors in remotely sensed soil moisture over continental scale domains. Remote Sensing of Environment, 137 (251): 288-298.

D'Odorico P, He S, Collins et al. 2013. Vegetation-microclimate feedbacks in woodland-grassland ecotones. Global Ecology and Biogeography, 22: 364-379.

Eldridge D J, Bowker M A, Maestre F T, et al. 2011. Impacts of shrub encroachment on ecosystem structure and functioning: Towards a global synthesis. Ecology Letter, 14: 709-722.

Ellison A M. 2004. Bayesian inference in ecology. Ecology Letters, 7 (6): 509-520.

Ellsworth T R, Jury W A, Ernst F F, et al. 1991. A three-dimensional field study of solute transport through unsaturated, layered, porous media: 1. Methodology, mass recovery, and mean transport. Water Resources Research, 27 (5): 951-965.

Eltahir E A B. 1998. A soil moisture-rainfall feedback mechanism: Theory and observations. Water Resources Research, 34 (4): 777-785.

Evett S R, Schwartz R C, Howell T A, et al. 2012. Can weighing lysimeter ET represent surrounding field ET well enough to test flux station measurements of daily and sub-daily ET? Advances in Water Resources, 50:

79-90.

Ewe S M L, Sternberg L D S L, Childers D L. 2007. Seasonal plant water uptake patterns in the saline southeast Everglades ecotone. Oecologia, 152 (4): 607-616.

Ezzahar J, Chehbouni A, Hoedjes J C B, et al. 2007. The use of the scintillation technique for monitoring seasonal water consumption of olive orchards in a semi- arid region. Agricultural Water Management, 89: 173-184.

Fan Y, Li X Y, Huang H, et al. 2019. Does phenology play a role in the feedbacks underlying shrub encroachment? Science of the Total Environment, 657: 1064-1073.

Fang Y, Sun G, Caldwell P, et al. 2016. Monthly land cover- specific evapotranspiration models derived from global eddy flux measurements and remote sensing data. Ecohydrology, 9 (2): 248-266.

Farquhar G. 1980. A biochemical model of photosynthetic CO_2 assimilation in leaves of C3 species. Planta, 149: 67-90.

Farquhar G D, Cernusak L A. 2005. On the isotopic composition of leaf water in the non- steady state. Functional Plant Biology, 32: 293-303.

Farquhar G D, Von Caemmerer S, Berry J A. 1980. A biochemical model of photosynthetic CO_2 assimilation in leaves of C_3 species. Planta, 149 (1): 78-90.

Fennessy M J, Shukla J. 1999. Impact of initial soil wetness on seasonal atmospheric prediction. Journal of Climate, 12 (11): 3167-3180.

Ferrazzoli P, Guerriero L, Wigneron J P, et al. 2002. Simulating L- band emission of forests in view of future satellite applications. IEEE Transactions on Geoscience and Remote Sensing, 40 (12): 2700-2708.

Fisher J B, Tu K P, Baldocchi D D. 2008. Global estimates of the land- atmosphere water flux based on monthly AVHRR and ISLSCP- Ⅱ data, validated at 16 FLUXNET sites. Remote Sensing of Environment, 112 (3): 901-919.

Foken T, Aubinet M, Finnigan J J, et al. 2011. Results of a panel discussion about the energy balance closure correction for trace gases. Bulletin of the American Meteorological Society, 92 (4): ES13-ES18.

Fu R, Yin L, Li W, et al. 2013. Increased dry- season length over southern Amazonia in recent decades and its implication for future climate projection. Proceedings of the National Academy of Sciences, 110 (45): 18110.

Fu A, Chen Y, Li W. 2014. Water use strategies of the desert riparian forest plant community in the lower reaches of Heihe River Basin, China. Science China Earth Sciences, 57 (6): 1293-1305.

Fujii H, Koike T, Imaoka K, et al. 2009. Improvement of the AMSR- E algorithm for soil moisture estimation by introducing a fractional vegetation coverage dataset derived from MODIS data. Journal of the Remote Sensing Society of Japan, 29 (1): 282-292.

Galindo F J, Palacio J. 1999. Estimating the instabilities of N correlated clocks. Dana Point, California; 31st Annual Precise Time and Time Interval (PTTI) Systems and Applications Meeting.

Gamm C M, Sullivan P F, Buchwal A D, et al. 2018. Declining growth of deciduous shrubs in the warming climate of continental western greenland. The Journal of Ecology, 106: 640- 654.

Ganis B. 2012. A Global Jacobian Method for Simultaneous Solution of Mortar and Subdomain Variables in Nonlinear Porous Media Flow, ICES Report 12-46. Austin: The Institute for Computational Engineering and Sciences.

Gao Q, Zhao P, Zeng X, et al. 2002. A model of stomatal conductance to quantify the relationship between leaf transpiration, microclimate and soil water stress. Plant Cell and Environment, 25 (11): 1373-1381.

Gao Q, Zhang X S, Huang Y M, et al. 2004. A comparative analysis of four models of photosynthesis for 11 plant species in the Loess Plateau. Agricultural and Forest Meteorology, 126: 203-222.

Gao S G , Zhu Z L, Liu S M, et al. 2014. Estimating the spatial distribution of soil moisture based on Bayesian maximum entropy method with auxiliary data from remote sensing. International Journal of Applied Earth Observation and Geoinformation, 32 (1): 54-66.

Gaylord M L, Kolb T E, McDowell N G. 2015. Mechanisms of piñon pine mortality after severe drought: A retrospective study of mature trees. Tree Physiology, 35 (8): 806-816.

Gärdenäs A I, Šimůnek J, Jarvis N, et al. 2006. Two-dimensional modelling of preferential waterflow and pesticide transport from a tile-drained field. Journal of Hydrology, 329 (3): 647-660.

Ge Y, Liang Y Z, Wang J H, et al. 2015. Upscaling sensible heat fluxes with area-to-area regression kriging. IEEE Transactions on Geoscience and Remote Sensing, 12 (3): 656-660.

Gebler S, Hendricks Franssen H J, Pütz T, et al. 2015. Actual evapotranspiration and precipitation measured by lysimeters: A comparison with eddy covariance and tipping bucket. Hydrology and Earth System Sciences, 19 (5): 2145-2161.

George F P, William G G. 2008. Essentials of Multiphase Flow in Porous Media. Hoboken. New Jersey: John Wiley and Sons, Inc.

Georgescu M, Moustaoui M, Mahalov A, et al. 2011. An alternative explanation of the semiarid urban area "oasis effect". Journal of Geophysical Research: Atmospheres, 116 (D24): D24113.

Germann P F, Beven K. 1985. Kinematic wave approximation to infiltration into soils with sorbing macropores. Water Resour. Res., 21 (7): 990-996.

Ghafoor A, Koestel J, Larsbo M, et al. 2013. Soil properties and susceptibility to preferential solute transport in tilled topsoil at the catchment scale. Journal of Hydrology, 492 (12): 190-199.

Gieske J M J, Runhaar J, Rolf H L M. 1995. A method for quantifying the effects of groundwater shortages on aquatic and wet ecosystems. Water Science and Technology, 31 (8): 363-366.

Ginzburg I, Silva G, Talon L. 2015. Analysis and improvement of Brinkman lattice Boltzmann schemes: bulk, boundary, interface. similarity and distinctness with finite elements in heterogeneous porous media. Physical Review E, 91 (2): 023307.

Gioli B, Miglietta F, De Martino B, et al. 2004. Comparison between tower and aircraft-based eddy covariance fluxes in five European regions. Agricultural and Forest Meteorology, 127: 1-16.

GLP. 2005. Science Plan and Implementation Strategy. IGBP Report No. 53/IHDP Report No. 19, IGBP Secretariat. http://www.globallandproject.org/arquivos/report_53.pdf.

Goldsmith G R. 2013. Changing directions: The atmosphere-plant-soil continuum. New Phytologist, 199 (1): 4-6.

Good S P, Noone D, Bowen G. 2015. Hydrologic connectivity constrains partitioning of global terrestrial water fluxes. Science, 349: 175.

Goodrish J P, Campbell D I, Clearwater M J, et al. 2015. High vapor pressure deficit constrains GPP and the light response of NEE at a Southern Hemisphere bog. Agriculture and Forest Meteorology, 203: 54-63.

Goutorbe J P, Lebel T, Tinga A, et al. 1994. HAPEX-Sahel: A large-scale study of land-atmosphere interactions in the semi-arid tropics. Annales Geophysicae, 12 (1): 53-64.

Gray W G, Miller C T, Schrefler B A. 2013. Averaging theory for description of environmental problems: What have we learned? Advances in Water Resources, 51: 123-138.

Gregory P J, Hutchison D J, Read D B, et al. 2003. Non-invasive imaging of roots with high resolution X-ray micro-tomography. Plant & Soil, 255 (1): 351-359.

Grote K, Hubbard S, Rubin Y. 2003. Field-scale estimation of volumetric water content using ground-penetrating radar groundwavetechniques. Water Resources Research, 39: 1321-1335.

Gruber A, Scanlon T, Van der Schalie R, et al. 2019. Evolution of the ESA CCI soil moisture climate data records and their underlying merging methodology. Earth System Science Data, 11: 717-739.

Guerif M, Duke C L. 2000. Adjustment procedures of a crop model to the site specific characteristics of soil and crop using remote sensing data assimilation. Agriculture Ecosystems and Environment, 81 (1): 57-69.

Guillaume M, Alexis A, David P. 2020. An Accumulation of Climatic Stress Events Has Led to Years of Reduced Growth for Sugar Maple in Southern Quebec, Canada. Ecosphere. https://doi. org/10. 1002/ecs2. 3183 [2021-12-21] .

Guo Z, Zhao T. 2002. Lattice Boltzmann model for incompressible flows through porous media. Physical Review. E, 66: 036304.

Guo B, Lin M, Tchelepi H A. 2018. Image-based micro-continuum model for gas flow in organic-rich shale rock. Advances in Water Resources, 122: 70-84.

Guo B, Mehmani Y, Tchelepi H A. 2019. Multiscale formulation of pore-scale compressible Darcy-Stokes flow. Journal of Computational Physics, 397: 108849.

Guzinski R, Anderson M C, Kustas W P, et al. 2013. Using a thermal based two source energy balance model with time-differencing to estimate surface energy fluxes with day-night MODIS observations. Hydrology and Earth System Sciences, 17: 2809-2825.

Haling R E, Tighe M K, Flavel R J, et al. 2013. Application of X-ray computed tomography to quantify fresh root decomposition in situ. Plant & Soil, 372 (1-2): 619-627.

Halldin S, Gryning S E, Gottschalk L, et al. 1999. Energy, water and carbon exchange in a boreal forest landscape—NOPEX experiences. Agricultural and Forest Meteorology, 98: 5-29.

Harbaugh A W. 2005. MODFLOW-2005, The U. S. Geological Survey modular ground-water model-the Ground-Water Flow Process: U. S. Geological Survey Techniques and Methods 6-A16.

Hardie M A, Cotching W E, Doyle R B, et al. 2011. Effect of antecedent soil moisture on preferential flow in a texture-contrast soil. Journal of Hydrology, 398 (3): 191-201.

Harper D, Zalewski M, Pacini N. 2008. Ecohydrology: Processes, Models and Case Studies. An Approach to the Sustainable Management of Water Resources. Wallingford, Oxfordshire, UK: CABI Publishing.

Harrison P, Pearce F. 2000. Atlas of Population & Environment. Cambridge: University of California Press.

He B, Liu J, Guo L, et al. 2018. Recovery of ecosystem carbon and energy fluxes from the 2003 drought in Europe and the 2012 drought in the United States. Geophysical Research Letters, 45 (10): 4879-4888.

Heathwaite A L. 1993. Mires: Process, Exploitation and Conservation. Chichester, UK: Wliey.

Heeraman D A, Hopmans J W, Clausnitzer V. 1997. Three dimensional imaging of plant roots in situ with X-ray Computed Tomography. Plant & Soil, 189 (2): 167-179.

Heherington A M, Woodward F I. 2003. The role of stomatal in sensing and driving environmental change. Nature, 424: 901-908.

Heinemann G, Kerschgens M. 2005. Comparison of methods for area- averaging surface energy fluxes over heterogeneous land surfaces using high- resolution non- hydrostatic simulations. International Journal of Climatology, 25 (3): 379-403.

Helliwell J R, Sturrock C J, Miller A J, et al. 2019. The role of plant species and soil condition in the structural development of the rhizosphere. Plant Cell Environment, 42: 1974-1986.

Hemakumara H M, Chandrapala L, Moene A F. 2003. Evapotranspiration fluxes over mixed vegetation areas measured from large aperture scintillometer. Agricultural Water Management, 58: 109-122.

Hendric L D, Edge R D. 1966. Cosmic-ray neutrons near the Earth. Physics Review, 145: 1023-1025.

Hensel Bruce R, Panno Samuel V, Cartwright Keros, et al. 1991. Nuzzo Victoria Ecohydrology of A Pristine fen. Boulder: Geological Society of America.

Hersbach H, Bell B, Berrisford P, et al. 2020. The ERA5 global reanalysis. Quarterly Journal of Royal Meteorological Society, 146 (730): 1999-2049.

Hinton G E, Osindero S, Teh Y W. 2006. A fast learning algorithm for deep belief nets. Neural Computation, 18 (7): 1527-1554.

Hooghart J C, Posthumus C W S. 1993. The use of hydro- ecological models in the Netherlands. Delft, The Netherlands: Technical meeting 51. Proceedings and Information No. 47, TNO Committee on Hydrological Research.

Hou L, Gao W, Frederik B, et al. 2022. Use of X- ray tomography for examining root architecture in soils. Geoderma, 405: 115405.

Howell T A, Schneider A D, Dusek D A. 1995. Calibration and scale performance of bushlang weighing lysimeters. Transactions of the ASAE, 38 (4): 1019-1024.

Hu G, Jia L. 2015. Monitoring of evapotranspiration in a semi-arid inland river basin by combining microwave and optical remote sensing observations. Remote Sensing, 7 (3): 3056-3087.

Hu X, Li Z C, Li X Y, et al. 2015. Influence of shrub encroachment on CT- measured soil macropore characteristics in the Inner Mongolia grassland of northern China. Soil & Tillage Research, 150: 1-9.

Hu X, Li Z C, Li X Y, et al. 2016. Quantification of soil macropores under alpine vegetation using computed tomography in the Qinghai Lake Watershed, NE Qinghai-Tibet Plateau. Geoderma, 264: 244-251.

Hu X, Li X Y, Li Z C, et al. 2020. Linking 3-D soil macropores and root architecture to near saturated hydraulic conductivity of typical meadow soil types in the Qinghai Lake watershed, northeastern Qinghai- Tibet Plateau. Catena, 185: 104287.

Huang J, Chen D, Cosh M H, et al. 2009. Sub-pixel reflectance unmixing in estimating vegetation water content and dry biomass of corn and soybeans cropland using normalized difference water index (NDWI) from satellites. International Journal of Remote Sensing, 30 (8): 2075-2104.

Huang M, Wang X, Keenan T F, et al. 2018. Drought timing influences the legacy of tree growth recovery. Global Change Biology, 24 (8): 3546-3559

Huisman J A, Hubbard S S, Redman J D, et al. 2003. Measuring soil water content with ground penetrating radar: a review. Vadose Zone J, 2: 476-491.

Huxman T E, Wilcox B P, Breshears D D, et al. 2005. Ecohydrological implications of woody plant encroachment. Ecology, 86: 308-319.

Huang J, Chen D, Cosh M H. 2009. Sub-pixel reflectance unmixing in estimating vegetation water content and dry biomass of corn and soybeans cropland using normalized difference water index (NDWI) from satellites. International Journal of Remote Sensing, 30: 2075-2104.

Ingram H A P. 1987. Ecohydrology of scottish peatlands. Transactions of the Royal Society of Edinburgh: Earth Sciences, 78 (4): 287-296.

Ingram G D, Cameron I T, Hangos K M. 2004. Classification and analysis of integrating frameworks in multiscale modelling. Chemical Engineering Science, 59 (11): 2171-2187.

Isensee A R, Helling C S, Gish T J, et al. 1988. Groundwater residues of atrazine, alachlor, and cyanazine under no-tillage practices. Chemosphere, 17 (1): 165-174.

Jackson T J, Schmugge T J. 1991. Vegetation effects on the microwave emission of soils. Remote Sensing of Environment, 36 (3): 203-212.

Jackson R, Reginato R, Idso S. 1977. Wheat canopy temperature: A practical tool for evaluating water requirements. Water Resources Research, 13 (3): 651-656.

Jackson T, Chen D, Cosh M, et al. 2004. Vegetation water content mapping using Landsat data derived normalized difference water index for corn and soybeans. Remote Sensing of Environment, 92 (4): 475-482.

Jarvis P G. 1976. The interpretation of the variations in leaf water potential and stomatal conductance found in canopies in the field. Philosophical Transactions of the Royal Society B: Biological Sciences, 273 (927): 593-610.

Jarvis P G, McNaughton K G. 1986. Stomatal control of transpiration: Scaling up from leaf to region. Advances in Ecological Research, 15: 1-49.

Jenny P, Lee S H, Tchelepi H A. 2003. Multi-scale finite-volume method for elliptic problems in subsurface flow simulation. Journal of Computational Physics, 187 (1): 47-67.

Jensen K H, Illangasekare T H. 2011. HOBE: A hydrological observatory. Vadose Zone Journal, 10: 1-7.

Jia Z, Liu S, Xu Z, et al. 2012. Validation of remotely sensed evapotranspiration over the Hai River Basin, China. Journal of Geophysical Research: Atmospheres, 117 (D13): 110-117.

Jiang Z Y, Li X Y, Wei J Q, et al. 2018. Contrasting surface soil hydrology regulated by biological and physical soil crusts for patchy grass in the high-altitude alpine steppe ecosystem. Geoderma, 326: 201-209.

Jin R, Li X, Che T. 2009. A decision tree algorithm for surface soil freeze/thaw classification over China using SSM/I brightness temperature. Remote Sensing of Environment, 113 (12): 2651-2660.

Jin R, Li X, Yan B P, et al. 2014. A nested eco-hydrological wireless sensor network for capturing surface heterogeneity in the middle-reach of Heihe River Basin, China. IEEE Geoscience and Remote Sensing Letters, 11 (11): 2015-2019.

Jin Y, Ge Y, Wang J, et al. 2018. Deriving temporally continuous soil moisture estimations at fine resolution by downscaling remotely sensed product. International Journal of Applied Earth Observation & Geoinformation, 68: 8-19.

Joekar-Niasar V, Hassanizadeh S M. 2012. Analysis of fundamentals of two-phase flow in porous media using dynamic pore-network models: A review. Critical Reviews in Environmental Science and Technology, 42: 1895-1976.

Joshi C B, Mohanty B P. 2010. Physical controls of nearsurface soil moisture across varying spatial scales in an agricultural landscape during SMEX02. Water Resources Research, 46 (12): W12503.

Joshi C, Mohanty B P, Jacobs J M, et al. 2011. Spatiotemporal analyses of soil moisture from point to footprint scale in two different hydroclimatic regions. Water Resources Research, 47: W01508.

Jørgensen S E, Xu L, Costanza R. 1993. Handbook of Ecological Indicators for Assessment of Ecosystem Health. NewYork: CRC Press.

Jung M, Reichstein M, Ciais P, et al. 2010. Recent decline in the global land evapotranspiration trend due to limited moisture supply. Nature, 467 (7318): 951-954.

Jung M, Reichstein M, Margolis H A. 2011. Global patterns of land-atmosphere fluxes of carbon dioxide, latent heat, and sensible heat derived from eddy covariance, satellite, and meteorological observations. Journal of Geophysical Research, 16: G00J07.

Kai S, Ebermann S, Schalling N. 2012. Evidence of double-funneling effect of beech trees by visualization of flow pathways using dye tracer. Journal of Hydrology, 470-471: 184-192.

Kang Q, Zhang D, Chen S. 2002. Simulation of dissolution and precipitation in porous media. Journal of Geophysical Research, 108 (B10): 1-5.

Kang J, Jin R, Li X. 2015. Regression Kriging-Based upscaling of soil moisture measurements from a wireless sensor network and multi-resource remote sensing information over heterogeneous cropland. IEEE Geoscience and Remote Sensing Letters, 12 (1): 92-96.

Kang J, Jin R, Li X, et al. 2017. High spatio-temporal resolution mapping of soil moisture by integrating wireless sensor network observations and MODIS apparent thermal inertia in the Babao River Basin, China. Remote sensing of Environment, 191: 232-245.

Kang D H, Yang E, Yun T S. 2019. Stokes-Brinkman flow simulation based on 3D μ-CT images of porous rock using grayscale pore voxel permeability. Water Resources Research, 55 (5): 4448-4464.

Karimi S, Nakshatrala K B. 2017. A hybrid multi-time-step framework for pore-scale and continuum-scale modeling of solute transport in porous media. Computer Methods in Applied Mechanics and Engineering, 323: 98-131.

Kechagia P E, Tsimpanogiannis I N, Yortsos Y C, et al. 2002. On the upscaling of reaction-transport processes in porous media with fast or finite kinetics. Chemical Engineering Science, 57: 2565-2577.

Kerr Y H, Waldteufel P, Wigneron J P, et al. 2010. The SMOS mission: New tool for monitoring key elements of the global water cycle. Proceedings of the IEEE, 98 (5): 666-687.

Kevrekidis I G, Gear C W, Hyman J M, et al. 2003. Equation-free multiscale computation: Enabling microscopic simulators to perform system-level tasks. Communications in Mathematical Sciences, 1 (4): 715-762.

Kim D, Lindquist W B. 2011. Dependence of Pore-to-Core Up-scaled reaction rate on flow rate in porous media. Transport in Porous Media, 89 (3): 459-473.

Kim J, Hogue T S. 2012. Improving spatial soil moisture representation through integration of AMSR-E and MODIS products. IEEE Transactions on Geoscience & Remote Sensing, 50 (2): 446-460.

Kim S J, Hahn E J, Heo J W, et al. 2004. Effects of LEDs on net photosynthetic rate, growth and leaf stomata of chrysanthemum plantlets in vitro. Scientia Horticulturae, 101: 143-151.

Kim J, Lee D H, Hong J, et al. 2006. HydroKorea and CarboKorea: cross-scale studies of ecohydrology and biogeochemistry in a heterogeneous and complex forest catchment of Korea. Ecological Research, 21: 881-889.

Kim S, Arii M, Jackson T. 2017. Modeling L-band synthetic aperture radar data through dielectric changes in soil moisture and vegetation over shrublands. IEEE Journal of Selected Topics in Applied Earth Observations and Remote Sensing, 10: 4753-4762.

Kim D, Moon H, Kim H, et al. 2018. Intercomparison of downscaling techniques for satellite soil moisture products. Advances in Meteorology, 2018 (2): 1-16.

Kleissl J, Hong S, Hendrickx J M H. 2009. New Mexico scintillometer network: Supporting remote sensing and hydrologic and meteorological models. Bulletin of the American Meteorological Society, 90 (2): 207-218.

Koike T, Nakamura Y, Kaihotsu I, et al. 2004. Development of an advanced microwave scanning radiometer (AMSR-E) algorithm of soil moisture and vegetation water content. Annual Journal of Hydraulic Engineering, JSCE, 48 (2): 217-222.

Koltermann C E, Gorelick S M. 1996. Heterogeneity in sedimentary deposits: A review of structure-imitating, process-imitating, and descriptive approaches. Water Resources Research, 32 (9): 2617-2658.

Kormann R, Meixner F X. 2001. An analytical footprint model for non-neutral stratification. Boundary-Layer Meteorology, 99 (2): 207-224.

Koster R D, Bosilovich M G, Akella S, et al. 2015. Technical report series on global modeling and data assimilation, volume 43. MERRA-2; initial evaluation of the climate. National Aeronautics and Space Administration.

Kou X, Chai L, Jiang L, et al. 2015. Modeling of the permittivity of holly leaves in frozen environments. IEEE Transactions on Geoscience and Remote Sensing, 53 (11): 6048-6057.

Kuhlman M R, Loescher H W, Leonard R, et al. 2016. A new engagement model to complete and operate the National Ecological Observatory Network. The Bulletin of the Ecological Society of America, 97: 283-287.

Kustas W P, Norman J M. 2000. A two-source energy balance approach using directional radiometric temperature observations for sparse canopy covered surfaces. Agronomy Journal, 92: 847-854.

Kustas W P, Moran M S, Meyers T P. 2012. The Bushland evapotranspiration and agricultural remote sensing experiment 2008 (BEAREX08) special issue. Advances in Water Resources, 50: 1-3.

Köhli M, Schrön M, Zreda M, et al. 2015. Footprint characteristics revised for field-scale soil moisture monitoring with cosmic-ray neutrons. Water Resources Research, 51 (7): 5772-5790.

Lai C T, Ehleringer J R, Bond B J. 2006. Contributions of evaporation, isotopic non-steady state transpiration and atmospheric mixing on the 18O of water vapour in Pacific Northwest coniferous forests. Plant Cell & Environment, 29: 77-94.

Lamandé M, Labouriau R, Greve M H, et al. 2011. Density of macropores as related to soil and earthworm community parameters in cultivated grasslands. Geoderma, 162 (3): 319-326.

Launder B, Spalding D. 1974. Computer Methods in Applied Mechanics and Engineering, 3 (2): 269-289.

Leroux D J, Kerr Y H, Richaume P, et al. 2013. Spatial distribution and possible sources of SMOS errors at the global scale. Remote Sensing of Environment, 133: 240-250.

Leuning R. 1995. A critical appraisal of a combined stomatal-photosynthesis model for C3 plants. Plant Cell and Environment, 18 (4): 339-355.

Lew J. 2019. Analyzing machine learning workloads using a detailed GPU simulator.

Li L. 2017. Expanding the role of reactive transport models in critical zone processes. Earth-Science Reviews, 165: 280-301.

Li L, Peters C A, Celia M A. 2006. Upscaling geochemical reaction rates using pore-scale network modeling. Advances in Water Resources, 29 (9): 1351-1370.

Li L, Peters C A, Celia M A. 2007a. Applicability of averaged concentrations in determining geochemical reaction rates in heterogeneous porous media. American Journal of Science, 307 (10): 1146-1166.

Li L, Peters C A, Celia M A. 2007b. Effects of mineral spatial distribution on reaction rates in porous media. Water Resources Research, 43 (1): 1-17.

Li L, Steefel C I, Yang L. 2008a. Scale dependence of mineral dissolution rates within single pores and fractures. Geochimica et Cosmochimica Acta, 72 (2): 360-377.

Li S, Kang S, Zhang L, et al. 2008b. A comparison of three methods for determining vineyard evapotranspiration in the arid desert regions of northwest China. Hydrology Process, 22: 4554-4564.

Li X, Ma M G, Wang J, et al. 2008c. Simultaneous Remote Sensing and Ground-based Experiment in the Heihe

River Basin: Scientific Objectives and Experiment Design. Advance in Earth Sciences, 23 (9): 897-914.

Li X, Li X W, Li Z Y, et al. 2009. Watershed allied telemetry experimental research. Journal of Geophysical Research, 114: D22103.

Li X, Cheng G D, Wu L Z. 2010. Digital Heihe River Basin. 1: An information infrastructure for the watershed science. Advance in Earth Sciences, 25 (3): 297-305.

Li X, Cheng G, Liu S, et al. 2013a. Heihe watershed allied telemetry experimental research (HiWATER): Scientific objectives and experimental design. Bulletin of the American Meteorological Society, 94 (8): 1145-1160.

Li X Y, Zhang S Y, Peng H Y, et al. 2013b. Soil water and temperature dynamics in shrub- encroached grasslands and climatic implications: Results from Inner Mongolia steppe ecosystem of north China. Agriculture and Forest Meteorology, 171-172: 20-30.

Li X, Yang K, Zhou Y. 2016. Progress in the study of oasis- desert interactions. Agricultural and Forest Meteorology, 230: 1-7.

Li L, Maher K, Navarre-Sitchler A, et al. 2017a. Expanding the role of reactive transport models in critical zone processes. Earth-Science Reviews, 165: 280-301.

Li X, Liu S M, Xiao Q, et al. 2017b. A multiscale dataset for understanding complex eco-hydrological processes in a heterogeneous oasis system. Scientific Data, 4 (1): 1-11.

Li Z W, Li J, Ding X L, et al. 2018a. Anomalous glacier changes in the southeast of Tuomuer- Khan Tengri Mountain Ranges, Central Tianshan. Journal of Geophysical Research- Atmospheres Section, 123 (13): 6840-6863.

Li X, Liu S M, Li H X, et al. 2018b. Intercomparison of six upscaling evapotranspiration methods: From site to the satellite pixel. Journal of Geophysical Research: Atmospheres, 123: 6777-6803.

Li G, Wang Z S, Huang N. 2018c. A snow distribution model based on snowfall and snow drifting simulations in mountain area. Journal of Geophysical Research-Atmospheres, 123 (14): 7193-7203.

Li E, Tong Y, Huang Y, et al. 2019a. Responses of two desert riparian species to fluctuating groundwater depths in hyperarid areas of northwest china. Ecohydrology, 12: 1-12.

Li X, Li Y, Chen A, et al. 2019b. The impact of the 2009/2010 drought on vegetation growth and terrestrial carbon balance in Southwest China. Agricultural and Forest Meteorology, 269-270: 239-248.

Li X, Zhao N, Jin R, et al. 2019c. Internet of things to network smart devices for ecosystem monitoring. Science Bulletin, 64: 1234-1245.

Li H, Li X, Yang D, et al. 2019d. Tracing snowmelt paths in an integrated hydrological model for understanding seasonal snowmelt contribution at basin scale. Journal of Geophysical Research- Atmospheres, 124 (16): 8874-8895.

Li X, Liu S M, Yang X F, et al. 2021. Upscaling Evapotranspiration from a Single- Site to Satellite Pixel Scale. Remote Sensing, 13: 4072.

Lichtner P C, Hammond G E, Lu C, et al. 2017. PFLOTRAN Documentation, Release 1. 1.

Lindahl A M L，Bockstaller C. 2012. An indicator of pesticide leaching risk to groundwater. Ecological Indicators，23（4）：95-108.

Liu S M，Xu Z W. 2018. Micrometeorological methods to determine evapotranspiration//Li X，Vereecken. Observation and Measurement of Ecohydrological Processes. Verlag Berlin Heidelberg：Springer.

Liu S F，Yue X，Hu F，et al. 2004. Using a modified soil-plant-atmosphere scheme（MSPAS）to simulate the interaction between land surface processes and atmospheric boundary layer in Semi-Arid Regions. Advances in Atmospheric Sciences，21（2）：15.

Liu W，Liu W，Li P，et al. 2010. Dry season water uptake by two dominant canopy tree species in a tropical seasonal rainforest of Xishuangbanna，SW China. Agricultural and Forest Meteorology，150（3）：380-388.

Liu S M，Xu Z W，Wang W Z，et al. 2011. A comparison of eddy-covariance and large aperture scintillometer measurements with respect to the energy balance closure problem. Hydrology and Earth System Sciences，15（4）：1291-1306.

Liu H，Yin Y，Piao S，et al. 2013a. Disappearing lakes in semiarid northern China：Drivers and environmental impact. Environmental Science & Technology，47（21）：12107-12114.

Liu S M，Xu Z W，Zhu Z L，et al. 2013b. Measurements of evapotranspiration from eddy-covariance systems and large aperture scintillometers in the Hai River Basin，China. Journal of Hydrology，487：24-38.

Liu C，Liu Y，Kerisit S，et al. 2015. Pore-scale process coupling and effective surface reaction rates in heterogeneous subsurface materials. Reviews in Mineralogy and Geochemistry，80（1）：191-216.

Liu S F，Hintz M，Li X. 2016a. Evaluation of atmosphere-land interactions in an LES from the perspective of heterogeneity propagation. Advances in Atmospheric Sciences，33（5）：571-578.

Liu S M，Xu Z W，Song L S，et al. 2016b. Upscaling evapotranspiration measurements from multi-site to the satellite pixel scale over heterogeneous land surfaces. Agricultural and Forest Meteorology，230：97-113.

Liu Y，Yang Y，Jing W，et al. 2017. Comparison of different machine learning approaches for monthly satellite-based soil moisture downscaling over Northeast China. Remote Sensing，10（1）：31.

Liu S M，Li X，Xu Z W，et al. 2018a. The Heihe Integrated Observatory Network：A basin-scale land surface processes observatory in China. Vadose Zone Journal，17：180072.

Liu M，Xu X，Jiang Y，et al. 2018b. An integrated hydrological model for the restoration of ecosystems in Arid Regions：Application in Zhangye Basin of the Middle Heihe River Basin，northwest China. Journal of Geophysical Research-Atmospheres，123（22）：12564-12582.

Liu R，Liu S，Yang X，et al. 2018c. Wind dynamics over a highly heterogeneous oasis area：An experimental and numerical study. Journal of Geophysical Research，123（16）：8418-8440.

Liu J，Chai L，Lu Z，et al. 2019. Evaluation of SMAP，SMOS-IC，FY3B，JAXA，and LPRM soil moisture products over the qinghai-tibet plateau and its surrounding areas. Remote Sensing，11（7）：792.

Liu R，Sogachev A，Yang X，et al. 2020. Investigating microclimate effects in an oasis-desert interaction zone. Agricultural and Forest Meteorology，290：107992.

Liu J，Chai L，Dong J，et al. 2021. Uncertainty analysis of eleven multisource soil moisture products in the third pole environment based on the three-corned hat method. Remote Sensing of Environment, 255: 112225.

Liu S M, Xu Z W, Che T, et al. 2023. A dataset of energy, water vapor, and carbon exchange observations in oasis–desert areas from 2012 to 2021 in a typical endorheic basin. Earth System Science Data, 2023, 15: 4959-4981.

Loew A, Schlenz F. 2011. A dynamic approach for evaluating coarse scale satellite soil moisture products. Hydrology and Earth System Sciences, 15: 75-90.

Lu X L, Zhang Q L. 2010. Evaluating evapotranspiration and water-use efficiency of terrestrial ecosystems in the conterminous United States using MODIS and AmeriFlux data. Remote Sensing of Environment, 114 (9): 1924-1939.

Lu Z, Chai L, Liu S, et al. 2017. Estimating time series soil moisture by applying recurrent nonlinear autoregressive neural networks to passive microwave data over the Heihe River Basin, China. Remote Sensing, 9 (6): 574.

Ma X. 1993. Forest Hydrology. Beijing: Chinese Forestry Press.

Ma Y J. 2013. Shrub encroachment with increasing anthropogenic disturbance in the semiarid Inner Mongolian grasslands of China. Catena, 109: 39-48

Ma Y F, Liu S M, Song L S, et al. 2018. Estimation of daily evapotranspiration and irrigation water efficiency at a Landsat–like scale for an arid irrigation area using multi-source remote sensing data, Remote Sensing of Environment, 216: 715-734.

Ma Y J, Li X Y, Liu L, et al. 2019. Evapotranspiration and its dominant controls along an elevation gradient in the Qinghai Lake watershed, northeast Qinghai-Tibet Plateau. Journal of Hydrology, 575: 257-268.

Maestre T F, Valladares F, Reynolds F J. 2005. Is the change of plant-plant interactions with abiotic stress predictable? A meta-analysis of field results in arid environments. Journal of Ecology, 93: 748-757.

Mageau M, Costanza R, Ulanowicz R. 1998. Quantifying the trends expected in developing ecosystems. Ecological Modeling, 1: 1-22.

Manfreda S, Smettem K, Iacobellis V, et al. 2010. Coupled ecological-hydrological processes. Ecohydrology, 3: 131-132.

Martens B, Gonzalez Miralles D, Lievens H, et al. 2017. GLEAM v3: Satellite-based land evaporation and root-zone soil moisture. Geoscientific Model Development, 10 (5): 1903-1925.

Martys N S. 2001. Improved approximation of the Brinkman equation using a lattice Boltzmann method. Physics of Fluids, 13 (6): 1807-1810.

Matzler C. 1994. Microwave (1-100 GHz) dielectric model of leaves. IEEE Transactions on Geoscience and Remote Sensing, 32 (4): 947-949.

Maxwell R. 2013. A terrain-following grid transform and preconditioner for parallel, large-scale, integrated hydrologic modeling. Advances in Water Resources, 53: 109-117.

Maxwell R M, Condon L E. 2016. Connections between groundwater flow and transpiration partitioning. Science, 353: 377.

McDowell N G, Allen C D. 2015. Darcy's law predicts widespread forest mortality under climate warming. Nature Climate Change, 5 (7): 669-672.

Meakin P, Tartakovsky A M. 2009. Modeling and simulation of pore- scale multiphase fluid flow and reactive transport in fractured and porous media. Reviews of Geophysics, 47: RG3002.

Mehmani A, Prodanović M. 2014. The effect of microporosity on transport properties in porous media. Advances in Water Resources, 63: 104-119.

Mehmani Y, Balhoff M T. 2014. Bridging from pore to continuum: A hybrid mortar domain decomposition framework for subsurface flow and transport. Multiscale Modeling Simulation, 12 (2): 667-693.

Mehmani Y, Balhoff M T. 2015. Mesoscale and hybrid models of fluid flow and solute transport. Reviews in Mineralogy and Geochemistry, 80 (1): 433-459.

Mehmani Y, Tchelepi H. 2018. Multiscale computation of pore-scale fluid dynamics: Single-phase flow. Journal of Computational Physics, 375: 1469-1487.

Mehmani Y, Tchelepi H A. 2019. Multi- scale formulation of two- phase flow at the pore scale. Journal of Computational Physics, 389: 164-188.

Mehmani Y, Sun T, Balhoff M T, et al. 2012. Multiblock pore- scale modeling and upscaling of reactive transport: Application to carbon sequestration. Transport in Porous Media, 95 (2): 305-326.

Meng X, Lü S, Zhang T, et al. 2012. Impacts of inhomogeneous landscapes in oasis interior on the oasis self-maintenance mechanism by integrating numerical model with satellite data. Hydrology and Earth System Sciences, 16 (10): 3729-3738.

Meng X, Lü S, Gao Y, et al. 2015. Simulated effects of soil moisture on oasis self-maintenance in a surrounding desert environment in Northwest China. International Journal of Climatology, 35 (14): 4116-4125.

Meng X, Sun H, Tang Y, et al. 2020a. A MUI-based hybrid multiscale model for simulating flow and reactive transport in porous media. Preprint

Meng X, Wang L, Zhao W, et al. 2020b. Simulating flow in porous media using the lattice Boltzmann method: Intercomparison of single- node boundary schemes from benchmarking to application. Advances in Water Resources, 141: 103583

Merilo E, Yarmolinsky D, Jalakas P, et al. 2017. Stomatal VPD response: There is more to the story than ABA. Plant Physiology, 176 (1): 851-864.

Merlin O, Al Bitar A, Walker J P, et al. 2010. An improved algorithm for disaggregating microwave-derived soil moisture based on red, near- infrared and thermal- infrared data. Remote Sensing of Environment, 114 (10): 2305-2316.

Misson L, Panek J A, Goldstein A H. 2004. A comparison of three approaches to modeling leaf gas exchange in annually drought- stressed ponderosa pine forest. Tree Physiology, 24 (5): 529-541.

Mitchell A R, Ellsworth T R, Meek B D. 1995. Effect of root systems on preferential flow in swelling soil. Communications in Soil Science & Plant Analysis, 26 (15-16): 2655-2666.

Molins S. 2015. Reactive interfaces in direct numerical simulation of pore- scale processes. Reviews in Mineralogy and Geochemistry, 80 (1): 461-481.

Molins S, Knabner P. 2019. Multiscale approaches in reactive transport modeling. Reviews in Mineralogy and Geochemistry, 85 (1): 27-48.

Molins S, Trebotich D, Arora B, et al. 2019. Multi-scale model of reactive transport in fractured media: Diffusion limitations on rates. Transport in Porous Media, 128 (2): 701-721.

Molz F J, Rajaram H, Lu S. 2004. Stochastic fractal-based models of heterogeneity in subsurface hydrology: Origins, applications, limitations, and future research questions. Reviews of Geophysics, 42 (1): 1-42.

Monteith J L. 1965. Evaporation and environment. In: 19th Symposium of the Society for Experimental Biology. Cambridge: Cambridge University Press.

Monteith J L, Unsworth M H. 1990. Principles of Environmental Physics. 2nd ed. New York, USA: Chapman and Hall.

Mooney S J, Morris C. 2008. A morphological approach to understanding preferential flow using image analysis with dye tracers and X-ray Computed Tomography. Catena, 73 (2): 204-211.

Mooney S J, Pridmore T P, Helliwell J, et al. 2012. Developing X-ray computed tomography to non-invasively image 3-D root systems architecture in soil. Plant & Soil, 352 (1-2): 1-22.

Moran C J, Pierret A, Stevenson A W. 2000. X-ray absorption and phase contrast imaging to study the interplay between plant roots and soil structure. Plant & Soil, 223 (1-2): 101-117.

Motha R P, Verma S B, Rosenberg N J. 1979. Exchange coefficients under sensible heat advection determined by eddy correlation. Agricultural Meteorology, 20: 273-280.

Mu Q, Zhao M, Running S W. 2011. Improvements to a MODIS global terrestrial evapotranspiration algorithm. Remote Sensing of Environment, 115 (8): 1781-1800.

Naeimi V, Wagner W, Bartalis Z, et al. 2009. SCAT/ASCAT soil moisture data: Enhancements in the TU wien method for soil moisture retrieval from ERS and METOP scatterometer observations. Paper presented at the AGU Spring Meeting.

Nippert J B, Knapp A K. 2007. Soil water partitioning contributes to species coexistence in tallgrass prairie. Oikos, 116 (6): 1017-1029.

Njoku E G, Jackson T J, Lakshmi V, et al. 2003. Soil moisture retrieval from AMSR-E. IEEE Transactions on Geoscience and Remote Sensing, 41 (2): 215-229.

Njoku E G, Chan S K, et al. 2006. Vegetation and surface roughness effects on AMSR-E land observations. Remote Sensing of Environment, 100 (2): 190-199.

Noe S M, Giersch C. 2004. A simple dynamic model of photosynthesis in oak leaves: Coupling leaf conductance and photosynthetic carbon fixation by a variable intracellular CO_2 pool, 31 (12): 1195-1204.

Noguchi S, Nik A R, Kasran B, et al. 1997. Soil physical properties and preferential flow pathways in tropical rain forest, Bukit Tarek, Peninsular Malaysia. Journal of Forest Research, 2 (2): 115-120.

Norman J, Kustas W, Humes K. 1995. Source approach for estimating soil and vegetation energy fluxes in observations of directional radiometric surface temperature. Agricultural and Forest Meteorology, 77: 263-293.

NSF. 2006. NSF blue ribbon panel on simulation-based engineering science: Revolutionizing Engineering Science through simulation. US.

Nuttle W K. 2002. Eco-hydrology's past and future in focus. Eos, Transactions American Geophysical Union, 83 (19): 205-212.

Owe M, de Jeu R, Holmes T, et al. 2008. Multisensor historical climatology of satellite-derived global land surface moisture. Journal of Geophysical Research, 113 (F1): F01002.

O'Neill P E, Chan S, Njoku E G, et al. 2016. SMAP L3 Radiometer Global Daily 36 km EASE-Grid Soil Moisture, Version 4. Boulder, Colorado USA: NASA National Snow and Ice Data Center Distributed Active Archive Center.

Paltineanu I C, Starr J L. 1997. Real-time soil water dynamics using multisensor capacitance probes: Laboratory calibration. Soil Science Society of America Journal, 61 (6): 1576-1585.

Pan X, Chao J. 2001. The effects of climate on development of ecosystem in oasis. Advances in Atmospheric Sciences, 18 (1): 10.

Pan X D, Li X, Shi X, et al. 2012. Dynamic downscaling of near-surface air temperature at the basin scale using wrf-a case study in the Heihe River Basin, China. Frontiers of Earth Ence, 6 (3): 314-323.

Pan X D, Li X, Cheng G D, et al. 2015. Development and evaluation of a river-basin-scale high spatio-temporal precipitation data set using the WRF model: A case study of the Heihe River Basin. Remote Sensing, 7 (7): 9230-9252

Parlange J Y. 1981. Porous media: Fluid transport and pore structure. Soil Science, 132 (4): 316.

Patton E G, Sullivan P P, Moeng C H. 2005. The influence of idealized heterogeneity on wet and dry planetary boundary layers coupled to the land surface. Journal of the Atmospheric Sciences, 62 (7): 2078-2097.

Pedroli G B M. 1990. Ecohydrological parameters indicating different types of shallow groundwater. Journal of Hydrology, 120 (14): 381-404.

Peng H Y, Yan L X, Li G Y, et al. 2013. Shrub encroachment with increasing anthropogenic disturbance in the semiarid Inner Mongolian grasslands of China. Catena, 109: 39-48.

Peng J, Liu Y, Wu J, et al. 2015. Linking ecosystem services and landscape patterns to assess urban ecosystem health: A case study in Shenzhen city, China. Landscape and Urban Planning, (143): 56-68.

Peng J, Liu Y, Li T, et al. 2017. Regional ecosystem health response to rural land use change: A case study in Lijiang city. China Ecological Indicators, (72): 399-410.

Perret J, Prasher S O, Kantzas A, et al. 1999. Three-dimensional quantification of macropore networks in undisturbed soil cores. Soil Science Society of America Journal, 63 (6): 1530-1543.

Petrovic A M, Siebert J E, Rieke P E. 1982. Soil bulk density analysis in three dimensions by computed tomographic scanning. Soil Science Society of America Journal, 46: 445-450.

Pielke R A, Avissar S R, Raupach M, et al. 1998. Interactions between the atmosphere and terrestrial ecosystems: Influence on weather and climate. Global Change Biology, 4 (5): 461-47

Pierret A, Capowiez Y, Belzunces L, et al. 2002. 3D reconstruction and quantification of macropores using X-ray computed tomography and image analysis. Geoderma, 106 (3-4): 247-271.

Pinder G F, Gray W G. 2008. Essentials of multiphase flow and transport in porous media. New York: John Wiley & Sons.

Podlaski R. 2021. Variability in radial increment can predict an abrupt decrease in tree growth during forest decline: Tree-ring patterns of Abies Alba Mill in Near-natural Forests. Forest Ecology and Management, 479: 118579.

Poff N L, Zimmerman J K. 2010. Ecological responses to altered flow regimes: A literature review to inform the science and management of environmental flows. Freshwater Biology, 55: 194-205.

Poff N L, Allan J D, Bain M B. 1997. The nature flow regime: A paradigm for river conservation and restoration. BioScience, 47: 769-784.

Ponce-Campos G E, Moran M S, Huete A, et al. 2013. Ecosystem resilience despite large-scale altered hydroclimatic conditions. Nature, 494 (7437): 349-352.

Pope D, et al. 2015. Overview of small fixed-wing unmanned aircraft for meteorological sampling. Journal of Atmospheric and Oceanic Technology, 32: 97-115.

Priestley C H B, Taylor R J. 1972. On the assessment of surface heat flux and evaporation using large-scale parameters. Monthly Weather Review, 100 (2): 81-92.

Pütz T, Kiese R, Wollschläger U, et al. 2016. TERENO-SOILCan: A lysimeter-network in Germany observing soil processes and plant diversity influenced by climate change. Environmental. Earth Science Reviewers, 75: 1242.

Qiao C, Sun R, Xu Z W, et al. 2015. A study of shelterbelt transpiration and cropland evapotranspiration in an irrigated area in the middle reaches of the Heihe River in northwestern China. IEEE Geoscience and Remote Sensing Letters, 12 (2): 369-373.

Qin J, Yang K, Lu N, et al. 2013. Spatial upscaling of in-situ soil moisture measurements based on MODIS-derived apparent thermal inertia. Remote Sensing of Environment, 138: 1-9.

Qu Y, Zhu Z, Chai L, et al. 2019. Rebuilding a microwave soil moisture product using random forest adopting AMSR-E/AMSR2 brightness temperature and SMAP over the Qinghai-Tibet Plateau, China. Remote Sensing, 11 (6): 683.

Rapport D. 1989. What constitute ecosystem health? Perspective in Biology and Medicine, (33): 120-132.

Rapport D J, Costanza R, McMichael A J. 1998. Assessing ecosystem health. Trends in Ecology & Evolution, 13 (10): 397-402.

Rautiainen K, Parkkinen T, Lemmetyinen J, et al. 2016. SMOS prototype algorithm for detecting autumn soil freezing. Remote Sensing of Environment, 180: 346-360.

Raz-Yaseef N, Yakir D, Rotenberg E, et al. 2010. Ecohydrology of a semi-arid forest: partitioning among water balance components. Ecohydrology, 3: 143-154.

Reynolds J F, Smith D M S, Lambin E F, et al. 2007. Global desertification: Building a science for dryland development. Science, 316 (5826): 847-851.

Ritsema C J, Dekker L W. 1998. Three-dimensional patterns of moisture, water repellency, bromide and pH in a sandy soil. Journal of Contaminant Hydrology, 31 (3): 295-313.

Rodell M, Houser P R, Jambor U, et al. 2004. The global land data assimilation system. Bulletin of the American Meteorological Society, 85 (3): 381-394.

Rogers E D, Monaenkova D, Mijar M, et al. 2016. X-ray computed tomography reveals the response of root system architecture to soil texture. Plant Physiology, 171: 2028-2040.

Ronkanen A K, Kløve B. 2009. Long-term phosphorus and nitrogen removal processes and preferential flow paths in Northern constructed peatlands. Ecological Engineering, 35 (5): 843-855.

Rosero E, Yang Z L, Gulden L E, et al. 2009. Evaluating enhanced hydrological representations in Noah LSM over transition zones: implications for model development. Journal of Hydrometeorology, 10 (3): 600-622.

Roubinet D, Tartakovsky D M. 2013. Hybrid modeling of heterogeneous geochemical reactions in fractured porous media. Water Resources Research, 49 (12): 7945-7956.

Ruehr S, Lee X, Smith R, et al. 2020. A mechanistic investigation of the oasis effect in the Zhangye cropland in semiarid western China. Journal of Arid Environments, 176: 104120.

Ryu D, Famiglietti J S. 2006. Multi-scale spatial correlation and scaling behavior of surface soil moisture. Geophysical Research Letters, 33: L08404.

Salehikhoo F, Li L, Brantley S L. 2013. Magnesite dissolution rates at different spatial scales: The role of mineral spatial distribution and flow velocity. Geochimica et Cosmochimica Acta, 108: 91-106.

Scheibe T, Yabusaki S. 1998. Scaling of flow and transport behavior in heterogeneous groundwater systems. Advances in Water Resources, 22 (3): 223-238.

Scheibe T D, Murphy E M, Chen X, et al. 2014. An analysis platform for multiscale hydrogeologic modeling with emphasis on hybrid multiscale methods. Ground Water, 53 (1): 38-56.

Scheibe T D, Schuchardt K, Agarwal K, et al. 2015a. Hybrid multiscale simulation of a mixing-controlled reaction. Advances in Water Resources, 83: 228-239.

Scheibe T D, Yang X, Chen X, et al. 2015b. A hybrid multiscale framework for subsurface flow and transport simulations. Procedia Computer Science, 51: 1098-1107.

Schrader F, Durner W, Fank J, et al. 2013. Estimating precipitation and actual evapotranspiration from precision lysimeter measurements. Procedia Environmental Sciences, 19: 543-552.

Sellers P, Hall F, Asrar G, et al. 1988. The first ISLSCP field experiment (FIFE). Bulletin of the American Meteorological Society, 69: 22-27.

Sellers P J, Shuttleworth W J, Dorman J L, et al. 1989. Calibrating the simple biosphere model for Amazonian tropical forest using field and remote sensing data. Part Ⅰ: Average calibration with field data. Journal of Applied Meteorology, 28 (8): 727-759.

Sellers P, Hall F, Margolis H, et al. 1995. The Boreal Ecosystem-Atmosphere Study (BOREAS): An overview and early results from the 1994 field year. Bulletin of the American Meteorological Society, 76: 1549-1577.

Seneviratne S I, Corti T, Davin E L, et al. 2010. Investigating soil moisture-climate interactions in a changing climate: A review. Earth-Science Reviews, 99 (3-4): 125-161.

Seymour J D, Gage J P, Codd S L, et al. 2007. Magnetic resonance microscopy of biofouling induced scale dependent transport in porous media. Advances in Water Resources, 30 (6-7): 1408-1420.

Sheffield J, Wood E F, Chaney N, et al. 2014. A drought monitoring and forecasting system for sub- sahara African water resources and food security. Bulletin of the American Meteorological Society, 95 (6): 861-882.

Shi J, Jiang L, Zhang L, et al. 2006. Physically based estimation of bare- surface soil moisture with the passive radiometers. IEEE Transactions on Geoscience and Remote Sensing, 44: 3145-3153.

Shipitalo M J, Dick W A, Edwards W M. 2000. Conservation tillage and macropore factors that affect water movement and the fate of chemicals. Soil & Tillage Research, 53 (3-4): 167-183.

Shuttleworth W J, Wallace J. 1985. Evaporation from sparse crops- an energy combination theory. Quarterly Journal of the Royal Meteorological Society, 111: 839-855.

Shuttleworth W J, Zreda M, Zeng X, et al. 2010. The cosmic-ray soil moisture observing system (COSMOS): a non-invasive, intermediate scale soil moisture measurement network. Newcastle University: Proceedings of the British Hydrological Society's Third International Symposium.

Snyder K. 2000. Water sources used by riparian trees varies among stream types on the San Pedro River, Arizona. Agricultural and Forest Meteorology, 105 (1-3): 227-240.

Song L S, Liu S M, Kustas W P, et al. 2018. Monitoring and validating spatially and temporally continuous daily evaporation and transpiration at river basin scale. Remote sensing of environment. 219: 72-88.

Song L, Li Y, Ren Y, et al. 2019. Divergent vegetation responses to extreme spring and summer droughts in Southwestern China. Agricultural and Forest Meteorology, 279: 107703.

Soto-Gómez D, Pérez-Rodríguez P, Vázquez-Juiz L, et al. 2018. Linking pore network characteristics extracted from CT images to the transport of solute and colloid tracers in soils under different tillage managements. Soil & Tillage Research, 177: 145-154.

Soulaine C, Tchelepi H A. 2016. Micro-continuum approach for pore-scale simulation of subsurface processes. Transport in Porous Media, 113 (3): 431-456.

Soulaine C, Gjetvaj F, Garing C, et al. 2016. The impact of sub- resolution porosity of X- ray microtomography images on the permeability. Transport in Porous Media, 113 (1): 227-243.

Soulaine C, Roman S, Kovscek A, et al. 2017. Mineral dissolution and wormholing from a pore- scale perspective. Journal of Fluid Mechanics, 827: 457-483.

Soulaine C, Creux P, Tchelepi H A. 2018. Micro-continuum framework for pore-scale multiphase fluid transport in shale formations. Transport in Porous Media, 127 (1): 85-112.

Stampfli A, Bloor J M G, Fischer M, et al. 2018. High land- use intensity exacerbates shifts in grassland vegetation composition after severe experimental drought. Global Change Biology, 24 (5): 2021-2034.

Stanev E, Staneva J, Bullister J, et al. 2004. Ventilation of the Black Sea pycnocline. Parameterization of convection, numerical simulations and validations against observed chlorofluorocarbon data. Deep Sea Research Part I: Oceanographic Research Papers, 51 (12): 2137-2169.

Stocker T F, Qin D, Plattner G-K. 2013 . Climate Change 2013: The Physical Science Basis. Contribution of Working Group I to the Fifth Assessment Report of the Intergovernmental Panel on Climate Change. Cambridge: Cambridge University Press.

Stoffelen A. 1998. Toward the true near-surface wind speed: Error modeling and calibration using triple collocation. Journal of Geophysical Research, 103 (C4): 7755-7766.

Stone K B. 2015. Burke-Litwin Organizational Assessment Survey: Reliability and validity. Organization Development Journal, 33 (2): 33-50.

Su Z. 2002. The surface energy balance system (SEBS) for estimation of turbulent heat fluxes. Hydrology and Earth System Sciences, 6 (1): 85-100.

Su Z, Wen J, Dente L, et al. 2011. The Tibetan Plateau observatory of plateau scale soil moisture and soil temperature (Tibet-Obs) for quantifying uncertainties in coarse resolution satellite and model products. Hydrology and Earth System Sciences, 15 (7): 2303-2316.

Sun G, Alstad K, Chen J Q, et al. 2011. A general predictive model for estimating monthly ecosystem evapotranspiration. Ecohydrology, 4 (2): 245-255.

Sun T, Mehmani Y, Bhagmane J, et al. 2012. Pore to continuum upscaling of permeability in heterogeneous porous media using mortars. International Journal of Oil, Gas and Coal Technology, 5 (2-3): 249-266.

Sun H, Meng X, Yang X. 2020. A dynamic hybrid multiscale model for simulating flow and reactive transport in porous media. Preprint.

Sun S B, Che T, Gentine P, et al. 2021. Shallow groundwater inhibits soil respiration and favors carbon uptake in a wet alpine meadow ecosystem. Agricultural and Forest Meteorology, 297: 108254.

Suter G W. 1993. A critique of ecosystem health concepts and indexes. Environmental Toxicology and Chemistry: An International Journal, 12 (9): 1533-1539.

Swinbank W C. 1951. The measurement of vertical transfer of heat and water vapor by eddies in the lower atmosphere. Journal of Meteorology, 8: 135-145.

Taha H, Akbari H, Rosenfeld A. 1991. Heat island and oasis effects of vegetative canopies. Theoretical and Applied Climatology, 44: 15.

Tang Y, Kudo S, Bian X, et al. 2015a. Multiscale universal interface: A concurrent framework for coupling heterogeneous solvers. Journal of Computational Physics, 297: 13-31.

Tang Y, Valocchi A J, Werth C J. 2015b. A hybrid pore-scale and continuum-scale model for solute diffusion, reaction, and biofilm development in porous media. Water Resources Research, 51 (3): 1846-1859.

Tardieu F, Lafarge T T. 2010. Stomatal control by fed or endogrnous xylem ABA in sunflower-interpretation of correlations between leaf water protential and stomatal conductance in anisohydric species. Plant Cell and Environment, 19 (1): 75-84.

Tartakovsky A M, Redden G, Lichtner P C, et al. 2008a. Mixing-induced precipitation: Experimental study and multiscale numerical analysis. Water Resources Research, 44 (6): 1-19.

Tartakovsky A M, Tartakovsky D M, Scheibe T D, et al. 2008b. Hybrid simulations of reaction-diffusion systems in porous media. SIAM Journal of Scientific Computing, 30: 2799-2816.

Tavella P, Premoli A. 1994. Estimating the instabilities of N clocks by measuring differences of their readings. Metrologia, 30 (5): 479-486.

Tett P, Gowen R J, Painting S J, et al. 2013. Framework for understanding marine ecosystem health. Marine Ecology Progress Series, 494: 1-27.

Thiele O. 1992. Ground truth for rain measurement from space//Theon J S, Matsuno T, Sakata T, et al. The Global Role of Tropical Rainfall. Hampton, Virginia: Deepak Publishing.

Tobin R L, Kulmatiski A. 2018. Plant identity and shallow soil moisture are primary drivers of stomatal conductance in the savannas of Kruger National Park. PLoS One, 13 (1): e0191396.

Tomin P, Lunati I. 2013. Hybrid Multiscale Finite Volume method for two-phase flow in porous media. Journal of Computational Physics, 250: 293-307.

Tomin P, Lunati I. 2016. Investigating Darcy-scale assumptions by means of a multiphysics algorithm. Advances in Water Resources, 95: 80-91.

Tong Y, Wang P, Li X Y, et al. 2019. Seasonality of the transpiration fraction and its controls across typical ecosystems in Arid Inland Heihe River Basin. Journal of Geophysical Research: Atmospheres, 124 (3): 1277-1291.

Topp G C, Davis J L, Annan A P. 1980. Electromagnetic determination of soil water content: Measurements in coaxial transmission lines. Water Resources Research, 16 (3): 574-582.

Udawatta R P, Anderson S H. 2008. CT-measured pore characteristics of surface and subsurface soils influenced by agroforestry and grass buffers. Geoderma, 145 (3-4): 381-389.

Ulaby F, El-rayes M. 1987. Microwave dielectric spectrum of vegetation-Part Ⅱ: Dual-dispersion model. IEEE Transactions on Geoscience and Remote Sensing, GE-25 (5): 550-557.

Van der Tol C, Dolman A J, Waterloo M J, et al. 2008. Optimum vegetation characteristics, assimilation, and transpiration during a dry season: 2. Model evaluation. Water Resources Research, 44 (3): 258-260.

Van de Griend A A, Wigneron J P. 2004. The b-factor as a function of frequency and canopy type at H-polarization. IEEE Transactions on Geoscience and Remote Sensing, 42 (4): 786-94.

Van der Molen M K, Dolman A J, Ciais P. 2011. Drought and ecosystem carbon cycling. Agricultural and Forest Meteorology, 151 (7): 765-773.

Van Overmeeren R A, Sariowan S V, Gehrels J C. 1997. Ground penetrating radar for determining volumetric soil water content; results of comparative measurements at two sites. Journal of Hydrology, 197: 316-338.

Vapnik V N. 1999. An overview of statistical learning theory. IEEE T. Neural Networ, 10 (5): 988-999.

Vereecken H, Huisman J A, Bogena H R, et al. 2008. On the value of soil moisture measurements in vadose zone hydrology: A review. Water Resources Research, 44: W00D06.

Vereecken H, Kollet S, Simmer C. 2010. Patterns in soil vegetation atmosphere systems monitoring modeling and data assimilation. Vadose Zone Journal, 9: 821-827.

Vereecken H, Huisman J A, Hendricks Franssen H J, et al. 2015. Soil hydrology: recent methodological advances, changes, and perspectives. Water Resources Research, 51: 2616-2633.

Vicente-Serrano S M, Gouveia C, Camarero J J, et al. 2013. Response of vegetation to drought time-scales across global land biomes. Proceedings of the National Academy of Sciences, 110 (1): 52-57.

Vinnikov K Y, Robock A, Qiu S, et al. 1999. Optimal design of surface networks for observation of soil moisture. Journal of Geophysical Research, 104 (D16): 19743-19749.

Viville D, Littlewood I G. 1997. Ecohydrological processes in small basins: proceedings: Sixth Conference of the European Network of Experimental and Representative Basins (ERB).

Wagle P, Kakani V G. 2014. Environmental control of daytime net ecosystem exchange of carbon dioxide in switchgrass. Agriculture, Ecosystems and Environment, 186: 170-177.

Wagner W, Hahn S, Kidd R, et al. 2013. The ASCAT soil moisture product: A review of its specifications, validation results, and emerging applications. Meteorologische Zeitschrift, 22: 5-3.

Walter H. 1939. Grasland, Savanne und Busch der arideren Teile Afrikas in ihrer ökologischen Bedingtheit. Jahrb Wiss Bot, 87: 750-860.

Wang K, Liang S. 2008. An improved method for estimating global evapotranspiration based on satellite determination of surface net radiation, vegetation index, temperature, and soil moisture. Journal of Hydrometeorology, 9 (4): 712-727.

Wang Z, Battiato I. 2020. Patch-Based Multiscale Algorithm for Flow and Reactive Transport in Fracture-Microcrack Systems in Shales. Water Resources Research, 56 (2): 1-17.

Wang P, Yamanaka T. 2014. Application of a two-source model for partitioning evapotranspiration and assessing its controls in temperate grasslands in central Japan. Ecohydrology, 7 (2): 345-353.

Wang T I, Ochs G R, Clifford S F. 1978. A saturation-resistant optical scintillometer to measure C_n^2†. Journal of the Optical Society of America, 68: 334-338.

Wang K, Wang P, Li Z, et al. 2007. A simple method to estimate actual evapotranspiration from a combination of net radiation, vegetation index, and temperature. Journal of Geophysical Research, 112 (D15): .

Wang X F, Yakir D. 2000. Using stable isotopes of water in evapotranspiration studies. Hydrol. Process, 14: 1407-1421.

Wang J M, Zhuang J X, Wang W Z, et al. 2015a. Assessment of uncertainties in eddy covariance flux measurement based on intensive flux matrix of HiWATER-MUSOEXE. IEEE Geosci. Remote Sensing, 12: 259-263.

Wang P, Yamanaka T, Li X Y, et al. 2015b. Partitioning evapotranspiration in a temperate grassland ecosystem: Numerical modeling with isotopic tracers, Agricultural and Forest Meteorology, 208: 16-31.

Wang Q, Chai L, Zhao S, et al. 2015c. Gravimetric vegetation water content estimation for corn using L-band Bi-angular, Dual-polarized brightness temperatures and leaf area index. Remote Sensing, 7 (8): 10543-10561.

Wang P, Li X Y, Huang Y, et al. 2016a. Numerical modeling the isotopic composition of evapotranspiration in an arid artificial oasis cropland ecosystem with high-frequency water vapor isotope measurement. Agricultural and Forest Meteorology, 230-231: 79-88.

Wang S, Fu B, Piao S, et al. 2016b. Reduced sediment transport in the Yellow River due to anthropogenic changes. Nature Geoscience, 9 (1): 38-41.

Wang X Y, Yao Y J, Zhao S H, et al. 2017. MODIS-Based Estimation of Terrestrial Latent Heat Flux over North America Using Three Machine Learning Algorithms. Remote Sensing, 9 (12): 1326.

Wang P, Li X Y, Wang L, et al. 2018. Divergent evapotranspiration partition dynamics between shrubs and grasses in a shrub-encroached steppe ecosystem. New Phytologist, 219 (4): 1325-1337.

Wang P, Deng Y, Li X Y, et al. 2019. Dynamical effects of plastic mulch on evapotranspiration partition in a mulched agriculture ecosystem: measurement with numerical modeling. Agricultural and Forest Meteorology, 268: 98-108.

Wang H, Liu H Y, Cao G M, et al. 2020. Alpine grassland plants grow earlier and faster but biomass remains unchanged over 35 years of climate change. Ecology Letters, 23: 701-710.

Wassen M J, Grootjans A P. 1996. Ecohydrology: An interdisciplinary approach for wetland management and restoration. Vegetation, 126: 1-4.

Wei J, Yu H, Zhong Z P, et al. 2001. Comparison of photosynthetic adaptability between Kobresia humilis and Polygonum viviparum on Qinghai Plateau. Journal of Integrative Plant Biology, 43 (5): 486-489.

Wei L, Zhou H, Link E T, et al. 2018. Forest productivity varies with soil moisture more than temperature in a small montane watershed. Agricultural and Forest Meteorology, 259: 211-221.

Weiler M, Naef F. 2003. Simulating surface and subsurface initiation of macropore flow. Journal of Hydrology, 273 (1-4): 139-154.

Weinan E, Engquist B, Huang Z. 2003. Heterogeneous multiscale method: A general methodology for multiscale modeling. Physical Review B - Condensed Matter and Materials Physics, 67 (9): 2-5.

Weinan E, Engquist B, Li X, et al. 2007. Heterogeneous multi- scale methods: A review. Communications in Computational Physics, 2 (3): 367-450.

Wever L A, Flanagan L B, Carlson P J. 2002. Seasonal and interannual variation in evapotranspiration, energy balance and surface conductance in a northern temperate grassland. Agricultural and Forest Meteorology, 112: 31-49.

Whitaker S. 1999. The Method of Volume Averaging. Netherlands: Springer.

Whitcomb J, Clewley D, Akbar R, et al. 2016. Method for upscaling in- situ soil moisture measurements for calibration and validation of SMAP soil moisture products. IEEE International Symposium on Geoscience and Remote Sensing: DOI: 10. 1109/IGARSS. 2016. 7729419.

White A F, Brantley S L. 2003. The effect of time on the weathering of silicate minerals: why do weathering rates differ in the laboratory and field. Chemical Geology, 202: 479-506.

Wigneron J P, Kerr Y, Waldteufel P, et al. 2007. L- band Microwave Emission of the Biosphere (L- MEB) Model: Description and calibration against experimental data sets over crop fields. Remote Sensing of Environment, 107 (4): 639-655.

Wilde M, Hategan M, Wozniak J M, et al. 2011. Swift: A language for distributed parallel scripting. Parallel

Computing, 37: 633-652.

Wildenschild D, Sheppard A P. 2013. X-ray imaging and analysis techniques for quantifying pore-scale structure and processes in subsurface porous medium systems. Advances in Water Resources, 51: 217-246.

Williams D G, Ehleringer J R. 2000. Intra- and interspecific variation for summer precipitation use in Pinyon-Juniper Woodlands. Ecological Monographs, 70 (4): 517-537.

Williams I N, Lu Y, Kueppers L M, et al. 2016. Land-atmosphere coupling and climate prediction over the US Southern Great Plains. Journal of Geophysical Research Atmospheres, 121: 12125-12144.

Wilson M F. 1987. Sensitivity of the biosphere-atmosphere transfer scheme (BATS) to the inclusion of variable soil characteristics. Journal of Applied Meteorology, 26 (3): 341-362.

Wilson K B, Baldocchi D D. 2000. Seasonal and interannual variability of energy fluxes over a broadleaved temperate deciduous forest in North America. Agricultural and Forest Meteorology, 100: 1-18.

Wolf S, Eugster W, Ammann C, et al. 2014. Corrigendum: Contrasting response of grassland versus forest carbon and water fluxes to spring drought in Switzerland (2013 Environ. Res. Lett. 8 035007). Environmental Research Letters, 9 (8): 089501.

Wood B D. 2009. The role of scaling laws in upscaling. Advances in Water Resources, 32 (5): 723-736.

Wood P J, Hannah D M, Sadler J P. 2008. Hydroecology and Ecohydrology: Past, Present and Future. Chichester, England: John Wiley & Sons.

Wu X, Liu H. 2013. Consistent shifts in spring vegetation green-up date across temperate biomes in china, 1982-2006. Global Change Biology, 19 (3): 870-880.

Wu J, Hu B, He C. 2004. A numerical method of moments for solute transport in a porous medium with multiscale physical and chemical heterogeneity. Water Resources Research, 40 (1): W01508.

Wu X C, Liu H Y, Guo D L, et al. 2012. Growth Decline Linked to Warming-induced Water Limitation in Hemi-Boreal Forests. PloS One, 7: E42619.

Wu X C, Liu H Y, Wang Y F, et al. 2013. Prolonged Limitation of Tree Growth Due to Warmer Spring in Semi-arid Mountain Forests of Tianshan, Northwest China. Environmental Research Letters, 8: 24016.

Wu H W, Li X Y, Jiang Z Y, et al. 2016a. Contrasting water use pattern of introduced and native plants in an alpine desert ecosystem, Northeast Qinghai-Tibet Plateau, China. Science of the Total Environment, 542: 182-191.

Wu H W, Li X Y, Li J, et al. 2016b. Differential soil moisture pulse uptake by coexisting plants in an alpine Achnatherum splendens grassland community. Environmental Earth Sciences, 75: 914-926.

Wu X, Liu H, Li X, et al. 2016c. Seasonal divergence in the interannual responses of Northern Hemisphere vegetation activity to variations in diurnal climate. Scientific Reports, 6: 19000.

Wu X, Walker J P, Rudiger C, et al. 2017. Intercomparison of Alternate Soil Moisture Downscaling Algorithms Using Active-Passive Microwave Observations. IEEE Geoscience & Remote Sensing Letters, 14 (2): 179-183.

Wu X, Liu H, Li X, et al. 2018. Differentiating drought legacy effects on vegetation growth over the temperate Northern Hemisphere. Global Change Biology, 24 (1): 504-516.

Wu X，Guo W，Liu H，et al. 2019a. Exposures to temperature beyond threshold disproportionately reduce vegetation growth in the northern hemisphere. National Science Review，6（4）：786-795.

Wu X，Li X，Liu H，et al. 2019b. Uneven winter snow influence on tree growth across temperate China. Global Change Biology，25（1）：144-154.

Xiao J F，Ollinger S，Frolking S，et al. 2014. Data-driven diagnostics of terrestrial carbon dynamics over North America. Agricultural and Forest Meteorology，197：142-157.

Xie Z，Liu S，Zeng Y，et al. 2018. A high-resolution land model with groundwater lateral flow，water use，and soil freeze-thaw front dynamics and its application in an Endorheic Basin. Journal of Geophysical Research-Atmospheres，123（14）：7204-7222.

Xu C，McDowell N G. 2019. Increasing impacts of extreme droughts on vegetation productivity under climate change. Nature Climate Change，9（12）：948-953.

Xu F L，Tao S，Dawson R W. 2001. Lake ecosystem health assessment：Indicators and methods. Water Research，35（13）：3157-3167.

Xu T R，Liu S M，Liang S，et al. 2011. Improving predictions of water and heat fluxes by assimilating MODIS land surface temperature products into the common land model. Journal of Hydrometeorology，12（2）：227-244.

Xu Z W，Liu S M，Li X，et al. 2013. Intercomparison of surface energy flux measurement systems used during the HiWATER-MUSOEXE. Journal of Geophysical Research：Atmospheres，118（23）：13140-13157.

Xu T，Bateni S M，Liang S，et al. 2014. Estimation of surface turbulent heat fluxes via variational assimilation of sequences of land surface temperatures from Geostationary Operational Environmental Satellites. Journal of Geophysical Research Atmospheres，119：10780-10798.

Xu T，Bateni S M，Liang S，et al. 2015a. Estimation of surface turbulent heat fluxes via variational assimilation of sequences of land surface temperatures from Geostationary Operational Environmental Satellites. Journal of Geophysical Research Atmospheres，119（18）：10780-10798.

Xu T，Bateni S M，Liang S. 2015b. Estimating turbulent heat fluxes with a weak constraint data assimilation scheme：a case study（HiWATER-MUSOEXE）. IEEE，Geoscience and Remote Sensing Letters，12：68-72.

Xu T R，Bateni S M，Margulis S A，et al. 2016a. Partitioning evapotranspiration into soil evaporation and canopy transpiration via a two-source variational data assimilation system. Journal of Hydrometeorology，17（9）：2353-2370.

Xu X，Medvigy D，Powers J S，et al. 2016b. Diversity in plant hydraulic traits explains seasonal and inter-annual variations of vegetation dynamics in seasonally dry tropical forests. New Phytologist，212（1）：80-95.

Xu C Y，Liu H Y，Anenkhonov O A，et al. 2017a. Long-term forest resilience to climate change indicated by mortality，regeneration，and growth in semiarid Southern Siberia. Global Change Biology，23：2370-2382.

Xu Z W，Ma Y F，Liu S M，et al. 2017b. Assessment of the Energy Balance Closure under Advective Conditions and Its Impact Using Remote Sensing Data. Journal of Applied Meteorology and Climatology，56（1）：

127-140.

Xu T R, Guo Z X, Liu S M, et al. 2018. Evaluating Different Machine Learning Methods for Upscaling Evapotranspiration from Flux Towers to the Regional Scale, Journal of Geophysical Research: Atmospheres, 123: 8674-8690.

Xu T R, He X L, Bateni S M, et al. 2019. Mapping regional turbulent heat fluxes via variational assimilation of land surface temperature data from Polar Orbiting Satellites. Remote Sensing of Environment, 221: 444-461.

Xu Z W, Liu S M, Zhu Z, et al. 2020. Exploring evapotranspiration changes in a typical endorheic basin through the integrated observatory network. Agricultural and Forest Meteorology, 290: 108010.

Xu Z W, Zhu Z L, Liu S M, et al. 2021. Evapotranspiration partitioning for multiple ecosystems within a dryland watershed: Seasonal variations and controlling factors. Journal of Hydrology, 598: 126483.

Xue J, Gui D, Lei J, et al. 2019. Oasis microclimate effects under different weather events in arid or hyper arid regions: A case analysis in southern Taklimakan desert and implication for maintaining oasis sustainability. Theoretical and Applied Climatology, 137 (1): 89-101.

Yan Y, Zhao C, Wang C, et al. 2016. Ecosystem health assessment of the Liao River Basin upstream region based on ecosystem services. Acta Ecologica Sinica, 36 (4): 294-300.

Yan Z, Wang T, Wang L, et al. 2018. Microscale water distribution and its effects on organic carbon decomposition in unsaturated soils. Science of the Total Environment, 644: 1036-1043.

Yang X S, Short T H, Fox R D, et al. 1990. Transpiration, leaf temperature and stomatal resistance of a greenhouse cucumber crop. Agricultural and Forest Meteorology, 51 (3-4): 197-209.

Yang F, White M A, Michaelis A R, et al. 2006. Prediction of continental-scale evapotranspiration by combining MODIS and AmeriFlux data through support vector machine. IEEE Transactions on Geoence & Remote Sensing, 44 (11): 3452-3461.

Yang K, Qin J, Zhao L, et al. 2013a. A multiscale soil moisture and freeze-thaw monitoring network on the third pole. Bulletin of the American Meteorological Society, 94 (12): 1907-1916.

Yang X, Scheibe T D, Richmond M C, et al. 2013b. Direct numerical simulation of pore-scale flow in a bead pack: Validation against magnetic resonance imaging observations. Advances in Water Resources 54: 228-241.

Yang X, Liu C, Shang J, et al. 2014. A Unified Multiscale Model for Pore-ScaleFlow Simulations in Soils. Soil Science Society of America Journal, 78 (1): 108-118.

Yang X, Liu C, Fang Y, et al. 2015. Simulations of ecosystem hydrological processes using a unified multi-scale model. Ecological Modelling, 296: 93-101.

Yang X, Mehmani Y, Perkins W A, et al. 2016. Intercomparison of 3D pore-scale flow and solute transport simulation methods. Advances in Water Resources, 95: 176-189.

Yang X, Varga T, Liu C, et al. 2017. What can we learn from in-soil imaging of a live plant: x-ray computed tomography and 3D numerical simulation of root-soil system. Rhizosphere, 3: 259-262.

Yang C, Zheng F, Liu Y, et al. 2019. Modeling hydro-biogeochemical transformation of chromium in hyporheic zone: Effects of spatial and temporal resolutions. Journal of Hydrology, 579: 124152.

Yang C, Li H, Fang Y, et al. 2020. Effects of Groundwater pumping on ground surface temperature: A regional modeling study in the North China Plain, Journal of Geophysical Research: Atmospheres, 125: 031764.

Yao Y, Liang S, Li X, et al. 2014. Bayesian multimodel estimation of global terrestrial latent heat flux from eddy covariance, meteorological, and satellite observations. Journal of Geophysical Research- Atmospheres, 119 (8): 4521-4545.

Yilmaz M T, Crow W T. 2014. Evaluation of assumptions in soil moisture triple collocation analysis. Journal of Hydrometeorology, 15 (3): 1293-1302.

Yin X, Struik P C. 2009. C3 and C4 photosynthesis models: An overview from the perspective of crop modelling. NJAS Wageningen Journal of Life Sciences, 57 (1): 27-38.

Yousefzadeh M, Battiato I. 2016. Physics-based hybrid method for multiscale transport in porous media. Journal of Computational Physics, 344: 320-338.

Yu G, Di L, Yang W. 2008. Downscaling of Global Soil Moisture using Auxiliary Data. IEEE International Geoscience and Remote Sensing Symposium.

Yuan M H, Lo S L, Yang C K. 2017. Integrating ecosystem services in terrestrial conservation planning. Environmental Science and Pollution Research, 24: 12144-12154.

Zacharias S, Bogena H, Samaniego L, et al. 2011. A network of terrestrial environmental observatories in Germany. Vadose Zone Journal, 10: 955-973.

Zalewski M, Harper D M, Robarts R D. 2004. Environment and economy-dual benefit of ecohydrology and phytotechnology in water resources management: Pilica River Demonstration Project under the auspices of UNESCO and UNEP. Ecohydrology & Hydrobiology, 4 (3): 345-355.

Zalewski M, Janauer G A, Jolankai G. 1997. Ecohydrology: A New Paradigm for the Sustainable Use of Aquatic Resources: UNESCO IHP Technical Document in Hydrology.

Zhang Q, Huang R. 2004. Water vapor exchange between soil and atmosphere over a Gobi surface near an oasis in the summer. Journal of Applied Meteorology, 43 (12): 1917-1928.

Zhang L, Zhao T, Jiang L, et al. 2010. Estimate of phase transition water content in freeze-thaw process using microwave radiometer. IEEE Transactions on Geoscience and Remote Sensing, 48 (12): 4248-4255.

Zhang Z H, Li X Y, Jiang Z Y, et al. 2013. Changes in some soil properties induced by re-conversion of cropland into grassland in the semiarid steppe zone of Inner Mongolia, China. Plant and Soil 373: 89-106.

Zhang S Y, Li X Y, Ma Y J, et al. 2014. Interannual and seasonal variability in evapotranspiration and energy partitioning over the alpine riparian shrub Myricaria squamosa Desv. On Qinghai-Tibet Plateau. Cold Regions Science and Technology, 102: 8-20.

Zhang S Y, Li X Y, Li L, et al. 2015. The measurement and modelling of stemflow in an alpine *Myricaria squamosa* community. Hydrological Processes, 29: 889-899.

Zhang Q, Sun R, Jiang G Q. 2016a. Carbon and energy flux from a Phragmites australis wetland in Zhangye oasis-desert area, China. Agricultural and Forest Meteorology, 230-231: 45-57.

Zhang S Y, Li X Y, Zhao G Q, et al. 2016b. Surface energy fluxes and controls of evapotranspiration in three alpine ecosystems of Qinghai Lake watershed, NE Qinghai-Tibet Plateau. Ecohydrology, 9: 267-279.

Zhang D, Zhang W, Huang W, et al. 2017a. Upscaling of surface soil moisture using a deep learning model with VIIRS RDR. ISPRS International Journal of Geo-Information, 6 (5): 130.

Zhang C C, Li X Y, Wu H, et al. 2017b. Differences in water-use strategies along an aridity gradient between two coexisting desert shrubs (reaumuria soongorica and nitraria sphaerocarpa): Isotopic approaches with physiological evidence. Plant and Soil, 419 (1-2): 169-187.

Zhang K, An Z, Cai D, et al. 2017c. Key role of desert-oasis transitional area in avoiding oasis land degradation from aeolian desertification in Dunhuang, Northwest China. Land Degradation Development, 28 (1): 142-150.

Zhao T, Zhang L, Jiang L, et al. 2011. A new soil freeze/thaw discriminant algorithm using AMSR-E passive microwave imagery. Hydrological Processes, 25 (11): 1704-1716.

Zhang Y, Liu S M, Song L S, et al. 2022. Integrated validation of coarse remotely sensed evapotranspiration products over heterogeneous land surfaces. Remote Sensing, 14: 3467.

Zhao S, Zhang L, Zhang Y, et al. 2012. Microwave emission of soil freezing and thawing observed by a truck-mounted microwave radiometer. International Journal of Remote Sensing, 33 (3): 860-871.

Zhao R, Chen Y, Shi P, et al. 2013. Land use and land cover change and driving mechanism in the arid inland river basin: a case study of Tarim River, Xinjiang, China. Environmental Earth Sciences, 68 (2): 591-604.

Zhao W, Súnchez N, Lu H, et al. 2018. A spatial downscaling approach for the SMAP passive surface soil moisture product using random forest regression. Journal of Hydrology, 563: 1009-1024.

Zhao T, Shi J, Lv L, et al. 2020. Soil moisture experiment in the Luan River supporting new satellite mission opportunities. Remote Sensing of Environment, 240: 111680.

Zheng C, Gorelick S M. 2010. Analysis of solute transport in flow fields influenced by preferential flowpaths at the decimeter scale. Ground Water, 41 (2): 142-155.

Zheng C, Weaver J, Tonkin M. 2010. MT3DMS, A Modular Three-Dimensional Multispecies Transport Model - User Guide to the Hydrocarbon Spill Source (HSS) Package.

Zheng C, Liu S M, Song L S, et al. 2023. Comparison of sensible and latent heat fluxes from optical-microwave scintillometers and eddy covariance systems with respect to surface energy balance closure. Agricultural and Forest Meteorology, 331: 109345.

Zhong B, Ma P, Nie A H, et al. 2014. Land cover mapping using time series HJ-1/CCD data. Sci. China Earth Sci, 57 (8): 1790-1799.

Zhong B, Yang A, Nie A, et al. 2015. Finer resolution land-cover mapping using multiple classifiers and multisource remotely sensed data in the Heihe river basin. IEEE Journal of Selected Topics in Applied Earth Observations and Remote Sensing, 8 (10): 4973-4992.

Zhou S, Medlyn B, Sabaté S, et al. 2014a. Short-term water stress impacts on stomatal, mesophyll and biochemical limitations to photosynthesis differ consistently among tree species from contrasting climates. Tree Physiology, 34 (10): 1035-1046.

Zhou S, Yu B F, Huang Y F, et al. 2014b. The effect of vapor pressure deficit on water use efficiency at the subdaily time scale. Geophysical Research Letters, 41: 5005-5013.

Zhou S, Yu B F, Zhang Y, et al. 2016. Partitioning evapotranspiration based on the concept of underlying water use efficiency. Water Resource Research, 52: 1160-1175.

Zhu X, Chen J, Gao F, et al. 2010. An enhanced spatial and temporal adaptive reflectance fusion model for complex heterogeneous regions. Remote Sensing of Environment, 14 (11): 2610-2623.

Zhu Z L, Tan L, Gao S G, et al. 2015. Observation on soil moisture of irrigated cropland by cosmic- ray probe. IEEE Geoscience and Remote Sensing Letters, 12 (3): 472-476.

Zreda M, Desilets D, Ferré T P A, et al. 2008. Measuring soil moisture content non- invasively at intermediate spatial scale using cosmic- ray neutrons. Geophysical Research Letters, 35: L21402.

Zuerndorfer B W, England A W. 1990. Mapping freeze/thaw boundaries with SMMR data. Agricultural and Forest Meteorology, 52 (1-2): 199-225.